책장을 넘기며 느껴지는
몰입의 기쁨

노력한 만큼 빛이 나는
내일의 반짝임

새로운 배움, 더 큰 즐거움

미래엔이 응원합니다!

올리드 유형완성

중등 수학 2(상)

BOOK CONCEPT

단계별, 유형별 학습으로 수학 잡는 필수 유형서

BOOK GRADE

WRITERS

미래엔콘텐츠연구회
No.1 Content를 개발하는 교육 전문 콘텐츠 연구회

COPYRIGHT

인쇄일 2023년 11월 1일(2판4쇄)
발행일 2021년 10월 18일

펴낸이 신광수
펴낸곳 ㈜미래엔
등록번호 제16-67호

교육개발1실장 하남규
개발책임 주석호
개발 김지현, 조성민

디자인실장 손현지
디자인책임 김기욱
디자인 이진희, 이돈일

CS본부장 강윤구
CS지원책임 강승훈

ISBN 979-11-6413-922-4

INTRODUCTION

봄이 즐거운 새싹

새싹은 추운 겨울 추위를 이겨내고 누구보다
싱그러운 자태를 뽐냅니다.

겨울은 봄을 준비하는 계절입니다.
고난과 역경은 성공을 준비하는 과정입니다.
자신이 헤쳐온 역경을 알기에, 성공이 더욱 반갑고
값지게 느껴지는 것입니다.

여러분이 하는 수학 공부도 어렵고
때로는 지치고 힘들죠?

하지만, 수학이 재미있어지고 수학 공부가 즐거워지는
그런 날을 생각하며
욕심내지 말고, 천천히 한 걸음씩 헤쳐나간다면
여러분 앞에 성큼 다가와 있을 것입니다.

여러분을 응원하겠습니다!!

STRUCTURE

특장과 구성

1 수학의 모든 문제 유형을 한 권에 담았습니다.

교과서에 수록된 문제부터 시험에 출제된 문제까지 모든 수학 문제를 개념별, 난이도별, 유형별로 정리하여 구성하였습니다.

Lecture별 유형 집중 학습

Lecture별로 교과서 핵심 개념과 이를 익히고 계산력을 기를 수 있는 문제로 구성하였습니다.

유형 학습

교과서와 시험에 출제된 문제를 철저히 분석하여 개념과 문제 형태에 따라 다양한 유형으로 구성하였습니다.

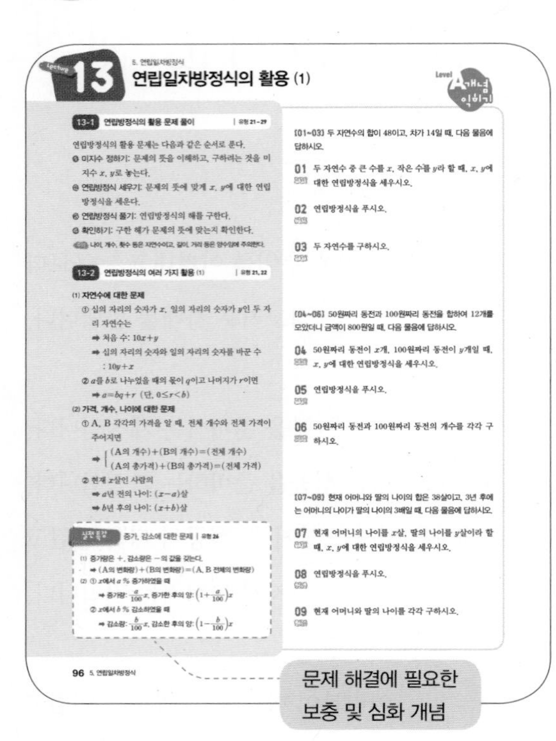

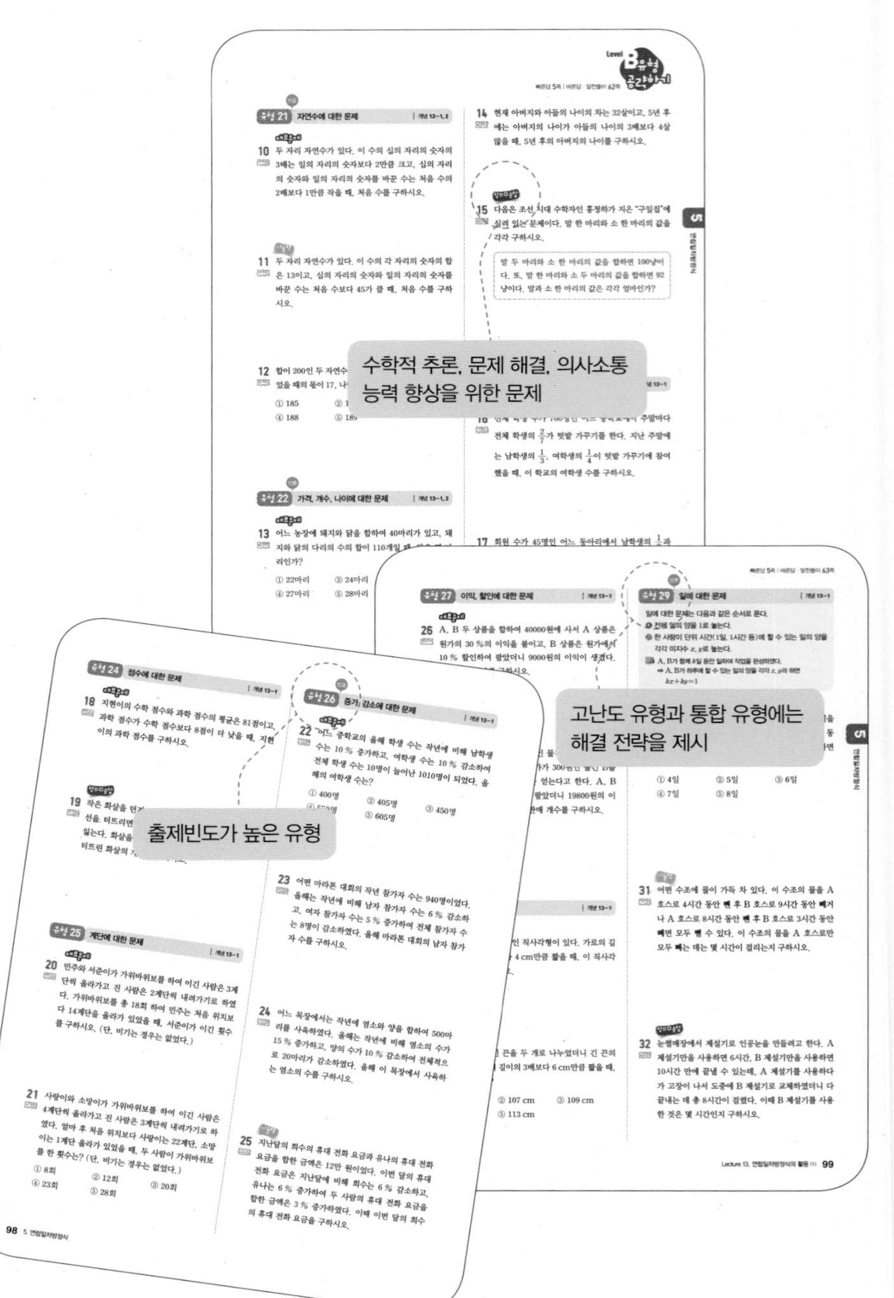

2 진도에 맞춰 기본부터 실전까지 완전 학습이 가능합니다.

한 시간 수업(Lecture)을 기본 4쪽으로 구성하여 수업 진도에 맞춰 예습 · 복습하기 편리하고, 유형별로 충분한 문제 해결 연습을 할 수 있습니다.

3 서술형 문제, 창의·융합 문제로 수학적 창의성을 기릅니다.

교육과정에서 강조하는 창의·융합적 사고력을 기를 수 있도록 다양한 형태의 문제를 제시하고 자세한 풀이를 수록하여 쉽게 이해할 수 있습니다.

중단원별 실전 집중 학습

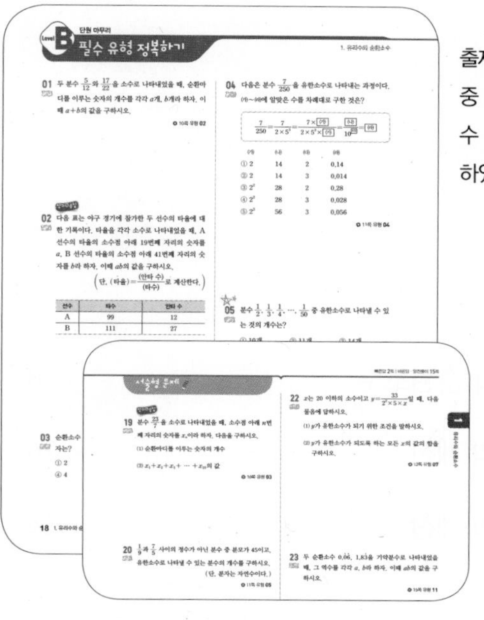

출제율이 높은 시험 문제 중 Lecture별로 학습할 수 있도록 문제를 구성하였습니다.

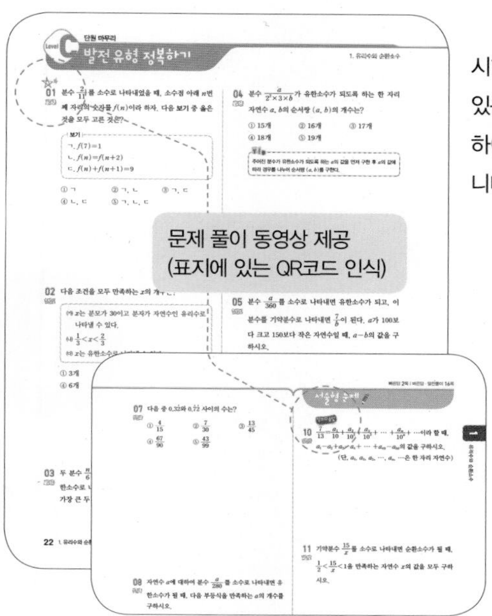

시험에서 변별력 있는 문제를 엄선하여 구성하였습니다.

자세한 문제 풀이

정답만 빠르게 확인할 수 있습니다.

자세한 풀이를 제시하였습니다.

CONTENTS

차례

수학이 쉬워지는

"유형완성 학습법"

STEP 01

핵심 개념 정리

수학 문제를 풀기 위해서는 무엇보다 개념을 정확히 이해하고 있는 것이 중요하므로 차근차근 개념을 학습하여 확실히 이해하고 공식을 암기합니다. 교과서를 먼저 읽은 후 공부하면 더 쉽게 개념을 이해할 수 있습니다.

STEP 02

Level A 개념 익히기

기본 문제를 풀어 보면서 개념을 어느 정도 이해했는지 확인해봅니다. 틀린 문제가 있다면 해당 개념으로 돌아가 개념을 다시 한번 학습한 후 문제를 다시 풀어봅니다.

STEP 03

Level B 유형 공략하기

문제의 형태와 문제 해결에 사용되는 핵심 개념, 풀이 방법 등에 따라 문제를 유형화하고 그 유형에 맞는 해결 방법이 제시되어 있으므로 문제를 풀어보며 해결 방법을 익힙니다. 틀린 문제가 있다면 체크해 두고 반드시 복습합니다.

STEP 04

Level B 단원 마무리 필수 유형 정복하기

수학을 꾸준히 공부했다고 하더라도 실전에 앞서 실전 감각을 기르는 것이 무엇보다 중요합니다. 필수 유형 정복하기에 제시된 문제를 풀면서 실전 감각을 기르고 앞에서 학습한 내용을 얼마나 이해했는지 확인해봅니다.

STEP 05

Level C 단원 마무리 발전 유형 정복하기

난이도가 높은 문제를 해결하기 위해서는 어떤 개념과 유형이 복합된 문제인지를 파악하고 그에 맞는 전략을 세울 수 있어야 합니다. 발전 유형 정복하기에 제시된 문제를 풀면서 앞에서 학습한 유형들이 어떻게 응용되어 있는지 파악하고 해결 방법을 고민해 보는 훈련을 통해 문제 해결력을 기릅니다.

I. 수와 식

1

유리수와 순환소수

학습 계획 및 성취도 체크

- 학습 계획을 세우고 적어도 두 번 반복하여 공부합니다.
- 유형 이해도에 따라 ☐ 안에 ○, △, ×를 표시합니다.
- 시험 전에 [빈출] 유형과 × 표시한 유형은 반드시 한 번 더 풀어 봅니다.

			학습 계획	1차 학습	2차 학습
Lecture 01 유리수의 소수 표현	유형 01	유한소수와 무한소수	/		
	유형 02	순환소수 빈출	/		
	유형 03	소수점 아래 n번째 자리의 숫자 구하기	/		
	유형 04	10의 거듭제곱을 이용하여 분수를 유한소수로 나타내기	/		
	유형 05	유한소수로 나타낼 수 있는 분수 빈출	/		
	유형 06	$\frac{B}{A} \times x$가 유한소수가 되도록 하는 미지수 x의 값 구하기 빈출	/		
	유형 07	$\frac{B}{A \times x}$가 유한소수가 되도록 하는 미지수 x의 값 구하기	/		
	유형 08	유한소수가 되도록 하는 미지수의 값을 찾고 기약분수로 나타내기	/		
	유형 09	순환소수가 되도록 하는 미지수의 값 구하기	/		
Lecture 02 순환소수의 분수 표현	유형 10	순환소수를 분수로 나타내기 (1) 빈출	/		
	유형 11	순환소수를 분수로 나타내기 (2) 빈출	/		
	유형 12	분수를 소수로 바르게 나타내기	/		
	유형 13	순환소수를 포함한 식의 계산	/		
	유형 14	순환소수를 포함한 방정식	/		
	유형 15	순환소수에 적당한 수를 곱하여 유한소수(또는 자연수) 만들기 빈출	/		
	유형 16	유리수와 소수의 관계	/		
단원 마무리	**Level B** 필수 유형 정복하기		/		
	Level C 발전 유형 정복하기		/		

Lecture 01 유리수의 소수 표현

01-1 유한소수, 무한소수, 순환소수 | 유형 01~03

(1) **유한소수:** 소수점 아래의 0이 아닌 숫자가 유한 번 나타나는 소수

예 0.3, 1.29, -2.27

(2) **무한소수:** 소수점 아래의 0이 아닌 숫자가 무한 번 나타나는 소수

예 0.3333⋯, 1.1212⋯, 3.1234⋯, π (→ 3.141592⋯)

참고 ① 유리수: 분수 $\frac{a}{b}$ (a, b는 정수, $b \neq 0$) 꼴로 나타낼 수 있는 수

② 정수가 아닌 유리수는 유한소수 또는 무한소수로 나타낼 수 있다.

$\frac{4}{5}=4\div5=0.8$ (유한소수), $\frac{2}{3}=2\div3=0.666\cdots$ (무한소수)

(3) **순환소수:** 소수점 아래의 어떤 자리에서부터 일정한 숫자의 배열이 끝없이 되풀이되는 무한소수

① **순환마디:** 순환소수의 소수점 아래에서 숫자의 배열이 되풀이되는 한 부분

② **순환소수의 표현:** 첫 번째 순환마디의 양 끝의 숫자 위에 점을 찍어 나타낸다.

예 0.333⋯ ➡ $0.\dot{3}$ ← 순환마디: 3

1.121212⋯ ➡ $1.\dot{1}\dot{2}$ ← 순환마디: 12

2.1232323⋯ ➡ $2.1\dot{2}\dot{3}$ ← 순환마디: 23

주의 2.1232323⋯을 $2.1\dot{2}3\dot{2}$나 $2.1\dot{2}32\dot{3}$ 등과 같이 나타내지 않는다.

01-2 유한소수, 순환소수로 나타낼 수 있는 분수 | 유형 04~09

분수를 기약분수(→ 더 이상 약분되지 않는 분수)로 나타내었을 때,

(1) 분모의 소인수가 2나 5뿐이면 그 분수는 유한소수로 나타낼 수 있다.

예 $\frac{44}{80}=\frac{11}{20}=\frac{11}{2^2\times5}$ ← 분모의 소인수가 2와 5뿐이므로 유한소수로 나타낼 수 있다.

$=\frac{11\times5}{2^2\times5\times5}=\frac{55}{100}=0.55$

참고 ① 모든 유한소수는 분모가 10의 거듭제곱인 분수로 나타낼 수 있다.

② 분모에 2와 5 이외의 소인수가 있는 기약분수는 유한소수로 나타낼 수 없다.

주의 분수를 유한소수로 나타낼 수 있는지 알아보려면 먼저 기약분수로 나타내야 한다.

(2) 분모가 2와 5 이외의 소인수를 가지면 그 분수는 순환소수로 나타낼 수 있다.

예 $\frac{5}{60}=\frac{1}{12}=\frac{1}{2^2\times3}$ ← 분모가 2와 5 이외의 소인수 3을 가지므로 순환소수로 나타낼 수 있다.

$=1\div12=0.08333\cdots=0.08\dot{3}$

[01~06] 다음 분수를 소수로 나타내고, 유한소수와 무한소수로 구분하시오.

01 $\frac{7}{10}$ 0001

02 $\frac{4}{9}$ 0002

03 $-\frac{9}{20}$ 0003

04 $\frac{13}{22}$ 0004

05 $-\frac{6}{45}$ 0005

06 $\frac{21}{50}$ 0006

[07~12] 다음 순환소수의 순환마디를 말하고, 순환마디에 점을 찍어 간단히 나타내시오.

		순환마디	순환소수의 표현
07 0007	0.555⋯	______	______
08 0008	1.4222⋯	______	______
09 0009	0.181818⋯	______	______
10 0010	4.0434343⋯	______	______
11 0011	0.456456456⋯	______	______
12 0012	3.24070707⋯	______	______

[13~18] 다음 분수를 순환소수로 나타내고, 순환마디를 말하시오.

13 $\frac{1}{9}$
0013

14 $\frac{6}{11}$
0014

15 $\frac{10}{27}$
0015

16 $\frac{13}{6}$
0016

17 $\frac{50}{33}$
0017

18 $\frac{7}{90}$
0018

[19~21] 다음은 기약분수를 유한소수로 나타내는 과정이다. □ 안에 알맞은 수를 써넣으시오.

19 $\frac{7}{4}=\frac{7}{2^2}=\frac{7\times\square}{2^2\times\square}=\frac{\square}{100}=\square$
0019

20 $\frac{9}{50}=\frac{9}{2\times5^2}=\frac{9\times\square}{2\times5^2\times\square}=\frac{\square}{100}=\square$
0020

21 $\frac{31}{200}=\frac{31}{2^3\times5^2}=\frac{31\times\square}{2^3\times5^2\times\square}=\frac{\square}{1000}=\square$
0021

[22~25] 다음 분수를 소수로 나타낼 때, 유한소수로 나타낼 수 있는 것은 ○표, 나타낼 수 없는 것은 ×표를 하시오.

22 $\frac{6}{2\times3^2}$ ( )
0022

23 $\frac{12}{3\times5^2}$ ( )
0023

24 $\frac{8}{30}$ ( )
0024

25 $\frac{14}{70}$ ( )
0025

유형 01 유한소수와 무한소수 | 개념 01-1

대표문제

26 다음 **보기** 중 분수를 소수로 나타내었을 때, 유한소수가 아닌 것을 모두 고르시오.
0026

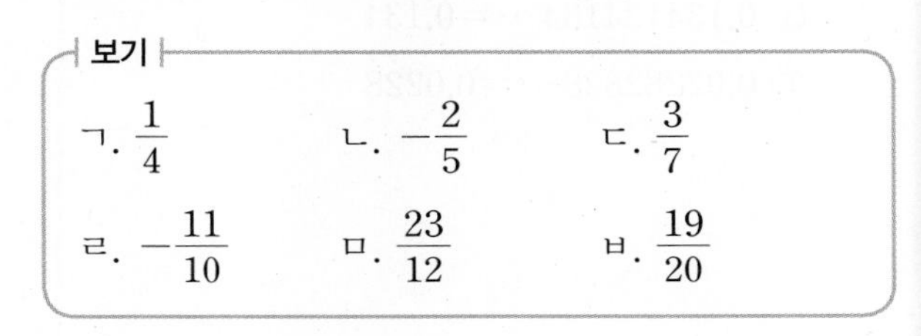

보기
ㄱ. $\frac{1}{4}$
ㄴ. $-\frac{2}{5}$
ㄷ. $\frac{3}{7}$
ㄹ. $-\frac{11}{10}$
ㅁ. $\frac{23}{12}$
ㅂ. $\frac{19}{20}$

27 다음 중 무한소수인 것은 모두 몇 개인지 구하시오.
0027

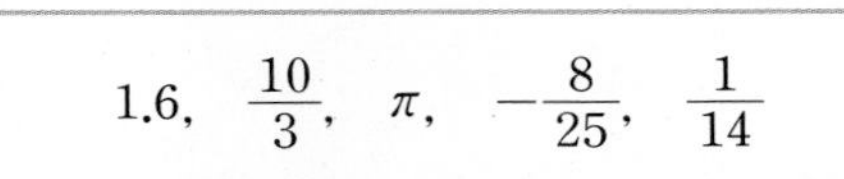

28 다음 중 옳은 것은?
0028

① $\frac{21}{8}$은 유리수가 아니다.
② 2.318318⋯은 유한소수이다.
③ 5.409는 무한소수이다.
④ $\frac{17}{6}$을 소수로 나타내면 유한소수이다.
⑤ $\frac{4}{11}$를 소수로 나타내면 무한소수이다.

유형 02 순환소수

빈출 | 개념 01-1

대표문제

29 다음 중 순환소수의 표현으로 옳은 것은?
0029

① $0.5333\cdots=0.\dot{5}\dot{3}$

② $7.070707\cdots=\dot{7}.\dot{0}$

③ $-3.0222\cdots=-3.0\dot{2}\dot{2}$

④ $0.134134134\cdots=0.\dot{1}\dot{3}\dot{4}$

⑤ $0.02282828\cdots=0.02\dot{2}\dot{8}$

30 다음 중 순환소수와 순환마디가 바르게 연결된 것은?
0030

① $0.303030\cdots$ ⇨ 3

② $0.1878787\cdots$ ⇨ 187

③ $1.212121\cdots$ ⇨ 212

④ $3.252525\cdots$ ⇨ 52

⑤ $43.343434\cdots$ ⇨ 34

서술형

31 분수 $\frac{40}{27}$을 소수로 나타내었을 때, 다음 물음에 답하시오.
0031

(1) 순환마디를 구하시오.

(2) 순환마디를 이용하여 간단히 나타내시오.

32 다음 분수를 소수로 나타내었을 때, 순환마디를 이루는 숫자의 개수가 가장 많은 것은?
0032

① $\frac{2}{3}$ ② $\frac{5}{6}$ ③ $\frac{6}{7}$

④ $\frac{7}{11}$ ⑤ $\frac{4}{15}$

유형 03 소수점 아래 n번째 자리의 숫자 구하기

| 개념 01-1

❶ 순환마디를 이루는 숫자의 개수를 구한다.

❷ 규칙성을 생각한다.

❸ n을 순환마디를 이루는 숫자의 개수로 나눈 후, 나머지를 보고 순환마디를 이루는 숫자의 순서를 생각하여 소수점 아래 n번째 자리의 숫자를 구한다.

대표문제

33 분수 $\frac{12}{37}$를 소수로 나타내었을 때, 소수점 아래 25번째 자리의 숫자를 구하시오.
0033

창의융합

34 분수 $\frac{4}{7}$를 소수로 나타내었을 때, 순환마디를 오른쪽 그림과 같이 차례대로 정육각형의 주위에 나타내었다. 이때 □ 안에 알맞은 숫자와 소수점 아래 38번째 자리의 숫자를 차례대로 구하시오.
0034

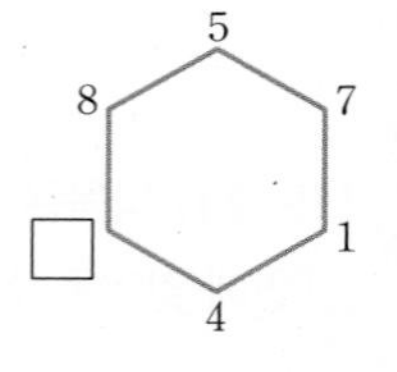

35 순환소수 $3.40\dot{1}7\dot{5}$의 소수점 아래 20번째 자리의 숫자를 a, 소수점 아래 70번째 자리의 숫자를 b라 할 때, $a+b$의 값은?
0035

① 6 ② 8 ③ 10

④ 12 ⑤ 14

36 분수 $\frac{5}{11}$를 소수로 나타내었을 때, 소수점 아래 첫째 자리의 숫자부터 100번째 자리의 숫자까지의 합을 구하시오.
0036

유형 04 10의 거듭제곱을 이용하여 분수를 유한소수로 나타내기 | 개념 01-2

대표문제

37 다음은 분수 $\frac{21}{140}$을 유한소수로 나타내는 과정이다. 이때 $a+b+c+d$의 값을 구하시오.

0037

$$\frac{21}{140}=\frac{a}{2^2\times5}=\frac{a\times b}{2^2\times5\times b}=\frac{c}{100}=d$$

38 다음 분수 중 분모를 10의 거듭제곱 꼴로 나타낼 수 없는 것을 모두 고르면? (정답 2개)

0038

① $\frac{39}{12}$ ② $\frac{12}{30}$ ③ $\frac{7}{42}$

④ $\frac{3}{51}$ ⑤ $\frac{27}{75}$

39 다음은 분수 $\frac{84}{150}$를 유한소수로 나타내는 과정이다. (가)~(라)에 알맞은 수를 구하시오.

0039

$$\frac{84}{150}=\frac{14}{\boxed{(가)}}=\frac{14\times\boxed{(나)}}{5^2\times\boxed{(나)}}=\frac{\boxed{(다)}}{10^2}=\boxed{(라)}$$

40 분수 $\frac{3}{80}$을 유한소수로 나타내기 위하여 $\frac{n}{10^m}$ 꼴로 나타내었을 때, 자연수 m, n에 대하여 $m+n$의 값 중에서 가장 작은 값을 구하시오.

0040

빈출 유형 05 유한소수로 나타낼 수 있는 분수 | 개념 01-2

대표문제

41 다음 분수 중 유한소수로 나타낼 수 없는 것을 모두 고르면? (정답 2개)

0041

① $\frac{9}{2\times3\times5}$ ② $\frac{11}{2^3\times5^2}$ ③ $\frac{42}{3\times5^2\times7}$

④ $\frac{132}{3\times7\times11}$ ⑤ $\frac{12}{2^2\times3^2\times5}$

42 다음 **보기**의 분수 중 유한소수로 나타낼 수 있는 것을 모두 고르시오.

0042

보기

ㄱ. $\frac{5}{12}$ ㄴ. $\frac{14}{35}$ ㄷ. $\frac{6}{2^3\times3^2\times5}$

ㄹ. $\frac{6}{45}$ ㅁ. $\frac{9}{2\times3\times5^2}$

43 분수 $\frac{1}{a}$을 유한소수로 나타낼 수 있을 때, 1보다 크고 10보다 작은 자연수 a의 값을 모두 구하시오.

0043

창의⊕융합

44 다음은 어느 해 3월 달력의 일부분이다. 색칠한 부분과 같이 연속된 세로 두 칸을 하나의 분수 $\frac{4}{11}$로 생각할 때, 이 달력에서 유한소수로 나타낼 수 있는 분수는 모두 몇 개인지 구하시오.

0044

3월 march

일	월	화	수	목	금	토
					1	2
3	4	5	6	7	8	9
10	11	12	13	14	15	16

빈출

유형 06 $\frac{B}{A}\times x$가 유한소수가 되도록 하는 미지수 x의 값 구하기 | 개념 01-2

대표문제

45 0045 분수 $\frac{33}{210}\times x$를 유한소수로 나타낼 수 있을 때, x의 값 중 가장 작은 두 자리 자연수를 구하시오.

46 0046 분수 $\frac{a}{3\times5^2\times7}$를 소수로 나타내면 유한소수가 될 때, 다음 중 a의 값이 될 수 없는 것은?

① 21 ② 42 ③ 63
④ 70 ⑤ 84

서술형

47 0047 분수 $\frac{13}{264}\times n$이 유한소수가 되도록 하는 100보다 작은 자연수 n의 개수를 구하시오.

48 0048 두 분수 $\frac{3}{165}$과 $\frac{17}{56}$에 자연수 a를 각각 곱하면 모두 유한소수로 나타낼 수 있을 때, 곱할 수 있는 가장 작은 자연수 a의 값을 구하시오.

유형 07 $\frac{B}{A\times x}$가 유한소수가 되도록 하는 미지수 x의 값 구하기 | 개념 01-2

대표문제

49 0049 분수 $\frac{54}{2^2\times5\times x}$를 소수로 나타내면 유한소수가 될 때, 다음 중 x의 값이 될 수 없는 것은?

① 3 ② 6 ③ 15
④ 18 ⑤ 21

50 0050 분수 $\frac{6}{80\times x}$을 소수로 나타내면 유한소수가 될 때, x의 값이 될 수 있는 가장 큰 두 자리 자연수를 구하시오.

51 0051 x가 한 자리 자연수일 때, 분수 $\frac{9}{25\times x}$를 유한소수로 나타낼 수 있도록 하는 모든 x의 값의 합을 구하시오.

52 0052 분수 $\frac{21}{10\times x}$을 소수로 나타내면 유한소수가 될 때, 20 미만의 자연수 x의 개수를 구하시오.

유형 08 유한소수가 되도록 하는 미지수의 값을 찾고 기약분수로 나타내기 | 개념 01-2

분수 $\frac{x}{A}$를 소수로 나타내면 유한소수가 되고, 이 분수를 기약분수로 나타내면 $\frac{B}{y}$가 되는 자연수 x, y의 값을 구하려면

❶ x는 A의 소인수 중 2와 5를 제외한 소인수들의 곱의 배수임을 이용하여 x의 값을 모두 구한다.

❷ ❶에서 구한 값을 $\frac{x}{A}$에 각각 대입한 후, 약분하여 분자가 B가 되도록 하는 x의 값과 그때의 y의 값을 구한다.

대표문제

53 (0053) 두 자리 자연수 x에 대하여 분수 $\frac{x}{180}$를 소수로 나타내면 유한소수가 되고, 이 분수를 기약분수로 나타내면 $\frac{7}{y}$이 된다. 이때 $x-y$의 값을 구하시오.

54 (0054) 분수 $\frac{x}{2^2\times5\times7}$가 다음 조건을 모두 만족할 때, 가장 작은 세 자리 자연수 x의 값을 구하시오.

> (가) 소수로 나타내면 유한소수가 된다.
> (나) 기약분수로 나타내면 $\frac{3}{y}$이다.

55 (0055) 분수 $\frac{a}{136}$를 소수로 나타내면 유한소수가 되고, 이 분수를 기약분수로 나타내면 $\frac{1}{b}$이 된다. a가 $30<a<40$인 자연수일 때, $a+b$의 값을 구하시오.

유형 09 순환소수가 되도록 하는 미지수의 값 구하기 | 개념 01-2

대표문제

56 (0056) 분수 $\frac{27}{3^2\times5\times a}$을 소수로 나타내면 순환소수가 될 때, 10보다 작은 자연수 중 a의 값이 될 수 있는 수를 모두 구하시오.

57 (0057) 분수 $\frac{x}{165}$를 소수로 나타내면 순환소수가 될 때, 다음 중 x의 값이 될 수 없는 것은?

① 20 ② 27 ③ 33
④ 42 ⑤ 50

58 (0058) 분수 $\frac{42}{x}$를 소수로 나타내면 순환소수가 될 때, 다음 중 x의 값이 될 수 있는 것을 모두 고르면? (정답 2개)

① 12 ② 18 ③ 21
④ 35 ⑤ 49

창의+융합

59 (0059) $\frac{1}{3}$과 $\frac{5}{8}$ 사이의 분수인 $\frac{x}{24}$가 순환소수로 나타내어지도록 하는 자연수 x의 개수를 구하시오.

순환소수의 분수 표현

02-1 순환소수를 분수로 나타내는 방법 | 유형 10, 12~15

❶ 주어진 순환소수를 x로 놓는다.

❷ 양변에 10, 100, 1000, …을 곱하여 소수점 아래의 부분이 같은 두 식을 만든다.

❸ 두 식을 변끼리 빼어 x의 값을 구한다.

참고 소수점 아래의 부분이 같은 두 순환소수의 차는 정수이다.

예 순환소수 $0.\dot{7}$을 분수로 나타내어 보자.

순환소수 $0.\dot{7}$을 x로 놓으면

$x=0.777\cdots$ … ㉠

㉠의 양변에 10을 곱하면

$10x=7.777\cdots$ … ㉡

㉡에서 ㉠을 변끼리 빼면

$9x=7$ $\quad\therefore x=\frac{7}{9}$

$$\begin{array}{r} 10x=7.777\cdots \\ -)\quad x=0.777\cdots \\ \hline 9x=7 \end{array}$$

02-2 순환소수를 분수로 나타내는 공식 | 유형 11~15

(1) **분모:** 순환마디를 이루는 숫자의 개수만큼 9를 쓰고, 그 뒤에 소수점 아래 순환마디에 포함되지 않는 숫자의 개수만큼 0을 쓴다.

(2) **분자:** (전체의 수)−(순환하지 않는 부분의 수)를 쓴다.

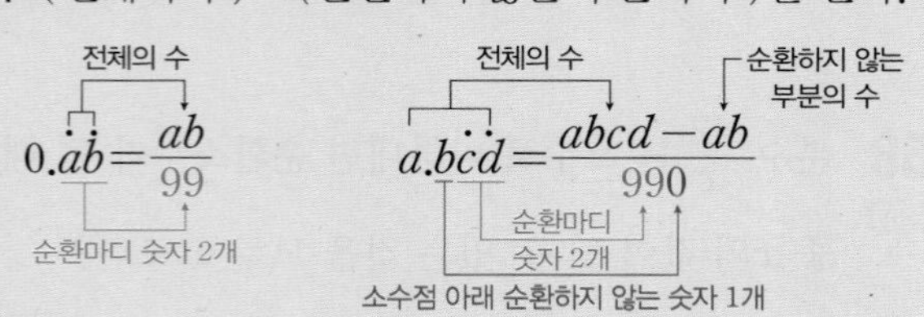

예 $0.\dot{4}\dot{7}=\frac{47}{99}$

$2.1\dot{3}\dot{4}=\frac{2134-21}{990}=\frac{2113}{990}$

02-3 유리수와 소수의 관계 | 유형 16

(1) 정수가 아닌 모든 유리수는 유한소수 또는 순환소수로 나타낼 수 있다.

(2) 유한소수와 순환소수는 모두 유리수이다.

참고

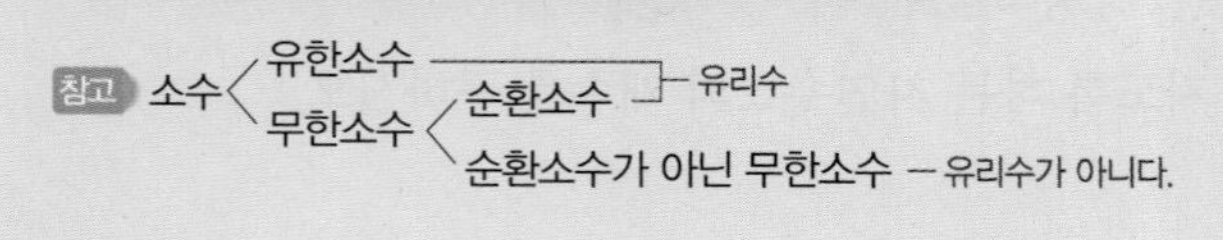

[01~02] 다음은 순환소수를 기약분수로 나타내는 과정이다. □ 안에 알맞은 수를 써넣으시오.

01 $0.\dot{2}\dot{3}$
0060

순환소수 $0.\dot{2}\dot{3}$을 x로 놓으면

$x=0.232323\cdots$ …… ㉠

㉠의 양변에 □을 곱하면

$\square x=23.232323\cdots$ …… ㉡

㉡에서 ㉠을 변끼리 빼면

$\square x=\square$ $\quad\therefore x=\frac{\square}{99}$

02 $0.5\dot{1}$
0061

순환소수 $0.5\dot{1}$을 x로 놓으면

$x=0.5111\cdots$ …… ㉠

㉠의 양변에 □을 곱하면

$\square x=5.111\cdots$ …… ㉡

또, ㉠의 양변에 □을 곱하면

$\square x=51.111\cdots$ …… ㉢

㉢에서 ㉡을 변끼리 빼면

$\square x=\square$ $\quad\therefore x=\frac{\square}{45}$

[03~06] 다음 순환소수를 기약분수로 나타내시오.

03 $1.\dot{6}$
0062

04 $0.\dot{5}\dot{2}$
0063

05 $0.4\dot{5}$
0064

06 $0.5\dot{7}\dot{8}$
0065

빈출 유형 10 순환소수를 분수로 나타내기 (1) | 개념 02-1

대표문제

07 순환소수 $0.18\dot{4}$를 분수로 나타내려고 한다. $0.18\dot{4}$를 x로 놓을 때, 다음 중 가장 편리한 식은?
0066

① $10x-x$　② $100x-x$
③ $100x-10x$　④ $1000x-10x$
⑤ $1000x-100x$

08 다음은 순환소수 $0.3\dot{4}\dot{6}$을 분수로 나타내는 과정이다. (가)~(마)에 알맞은 수를 구하시오.
0067

> 순환소수 $0.3\dot{4}\dot{6}$을 x로 놓으면
> $x=0.3464646\cdots$ ...... ㉠
> ㉠의 양변에 (가) 을 곱하면
> (가) $x=3.464646\cdots$ ...... ㉡
> 또, ㉠의 양변에 (나) 을 곱하면
> (나) $x=346.464646\cdots$ ...... ㉢
> ㉢에서 ㉡을 변끼리 빼면
> (다) $x=$ (라)　　$\therefore x=$ (마)

09 다음 네 학생 중 주어진 순환소수를 분수로 나타내려고 할 때, 가장 편리한 식을 잘못 말한 학생을 모두 고르시오.
0068

> [민정] $x=1.\dot{3}$ ⇨ $10x-x$
> [은수] $x=2.7\dot{5}$ ⇨ $100x-x$
> [규민] $x=3.\dot{2}\dot{5}$ ⇨ $100x-x$
> [성주] $x=5.2\dot{4}\dot{0}$ ⇨ $1000x-10x$

빈출 유형 11 순환소수를 분수로 나타내기 (2) | 개념 02-2

대표문제

10 다음 중 순환소수를 분수로 나타낸 것으로 옳지 않은 것은?
0069

① $0.\dot{2}\dot{1}=\frac{7}{33}$　② $0.3\dot{5}=\frac{16}{45}$
③ $3.\dot{1}\dot{2}=\frac{104}{33}$　④ $0.\dot{2}3\dot{4}=\frac{26}{111}$
⑤ $1.1\dot{8}\dot{2}=\frac{1171}{990}$

11 다음 중 순환소수를 분수로 나타내는 과정으로 옳은 것은?
0070

① $0.7\dot{3}=\frac{73-7}{99}$　② $0.\dot{1}2\dot{0}=\frac{120-1}{900}$
③ $4.0\dot{6}=\frac{406-4}{90}$　④ $2.\dot{5}\dot{4}=\frac{254-2}{99}$
⑤ $1.\dot{3}1\dot{5}=\frac{1315-1}{900}$

서술형

12 순환소수 $3.6\dot{9}$를 기약분수로 나타내면 $\frac{b}{a}$일 때, $\frac{a}{b}$를 순환소수로 나타내시오.
0071

13 $9\times\left(\frac{1}{10}+\frac{1}{10^3}+\frac{1}{10^5}+\cdots\right)=\frac{b}{a}$일 때, $a-b$의 값을 구하시오. (단, a, b는 서로소인 자연수)
0072

유형 12 분수를 소수로 바르게 나타내기 | 개념 02-1, 2

대표문제

14 0073 어떤 기약분수를 소수로 나타내는데 나연이는 분모를 잘못 보아 $1.\dot{4}$로 나타내고, 지효는 분자를 잘못 보아 $0.\dot{6}$으로 나타내었다. 처음 기약분수를 순환소수로 나타내면?

① $2.\dot{3}$ ② $2.\dot{8}$ ③ $3.\dot{3}$
④ $3.\dot{8}$ ⑤ $4.\dot{3}$

15 0074 기약분수 $\frac{b}{a}$를 소수로 나타내는데 지훈이는 분모를 잘못 보아 $0.3\dot{6}$으로 나타내고, 성우는 분자를 잘못 보아 $0.\dot{7}$로 나타내었다. 이때 $\frac{a}{b}$를 순환소수로 나타내시오.

유형 13 순환소수를 포함한 식의 계산 | 개념 02-1, 2

대표문제

16 0075 $a=2.\dot{4}\dot{5}$, $b=0.\dot{1}9\dot{0}$일 때, $\frac{b}{a}$를 순환소수로 나타내면?

① $0.0\dot{0}\dot{7}$ ② $0.00\dot{7}$ ③ $0.0\dot{7}\dot{0}$
④ $0.0\dot{7}$ ⑤ $0.\dot{7}$

17 0076 $\frac{13}{3}$보다 $1.\dot{8}$만큼 작은 수는?

① $2.\dot{4}$ ② $2.5\dot{4}$ ③ $2.\dot{5}$
④ $2.6\dot{4}$ ⑤ $2.\dot{6}$

18 0077 $0.8\dot{3}+1.\dot{3}$을 계산한 결과를 기약분수로 나타내면 $\frac{b}{a}$일 때, 자연수 a, b에 대하여 $a+b$의 값을 구하시오.

유형 14 순환소수를 포함한 방정식 | 개념 02-1, 2

대표문제

19 0078 방정식 $0.\dot{3}x-2=1.\dot{2}$의 해를 순환소수로 나타내면?

① $x=0.\dot{6}$ ② $x=6.\dot{3}$ ③ $x=6.\dot{6}$
④ $x=9.\dot{3}$ ⑤ $x=9.\dot{6}$

20 0079 다음 등식을 만족하는 a의 값을 순환소수로 나타내시오.

$$\frac{16}{33}=a+0.\dot{3}\dot{4}$$

21 0080 $1.4\dot{7}=A\times0.0\dot{1}$, $0.\dot{5}=B\times0.\dot{1}$일 때, $A-B$의 값을 구하시오.

유형 15 순환소수에 적당한 수를 곱하여 유한소수(또는 자연수) 만들기 | 개념 02-1, 2

❶ 주어진 순환소수를 기약분수로 나타낸다.
❷ 기약분수의 분모를 소인수분해한다.
❸ 기약분수에 분모의 소인수 중 2와 5를 제외한 소인수들의 곱의 배수를 곱한다.

대표문제

22 0081 순환소수 $1.0\dot{6}$에 어떤 자연수를 곱하여 유한소수가 되도록 할 때, 곱할 수 있는 가장 작은 자연수를 구하시오.

23 0082 순환소수 $0.\dot{2}\dot{7}$에 x를 곱한 값이 자연수가 될 때, x의 값이 될 수 있는 가장 작은 세 자리 자연수를 구하시오.

24 0083 순환소수 $1.4\dot{4}\dot{2}$에 A를 곱한 결과가 유한소수일 때, 다음 중 A의 값이 될 수 있는 것은?

① 3 ② 11 ③ 15
④ 33 ⑤ 55

서술형

25 0084 $0.19\dot{4}\times x$가 유한소수가 되도록 하는 가장 작은 자연수 x의 값을 a, 가장 큰 두 자리 자연수 x의 값을 b라 하자. 이때 $\frac{b}{a}$의 값을 구하시오.

유형 16 유리수와 소수의 관계 | 개념 02-3

대표문제

26  0085 다음 중 옳은 것은?

① 무한소수는 모두 유리수이다.
② 정수가 아닌 유리수는 유한소수로 나타낼 수 있다.
③ 유리수 중 분수로 나타낼 수 없는 것도 있다.
④ 모든 순환소수는 분수로 나타낼 수 있다.
⑤ 순환소수를 기약분수로 나타내면 분모는 3의 배수이다.

27 0086 다음 보기 중 옳은 것을 모두 고르시오.

보기
ㄱ. 순환소수는 무한소수이다.
ㄴ. 모든 유리수는 유한소수이다.
ㄷ. 순환소수가 아닌 무한소수는 유리수가 아니다.
ㄹ. 정수가 아닌 유리수 중 유한소수로 나타낼 수 없는 것은 순환소수로 나타낼 수 있다.

28 0087 다음 중 옳지 않은 것을 모두 고르면? (정답 2개)

① 분모의 소인수가 2뿐인 기약분수는 유한소수로 나타낼 수 있다.
② 분모를 10의 거듭제곱 꼴로 나타낼 수 있는 분수는 유한소수로 나타낼 수 있다.
③ 분모가 30인 분수는 유한소수로 나타낼 수 없다.
④ 무한소수는 모두 순환소수로 나타낼 수 있다.
⑤ 순환소수로 나타낼 수 있는 기약분수는 그 분모에 2와 5 이외의 소인수가 있다.

01 0088 두 분수 $\frac{5}{12}$와 $\frac{17}{22}$을 소수로 나타내었을 때, 순환마디를 이루는 숫자의 개수를 각각 a개, b개라 하자. 이때 $a+b$의 값을 구하시오.

▶ 10쪽 유형 02

창의⊕융합

02 0089 다음 표는 야구 경기에 참가한 두 선수의 타율에 대한 기록이다. 타율을 각각 소수로 나타내었을 때, A 선수의 타율의 소수점 아래 19번째 자리의 숫자를 a, B 선수의 타율의 소수점 아래 41번째 자리의 숫자를 b라 하자. 이때 ab의 값을 구하시오.

$\left(\text{단, (타율)} = \frac{\text{(안타 수)}}{\text{(타수)}} \text{로 계산한다.} \right)$

선수	타수	안타 수
A	99	12
B	111	27

▶ 10쪽 유형 03

03 0090 순환소수 $0.2\dot{3}847\dot{}$의 소수점 아래 65번째 자리의 숫자는?

① 2 ② 3 ③ 8
④ 4 ⑤ 7

▶ 10쪽 유형 03

04 0091 다음은 분수 $\frac{7}{250}$을 유한소수로 나타내는 과정이다. (가)~(라)에 알맞은 수를 차례대로 구한 것은?

$$\frac{7}{250}=\frac{7}{2\times5^3}=\frac{7\times\boxed{(가)}}{2\times5^3\times\boxed{(가)}}=\frac{\boxed{(나)}}{10^{\boxed{(다)}}}=\boxed{(라)}$$

	(가)	(나)	(다)	(라)
①	2	14	2	0.14
②	2	14	3	0.014
③	2^2	28	2	0.28
④	2^2	28	3	0.028
⑤	2^3	56	3	0.056

▶ 11쪽 유형 04

05 0092 분수 $\frac{1}{2}, \frac{1}{3}, \frac{1}{4}, \cdots, \frac{1}{50}$ 중 유한소수로 나타낼 수 있는 것의 개수는?

① 10개 ② 11개 ③ 14개
④ 16개 ⑤ 20개

▶ 11쪽 유형 05

06 0093 분수 $\frac{x}{2^3\times3\times13}$가 유한소수로 나타내어질 때, x의 값이 될 수 있는 가장 작은 세 자리 자연수를 구하시오.

▶ 12쪽 유형 06

07 0094

두 분수 $\frac{45}{306}\times A$, $\frac{17}{130}\times A$를 모두 유한소수로 나타낼 수 있도록 하는 가장 작은 자연수 A의 값을 구하시오.

▶ 12쪽 유형 06

08 0095

분수 $\frac{18}{60\times a}$을 소수로 나타내면 유한소수가 될 때, 다음 중 a의 값이 될 수 없는 것을 모두 고르면? (정답 2개)

① 6 ② 7 ③ 8 ④ 9 ⑤ 10

▶ 12쪽 유형 07

09 0096

$10<a<15$인 자연수 a에 대하여 분수 $\frac{a}{150}$를 소수로 나타내면 유한소수가 되고, 이 분수를 기약분수로 나타내면 $\frac{2}{b}$가 된다. 이때 $b-a$의 값은?

① 11 ② 13 ③ 15 ④ 17 ⑤ 19

▶ 13쪽 유형 08

10 0097

분수 $\frac{7}{2\times5^2\times n}$을 소수로 나타내었을 때, 순환소수가 되도록 하는 모든 한 자리 자연수 n의 값의 합은?

① 3 ② 7 ③ 13 ④ 18 ⑤ 25

▶ 13쪽 유형 09

11 0098

다음 중 순환소수를 분수로 나타내는 과정에서 주어진 순환소수를 x라 할 때, $1000x-x$를 이용하는 것이 가장 편리한 것은?

① $0.00\dot{3}$ ② $1.\dot{5}\dot{7}$ ③ $2.1\dot{4}\dot{6}$ ④ $3.\dot{9}0\dot{2}$ ⑤ $7.2\dot{8}$

▶ 15쪽 유형 10

12 0099

다음 중 순환소수 $x=2.0414141\cdots$에 대한 설명으로 옳지 않은 것은?

① $2.0\dot{4}\dot{1}$로 나타낸다.
② 순환마디를 이루는 숫자의 개수는 2개이다.
③ 분수로 나타내면 $\frac{2039}{990}$이다.
④ $x=2+0.0\dot{4}\dot{1}$
⑤ 분수로 나타내기 위해 필요한 식은 $1000x-10x$이다.

▶ 15쪽 유형 10 + 15쪽 유형 11

1 유리수와 순환소수

13 기약분수 $\frac{x}{45}$를 소수로 나타내면 $0.1\dot{5}$일 때, 자연수 x의 값을 구하시오.
0100

▶ 15쪽 유형 11

14 어떤 기약분수를 소수로 나타내는데 윤기는 분모를 잘못 보아 $1.\dot{3}$으로 나타내고, 정국이는 분자를 잘못 보아 $0.\dot{4}\dot{2}$로 나타내었다. 처음 기약분수를 순환소수로 나타내면?
0101

① $0.\dot{1}\dot{2}$　② $0.1\dot{2}$　③ $0.\dot{1}\dot{3}$
④ $0.1\dot{3}$　⑤ $0.\dot{2}\dot{1}$

▶ 16쪽 유형 12

15 $0.\dot{1}3\dot{5}=135\times$ ☐ 에서 ☐ 안에 알맞은 수는?
0102

① $0.\dot{0}0\dot{1}$　② $0.0\dot{0}\dot{1}$　③ $0.00\dot{1}$
④ $0.\dot{0}\dot{1}$　⑤ $0.\dot{1}$

▶ 16쪽 유형 14

16 어떤 자연수에 $2.\dot{6}$을 곱해야 할 것을 잘못하여 2.6을 곱하였더니 그 계산 결과가 바르게 계산한 답보다 0.2만큼 작았다. 이때 어떤 자연수를 구하시오.
0103

▶ 16쪽 유형 14

17 순환소수 $0.4\dot{8}$에 n을 곱하면 유한소수가 될 때, 다음 중 n의 값이 될 수 없는 것은?
0104

① 9　② 12　③ 18
④ 27　⑤ 36

▶ 17쪽 유형 15

18 다음 중 옳은 것은?
0105

① 유한소수 중에는 유리수가 아닌 것도 있다.
② 순환소수 중에는 유리수가 아닌 것도 있다.
③ 유한소수로 나타낼 수 없는 수는 유리수가 아니다.
④ 정수가 아닌 유리수는 유한소수 또는 순환소수로 나타낼 수 있다.
⑤ $1.\dot{6}$과 $2.\dot{7}$은 기약분수로 나타내었을 때, 그 분모가 서로 같다.

▶ 17쪽 유형 16

서술형 문제

창의⊕융합

19 분수 $\frac{23}{7}$을 소수로 나타내었을 때, 소수점 아래 n번째 자리의 숫자를 x_n이라 하자. 다음을 구하시오.
0106

(1) 순환마디를 이루는 숫자의 개수

(2) $x_1+x_2+x_3+\cdots+x_{25}$의 값

▶ 10쪽 유형 03

20 $\frac{1}{9}$과 $\frac{7}{5}$ 사이의 정수가 아닌 분수 중 분모가 45이고, 유한소수로 나타낼 수 있는 분수의 개수를 구하시오.
0107

(단, 분자는 자연수이다.)

▶ 11쪽 유형 05

21 분수 $\frac{x}{420}$가 다음 조건을 모두 만족할 때, 가장 큰 자연수 x의 값을 구하시오.
0108

> (가) 소수로 나타내면 유한소수가 된다.
> (나) x는 11의 배수이다.
> (다) x는 세 자리 자연수이다.

▶ 12쪽 유형 06

22 x는 20 이하의 소수이고 $y=\frac{33}{2^2\times5\times x}$일 때, 다음 물음에 답하시오.
0109

(1) y가 유한소수가 되기 위한 조건을 말하시오.

(2) y가 유한소수가 되도록 하는 모든 x의 값의 합을 구하시오.

▶ 12쪽 유형 07

23 두 순환소수 $0.\dot{0}\dot{6}$, $1.8\dot{3}$을 기약분수로 나타내었을 때, 그 역수를 각각 a, b라 하자. 이때 ab의 값을 구하시오.
0110

▶ 15쪽 유형 11

24 $(0.\dot{6})^2\div1.\dot{1}\dot{3}=\frac{b}{a}$일 때, 서로소인 두 자연수 a, b에 대하여 $a-b$의 값을 구하시오.
0111

▶ 16쪽 유형 13

발전 유형 정복하기

01 0112
분수 $\frac{2}{11}$를 소수로 나타내었을 때, 소수점 아래 n번째 자리의 숫자를 $f(n)$이라 하자. 다음 **보기** 중 옳은 것을 모두 고른 것은?

보기
ㄱ. $f(7)=1$
ㄴ. $f(n)=f(n+2)$
ㄷ. $f(n)+f(n+1)=9$

① ㄱ ② ㄱ, ㄴ ③ ㄱ, ㄷ
④ ㄴ, ㄷ ⑤ ㄱ, ㄴ, ㄷ

02 0113
다음 조건을 모두 만족하는 x의 개수는?

(가) x는 분모가 30이고 분자가 자연수인 유리수로 나타낼 수 있다.
(나) $\frac{1}{3}<x<\frac{2}{3}$
(다) x는 유한소수로 나타낼 수 없다.

① 3개 ② 4개 ③ 5개
④ 6개 ⑤ 7개

03 0114
두 분수 $\frac{n}{6}$, $\frac{n}{14}$은 모두 정수가 아닌 유리수이고, 유한소수로 나타낼 수 있다. 이때 n의 값이 될 수 있는 가장 큰 두 자리 자연수를 구하시오.

04 0115
분수 $\frac{a}{2^2\times3\times b}$가 유한소수가 되도록 하는 한 자리 자연수 a, b의 순서쌍 (a, b)의 개수는?

① 15개 ② 16개 ③ 17개
④ 18개 ⑤ 19개

Tip
주어진 분수가 유한소수가 되도록 하는 a의 값을 먼저 구한 후 a의 값에 따라 경우를 나누어 순서쌍 (a, b)를 구한다.

05 0116
분수 $\frac{a}{360}$를 소수로 나타내면 유한소수가 되고, 이 분수를 기약분수로 나타내면 $\frac{7}{b}$이 된다. a가 100보다 크고 150보다 작은 자연수일 때, $a-b$의 값을 구하시오.

06 0117
분수 $\frac{x}{198}$를 소수로 나타내면 소수점 아래 첫째 자리부터 순환마디가 시작되는 순환소수가 된다. 이를 만족하는 100 이하의 자연수 x의 개수를 구하시오.

07 다음 중 $0.3\dot{2}$와 $0.\dot{7}\dot{2}$ 사이의 수는?
0118

① $\frac{4}{15}$　　② $\frac{7}{30}$　　③ $\frac{13}{45}$
④ $\frac{67}{90}$　　⑤ $\frac{43}{99}$

08 자연수 a에 대하여 분수 $\frac{a}{280}$를 소수로 나타내면 유한소수가 될 때, 다음 부등식을 만족하는 a의 개수를 구하시오.
0119

$$0.\dot{4}<\frac{a}{90}<0.\dot{7}$$

09 순환소수 $1.\dot{8}\dot{1}$에 자연수 x를 곱하여 어떤 자연수의 제곱이 되게 하려고 한다. x의 값이 될 수 있는 가장 작은 자연수를 구하시오.
0120

서술형 문제

창의⊕융합

10 $\frac{7}{13}=\frac{a_1}{10}+\frac{a_2}{10^2}+\frac{a_3}{10^3}+\cdots+\frac{a_n}{10^n}+\cdots$이라 할 때, $a_1-a_2+a_3-a_4+\cdots+a_{49}-a_{50}$의 값을 구하시오.
0121
(단, a_1, a_2, a_3, $\cdots$, a_n, $\cdots$은 한 자리 자연수)

11 기약분수 $\frac{15}{x}$를 소수로 나타내면 순환소수가 될 때, $\frac{1}{2}<\frac{15}{x}<1$을 만족하는 자연수 x의 값을 모두 구하시오.
0122

12 6보다 작은 두 자연수 a, b에 대하여 두 순환소수 $0.a\dot{b}$와 $0.b\dot{a}$의 차가 $0.3\dot{5}$일 때, $0.a\dot{b}+0.b\dot{a}$의 값을 순환소수로 나타내시오. (단, $a>b$)
0123

Tip
십의 자리의 숫자가 a, 일의 자리의 숫자가 b인 두 자리 자연수는 $10a+b$임을 이용하여 식을 세운다.

I. 수와 식

2 단항식의 계산

학습 계획 및 성취도 체크

- 학습 계획을 세우고 적어도 두 번 반복하여 공부합니다.
- 유형 이해도에 따라 ☐ 안에 ○, △, ×를 표시합니다.
- 시험 전에 [빈출] 유형과 × 표시한 유형은 반드시 한 번 더 풀어 봅니다.

			학습 계획	1차 학습	2차 학습
Lecture 03 지수법칙	유형 **01**	지수법칙 (1); 지수의 합	/	▢	▢
	유형 **02**	지수법칙 (2); 지수의 곱 빈출	/	▢	▢
	유형 **03**	지수법칙 (3); 지수의 차 빈출	/	▢	▢
	유형 **04**	지수법칙 (4); 지수의 분배 ①	/	▢	▢
	유형 **05**	지수법칙 (4); 지수의 분배 ②	/	▢	▢
	유형 **06**	지수법칙; 종합 빈출	/	▢	▢
	유형 **07**	지수법칙의 응용 (1); 같은 수의 덧셈식	/	▢	▢
	유형 **08**	지수법칙의 응용 (2); 문자를 사용하여 나타내기	/	▢	▢
	유형 **09**	지수법칙의 응용 (3); 자릿수 구하기 빈출	/	▢	▢
Lecture 04 단항식의 곱셈과 나눗셈	유형 **10**	단항식의 곱셈	/	▢	▢
	유형 **11**	단항식의 나눗셈	/	▢	▢
	유형 **12**	단항식의 곱셈과 나눗셈의 혼합 계산 빈출	/	▢	▢
	유형 **13**	어떤 식 구하기 빈출	/	▢	▢
	유형 **14**	평면도형에의 활용	/	▢	▢
	유형 **15**	입체도형에의 활용	/	▢	▢
단원 마무리	**Level B** 필수 유형 정복하기		/	▢	▢
	Level C 발전 유형 정복하기		/	▢	▢

지수법칙

03-1 지수법칙 (1); 지수의 합 | 유형 01, 06~09

m, n이 자연수일 때, $a^m \times a^n = a^{m+n}$

예 $a^4 \times a^2 = \underbrace{(a \times a \times a \times a)}_{4\text{개}} \times \underbrace{(a \times a)}_{2\text{개}}$

$= \underbrace{a \times a \times a \times a \times a \times a}_{(4+2)\text{개}}$

$= a^{4+2} = a^6$

지수끼리의 합: $a^4 \times a^2 = a^{4+2}$

참고 $a \neq 0$일 때, $a = a^1$이다.

03-2 지수법칙 (2); 지수의 곱 | 유형 02, 06~09

m, n이 자연수일 때, $(a^m)^n = a^{mn}$

예 $(a^3)^2 = \underbrace{a^3 \times a^3}_{2\text{개}} = a^{3+3} = a^{3\times 2} = a^6$

지수끼리의 곱: $(a^3)^2 = a^{3\times 2}$

참고 $(a^m)^n = (a^n)^m$이 성립한다.

03-3 지수법칙 (3); 지수의 차 | 유형 03, 06~09

$a \neq 0$이고, m, n이 자연수일 때,

(1) $m > n$이면 $a^m \div a^n = a^{m-n}$

(2) $m = n$이면 $a^m \div a^n = 1$

(3) $m < n$이면 $a^m \div a^n = \dfrac{1}{a^{n-m}}$

예 ① $a^5 \div a^3 = \dfrac{a^5}{a^3} = \dfrac{\cancel{a} \times \cancel{a} \times \cancel{a} \times a \times a}{\cancel{a} \times \cancel{a} \times \cancel{a}}$

$= a^{5-3} = a^2$

지수끼리의 차: $a^5 \div a^3 = a^{5-3}$

② $a^3 \div a^3 = \dfrac{a^3}{a^3} = \dfrac{\cancel{a} \times \cancel{a} \times \cancel{a}}{\cancel{a} \times \cancel{a} \times \cancel{a}} = 1$

③ $a^3 \div a^5 = \dfrac{a^3}{a^5} = \dfrac{\cancel{a} \times \cancel{a} \times \cancel{a}}{\cancel{a} \times \cancel{a} \times \cancel{a} \times a \times a}$

$= \dfrac{1}{a^{5-3}} = \dfrac{1}{a^2}$

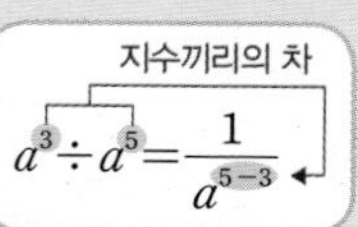

참고 $a^m \div a^n$을 계산할 때에는 먼저 m, n의 대소를 비교한다.

03-4 지수법칙 (4); 지수의 분배 | 유형 04~09

m이 자연수일 때,

(1) $(ab)^m = a^m b^m$　　(2) $\left(\dfrac{a}{b}\right)^m = \dfrac{a^m}{b^m}$ (단, $b \neq 0$)

예 ① $(ab)^2 = \underbrace{ab \times ab}_{2\text{개}} = (a \times b) \times (a \times b)$

$= (a \times a) \times (b \times b) = a^2 b^2$

$(ab)^2 = a^2 b^2$

② $\left(\dfrac{a}{b}\right)^3 = \underbrace{\dfrac{a}{b} \times \dfrac{a}{b} \times \dfrac{a}{b}}_{3\text{개}} = \dfrac{a \times a \times a}{b \times b \times b} = \dfrac{a^3}{b^3}$

$\left(\dfrac{a}{b}\right)^3 = \dfrac{a^3}{b^3}$

[01~06] 다음 식을 간단히 하시오.

01 $3^2 \times 3^5$
0124

02 $x \times x^3$
0125

03 $5^2 \times 5 \times 5^3$
0126

04 $a^6 \times a^4 \times a^5$
0127

05 $x^7 \times x^2 \times y^3 \times y^4$
0128

06 $(-1)^4 \times (-1)^5$
0129

[07~11] 다음 식을 간단히 하시오.

07 $(7^3)^3$
0130

08 $(x^2)^6$
0131

09 $(2^3)^5 \times (2^2)^3$
0132

10 $(x^6)^3 \times (x^4)^5$
0133

11 $(a^5)^2 \times b^7 \times (b^2)^2$
0134

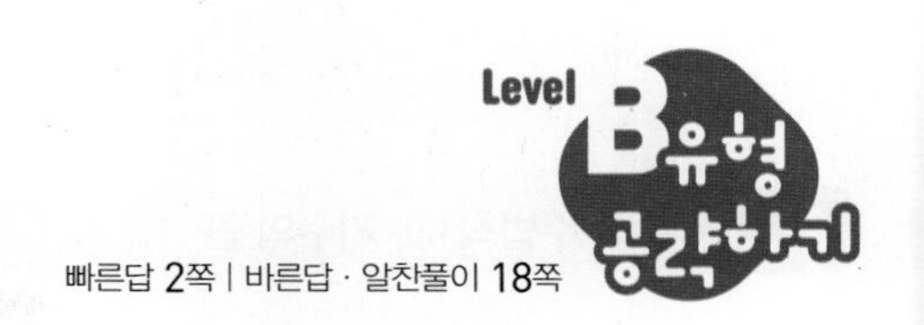

빠른답 2쪽 | 바른답 · 알찬풀이 18쪽

[12~17] 다음 식을 간단히 하시오.

12 $x^7 \div x^2$
0135

13 $x^7 \div x^7$
0136

14 $x^2 \div x^7$
0137

15 $\dfrac{y^{11}}{y^3}$
0138

16 $a^5 \div a \div a^8$
0139

17 $(x^2)^6 \div (x^3)^4$
0140

[18~22] 다음 식을 간단히 하시오.

18 $(ab^2)^3$
0141

19 $(-3x^4)^4$
0142

20 $(2x^3y^2)^2$
0143

21 $\left(\dfrac{a}{b^3}\right)^4$
0144

22 $\left(-\dfrac{x^2}{y^5}\right)^3$
0145

유형 01 지수법칙 (1); 지수의 합 | 개념 03-1

대표문제

23 다음 중 □ 안에 알맞은 수가 가장 작은 것은?
0146

① $x^4 \times x^5 = x^{\square}$
② $a \times a^{\square} \times a = a^6$
③ $x^2 \times x \times x^{\square} = x^8$
④ $a^4 \times b^2 \times a^2 \times b^8 = a^{\square}b^{10}$
⑤ $x \times y^{\square} \times x^3 \times y^2 = x^4y^5$

24 $2^x \times 2^4 = 128$일 때, 자연수 x의 값을 구하시오.
0147

25 $x+y=4$이고, $a=3^x$, $b=3^y$일 때, ab의 값을 구하시오. (단, x, y는 자연수)
0148

26 $1\times2\times3\times4\times5\times6\times7\times8\times9\times10$을 간단히 한 식이 $2^a\times3^b\times5^c\times7^d$일 때, $a+b+c+d$의 값은? (단, a, b, c, d는 자연수)
0149

① 11 ② 12 ③ 13
④ 14 ⑤ 15

빈출

유형 02 지수법칙 (2); 지수의 곱 | 개념 03-2

대표문제

27 $(x^2)^3\times x^4=(x^a)^2$일 때, 자연수 a의 값을 구하시오.
0150

28 $(a^3)^4\times b^3\times a\times(b^2)^3$을 간단히 하면?
0151

① a^4b^5 ② a^4b^9 ③ $a^{12}b^6$
④ $a^{13}b^5$ ⑤ $a^{13}b^9$

29 $(2^2)^{\square}\times(5^3)^3\times2\times5^4=2^9\times5^{\square}$일 때, □ 안에 알맞은 수의 합은?
0152

① 15 ② 16 ③ 17
④ 18 ⑤ 19

서술형

30 $3^a\times27^2=9^5$일 때, 자연수 a의 값을 구하시오.
0153

빈출

유형 03 지수법칙 (3); 지수의 차 | 개념 03-3

대표문제

31 다음 중 옳은 것을 모두 고르면? (정답 2개)
0154

① $a^6\div a^3=a^2$
② $a\div a^5=\frac{1}{a^5}$
③ $(a^3)^2\div a^4\div a^2=1$
④ $a^7\div a^4\div(a^2)^3=a^3$
⑤ $(a^5)^4\div a^8\div(a^2)^2=a^8$

32 $x^{10}\div(x^2)^4\div x^{\square}=1$일 때, □ 안에 알맞은 수를 구하시오.
0155

33 다음 네 학생 중 계산 결과가 가장 큰 것을 가지고 있는 학생을 고르시오.
0156

지수	$3^4\div(3\div3^2)$	성민	$(3^2)^6\div3^4$
윤희	$3^5\times\left(3^2\div\frac{1}{3^4}\right)$	영석	$3^8\times\frac{1}{3}\div3^4$

34 $\frac{5^{7-x}}{5^{2x-2}}=125$일 때, x의 값을 구하시오.
0157

(단, $7-x$, $2x-2$는 자연수)

유형 04 지수법칙 (4); 지수의 분배 ① | 개념 03-4

대표문제

35 (0158) $(-4x^3y)^a=256x^by^c$일 때, 자연수 a, b, c에 대하여 $a+b+c$의 값을 구하시오.

36 (0159) 다음 중 옳은 것은?

① $(a^4b^6)^2=a^6b^8$
② $(2x^2y)^3=8x^5y^3$
③ $(-xy^3)^2=x^2y^6$
④ $(-6x^3y^5)^2=-36x^6y^{10}$
⑤ $(-3x^2y^4)^3=-9x^6y^{12}$

37 (0160) 오른쪽 그림과 같이 한 모서리의 길이가 $4ab^2$인 정육면체의 부피를 구하시오.

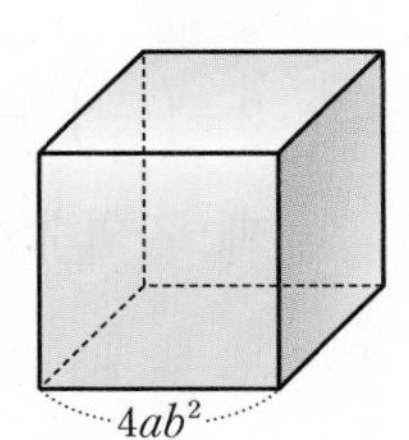

38 (0161) $54^4=(2\times 3^x)^4=2^4\times 3^y$일 때, 자연수 x, y에 대하여 $x+y$의 값을 구하시오.

유형 05 지수법칙 (4); 지수의 분배 ② | 개념 03-4

대표문제

39 (0162) $\left(-\dfrac{3x^2}{y^a}\right)^3=-\dfrac{bx^c}{y^{15}}$일 때, 자연수 a, b, c에 대하여 $a+b-c$의 값은?

① -28 ② -16 ③ 16
④ 26 ⑤ 38

40 (0163) 다음 **보기** 중 옳은 것을 모두 고른 것은?

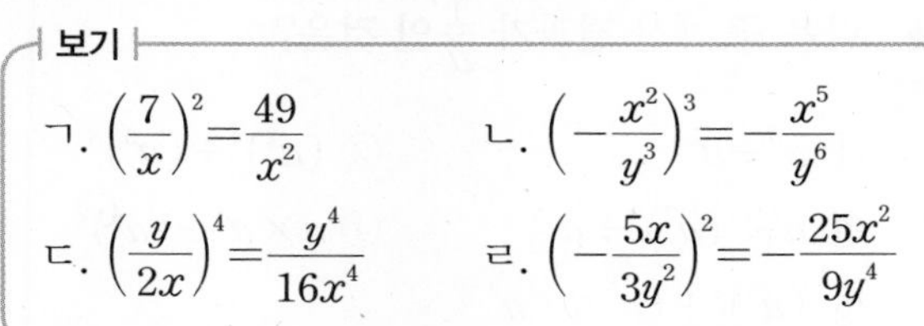
ㄱ. $\left(\dfrac{7}{x}\right)^2=\dfrac{49}{x^2}$
ㄴ. $\left(-\dfrac{x^2}{y^3}\right)^3=-\dfrac{x^5}{y^6}$
ㄷ. $\left(\dfrac{y}{2x}\right)^4=\dfrac{y^4}{16x^4}$
ㄹ. $\left(-\dfrac{5x}{3y^2}\right)^2=-\dfrac{25x^2}{9y^4}$

① ㄱ, ㄴ ② ㄱ, ㄷ ③ ㄱ, ㄹ
④ ㄴ, ㄷ ⑤ ㄷ, ㄹ

41 (0164) $\left(\dfrac{ax}{y^bz^2}\right)^5=\dfrac{32x^5}{y^{10}z^c}$일 때, 자연수 a, b, c에 대하여 $a-b+c$의 값을 구하시오.

42 (0165) 다음을 만족하는 자연수 p, q에 대하여 pq의 값을 구하시오.

$$(0.\dot{1})^p=\frac{1}{3^{10}},\quad (5.\dot{4})^6=\left(\frac{7}{3}\right)^q$$

빈출

유형 06 지수법칙; 종합 | 개념 03-1~4

대표문제

43 다음 중 옳은 것은?
0166

① $3^2\times3^3\times3^4=3^{24}$　② $\{(2^2)^3\}^4=2^9$
③ $x^4\div x^3\div x^2=\frac{1}{x}$　④ $\left(-\frac{x}{y^2}\right)^3=\frac{x^3}{y^6}$
⑤ $a^8\times a^4\div a^2=a^6$

44 다음 중 계산 결과가 $\frac{1}{a}$인 것은?
0167

① $a^6\div a^5$　② $(a^2)^4\div(a^3)^3$
③ $a^7\div(a^2)^3\div a$　④ $a\times a^5\div(a^4)^2$
⑤ $(a^3)^2\div(a^5)^2\times a^2$

45 다음 중 □ 안에 알맞은 수가 가장 큰 것은?
0168

① $a^{\square}\times a^4=a^6$　② $(a^2)^{\square}=a^6$
③ $a^4\div a^{\square}=\frac{1}{a}$　④ $(\square\times a^4)^3=-8a^{12}$
⑤ $\left(\frac{b^{\square}}{a}\right)^2=\frac{b^8}{a^2}$

46 $(2^3)^4\div2^x=\frac{1}{8}$, $16\times2^y\div8=64$일 때, 자연수 x, y에 대하여 $x-y$의 값을 구하시오.
0169

유형 07 지수법칙의 응용 (1) ; 같은 수의 덧셈식 | 개념 03-1~4

같은 수의 덧셈식은 다음과 같이 곱셈식으로 바꾸어 계산한다.

$$\underbrace{a^n+a^n+a^n+\cdots+a^n}_{a\text{개}}=a\times a^n=a^{n+1}$$

대표문제

47 $3^4\times3^4\times3^4=3^a$, $3^4+3^4+3^4=3^b$일 때, 자연수 a, b에 대하여 $a+b$의 값을 구하시오.
0170

48 다음 중 $8^4+8^4+8^4+8^4$과 같은 것은?
0171

① 2^8　② 2^{10}　③ 2^{12}
④ 2^{14}　⑤ 2^{16}

서술형

49 $2\div\left(\frac{1}{2}\right)^4+2^5+2^5+2^5=2^a$, $4^5\times4^5\times4^5\times4^5=4^b$일 때, 자연수 a, b에 대하여 $b-a$의 값을 구하시오.
0172

창의·융합

50 다음 식을 간단히 하시오.
0173

$$\frac{4^2+4^2+4^2}{3^5+3^5+3^5+3^5}\times\frac{9^3+9^3+9^3+9^3}{2^3+2^3+2^3}$$

유형 08 지수법칙의 응용 (2) ; 문자를 사용하여 나타내기

| 개념 03-1~4

밑이 서로 다를 때에는 밑을 서로 같게 만든다.

예 $2^2=A$일 때, 8^2을 A를 사용하여 나타내면
$8^2=(2^3)^2=(2^2)^3=A^3$

대표문제

51 (0174) $3^2=A$라 할 때, $27^4 \div 9$를 A를 사용하여 나타내면 A^x이다. 이때 자연수 x의 값을 구하시오.

52 (0175) $2^6=a$라 할 때, $\frac{1}{8^4}$을 a를 사용하여 나타내면?

① $\frac{1}{a^6}$ ② $\frac{1}{a^5}$ ③ $\frac{1}{a^4}$
④ $\frac{1}{a^3}$ ⑤ $\frac{1}{a^2}$

53 (0176) $A=2^{x+1}$일 때, 16^x을 A를 사용하여 나타내면?

① $\frac{A}{16}$ ② $\frac{A^4}{16}$ ③ $\frac{A^4}{8}$
④ A^4 ⑤ $16A^4$

54 (0177) $3^3=A$, $5^3=B$라 할 때, 75^3을 A, B를 사용하여 나타내면?

① AB ② AB^2 ③ A^2B
④ A^2B^2 ⑤ A^2B^3

빈출

유형 09 지수법칙의 응용 (3) ; 자릿수 구하기

| 개념 03-1~4

자연수 A가 몇 자리 자연수인지 구할 때에는

❶ $A=a\times10^n$ 꼴로 나타낸다. (단, a, n은 자연수)
➡ $10^n=(2\times5)^n=2^n\times5^n$이므로 A의 소인수 중 2와 5의 지수가 같아지도록 변형한다. ← 2와 5의 지수 중 작은 쪽의 지수에 맞춘다.

❷ A의 자릿수는 (a의 자릿수)$+n$이다.

대표문제

55 (0178) $2^{13}\times3\times5^{10}$이 n자리 자연수일 때, n의 값은?

① 10 ② 11 ③ 12
④ 13 ⑤ 14

56 (0179) $A=2^7\times5^4$일 때, A는 몇 자리 자연수인지 구하시오.

57 (0180) $3^2\times5^2\times20^4$이 n자리 자연수이고, 각 자리의 숫자의 합을 m이라 할 때, $m+n$의 값은?

① 17 ② 18 ③ 19
④ 20 ⑤ 21

서술형

58 (0181) $A=\frac{12^4\times15^{12}}{45^8}$일 때, A는 몇 자리 자연수인지 구하시오.

단항식의 곱셈과 나눗셈

Level A 개념 익히기

04-1 단항식의 곱셈 | 유형 10, 13~15

단항식의 곱셈은 계수는 계수끼리, 문자는 문자끼리 계산한다. 이때 같은 문자끼리의 곱셈은 지수법칙을 이용하여 간단히 한다.

예 $5x\times7x^3=5\times x\times7\times x^3=(5\times7)\times(x\times x^3)=35x^4$ ← 계수는 계수끼리, 문자는 문자끼리

참고 단항식의 곱셈에서 계산 결과의 부호는 각 항의 $(-)$의 개수에 따라 결정된다.

① $(-)$가 홀수 개 ➡ $(-)$ ② $(-)$가 짝수 개 ➡ $(+)$

04-2 단항식의 나눗셈 | 유형 11, 13~15

[방법 1] 곱셈으로 바꾸기

나눗셈을 역수의 곱셈으로 바꾸어 계산한다. (역수: 곱해서 1이 되게 하는 수나 식)

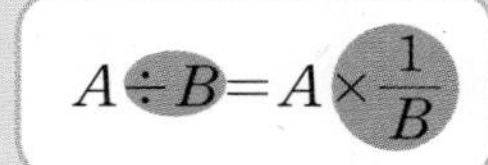

$A\div B=A\times\frac{1}{B}$

[방법 2] 분수 꼴로 바꾸기

나눗셈을 분수 꼴로 바꾸어 계산한다.

$A\div B=\frac{A}{B}$

예 $8x^3\div4x$를 간단히 해 보자.

[방법 1] $8x^3\div4x=8x^3\times\frac{1}{4x}=\left(8\times\frac{1}{4}\right)\times\left(x^3\times\frac{1}{x}\right)=2x^2$

[방법 2] $8x^3\div4x=\frac{8x^3}{4x}=\frac{8}{4}\times\frac{x^3}{x}=2x^2$

참고 나누는 식이 분수 꼴이거나 나눗셈이 2개 이상인 경우에는 [방법 1]을 이용하는 것이 편리하다.

$A\div\frac{C}{B}=A\times\frac{B}{C}=\frac{AB}{C}$, $A\div B\div C=A\times\frac{1}{B}\times\frac{1}{C}=\frac{A}{BC}$

04-3 단항식의 곱셈과 나눗셈의 혼합 계산 | 유형 12~15

❶ 괄호가 있는 거듭제곱은 지수법칙을 이용하여 괄호를 푼다.

❷ 나눗셈은 역수의 곱셈으로 바꾼다.

❸ 계수는 계수끼리, 문자는 문자끼리 계산한다.

예 $(2x)^3\div x^2\times(-3x^4)=8x^3\div x^2\times(-3x^4)$ ← 괄호 풀기

$=8x^3\times\frac{1}{x^2}\times(-3x^4)$ ← 나눗셈을 곱셈으로

$=\{8\times(-3)\}\times\left(x^3\times\frac{1}{x^2}\times x^4\right)$ ← 계수는 계수끼리, 문자는 문자끼리

$=-24x^5$

주의 곱셈과 나눗셈이 혼합된 식은 반드시 앞에서부터 차례대로 계산한다.

[01~03] 다음 식을 간단히 하시오.

01 $2a\times3b$ 0182

02 $3x\times(-4y)$ 0183

03 $(-a)^3\times(-2ab)^2$ 0184

[04~06] 다음 식을 간단히 하시오.

04 $12a^4\div3a^2$ 0185

05 $(-4ab^2)\div\left(-\frac{ab}{2}\right)$ 0186

06 $5x^6y\div\left(-\frac{1}{2}x\right)^2$ 0187

[07~10] 다음 식을 간단히 하시오.

07 $4ab\times2b\div4a$ 0188

08 $3a^3\times(-2a^2)\div12a^4$ 0189

09 $12x^2y\div(-6x)\times(-2y)$ 0190

10 $(-3ab^2)^2\times2ab\div\frac{1}{3}a^2b^3$ 0191

유형 10 단항식의 곱셈 | 개념 04-1

대표문제

11 (0192) $(3x^2y)^2 \times (-xy^2)^3 \times (-4x^3y^4) = ax^by^c$일 때, 자연수 a, b, c에 대하여 $a-b-c$의 값을 구하시오.

12 (0193) $\left(-\frac{3}{2}ab^2\right)^3 \times \left(-\frac{1}{3}a^3b\right)^2$을 간단히 하면?

① $-\frac{1}{2}a^9b^8$ ② $-\frac{3}{8}a^6b^8$ ③ $-\frac{3}{8}a^9b^8$
④ $\frac{3}{8}a^9b^5$ ⑤ $\frac{3}{8}a^9b^8$

창의 융합

13 (0194) 다음은 이웃한 두 칸의 식을 곱하여 얻은 결과를 바로 위 칸에 쓴 것이다. 이때 A에 알맞은 식을 구하시오.

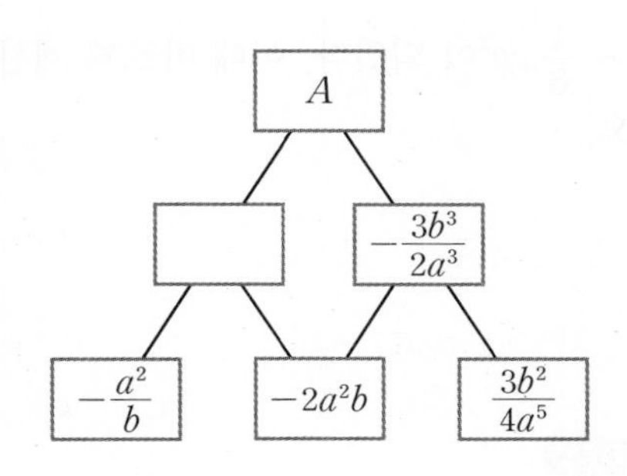

서술형

14 (0195) $(-5x^3y)^A \times Bx^6y^5 = -10x^9y^C$일 때, 자연수 A, B, C에 대하여 ABC의 값을 구하시오.

유형 11 단항식의 나눗셈 | 개념 04-2

대표문제

15 (0196) $24x^7y^4 \div (-xy^3)^3 \div \frac{4}{3}xy^2$을 간단히 하면 $-\frac{bx^c}{y^a}$일 때, 자연수 a, b, c에 대하여 $a+b+c$의 값은?

① 7 ② 10 ③ 18
④ 25 ⑤ 28

16 (0197) $(x^2y)^2 \div \left(-\frac{x}{y^2}\right)^4 \div (-x^3y^2)^5$을 간단히 하시오.

17 (0198) $(-3a^2b^{\square})^3 \div \frac{1}{2}a^4b^7 = \square a^{\square}b^8$일 때, $\square$ 안에 알맞은 수의 합은?

① -61 ② -47 ③ -23
④ 47 ⑤ 61

18 (0199) $6x^Ay \div (-Bx^3y^2)^2 \div \frac{x^3}{3y^2} = \frac{2}{x^Cy}$일 때, 자연수 A, B, C에 대하여 $A-B+C$의 값을 구하시오.

빈출

유형 12 단항식의 곱셈과 나눗셈의 혼합 계산
| 개념 04-3

대표문제

19 $(-x^2y)^3 \div \left(\frac{x^3}{2y}\right)^3 \times \left(-\frac{x^4}{y^2}\right)^2$을 간단히 하시오.
0200

20 다음 **보기** 중 옳은 것을 모두 고르시오.
0201

보기

ㄱ. $a \div b \times c = \frac{a}{bc}$　　ㄴ. $a \times b \div c = \frac{ab}{c}$

ㄷ. $a \times (b \div c) = \frac{b}{ac}$　　ㄹ. $a \div (b \div c) = \frac{ac}{b}$

21 다음 중 옳지 않은 것은?

① $3x^4 \times (-y^3)^2 = 3x^4y^6$

② $10x^4y^2 \div \frac{1}{5}xy \times x^3y = 50x^6y^2$

③ $(-9a^5b^3) \times 4ab^2 \div 12a^2b^4 = -3a^4b$

④ $21ab \div (-7a^2) \times 2a^2b = -6ab^2$

⑤ $(8xy^2)^2 \div (4y)^2 \times 8x^3 = 32x^5y^8$

22 $\left(-\frac{y}{2x^A}\right)^3 \times (5x^2y)^B \div (-xy^2) = \frac{25y^C}{8x^3}$일 때, 자연수 A, B, C에 대하여 $A+B+C$의 값을 구하시오.
0203

빈출

유형 13 어떤 식 구하기
| 개념 04-1~3

① $A \times \square = B$ ➡ $\square = B \div A$

② $A \div \square = B$ ➡ $\square = A \div B$

③ $A \times \square \div B = C$ ➡ $\square = \frac{1}{A} \times B \times C$

④ $A \div \square \times B = C$ ➡ $\square = A \times B \times \frac{1}{C}$

대표문제

23 $4x^5y^3 \times \square \div (-2x^2y)^2 = -3x^3y$일 때, $\square$ 안에 알맞은 식은?
0204

① $-3xy$　② $-3x^2$　③ $3x^2$

④ $12x^2$　⑤ $\frac{3x^2}{y}$

24 $(6x^2y)^2 \div \square \times (-xy)^2 = 9xy$일 때, $\square$ 안에 알맞은 식을 구하시오.
0205

서술형

25 어떤 식에 $24xy$를 곱해야 할 것을 잘못하여 나누었더니 $-\frac{1}{8}xy^2$이 되었다. 이때 바르게 계산한 식을 구하시오.
0206

창의·융합

26 다음 그림의 $\square$ 안의 식은 바로 위의 색칠한 사각형의 양옆의 두 식을 곱한 결과이다. C에 알맞은 식을 구하시오.
0207

a^4		B		C
	A		ab^6	
		$(a^2b)^3$		

유형 14 평면도형에의 활용 | 개념 04-1~3

대표문제

27 0208 오른쪽 그림과 같이 한 대각선의 길이가 $14a^4b^2$인 마름모의 넓이가 $(7a^2b^3)^2$일 때, 이 마름모의 다른 대각선의 길이를 구하시오.

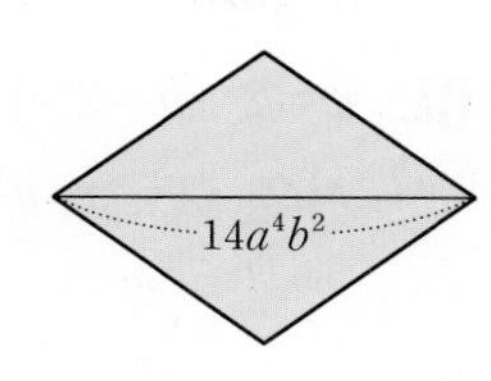

28 0209 오른쪽 그림과 같이 밑변의 길이가 $4xy^2$이고 높이가 $3xy$인 평행사변형의 넓이는?

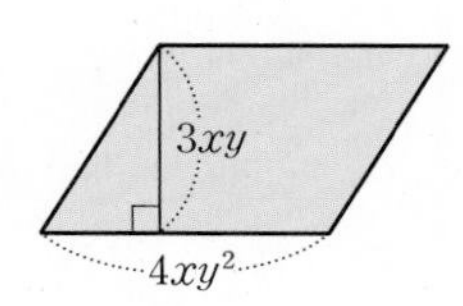

① $6xy^2$ ② $6x^2y^3$ ③ $12xy^2$
④ $12x^2y^2$ ⑤ $12x^2y^3$

창의융합

29 0210 오른쪽 그림과 같이 직사각형 모양의 벽면을 서로 합동인 직사각형 모양의 타일 9개로 빈틈없이 겹치지 않게 붙였다.
벽면의 넓이가 $135x^6y^4$이고, 타일의 가로의 길이가 $5xy^3$일 때, 타일의 세로의 길이를 구하시오.

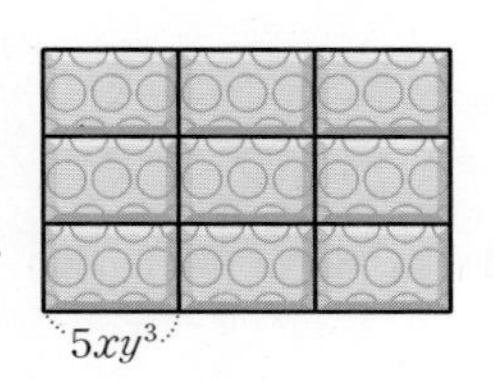

30 0211 다음 그림과 같은 직사각형과 삼각형의 넓이가 서로 같을 때, 삼각형의 높이를 구하시오.

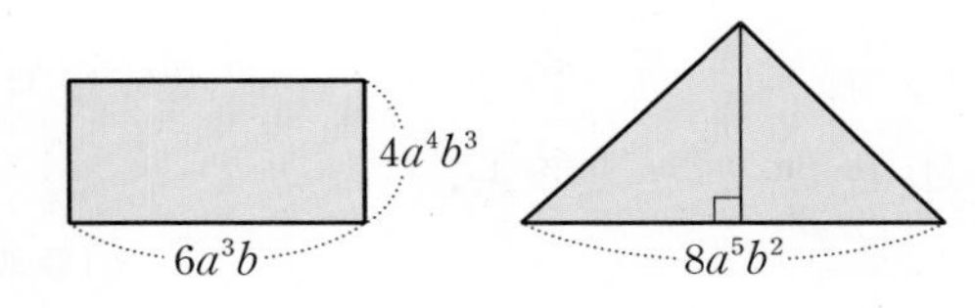

유형 15 입체도형에의 활용 | 개념 04-1~3

대표문제

31 0212 오른쪽 그림과 같이 밑면이 직각삼각형인 삼각기둥의 부피가 $36x^5y^7$일 때, 이 삼각기둥의 높이를 구하시오.

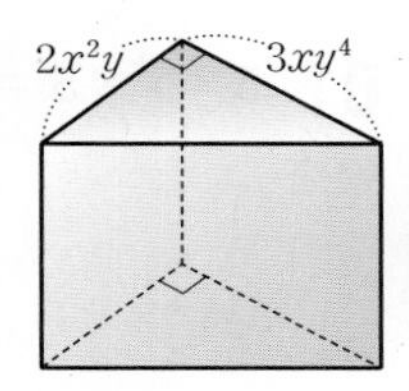

32 0213 오른쪽 그림과 같이 밑면의 가로의 길이가 $\frac{1}{2}a^3b$, 세로의 길이가 $7a$, 높이가 $6ab^2$인 직육면체의 부피를 구하시오.

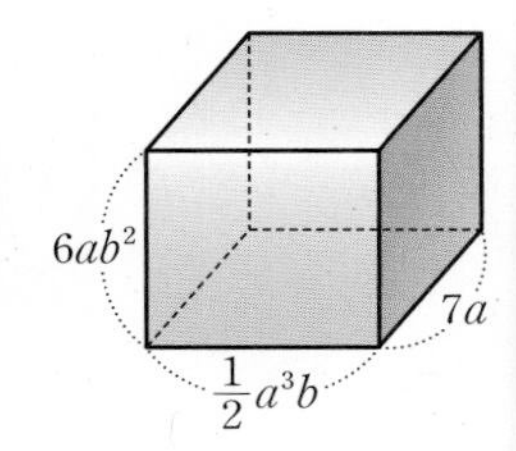

33 0214 오른쪽 그림과 같이 밑면의 지름의 길이가 $12x$인 원뿔의 부피가 $48\pi x^2y$일 때, 이 원뿔의 높이를 구하시오.

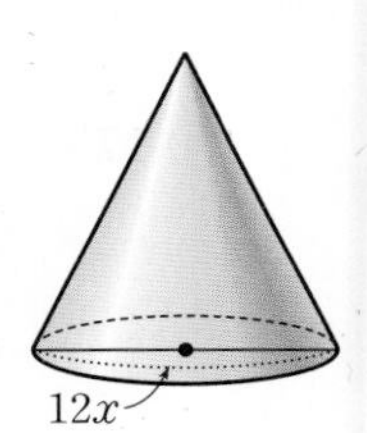

34 0215 다음 그림과 같이 반지름의 길이가 $3ab^2$인 구와 밑면의 반지름의 길이가 $2ab^2$이고 높이가 $4ab^2$인 원기둥이 있다. 이때 구의 겉넓이는 원기둥의 겉넓이의 몇 배인가?

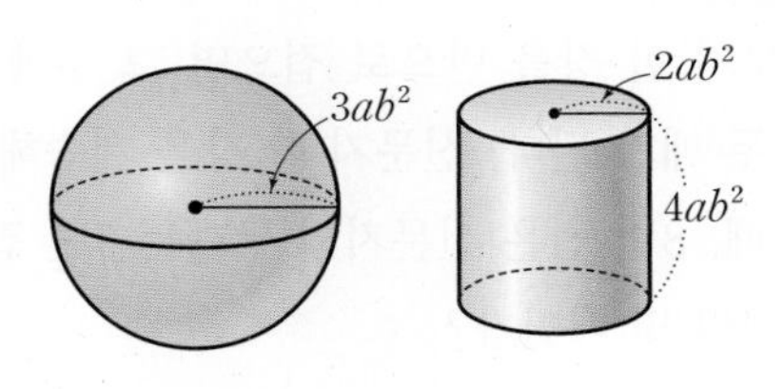

① $\frac{2}{3}$배 ② $\frac{5}{6}$배 ③ $\frac{4}{3}$배
④ $\frac{3}{2}$배 ⑤ 2배

01 $5\times5^{k}\times5^{2}=625$일 때, 자연수 k의 값은?
0216

① 1 ② 2 ③ 3
④ 4 ⑤ 5

▶ 27쪽 유형 01

02 $81^{2}\times27^{3}\div9^{3}=3^{x}$일 때, 자연수 x의 값은?
0217

① 3 ② 7 ③ 11
④ 17 ⑤ 23

▶ 28쪽 유형 02 + 28쪽 유형 03

창의✚융합

03 신문지 한 장을 반으로 접으면 그 두께는 처음 두께의 두 배가 된다. 신문지 한 장을 계속해서 반으로 접을 때, 8번 접은 신문지의 두께는 5번 접은 신문지의 두께의 몇 배인가?
0218

① 2배 ② 4배 ③ 8배
④ 12배 ⑤ 16배

▶ 28쪽 유형 03

04 $a=2^{x}$, $b=2^{y}$이고 $x+y=5$일 때, $a^{2}b^{2}$의 값을 구하시오. (단, x, y는 자연수)
0219

▶ 27쪽 유형 01 + 29쪽 유형 04

05 $\left(\dfrac{2x^{2a}}{y^{3}}\right)^{4}=\dfrac{bx^{8}}{y^{6c}}$일 때, 자연수 a, b, c에 대하여 abc의 값을 구하시오.
0220

▶ 29쪽 유형 05

06 다음 **보기** 중 옳은 것을 모두 고른 것은?
0221

보기
ㄱ. $(a^{2})^{3}=a^{5}$
ㄴ. $a\times a^{4}\times a^{2}=a^{7}$
ㄷ. $a^{16}\div a^{10}=a^{6}$
ㄹ. $(2a^{2}b^{6})^{3}=6a^{6}b^{18}$

① ㄱ, ㄴ ② ㄱ, ㄷ ③ ㄱ, ㄹ
④ ㄴ, ㄷ ⑤ ㄴ, ㄹ

▶ 30쪽 유형 06

07 다음 중 □ 안에 알맞은 수가 나머지 넷과 다른 하나는?
0222

① $a^{\square}\times a^2=a^8$
② $\dfrac{x^{\square}}{x^9}=\dfrac{1}{x^3}$
③ $\left(\dfrac{y^5}{x^{\square}}\right)^2=\dfrac{y^{10}}{x^{12}}$
④ $(a^2b^{\square})^3=a^6b^{18}$
⑤ $x^{\square}\times x^2\div x^3=x^7$

▶ 30쪽 유형 06

08 $\dfrac{3^5+3^5+3^5}{4^5+4^5}\times\dfrac{8^2+8^2+8^2}{9^2+9^2+9^2}$ 을 간단히 하면?
0223

① $\dfrac{9}{16}$
② $\dfrac{3}{8}$
③ $\dfrac{9}{32}$
④ $\dfrac{3}{16}$
⑤ $\dfrac{3}{32}$

▶ 30쪽 유형 07

09 $A=3^x$일 때, $\dfrac{9^x+3^{x+2}}{3^x}$을 A를 사용하여 나타내면?
0224

① $\dfrac{2}{A}$
② $\dfrac{3}{A}$
③ $A+6$
④ $A+9$
⑤ $A+12$

▶ 31쪽 유형 08

10 $A=2^{x-1}$, $B=3^{x+1}$일 때, 18^x을 A, B를 사용하여 나타내면?
0225

① $\dfrac{1}{6}AB$
② $\dfrac{2}{3}AB$
③ $\dfrac{1}{18}AB^2$
④ $\dfrac{2}{9}AB^2$
⑤ AB^2

▶ 31쪽 유형 08

11 $12\times16^3\times25^6$을 $a\times10^k$ 꼴로 나타내려고 한다. a가 최소일 때, $k-a$의 값은? (단, a, k는 자연수)
0226

① -2
② -1
③ 0
④ 1
⑤ 2

▶ 31쪽 유형 09

12 $\left(-\dfrac{b}{a^2}\right)^3\times\left(\dfrac{7a^2}{b}\right)^2\times(-a^3b)^3$을 간단히 하면?
0227

① $-49a^7b^4$
② $-7a^{11}b^5$
③ $7a^{11}b^5$
④ $49ab^3$
⑤ $49a^7b^4$

▶ 33쪽 유형 10

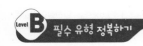

13 다음 중 옳지 <u>않은</u> 것은?

0228

① $(-2x^2)\times 3x^5=-6x^7$

② $(-6ab)\div\frac{a}{2}=-12b$

③ $(2a^3)^2\times 5a=20a^7$

④ $(-3a^2)^2\div 4a^2b=-\frac{9a^2}{4b}$

⑤ $(-27x^4)\div(9x)^2=-\frac{x^2}{3}$

▶ 33쪽 유형 **10** + 33쪽 유형 **11**

14 다음 계산 과정에서 (가)에 $8x^2y$를 넣었을 때, (다)에 알맞은 식을 구하시오.

0229

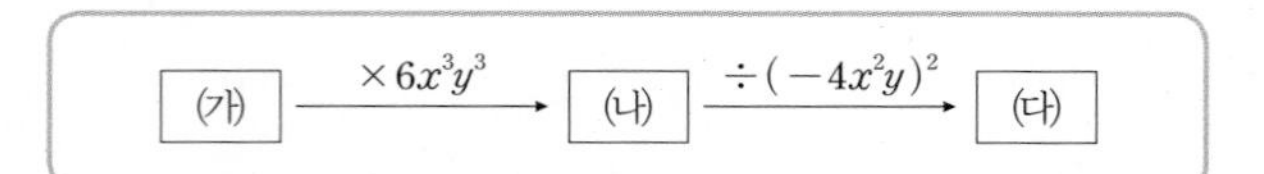

▶ 34쪽 유형 **12**

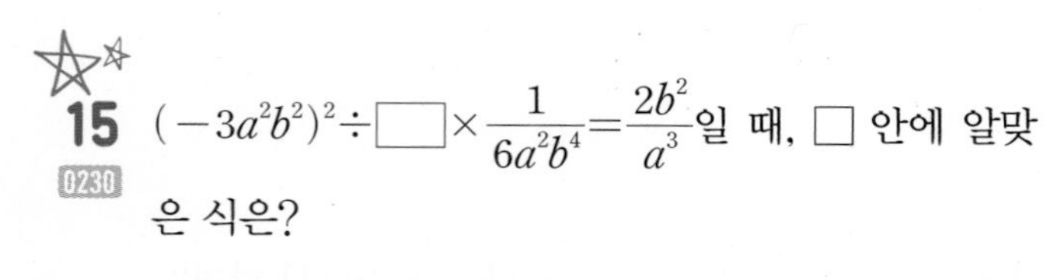

15 $(-3a^2b^2)^2\div\square\times\frac{1}{6a^2b^4}=\frac{2b^2}{a^3}$일 때, □ 안에 알맞은 식은?

0230

① $\frac{3b^2}{2a^4}$ ② $\frac{2b^2}{3a^5}$ ③ $\frac{3a^5}{2b^4}$

④ $\frac{4a^3}{3b^5}$ ⑤ $\frac{3a^5}{4b^2}$

▶ 34쪽 유형 **13**

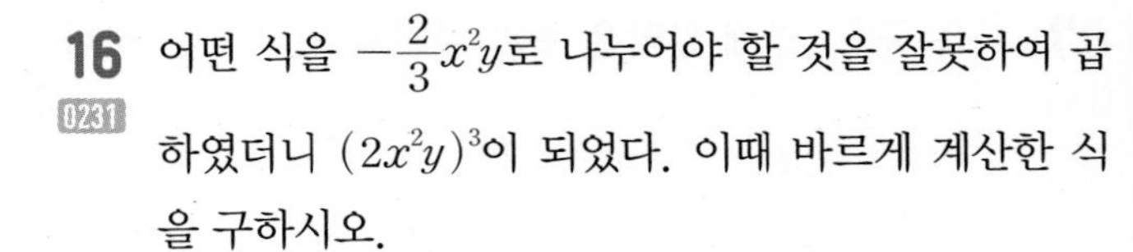

16 어떤 식을 $-\frac{2}{3}x^2y$로 나누어야 할 것을 잘못하여 곱하였더니 $(2x^2y)^3$이 되었다. 이때 바르게 계산한 식을 구하시오.

0231

▶ 34쪽 유형 **13**

17 오른쪽 그림과 같이 가로의 길이가 $9a^2b^3$인 직사각형 모양의 축구장이 있다. 이 축구장의 넓이가 $15a^3b^5$일 때, 축구장의 세로의 길이를 구하시오.

0232

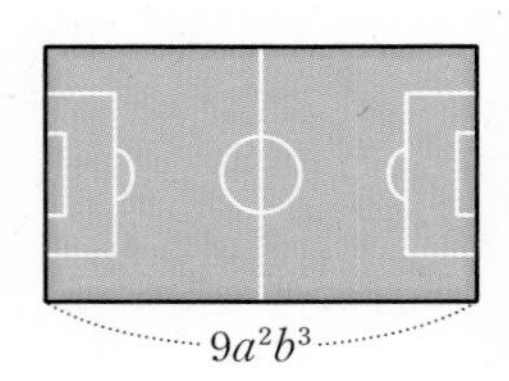

▶ 35쪽 유형 **14**

18 다음 그림과 같은 밑면의 반지름의 길이가 $2a$이고 높이가 b인 원기둥 A와 밑면의 반지름의 길이가 $3a$인 원기둥 B의 부피가 서로 같을 때, 원기둥 B의 높이를 구하시오.

0233

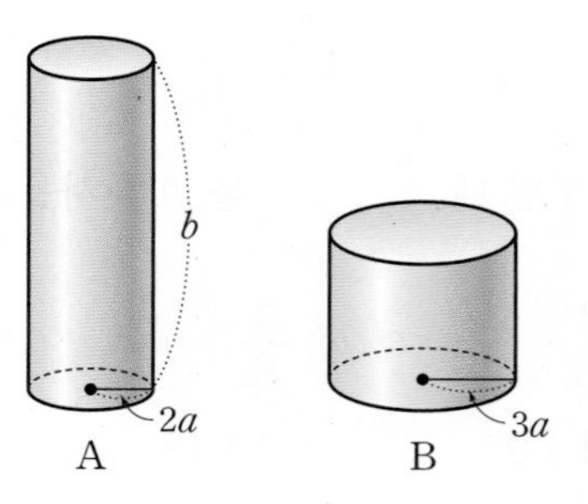

▶ 35쪽 유형 **15**

서술형 문제

19 $x\times y^3\times x^{a+3}\times y^{2a-1}=x^6y^b$일 때, 자연수 a, b에 대하여 ab의 값을 구하시오.
0234

▶ 27쪽 유형 01

20 $48^6=2^a\times 3^b$일 때, 자연수 a, b에 대하여 $\frac{a}{b}$의 값을 구하시오.
0235

▶ 29쪽 유형 04

21 $\{(9^2)^3\}^3=3^a$, $9^2\times 9^5=3^b$, $9^3+9^3+9^3=3^c$일 때, 자연수 a, b, c에 대하여 $a-b-c$의 값을 구하시오.
0236

▶ 30쪽 유형 07

22 $A=\frac{2^{10}\times 6^8\times 5^{16}}{18^3}$일 때, 다음 물음에 답하시오.
0237

(1) A를 $a\times 10^n$ 꼴로 나타내시오.
(단, $10\le a<100$, a, n은 자연수)

(2) A는 몇 자리 자연수인지 구하시오.

▶ 31쪽 유형 09

23 $(-3x^2y)^a\times bxy^3\div x^2y=162x^7y^c$일 때, 자연수 a, b, c에 대하여 $a-b+c$의 값을 구하시오.
0238

▶ 34쪽 유형 12

창의·융합

24 오른쪽 그림과 같이 $\angle C=90^\circ$인 직각삼각형 ABC가 있다. $\overline{AC}$, $\overline{BC}$를 각각 회전축으로 하여 1회전 시킬 때 생기는 두 입체도형의 부피를 각각 V_1, V_2라 할 때, 다음을 구하시오.
0239

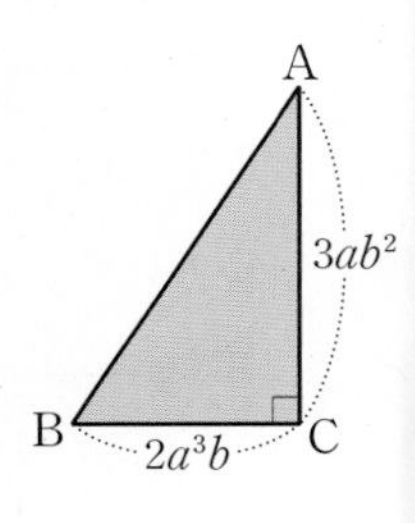

(1) V_1

(2) V_2

(3) $\frac{V_1}{V_2}$

▶ 35쪽 유형 15

2 단항식의 계산

Level C 단원 마무리

발전 유형 정복하기

01 0240
$(2^3)^4\times 2^a=2^{15}$, $2^7\div(2^b)^2=\dfrac{1}{32}$일 때, 자연수 a, b에 대하여 ab의 값은?

① 6　② 8　③ 12　④ 18　⑤ 20

02 0241
n이 자연수일 때, 다음 **보기** 중 옳은 것을 모두 고른 것은?

보기
ㄱ. $(-1)^n+(-1)^{n+1}=0$
ㄴ. $(-1)^n-(-1)^{n+1}=1$ (단, n은 짝수)
ㄷ. $(-1)^n\times(-1)^{n+1}=-1$
ㄹ. $(-1)^n\div(-1)^{n+1}=1$

① ㄱ, ㄴ　② ㄱ, ㄷ　③ ㄴ, ㄷ　④ ㄴ, ㄹ　⑤ ㄷ, ㄹ

Tip
$(-1)^n=\begin{cases} 1 & (n\text{이 짝수}) \\ -1 & (n\text{이 홀수}) \end{cases}$

03 0242
자연수 a, b, c에 대하여 $(x^ay^bz^c)^d=x^{16}y^{32}z^{28}$을 만족하는 가장 큰 자연수를 d라 할 때, $a+b+c+d$의 값을 구하시오.

04 0243
자연수 n에 대하여 $2^{n+3}(3^n-3^{n+1})=a\times 6^n$일 때, 수 a의 값은?

① -16　② -8　③ -4　④ 8　⑤ 16

창의 융합

05 0244
나무 막대를 다음과 같은 규칙으로 잘라 짧은 나무 막대를 여러 개 만들려고 한다. [6단계]에서 남은 나무 막대의 개수는 [4단계]에서 남은 나무 막대의 개수의 몇 배인지 구하시오.

[1단계] 나무 막대를 삼등분한 후 가운데 막대를 제거한다.
[2단계] 전 단계에서 남은 나무 막대를 각각 삼등분한 후 가운데 막대를 제거한다.
[3단계 이후] [2단계]를 반복한다.

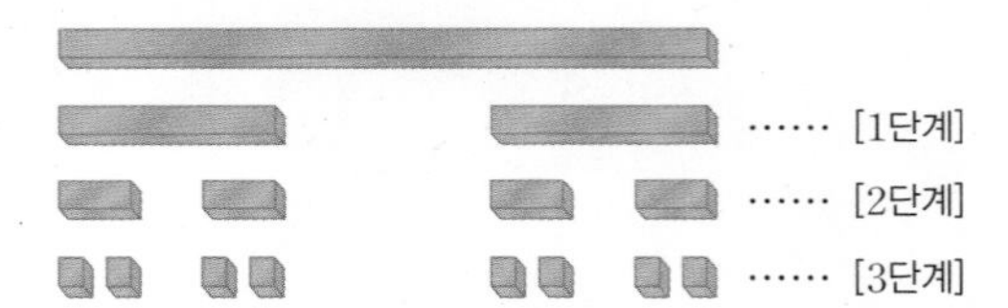

06 0245
다음 중 옳지 않은 것은?

① $(-2x^3y)^2\times 6xy^2=24x^7y^4$
② $8a^2b^3\div(-2ab)^2=2b$
③ $(3xy^2)^3\div\left(-\dfrac{9}{2}x^4y^3\right)=-\dfrac{6y^3}{x}$
④ $x^2y\div 3y^2\div\dfrac{x}{6}=\dfrac{2x}{y}$
⑤ $\dfrac{8a^2b^4\times 2a^3b^4}{4a^2b}=4ab^6$

07 0246 자연수 x, y에 대하여 $4^{x+3}=\frac{8^5}{2^y}=2^{12}$일 때, 다음 식의 값을 구하시오.

$$(xy^2)^2\div(-x^4y^3)^2\times(-x^3)^4$$

Tip

$4^{x+3}=\frac{8^5}{2^y}=2^{12}$에서 지수법칙을 이용하여 밑이 같아지도록 변형한다.

08 0247 $\frac{1}{18a^4}\times A\div\left(\frac{a}{2b}\right)^3\times\left(-\frac{3a}{b}\right)=\left(-\frac{6b^2}{a}\right)^2$을 만족하는 단항식 A를 구하시오.

09 0248 다음 그림과 같은 직육면체 모양의 물통 (가)와 (나)가 있다. 물통 (가)를 물로 가득 채운 후 물통 (나)에 부었을 때, 물통 (나)에 채워진 물의 높이는?

(단, 물통의 두께는 생각하지 않는다.)

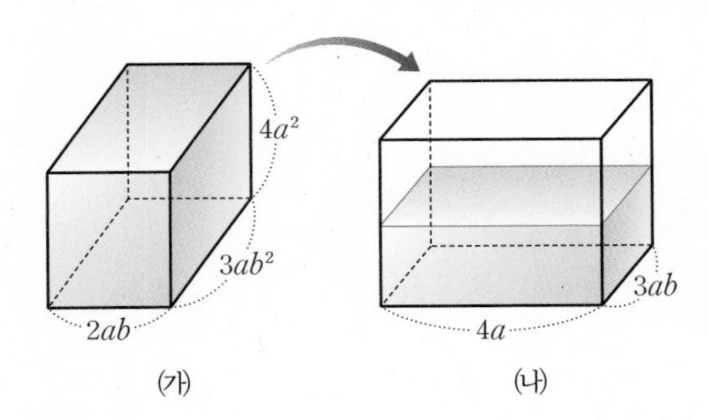

① $2a^2b^2$ ② $4a^2b^2$ ③ $6a^3b^2$
④ $12a^4b^3$ ⑤ $24a^4b^3$

서술형 문제

10 0249 $\frac{15^{30}}{45^{15}}=5^a$, $\frac{8^{10}+4^{10}}{8^4+4^{11}}=2^b$일 때, 자연수 a, b에 대하여 $a-b$의 값을 구하시오.

창의⊕융합

11 0250 Byte(바이트)는 컴퓨터의 저장 용량을 표시하는 기본 단위로서 기술의 발달에 따라 저장 용량 단위도 KB(킬로바이트), MB(메가바이트), GB(기가바이트) 등으로 커지고 있다. 1 MB는 1 KB의 2^{10}배이고, 1 GB는 1 MB의 2^{10}배일 때, 다음 물음에 답하시오.

(1) 1 GB는 몇 KB인지 구하시오.

(2) 5^{10} GB$=x$ KB일 때, x는 몇 자리 자연수인지 구하시오. (단, $2^{10}=1024$)

12 0251 다음 두 식을 만족하는 단항식 A, B에 대하여 $\frac{B}{A}$를 간단히 하시오.

$$(-16x^{10}y^7)\div A=\frac{A^2}{4x^2y^2},\quad 4x^3y^6\times\frac{1}{B}=B^2\div2y^3$$

I. 수와 식

3 다항식의 계산

학습 계획 및 성취도 체크

- 학습 계획을 세우고 적어도 두 번 반복하여 공부합니다.
- 유형 이해도에 따라 ☐ 안에 ○, △, ×를 표시합니다.
- 시험 전에 [빈출] 유형과 × 표시한 유형은 반드시 한 번 더 풀어 봅니다.

			학습 계획	1차 학습	2차 학습
Lecture 05 다항식의 덧셈과 뺄셈	유형 **01**	다항식의 덧셈과 뺄셈	/		
	유형 **02**	이차식의 덧셈과 뺄셈	/		
	유형 **03**	여러 가지 괄호가 있는 식의 계산	/		
	유형 **04**	어떤 식 구하기 빈출	/		
	유형 **05**	바르게 계산한 식 구하기 빈출	/		
Lecture 06 단항식과 다항식의 곱셈과 나눗셈	유형 **06**	단항식과 다항식의 곱셈	/		
	유형 **07**	다항식과 단항식의 나눗셈	/		
	유형 **08**	사칙연산이 혼합된 식의 계산 빈출	/		
	유형 **09**	평면도형에의 활용 빈출	/		
	유형 **10**	입체도형에의 활용 빈출	/		
	유형 **11**	식의 값 빈출	/		
	유형 **12**	식의 대입	/		
단원 마무리	**Level B** 필수 유형 정복하기		/		
	Level C 발전 유형 정복하기		/		

3. 다항식의 계산

다항식의 덧셈과 뺄셈

05-1 다항식의 덧셈과 뺄셈 | 유형 01, 03~05

(1) 다항식의 덧셈

괄호가 있으면 괄호를 먼저 풀고, 동류항끼리 모아서 계산한다.

→ 문자와 차수가 각각 같은 항

예) $(4a-b)+(3a+5b)=4a-b+3a+5b$
$=4a+3a-b+5b$
$=7a+4b$

(2) 다항식의 뺄셈

빼는 식의 각 항의 부호를 바꾸어 더한다.

예) $(2a+3b)-(a-2b)=2a+3b-a+2b$
$=2a-a+3b+2b$
$=a+5b$

(3) 여러 가지 괄호가 있는 식의 계산

(소괄호) → {중괄호} → [대괄호]의 순서로 괄호를 풀어서 계산한다.

예) $a-\{2b-(a+b)\}=a-(2b-a-b)=a-(-a+b)$
$=a+a-b=2a-b$

05-2 이차식의 덧셈과 뺄셈 | 유형 02~05

(1) 이차식: 한 문자에 대한 차수가 2인 다항식을 그 문자에 대한 이차식이라 한다.

→ 문자가 곱해진 개수

예) $3x^2+x-1$은 x에 대한 이차식이다.
$-y^2-5$는 y에 대한 이차식이다.

(2) 이차식의 덧셈과 뺄셈

괄호를 풀고, 동류항끼리 모아서 계산한다.

→ 이차항끼리, 일차항끼리, 상수항끼리

예) $(2x^2-2x+3)-(x^2-1)=2x^2-2x+3-x^2+1$
$=2x^2-x^2-2x+3+1$
$=x^2-2x+4$

참고) 보통 차수가 높은 항부터 낮은 항의 순서로 정리한다.

실전 특강 잘못 계산한 식에서 바르게 계산한 식 구하기 | 유형 05

① 어떤 식에 A를 더해야 할 것을 잘못하여 빼었더니 B가 되었다.
➡ (어떤 식) $-A=B$ ∴ (어떤 식) $=B+A$
➡ (바르게 계산한 식) $=$ (어떤 식) $+A$

② 어떤 식에서 A를 빼어야 할 것을 잘못하여 더했더니 B가 되었다.
➡ (어떤 식) $+A=B$ ∴ (어떤 식) $=B-A$
➡ (바르게 계산한 식) $=$ (어떤 식) $-A$

[01~07] 다음 식을 간단히 하시오.

01 $(2x-5y)+(x+2y)$
0252

02 $(3a+4b)-(2a-3b)$
0253

03 $(x-3y+2)+(6x+y-4)$
0254

04 $(5a+b-1)-(7a-5b+3)$
0255

05 $\left(\frac{1}{2}a+\frac{2}{3}b\right)+\left(\frac{1}{3}a-b\right)$
0256

06 $\frac{x}{2}-\frac{x+3y}{6}$
0257

07 $2(3x+1)-(x-1)$
0258

[08~10] 다음 식을 간단히 하시오.

08 $4x-\{x-(3x+y)\}$
0259

09 $a+2b-\{4a-b-(3a+5b)\}$
0260

10 $6x-[2y+\{x-(2x-3y)\}]$
0261

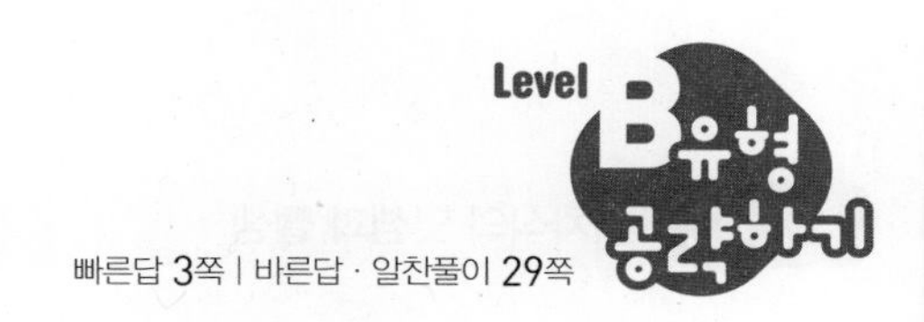

빠른답 3쪽 | 바른답 · 알찬풀이 29쪽

[11~14] 다음 중 이차식인 것은 ○표, 이차식이 아닌 것은 ×표를 하시오.

11 $2x-y+1$ ( )
0262

12 $-3-a^2$ ( )
0263

13 $4x^3+x-2$ ( )
0264

14 $3b^2+b-b^2$ ( )
0265

[15~18] 다음 식을 간단히 하시오.

15 $(a^2-a)+(3a^2+a)$
0266

16 $(-5x^2+1)-(2x^2-3)$
0267

17 $(x^2+x-2)+(-8x^2+x-6)$
0268

18 $(7y^2-3y+4)-(4y^2+9)$
0269

[19~20] 다음 식을 간단히 하시오.

19 $\{x-(3x^2+2x-1)\}-x^2-4$
0270

20 $3x-[4x^2-5-\{6x-(1+x^2)\}]$
0271

유형 01 다항식의 덧셈과 뺄셈 | 개념 05-1

대표문제

21 $\left(\frac{1}{2}x+\frac{4}{3}y\right)-\left(\frac{7}{4}x-\frac{1}{6}y\right)=ax+by$일 때, 수 a, b에 대하여 $\frac{a}{b}$의 값은?
0272

① -1 ② $-\frac{5}{6}$ ③ $-\frac{2}{3}$
④ $-\frac{1}{2}$ ⑤ $\frac{1}{2}$

22 $(5x-7y)-2(-2x+3y)$를 간단히 했을 때, x의 계수와 y의 계수의 합은?
0273

① -4 ② -2 ③ 0
④ 2 ⑤ 4

서술형

23 $x+\frac{x-2y}{4}-\frac{3x+5y}{6}=ax+by$일 때, 수 a, b에 대하여 ab의 값을 구하시오.
0274

창의⊕융합

24 윤호네 가족은 오른쪽 그림과 같이 직사각형 모양의 꽃밭의 안쪽에는 장미를, 바깥쪽에는 국화를 기르고 있다. 국화 꽃밭의 폭이 a로 일정할 때, 장미 꽃밭의 둘레의 길이를 구하시오.
0275

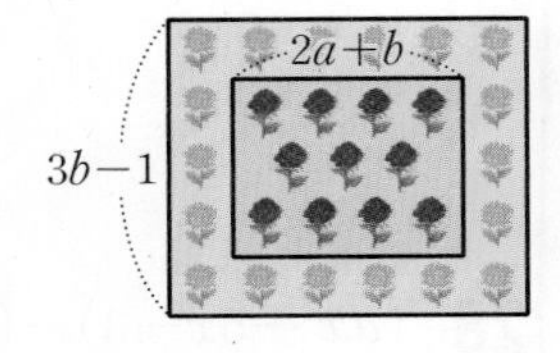

3 다항식의 계산

유형 02 이차식의 덧셈과 뺄셈 | 개념 05-2

대표문제

25 $(3x^2-4x+6)-(-x^2+x+4)$를 간단히 하면 ax^2+bx+c일 때, 수 a, b, c에 대하여 $a-b-c$의 값을 구하시오.
0276

26 $\left(\frac{1}{5}x^2-x+\frac{1}{2}\right)+\left(\frac{3}{10}x^2+4x-\frac{3}{2}\right)$을 간단히 하면?
0277

① $\frac{1}{5}x^2+3x-2$ ② $\frac{1}{5}x^2+3x-1$
③ $\frac{1}{2}x^2+3x-2$ ④ $\frac{1}{2}x^2+3x-1$
⑤ $\frac{1}{2}x^2+3x+1$

27 $4(a^2-3a+2)+3(-2a^2+5)$를 간단히 했을 때, a^2의 계수와 a의 계수의 합을 구하시오.
0278

서술형

28 $(ax^2+5x-3)-(4x^2+bx-1)$을 간단히 했을 때, x^2의 계수와 x의 계수가 모두 상수항과 같다. 이때 수 a, b에 대하여 $b-a$의 값을 구하시오.
0279

유형 03 여러 가지 괄호가 있는 식의 계산 | 개념 05-1, 2

대표문제

29 $2x-[5x-4y-\{2x+y-(2x-3y)\}]=ax+by$일 때, 수 a, b에 대하여 ab의 값을 구하시오.
0280

30 $5a+b-\{3a-b+3(a-2b)\}$를 간단히 하시오.
0281

31 $-3y-[x+7y+2\{4x-5y-(x+y)\}]$를 간단히 했을 때, x의 계수와 y의 계수의 곱은?
0282

① -50 ② -20 ③ -14
④ -8 ⑤ -1

32 다음 식을 간단히 하시오.
0283

$$8x^2+5-[x^2-\{2(x-3x^2)-4x-1\}]$$

빈출

유형 04 어떤 식 구하기 | 개념 05-1, 2

대표문제

33 $2x^2-3x+5$에서 어떤 식 A를 빼었더니 x^2+x-1이 되었다. 이때 어떤 식 A를 구하시오.

0284

34 $4a+b+\square=-a+3b$일 때, $\square$ 안에 알맞은 식은?

0285

① $-5a-b$ ② $-5a+2b$ ③ $-3a-3b$
④ $-3a+b$ ⑤ $3a-b$

35 $-x^2+3x+5$에 어떤 식 A를 더하면 $3x^2+7x+12$이고, $2x^2-x+1$에서 어떤 식 B를 빼면 $-4x^2+9x-3$이다. 이때 $B-A$를 간단히 하시오.

0286

창의⊕융합

36 다음 그림과 같은 규칙을 가진 피라미드가 있다.

0287

$16a$
$11a$ $5a$
$4a$ $7a$ $-2a$
$-a$ $5a$ $2a$ $-4a$

위와 같은 규칙으로 아래 피라미드의 빈칸을 채울 때, ㉠에 알맞은 식은?

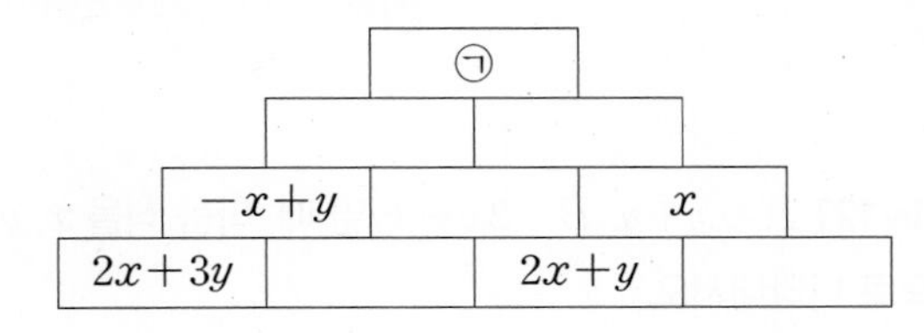

① $-2x-y$ ② $x-y$ ③ $x+y$
④ $2x+y$ ⑤ $3x-2y$

37 $7a-[2a+9b-\{-a-(5b-\square)\}]=6a+11b$일 때, $\square$ 안에 알맞은 식을 구하시오.

0288

빈출

유형 05 바르게 계산한 식 구하기 | 개념 05-1, 2

대표문제

38 어떤 식에서 $-x^2+4x-7$을 빼어야 할 것을 잘못하여 더했더니 $2x^2-x+3$이 되었다. 이때 바르게 계산한 식은?

0289

① $-4x^2+9x-17$ ② $-2x^2+x-3$
③ $x^2+7x-11$ ④ $2x^2-x+3$
⑤ $4x^2-9x+17$

39 $8x-11y+3$에서 어떤 식을 빼어야 할 것을 잘못하여 더했더니 $9x-4y-5$가 되었다. 이때 바르게 계산한 식을 구하시오.

0290

서술형

40 어떤 식에 $7x+4$를 더해야 할 것을 잘못하여 빼었더니 $-3x^2+x+1$이 되었다. 바르게 계산한 식이 ax^2+bx+c일 때, $a+b-c$의 값을 구하시오.

0291

(단, a, b, c는 수)

단항식과 다항식의 곱셈과 나눗셈

06-1 단항식과 다항식의 곱셈 | 유형 06, 08~11

(1) **방법:** 분배법칙을 이용하여 단항식을 다항식의 각 항에 곱한다.

(2) **전개와 전개식**

① 전개: 단항식과 다항식의 곱을 분배법칙을 이용하여 괄호를 풀어서 하나의 다항식으로 나타내는 것

② 전개식: 전개하여 얻은 다항식

예) $2x(x+y)=2x\times x+2x\times y=2x^2+2xy$ (전개 → 전개식)

06-2 다항식과 단항식의 나눗셈 | 유형 07~11

[방법 1] 곱셈으로 바꾸기

단항식의 역수의 곱셈으로 바꾼 다음 다항식의 각 항에 곱한다.

$$(A+B)\div C=(A+B)\times\frac{1}{C}=A\times\frac{1}{C}+B\times\frac{1}{C}$$

[방법 2] 분수 꼴로 바꾸기

분수 꼴로 바꾼 다음 다항식의 각 항을 단항식으로 나눈다.

$$(A+B)\div C=\frac{A+B}{C}=\frac{A}{C}+\frac{B}{C}$$

예) $(6x^2+9x)\div 3x$를 간단히 해 보자.

[방법 1] $(6x^2+9x)\div 3x=(6x^2+9x)\times\frac{1}{3x}$

$=6x^2\times\frac{1}{3x}+9x\times\frac{1}{3x}=2x+3$

[방법 2] $(6x^2+9x)\div 3x=\frac{6x^2+9x}{3x}=\frac{6x^2}{3x}+\frac{9x}{3x}=2x+3$

참고 ① 계수가 분수인 단항식으로 나눌 때에는 [방법 1]을 이용하는 것이 편리하다.

② 덧셈, 뺄셈, 곱셈, 나눗셈이 혼합된 식은

거듭제곱 → 괄호 → 곱셈, 나눗셈 → 덧셈, 뺄셈

의 순서로 계산한다.

06-3 식의 대입 | 유형 12

주어진 식의 문자에 그 문자를 나타내는 다른 식을 대입하여 주어진 식을 다른 문자에 대한 식으로 나타낼 수 있다.

예) $y=x+1$일 때, $x+2y+1$을 x에 대한 식으로 나타내면

$x+2y+1=x+2(x+1)+1=3x+3$

주의 문자에 다항식을 대입할 때에는 괄호로 묶어서 대입한다.

[01~03] 다음 식을 전개하시오.

01 $-a(5a+b)$
0292

02 $8x(x+2y-1)$
0293

03 $(a-3b+2c)\times(-3a)$
0294

[04~06] 다음 식을 간단히 하시오.

04 $(10x^2+4xy)\div(-2x)$
0295

05 $(-6a^2+4a)\div\frac{2}{3}a$
0296

06 $(xy+2y^2-3y)\div\left(-\frac{1}{7}y\right)$
0297

[07~08] 다음 식을 간단히 하시오.

07 $x(x-5)-4x(-x+1)$
0298

08 $\frac{9x^3-15x^2}{3x}+\frac{6x^2-8x^3}{2x}$
0299

[09~10] $x=y+4$일 때, 다음 식을 y에 대한 식으로 나타내시오.

09 $2x+3y$
0300

10 $-3x+4y-2$
0301

[11~12] $A=x+y$, $B=2x-3y$일 때, 다음 식을 x, y에 대한 식으로 나타내시오.

11 $4A+B$
0302

12 $2A-(A+2B)$
0303

유형 06 단항식과 다항식의 곱셈 | 개념 06-1

대표문제

13 $\frac{1}{2}x(7x-4y+3)=Ax^2+Bxy+Cx$일 때, 수 A, B, C에 대하여 $A-B+C$의 값은?
0304

① -7 ② -3 ③ 0
④ 3 ⑤ 7

14 다음 중 옳지 않은 것은?

① $x(1-3x^2)=x-3x^3$
② $2y(3x+5y)=6xy+10y^2$
③ $5x(-2xy-7y)=-10x^2y-35xy$
④ $-3y(6x-11y+1)=-18xy-33y^2-3y$
⑤ $-4x(x+y-2)=-4x^2-4xy+8x$

15 $(2x-y)\times(-3x)-4x(x-5y)$를 간단히 한 식에서 x^2의 계수와 xy의 계수의 합을 구하시오.
0306

16 다음 식을 간단히 하시오.

$$5a(-2a+b+3)-\frac{4}{3}a(6a-15b+9)$$

유형 07 다항식과 단항식의 나눗셈 | 개념 06-2

대표문제

17 $(6x^3y-24x^2+18xy)\div\frac{3}{5}x$를 간단히 하면?
0308

① $2x^2y-8x+6y$
② $2x^2y+8x-6y$
③ $10x^2y-40x+30y$
④ $10x^2y+40x-30y$
⑤ $10x^4y-40x^3+30x^2y$

18 $\frac{16x^2y^3-28x^2y^2+20xy^2}{4xy}$을 간단히 한 식에서 xy의 계수와 y의 계수의 곱은?
0309

① -35 ② -28 ③ 2
④ 9 ⑤ 20

19 $\square\times\left(-\frac{1}{4}a\right)=-3a^2+2ab-a$일 때, $\square$ 안에 알맞은 식을 구하시오.
0310

20 두 식
0311

$$A=(9a^2b+3ab^2)\div\frac{3}{4}ab,$$
$$B=(12a^2-15ab)\div(-3a)$$

에 대하여 $A-B$를 간단히 하시오.

빈출

유형 08 사칙연산이 혼합된 식의 계산 | 개념 06-1, 2

대표문제

21 $(-y)^2\times(3x-2)-\dfrac{x^2y^3-5xy^3}{xy}$을 간단히 하면
0312
Axy^2+By^2일 때, 수 A, B에 대하여 $A+B$의 값을 구하시오.

22 $2x(x-5)+(12x^3-8x^2)\div(-4x)$를 간단히 하면?
0313

① $-5x^2+12x$ ② $-x^2-8x$
③ $-x^2+4x$ ④ x^2+8x
⑤ $5x^2-12x$

23 다음 중 옳은 것은?
0314

① $x(6x-5)-(-2x)^2=10x^2-5x$
② $x+\left(\dfrac{x^2}{4}-\dfrac{x}{2}\right)\div\left(-\dfrac{x}{8}\right)=3x-4$
③ $\dfrac{6x+4x^3}{2x}-\dfrac{x}{5}(10x-15)=4x^2+3x+3$
④ $4\left\{\left(\dfrac{1}{2}x\right)^2+3\right\}-x(x-1)=x+12$
⑤ $x-[y-\{2x-(x-y)\}]=2x-2y$

24 $(18x^3y-12xy^2)\div\dfrac{6}{5}x-y\{(-x)^2+y\}$를 간단히
0315
한 식에서 x^2y의 계수를 a, y^2의 계수를 b라 하자. 이때 $a-b$의 값을 구하시오.

빈출

유형 09 평면도형에의 활용 | 개념 06-1, 2

대표문제

25 오른쪽 그림과 같이 가로, 세로의 길이가 각각 $11a$, $7b$인 직사각형에서 색칠한 부분의 넓이를 구하시오.
0316

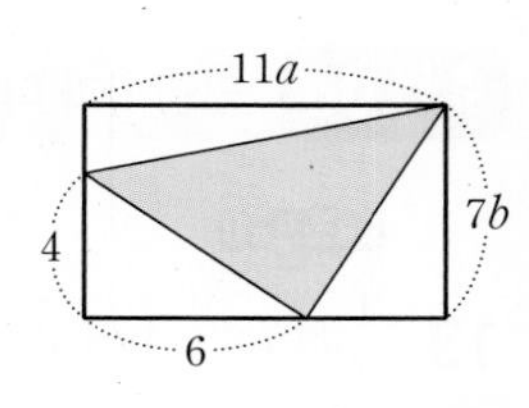

26 오른쪽 그림과 같이 가로, 세로의 길이가 각각 $4y$, $5x$인 직사각형에서 색칠한 부분의 넓이는?
0317

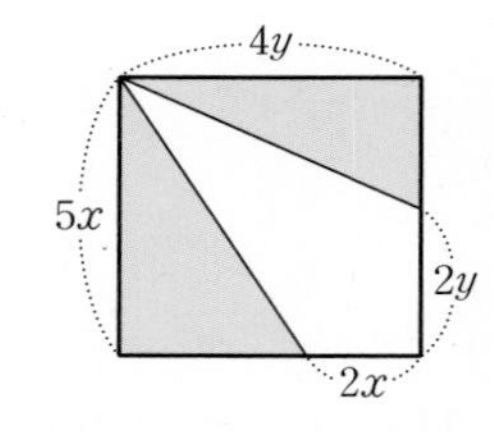

① $-10x^2+18xy-8y^2$
② $-10x^2+20xy-8y^2$
③ $-5x^2+18xy-4y^2$
④ $-5x^2+20xy-4y^2$
⑤ $-x^2+18xy-y^2$

27 오른쪽 그림과 같이 아랫변의 길이가 $4xy$이고 높이가 $6x^2y$인 사다리꼴의 넓이가 $15x^3y^3+12x^3y^2$일 때, 이 사다리꼴의 윗변의 길이를 구하시오.
0318

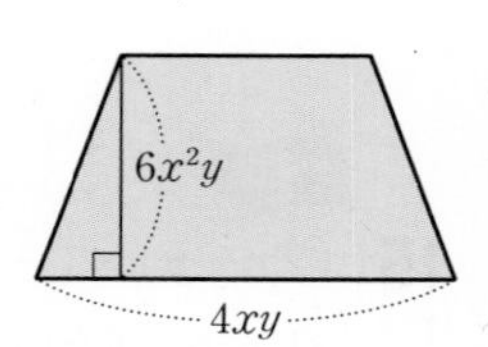

창의⊕융합

28 오른쪽 그림과 같은 모양의 땅의 넓이를 구하시오.
0319

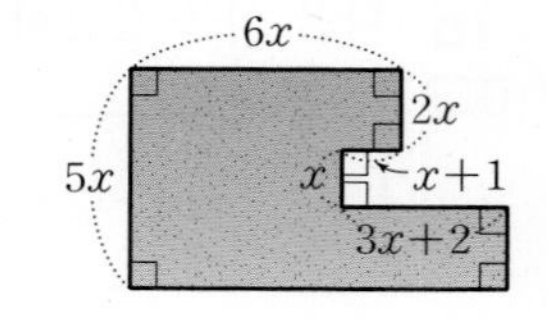

빈출

유형 10 입체도형에의 활용 | 개념 06-1, 2

대표문제

29 오른쪽 그림과 같이 밑면의 반지름의 길이가 $4x$인 원뿔의 부피가 $32\pi x^2y^2-80\pi x^2y$일 때, 이 원뿔의 높이를 구하시오.
0320

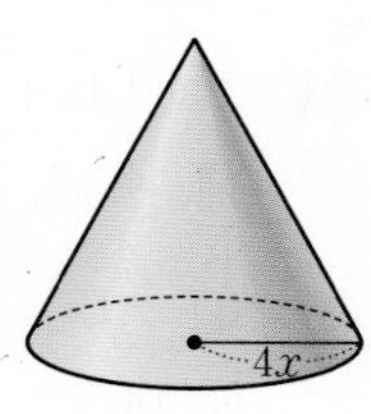

30 가로, 세로의 길이가 각각 $2a$, $3a$, 높이가 $5a+4b$인 직육면체의 겉넓이를 구하시오.
0321

31 오른쪽 그림과 같이 밑면이 사다리꼴인 사각기둥의 부피가 $-12a^3b^2+6a^2b$일 때, 밑면인 사다리꼴의 높이는?
0322

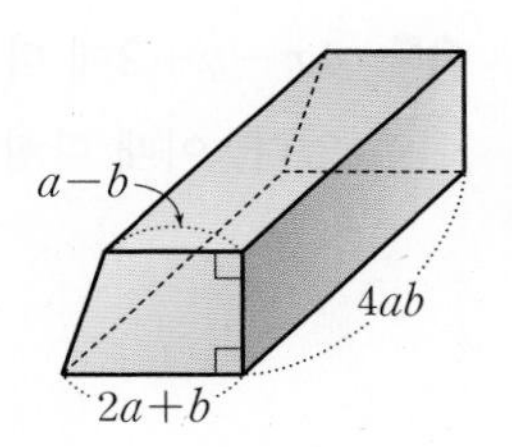

① $-4ab+2$ ② $-2ab$ ③ $-2ab+1$ ④ $2ab-1$ ⑤ $4ab-2$

빈출

유형 11 식의 값 | 개념 06-1, 2

대표문제

32 $x=2$, $y=-3$일 때, $\dfrac{16x^2y-8x^2y^2}{-2xy}$의 값은?

0323

① -40 ② -24 ③ 8 ④ 24 ⑤ 40

33 $x=5$, $y=-4$일 때, $x(x+2y)-y(2x+y)$의 값은?
0324

① -20 ② -9 ③ 9 ④ 20 ⑤ 41

34 $a=-1$, $b=\dfrac{2}{3}$일 때, 다음 식의 값을 구하시오.
0325

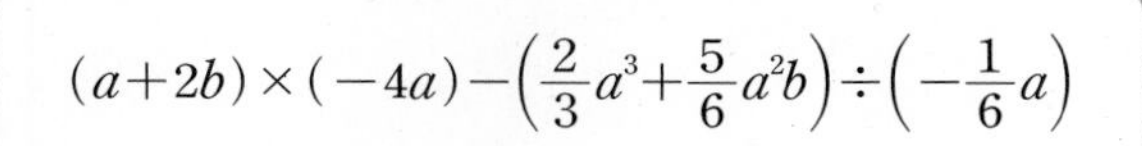

$$(a+2b)\times(-4a)-\left(\frac{2}{3}a^3+\frac{5}{6}a^2b\right)\div\left(-\frac{1}{6}a\right)$$

유형 12 식의 대입 | 개념 06-3

대표문제

35 $A=-2x+7y$, $B=4x+3y$일 때, $-2(A-B)+3A-B$를 x, y에 대한 식으로 나타내면?
0326

① $-14x-2y$ ② $-10x+y$ ③ $-6x+4y$ ④ $2x+10y$ ⑤ $6x+14y$

36 $x=\dfrac{2a+5b}{3}$, $y=\dfrac{3a-7b}{2}$일 때, $6x-3(x+2y)$를 a, b에 대한 식으로 나타내시오.
0327

3 다항식의 계산

01 다음 중 옳지 않은 것은?
0328

① $(2x-5y)+(3x+4y)=5x-y$
② $-(3a+b)-(a-7b)=-4a+6b$
③ $(4x+6y-3)+(5x-3y-2)=9x+3y-5$
④ $(x-3y-7)-(9x+5y-1)=-8x-8y-6$
⑤ $3(a-4b-2)-(2b-6)=3a-10b+6$

▶ 45쪽 유형 01

02 다음 중 이차식인 것을 모두 고르면? (정답 2개)
0329

① $-(a^2+4a-1)+4a$
② $5x^3-x(x^2-3)$
③ $2(y-3y^2)+6y^2$
④ $10b^2-(8b^2+7b)-2b^2$
⑤ $\frac{x^2-1}{2}+x$

▶ 46쪽 유형 02

03 다음 보기 중 두 이차식을 더한 결과가 $2x^2+2x+3$이 되는 것을 바르게 짝 지은 것은?
0330

보기
ㄱ. $-x^2-x+2$ ㄴ. $3x^2-x+3$
ㄷ. $4x^2+3x+2$ ㄹ. $-2x^2-x+1$

① ㄱ, ㄴ ② ㄱ, ㄷ ③ ㄴ, ㄷ
④ ㄴ, ㄹ ⑤ ㄷ, ㄹ

▶ 46쪽 유형 02

04 $x^2-[4x+\{2x^2+1-5(x+3)\}]=Ax^2+Bx+C$일 때, 수 A, B, C에 대하여 $A+B-C$의 값은?
0331

① -15 ② -14 ③ 13
④ 14 ⑤ 15

▶ 46쪽 유형 03

05 $4x-y+2$에 다항식 A를 더했더니 $5x+3y-1$이 되었다. 이때 다항식 A를 구하시오.
0332

▶ 47쪽 유형 04

06 어떤 식에서 $-\frac{1}{2}a^2+a-3$을 빼어야 할 것을 잘못하여 $-\frac{1}{2}a^2+a-3$에서 어떤 식을 빼었더니 $\frac{3}{2}a^2-2a$가 되었다. 이때 바르게 계산한 식을 구하시오.
0333

▶ 47쪽 유형 05

07 0334 다음 중 옳은 것은?

① $a(4a^2-6a)=4a^2-6a$

② $(7x^2+3x)\div\frac{1}{4}x=28x+12$

③ $(9x^2y-6xy^2)\times\frac{5}{3}xy=3x-2y$

④ $(2a^3b^2-8a^2b-6ab^2)\div\frac{3}{2}ab=3a^2b-12a-9b$

⑤ $(x-y)\times5x\times(-2y)=-10x^2y-10xy^2$

▶ 49쪽 유형 **06** + 49쪽 유형 **07**

08 0335 $\square\div2ab=10a^2b-4a+3$일 때, $\square$ 안에 알맞은 식을 구하시오.

▶ 49쪽 유형 **06**

09 0336 $\frac{6xy^2-8x^2}{-2x}-\frac{25xy-10x^2y}{5y}$를 간단히 하면 ax^2-x+by^2일 때, 수 a, b에 대하여 ab의 값은?

① -8 ② -6 ③ -4

④ 4 ⑤ 6

▶ 49쪽 유형 **07**

10 0337 $(-2a)^2+(21a^2b+14ab)\div(-7b)$를 간단히 한 식에서 a^2의 계수와 a의 계수의 합을 구하시오.

▶ 50쪽 유형 **08**

11 0338 $\{3x^2y+(-x)^2\}\div\left(-\frac{3}{4}x\right)-y(y-3x)$를 간단히 한 식에 대하여 다음 중 바르게 말한 학생을 모두 고르시오.

[지영] 총 4개의 항이야.
[상민] x의 계수는 $-\frac{4}{3}$야.
[승희] xy의 계수는 -1이야.
[건우] y^2의 계수와 상수항의 합은 0이야.

▶ 50쪽 유형 **08**

12 0339 지은이 방에 걸려 있는 마름모 모양의 거울은 한 대각선의 길이가 $3ab$이고 넓이가 $7a^2b+12ab$이다. 이 거울의 다른 대각선의 길이를 구하시오.

▶ 50쪽 유형 **09**

13 0340 오른쪽 그림과 같이 가로의 길이가 $2xy-x+y$, 세로의 길이가 $5x$인 직사각형 모양의 밭에 폭이 x인 길을 만들었다. 길을 제외한 밭의 넓이가 ax^2y+bx^2+cxy일 때, $ac+b$의 값을 구하시오. (단, a, b, c는 수)

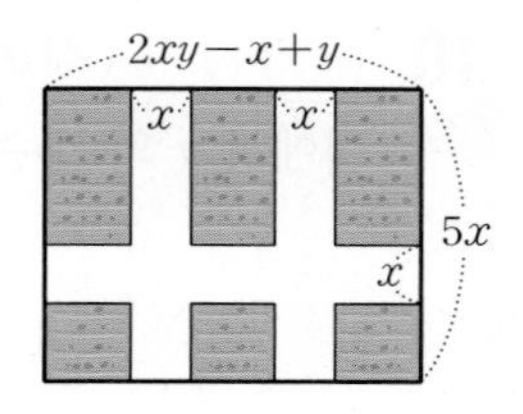

▶ 50쪽 유형 09

14 0341 오른쪽 그림과 같은 직사각형을 직선 l을 회전축으로 하여 1회전 시킬 때 생기는 입체도형의 부피는?

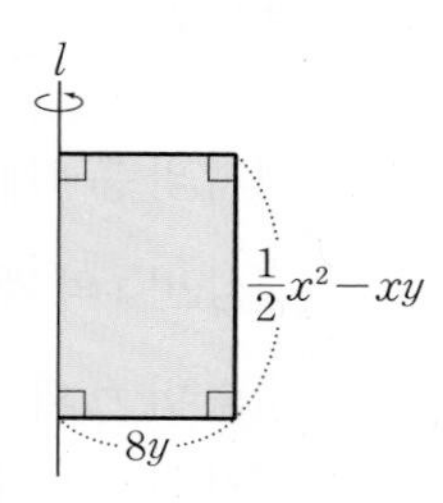

① $4\pi x^2y^2-8\pi xy^3$
② $32\pi x^2y-64\pi xy^2$
③ $32\pi x^2y^2-64\pi xy^3$
④ $64\pi x^2y-32\pi xy^2$
⑤ $64\pi x^2y^2-32\pi xy^3$

▶ 51쪽 유형 10

15 0342 $x=-\frac{1}{4}$, $y=-2$일 때,

$$(24xy^2-32x^2y)\div\left(-\frac{8}{3}xy\right)$$

의 값을 구하시오.

▶ 51쪽 유형 11

16 0343 $a=3$, $b=-3$일 때,

$$A=\frac{a^2-ab}{a}-\frac{b^2+ab}{b},$$

$$B=-a(a+b)+2b(a-1)$$

에 대하여 A, B 중 식의 값이 더 작은 것을 구하시오.

▶ 51쪽 유형 11

17 0344 $y=-3x+5$에 대하여 $2x-4y+3$을 x에 대한 식으로 나타내었을 때, x의 계수를 구하시오.

▶ 51쪽 유형 12

18 0345 $A=5x^2+x+2$, $B=3x^2-2x$, $C=-4x+1$일 때, $3A-\{B+2(A-C)\}$를 x에 대한 식으로 나타내면?

① x^2-5x+2
② x^2+5x-2
③ $2x^2-5x+4$
④ $2x^2+5x-4$
⑤ $5x^2-2x+1$

▶ 51쪽 유형 12

서술형 문제

19 다음 그림과 같은 전개도로 직육면체를 만들었을 때, 마주 보는 면에 적힌 두 다항식의 합이 모두 같다고 한다. 이때 다항식 A를 구하시오.
0346

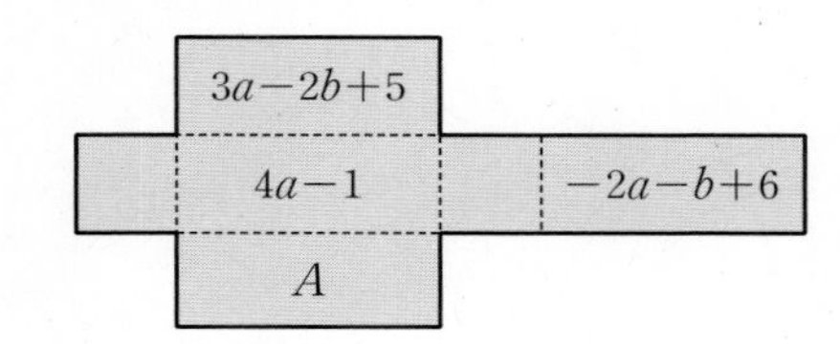

45쪽 유형 01

20 $3x^2-x-1$의 3배에 다항식 A를 더하면 $-x^2+5x$일 때, 다음 물음에 답하시오.
0347

(1) 다항식 A를 구하시오.

(2) $4(x^2+2x+1)-A$를 간단히 하시오.

47쪽 유형 04

21 $\left(-\frac{2}{3}x^3y^2\right)\div\left(-\frac{1}{6}x^2y\right)\times A=x^3y^2-2xy^2+3xy$일 때, 다항식 A를 구하시오.
0348

49쪽 유형 07

창의 융합

22 오른쪽 그림과 같이 가로의 길이가 $9x+6y$, 세로의 길이가 $4x$인 직사각형 모양의 벽면을 서로 합동인 직사각형 모양의 타일 12개로 빈틈없이 겹치지 않게 붙이고 있다. 다음 물음에 답하시오.
0349

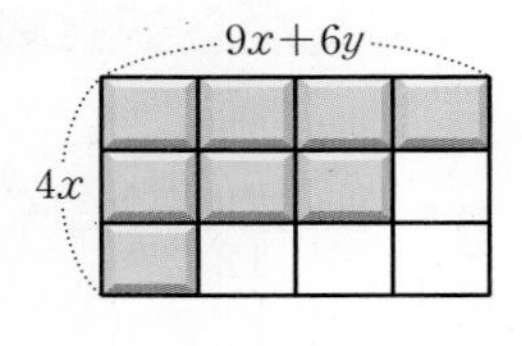

(1) 벽면의 넓이를 구하시오.

(2) 색칠한 부분이 타일을 붙인 부분일 때, 타일을 붙인 부분의 넓이를 구하시오.

50쪽 유형 09

23 다음 그림과 같은 직육면체 모양의 그릇에 가득 들어 있는 물을 삼각기둥 모양의 그릇에 옮겼더니 삼각기둥 모양의 그릇에 물이 넘치지 않고 가득 찼다. 이때 삼각기둥 모양의 그릇의 높이를 구하시오.
0350
(단, 그릇의 두께는 생각하지 않는다.)

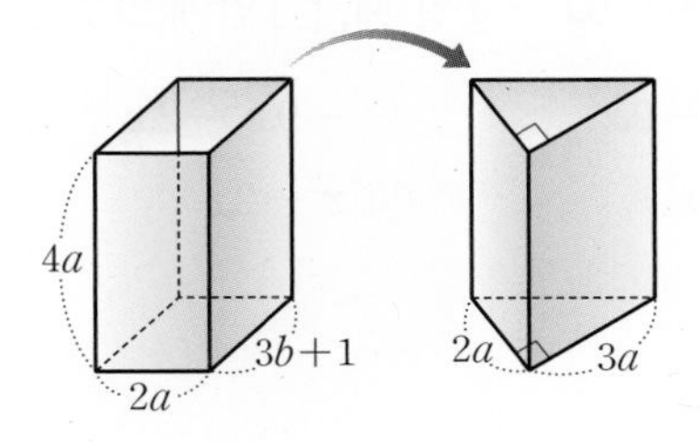

51쪽 유형 10

24 $x:y=5:2$일 때, $6x+3y-8$을 y에 대한 식으로 나타내시오.
0351

51쪽 유형 12

01 $\dfrac{2x^2-x+4}{12}-\dfrac{x^2+3x-2}{9}=ax^2+bx+c$일 때, 수 a, b, c에 대하여 $\dfrac{ab}{c}$의 값은?
0352

① $-\dfrac{5}{8}$　② $-\dfrac{2}{27}$　③ $-\dfrac{1}{24}$
④ $\dfrac{1}{24}$　⑤ $\dfrac{2}{27}$

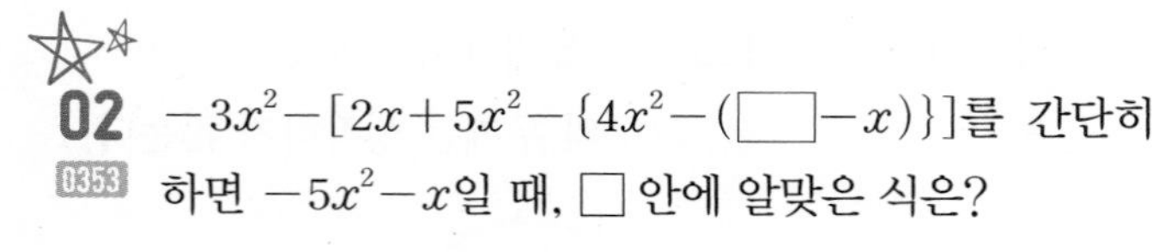

02 $-3x^2-[2x+5x^2-\{4x^2-(\square-x)\}]$를 간단히 하면 $-5x^2-x$일 때, $\square$ 안에 알맞은 식은?
0353

① $-9x^2$　② $-9x^2-2x$　③ $-x^2$
④ x^2　⑤ x^2-2x

03 어떤 식을 $3a^2b$로 나누어야 할 것을 잘못하여 곱했더니 $15a^5b^3+9a^4b^4-27a^4b^3$이 되었다. 이때 바르게 계산한 식을 구하시오.
0354

04 $28y\left(\dfrac{2}{7}x-\dfrac{1}{2}\right)-[x\{(-4xy)^2+x\}-5y]+12x^3y^2$을 간단히 한 식에서 x^2의 계수를 a, y의 계수를 b라 하자. 이때 ab의 값을 구하시오.
0355

05 두 식 a, b에 대하여
0356

$$\langle a,\ b\rangle=2a\times b,\quad [a,\ b]=a\div\frac{1}{3}b^2$$

으로 약속하자. $A=12x^3y^2-21x^2y^3$, $B=-3xy$, $C=-\dfrac{1}{3x}+5xy^2$일 때, $\langle C,\ B\rangle-[A,\ B]$를 간단히 하시오.

창의●융합

06 가로의 길이가 $2a+b$, 세로의 길이가 $b-a$인 직사각형 모양의 종이 ABCD를 다음 그림과 같이 접었다. 이때 사각형 FECG의 넓이는?
0357

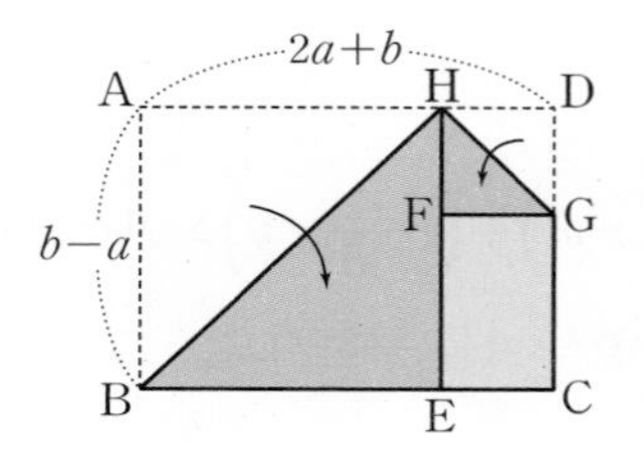

① $-12a^2+3ab$　② $-8a^2+2ab$
③ $-4a^2+ab$　④ $4a^2-ab$
⑤ $12a^2-3ab$

Tip
사각형 ABEH와 사각형 HFGD는 정사각형임을 이용한다.

07 오른쪽 그림은 부피가 $2a^2+4ab$인 큰 직육면체 위에 부피가 $3a^2-ab$인 작은 직육면체를 올려놓은 것이다. 이 입체도형의 전체 높이를 구하시오.
0358

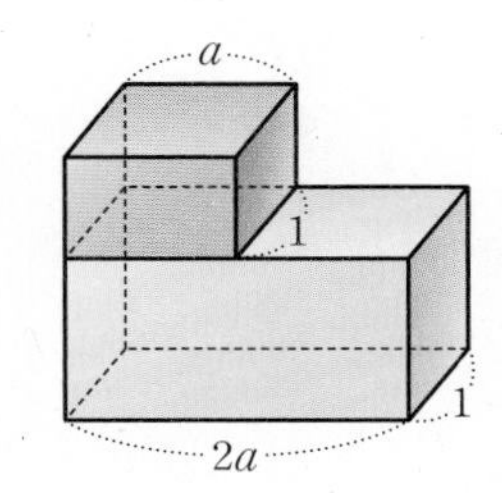

08 $x=-\frac{3}{2}$, $y=\frac{1}{3}$일 때,
0359

$$(-xy)^2\times\left(\frac{1}{x}-\frac{1}{y}\right)+(2x^3y^2-3xy^2)\div xy-xy^2$$

의 값을 구하시오.

창의융합

09 다음 그림과 같은 달력에서 세 번째 줄의 수요일에 해당되는 날짜를 $2a+5$라 한다. $a=3b-2$일 때, 색칠한 부분의 날짜를 모두 더한 값을 b에 대한 식으로 나타내면?
0360

일	월	화	수	목	금	토
			$2a+5$			

① $3b+6$ ② $6b+1$ ③ $12b+2$
④ $24b+4$ ⑤ $28b+5$

Tip
일주일이 7일임을 이용하여 색칠한 부분의 날짜를 각각 a에 대한 식으로 나타낸다.

서술형 문제

10 다음 조건을 모두 만족하는 두 다항식 A, B에 대하여 $A+B$를 간단히 하시오.
0361

(가) A에서 $-7x^2+4x-1$을 빼면 $4x^2-5$이다.
(나) A에 $x^2+3x+18$을 더하면 $2B$이다.

11 오른쪽 그림과 같은 전개도에서 색칠한 두 면의 넓이가 각각 $12ab-8b^2$, $20ab^2$이다. 다음 물음에 답하시오.
0362

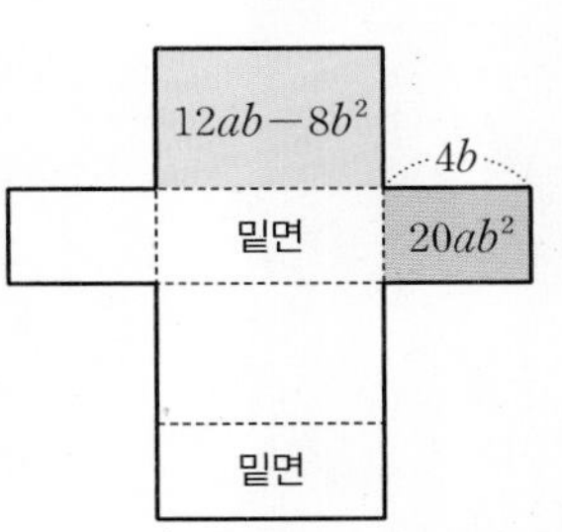

(1) 밑면의 가로, 세로의 길이를 차례대로 구하시오.

(2) 이 전개도로 만들어지는 직육면체의 부피를 구하시오.

12 $(3^3)^x\times9^2\div3^2=3^y$을 만족하는 자연수 x, y에 대하여 $-2(x-2y)-(-4x+5y)$를 x에 대한 식으로 나타내면 $Ax+B$이다. 이때 수 A, B에 대하여 $A-B$의 값을 구하시오.
0363

II. 일차부등식과 연립일차방정식

일차부등식

학습 계획 및 성취도 체크

- 학습 계획을 세우고 적어도 두 번 반복하여 공부합니다.
- 유형 이해도에 따라 □ 안에 ○, △, ×를 표시합니다.
- 시험 전에 [빈출] 유형과 × 표시한 유형은 반드시 한 번 더 풀어 봅니다.

			학습 계획	1차 학습	2차 학습
Lecture 07 부등식의 해와 그 성질	유형 01	부등식의 뜻	/	☐	☐
	유형 02	부등식으로 나타내기	/	☐	☐
	유형 03	부등식의 해	/	☐	☐
	유형 04	부등식의 성질 빈출	/	☐	☐
	유형 05	부등식의 성질을 이용하여 식의 값의 범위 구하기 빈출	/	☐	☐
Lecture 08 일차부등식의 풀이	유형 06	일차부등식	/	☐	☐
	유형 07	일차부등식의 풀이 빈출	/	☐	☐
	유형 08	부등식의 해를 수직선 위에 나타내기	/	☐	☐
	유형 09	괄호가 있는 일차부등식의 풀이	/	☐	☐
	유형 10	계수가 소수 또는 분수인 일차부등식의 풀이 빈출	/	☐	☐
	유형 11	계수가 문자인 일차부등식의 풀이	/	☐	☐
	유형 12	부등식의 해가 주어질 때, 미지수의 값 구하기 빈출	/	☐	☐
	유형 13	두 일차부등식의 해가 서로 같을 때, 미지수의 값 구하기	/	☐	☐
	유형 14	부등식의 해의 조건이 주어질 때, 미지수의 값 또는 값의 범위 구하기	/	☐	☐
Lecture 09 일차부등식의 활용	유형 15	수에 대한 문제 빈출	/	☐	☐
	유형 16	개수에 대한 문제 빈출	/	☐	☐
	유형 17	평균에 대한 문제	/	☐	☐
	유형 18	추가 요금에 대한 문제	/	☐	☐
	유형 19	예금액에 대한 문제	/	☐	☐
	유형 20	정가, 원가에 대한 문제	/	☐	☐
	유형 21	유리한 방법을 선택하는 문제 빈출	/	☐	☐
	유형 22	도형에 대한 문제 빈출	/	☐	☐
	유형 23	거리, 속력, 시간에 대한 문제 (1); 속력이 바뀌는 경우	/	☐	☐
	유형 24	거리, 속력, 시간에 대한 문제 (2); 왕복하는 경우 빈출	/	☐	☐
	유형 25	농도에 대한 문제 (1); 물을 넣거나 증발시키는 경우	/	☐	☐
	유형 26	농도에 대한 문제 (2); 두 소금물을 섞는 경우	/	☐	☐
단원 마무리	**Level B**	필수 유형 정복하기	/	☐	☐
	Level C	발전 유형 정복하기	/	☐	☐

4. 일차부등식

부등식의 해와 그 성질

07-1 부등식과 그 해 | 유형 01~03

(1) **부등식:** 부등호 $>$, $<$, $\geq$, $\leq$를 사용하여 수 또는 식의 대소 관계를 나타낸 것

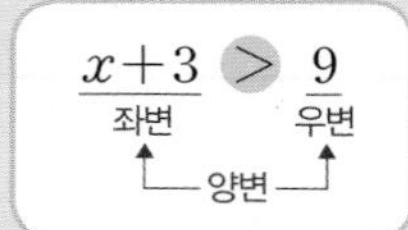

(2) **부등식의 표현**

$a>b$	$a<b$
a는 b보다 크다. a는 b 초과이다.	a는 b보다 작다. a는 b 미만이다.
$a\geq b$	**$a\leq b$**
a는 b보다 크거나 같다. a는 b보다 작지 않다. a는 b 이상이다.	a는 b보다 작거나 같다. a는 b보다 크지 않다. a는 b 이하이다.

(3) **부등식의 해:** 부등식이 참이 되게 하는 미지수의 값

(4) **부등식을 푼다:** 부등식의 해를 모두 구하는 것

예 x의 값이 -1, 0, 1일 때, 부등식 $x+1>0$을 풀어 보자.
$x=-1$일 때, $-1+1>0$ $\therefore 0>0$ (거짓)
$x=0$일 때, $0+1>0$ $\therefore 1>0$ (참)
$x=1$일 때, $1+1>0$ $\therefore 2>0$ (참)
따라서 부등식 $x+1>0$의 해는 0, 1이다.

07-2 부등식의 성질 | 유형 04, 05

(1) 부등식의 양변에 같은 수를 더하거나 양변에서 같은 수를 빼어도 부등호의 방향은 바뀌지 않는다.
➡ $a<b$이면 $a+c<b+c$, $a-c<b-c$

(2) 부등식의 양변에 같은 양수를 곱하거나 양변을 같은 양수로 나누어도 부등호의 방향은 바뀌지 않는다.
➡ $a<b$, $c>0$이면 $ac<bc$, $\frac{a}{c}<\frac{b}{c}$

(3) 부등식의 양변에 같은 음수를 곱하거나 양변을 같은 음수로 나누면 부등호의 방향이 바뀐다.
➡ $a<b$, $c<0$이면 $ac>bc$, $\frac{a}{c}>\frac{b}{c}$

참고 부등호 $<$를 $\leq$로, $>$를 $\geq$로 바꾸어도 부등식의 성질은 성립한다.
주의 0으로 나누는 경우는 생각하지 않는다.

예 $a<b$일 때,
① $a+1<b+1$, $a-2<b-2$
② $3a<3b$, $\frac{a}{4}<\frac{b}{4}$
③ $-6a>-6b$, $-\frac{a}{7}>-\frac{b}{7}$ ← 부등호의 방향이 바뀐다.

[01~05] 다음 중 부등식인 것은 ○표, 부등식이 아닌 것은 ×표를 하시오.

01 (0364) $x-7$ ( )

02 (0365) $1-x>0$ ( )

03 (0366) $2x+3=x$ ( )

04 (0367) $2-9\leq 0$ ( )

05 (0368) $3+5=8$ ( )

[06~09] 다음 문장을 부등식으로 나타내시오.

06 (0369) x에 6을 더한 것은 4보다 작지 않다.

07 (0370) x의 2배는 -1보다 크지 않다.

08 (0371) 한 권에 x원인 잡지 3권의 가격은 18000원 이상이다.

09 (0372) 한 개에 200원인 귤 x개를 1000원짜리 상자에 담으면 총가격은 3000원 이하이다.

10 (0373) 다음 **보기**의 부등식 중 $x=-1$일 때, 참인 것을 모두 고르시오.

보기
ㄱ. $x-9<0$ ㄴ. $x+7<4$
ㄷ. $-x+5>6$ ㄹ. $3x-8\leq 6$
ㅁ. $1-2x\geq 3$ ㅂ. $2x+4\leq -1$

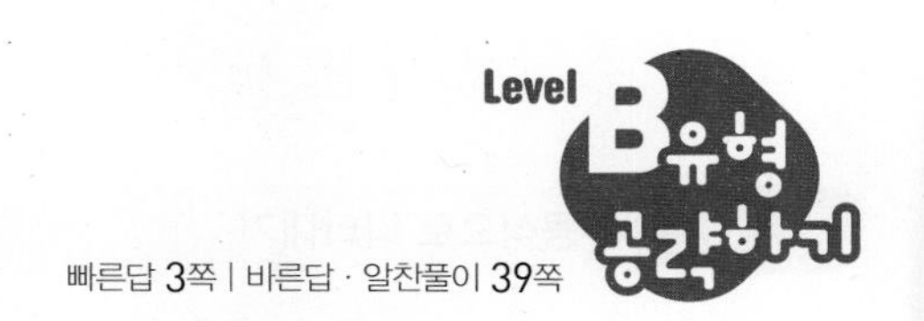

빠른답 3쪽 | 바른답 · 알찬풀이 39쪽

[11~13] x의 값이 $-2, -1, 0, 1, 2$일 때, 다음 부등식을 푸시오.

11 $x+3<5$
0374

12 $4x-1>2$
0375

13 $7-2x\le 3$
0376

[14~17] $a>b$일 때, 다음 □ 안에 알맞은 부등호를 써넣으시오.

14 $a+6\,\square\,b+6$
0377

15 $a-10\,\square\,b-10$
0378

16 $a\times(-2)\,\square\,b\times(-2)$
0379

17 $\frac{a}{8}\,\square\,\frac{b}{8}$
0380

[18~21] 다음 □ 안에 알맞은 부등호를 써넣으시오.

18 $a+5<b+5$ ⇨ $a\,\square\,b$
0381

19 $a\div(-3)<b\div(-3)$ ⇨ $a\,\square\,b$
0382

20 $4a\ge 4b$ ⇨ $a\,\square\,b$
0383

21 $-\frac{a}{9}\ge-\frac{b}{9}$ ⇨ $a\,\square\,b$
0384

유형 01 부등식의 뜻 | 개념 07-1

대표문제

22 다음 중 부등식인 것은?
0385

① $9x+7\ne-2$ ② $x-5+6x$
③ $3x-(1-x^2)$ ④ $4x^2\ge 0$
⑤ $\frac{1}{2}x=5x-3$

23 다음 중 부등식이 아닌 것을 모두 고르면? (정답 2개)
0386

① $6x-2$ ② $-3x-5<2$
③ $3\times2-7=-1$ ④ $9+x-4x\ge 3x+5$
⑤ $3+9>-5$

24 다음 **보기** 중 부등식인 것의 개수를 구하시오.
0387

보기

ㄱ. $4x-1$ ㄴ. $x+3\le 1$
ㄷ. $3x-1=5$ ㄹ. $9x+4>6x-4$
ㅁ. $-x^2+4=x^2-x$

유형 02 부등식으로 나타내기 | 개념 07-1

대표문제

25 다음 중 문장을 부등식으로 나타낸 것으로 옳지 않은 것은?
0388

① x는 10 미만이다. ⇨ $x<10$
② x에서 6을 뺀 수는 8보다 작거나 같다.
⇨ $x-6\leq 8$
③ x의 2배는 9와 x의 합보다 작지 않다.
⇨ $2x>9+x$
④ 한 자루에 300원인 연필 a자루의 가격은 2000원 이하이다. ⇨ $300a\leq 2000$
⑤ 시속 4 km로 x시간 동안 걸은 거리는 3 km 초과이다. ⇨ $4x>3$

26 x의 $\frac{1}{3}$배에 1을 더한 것은 x에서 2를 뺀 것보다 크거나 같을 때, 이를 부등식으로 나타내면?
0389

① $\frac{1}{3}x+1>2x$
② $\frac{1}{3}x+1\geq 2x$
③ $\frac{1}{3}x+1>x-2$
④ $\frac{1}{3}x+1\geq x-2$
⑤ $\frac{1}{3}(x+1)\geq x-2$

27 다음 문장을 부등식으로 나타내시오.
0390

전체가 180쪽인 책을 하루에 x쪽씩 10일 동안 읽었더니 30쪽 미만이 남았다.

유형 03 부등식의 해 | 개념 07-1

대표문제

28 다음 중 부등식 $5x-3\geq 9-x$의 해를 모두 고르면? (정답 2개)
0391

① -1 ② 0 ③ 1
④ 2 ⑤ 3

29 x가 3 이하의 자연수일 때, 부등식 $2x+11<15$의 해를 구하시오.
0392

30 다음 부등식 중 $x=-3$이 해인 것은?
0393

① $3x+2>9$
② $4x-1>5$
③ $x-1\geq -x+1$
④ $3-2x<-x+8$
⑤ $\frac{2}{3}\geq \frac{x}{6}+5$

31 다음 중 [ ] 안의 수가 주어진 부등식의 해가 아닌 것은?
0394

① $1-0.5x>-6$ [2]
② $-x+8\geq x-4$ [1]
③ $\frac{x}{3}-1<2$ [-1]
④ $7(x-1)\geq 9+x$ [0]
⑤ $4-\frac{3}{2}x<x+3$ [4]

유형 04 부등식의 성질 | 개념 07-2

대표문제

32 0395 $5-6a<5-6b$일 때, 다음 중 옳은 것은?

① $a<b$ ② $-\frac{a}{2}>-\frac{b}{2}$
③ $a+11<b+11$ ④ $1-a<1-b$
⑤ $\frac{4}{3}a-7<\frac{4}{3}b-7$

33 0396 $a<b$일 때, 다음 중 옳지 않은 것은?

① $\frac{a}{5}<\frac{b}{5}$ ② $-4a>-4b$
③ $2a-8<2b-8$ ④ $-1+\frac{a}{10}<-1+\frac{b}{10}$
⑤ $-7-\frac{a}{2}<-7-\frac{b}{2}$

34 0397 다음 중 □ 안에 알맞은 부등호의 방향이 나머지 넷과 다른 하나는?

① $a-(-2)>b-(-2)$이면 a □ b
② $9a-3>9b-3$이면 a □ b
③ $8-\frac{a}{7}<8-\frac{b}{7}$이면 a □ b
④ $-3a-5>-3b-5$이면 a □ b
⑤ $-\frac{a-1}{4}<-\frac{b-1}{4}$이면 a □ b

창의융합

35 0398 $-a<-b<0$, $ac<bc$일 때, 세 수 a, b, c 중에서 가장 큰 것을 구하시오.

유형 05 부등식의 성질을 이용하여 식의 값의 범위 구하기 | 개념 07-2

$a<x\le b$일 때,

① 식 $x+m$의 값의 범위를 구하려면
➡ 상수항이 같아지도록 부등식의 각 변에 m을 더한다.
➡ $a+m<x+m\le b+m$ ← 상수항을 같게 만든다.

② 식 mx의 값의 범위를 구하려면
➡ x의 계수가 같아지도록 부등식의 각 변에 m을 곱한다.
➡ $m>0$이면 $ma<mx\le mb$
$m<0$이면 $mb\le mx<ma$ ← x의 계수를 같게 만든다.
$m<0$이므로 부등호의 방향이 바뀐다.

대표문제

36 0399 $-2<x<3$이고 $A=-2x+4$일 때, A의 값의 범위는?

① $-14<A<-4$ ② $-8<A<2$
③ $-2<A<8$ ④ $4<A<14$
⑤ $8<A<10$

서술형

37 0400 $-9<x\le 6$일 때, $A=\frac{1}{3}x+2$를 만족하는 모든 정수 A의 값의 합을 구하시오.

38 0401 $-1\le x<2$일 때, 다음 중 $9-3x$의 값이 될 수 없는 것을 모두 고르면? (정답 2개)

① 3 ② 6 ③ 9
④ 12 ⑤ 15

39 0402 $-3\le x\le 1$일 때, $4x+y=7$을 만족하는 y의 값의 범위를 구하시오.

일차부등식의 풀이

08-1 일차부등식과 그 풀이 | 유형 06~08, 11~14

(1) **일차부등식:** 부등식에서 우변의 모든 항을 좌변으로 이항하여 정리할 때

(일차식)>0, (일차식)<0, (일차식)≥ 0, (일차식)≤ 0

중 어느 하나의 꼴이 되는 부등식

(2) **일차부등식의 풀이**

❶ 일차항은 좌변으로, 상수항은 우변으로 이항한다.

❷ 양변을 정리하여

$ax>b,\quad ax<b,\quad ax\geq b,\quad ax\leq b\ (a\neq 0)$

중 어느 하나의 꼴로 나타낸다.

❸ 양변을 x의 계수 a로 나눈다. 이때 a가 음수이면 부등호의 방향이 바뀐다.

참고 부등식의 해는 $x>$(수), $x<$(수), $x\geq$(수), $x\leq$(수) 중 어느 하나의 꼴로 나타낸다.

예 부등식 $2x+1>4x-5$를 풀어 보자.

$2x+1>4x-5$
$2x-4x>-5-1$ ❶ 일차항 $4x$를 좌변으로, 상수항 1을 우변으로 이항한다.
$-2x>-6$ ❷ $ax>b(a\neq 0)$ 꼴로 나타낸다.
$\therefore x<3$ ❸ 양변을 x의 계수 -2로 나눈다. 이때 부등호의 방향이 바뀐다.

(3) **부등식의 해를 수직선 위에 나타내기**

① $x>a$

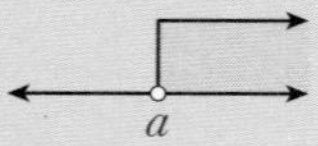

② $x<a$

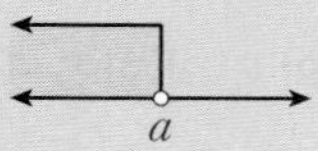

③ $x\geq a$

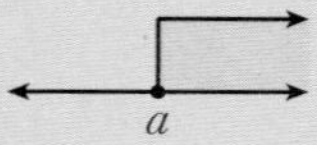

④ $x\leq a$

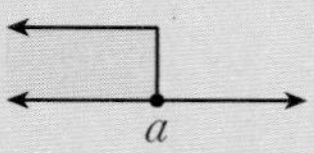

참고 수직선에서 '○'에 대응하는 수는 부등식의 해에 포함되지 않고, '●'에 대응하는 수는 부등식의 해에 포함된다.

08-2 여러 가지 일차부등식의 풀이 | 유형 09~14

(1) **괄호가 있는 일차부등식의 풀이**

분배법칙을 이용하여 괄호를 풀어 정리한 후 푼다.

(2) **계수가 소수인 일차부등식의 풀이**

양변에 10의 거듭제곱을 곱하여 계수를 모두 정수로 고친 후 푼다.

(3) **계수가 분수인 일차부등식의 풀이**

양변에 분모의 최소공배수를 곱하여 계수를 모두 정수로 고친 후 푼다.

[01~04] 다음 중 일차부등식인 것은 ○표, 일차부등식이 아닌 것은 ×표를 하시오.

01 $3x-1>1$ ( )
0403

02 $2x-4\leq 2x+3$ ( )
0404

03 $x^2<x$ ( )
0405

04 $x+5\geq -x+1$ ( )
0406

[05~07] 다음 일차부등식을 푸시오.

05 $x-2>-7$
0407

06 $4x\leq 12$
0408

07 $6<3-x$
0409

[08~11] 다음 일차부등식을 풀고, 그 해를 오른쪽 수직선 위에 나타내시오.

08 $2x+5\geq 9$
0410

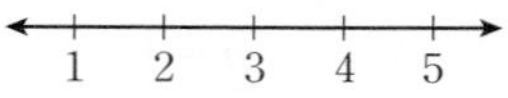

09 $x<3x+2$
0411

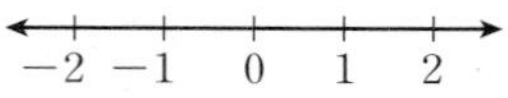

10 $3x<2x-6$
0412

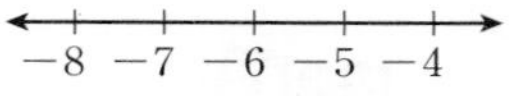

11 $-3x+7\geq -5$
0413

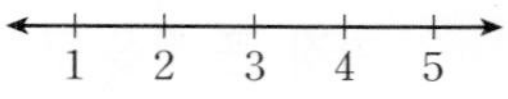

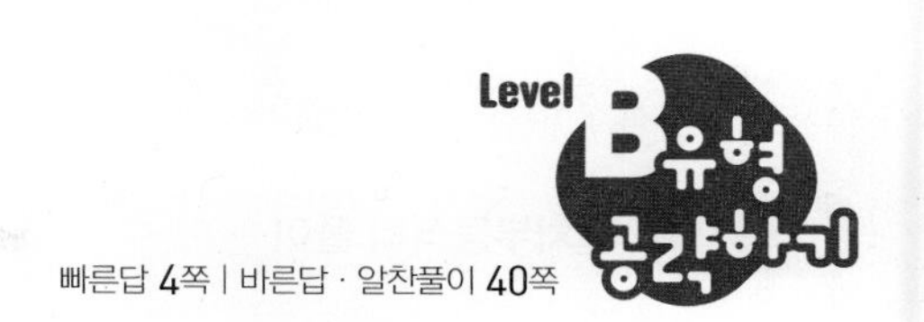

[12~14] 다음 일차부등식을 푸시오.

12 $3(x+6)<x$
0414

13 $-4\geq 2(x-1)$
0415

14 $1-4(5-x)>-3$
0416

15 다음은 일차부등식 $0.5x-0.8\leq 0.3x+1$을 푸는 과정이다. □ 안에 알맞은 수를 써넣으시오.
0417

> $0.5x-0.8\leq 0.3x+1$의 양변에 □을 곱하면
> □$x-8\leq 3x+$□
> $2x\leq$□ $\quad\therefore x\leq$□

16 다음은 일차부등식 $\frac{1}{3}x-1>1-\frac{1}{6}x$를 푸는 과정이다. □ 안에 알맞은 수를 써넣으시오.
0418

> $\frac{1}{3}x-1>1-\frac{1}{6}x$의 양변에 □을 곱하면
> $2x-$□$>$□$-x$
> $3x>$□ $\quad\therefore x>$□

[17~19] 다음 일차부등식을 푸시오.

17 $0.2x+0.1>0.5x-1.1$
0419

18 $\frac{x+3}{4}\leq\frac{x-5}{2}$
0420

19 $\frac{x}{2}+0.6\geq\frac{3x-2}{5}$
0421

유형 06 일차부등식
| 개념 08-1

대표문제

20 다음 중 일차부등식인 것은?
0422

① $6<1+7$
② $4-x>-5-x$
③ $10x+1<8-x^2$
④ $x(x-1)\geq x^2+1$
⑤ $\frac{2}{x}-4\leq 9$

21 다음 중 문장을 부등식으로 나타낼 때, 일차부등식이 아닌 것은?
0423

① 밑변의 길이가 x cm, 높이가 4 cm인 삼각형의 넓이는 35 cm^2보다 작다.
② 소라의 5년 후의 나이는 현재 나이 x살의 2배보다 많다.
③ x를 2로 나누어 7을 빼면 음수이다.
④ 한 변의 길이가 x cm인 정사각형의 넓이는 80 cm^2 이상이다.
⑤ 한 개에 600원인 자두 x개의 가격은 10000원 이하이다.

22 부등식 $\frac{1}{5}x-2<ax+1-\frac{2}{5}x$가 일차부등식이 되도록 하는 수 a의 조건을 구하시오.
0424

유형 07 일차부등식의 풀이 (빈출) | 개념 08-1

대표문제

23 다음 부등식 중 해가 나머지 넷과 다른 하나는?
0425

① $3x<12$ ② $2x-4x>-8$
③ $-5x+1<-14$ ④ $-6x+5>-2x-11$
⑤ $2+4x<6+3x$

24 다음 부등식 중 해가 $x\ge-2$인 것은?
0426

① $x+1\le2x-1$ ② $6-8x\le-11x$
③ $3x+2\ge7x+10$ ④ $5x-9\ge-x+3$
⑤ $4x-17\le6x-13$

서술형

25 부등식 $5x-4\ge-16+7x$를 만족하는 가장 큰 정수 x의 값을 구하시오.
0427

26 방정식 $x+14=3-4(x+1)$의 해가 $x=a$일 때, 부등식 $ax+2<6x-7$을 풀면?
0428

① $x<1$ ② $x<3$ ③ $x>3$
④ $x>1$ ⑤ $x>-1$

유형 08 부등식의 해를 수직선 위에 나타내기 | 개념 08-1

대표문제

27 다음 중 부등식 $-6x+2>3x-7$의 해를 수직선 위에 바르게 나타낸 것은?
0429

①
1

②
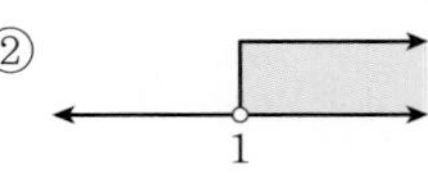

③
1

④
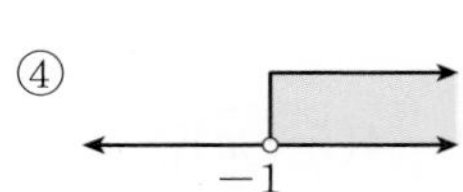

⑤
-1

28 다음 중 부등식의 해를 수직선 위에 바르게 나타낸 것은?
0430

① $1-x>x-1$ ⇨ 1
② $2-5x<-13$ ⇨ 3
③ $4x-1\ge19$ ⇨ 5
④ $3x+2<x+10$ ⇨ 4
⑤ $7x+1\le8x+9$ ⇨ 8

29 다음 부등식 중 해를 수직선 위에 나타내었을 때, 오른쪽 그림과 같은 것은?
0431

-2

① $-x+4\le x$ ② $2x-7\le x-5$
③ $4x+1\le-7$ ④ $3x+9\ge-2x-1$
⑤ $8+5x\le6x+6$

유형 09 괄호가 있는 일차부등식의 풀이 | 개념 08-2

대표문제

30 부등식 $3-(x+2)<2(4x-1)$을 만족하는 가장 작은 정수 x의 값을 구하시오.
0432

31 다음 부등식을 푸시오.
0433

$$4(x+1)\geq 3(5x-6)$$

32 다음 중 부등식 $10-7(x-4)\geq 6(3-2x)$의 해를 수직선 위에 바르게 나타낸 것은?
0434

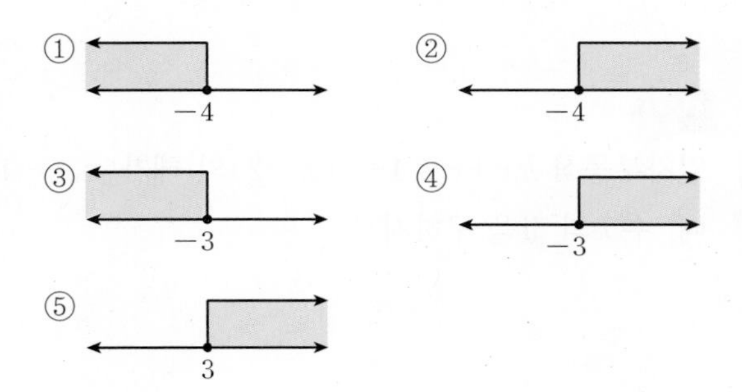

33 부등식 $2(3x-8)+7<9-5(x-3)$을 만족하는 자연수 x의 개수를 구하시오.
0435

유형 10 계수가 소수 또는 분수인 일차부등식의 풀이 | 개념 08-2

빈출

대표문제

34 다음 중 부등식의 해를 바르게 구한 것은?
0436

① $0.7x-1\geq 0.4x+1.1$ ⇨ $x\geq -7$
② $6x+5<7x+8$ ⇨ $x<-3$
③ $-0.2x+2\leq 0.1x+3.5$ ⇨ $x\geq 5$
④ $\frac{1}{3}x-1<\frac{1}{2}x-\frac{4}{3}$ ⇨ $x>2$
⑤ $5x-16>-2x-9$ ⇨ $x<1$

35 다음 중 부등식 $-\frac{x+3}{3}+\frac{x-2}{4}\geq -1$의 해인 것은?
0437

① -7 ② -4 ③ 1
④ 4 ⑤ 7

36 다음 중 부등식 $1.2+\frac{3}{2}x<1.1x-0.8$의 해를 수직선 위에 바르게 나타낸 것은?
0438

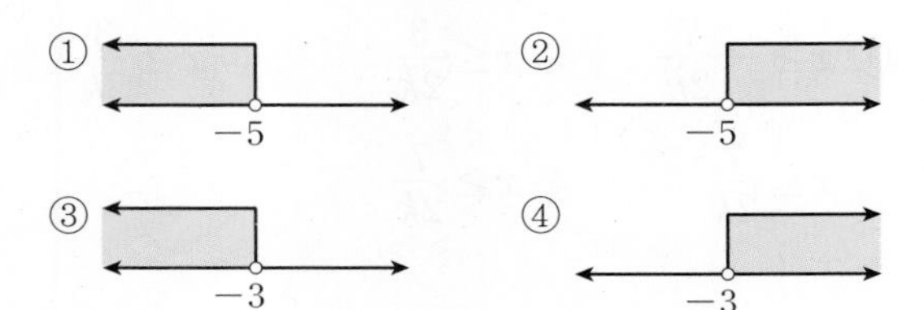

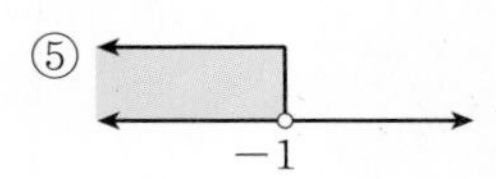

37 부등식 $\frac{x-3}{2}-\frac{6x+1}{5}<0.2(x-4)$를 만족하는 가장 작은 정수 x의 값을 구하시오.
0439

4 일차부등식

유형 11 계수가 문자인 일차부등식의 풀이 | 개념 08-1, 2

대표문제

38 $a<0$일 때, x에 대한 일차부등식 $2-ax>-1$을 푸시오.
0440

39 $a>0$일 때, x에 대한 일차부등식 $ax>-a$를 푸시오.
0441

40 $k>0$일 때, x에 대한 일차부등식 $kx+1\le 3(kx-2)$를 풀면?
0442

① $x\ge -\frac{7}{2k}$ ② $x\le \frac{3}{2k}$ ③ $x\ge \frac{3}{2k}$
④ $x\le \frac{7}{2k}$ ⑤ $x\ge \frac{7}{2k}$

41 $a<4$일 때, x에 대한 일차부등식 $ax+2a>4(x+2)$를 만족하는 가장 큰 정수 x의 값을 구하시오.
0443

빈출
유형 12 부등식의 해가 주어질 때, 미지수의 값 구하기 | 개념 08-1, 2

일차부등식을 $ax>b$ 꼴로 정리한 후, 주어진 해와 부등호의 방향을 비교한다.
부등식 $ax>b$의 해가
① $x>p$이면 ➡ $a>0$이고, 이때 $x>\frac{b}{a}$이므로 $\frac{b}{a}=p$
② $x<p$이면 ➡ $a<0$이고, 이때 $x<\frac{b}{a}$이므로 $\frac{b}{a}=p$

대표문제

42 일차부등식 $ax+5>-1$의 해가 $x<1$일 때, 수 a의 값을 구하시오.
0444

43 부등식 $3x+4>a-x$의 해가 $x>-2$일 때, 수 a의 값을 구하시오.
0445

서술형

44 일차부등식 $kx+8\le 4-3(x-2)$의 해가 $x\ge -1$일 때, 수 k의 값을 구하시오.
0446

45 부등식 $6x+p\le 4x+13$의 해를 수직선 위에 나타내면 오른쪽 그림과 같다. 이때 부등식 $\frac{x+5}{2}\ge \frac{1}{5}px+1$의 해를 구하시오. (단, p는 수)
0447

5

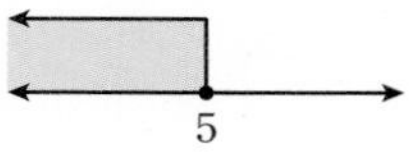

유형 13 두 일차부등식의 해가 서로 같을 때, 미지수의 값 구하기 | 개념 08-1, 2

대표문제

46 두 부등식
0448

$$2x+6<x+k-4,\ 3(x-2)-1<x-3$$

의 해가 서로 같을 때, 수 k의 값은?

① -15　② -8　③ 0
④ 5　⑤ 12

47 부등식 $x-a<-9-3x$의 해가 부등식 $6x-3>8x+7$의 해와 같을 때, 수 a의 값은?
0449

① -29　② -11　③ -1
④ 11　⑤ 29

서술형

48 다음 두 부등식의 해가 서로 같을 때, 수 a의 값을 구하시오.
0450

$$\frac{x+5}{3}\geq\frac{x+3}{2},\quad 0.3x-0.8\geq0.5(x+a)$$

유형 14 부등식의 해의 조건이 주어질 때, 미지수의 값 또는 값의 범위 구하기 | 개념 08-1, 2

대표문제

49 부등식 $1-x\geq3x+a-5$의 해 중에서 가장 큰 수가 2일 때, 수 a의 값을 구하시오.
0451

50 부등식 $2x-a\leq2+4x$의 해 중에서 가장 작은 수가 -3일 때, 수 a의 값은?
0452

① -8　② -7　③ -6
④ 4　⑤ 5

51 부등식 $2x+7\geq5x+a$를 만족하는 자연수 x가 존재하지 않을 때, 수 a의 값의 범위를 구하시오.
0453

52 부등식 $1-\frac{2x+a}{6}<\frac{x}{3}-\frac{5}{2}$를 만족하는 음수 x가 존재하지 않을 때, 가장 큰 수 a의 값을 구하시오.
0454

일차부등식의 활용

09-1 일차부등식의 활용 문제 풀이 | 유형 15~26

일차부등식의 활용 문제는 다음과 같은 순서로 푼다.

❶ **미지수 정하기:** 문제의 뜻을 이해하고, 구하려는 것을 미지수 x로 놓는다.

❷ **부등식 세우기:** 문제의 뜻에 맞게 x에 대한 일차부등식을 세운다.

❸ **부등식 풀기:** 일차부등식의 해를 구한다.

❹ **확인하기:** 구한 해가 문제의 뜻에 맞는지 확인한다.

참고 구하는 것이 물건의 개수, 사람 수, 나이 등이면 해가 자연수이다.

09-2 일차부등식의 여러 가지 활용 | 유형 15, 16, 23~26

(1) 수에 대한 문제

구하려는 수를 x로 놓고 부등식을 세운다.

① 연속하는 두 정수 ➡ x, $x+1$로 놓는다.

② 연속하는 두 짝수(홀수) ➡ x, $x+2$로 놓는다.

(2) 개수에 대한 문제

한 개에 a원인 물건 A와 b원인 물건 B를 합하여 10개를 살 때, 물건 A를 x개 산다고 하면

① (물건 B의 개수)$=10-x$(개)

② (필요한 금액)$=ax+b(10-x)$(원)

(3) 거리, 속력, 시간에 대한 문제

① (거리)$=$(속력)$\times$(시간)

② (속력)$=\dfrac{(거리)}{(시간)}$

③ (시간)$=\dfrac{(거리)}{(속력)}$

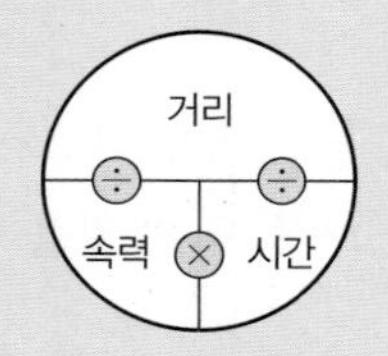

주의 거리, 속력, 시간에 대한 문제를 풀 때, 각각의 단위가 다를 경우에는 단위를 통일한 후, 부등식을 세운다.

• 1 km$=$1000 m • 1시간$=$60분, 1분$=\dfrac{1}{60}$시간

(4) 소금물의 농도에 대한 문제

① (소금물의 농도)$=\dfrac{(소금의 양)}{(소금물의 양)}\times 100(\%)$

② (소금의 양)$=\dfrac{(소금물의 농도)}{100}\times$(소금물의 양)

주의 소금물에 물을 더 넣거나 소금물을 증발시키는 문제를 풀 때, 전체 소금물의 양이나 농도는 변하지만 소금의 양은 변하지 않음을 이용하여 부등식을 세운다.

[01~02] 어떤 자연수의 4배에서 5를 뺀 것은 그 수의 2배에 9를 더한 것보다 크다고 할 때, 다음 물음에 답하시오.

01 (0455) 어떤 자연수를 x라 하고 부등식을 세우시오.

02 (0456) 어떤 자연수 중 가장 작은 수를 구하시오.

[03~04] 한 개에 1000원인 껌과 한 개에 700원인 사탕을 합하여 12개를 사는데 전체 금액이 10500원 이하가 되도록 할 때, 다음 물음에 답하시오.

03 (0457) 껌을 x개 산다고 할 때, 다음 표를 완성하고 부등식을 세우시오.

	껌	사탕	전체
개수	x개		12개
금액	$1000x$원		10500원 이하

04 (0458) 껌은 최대 몇 개까지 살 수 있는지 구하시오.

[05~06] 등산을 하는데 올라갈 때는 시속 2 km로, 내려올 때는 같은 길을 시속 4 km로 걸어서 전체 걸리는 시간을 6시간 이내로 하려고 할 때, 다음 물음에 답하시오.

05 (0459) 올라갈 때의 거리를 x km라 할 때, 다음 표를 완성하고 부등식을 세우시오.

	올라갈 때	내려올 때	전체
거리	x km	x km	
속력	시속 2 km		
시간			6시간 이내

06 (0460) 출발점에서 최대 몇 km 떨어진 곳까지 올라갔다 내려올 수 있는지 구하시오.

빠른답 4쪽 | 바른답 · 알찬풀이 44쪽

빈출

유형 15 수에 대한 문제 | 개념 09-1, 2

대표문제

07 연속하는 두 홀수가 있다. 작은 수의 3배에 1을 더한 것은 큰 수의 2배 이상일 때, 가장 작은 두 홀수의 곱을 구하시오.
0461

08 차가 9인 두 정수의 합이 25보다 크다고 한다. 두 수 중 작은 수를 x라 할 때, x의 값이 될 수 있는 가장 작은 수는?
0462

① 8 ② 9 ③ 10
④ 11 ⑤ 12

09 연속하는 세 자연수의 합이 36보다 작을 때, 가장 큰 연속한 세 자연수를 구하시오.
0463

10 연속하는 세 짝수의 합이 이 세 짝수 중 가장 작은 수의 2배에 15를 더한 값보다 크지 않다고 한다. 이 세 짝수 중 가장 큰 수를 x라 할 때, x의 값이 될 수 있는 가장 큰 수를 구하시오.
0464

빈출

유형 16 개수에 대한 문제 | 개념 09-1, 2

대표문제

11 윤주는 인터넷 쇼핑몰에서 자몽과 오렌지를 합하여 10개를 사려고 한다. 자몽 1개의 가격은 1500원, 오렌지 1개의 가격은 900원이고, 배송료가 3000원일 때, 배송료를 포함한 총가격이 15000원 이하가 되게 하려면 자몽을 최대 몇 개까지 살 수 있는지 구하시오.
0465

12 한 개에 800원인 젤리 6개와 한 개에 1100원인 마카롱을 사려고 한다. 전체 금액이 18000원 미만이 되게 하려면 마카롱을 최대 몇 개까지 살 수 있는지 구하시오.
0466

서술형

13 한 송이에 1200원인 튤립과 한 송이에 1000원인 장미를 섞어 18송이를 사서 꽃다발을 만들려고 한다. 전체 금액이 20000원 이하가 되게 하려면 튤립을 최대 몇 송이까지 살 수 있는지 구하시오.
0467

14 2600원짜리 필통에 600원짜리 색연필과 1300원짜리 볼펜을 합하여 8자루를 담아 필통을 포함한 전체 금액이 9500원을 넘지 않게 하려고 한다. 볼펜을 최대 몇 자루까지 담을 수 있는가?
0468

① 2자루 ② 3자루 ③ 4자루
④ 5자루 ⑤ 6자루

유형 17 평균에 대한 문제 | 개념 09-1

대표문제

15 0469 현주네 반의 여학생 18명의 평균 몸무게는 45 kg, 남학생의 평균 몸무게는 56 kg이다. 이 반 전체 학생의 평균 몸무게가 50 kg 이상일 때, 남학생은 최소 몇 명인지 구하시오.

창의융합

16 0470 어떤 리듬체조 선수가 개인 종합 경기에 출전하여 후프, 공, 곤봉 종목에서 각각 19.150점, 18.200점, 17.350점을 받았다고 한다. 이 선수가 리본 종목에서 몇 점 이상을 받아야 4종목의 평균이 18.400점 이상이 되는지 구하시오.

유형 18 추가 요금에 대한 문제 | 개념 09-1

대표문제

17 0471 어느 공원의 자전거 대여료는 처음 30분까지는 4000원이고 30분이 지나면 1분마다 200원씩 요금이 추가된다고 한다. 자전거 대여료가 10000원 이하가 되도록 할 때, 최대 몇 분 동안 자전거를 탈 수 있는가?

① 50분 ② 55분 ③ 60분
④ 65분 ⑤ 70분

18 0472 어느 박물관의 입장료가 10명까지는 1인당 3000원이고 10명을 초과하면 초과된 사람 1인당 2500원이라 한다. 총입장료가 50000원 이하가 되게 하려면 최대 몇 명까지 입장할 수 있는지 구하시오.

유형 19 예금액에 대한 문제 | 개념 09-1

대표문제

19 0473 현재 은사와 채현이의 통장 잔고는 각각 5000원, 1000원이다. 다음 달부터 은사는 매달 3000원씩, 채현이는 매달 2000원씩 예금한다고 할 때, 은사의 예금액이 채현이의 예금액의 2배보다 적어지는 것은 몇 개월 후부터인가? (단, 이자는 생각하지 않는다.)

① 3개월 ② 4개월 ③ 5개월
④ 6개월 ⑤ 7개월

20 0474 현재 주연이의 통장에는 80000원이 예금되어 있다. 다음 달부터 매달 2500원씩 예금한다면 몇 개월 후부터 주연이의 예금액이 100000원을 넘게 되는지 구하시오. (단, 이자는 생각하지 않는다.)

유형 20 정가, 원가에 대한 문제 | 개념 09-1

대표문제

21 0475 원가가 4200원인 휴대 전화 케이스를 정가에서 10 % 할인하여 팔아서 원가의 20 % 이상의 이익을 얻으려고 한다. 이때 정가는 얼마 이상으로 정하면 되는지 구하시오.

서술형

22 0476 어떤 전자제품에 원가의 40 %의 이익을 붙여서 정가를 정하였다. 이 전자제품의 정가에서 25 % 할인하여 판매하였더니 이익이 3000원 이상일 때, 이 전자제품의 원가는 얼마 이상인지 구하시오.

빈출

유형 21 유리한 방법을 선택하는 문제 | 개념 09-1

두 가지 방법에 대하여 각각의 비용을 계산한 후, 비용이 적은 쪽이 유리함을 이용하여 부등식을 세운다.

예 x명이 입장하려고 할 때, a명 이상에게 단체 입장료를 적용하는 경우
➡ (a명의 단체 입장료)$<$(x명의 입장료) (단, $x<a$)

대표문제

23 0477 학교 앞 문구점에서 700원에 파는 공책을 문구 할인점에서는 500원에 팔고 있다. 문구 할인점에 다녀오는 데 드는 교통비가 1500원일 때, 공책을 몇 권 이상 살 경우 문구 할인점에서 사는 것이 유리한지 구하시오.

서술형

24 0478 동네 서점에서 한 권에 8000원 하는 만화책을 인터넷 서점에서는 이 가격에서 10 % 할인된 금액으로 판매한다. 인터넷 서점에서 구입하는 경우 4000원의 배송비를 내야 한다고 할 때, 만화책을 몇 권 이상 살 경우 동네 서점보다 인터넷 서점을 이용하는 것이 유리한지 구하시오.

25 0479 어느 동물원의 입장료는 한 사람당 5000원이고 40명 이상의 단체인 경우의 입장료는 한 사람당 4500원이라 한다. 40명 미만의 단체가 입장하려고 할 때, 몇 명 이상이면 40명의 단체 입장권을 사는 것이 유리한가?

① 34명 ② 35명 ③ 36명
④ 37명 ⑤ 38명

26 0480 찬열이네 집에 공기청정기를 들여놓으려고 한다. 공기청정기를 살 경우에는 56만 원의 구입 비용과 매달 12000원의 유지비가 들고, 공기청정기를 빌리는 경우에는 매달 3만 원의 임대료가 든다고 한다. 공기청정기를 구입해서 몇 개월 이상 사용해야 임대하는 것보다 유리한가?

① 16개월 ② 20개월 ③ 24개월
④ 28개월 ⑤ 32개월

유형 22 도형에 대한 문제 | 개념 09-1

대표문제

27 0481 윗변의 길이가 4 cm이고 높이가 6 cm인 사다리꼴이 있다. 이 사다리꼴의 넓이가 39 cm^2 이상일 때, 사다리꼴의 아랫변의 길이는 몇 cm 이상이어야 하는지 구하시오.

28 0482 삼각형의 세 변의 길이가 $x+2$, x, $x+6$일 때, 다음 중 x의 값으로 옳지 않은 것은?

① 4 ② 6 ③ 8
④ 10 ⑤ 12

29 0483 가로의 길이가 세로의 길이의 2배보다 5 cm만큼 짧은 직사각형이 있다. 이 직사각형의 둘레의 길이가 140 cm 이상일 때, 세로의 길이는 몇 cm 이상이어야 하는지 구하시오.

4 일차부등식

유형 23 거리, 속력, 시간에 대한 문제 (1) ; 속력이 바뀌는 경우 | 개념 09-1, 2

대표문제

30 0484 집에서 18 km 떨어진 도서관까지 자전거를 타고 가는데 처음에는 시속 10 km로 달리다가 도중에 시속 6 km로 달려서 2시간 이내에 도서관에 도착하였다. 이때 시속 10 km로 달린 거리는 몇 km 이상인지 구하시오.

31 0485 A 지점에서 6 km 떨어진 B 지점까지 가는데 처음에는 시속 5 km로 걷다가 도중에 시속 3 km로 걸어서 1시간 30분 이내에 B 지점에 도착하였다. 다음 중 시속 5 km로 걸은 거리가 될 수 없는 것은?

① 3.5 km ② 4 km ③ 4.5 km ④ 5 km ⑤ 5.5 km

서술형

32 0486 집에서 70 km 떨어진 테마파크까지 자동차를 타고 가는데 오전 9시에 출발하여 처음에는 시속 80 km로 달리다가 도중에 시속 60 km로 달렸더니 오전 10시인 입장 시간에 늦지 않게 도착하였다. 이때 시속 80 km로 달린 거리는 몇 km 이상인지 구하시오.

빈출

유형 24 거리, 속력, 시간에 대한 문제 (2) ; 왕복하는 경우 | 개념 09-1, 2

① 왕복하는 데 걸린 시간
➡ (갈 때 걸린 시간)+(올 때 걸린 시간)
② 중간에 물건을 사거나 쉬는 경우, 왕복하는 데 걸린 시간
➡ (갈 때 걸린 시간)+(중간에 머무는 시간)
+(올 때 걸린 시간)

대표문제

33 0487 성훈이는 고속버스 출발 시각까지 1시간의 여유가 있어서 이 시간 동안 상점에 가서 물건을 사 오려고 한다. 물건을 사는 데 15분이 걸리고 시속 4 km로 걸을 때, 터미널에서 몇 km 이내에 있는 상점을 이용할 수 있는지 구하시오.

34 0488 등산을 하는데 올라갈 때는 시속 3 km로 걷고, 5분 쉰 다음 내려올 때는 같은 길을 시속 4 km로 걸어서 3시간 이내로 등산을 마치려고 한다. 이때 최대 몇 km까지 올라갔다 내려올 수 있는지 구하시오.

35 0489 영주가 산책을 하는데 갈 때는 시속 2 km로 걷고, 올 때는 갈 때보다 1 km 더 먼 길을 시속 4 km로 걸었다. 산책하는 데 걸린 시간이 1시간 이내일 때, 영주가 걸은 거리는 최대 몇 km인가?

① 2 km ② 3 km ③ 4 km ④ 5 km ⑤ 6 km

유형 25 농도에 대한 문제 (1) ; 물을 넣거나 증발시키는 경우 | 개념 09-1, 2

대표문제

36 0490 8%의 소금물 $400\,g$이 있다. 이 소금물의 농도를 5% 이하가 되게 하려면 최소 몇 g의 물을 더 넣어야 하는가?

① $220\,g$ ② $225\,g$ ③ $230\,g$
④ $235\,g$ ⑤ $240\,g$

서술형

37 0491 물 $170\,g$에 설탕 $30\,g$을 넣어 만든 설탕물에 물을 더 넣어서 농도가 12% 이상이 되게 하려면 최대 몇 g의 물을 더 넣을 수 있는지 구하시오.

38 0492 16%의 소금물 $300\,g$이 있다. 이 소금물에서 물을 증발시켜 농도를 20% 이상이 되게 하려면 최소 몇 g의 물을 증발시켜야 하는가?

① $50\,g$ ② $55\,g$ ③ $60\,g$
④ $65\,g$ ⑤ $70\,g$

유형 26 농도에 대한 문제 (2) ; 두 소금물을 섞는 경우 | 개념 09-1, 2

$a\%$의 소금물 $x\,g$과 $b\%$의 소금물 $y\,g$을 섞은 소금물의 농도가 $c\%$ 이상이면

$$\begin{pmatrix} a\%\text{의 소금물의} \\ \text{소금의 양} \end{pmatrix} + \begin{pmatrix} b\%\text{의 소금물의} \\ \text{소금의 양} \end{pmatrix} \geq \begin{pmatrix} c\%\text{의 소금물의} \\ \text{소금의 양} \end{pmatrix}$$

$$\Rightarrow \frac{a}{100}\times x+\frac{b}{100}\times y \geq \frac{c}{100}\times(x+y)$$

대표문제

39 0493 15%의 소금물 $200\,g$에 20%의 소금물을 섞어서 농도가 18% 이상인 소금물을 만들려고 한다. 이때 20%의 소금물은 몇 g 이상 섞어야 하는지 구하시오.

40 0494 14%의 설탕물 $80\,g$에 8%의 설탕물을 섞어서 농도가 9% 이하인 설탕물을 만들려고 할 때, 8%의 설탕물은 몇 g 이상 섞어야 하는가?

① $250\,g$ ② $300\,g$ ③ $350\,g$
④ $400\,g$ ⑤ $450\,g$

41 0495 2%의 소금물과 10%의 소금물을 섞어서 농도가 6% 이상인 소금물 $200\,g$을 만들려고 한다. 이때 2%의 소금물은 최대 몇 g까지 섞을 수 있는지 구하시오.

01 다음 중 [ ] 안의 수가 주어진 부등식의 해인 것은?

① $x-1>-3$ [-2]

② $3x+1\le-4$ [2]

③ $5<2-7x$ [1]

④ $-4x\ge1-x$ [-1]

⑤ $4-3x>7-x$ [0]

▶ 62쪽 유형 03

창의O융합

02 다음 각 상자에 적힌 내용이 옳으면 Yes, 옳지 않으면 No를 따라갈 때, 맨 위의 상자에서 출발하여 마지막으로 도착한 상자를 구하시오.

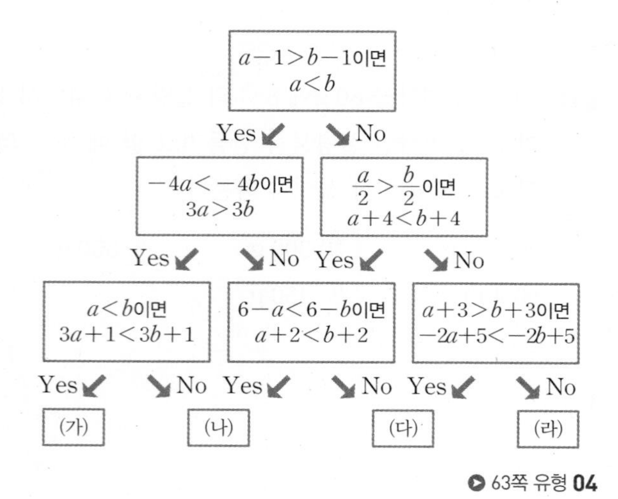

▶ 63쪽 유형 04

03 $-4<a<1$일 때, $2-3a$의 값이 될 수 있는 정수의 개수를 구하시오.

▶ 63쪽 유형 05

04 다음 **보기** 중 일차부등식의 개수를 구하시오.

보기

ㄱ. $x^2<x(x-1)$ ㄴ. $4x+2=3x-1$

ㄷ. $\frac{x}{7}-1\ge0$ ㄹ. $x-6<x-2$

ㅁ. $5(x+3)>4+5x$ ㅂ. $\frac{1}{x}+9\le8$

▶ 65쪽 유형 06

05 방정식 $0.6(x-4)=\frac{x}{2}-3$의 해를 $x=a$라 할 때, 부등식 $4x+a\le ax-5a$를 만족하는 모든 자연수 x의 값의 합은?

① 3 ② 6 ③ 10

④ 15 ⑤ 21

▶ 66쪽 유형 07

06 다음 중 부등식 $\frac{x-1}{10}-\frac{x+1}{2}\le-1$의 해를 수직선 위에 바르게 나타낸 것은?

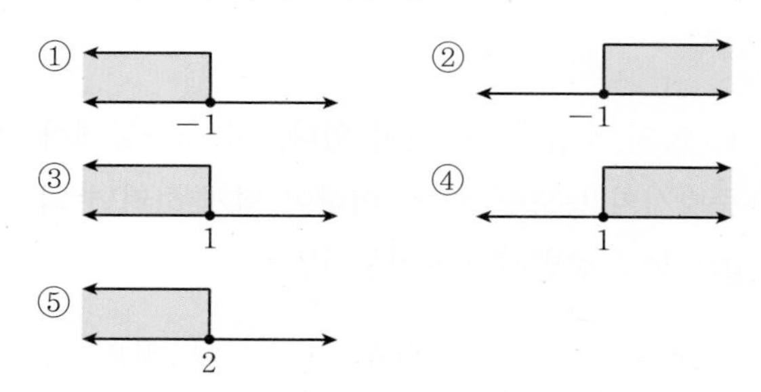

▶ 67쪽 유형 10

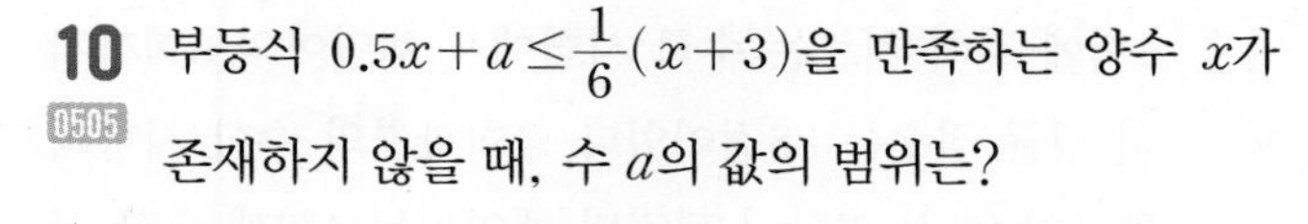

07 다음 부등식 중 해가 나머지 넷과 다른 하나는?
0502

① $3x+2\geq-1$

② $\frac{3}{2}x+\frac{3}{4}\geq\frac{3}{4}x$

③ $0.3(2x-3)\leq3.5x+2$

④ $5(x+3)\leq2(3-2x)$

⑤ $\frac{9}{5}x+0.2(x+6)\geq-0.8$

▶ 67쪽 유형 **09** + 67쪽 유형 **10**

08 다음 **보기** 중 x에 대한 일차부등식 $ax-4\leq b(x+1)$의 해에 대한 설명으로 옳은 것을 모두 고르시오.
0503

보기

ㄱ. $a>b$이면 $x\leq\frac{b+4}{a-b}$이다.

ㄴ. $a<b$이면 $x\geq\frac{b+4}{a-b}$이다.

ㄷ. $a>0$, $b<0$이면 $x\leq\frac{b+4}{a-b}$이다.

▶ 68쪽 유형 **11**

09 부등식 $a-\frac{4x-3}{5}>0.2(1-3x)$의 해가 $x<-8$일 때, 수 a의 값을 구하시오.
0504

▶ 68쪽 유형 **12**

10 부등식 $0.5x+a\leq\frac{1}{6}(x+3)$을 만족하는 양수 x가 존재하지 않을 때, 수 a의 값의 범위는?
0505

① $a<-\frac{1}{2}$ ② $a\leq-\frac{1}{2}$ ③ $a\leq\frac{1}{2}$

④ $a>\frac{1}{2}$ ⑤ $a\geq\frac{1}{2}$

▶ 69쪽 유형 **14**

11 5 이하의 자연수가 각각 하나씩 적힌 5개의 공이 들어 있는 상자에서 공을 한 개 꺼낸 후 그 공에 적힌 수를 x라 하자. x를 5배하면 x에 5를 더하여 2배한 것보다 크다고 할 때, 이를 만족하는 모든 자연수 x의 값의 합을 구하시오.
0506

▶ 71쪽 유형 **15**

12 1개의 무게가 90 g인 귤과 150 g인 감을 합하여 14개를 사는데 총무게가 1.5 kg 이하가 되게 하려고 한다. 감은 최대 몇 개까지 살 수 있는지 구하시오.
0507

▶ 71쪽 유형 **16**

13 4회에 걸쳐 치르는 수학 시험에서 채연이의 3회까지의 평균 점수는 88점이었다. 4회까지의 수학 시험의 평균이 90점 이상이 되려면 채연이는 4회째 수학 시험에서 몇 점 이상을 받아야 하는지 구하시오.
0508

▶ 72쪽 유형 17

14 현재 은우의 예금액은 32000원, 소희의 예금액은 40000원이다. 다음 주부터 은우는 매주 2000원씩, 소희는 매주 1500원씩 예금한다면 몇 주 후부터 은우의 예금액이 소희의 예금액보다 많아지는지 구하시오. (단, 이자는 생각하지 않는다.)
0509

▶ 72쪽 유형 19

창의⊕융합

15 윤석이네 집 근처 문구점에서 1500원에 파는 볼펜을 할인매장에서는 1200원에 팔고 있다. 할인매장에 다녀오려면 왕복 교통비가 1000원이 들고 한 번 가서 x자루의 볼펜을 사 온다고 할 때, 다음 중 옳지 않은 것은?
0510

① 집 근처 문구점에서 사면 $1500x$원이 든다.
② 할인매장에서 사면 $(1200x+1000)$원이 든다.
③ $1500x<1200x+1000$일 때, 할인매장에서 사는 것이 더 유리하다.
④ 볼펜 3자루를 산다면 집 근처 문구점에서 사는 것이 더 저렴하다.
⑤ 볼펜 4자루를 산다면 할인매장에서 사는 것이 더 저렴하다.

▶ 73쪽 유형 21

16 다음 중 내각의 크기의 합이 900°보다 작은 다각형은?
0511

① 육각형 ② 칠각형 ③ 팔각형
④ 구각형 ⑤ 십각형

▶ 73쪽 유형 22

17 지민이는 기차 출발 시각까지 1시간 20분의 여유가 있어 상점에서 기념품을 사 오려고 한다. 기념품을 사는 데 40분이 걸리고 시속 5 km로 걸을 때, 역에서 몇 km 이내에 있는 상점을 이용해야 하는가?
0512

① $\frac{5}{3}$ km ② 2 km ③ $\frac{7}{3}$ km
④ 3 km ⑤ $\frac{10}{3}$ km

▶ 74쪽 유형 24

18 4 %의 소금물 300 g에 소금을 몇 g 이상 더 넣으면 소금물의 농도가 20 % 이상이 되는지 구하시오.
0513

▶ 75쪽 유형 25

서술형 문제

19 0514
$-5 \le x < 2$이고 $A=\frac{1}{5}(15-4x)$일 때, A의 값 중에서 가장 큰 정수를 M, 가장 작은 정수를 m이라 하자. 이때 Mm의 값을 구하시오.

▶ 63쪽 유형 05

20 0515
부등식 $\frac{2x+1}{3}-\frac{3x+2}{2}<a$ … ㉠의 해가 부등식 $1+0.5x>0.1(6-x)$ … ㉡의 해와 같을 때, 다음 물음에 답하시오. (단, a는 수)

(1) 부등식 ㉠의 해를 구하시오.

(2) 부등식 ㉡의 해를 구하시오.

(3) 수 a의 값을 구하시오.

▶ 67쪽 유형 10 + 69쪽 유형 13

21 0516
부등식 $\frac{3-x}{2} \ge k+\frac{1}{3}$을 만족하는 x의 값 중에서 가장 큰 값이 7일 때, 수 k의 값을 구하시오.

▶ 69쪽 유형 14

22 0517
어느 해수욕장의 튜브 대여료는 5개까지는 1개당 2000원이고 5개를 초과하면 초과된 튜브 1개당 1200원이라 한다. 튜브 대여료가 16000원 이하가 되도록 할 때, 다음 물음에 답하시오.

(1) 튜브를 x개 대여한다고 할 때, 부등식을 세우시오.

(2) 최대 몇 개까지 튜브를 대여할 수 있는지 구하시오.

▶ 72쪽 유형 18

23 0518
어느 미술관의 특별 전시회 입장료는 한 사람당 4000원이고 15명 이상의 단체인 경우에는 입장료를 20 % 할인해 준다고 한다. 15명 미만의 단체가 입장하려고 할 때, 몇 명 이상이면 15명의 단체 입장권을 사는 것이 유리한지 구하시오.

▶ 73쪽 유형 21

24 0519
슬비와 선미가 같은 지점에서 동시에 출발하여 서로 반대 방향으로 직선 도로를 따라 걷고 있다. 슬비는 시속 3 km로 걷고, 선미는 시속 4 km로 걸을 때, 슬비와 선미가 2.8 km 이상 떨어지려면 몇 분 이상 걸어야 하는지 구하시오.

▶ 74쪽 유형 23 + 74쪽 유형 24

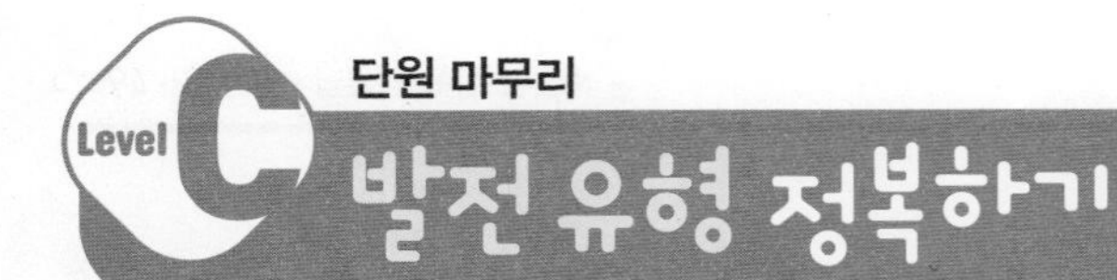

01 0520 두 수 a, b가 $ab<0$, $a+b<0$, $|a|<|b|$를 만족할 때, 다음 중 옳은 것을 모두 고르면? (정답 2개)

① $\frac{a}{b}>0$　② $a^3-ab>0$
③ $\frac{1}{a}<\frac{1}{b}$　④ $2b-a<0$
⑤ $-\frac{a}{3}+5>-\frac{b}{3}+5$

02 0521 $-14\le 5x-9\le 1$이고 $A=10-4x$일 때, A의 값의 범위를 구하시오.

03 0522 부등식 $0.3(x-1)\le 0.1x+0.3$의 해 중 $\frac{5x-2}{4}$의 값이 자연수가 되도록 하는 모든 x의 값의 합은?

① $\frac{6}{5}$　② $\frac{12}{5}$　③ $\frac{18}{5}$
④ $\frac{24}{5}$　⑤ 6

04 0523 부등식 $\frac{1}{2}a-0.\dot{2}<\frac{1}{3}a+0.\dot{7}$을 만족하는 수 a에 대하여 일차부등식 $ax-5a\ge 6x-30$을 만족하는 자연수 x의 개수를 구하시오.

05 0524 일차부등식 $\frac{4x+3}{3}-a>1-\frac{ax-1}{2}$의 해가 $x<3$일 때, 수 a의 값을 구하시오.

창의⊕융합

06 0525 어느 가게 주인이 사과 600개를 도매 가격으로 구입하였는데, 그중 50개는 물러져서 팔 수 없게 되었다. 나머지를 팔아서 전체 구입 가격의 10 % 이상의 이익을 남기려면 사과 한 개의 도매 가격에 최소 몇 %의 이익을 붙여서 팔아야 하는가?

① 14 %　② 16 %　③ 18 %
④ 20 %　⑤ 22 %

서술형 문제

07 0526 다음 표는 같은 휴대 전화를 구입할 때, A, B 두 통신사에서 한 달에 청구되는 요금을 나타낸 것이다. 한 달의 휴대 전화 통화 시간이 몇 분 초과이면 A 통신사를 선택하는 것이 유리한지 구하시오.

통신사	단말기 할부금	기본 요금	통화 요금
A	7000원	15000원	10초당 15원
B	10000원	9000원	10초당 20원

08 0527 오른쪽 그림과 같은 사다리꼴 ABCD에서 삼각형 APD의 넓이가 34 cm^2 이하가 되도록 변 BC 위에 점 P를 잡으려고 한다. 점 B에서 몇 cm 이상 떨어진 곳에 점 P를 잡으면 되는지 구하시오.

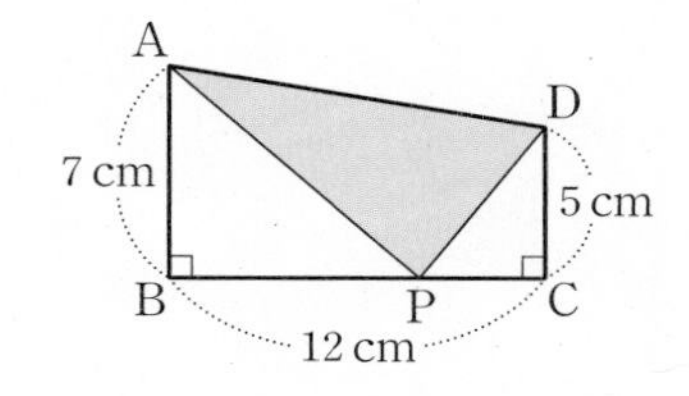

09 0528 오른쪽 표는 두 식품 A, B의 100 g에 포함된 칼슘의 양을 나타낸 것이다. 두 식품 A, B를 합하여 200 g을 섭취하여 칼슘을 385 mg 이상 얻으려고 할 때, 섭취해야 하는 식품 A의 양은 최소 몇 g인지 구하시오.

식품	칼슘(mg)
A	320
B	150

Tip
(식품에 포함된 칼슘의 양)=(1 g에 포함된 칼슘의 양)×(식품의 양)임을 이용하여 문제의 뜻에 맞게 부등식을 세운다.

10 0529 부등식 $\frac{2x+a}{5}-\frac{3x+2}{2}\geq a$를 만족하는 자연수 x가 2개 이상일 때, 가장 큰 수 a의 값을 구하시오.

11 0530 14 %의 설탕물 500 g이 있다. 이 설탕물에서 물을 증발시키고 증발시킨 물의 양만큼 설탕을 넣어 농도가 30 % 이상이 되게 하려면 최소 몇 g의 물을 증발시켜야 하는지 구하시오.

12 0531 남학생 한 명이 하면 5일이 걸리고 여학생 한 명이 하면 7일이 걸려서 끝낼 수 있는 일이 있다고 한다. 남학생과 여학생을 합하여 6명이 이 일을 하루에 끝내려고 할 때, 남학생은 최소 몇 명이 필요한지 구하시오.

Tip
전체 일의 양을 1로 놓고 문제의 뜻에 맞게 부등식을 세운다.

II. 일차부등식과 연립일차방정식

5 연립일차방정식

학습 계획 및 성취도 체크

- 학습 계획을 세우고 적어도 두 번 반복하여 공부합니다.
- 유형 이해도에 따라 □ 안에 ○, △, ×를 표시합니다.
- 시험 전에 [빈출] 유형과 × 표시한 유형은 반드시 한 번 더 풀어 봅니다.

			학습 계획	1차 학습	2차 학습
Lecture 10 미지수가 2개인 연립일차 방정식	유형 01	미지수가 2개인 일차방정식	/		
	유형 02	미지수가 2개인 일차방정식 세우기	/		
	유형 03	미지수가 2개인 일차방정식의 해	/		
	유형 04	x, y가 자연수일 때, 일차방정식의 해 빈출	/		
	유형 05	일차방정식의 해 또는 계수가 문자로 주어질 때, 미지수의 값 구하기 빈출	/		
	유형 06	연립방정식의 해	/		
	유형 07	연립방정식의 해 또는 계수가 문자로 주어질 때, 미지수의 값 구하기 빈출	/		
Lecture 11 연립일차 방정식의 풀이	유형 08	연립방정식의 풀이; 대입법 빈출	/		
	유형 09	연립방정식의 풀이; 가감법 빈출	/		
	유형 10	괄호가 있는 연립방정식의 풀이	/		
	유형 11	계수가 소수 또는 분수인 연립방정식의 풀이	/		
	유형 12	비례식을 포함한 연립방정식의 풀이	/		
	유형 13	$A=B=C$ 꼴의 방정식의 풀이 빈출	/		
Lecture 12 여러 가지 연립일차 방정식	유형 14	연립방정식의 해가 주어질 때, 미지수의 값 구하기 빈출	/		
	유형 15	연립방정식의 해와 일차방정식의 해가 같을 때, 미지수의 값 구하기	/		
	유형 16	두 연립방정식의 해가 서로 같을 때, 미지수의 값 구하기 빈출	/		
	유형 17	해에 대한 조건이 주어질 때, 미지수의 값 구하기	/		
	유형 18	계수 또는 상수항을 잘못 보고 구한 해	/		
	유형 19	해가 무수히 많은 연립방정식	/		
	유형 20	해가 없는 연립방정식 빈출	/		
Lecture 13 연립일차 방정식의 활용 (1)	유형 21	자연수에 대한 문제 빈출	/		
	유형 22	가격, 개수, 나이에 대한 문제 빈출	/		
	유형 23	비율에 대한 문제	/		
	유형 24	점수에 대한 문제	/		
	유형 25	계단에 대한 문제	/		
	유형 26	증가, 감소에 대한 문제 빈출	/		
	유형 27	이익, 할인에 대한 문제	/		
	유형 28	도형에 대한 문제	/		
	유형 29	일에 대한 문제 빈출	/		
Lecture 14 연립일차 방정식의 활용 (2)	유형 30	거리, 속력, 시간에 대한 문제 (1); 속력이 바뀌는 경우 빈출	/		
	유형 31	거리, 속력, 시간에 대한 문제 (2); 만나는 경우	/		
	유형 32	강물과 배의 속력에 대한 문제	/		
	유형 33	터널과 다리에 대한 문제 빈출	/		
	유형 34	농도에 대한 문제 (1); 소금물 또는 소금의 양을 구하는 경우 빈출	/		
	유형 35	농도에 대한 문제 (2); 농도를 구하는 경우	/		
	유형 36	식품, 합금에 대한 문제	/		
단원 마무리	Level B	필수 유형 정복하기	/		
	Level C	발전 유형 정복하기	/		

미지수가 2개인 연립일차방정식

10-1 미지수가 2개인 일차방정식 | 유형 01~05

(1) 미지수가 2개인 일차방정식

미지수가 2개이고, 그 차수가 모두 1인 방정식

➡ $ax+by+c=0$ (a, b, c는 수, $a\neq0$, $b\neq0$)

예) $x-y+1=0$ ➡ 미지수가 2개인 일차방정식이다.

$4x+5=0$ ➡ 미지수가 1개이므로 미지수가 2개인 일차방정식이 아니다.

$x^2-y=2$ ➡ x의 차수가 2이므로 미지수가 2개인 일차방정식이 아니다.

(2) 미지수가 2개인 일차방정식의 해(근)

미지수가 2개인 일차방정식이 참이 되게 하는 x, y의 값 또는 순서쌍 (x, y)

(3) 일차방정식을 푼다: 일차방정식의 해를 모두 구하는 것

예) x, y가 자연수일 때, 일차방정식 $2x+y=7$을 풀어 보자.

x가 자연수이므로 주어진 방정식에 $x=1, 2, 3, \cdots$을 차례대로 대입하여 y의 값을 구하면 다음 표와 같다.

x	1	2	3	4	5	…
y	5	3	1	-1	-3	…

이때 y도 자연수이어야 하므로 일차방정식 $2x+y=7$의 해를 순서쌍 (x, y)로 나타내면 $(1, 5)$, $(2, 3)$, $(3, 1)$이다.

10-2 미지수가 2개인 연립일차방정식 | 유형 06, 07

(1) 연립방정식

두 개 이상의 방정식을 한 쌍으로 묶어 나타낸 것

(2) 미지수가 2개인 연립일차방정식

각각의 방정식이 미지수가 2개인 일차방정식인 연립방정식 ← 간단히 연립방정식이라고도 한다.

예) $\begin{cases} x+y=1 \\ 2x-y=0 \end{cases}$, $\begin{cases} 3x+y=2 \\ y=x-5 \end{cases}$

(3) 연립방정식의 해

연립방정식에서 각각의 방정식의 공통인 해

(4) 연립방정식을 푼다: 연립방정식의 해를 구하는 것

예) x, y가 자연수일 때, 연립방정식 $\begin{cases} x+y=5 & \cdots ㉠ \\ 2x+y=8 & \cdots ㉡ \end{cases}$을 풀어 보자.

[일차방정식 ㉠의 해]

x	1	2	3	4
y	4	3	2	1

[일차방정식 ㉡의 해]

x	1	2	3
y	6	4	2

두 일차방정식 ㉠, ㉡의 공통인 해는 $(3, 2)$이므로 주어진 연립방정식의 해는 $(3, 2)$, 즉 $x=3$, $y=2$이다.

[01~04] 다음 중 미지수가 2개인 일차방정식인 것은 ○표, 미지수가 2개인 일차방정식이 아닌 것은 ×표를 하시오.

01 $x=6-y$ (　　) 0532

02 $5x+2y^2=1$ (　　) 0533

03 $4x-\frac{3}{2}y=0$ (　　) 0534

04 $2x+y=y-7$ (　　) 0535

[05~08] 다음 일차방정식 중 x, y의 순서쌍 $(1, 2)$를 해로 갖는 것은 ○표, 해로 갖지 않는 것은 ×표를 하시오.

05 $-x+4y=8$ (　　) 0536

06 $y=3x-5$ (　　) 0537

07 $9x+2y=13$ (　　) 0538

08 $x+7=6y-4$ (　　) 0539

[09~10] x, y가 자연수일 때, 다음 일차방정식의 해를 x, y의 순서쌍 (x, y)로 나타내시오.

09 $3x+y=11$ 0540

10 $x+2y=9$ 0541

[11~13] x, y가 자연수일 때, 연립방정식

$\begin{cases} 3x+2y=14 & \cdots ㉠ \\ x+3y=7 & \cdots ㉡ \end{cases}$

에 대하여 다음을 x, y의 순서쌍 (x, y)로 나타내시오.

11 일차방정식 ㉠의 해 0542

12 일차방정식 ㉡의 해 0543

13 연립방정식의 해 0544

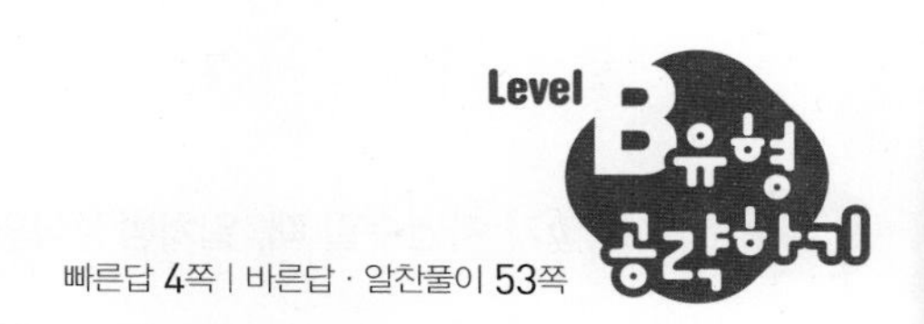

빠른답 4쪽 | 바른답 · 알찬풀이 53쪽

유형 01 미지수가 2개인 일차방정식 | 개념 10-1

대표문제

14 다음 중 미지수가 2개인 일차방정식이 아닌 것은?
0545

① $y=-5x-1$ ② $\frac{x}{3}+y-2=0$

③ $x+2y=x-2y+1$ ④ $y-(3x-y)-7=0$

⑤ $x^2+3x-y=x^2+1$

15 다음 중 미지수가 2개인 일차방정식을 모두 고르면? (정답 2개)
0546

① $7x+10=-1$ ② $2x-y+8=0$

③ $x+3y=x+2$ ④ $xy-x=3$

⑤ $2x^2+x=2x^2+2y$

16 다음 중 미지수가 2개인 일차방정식의 개수를 구하시오.
0547

$4x+5y-2,\quad 3x+1=3(x+y),\quad y=x,$
$y(y+1)=x+y^2-3,\quad \frac{y}{4}+\frac{x}{2}=1$

17 다음 중 $2x+y=x+ay+3$이 미지수가 2개인 일차방정식이 되도록 하는 수 a의 값이 아닌 것은?
0548

① -2 ② -1 ③ 0

④ 1 ⑤ 2

유형 02 미지수가 2개인 일차방정식 세우기 | 개념 10-1

대표문제

18 다음 문장 중 미지수가 2개인 일차방정식으로 나타낼 수 없는 것은?
0549

① x의 2배는 y의 5배보다 7만큼 더 크다.

② x살인 민국이의 나이는 y살인 대한이의 나이보다 5살이 더 적다.

③ 농구 시합에서 2점 슛 x개, 3점 슛 y개를 성공시켜 23점을 득점하였다.

④ 윗변의 길이가 4, 아랫변의 길이가 x, 높이가 y인 사다리꼴의 넓이가 36이다.

⑤ 400원짜리 연필 x자루와 600원짜리 공책 y권의 금액의 합은 5000원이다.

19 시속 5 km로 x시간을 걸은 후 시속 7 km로 y시간을 달린 거리는 총 12 km이다. 이를 미지수가 2개인 일차방정식으로 나타내시오.
0550

유형 03 미지수가 2개인 일차방정식의 해 | 개념 10-1

대표문제

20 다음 중 일차방정식 $x+3y=16$의 해가 아닌 것은?
0551

① (1, 5) ② (4, 4) ③ (6, 3)

④ (10, 2) ⑤ (13, 1)

21 다음 **보기** 중 x, y의 순서쌍 $(-1, 3)$을 해로 갖는 일차방정식을 모두 고르시오.
0552

보기

ㄱ. $x+4y=10$ ㄴ. $-x+2y=7$

ㄷ. $2x-y=1$ ㄹ. $4x+5y=11$

빈출

유형 04 x, y가 자연수일 때, 일차방정식의 해 | 개념 10-1

대표문제

22 x, y가 자연수일 때, 일차방정식 $3x+2y=28$의 해의 개수를 구하시오.
0553

23 x, y가 자연수일 때, 일차방정식 $4x+3y=19$의 모든 해를 x, y의 순서쌍 (x, y)로 나타내시오.
0554

24 x, y가 자연수일 때, 일차방정식 $2x+5y=22$를 만족하는 x, y의 순서쌍 (x, y)의 개수는 a개이다. 이 순서쌍에서 x가 될 수 있는 값의 합을 b, y가 될 수 있는 값의 합을 c라 할 때, $a+b+c$의 값은?
0555

① 12 ② 13 ③ 14
④ 15 ⑤ 16

창의⊕융합

25 두 수 a, b에 대하여 $a \odot b=2a+3b$라 할 때, $2x \odot y=3 \odot 5$를 만족하는 자연수 x, y의 순서쌍 (x, y)를 구하시오.
0556

유형 05 일차방정식의 해 또는 계수가 문자로 주어질 때, 미지수의 값 구하기 | 개념 10-1

대표문제

26 x, y의 순서쌍 $(-7, 4)$가 일차방정식 $2x+ay=14$의 해일 때, 수 a의 값을 구하시오.
0557

27 x, y의 순서쌍 $(k, 2)$가 일차방정식 $6x-5y=-28$의 해일 때, k의 값은?
0558

① -3 ② -1 ③ 0
④ 1 ⑤ 3

서술형

28 x, y의 순서쌍 $(3, 3)$, $(k, -k)$가 일차방정식 $5x-ay=6$의 해일 때, $a+4k$의 값을 구하시오.
0559
(단, a는 수)

29 일차방정식 $(1-a)x+a(y+3)=0$의 한 해가 $x=4$, $y=-1$이다. $x=-2$일 때, y의 값은?
0560
(단, a는 수)

① -4 ② -2 ③ 0
④ 2 ⑤ 4

유형 06 연립방정식의 해 | 개념 10-2

대표문제

30 (0561) x, y가 자연수일 때, 연립방정식 $\begin{cases} 2x+y=5 \\ 3x+5y=11 \end{cases}$의 해는?

① (1, 1) ② (1, 2) ③ (1, 3)
④ (2, 1) ⑤ (3, 1)

31 (0562) 다음 연립방정식 중 x, y의 순서쌍 (2, 1)을 해로 갖는 것은?

① $\begin{cases} x-y=1 \\ x+y=8 \end{cases}$ ② $\begin{cases} x+y=-3 \\ 3x-2y=4 \end{cases}$

③ $\begin{cases} x-2y=0 \\ 2x=8-y \end{cases}$ ④ $\begin{cases} x+2y=4 \\ 2x+y=9 \end{cases}$

⑤ $\begin{cases} 2x-y=3 \\ x=2y \end{cases}$

32 (0563) 다음 **보기**의 일차방정식 중 두 식을 짝 지어 연립방정식을 만들 때, 그 해가 $x=-5$, $y=3$인 두 일차방정식을 고르시오.

보기
ㄱ. $x-2y=11$ ㄴ. $-3x-4y=3$
ㄷ. $5x+8y=1$ ㄹ. $7y=6-3x$

서술형

33 (0564) x, y가 자연수일 때, 일차방정식 $x+3y=17$의 해의 개수가 a개, 일차방정식 $3x+y=11$의 해의 개수가 b개, 연립방정식 $\begin{cases} x+3y=17 \\ 3x+y=11 \end{cases}$의 해의 개수가 c개이다. 이때 $a-b-c$의 값을 구하시오.

빈출

유형 07 연립방정식의 해 또는 계수가 문자로 주어질 때, 미지수의 값 구하기 | 개념 10-2

x, y에 대한 연립방정식 $\begin{cases} ax+by=c \\ a'x+b'y=c' \end{cases}$의 해가 $x=m$, $y=n$이다.
➡ $x=m$, $y=n$을 두 일차방정식에 각각 대입하면 등식이 성립한다.
➡ $am+bn=c$, $a'm+b'n=c'$

대표문제

34 (0565) 연립방정식 $\begin{cases} x+ay=3 \\ bx+4y=-5 \end{cases}$의 해가 $(-1, -2)$일 때, 수 a, b에 대하여 ab의 값을 구하시오.

35 (0566) 연립방정식 $\begin{cases} 3x+2y=4 \\ ax-5y=3 \end{cases}$의 해가 $x=2$, $y=b-2$일 때, $a-b$의 값은? (단, a는 수)

① -2 ② -1 ③ 0
④ 1 ⑤ 2

창의⊕융합

36 (0567) 연립방정식 $\begin{cases} 2x-3y=a \\ bx+2y=12 \end{cases}$의 해가 다음 조건을 모두 만족할 때, 수 a, b에 대하여 $a+b$의 값을 구하시오.

(가) x는 2와 3의 최소공배수이다.
(나) y는 6과 9의 최대공약수이다.

연립일차방정식의 풀이

11-1 연립일차방정식의 풀이 | 유형 08, 09

미지수가 2개인 연립방정식은 한 미지수를 없앤 다음 미지수가 1개인 일차방정식으로 만들어 푼다.

(1) **대입법:** 한 미지수를 없애기 위하여 한 방정식을 어떤 미지수에 대하여 정리한 식을 다른 방정식의 그 미지수에 대입하여 연립방정식을 푸는 방법

예 연립방정식 $\begin{cases} 2x+y=1 & \cdots ㉠ \\ 3x-2y=12 & \cdots ㉡ \end{cases}$ 를 대입법으로 풀어 보자.

y를 없애기 위하여 ← 한 방정식을 $y=(x$에 대한 식) 꼴로 나타낸다.

㉠을 y에 대하여 풀면 $y=-2x+1$ ⋯ ㉢

㉢을 ㉡에 대입하면 $3x-2(-2x+1)=12$

$7x=14$ $\therefore x=2$

$x=2$를 ㉢에 대입하면 $y=-3$

따라서 주어진 연립방정식의 해는 $x=2, y=-3$

참고 연립방정식의 두 일차방정식 중 어느 하나를 $x=(y$에 대한 식) 또는 $y=(x$에 대한 식) 꼴로 정리하기 편할 때, 즉 x 또는 y의 계수가 1 또는 -1일 때, 대입법을 이용하면 편리하다.

(2) **가감법:** 한 미지수를 없애기 위하여 두 방정식을 변끼리 더하거나 빼어서 연립방정식을 푸는 방법

예 연립방정식 $\begin{cases} 2x+y=1 & \cdots ㉠ \\ 3x-2y=12 & \cdots ㉡ \end{cases}$ 를 가감법으로 풀어 보자.

y를 없애기 위하여 ← y의 계수의 절댓값을 같게 한다.

㉠×2를 하면 $4x+2y=2$ ⋯ ㉢

㉡+㉢을 하면 $7x=14$ $\therefore x=2$

$x=2$를 ㉠에 대입하면 $4+y=1$ $\therefore y=-3$

따라서 주어진 연립방정식의 해는 $x=2, y=-3$

참고 대입법과 가감법 중 어느 것을 이용하여 풀어도 연립방정식의 해는 같다.

11-2 여러 가지 연립방정식의 풀이 | 유형 10~13

(1) **괄호가 있는 연립방정식의 풀이**

분배법칙을 이용하여 괄호를 풀어 정리한 후 푼다.

(2) **계수가 소수 또는 분수인 연립방정식의 풀이**

양변에 10의 거듭제곱 또는 분모의 최소공배수를 곱하여 계수를 모두 정수로 고친 후 푼다.

(3) **$A=B=C$ 꼴의 방정식의 풀이**

$\begin{cases} A=B \\ A=C \end{cases}$ 또는 $\begin{cases} A=B \\ B=C \end{cases}$ 또는 $\begin{cases} A=C \\ B=C \end{cases}$ 중 가장 간단한 것을 선택하여 푼다.

[01~02] 다음 연립방정식을 대입법으로 푸시오.

01 0568 $\begin{cases} y=x-3 \\ x-3y=7 \end{cases}$

02 0569 $\begin{cases} 3x+y=-2 \\ x=2y-3 \end{cases}$

[03~04] 다음 연립방정식을 가감법으로 푸시오.

03 0570 $\begin{cases} x-y=3 \\ 3x+y=5 \end{cases}$

04 0571 $\begin{cases} x+2y=9 \\ 2x-y=3 \end{cases}$

[05~09] 다음 연립방정식을 푸시오.

05 0572 $\begin{cases} x+2(y-4)=10 \\ 3(x-1)-y=9 \end{cases}$

06 0573 $\begin{cases} 0.3x-0.2y=0.1 \\ 0.2x+0.3y=0.5 \end{cases}$

07 0574 $\begin{cases} \frac{1}{3}x+\frac{1}{5}y=1 \\ \frac{1}{6}x-\frac{1}{6}y=\frac{1}{2} \end{cases}$

08 0575 $2x+y=x+2y=12$

09 0576 $5x-2y=9x+2=1-2x-7y$

빈출
유형 08 연립방정식의 풀이; 대입법 | 개념 11-1

대표문제
10 0577 연립방정식 $\begin{cases} y=5x-7 \\ 2x-y=-11 \end{cases}$의 해가 $x=a$, $y=b$일 때, $b-a$의 값은?

① -29 ② -17 ③ 0
④ 17 ⑤ 29

11 0578 연립방정식 $\begin{cases} 3x-4y=8 \\ x=2y-6 \end{cases}$에서 대입법을 이용하여 x를 없앴더니 $ky=26$이 되었다. 이때 수 k의 값은?

① -2 ② -1 ③ 1
④ 2 ⑤ 3

12 0579 연립방정식 $\begin{cases} x=3y-2 \\ x=7y-10 \end{cases}$을 대입법으로 푸시오.

13 0580 연립방정식 $\begin{cases} x+3y=8 \\ 2x+9y=4 \end{cases}$의 해가 일차방정식 $kx+y=16$을 만족할 때, 수 k의 값은?

① -1 ② $-\frac{3}{5}$ ③ $\frac{3}{5}$
④ 1 ⑤ $\frac{5}{3}$

빈출
유형 09 연립방정식의 풀이; 가감법 | 개념 11-1

대표문제
14 0581 연립방정식 $\begin{cases} 2x+7y=3 \\ 5x+3y=-7 \end{cases}$을 만족하는 x, y에 대하여 $x+y$의 값을 구하시오.

15 0582 가감법을 이용하여 연립방정식 $\begin{cases} 2x-3y=5 & \cdots ㉠ \\ 3x+4y=-1 & \cdots ㉡ \end{cases}$을 풀 때, 다음 **보기** 중 x 또는 y를 없애기 위하여 필요한 식을 모두 고르시오.

보기
ㄱ. ㉠×3−㉡×2 ㄴ. ㉠×3+㉡×2
ㄷ. ㉠×4−㉡×3 ㄹ. ㉠×4+㉡×3

16 0583 다음 중 연립방정식의 해가 나머지 넷과 <u>다른</u> 하나는?

① $\begin{cases} x+y=-1 \\ x-y=5 \end{cases}$ ② $\begin{cases} 2x-y=1 \\ x-2y=8 \end{cases}$
③ $\begin{cases} 3x-2y=12 \\ 4x+3y=-1 \end{cases}$ ④ $\begin{cases} 3x+5y=-9 \\ x-4y=14 \end{cases}$
⑤ $\begin{cases} 5x+2y=4 \\ 2x+y=1 \end{cases}$

17 0584 x, y의 순서쌍 $(2, -1)$, $(-3, 5)$가 일차방정식 $ax+by=7$의 해일 때, 수 a, b에 대하여 ab의 값을 구하시오.

유형 10 괄호가 있는 연립방정식의 풀이 | 개념 11-2

대표문제

18 0585
연립방정식 $\begin{cases} 3(x-2y)=x-5y \\ 4-2y=1-(x+3y) \end{cases}$ 의 해가 $x=a$, $y=b$일 때, $a-b$의 값은?

① -1 ② $-\frac{3}{5}$ ③ 1
④ 2 ⑤ 3

19 0586
연립방정식 $\begin{cases} 2x+3y=21 \\ 4x-3(x+y)=6 \end{cases}$ 을 풀면?

① $x=-9$, $y=-1$ ② $x=-1$, $y=-9$
③ $x=1$, $y=9$ ④ $x=9$, $y=-1$
⑤ $x=9$, $y=1$

서술형

20 0587
연립방정식 $\begin{cases} 5(2x+y)-3x=16 \\ x+y+6=2(x-y) \end{cases}$ 의 해가 $x=m$, $y=n$일 때, 일차방정식 $mx-n=0$의 해를 구하시오.

21 0588
x, y의 순서쌍 (p, q)가 연립방정식 $\begin{cases} 5x+2=14(y+2) \\ 2-\{x-(3x-4y)\}=6 \end{cases}$ 의 해일 때, $q-p$의 값을 구하시오.

유형 11 계수가 소수 또는 분수인 연립방정식의 풀이 | 개념 11-2

대표문제

22 0589
연립방정식 $\begin{cases} \frac{x}{2}-\frac{x-y}{3}=1 \\ 0.3x=0.2y+1 \end{cases}$ 을 푸시오.

23 0590
연립방정식 $\begin{cases} 0.6x-1.1y=3 \\ 0.12x+0.05y=-8 \end{cases}$ 에서 각각의 방정식의 계수를 모두 정수로 고치려고 한다. 다음 중 바르게 고친 것은?

① $\begin{cases} 6x-11y=3 \\ 12x+5y=-800 \end{cases}$ ② $\begin{cases} 6x-11y=3 \\ 12x+5y=-80 \end{cases}$
③ $\begin{cases} 6x-11y=30 \\ 12x+5y=-800 \end{cases}$ ④ $\begin{cases} 6x-11y=30 \\ 12x+5y=-80 \end{cases}$
⑤ $\begin{cases} 6x-11y=30 \\ 12x+5y=-8 \end{cases}$

24 0591
연립방정식 $\begin{cases} \frac{x}{4}-\frac{y}{2}=\frac{3}{2} \\ \frac{x}{3}+y=-\frac{1}{2} \end{cases}$ 을 푸시오.

25 0592
연립방정식 $\begin{cases} \frac{2}{3}x+\frac{3}{5}y=5 \\ 0.3(x+y)-0.1y=1.9 \end{cases}$ 의 해가 $x=p$, $y=q$일 때, p^2+q^2의 값을 구하시오.

26 0593 연립방정식 $\begin{cases} 0.\dot{3}x-0.\dot{5}y=-5 \\ 0.2x+0.5y=2 \end{cases}$를 만족하는 x, y의 순서쌍을 (m, n)이라 할 때, mn의 값을 구하시오.

27 0594 연립방정식 $\begin{cases} x-\dfrac{x-y}{2}=-3 \\ \dfrac{x+4y}{3}=3 \end{cases}$의 해가 일차방정식 $x-ay=4$를 만족할 때, 수 a의 값은?

① -3 ② $-\dfrac{9}{11}$ ③ $\dfrac{9}{11}$
④ $\dfrac{7}{5}$ ⑤ 3

유형 12 비례식을 포함한 연립방정식의 풀이 | 개념 11-2

대표문제

28 0595 연립방정식 $\begin{cases} 2(5x-2y)-y=-30 \\ (x+2y):(-5x)=7:5 \end{cases}$를 푸시오.

29 0596 연립방정식 $\begin{cases} (x-1):(2x+y)=2:1 \\ x+2y=5 \end{cases}$의 해가 $x=p$, $y=q$일 때, $p-q$의 값은?

① -7 ② -1 ③ 0
④ 1 ⑤ 7

유형 13 $A=B=C$ 꼴의 방정식의 풀이 | 개념 11-2

빈출

대표문제

30 0597 방정식 $6x-5y-10=4x+y-8=2(x-1)+9y$를 풀면?

① $x=-5$, $y=-2$ ② $x=-2$, $y=-5$
③ $x=-2$, $y=5$ ④ $x=2$, $y=5$
⑤ $x=5$, $y=2$

31 0598 방정식 $\dfrac{x-3y}{3}=\dfrac{3x+y}{4}=\dfrac{x-1}{2}$을 푸시오.

서술형

32 0599 방정식 $\dfrac{3}{10}x-\dfrac{2}{5}y=0.2x+0.1y+0.7=1$의 해가 $x=a$, $y=b$일 때, $a+b$의 값을 구하시오.

33 0600 방정식 $5x-2y-3=1.\dot{6}x-1.\dot{3}y=4$의 해가 일차방정식 $10x+6y-k=0$을 만족할 때, 수 k의 값은?

① -23 ② -19 ③ -11
④ 11 ⑤ 19

Lecture 12

여러 가지 연립일차방정식

12-1 연립방정식에서 미지수의 값 구하기 | 유형 14~18

(1) 연립방정식의 해가 주어질 때

x, y에 대한 연립방정식의 해가 $x=m$, $y=n$이면

❶ $x=m$, $y=n$을 두 일차방정식에 각각 대입한다.

❷ ❶의 두 식을 연립하여 미지수의 값을 구한다.

(2) 두 연립방정식의 해가 서로 같을 때

❶ 두 연립방정식에서 계수와 상수항이 모두 주어진 두 일차방정식을 연립하여 해를 구한다.

❷ ❶에서 구한 해를 나머지 두 일차방정식에 대입하여 미지수의 값을 구한다.

(3) 해에 대한 조건이 주어질 때

x, y에 대한 조건을 다음과 같이 식으로 나타낸다.

① x의 값이 y의 값의 a배이다. ➡ $x=ay$

② x의 값이 y의 값보다 a만큼 크다. ➡ $x=y+a$

③ x와 y의 값의 합이 a이다. ➡ $x+y=a$

④ x와 y의 값의 비가 $a:b$이다. ➡ $x:y=a:b$ ↳ $bx=ay$

12-2 해가 특수한 연립방정식 | 유형 19, 20

(1) 해가 무수히 많은 연립방정식

연립방정식 중 어느 하나의 일차방정식의 양변에 적당한 수를 곱하였을 때, 나머지 방정식과 일치하면 연립방정식의 해는 무수히 많다.
↳ x의 계수, y의 계수, 상수항이 각각 같다.

예) $\begin{cases} x+2y=1 & \cdots ㉠ \\ 2x+4y=2 & \cdots ㉡ \end{cases}$에서 $\begin{cases} 2x+4y=2 & \cdots ㉢ \leftarrow ㉠\times 2 \\ 2x+4y=2 & \cdots ㉡ \end{cases}$

이때 ㉡, ㉢이 서로 일치하므로 주어진 연립방정식의 해는 무수히 많다.

(2) 해가 없는 연립방정식

연립방정식 중 어느 하나의 일차방정식의 양변에 적당한 수를 곱하였을 때, 나머지 방정식과 x, y의 계수는 각각 같으나 상수항이 다르면 연립방정식의 해는 없다.

예) $\begin{cases} x+2y=3 & \cdots ㉠ \\ 2x+4y=2 & \cdots ㉡ \end{cases}$에서 $\begin{cases} 2x+4y=6 & \cdots ㉢ \leftarrow ㉠\times 2 \\ 2x+4y=2 & \cdots ㉡ \end{cases}$

이때 ㉡, ㉢에서 x, y의 계수는 각각 같으나 상수항이 다르므로 주어진 연립방정식의 해는 없다.

[01~02] 다음 연립방정식의 해가 $x=3$, $y=1$일 때, 수 a, b의 값을 각각 구하시오.

01 (0601) $\begin{cases} ax+by=5 \\ bx+ay=7 \end{cases}$

02 (0602) $\begin{cases} ax+by=23 \\ bx-ay=-1 \end{cases}$

[03~04] 두 연립방정식 $\begin{cases} ax+by=7 \\ x-2y=13 \end{cases}$, $\begin{cases} 3x+2y=-1 \\ ax-by=17 \end{cases}$의 해가 서로 같을 때, 다음 물음에 답하시오.

03 (0603) 계수와 상수항이 모두 주어진 두 일차방정식으로 새로운 연립방정식을 세우고, 그 연립방정식의 해를 구하시오.

04 (0604) 수 a, b의 값을 각각 구하시오.

[05~07] 연립방정식 $\begin{cases} 2x+y=10 \\ 3x-ay=-6 \end{cases}$을 만족하는 y의 값이 x의 값의 3배일 때, 다음 물음에 답하시오.

05 (0605) 'y의 값이 x의 값의 3배이다.'를 x, y에 대한 식으로 나타내시오.

06 (0606) 일차방정식 $2x+y=10$과 **05**에서 구한 식으로 새로운 연립방정식을 세우고, 그 연립방정식의 해를 구하시오.

07 (0607) 수 a의 값을 구하시오.

[08~09] 다음 연립방정식을 푸시오.

08 (0608) $\begin{cases} 2x-y=1 \\ 4x-2y=2 \end{cases}$

09 (0609) $\begin{cases} 5x+4y=3 \\ 10x+8y=9 \end{cases}$

유형 14 연립방정식의 해가 주어질 때, 미지수의 값 구하기 (빈출) | 개념 12-1

대표문제

10 (0610) 연립방정식 $\begin{cases} ax+by=18 \\ 2ax-by=6 \end{cases}$의 해가 $x=-4$, $y=2$일 때, 수 a, b의 값을 각각 구하시오.

11 (0611) 연립방정식 $\begin{cases} ax-by=5 \\ bx-2ay=-2 \end{cases}$의 해가 $(3,\ -2)$일 때, 수 a, b에 대하여 $a-b$의 값을 구하시오.

유형 15 연립방정식의 해와 일차방정식의 해가 같을 때, 미지수의 값 구하기 | 개념 12-1

대표문제

12 (0612) 연립방정식 $\begin{cases} x-y=1 \\ 3x+ay=-2a \end{cases}$의 해가 일차방정식 $2x+3y=7$을 만족할 때, 수 a의 값을 구하시오.

13 (0613) 연립방정식 $\begin{cases} 5x+ky=-3 \\ 2(x+2)=-(y-5)+2 \end{cases}$의 해 $x=a$, $y=b$가 일차방정식 $3x+2(y-3)=2$를 만족할 때, $a+b+k$의 값은? (단, k는 수)

① 2 ② 4 ③ 6
④ 8 ⑤ 10

14 (0614) 연립방정식 $\begin{cases} \frac{1}{3}x+\frac{1}{2}y=-\frac{1}{6} \\ -kx+y=16 \end{cases}$의 해가 일차방정식 $3x=11-2y$를 만족할 때, 수 k의 값을 구하시오.

유형 16 두 연립방정식의 해가 서로 같을 때, 미지수의 값 구하기 (빈출) | 개념 12-1

대표문제

15 (0615) 두 연립방정식

$$\begin{cases} ax-y=9 \\ 5x+2y=4 \end{cases},\ \begin{cases} 0.2x-0.1y=0.7 \\ x+by=14 \end{cases}$$

의 해가 서로 같을 때, 수 a, b에 대하여 ab의 값은?

① -12 ② -6 ③ 0
④ 6 ⑤ 12

16 (0616) 네 일차방정식 $2x+5y=16$, $ax+by=-4$, $x+4y=11$, $bx-y=b$가 한 쌍의 공통인 해를 가질 때, 수 a, b의 값을 각각 구하시오.

서술형

17 (0617) 두 연립방정식

$$\begin{cases} \frac{1}{2}x+\frac{1}{4}y=2 \\ -x+y=8a \end{cases},\ \begin{cases} bx-3y=-5 \\ (x-4):(2y-9)=2:1 \end{cases}$$

의 해가 서로 같을 때, 수 a, b에 대하여 $a+b$의 값을 구하시오.

유형 17 해에 대한 조건이 주어질 때, 미지수의 값 구하기 | 개념 12-1

대표문제

18 0618

연립방정식 $\begin{cases} \frac{1}{3}x-\frac{5}{6}y=\frac{1}{6}a-1 \\ 0.1x+0.3y=1.4 \end{cases}$ 를 만족하는 y의 값이 x의 값의 2배일 때, 수 a의 값은?

① -16　② -10　③ 0　④ 10　⑤ 16

19 0619

연립방정식 $\begin{cases} 3x-(x-y)=7 \\ 2(x-2y)+y=k-1 \end{cases}$ 을 만족하는 x의 값이 y의 값보다 2만큼 클 때, 수 k의 값을 구하시오.

20 0620

연립방정식 $\begin{cases} x+2y=a-3 \\ x-\frac{1}{2}y=-1 \end{cases}$ 을 만족하는 x와 y의 값의 합이 5일 때, 수 a의 값을 구하시오.

21 0621

방정식 $4x-3y=3x+ky+4=12$를 만족하는 x와 y의 값의 비가 $3:2$일 때, 수 k의 값은?

① -4　② $-\frac{5}{2}$　③ -1　④ $\frac{5}{2}$　⑤ 4

유형 18 계수 또는 상수항을 잘못 보고 구한 해 | 개념 12-1

① 계수 a, b를 바꾸어 놓고 푼 경우
➡ a와 b를 서로 바꾸어 새로운 연립방정식을 만든다.
② 계수 또는 상수항을 잘못 보고 푼 경우
➡ 잘못 본 계수 또는 상수항을 미지수로 놓고, 새로운 연립방정식을 만든다.

대표문제

22 0622

연립방정식 $\begin{cases} ax+by=5 \\ bx+ay=10 \end{cases}$ 에서 잘못하여 a와 b를 바꾸어 놓고 풀었더니 $x=8$, $y=7$이었다. 이때 처음 연립방정식의 해는? (단, a, b는 수)

① $x=-7$, $y=3$　② $x=5$, $y=5$　③ $x=5$, $y=10$　④ $x=7$, $y=8$　⑤ $x=8$, $y=5$

서술형

23 0623

연립방정식 $\begin{cases} -x+ay=4 \\ bx+3y=6 \end{cases}$ 에서 a를 잘못 보고 풀었더니 $x=3$, $y=1$이 되었고, b를 잘못 보고 풀었더니 $x=2$, $y=3$이 되었다. 이때 처음 연립방정식의 해를 구하시오. (단, a, b는 수)

24 0624

연립방정식 $\begin{cases} 2x-y=4 \\ \frac{5}{12}x-\frac{1}{6}y=1 \end{cases}$ 에서 $2x-y=4$의 4를 잘못 보고 풀어 $y=9$를 얻었다. 4를 어떤 수로 잘못 보고 풀었는지 구하시오.

유형 19 해가 무수히 많은 연립방정식 | 개념 12-2

대표문제

25 연립방정식 $\begin{cases} 3x+ay=2 \\ bx-8y=4 \end{cases}$ 의 해가 무수히 많을 때, 수 a, b에 대하여 ab의 값을 구하시오.

0625

26 다음 연립방정식 중 해가 무수히 많은 것은?

0626

① $\begin{cases} x+2y=1 \\ 3x-6y=5 \end{cases}$ ② $\begin{cases} x-y=4 \\ x-2y=3 \end{cases}$

③ $\begin{cases} 2x+y=13 \\ y=3x+8 \end{cases}$ ④ $\begin{cases} 2x+8y=4 \\ x+4y=2 \end{cases}$

⑤ $\begin{cases} x-2y=1 \\ 2x+y=7 \end{cases}$

서술형

27 연립방정식 $\begin{cases} 0.5x+0.3y=1 \\ 10x+6(y-k)=-4 \end{cases}$ 의 해가 무수히 많을 때, 수 k의 값을 구하시오.

0627

28 연립방정식 $\begin{cases} 2x=ky \\ x-ky=-2y \end{cases}$ 가 $x=0$, $y=0$ 이외의 해를 가질 때, 수 k의 값을 구하시오.

0628

유형 20 해가 없는 연립방정식 | 개념 12-2

빈출

대표문제

29 연립방정식 $\begin{cases} ax+3y=5 \\ -3x+4y=1 \end{cases}$ 의 해가 없을 때, 수 a의 값을 구하시오.

0629

30 다음 연립방정식 중 해가 없는 것은?

0630

① $\begin{cases} 2x+3y=4 \\ 4x+6y=8 \end{cases}$ ② $\begin{cases} 2x+y=5 \\ 4x=2y+10 \end{cases}$

③ $\begin{cases} x+4y=8 \\ 2x+8y=10 \end{cases}$ ④ $\begin{cases} x+3y=7 \\ 3x=9y-15 \end{cases}$

⑤ $\begin{cases} 4x-6y=14 \\ 2x+3y=1 \end{cases}$

31 두 일차방정식 $\frac{1}{2}x+\frac{5}{6}y=\frac{1}{3}$, $9x+15y=k$를 동시에 만족하는 x, y의 값이 존재하지 않을 때, 다음 중 수 k의 값이 될 수 없는 것은?

0631

① -6 ② -2 ③ 2

④ 4 ⑤ 6

32 연립방정식 $\begin{cases} 12x-(a+2)y=3 \\ 4x-\frac{8}{3}y=b \end{cases}$ 의 해가 없을 조건은? (단, a, b는 수)

0632

① $a=-6$, $b\neq-1$ ② $a=-6$, $b=1$

③ $a=-6$, $b\neq1$ ④ $a=6$, $b=1$

⑤ $a=6$, $b\neq1$

연립일차방정식의 활용 (1)

13-1 연립방정식의 활용 문제 풀이 | 유형 21~29

연립방정식의 활용 문제는 다음과 같은 순서로 푼다.

❶ **미지수 정하기:** 문제의 뜻을 이해하고, 구하려는 것을 미지수 x, y로 놓는다.

❷ **연립방정식 세우기:** 문제의 뜻에 맞게 x, y에 대한 연립방정식을 세운다.

❸ **연립방정식 풀기:** 연립방정식의 해를 구한다.

❹ **확인하기:** 구한 해가 문제의 뜻에 맞는지 확인한다.

주의 나이, 개수, 횟수 등은 자연수이고, 길이, 거리 등은 양수임에 주의한다.

13-2 연립방정식의 여러 가지 활용 (1) | 유형 21, 22

(1) 자연수에 대한 문제

① 십의 자리의 숫자가 x, 일의 자리의 숫자가 y인 두 자리 자연수는

➡ 처음 수: $10x+y$

➡ 십의 자리의 숫자와 일의 자리의 숫자를 바꾼 수 : $10y+x$

② a를 b로 나누었을 때의 몫이 q이고 나머지가 r이면

➡ $a=bq+r$ (단, $0 \le r < b$)

(2) 가격, 개수, 나이에 대한 문제

① A, B 각각의 가격을 알 때, 전체 개수와 전체 가격이 주어지면

➡ $\begin{cases} (\text{A의 개수})+(\text{B의 개수})=(\text{전체 개수}) \\ (\text{A의 총가격})+(\text{B의 총가격})=(\text{전체 가격}) \end{cases}$

② 현재 x살인 사람의

➡ a년 전의 나이: $(x-a)$살

➡ b년 후의 나이: $(x+b)$살

실전 특강 증가, 감소에 대한 문제 | 유형 26

(1) 증가량은 $+$, 감소량은 $-$의 값을 갖는다.

➡ (A의 변화량)+(B의 변화량)=(A, B 전체의 변화량)

(2) ① x에서 a % 증가하였을 때

➡ 증가량: $\frac{a}{100}x$, 증가한 후의 양: $\left(1+\frac{a}{100}\right)x$

② x에서 b % 감소하였을 때

➡ 감소량: $\frac{b}{100}x$, 감소한 후의 양: $\left(1-\frac{b}{100}\right)x$

[01~03] 두 자연수의 합이 48이고, 차가 14일 때, 다음 물음에 답하시오.

01 0633 두 자연수 중 큰 수를 x, 작은 수를 y라 할 때, x, y에 대한 연립방정식을 세우시오.

02 0634 연립방정식을 푸시오.

03 0635 두 자연수를 구하시오.

[04~06] 50원짜리 동전과 100원짜리 동전을 합하여 12개를 모았더니 금액이 800원일 때, 다음 물음에 답하시오.

04 0636 50원짜리 동전이 x개, 100원짜리 동전이 y개일 때, x, y에 대한 연립방정식을 세우시오.

05 0637 연립방정식을 푸시오.

06 0638 50원짜리 동전과 100원짜리 동전의 개수를 각각 구하시오.

[07~09] 현재 어머니와 딸의 나이의 합은 38살이고, 3년 후에는 어머니의 나이가 딸의 나이의 3배일 때, 다음 물음에 답하시오.

07 0639 현재 어머니의 나이를 x살, 딸의 나이를 y살이라 할 때, x, y에 대한 연립방정식을 세우시오.

08 0640 연립방정식을 푸시오.

09 0641 현재 어머니와 딸의 나이를 각각 구하시오.

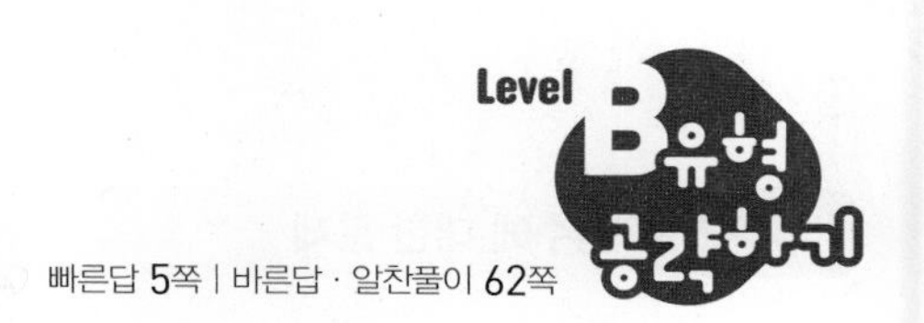

빈출

유형 21 자연수에 대한 문제 | 개념 13-1, 2

대표문제

10 두 자리 자연수가 있다. 이 수의 십의 자리의 숫자의 3배는 일의 자리의 숫자보다 2만큼 크고, 십의 자리의 숫자와 일의 자리의 숫자를 바꾼 수는 처음 수의 2배보다 1만큼 작을 때, 처음 수를 구하시오.
0642

서술형

11 두 자리 자연수가 있다. 이 수의 각 자리의 숫자의 합은 13이고, 십의 자리의 숫자와 일의 자리의 숫자를 바꾼 수는 처음 수보다 45가 클 때, 처음 수를 구하시오.
0643

12 합이 200인 두 자연수가 있다. 큰 수를 작은 수로 나누었을 때의 몫이 17, 나머지가 2일 때, 두 수 중 큰 수는?
0644

① 185 ② 186 ③ 187
④ 188 ⑤ 189

빈출

유형 22 가격, 개수, 나이에 대한 문제 | 개념 13-1, 2

대표문제

13 어느 농장에 돼지와 닭을 합하여 40마리가 있고, 돼지와 닭의 다리의 수의 합이 110개일 때, 닭은 몇 마리인가?
0645

① 22마리 ② 24마리 ③ 25마리
④ 27마리 ⑤ 28마리

14 현재 아버지와 아들의 나이의 차는 32살이고, 5년 후에는 아버지의 나이가 아들의 나이의 3배보다 4살 많을 때, 5년 후의 아버지의 나이를 구하시오.
0646

창의+융합

15 다음은 조선 시대 수학자인 홍정하가 지은 "구일집"에 실려 있는 문제이다. 말 한 마리와 소 한 마리의 값을 각각 구하시오.
0647

> 말 두 마리와 소 한 마리의 값을 합하면 100냥이다. 또, 말 한 마리와 소 두 마리의 값을 합하면 92냥이다. 말과 소 한 마리의 값은 각각 얼마인가?

유형 23 비율에 대한 문제 | 개념 13-1

대표문제

16 전체 학생 수가 700명인 어느 중학교에서 주말마다 전체 학생의 $\frac{2}{7}$가 텃밭 가꾸기를 한다. 지난 주말에는 남학생의 $\frac{1}{3}$, 여학생의 $\frac{1}{4}$이 텃밭 가꾸기에 참여했을 때, 이 학교의 여학생 수를 구하시오.
0648

17 회원 수가 45명인 어느 동아리에서 남학생의 $\frac{1}{2}$과 여학생의 $\frac{1}{3}$이 영화 보는 것을 좋아하여 총 19명의 회원이 다 같이 영화를 보러 가기로 하였다. 이 동아리의 남학생 수를 구하시오.
0649

유형 24 점수에 대한 문제 | 개념 13-1

대표문제

18 0650 지현이의 수학 점수와 과학 점수의 평균은 81점이고, 과학 점수가 수학 점수보다 8점이 더 낮을 때, 지현이의 과학 점수를 구하시오.

창의⊕융합

19 0651 작은 화살을 던져 풍선을 터뜨리는 게임을 하는데 풍선을 터뜨리면 3점을 얻고, 터뜨리지 못하면 2점을 잃는다. 화살을 22개 던져 36점을 받았을 때, 풍선을 터뜨린 화살의 개수를 구하시오.

유형 25 계단에 대한 문제 | 개념 13-1

대표문제

20 0652 민주와 서준이가 가위바위보를 하여 이긴 사람은 3계단씩 올라가고 진 사람은 2계단씩 내려가기로 하였다. 가위바위보를 총 18회 하여 민주는 처음 위치보다 14계단을 올라가 있었을 때, 서준이가 이긴 횟수를 구하시오. (단, 비기는 경우는 없었다.)

21 0653 사랑이와 소망이가 가위바위보를 하여 이긴 사람은 4계단씩 올라가고 진 사람은 3계단씩 내려가기로 하였다. 얼마 후 처음 위치보다 사랑이는 22계단, 소망이는 1계단 올라가 있었을 때, 두 사람이 가위바위보를 한 횟수는? (단, 비기는 경우는 없었다.)

① 8회 ② 12회 ③ 20회
④ 23회 ⑤ 28회

빈출

유형 26 증가, 감소에 대한 문제 | 개념 13-1

대표문제

22 0654 어느 중학교의 올해 학생 수는 작년에 비해 남학생 수는 10 % 증가하고, 여학생 수는 10 % 감소하여 전체 학생 수는 10명이 늘어난 1010명이 되었다. 올해의 여학생 수는?

① 400명 ② 405명 ③ 450명
④ 550명 ⑤ 605명

23 0655 어떤 마라톤 대회의 작년 참가자 수는 940명이었다. 올해는 작년에 비해 남자 참가자 수는 6 % 감소하고, 여자 참가자 수는 5 % 증가하여 전체 참가자 수는 8명이 감소하였다. 올해 마라톤 대회의 남자 참가자 수를 구하시오.

24 0656 어느 목장에서는 작년에 염소와 양을 합하여 500마리를 사육하였다. 올해는 작년에 비해 염소의 수가 15 % 증가하고, 양의 수가 10 % 감소하여 전체적으로 20마리가 감소하였다. 올해 이 목장에서 사육하는 염소의 수를 구하시오.

서술형

25 0657 지난달의 희수의 휴대 전화 요금과 유나의 휴대 전화 요금을 합한 금액은 12만 원이었다. 이번 달의 휴대 전화 요금은 지난달에 비해 희수는 6 % 감소하고, 유나는 6 % 증가하여 두 사람의 휴대 전화 요금을 합한 금액은 3 % 증가하였다. 이때 이번 달의 희수의 휴대 전화 요금을 구하시오.

유형 27 이익, 할인에 대한 문제 | 개념 13-1

대표문제

26 0658 A, B 두 상품을 합하여 40000원에 사서 A 상품은 원가의 30 %의 이익을 붙이고, B 상품은 원가에서 10 % 할인하여 팔았더니 9000원의 이익이 생겼다. B 상품의 원가를 구하시오.

27 0659 어느 가게에서 원가가 500원인 물건 A를 팔면 원가의 60 %의 이익을 얻고, 원가가 300원인 물건 B를 팔면 원가의 20 %의 이익을 얻는다고 한다. A, B 두 물건을 합하여 130개를 팔았더니 19800원의 이익이 생겼을 때, 물건 B의 판매 개수를 구하시오.

유형 28 도형에 대한 문제 | 개념 13-1

대표문제

28 0660 둘레의 길이가 80 cm인 직사각형이 있다. 가로의 길이가 세로의 길이보다 4 cm만큼 짧을 때, 이 직사각형의 넓이를 구하시오.

29 0661 길이가 150 cm인 끈을 두 개로 나누었더니 긴 끈의 길이가 짧은 끈의 길이의 3배보다 6 cm만큼 짧을 때, 긴 끈의 길이는?

① 105 cm ② 107 cm ③ 109 cm
④ 111 cm ⑤ 113 cm

빈출

유형 29 일에 대한 문제 | 개념 13-1

일에 대한 문제는 다음과 같은 순서로 푼다.
❶ 전체 일의 양을 1로 놓는다.
❷ 한 사람이 단위 시간(1일, 1시간 등)에 할 수 있는 일의 양을 각각 미지수 x, y로 놓는다.

예 A, B가 함께 k일 동안 일하여 작업을 완성하였다.
➡ A, B가 하루에 할 수 있는 일의 양을 각각 x, y라 하면
$kx+ky=1$

대표문제

30 0662 규리와 은혜가 함께 하면 3일 만에 끝낼 수 있는 일을 규리가 하루 동안 작업한 후 나머지를 은혜가 5일 동안 작업하여 모두 끝냈다. 이 일을 규리가 혼자 하면 며칠이 걸리는가?

① 4일 ② 5일 ③ 6일
④ 7일 ⑤ 8일

서술형

31 0663 어떤 수조에 물이 가득 차 있다. 이 수조의 물을 A 호스로 4시간 동안 뺀 후 B 호스로 9시간 동안 빼거나 A 호스로 8시간 동안 뺀 후 B 호스로 3시간 동안 빼면 모두 뺄 수 있다. 이 수조의 물을 A 호스로만 모두 빼는 데는 몇 시간이 걸리는지 구하시오.

창의⊕융합

32 0664 눈썰매장에서 제설기로 인공눈을 만들려고 한다. A 제설기만을 사용하면 6시간, B 제설기만을 사용하면 10시간 만에 끝낼 수 있는데, A 제설기를 사용하다가 고장이 나서 도중에 B 제설기로 교체하였더니 다 끝내는 데 총 8시간이 걸렸다. 이때 B 제설기를 사용한 것은 몇 시간인지 구하시오.

연립일차방정식의 활용 (2)

14-1 연립방정식의 여러 가지 활용 (2) | 유형 30~36

(1) 거리, 속력, 시간에 대한 문제

① (거리)=(속력)×(시간)

② $(속력)=\dfrac{(거리)}{(시간)}$

③ $(시간)=\dfrac{(거리)}{(속력)}$

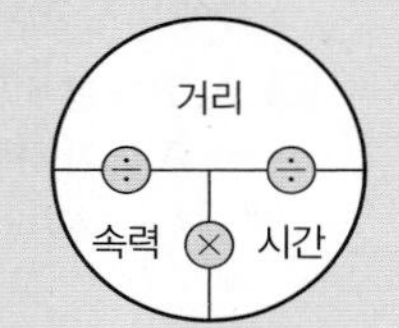

참고 왕복하는 문제는 다음과 같이 연립방정식을 세운다.

➡ { (가는 거리)+(오는 거리)=(전체 거리)
(갈 때 걸린 시간)+(올 때 걸린 시간)=(전체 걸린 시간)

주의 거리, 속력, 시간에 대한 문제를 풀 때, 각각의 단위가 다를 경우에는 단위를 통일한 후, 방정식을 세운다.

- 1 km=1000 m
- 1시간=60분, 1분=$\frac{1}{60}$시간

(2) 강물과 배의 속력에 대한 문제

① (강을 거슬러 올라갈 때의 속력)
=(정지한 물에서의 배의 속력)−(강물의 속력)

② (강을 따라 내려올 때의 속력)
=(정지한 물에서의 배의 속력)+(강물의 속력)

(3) 터널과 다리에 대한 문제

기차가 일정한 속력으로 터널 또는 다리를 완전히 통과할 때,

① (이동한 거리)
=(터널 또는 다리의 길이)+(기차의 길이)

② (기차의 속력)
$=\dfrac{(터널 또는 다리의 길이)+(기차의 길이)}{(터널 또는 다리를 통과하는 데 걸리는 시간)}$

(4) 농도에 대한 문제

① $(소금물의 농도)=\dfrac{(소금의 양)}{(소금물의 양)}\times 100\ (\%)$

② $(소금의 양)=\dfrac{(소금물의 농도)}{100}\times(소금물의 양)$

참고 농도가 다른 두 소금물을 섞는 문제는 다음과 같이 연립방정식을 세운다.

➡ { (두 소금물의 양의 합)=(섞은 후 소금물의 양)
(두 소금물의 소금의 양의 합)=(섞은 후 소금물의 소금의 양)

주의 소금물에 물을 더 넣거나 소금물을 증발시키는 문제를 풀 때, 전체 소금물의 양이나 농도는 변하지만 소금의 양은 변하지 않음을 이용하여 방정식을 세운다.

[01~04] 집에서 서점을 거쳐 학교까지의 거리는 7 km이다. 현우가 집에서 서점까지는 시속 3 km로 걷고, 서점에서 학교까지는 시속 4 km로 걸었더니 집에서 학교까지 가는 데 2시간이 걸렸을 때, 다음 물음에 답하시오.

01 다음 표를 완성하시오.
0665

	집 ~ 서점	서점 ~ 학교	전체
거리 (km)	x	y	7
속력 (km/h)			╳
시간 (시간)			

02 x, y에 대한 연립방정식을 세우시오.
0666

03 연립방정식을 푸시오.
0667

04 집과 서점 사이의 거리, 서점과 학교 사이의 거리를 각각 구하시오.
0668

[05~08] 9 %의 소금물 A와 13 %의 소금물 B를 섞어서 10 %의 소금물 800 g을 만들 때, 다음 물음에 답하시오.

05 다음 표를 완성하시오.
0669

	소금물 A	소금물 B	전체
소금물의 농도 (%)			10
소금물의 양 (g)	x	y	
소금의 양 (g)	$\frac{9}{100}x$		

06 x, y에 대한 연립방정식을 세우시오.
0670

07 연립방정식을 푸시오.
0671

08 두 소금물 A, B의 양을 각각 구하시오.
0672

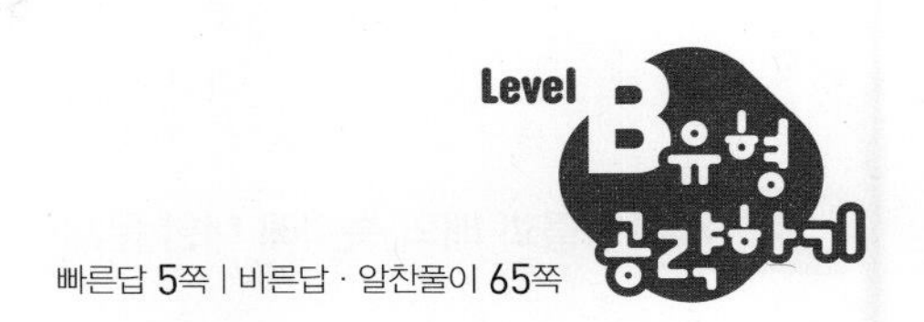

빠른답 5쪽 | 바른답 · 알찬풀이 65쪽

빈출

유형 30 거리, 속력, 시간에 대한 문제 (1) ; 속력이 바뀌는 경우 | 개념 14-1

대표문제

09 0673 시아는 봉사 활동을 하러 집에서 15 km 떨어진 양로원을 가는데 집에서 버스 정류장까지 시속 6 km로 뛰어간 후, 시속 30 km로 달리는 버스를 타고 갔더니 총 48분이 걸렸다. 이때 시아가 버스를 타고 간 거리는 몇 km인지 구하시오.
(단, 버스를 기다리는 데 걸린 시간은 10분이었다.)

10 0674 나래가 산책을 하는데 처음에는 시속 3 km로 걷다가 도중에 시속 6 km로 달렸다. 총 5.5 km인 산책로를 가는 데 1시간 10분이 걸렸다고 할 때, 나래가 걸어간 거리는?

① 1 km ② 1.5 km ③ 2 km
④ 2.5 km ⑤ 3 km

서술형

11 0675 우진이가 도서관에 갔다 오는데 갈 때는 시속 2 km로 걷고, 올 때는 다른 길을 택하여 시속 4 km로 걸었다. 총 6 km를 걷는 데 2시간 30분이 걸렸다고 할 때, 우진이가 도서관에서 올 때 걸은 거리는 몇 km인지 구하시오.

12 0676 소영이가 등산을 하는데 올라갈 때는 시속 2 km로 걷고, 내려올 때는 올라갈 때보다 1.5 km 더 먼 다른 길을 시속 3 km로 걸어서 모두 3시간이 걸렸다. 이때 소영이가 등산한 총거리는 몇 km인지 구하시오.

유형 31 거리, 속력, 시간에 대한 문제 (2) ; 만나는 경우 | 개념 14-1

① 두 지점 A, B에서 갑과 을이 마주 보고 동시에 출발하여 걷다가 도중에 만났을 때

➡ $\begin{cases} (\text{갑이 걸은 거리})+(\text{을이 걸은 거리}) \\ \qquad =(\text{두 지점 A, B 사이의 거리}) \\ (\text{갑이 걸은 시간})=(\text{을이 걸은 시간}) \end{cases}$

② 두 사람이 같은 지점에서 출발하여 호수 둘레를 각각 분속 x m, 분속 y m $(x>y)$로 걸어서 a분 후에 만난다면

➡ 같은 방향으로 돌 때, $ax-ay=$(호수의 둘레의 길이)

➡ 반대 방향으로 돌 때, $ax+ay=$(호수의 둘레의 길이)

대표문제

13 0677 9 km 떨어진 두 지점에서 지혜와 미래가 동시에 마주 보고 출발하여 도중에 만났다. 지혜는 분속 600 m로, 미래는 분속 300 m로 달렸다고 할 때, 지혜가 달린 거리를 구하시오.

14 0678 A가 공원 입구에서 분속 150 m로 걸어간 지 10분 후에 B가 공원 입구에서 분속 250 m로 걸어서 뒤따라갔다. 두 사람이 만나는 것은 A가 출발한 지 몇 분 후인지 구하시오.

15 0679 둘레의 길이가 800 m인 호수를 혜진이와 수정이가 같은 지점에서 동시에 출발하여 반대 방향으로 돌면 10분 후에 처음으로 만나고, 같은 방향으로 돌면 1시간 20분 후에 처음으로 만난다고 한다. 혜진이가 수정이보다 빠르게 걷는다고 할 때, 혜진이와 수정이의 속력을 각각 구하시오.

유형 32 강물과 배의 속력에 대한 문제 | 개념 14-1

대표문제

16 0680 배를 타고 길이가 48 km인 강을 거슬러 올라가는 데 4시간, 내려오는 데 2시간 24분이 걸렸다. 정지한 물에서의 배의 속력과 강물의 속력을 각각 구하시오. (단, 배와 강물의 속력은 일정하다.)

17 0681 속력이 일정한 배를 타고 36 km인 강을 거슬러 올라가는 데 3시간, 내려오는 데 2시간이 걸렸다. 이때 강물의 속력은? (단, 강물의 속력은 일정하다.)

① 시속 2 km ② 시속 3 km
③ 시속 4 km ④ 시속 5 km
⑤ 시속 6 km

빈출

유형 33 터널과 다리에 대한 문제 | 개념 14-1

대표문제

18 0682 일정한 속력으로 달리는 기차가 1700 m 길이의 다리를 지나는 데 50초가 걸리고, 2900 m 길이의 터널을 지나는 데 1분 20초가 걸린다고 한다. 이 기차의 길이는?

① 270 m ② 300 m ③ 330 m
④ 350 m ⑤ 380 m

19 0683 일정한 속력으로 달리는 고속 열차가 4 km 길이의 터널을 지나는 데 54초가 걸리고, 2 km 길이의 터널을 지나는 데 29초가 걸린다고 한다. 이 고속 열차의 길이는 몇 m이고, 속력은 초속 몇 m인지 각각 구하시오.

유형 34 농도에 대한 문제 (1) ; 소금물 또는 소금의 양을 구하는 경우 | 개념 14-1

대표문제

20 0684 5 %의 소금물과 9 %의 소금물을 섞어서 8 %의 소금물 800 g을 만들었다. 이때 5 %의 소금물은 몇 g 섞었는가?

① 200 g ② 300 g ③ 400 g
④ 500 g ⑤ 600 g

21 0685 10 %의 매실 과즙 300 g과 7 %의 매실 과즙을 섞어 9 %의 매실 과즙을 만들었다. 이때 9 %의 매실 과즙의 양을 구하시오.

22 0686 8 %의 소금물에 소금을 더 넣어 14 %의 소금물 230 g을 만들었다. 이때 더 넣은 소금의 양은?

① 10 g ② 15 g ③ 20 g
④ 25 g ⑤ 30 g

23 0687 6 %의 설탕물과 15 %의 설탕물을 섞은 후 물 75 g을 증발시켜 12 %의 설탕물 300 g을 만들었다. 이때 6 %의 설탕물의 양을 구하시오.

24 0688 4 %의 소금물과 12 %의 소금물을 섞은 후 물을 더 넣어서 5 %의 소금물 600 g을 만들었다. 12 %의 소금물의 양과 더 넣은 물의 양이 같을 때, 더 넣은 물의 양은?

① 70 g ② 100 g ③ 125 g
④ 150 g ⑤ 200 g

유형 35 농도에 대한 문제 (2) ; 농도를 구하는 경우 | 개념 14-1

대표문제

25 0689 농도가 다른 두 종류의 설탕물 A, B가 있다. 설탕물 A를 300 g, 설탕물 B를 200 g 섞으면 6 %의 설탕물이 되고, 설탕물 A를 100 g, 설탕물 B를 400 g 섞으면 4 %의 설탕물이 된다. 이때 두 설탕물 A, B의 농도를 각각 구하시오.

26 0690 농도가 다른 두 종류의 소금물 A, B가 있다. 소금물 A를 200 g, 소금물 B를 100 g 섞으면 10 %의 소금물이 되고, 소금물 A를 100 g, 소금물 B를 200 g 섞으면 8 %의 소금물이 된다. 이때 소금물 B의 농도는?

① 4 % ② 6 % ③ 8 %
④ 10 % ⑤ 12 %

27 0691 농도가 다른 두 종류의 설탕물 A, B가 각각 800 g씩 있다. 두 설탕물 A, B에서 각각 300 g씩 덜어 내어 바꾸어 섞었더니 설탕물 A의 농도는 14 %, 설탕물 B의 농도는 10 %가 되었다. 이때 처음 설탕물 A의 농도를 구하시오.

유형 36 식품, 합금에 대한 문제 | 개념 14-1

① $(\text{영양소의 양})=\dfrac{(\text{영양소의 비율})}{100}\times(\text{식품의 양})$

② $(\text{금속의 양})=\dfrac{(\text{금속의 비율})}{100}\times(\text{합금의 양})$

대표문제

28 0692 다음 표는 두 식품 A, B의 50 g에 들어 있는 열량과 단백질의 양을 나타낸 것이다. 두 식품에서 열량 400 kcal, 단백질 18 g을 얻으려면 두 식품 A, B를 각각 몇 g씩 섭취해야 하는지 구하시오.

식품	열량(kcal)	단백질(g)
A	100	4
B	50	3

창의⊕융합

29 0693 호두 1개에는 단백질 2 g과 지방 6 g이 들어 있고, 검은콩 1개에는 단백질 4 g과 지방 2 g이 들어 있다고 한다. 하루 동안 호두와 검은콩을 통해 단백질 48 g과 지방 34 g을 섭취하려면 호두와 검은콩을 합하여 몇 개를 먹으면 되는가?

① 10개 ② 11개 ③ 12개
④ 13개 ⑤ 14개

30 0694 구리와 아연을 각각 3 : 1의 비율로 포함한 합금 A와 구리와 아연을 같은 비율로 포함한 합금 B를 합하여 구리와 아연을 2 : 1의 비율로 포함한 합금 420 g을 만들려고 한다. 이때 필요한 두 합금 A, B의 양을 각각 구하시오.

01 다음 중 미지수가 2개인 일차방정식을 모두 고르면? (정답 2개)
0695

① $\frac{x}{4}+y+3=2y$
② $x-xy+y=0$
③ $y=\frac{5}{x}+1$
④ $y(y+1)=x+y^2-3$
⑤ $2x(x-2y)=3$

85쪽 유형 01

02 일차방정식 $3x-4y=11$을 만족하는 자연수 x, y에 대하여 다음 중 $x+y$의 값이 될 수 있는 것은?
0696

① 5 ② 12 ③ 19
④ 27 ⑤ 33

86쪽 유형 04

03 다음 **보기** 중 일차방정식 $2x+3y=32$에 대한 설명으로 옳은 것을 모두 고른 것은?
0697

보기
ㄱ. x, y의 순서쌍 $(1, 10)$은 이 방정식의 해이다.
ㄴ. x, y의 순서쌍 $(7, a)$가 이 방정식의 해일 때, a의 값은 6이다.
ㄷ. x, y가 자연수일 때, 이 방정식의 해의 개수는 4개이다.

① ㄱ ② ㄱ, ㄴ ③ ㄱ, ㄷ
④ ㄴ, ㄷ ⑤ ㄱ, ㄴ, ㄷ

85쪽 유형 03 + 86쪽 유형 05

04 연립방정식 $\begin{cases} x-y=5 \\ 3x-2y=5-a \end{cases}$의 해가 $(b, -3)$일 때, $b-a$의 값을 구하시오. (단, a는 수)
0698

87쪽 유형 07

05 두 일차방정식 $y=2x-1$, $x+2y=8$을 모두 만족하는 x, y에 대하여 x^2+y^2의 값을 구하시오.
0699

89쪽 유형 08

06 가감법을 이용하여 연립방정식 $\begin{cases} -7x+3y=8 & \cdots ㉠ \\ 6x-y=1 & \cdots ㉡ \end{cases}$을 풀 때, 다음 중 x를 없애기 위하여 필요한 식은?
0700

① ㉠$-$㉡$\times 3$ ② ㉠$+$㉡$\times 3$
③ ㉠$\times 6-$㉡$\times 7$ ④ ㉠$\times 6+$㉡$\times 7$
⑤ ㉠$\times 7-$㉡$\times 6$

89쪽 유형 09

07 연립방정식 $\begin{cases} 0.3x+\frac{1}{5}y=0.5 \\ 3x+1=2(x+y) \end{cases}$를 풀면?
0701

① $x=-1$, $y=-1$ ② $x=-1$, $y=1$
③ $x=1$, $y=-1$ ④ $x=1$, $y=0$
⑤ $x=1$, $y=1$

90쪽 유형 10 + 90쪽 유형 11

창의⊕융합

08 x, y의 순서쌍 (a, b)가 일차방정식 $\frac{x+y-3}{2}=\frac{x-2y}{4}$의 해이다. $(b-a):b=2:1$일 때, ab의 값을 구하시오.

0702

▶ 91쪽 유형 12

09 방정식 $ax+y=x-by=a-b$의 해가 $x=-6$, $y=2$일 때, 수 a, b에 대하여 $\frac{b}{a}$의 값을 구하시오.

0703

▶ 91쪽 유형 13 + 93쪽 유형 14

10 연립방정식 $\begin{cases} x-15y=17 \\ ax-by=4 \end{cases}$의 해가 일차방정식 $4x+9y+1=0$을 만족할 때, 자연수 a, b의 값을 각각 구하시오.

0704

▶ 93쪽 유형 15 + 86쪽 유형 04

11 연립방정식 $\begin{cases} kx-y=k \\ 5x+2y=-28 \end{cases}$을 만족하는 x와 y의 값의 차가 7일 때, 수 k의 값은? (단, $x>y$)

0705

① -9　② -3　③ -1　④ 3　⑤ 9

▶ 94쪽 유형 17

창의⊕융합

12 연립방정식 $\begin{cases} \frac{3}{4}x-\frac{3}{2}y=1 \\ x+ay=3 \end{cases}$의 해가 없을 때, x에 대한 일차방정식 $(a-2b)x-a=b+3$의 해는? (단, a, b는 수, $b\neq-1$)

0706

① $x=-2$　② $x=-1$　③ $x=-\frac{1}{2}$　④ $x=\frac{1}{2}$　⑤ $x=2$

▶ 95쪽 유형 20

13 두 자리 자연수가 있다. 이 수의 각 자리의 숫자의 합은 11이고, 십의 자리의 숫자와 일의 자리의 숫자를 바꾼 수는 처음 수의 3배보다 31이 작을 때, 처음 수에서 십의 자리의 숫자와 일의 자리의 숫자를 바꾼 자연수는?

0707

① 38　② 47　③ 56　④ 65　⑤ 83

▶ 97쪽 유형 21

14 어느 국립 미술관의 입장료가 어른은 1000원, 청소년은 500원이다. 어른과 청소년을 합하여 15명이 입장하였을 때, 전체 입장료가 10500원이었다. 이때 입장한 어른과 청소년의 수를 각각 구하시오.

0708

▶ 97쪽 유형 22

15 0709 희성이와 수연이는 한 달간 21권의 책을 읽었고, 수연이가 읽은 책의 권수는 희성이가 읽은 책의 권수의 2배보다 3권이 많을 때, 희성이와 수연이가 읽은 책의 권수의 차를 구하시오.

▶ 97쪽 유형 22

16 0710 사과와 배를 수확하는 과수원이 있다. 이 과수원의 작년 수확량은 사과와 배를 합하여 600상자이고, 올해 수확량은 작년에 비해 사과는 15 % 감소하고, 배는 10 % 증가하여 전체적으로 총수확량은 30상자가 감소하였다. 올해 배의 수확량은 몇 상자인지 구하시오.

▶ 98쪽 유형 26

17 0711 윗변의 길이가 아랫변의 길이보다 5 cm만큼 짧은 사다리꼴이 있다. 이 사다리꼴의 높이가 8 cm이고 넓이가 84 cm^2일 때, 윗변의 길이는?

① 3 cm ② 6 cm ③ 8 cm
④ 10 cm ⑤ 13 cm

▶ 99쪽 유형 28

18 0712 영수가 오후 2시에 집에서 8 km 떨어진 박물관을 향해 출발하였다. 처음에는 시속 4 km로 걷다가 도중에 편의점에 들러 15분 동안 간식을 사 먹고, 다시 시속 8 km로 달렸더니 오후 3시 30분에 박물관에 도착하였다. 이때 영수가 달려간 거리는?

① 4.5 km ② 5 km ③ 5.5 km
④ 6 km ⑤ 6.5 km

▶ 101쪽 유형 30

19 0713 희철이와 우석이가 3 km 떨어진 두 지점에서 마주 보고 동시에 출발하여 15분 만에 만났다. 희철이가 300 m를 걷는 동안 우석이는 200 m를 걷는다고 할 때, 두 사람이 1분 동안 걸은 거리의 차를 구하시오.

▶ 101쪽 유형 31

20 0714 10 %의 설탕물과 40 %의 설탕물을 섞어서 600 g의 설탕물을 만들었으나 너무 달아서 물 200 g을 더 넣었더니 15 %의 설탕물이 되었다. 이때 10 %의 설탕물의 양은?

① 200 g ② 250 g ③ 300 g
④ 350 g ⑤ 400 g

▶ 102쪽 유형 34

서술형 문제

창의⊕융합

21 오른쪽 그림은 일차방정식 $ax+by=c$를 나타낸다. 다음 그림이 나타내는 두 일차방정식을 모두 만족하는 x, y의 순서쌍이 $(-3,\ q)$일 때, p^2+q^2의 값을 구하시오. (단, a, b, c, p는 수)
0715

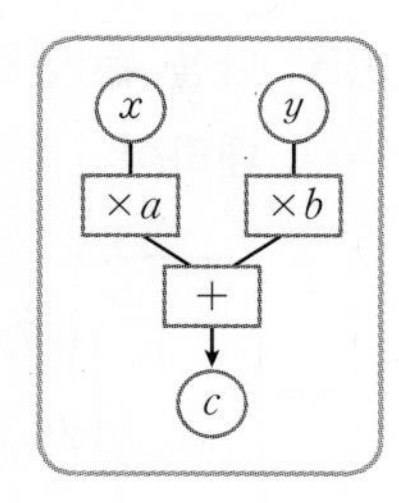

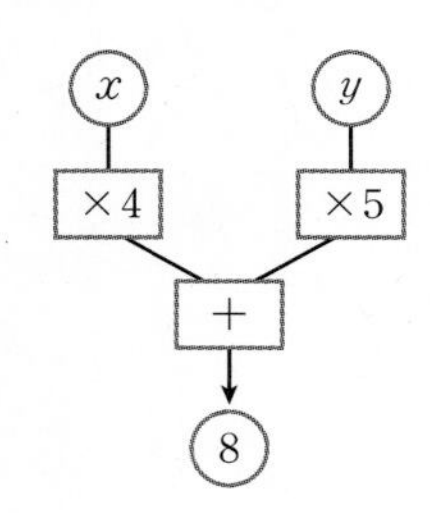

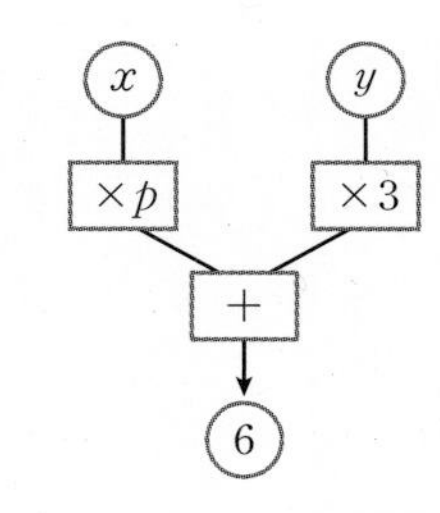

▶ 87쪽 유형 07

22 오른쪽 표의 가로, 세로에 놓인 두 수의 합이 15로 모두 같을 때, 수 a의 값을 구하시오.
0716

$-3x+y$	a
$2x-3y$	$x+4y$

▶ 89쪽 유형 09

23 연립방정식 $\begin{cases} 2x-y=a \\ x+2y=14-a \end{cases}$를 만족하는 x와 y의 값의 비가 $2:1$이다. 다음을 구하시오.
0717

(1) 수 a의 값

(2) 주어진 연립방정식의 해

▶ 94쪽 유형 17

24 연립방정식 $\begin{cases} x+3y=a \\ 3x+by=9 \end{cases}$의 해가 무수히 많고, 연립방정식 $\begin{cases} bx-ay=1 \\ cx+6y=2 \end{cases}$의 해가 없을 때, 수 a, b, c에 대하여 $a-b-c$의 값을 구하시오.
0718

▶ 95쪽 유형 19 + 95쪽 유형 20

25 정환이와 태희가 벽화를 그리는데, 정환이가 3일 동안 그린 후 태희가 12일 동안 그려서 완성할 수 있는 벽화를 정환이와 태희가 함께 그려서 6일 만에 완성하였다. 다음 물음에 답하시오.
0719

(1) 정환이와 태희가 하루에 그릴 수 있는 벽화의 양을 각각 x, y라 할 때, x, y에 대한 연립방정식을 세우시오.

(2) (1)에서 세운 연립방정식을 푸시오.

(3) 이 벽화를 정환이가 혼자 그려서 완성하려면 며칠이 걸리는지 구하시오.

▶ 99쪽 유형 29

26 길이가 800 m인 화물 열차가 다리를 지나는 데 55초가 걸리고, 길이가 360 m인 특급 열차가 화물 열차의 2배의 속력으로 이 다리를 지나는 데 22초가 걸린다고 한다. 이때 다리의 길이는 몇 km인지 구하시오.
0720

▶ 102쪽 유형 33

01 0721
일차방정식 $3x-2y=26$을 만족하는 두 자연수 x, y의 최소공배수가 56일 때, $x-y$의 값을 구하시오.

창의O융합

02 0722
다음 그림에서 ◯ 안의 순서쌍은 선으로 연결된 두 일차방정식을 동시에 만족하는 해를 나타낸 것이다. 이때 A에 알맞은 순서쌍은? (단, a, c는 수)

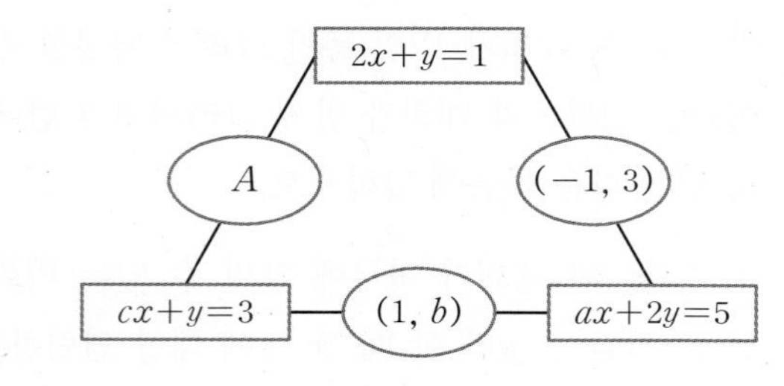

① $(-5, 11)$ ② $(-4, 9)$ ③ $(-3, 7)$
④ $(-2, 5)$ ⑤ $(-1, 3)$

03 0723
연립방정식 $\begin{cases} \frac{2}{x}+\frac{3}{y}=10 \\ \frac{1}{x}+\frac{4}{y}=20 \end{cases}$을 푸시오.

Tip
각 방정식의 좌변이 $\frac{■}{x}+\frac{▲}{y}$ 꼴이므로 $\frac{1}{x}$, $\frac{1}{y}$을 각각 문자로 나타내어 방정식을 변형한다.

04 0724
세 일차방정식

$$x-y=-1,\quad kx+5y=11k,\quad \frac{1}{2}x+\frac{1}{4}y=1$$

이 한 쌍의 공통인 해를 가질 때, 수 k의 값을 구하시오.

05 0725
다음 두 연립방정식의 해가 서로 같을 때, 수 a, b에 대하여 $a+4b$의 값을 구하시오.

$$\begin{cases} 0.\dot{7}x+0.\dot{3}y=1.\dot{4} \\ \frac{a}{2}x+\frac{b}{3}y=1 \end{cases},\quad \begin{cases} ax-2by=-2 \\ \frac{1}{5}x-\frac{3}{5}y=-1 \end{cases}$$

06 0726
연립방정식 $\begin{cases} ax+by=2 \\ cx-7y=8 \end{cases}$을 재환이는 바르게 풀었더니 $x=3$, $y=-2$가 되었고, 호준이는 c를 잘못 보고 풀었더니 $x=-4$, $y=4$가 되었다. 이때 수 a, b, c에 대하여 abc의 값을 구하시오.

07 0727
어느 동아리의 회원 선발에 지원한 남학생과 여학생의 수의 비는 3 : 5이다. 이 중 합격한 남학생과 여학생의 수의 비는 2 : 3이고, 불합격한 남학생과 여학생의 수의 비는 4 : 7이다. 합격자가 150명일 때, 여학생 지원자의 수를 구하시오.

Tip
합격한 남학생과 여학생의 수를 먼저 구한 후, 지원한 남학생과 여학생의 수의 비, 불합격한 남학생과 여학생의 수의 비를 이용하여 연립방정식을 세운다.

08 0728 3점짜리 문제와 5점짜리 문제로 구성된 예선 시험에서 70점을 넘기면 본선에 진출하는 퀴즈대회가 있다. 현경이가 예선 시험 후 점수를 계산했을 때는 65점이었는데 실제로는 71점으로 본선에 진출했다고 한다. 현경이가 3점짜리 문제와 5점짜리 문제의 개수를 바꿔서 계산한 것이었을 때, 현경이가 맞힌 3점짜리 문제는 몇 개인지 구하시오.

09 0729 어느 가게에서 여름맞이 이벤트로 반바지는 15 %, 슬리퍼는 20 % 할인하여 판매하기로 하였다. 할인하기 전 반바지와 슬리퍼의 판매 가격의 합은 60000원이고, 할인한 후 반바지와 슬리퍼의 판매 가격의 합은 할인하기 전보다 10600원이 적을 때, 슬리퍼의 할인된 판매 가격은?

① 22400원 ② 23800원 ③ 25600원
④ 27200원 ⑤ 32000원

10 0730 식품 A에는 탄수화물이 20 %, 단백질이 30 % 들어 있고, 식품 B에는 탄수화물이 40 %, 단백질이 10 % 들어 있다. 두 식품만 섭취하여 탄수화물 40 g, 단백질 30 g을 얻으려면 식품 A, B를 합하여 몇 g을 섭취해야 하는가?

① 60 g ② 80 g ③ 100 g
④ 120 g ⑤ 140 g

서술형 문제

11 0731 다음을 모두 만족하는 x, y에 대하여 $\frac{x-4y}{2x+y}$의 값을 구하시오. (단, k는 0이 아닌 수)

$$2x-3y=7k,\quad 3x+y=5k$$

창의 융합

12 0732 문구점에서 구입한 여러 가지 물품 중에서 몇 개의 가위가 불량품이었다. 불량품인 가위를 교환하기 위하여 필요한 영수증을 찾았더니 다음과 같이 얼룩이 져서 알아보기가 힘든 상태였을 때, 다음 물음에 답하시오.

영수증

NO. 귀하

품목	단가(원)	수량(개)	금액(원)
가위	1100		
자		2	1800
연필	600		
볼펜	800		2400
합계		16	13300

위 금액을 정히 영수함.

(1) 영수증을 보고 구입한 볼펜의 수와 자 1개의 가격을 각각 구하시오.

(2) 구입한 가위의 개수를 구하시오.

13 0733 20 km 떨어진 어느 강의 두 지점을 왕복하는 배가 있다. 강을 거슬러 올라가는 데 걸리는 시간은 내려오는 데 걸리는 시간의 2배이고, 두 지점을 왕복하는 데는 총 3시간이 걸린다. 이때 강물의 속력을 구하시오. (단, 배와 강물의 속력은 일정하다.)

III. 함수

6 일차함수와 그 그래프

학습 계획 및 성취도 체크

- 학습 계획을 세우고 적어도 두 번 반복하여 공부합니다.
- 유형 이해도에 따라 ☐ 안에 ○, △, ×를 표시합니다.
- 시험 전에 [빈출] 유형과 × 표시한 유형은 반드시 한 번 더 풀어 봅니다.

			학습 계획	1차 학습	2차 학습
Lecture 15 일차함수	유형 01	함수	/		
	유형 02	함숫값 빈출	/		
	유형 03	함숫값; $f(x)=(x$에 대한 조건$)$ 꼴인 함수	/		
	유형 04	일차함수	/		
	유형 05	일차함수의 함숫값 빈출	/		
Lecture 16 일차함수의 그래프와 절편, 기울기	유형 06	일차함수의 그래프 위의 점	/		
	유형 07	일차함수의 그래프의 평행이동	/		
	유형 08	평행이동한 그래프 위의 점 빈출	/		
	유형 09	일차함수의 그래프의 x절편, y절편	/		
	유형 10	x절편, y절편을 이용하여 미지수의 값 구하기 빈출	/		
	유형 11	일차함수의 그래프의 기울기	/		
	유형 12	두 점을 지나는 일차함수의 그래프의 기울기 빈출	/		
	유형 13	세 점이 한 직선 위에 있을 조건	/		
	유형 14	일차함수의 그래프의 기울기와 x절편, y절편	/		
Lecture 17 일차함수의 그래프의 성질	유형 15	$y=ax+b$의 그래프와 a, b의 부호 (1) 빈출	/		
	유형 16	$y=ax+b$의 그래프와 a, b의 부호 (2)	/		
	유형 17	일차함수의 그래프의 평행 빈출	/		
	유형 18	일차함수의 그래프의 일치	/		
	유형 19	일차함수의 그래프의 성질 빈출	/		
Lecture 18 일차함수의 그래프 그리기	유형 20	일차함수의 그래프 그리기	/		
	유형 21	일차함수의 그래프와 좌표축으로 둘러싸인 도형의 넓이 (1) 빈출	/		
	유형 22	일차함수의 그래프와 좌표축으로 둘러싸인 도형의 넓이 (2)	/		
	유형 23	기울기와 y절편이 주어질 때, 일차함수의 식 구하기	/		
	유형 24	기울기와 한 점의 좌표가 주어질 때, 일차함수의 식 구하기 빈출	/		
	유형 25	서로 다른 두 점의 좌표가 주어질 때, 일차함수의 식 구하기 빈출	/		
	유형 26	x절편과 y절편이 주어질 때, 일차함수의 식 구하기	/		
	유형 27	일차함수의 그래프의 활용	/		
Lecture 19 일차함수의 활용	유형 28	온도에 대한 문제	/		
	유형 29	길이에 대한 문제	/		
	유형 30	액체의 양에 대한 문제 빈출	/		
	유형 31	속력에 대한 문제	/		
	유형 32	도형에 대한 문제 빈출	/		
단원 마무리	**Level B** 필수 유형 정복하기		/		
	Level C 발전 유형 정복하기		/		

일차함수

15-1 함수 | 유형 01~03

(1) 함수

두 변수 x, y에 대하여 x의 값이 정해짐에 따라 y의 값이 오직 하나씩 정해지는 관계가 있을 때, y를 x의 **함수**라 하고, 기호로 $y=f(x)$와 같이 나타낸다.

(변수 → 여러 가지로 변하는 값을 나타내는 문자)

주의 하나의 x의 값에 대하여 y의 값이 정해지지 않거나 두 개 이상으로 정해지면 y는 x의 함수가 아니다.

참고 정비례 관계 $y=ax\ (a\neq0)$와 반비례 관계 $y=\frac{a}{x}\ (a\neq0)$는 x의 값이 정해짐에 따라 y의 값이 오직 하나씩 정해지므로 y는 x의 함수이다.

(2) 함숫값

함수 $y=f(x)$에서 x의 값에 따라 하나씩 정해지는 y의 값 $f(x)$를 x에 대한 **함숫값**이라 한다.

> 함수 $y=f(x)$에서 $f(a)$
> ➡ $x=a$일 때의 함숫값
> ➡ $x=a$일 때, y의 값
> ➡ $f(x)$에 x 대신 a를 대입하여 얻은 값

예 함수 $f(x)=5x$에서 $x=3$일 때의 함숫값은
➡ $f(3)=5\times3=15$

(3) 함수의 그래프

함수 $y=f(x)$에서 x와 그 함숫값 $f(x)$로 이루어진 순서쌍 $(x, f(x))$를 좌표로 하는 점 전체를 그 함수의 그래프라 한다.

15-2 일차함수 | 유형 04, 05

함수 $y=f(x)$에서

$$y=ax+b\ (a,\ b\text{는 수},\ a\neq0)$$

와 같이 y가 x에 대한 일차식으로 나타내어질 때, 이 함수 $y=f(x)$를 x에 대한 **일차함수**라 한다.

예 $y=x$, $y=-x-3$, $y=\frac{1}{2}x+4$ ➡ x에 대한 일차함수이다.
$y=3$, $y=5x^2$, $y=\frac{1}{x}$ ➡ x에 대한 일차함수가 아니다.

참고 a, b는 수이고, $a\neq0$일 때,
① $ax+b$ ➡ x에 대한 일차식
② $ax+b=0$ ➡ x에 대한 일차방정식
③ $ax+b>0$ ➡ x에 대한 일차부등식
④ $y=ax+b$ ➡ x에 대한 일차함수

[01~02] 다음 표를 완성하고, y가 x의 함수인지 말하시오.

01 한 개에 200원인 사탕 x개의 가격 y원
0734

x	1	2	3	4	⋯
y					⋯

02 자연수 x의 약수 y
0735

x	1	2	3	4	⋯
y					⋯

[03~06] 다음 중 y가 x의 함수인 것은 ○표, 함수가 아닌 것은 ×표를 하시오.

03 자연수 x보다 큰 자연수 y ( )
0736

04 가로의 길이가 x cm, 넓이가 12 cm²인 직사각형의 세로의 길이 y cm ( )
0737

05 하루 24시간 중 밤의 길이가 x시간일 때의 낮의 길이 y시간 ( )
0738

06 기온이 x ℃일 때의 습도 y % ( )
0739

[07~10] 다음 함수 $y=f(x)$에 대하여 $f(6)$의 값을 구하시오.

07 $f(x)=-2x$
0740

08 $f(x)=\frac{7}{6}x$
0741

09 $f(x)=\frac{18}{x}$
0742

10 $f(x)=-\frac{3}{x}$
0743

빠른답 6쪽 | 바른답 · 알찬풀이 74쪽

[11~14] 다음 중 y가 x에 대한 일차함수인 것은 ○표, 일차함수가 아닌 것은 ×표를 하시오.

11 $x+y+2=0$ ( )
0744

12 $y=x-x^2$ ( )
0745

13 $xy=8$ ( )
0746

14 $y=\frac{x-1}{3}$ ( )
0747

[15~17] 다음 문장에서 y를 x에 대한 식으로 나타내고, y가 x에 대한 일차함수인지 말하시오.

15 시속 x km로 3시간 동안 달린 거리는 y km이다.
0748

16 넓이가 100 cm^{2}이고 밑변의 길이가 x cm인 삼각형의 높이는 y cm이다.
0749

17 한 권에 1200원인 공책 x권을 사고 5000원을 내었을 때, 거스름돈은 y원이다.
0750

[18~21] 일차함수 $f(x)=-3x+4$에 대하여 다음 함숫값을 구하시오.

18 $f(-2)$
0751

19 $f(0)$
0752

20 $f\left(-\frac{2}{3}\right)$
0753

21 $f(-1)-f(3)$
0754

유형 01 함수 | 개념 15-1

대표문제

22 다음 중 y가 x의 함수가 아닌 것은?
0755

① 자연수 x의 약수의 개수 y개
② 자연수 x보다 작은 소수 y
③ 한 자루에 700원인 볼펜 x자루의 가격 y원
④ 한 대각선의 길이가 x cm, 다른 대각선의 길이가 6 cm인 마름모의 넓이 y cm^2
⑤ 물 1 L를 x명이 똑같이 나누어 마실 때, 한 명이 마시게 되는 물의 양 y L

23 다음 중 y가 x의 함수인 것을 모두 고르면? (정답 2개)
0756

① 절댓값이 x인 수 y
② 자연수 x와 서로소인 자연수 y
③ 자연수 x를 5로 나누었을 때의 나머지 y
④ 오리 x마리의 다리의 개수 y개
⑤ 둘레의 길이가 x cm인 직사각형의 넓이 y cm^2

24 다음 **보기** 중 y가 x의 함수인 것의 개수를 구하시오.
0757

보기
ㄱ. 자연수 x의 배수 y
ㄴ. 길이가 120 cm인 노끈을 x cm 사용하고 남은 노끈의 길이 y cm
ㄷ. 50 L의 수조에 매분 x L씩 물을 넣을 때, 물이 가득 차는 데 걸리는 시간 y분
ㄹ. 소금 x g이 들어 있는 소금물 30 g의 농도 y %

빈출

유형 02 함숫값

| 개념 15-1

대표문제

25 두 함수 $f(x)=\frac{4}{3}x+7$, $g(x)=\frac{6}{x}$에 대하여 $f(-3)-g(2)$의 값은?
0758

① -4 ② -3 ③ -2
④ -1 ⑤ 0

26 함수 $f(x)=2x-6$에 대하여 $2f(1)-f(-2)$의 값을 구하시오.
0759

27 두 함수 $f(x)=-\frac{9}{x}$, $g(x)=x+5$에 대하여 다음 중 옳지 않은 것은?
0760

① $f(-1)=9$ ② $g(2)=7$
③ $f(3)=g(-8)$ ④ $f(9)=-g(4)$
⑤ $2f(6)+g(1)=3$

서술형

28 함수 $f(x)=-\frac{12}{x}$에서 x의 값이 -4, 2, k일 때, x에 대한 함숫값의 합이 0이 되도록 하는 수 k의 값을 구하시오.
0761

유형 03 함숫값 ; $f(x)=(x$에 대한 조건$)$ 꼴인 함수

| 개념 15-1

대표문제

29 함수 $f(x)=($자연수 x의 약수의 개수$)$에 대하여 다음 중 옳지 않은 것은?
0762

① $f(2)=2$ ② $f(6)=4$
③ $f(5)=f(7)$ ④ $f(24)=f(30)$
⑤ $f(13)+f(15)=5$

30 함수 $f(x)=($자연수 x와 18의 최대공약수$)$에 대하여 $f(3)+f(12)$의 값을 구하시오.
0763

31 두 함수
0764

$f(x)=($자연수 x 이하의 소수의 개수$)$,
$g(x)=($자연수 x보다 크지 않은 짝수의 합$)$

에 대하여 $f(8)=a$일 때, $g(a)$의 값을 구하시오.

창의+융합

32 함수 $f(x)$를 자연수 x를 4로 나누었을 때의 나머지라 할 때,
0765

$$f(1)+f(2)+f(3)+f(4)+\cdots+f(20)$$

의 값은?

① 27 ② 28 ③ 29
④ 30 ⑤ 31

유형 04 일차함수 | 개념 15-2

대표문제

33 다음 중 y가 x에 대한 일차함수인 것의 개수를 구하시오.
0766

$$y=7,\quad y=\frac{1}{x},\quad y=x^2-1$$
$$y=x-y,\quad y=x(x+1),\quad \frac{x}{2}+\frac{y}{3}=1$$

34 다음 중 y가 x에 대한 일차함수가 아닌 것은?
0767

① $x+y=0$ ② $y=\frac{x+6}{4}$
③ $xy=-1$ ④ $x=y$
⑤ $y=\frac{2}{3}x-\frac{1}{4}$

35 $y=3(2-x)+ax$가 x에 대한 일차함수가 되도록 하는 수 a의 조건을 구하시오.
0768

36 다음 중 x와 y 사이의 관계를 식으로 나타낼 때, y가 x에 대한 일차함수인 것을 모두 고르면? (정답 2개)
0769

① 1000원인 사과 x개와 y원인 참외 3개의 총가격
② x각형의 외각의 크기의 합 $y°$
③ 한 변의 길이가 x cm인 정사각형의 둘레의 길이 y cm
④ 시속 75 km로 달리는 버스가 x시간 동안 이동한 거리 y km
⑤ 전체 쪽수가 220쪽인 책을 하루에 x쪽씩 읽을 때 걸리는 날수 y일

빈출 유형 05 일차함수의 함숫값 | 개념 15-2

대표문제

37 일차함수 $f(x)=ax+3$에 대하여 $f(-2)=5$일 때, $f(-1)$의 값을 구하시오. (단, a는 수)
0770

38 일차함수 $f(x)=5x-2$에 대하여 $f(a)=8$일 때, a의 값을 구하시오.
0771

39 일차함수 $f(x)=ax+b$에 대하여 $f(-1)=5$, $f(3)=13$일 때, 수 a, b에 대하여 ab의 값은?
0772

① 6 ② 8 ③ 10
④ 12 ⑤ 14

서술형

40 두 일차함수 $f(x)=ax-6$, $g(x)=-\frac{5}{3}x+b$에 대하여 $f(-3)=3$, $g(6)=-4$일 때, $f(-2)-g(-3)$의 값을 구하시오. (단, a, b는 수)
0773

일차함수의 그래프와 절편, 기울기

16-1 일차함수 $y=ax+b$의 그래프 | 유형 06~08

(1) **평행이동:** 한 도형을 일정한 방향으로 일정한 거리만큼 이동하는 것 → 평행이동하여도 도형의 모양은 변하지 않는다.

(2) **일차함수 $y=ax+b$의 그래프**

일차함수 $y=ax+b$의 그래프는 일차함수 $y=ax$의 그래프를 y축의 방향으로 b만큼 평행이동한 직선이다.

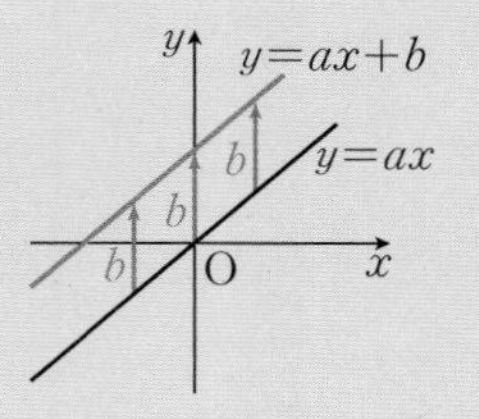

참고 일차함수 $y=ax+b$의 그래프는

① $b>0$이면 ➡ $y=ax$의 그래프를 y축의 양의 방향으로 평행이동한 것이다. (→ 위로)

② $b<0$이면 ➡ $y=ax$의 그래프를 y축의 음의 방향으로 평행이동한 것이다. (→ 아래로)

16-2 일차함수의 그래프의 x절편, y절편 | 유형 09, 10, 14

(1) **x절편:** 함수의 그래프가 x축과 만나는 점의 x좌표

➡ $y=0$일 때의 x의 값

(2) **y절편:** 함수의 그래프가 y축과 만나는 점의 y좌표

➡ $x=0$일 때의 y의 값

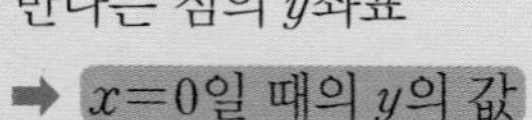

예 일차함수 $y=2x-6$의 그래프에서

① $y=0$일 때, $0=2x-6$ $\quad\therefore x=3$ ➡ x절편: 3

② $x=0$일 때, $y=2\times0-6$ $\quad\therefore y=-6$ ➡ y절편: -6

16-3 일차함수의 그래프의 기울기 | 유형 11~14

일차함수 $y=ax+b$에서 x의 값의 증가량에 대한 y의 값의 증가량의 비율은 항상 일정하며, 이 비율은 x의 계수 a와 같다. 이 증가량의 비율 a를 일차함수 $y=ax+b$의 그래프의 **기울기**라 한다.

$$(\text{기울기})=\frac{(y\text{의 값의 증가량})}{(x\text{의 값의 증가량})}=a$$
→ 항상 일정

예 일차함수의 그래프에서 x의 값이 3에서 6까지 증가할 때, y의 값이 2에서 8까지 증가하면

$$(\text{기울기})=\frac{(y\text{의 값의 증가량})}{(x\text{의 값의 증가량})}=\frac{8-2}{6-3}=2$$

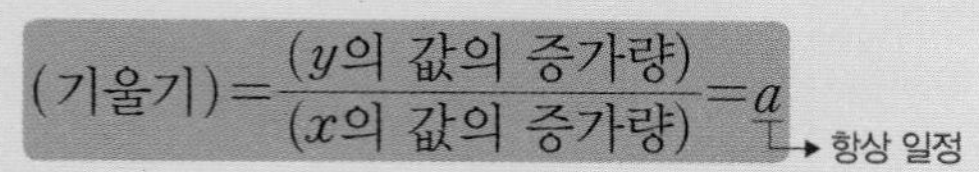

참고 두 점 $(x_1,\ y_1)$, $(x_2,\ y_2)$를 지나는 일차함수의 그래프의 기울기는

➡ $(\text{기울기})=\dfrac{y_2-y_1}{x_2-x_1}\left(\text{또는 }\dfrac{y_1-y_2}{x_1-x_2}\right)$

[01~04] 다음 일차함수의 그래프는 일차함수 $y=5x$의 그래프를 y축의 방향으로 얼마만큼 평행이동한 것인지 구하시오.

01 $y=5x-2$ (0774)

02 $y=5x+4$ (0775)

03 $y=5x-\dfrac{3}{7}$ (0776)

04 $y=5x+\dfrac{1}{2}$ (0777)

[05~08] 다음 일차함수의 그래프를 y축의 방향으로 [ ] 안의 수만큼 평행이동한 그래프의 식을 구하시오.

05 $y=4x$ $\quad[-1]$ (0778)

06 $y=-7x$ $\quad[9]$ (0779)

07 $y=\dfrac{3}{8}x$ $\quad[-2]$ (0780)

08 $y=-\dfrac{3}{2}x$ $\quad[-6]$ (0781)

[09~10] 오른쪽 그림은 일차함수 $y=2x$의 그래프이다. 이 그래프를 이용하여 오른쪽 좌표평면 위에 다음 일차함수의 그래프를 그리시오.

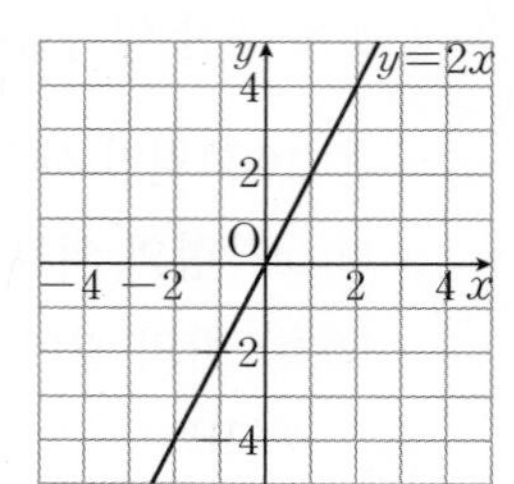

09 $y=2x+4$ (0782)

10 $y=2x-2$ (0783)

[11~13] 다음 일차함수의 그래프가 오른쪽 그림과 같을 때, 각 그래프의 x절편과 y절편을 구하시오.

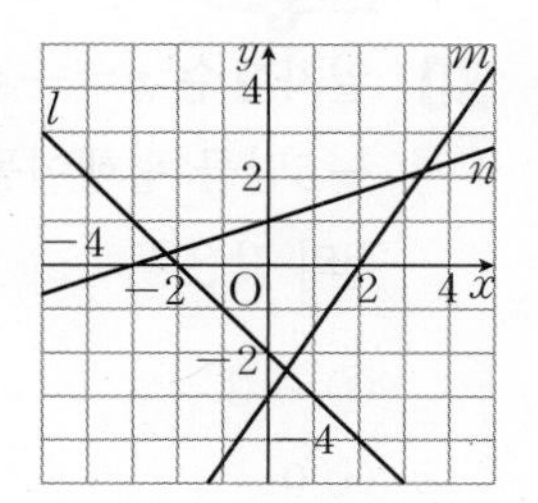

11 그래프 l
0784

12 그래프 m
0785

13 그래프 n
0786

[14~17] 다음 일차함수의 그래프의 x절편과 y절편을 구하시오.

14 $y=3x+6$
0787

15 $y=-x+5$
0788

16 $y=\frac{1}{7}x-1$
0789

17 $y=-\frac{3}{4}x+9$
0790

[18~19] 다음 일차함수의 그래프의 기울기를 구하고, x의 값의 증가량이 3일 때, y의 값의 증가량을 구하시오.

18 $y=2x+1$
0791

19 $y=-3x+7$
0792

[20~21] 다음 두 점을 지나는 일차함수의 그래프의 기울기를 구하시오.

20 $(1, 0)$, $(2, 3)$
0793

21 $(-1, 7)$, $(4, 2)$
0794

유형 06 일차함수의 그래프 위의 점 | 개념 16-1

대표문제

22 일차함수 $y=4x-5$의 그래프가 두 점 $(-1, p)$, $(q, 3)$을 지날 때, $q-p$의 값을 구하시오.
0795

23 다음 중 일차함수 $y=-\frac{x}{2}+4$의 그래프 위의 점인 것은?
0796

① $(-6, 8)$ ② $(-4, 6)$ ③ $\left(-1, \frac{5}{2}\right)$
④ $(2, 5)$ ⑤ $(4, -2)$

서술형

24 두 일차함수 $y=ax+1$, $y=-\frac{5}{2}x-1$의 그래프가 모두 점 $(-2, b)$를 지날 때, ab의 값을 구하시오. (단, a는 수)
0797

25 일차함수 $y=ax+b$의 그래프가 오른쪽 그림과 같을 때, 수 a, b에 대하여 $\frac{b}{a}$의 값을 구하시오.
0798

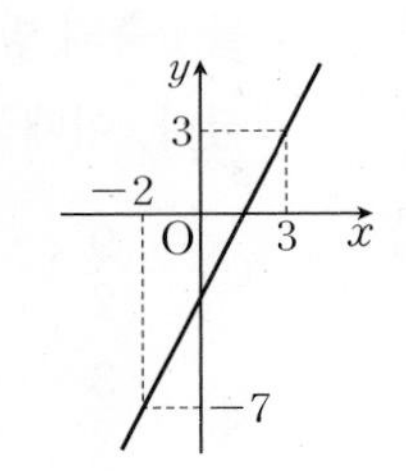

유형 07 일차함수의 그래프의 평행이동 | 개념 16-1

대표문제

26 0799 일차함수 $y=-x+2$의 그래프를 y축의 방향으로 a만큼 평행이동하면 일차함수 $y=-x-3$의 그래프와 겹쳐진다. 이때 a의 값을 구하시오.

27 0800 다음 일차함수의 그래프 중 일차함수 $y=\frac{6}{5}x$의 그래프를 평행이동한 그래프와 겹치는 것은?

① $y=-\frac{6}{5}x$ ② $y=-\frac{5}{6}x$
③ $y=\frac{5}{6}x$ ④ $y=\frac{5}{6}x+2$
⑤ $y=\frac{6}{5}x-8$

28 0801 일차함수 $y=-3x-2p$의 그래프를 y축의 방향으로 -2만큼 평행이동하였더니 일차함수 $y=qx-9$의 그래프가 되었다. 이때 수 p, q에 대하여 $2p+q$의 값을 구하시오.

29 0802 일차함수 $y=\frac{2}{3}ax$의 그래프를 y축의 방향으로 6만큼 평행이동하였더니 일차함수 $y=3x-2$의 그래프를 y축의 방향으로 m만큼 평행이동한 그래프와 겹쳐졌다. 이때 $a-m$의 값은? (단, a는 수)

① $-\frac{9}{2}$ ② $-\frac{7}{2}$ ③ $-\frac{5}{2}$
④ $-\frac{3}{2}$ ⑤ $-\frac{1}{2}$

유형 08 평행이동한 그래프 위의 점 | 개념 16-1

빈출

대표문제

30 0803 일차함수 $y=-4x+3$의 그래프를 y축의 방향으로 -5만큼 평행이동한 그래프가 점 $(k, 6)$을 지날 때, k의 값은?

① -3 ② -2 ③ -1
④ 0 ⑤ 1

31 0804 다음 중 일차함수 $y=\frac{1}{3}x-6$의 그래프를 y축의 방향으로 10만큼 평행이동한 그래프 위의 점이 아닌 것은?

① $(-15, -1)$ ② $(-9, 1)$
③ $(-3, 3)$ ④ $(6, 5)$
⑤ $(12, 8)$

32 0805 일차함수 $y=\frac{3}{2}ax+1$의 그래프는 점 $(4, 7)$을 지나고, 이 그래프를 y축의 방향으로 b만큼 평행이동한 그래프는 점 $(8, 6)$을 지난다. 이때 ab의 값을 구하시오. (단, a는 수)

서술형

33 0806 일차함수 $y=ax-2$의 그래프를 y축의 방향으로 3만큼 평행이동한 그래프가 두 점 $(-1, 3)$, $(b, b-8)$을 지날 때, $a+b$의 값을 구하시오. (단, a는 수)

유형 09 일차함수의 그래프의 x절편, y절편 | 개념 16-2

대표문제

34 0807 일차함수 $y=\frac{2}{3}x-10$의 그래프에서 x절편을 m, y절편을 n이라 할 때, $m-n$의 값을 구하시오.

35 0808 다음 일차함수의 그래프 중 x절편이 나머지 넷과 <u>다른</u> 하나는?

① $y=-3x+9$
② $y=-\frac{2}{3}x+2$
③ $y=\frac{5}{6}x+\frac{5}{2}$
④ $y=2x-6$
⑤ $y=4x-12$

36 0809 일차함수 $y=\frac{1}{2}x-3$의 그래프가 오른쪽 그림과 같을 때, 두 점 A, B의 좌표를 각각 구하시오.

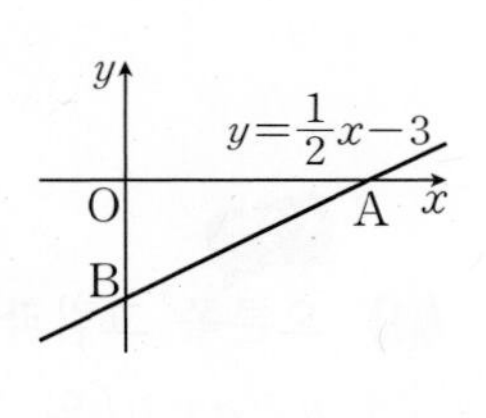

37 0810 다음 일차함수의 그래프 중 일차함수 $y=\frac{3}{2}x+1$의 그래프와 x축 위에서 만나는 것은?

① $y=-3x+\frac{1}{2}$
② $y=-\frac{3}{4}x+2$
③ $y=x-\frac{2}{3}$
④ $y=2x+\frac{4}{3}$
⑤ $y=4x+\frac{3}{2}$

빈출

유형 10 x절편, y절편을 이용하여 미지수의 값 구하기 | 개념 16-2

대표문제

38 0811 일차함수 $y=-\frac{1}{4}x+2k$의 그래프의 x절편이 -2일 때, y절편은? (단, k는 수)

① -8
② -2
③ $-\frac{1}{2}$
④ $\frac{1}{2}$
⑤ 2

39 0812 일차함수 $y=ax+5$의 그래프의 x절편이 $\frac{5}{2}$일 때, 수 a의 값을 구하시오.

40 0813 일차함수 $y=\frac{2}{3}x-3$의 그래프의 x절편과 일차함수 $y=2x-\frac{1}{2}-a$의 그래프의 y절편이 서로 같을 때, 수 a의 값을 구하시오.

서술형

41 0814 일차함수 $y=\frac{1}{6}ax+2$의 그래프를 y축의 방향으로 -1만큼 평행이동한 그래프의 x절편이 3, y절편이 m일 때, $a+m$의 값을 구하시오. (단, a는 수)

유형 11 일차함수의 그래프의 기울기 | 개념 16-3

대표문제

42 다음 일차함수의 그래프 중 x의 값이 -3에서 -1까지 증가할 때, y의 값이 5만큼 감소하는 것은?
0815

① $y=-\frac{5}{2}x+5$　② $y=-\frac{2}{5}x-5$
③ $y=\frac{2}{5}x+5$　④ $y=2x-5$
⑤ $y=\frac{5}{2}x-5$

43 일차함수 $y=-3x-2$의 그래프에서 x의 값이 2만큼 감소할 때, y의 값은 k만큼 증가한다고 한다. 이때 k의 값을 구하시오.
0816

44 일차함수 $y=ax-7$의 그래프에서 x의 값이 1에서 -2까지 감소할 때, y의 값은 6만큼 증가한다. x의 값이 4만큼 증가할 때, y의 값의 증가량을 구하시오.
0817
(단, a는 수)

창의⊕융합

45 일차함수 $f(x)=-4x+k$에 대하여 $\frac{f(4)-f(2)}{4-2}$의 값을 구하시오. (단, k는 수)
0818

빈출

유형 12 두 점을 지나는 일차함수의 그래프의 기울기 | 개념 16-3

대표문제

46 두 점 $(-1, 5)$, $(3, k)$를 지나는 일차함수의 그래프의 기울기가 -5일 때, k의 값은?
0819

① -15　② -5　③ 5
④ 10　⑤ 15

47 오른쪽 그림과 같은 일차함수의 그래프와 일차함수 $y=ax+6$의 그래프의 기울기가 서로 같을 때, 수 a의 값을 구하시오.
0820

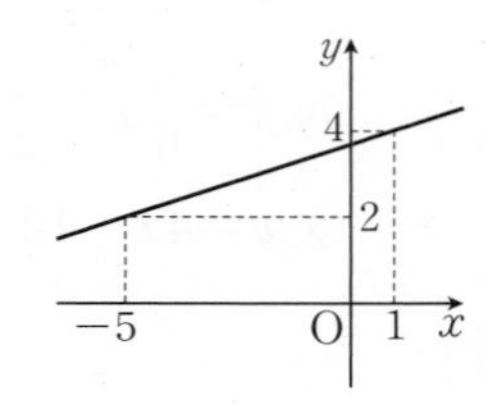

서술형

48 오른쪽 그림과 같은 일차함수 $y=ax+b$의 그래프에서 x의 값이 -4에서 4까지 증가할 때, y의 값의 증가량을 구하시오.
0821

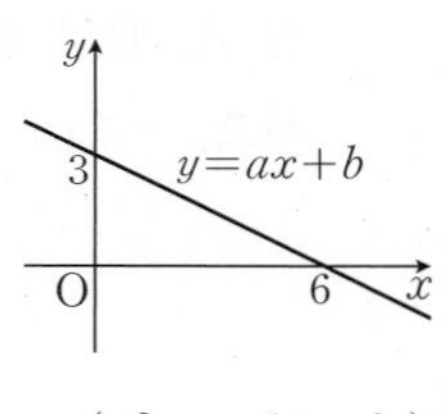

(단, a, b는 수)

49 x절편이 4이고 y절편이 a인 일차함수의 그래프의 기울기가 $\frac{3}{2}$일 때, a의 값을 구하시오.
0822

유형 13 세 점이 한 직선 위에 있을 조건 | 개념 16-3

세 점 A, B, C가 한 직선 위에 있을 조건
➡ (직선 AB의 기울기)=(직선 BC의 기울기)
=(직선 AC의 기울기)

대표문제

50 세 점 $(-2,\ 3)$, $(4,\ -1)$, $(2,\ k)$가 한 직선 위에 있을 때, k의 값은?
0823

① $-\frac{1}{3}$ ② $-\frac{1}{6}$ ③ $\frac{1}{6}$
④ $\frac{1}{3}$ ⑤ $\frac{1}{2}$

51 오른쪽 그림과 같이 세 점이 한 직선 위에 있을 때, a의 값을 구하시오.
0824

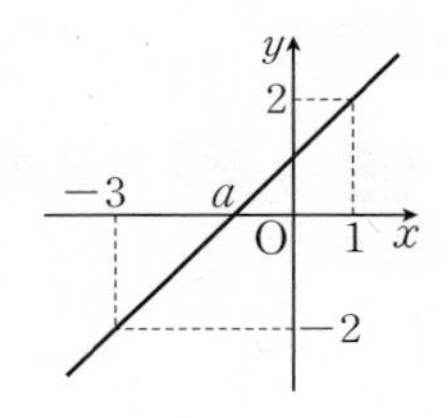

52 두 점 $(-1, 5)$, $(k, 1-3k)$를 지나는 직선 위에 점 $(5,\ -7)$이 있을 때, k의 값을 구하시오.
0825

53 세 점 $(-1,\ a)$, $(2,\ 6)$, $(4,\ b)$가 한 직선 위에 있을 때, $2a+3b$의 값을 구하시오.
0826

유형 14 일차함수의 그래프의 기울기와 x절편, y절편 | 개념 16-2, 3

대표문제

54 일차함수 $y=\frac{6}{7}x-2$의 그래프를 y축의 방향으로 4만큼 평행이동한 그래프의 기울기를 a, x절편을 b, y절편을 c라 하자. 이때 abc의 값을 구하시오.
0827

서술형

55 일차함수 $y=-\frac{4}{3}x-8$의 그래프의 기울기를 a, x절편을 b, y절편을 c라 할 때, $a+b-c$의 값을 구하시오.
0828

56 일차함수 $y=\frac{3}{5}x+4$의 그래프의 기울기를 a, 일차함수 $y=-4x+15$의 그래프의 y절편을 b라 할 때, 일차함수 $y=ax+b$의 그래프의 x절편을 구하시오.
0829

57 일차함수 $y=ax+b$의 그래프는 일차함수 $y=-x-4$의 그래프와 x축 위에서 만나고, 일차함수 $y=\frac{1}{2}x+3$의 그래프와 y축 위에서 만난다. 이때 $y=ax+b$의 그래프의 기울기는? (단, a, b는 수)
0830

① $-\frac{3}{2}$ ② $-\frac{3}{4}$ ③ $\frac{2}{3}$
④ $\frac{3}{4}$ ⑤ $\frac{3}{2}$

일차함수의 그래프의 성질

17-1 일차함수 $y=ax+b$의 그래프의 성질 | 유형 15, 16, 19

(1) **a의 부호:** 그래프의 모양 결정

① $a>0$일 때: x의 값이 증가하면 y의 값도 증가한다.
➡ 오른쪽 위로 향하는 직선

② $a<0$일 때: x의 값이 증가하면 y의 값은 감소한다.
➡ 오른쪽 아래로 향하는 직선

참고 일차함수 $y=ax+b$의 그래프에서 $|a|$의 값이 클수록 그래프는 y축에 가깝다.

(2) **b의 부호:** 그래프가 y축과 만나는 부분 결정

① $b>0$일 때: y축과 양의 부분에서 만난다.
➡ y절편이 양수

② $b<0$일 때: y축과 음의 부분에서 만난다.
➡ y절편이 음수

참고 a, b의 부호에 따른 일차함수 $y=ax+b$의 그래프의 모양은 다음과 같다.

① $a>0$, $b>0$일 때,

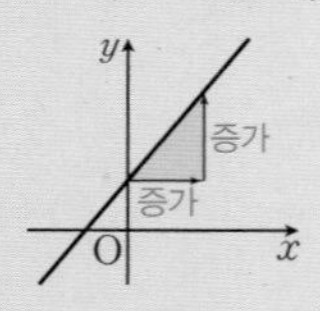

② $a>0$, $b<0$일 때,

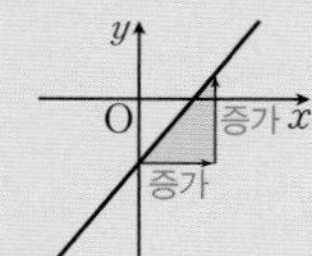

③ $a<0$, $b>0$일 때,

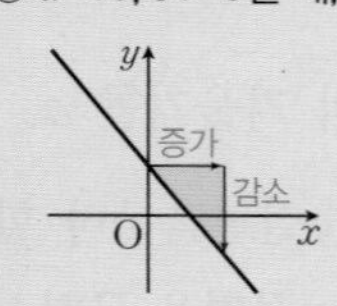

④ $a<0$, $b<0$일 때,

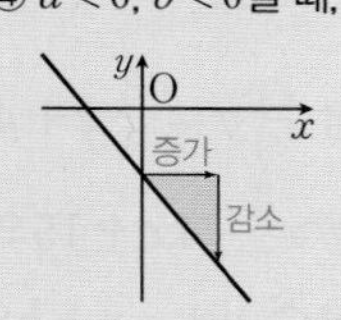

17-2 일차함수의 그래프의 평행과 일치 | 유형 17~19

(1) 기울기가 같은 두 일차함수의 그래프는 서로 평행하거나 일치한다.
즉, 두 일차함수 $y=ax+b$와 $y=cx+d$에서

① $a=c,\ b\neq d$ ➡ 두 함수의 그래프는 서로 평행
↳ 기울기가 같고 y절편은 다르다.

② $a=c,\ b=d$ ➡ 두 함수의 그래프는 일치
↳ 기울기가 같고 y절편도 같다.

예 두 일차함수 $y=3x+2$와 $y=3x+5$의 그래프는 기울기가 같고 y절편은 다르므로 서로 평행하다.

(2) 서로 평행한 두 일차함수의 그래프의 기울기는 같다.

참고 ① 기울기가 다른 두 일차함수의 그래프는 한 점에서 만난다.
② 두 일차함수의 그래프가 만나지 않는다.
➡ 두 일차함수의 그래프가 서로 평행하다.
➡ 두 일차함수의 그래프의 기울기가 같고 y절편은 다르다.

[01~05] 아래 **보기**의 일차함수 중 그 그래프가 다음 조건을 만족하는 것을 모두 고르시오.

보기	
ㄱ. $y=2x-8$	ㄴ. $y=-x+1$
ㄷ. $y=3x-\dfrac{5}{6}$	ㄹ. $y=-\dfrac{3}{5}x-7$

01 (0831) x의 값이 증가하면 y의 값은 감소하는 그래프

02 (0832) 오른쪽 위로 향하는 그래프

03 (0833) y절편이 음수인 그래프

04 (0834) y축과 양의 부분에서 만나는 그래프

05 (0835) y축에 가장 가까운 그래프

[06~07] 일차함수 $y=ax+b$의 그래프가 다음 그림과 같을 때, 수 a, b의 부호를 각각 정하시오.

06 (0836)

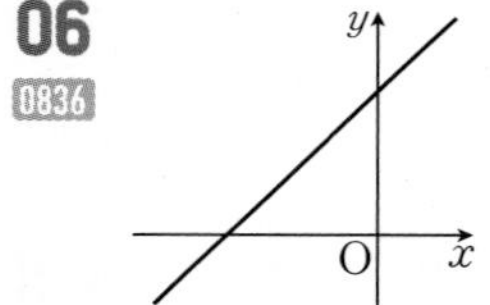

07 (0837)

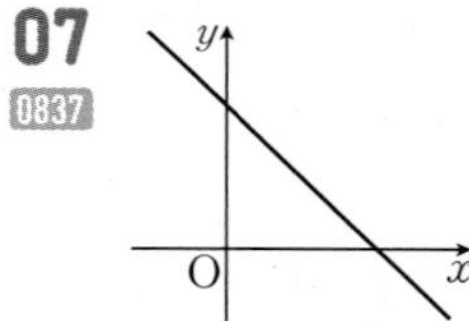

08 (0838) 두 일차함수 $y=-2x-9$, $y=ax+6$의 그래프가 서로 평행할 때, 수 a의 값을 구하시오.

09 (0839) 두 일차함수 $y=ax-5$, $y=6x+b$의 그래프가 일치할 때, 수 a, b의 값을 각각 구하시오.

빈출 유형 15 $y=ax+b$의 그래프와 a, b의 부호 (1) | 개념 17-1

대표문제

10 0840 일차함수 $y=-ax+b$의 그래프가 오른쪽 그림과 같을 때, 다음 중 옳은 것은? (단, a, b는 수)

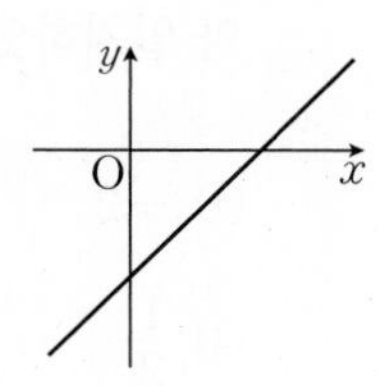

① $a<0$, $b<0$ ② $a<0$, $b=0$
③ $a<0$, $b>0$ ④ $a>0$, $b<0$
⑤ $a>0$, $b=0$

11 0841 일차함수 $y=abx+a$의 그래프가 오른쪽 그림과 같을 때, 수 a, b의 부호를 각각 정하시오.

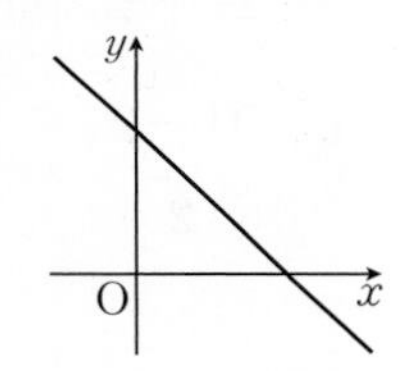

12 0842 일차함수 $y=-bx+\frac{a}{b}$의 그래프가 오른쪽 그림과 같을 때, 다음 중 옳지 않은 것은? (단, a, b는 수)

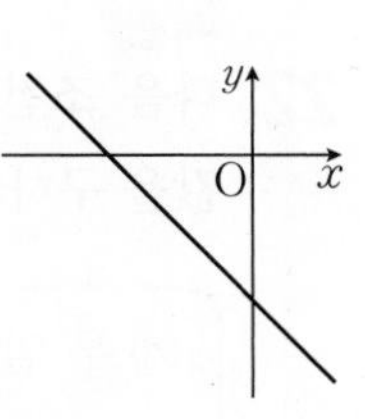

① $a<b$ ② $b-a>0$ ③ $a^2+b>0$
④ $ab<0$ ⑤ $\frac{b^2}{a}>0$

유형 16 $y=ax+b$의 그래프와 a, b의 부호 (2) | 개념 17-1

대표문제

13 0843 $a>0$, $b<0$일 때, 다음 중 일차함수 $y=ax-ab$의 그래프로 알맞은 것은?

①
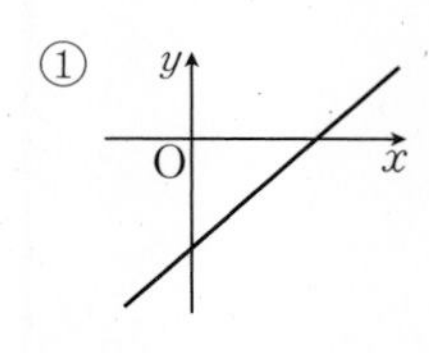

②
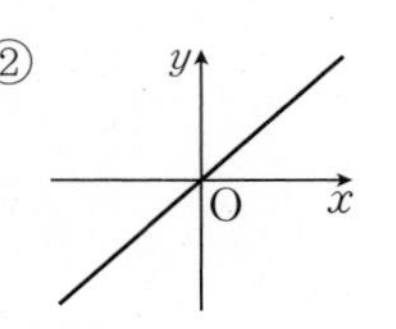

③
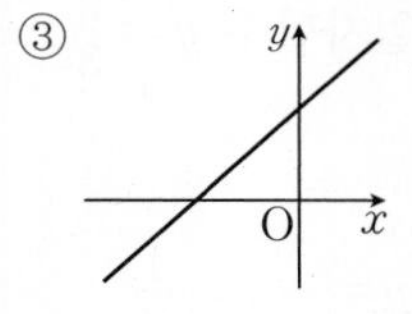

④
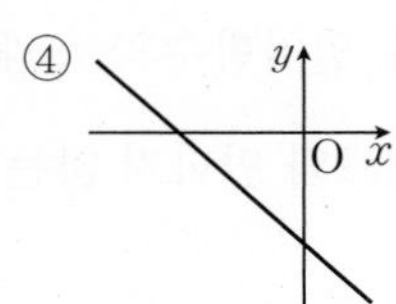

⑤
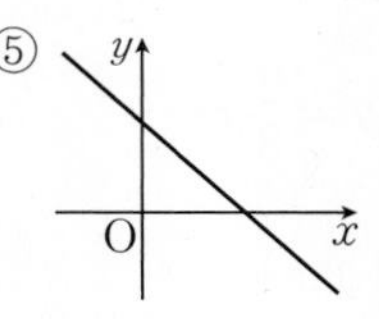

14 0844 $a<0$, $b<0$일 때, 다음 **보기**의 일차함수 중 그 그래프가 제4사분면을 지나는 것을 모두 고르시오.

보기

ㄱ. $y=-ax-b$ ㄴ. $y=ax-b$
ㄷ. $y=-bx$ ㄹ. $y=bx+a$

15 0845 $ab<0$, $bc>0$일 때, 일차함수 $y=\frac{b}{a}x-\frac{c}{a}$의 그래프가 지나지 않는 사분면은?

① 제1사분면 ② 제2사분면
③ 제3사분면 ④ 제4사분면
⑤ 제1, 3사분면

유형 17 일차함수의 그래프의 평행 | 개념 17-2

빈출

대표문제

16 일차함수 $y=ax+5$의 그래프는 일차함수 $y=-4x+8$의 그래프와 평행하고 점 $(b,\ -3)$을 지난다. 이때 ab의 값을 구하시오. (단, a는 수)

0846

17 다음 일차함수의 그래프 중 일차함수 $y=\frac{2}{3}x-5$의 그래프와 만나지 않는 것은?

0847

① $y=-2x+6$ ② $y=-x-\frac{1}{2}$
③ $y=-\frac{2}{3}x-5$ ④ $y=\frac{2}{3}x-9$
⑤ $y=\frac{3}{2}x+4$

18 오른쪽 그림의 두 일차함수의 그래프가 서로 평행할 때, a의 값을 구하시오.

0848

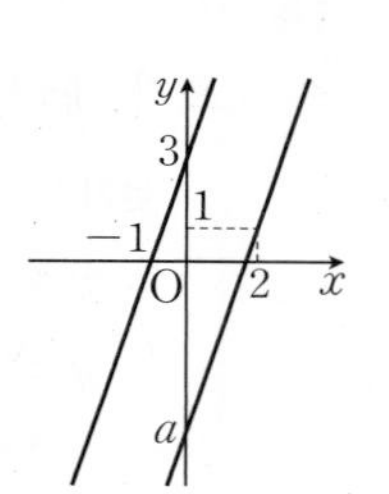

19 일차함수 $y=mx+3$의 그래프는 일차함수 $y=(3m-2)x-1$의 그래프와 평행하고, 일차함수 $y=4x-n$의 그래프와 x축 위에서 만난다. 이때 수 m, n에 대하여 $m+n$의 값을 구하시오.

0849

유형 18 일차함수의 그래프의 일치 | 개념 17-2

대표문제

20 일차함수 $y=ax-1$의 그래프를 y축의 방향으로 7만큼 평행이동하였더니 일차함수 $y=3x-b$의 그래프와 일치하였다. 이때 수 a, b에 대하여 $\frac{b}{a}$의 값은?

0850

① -2 ② $-\frac{1}{2}$ ③ $\frac{1}{3}$
④ $\frac{1}{2}$ ⑤ 2

21 두 일차함수 $y=ax+4b$와 $y=-3x+2a+b$의 그래프가 일치할 때, 수 a, b에 대하여 $a-b$의 값은?

0851

① -2 ② -1 ③ 1
④ 2 ⑤ 3

서술형

22 다음 조건을 모두 만족하는 수 p, q에 대하여 pq의 값을 구하시오.

0852

(가) 두 일차함수 $y=(p-2)x+7$과 $y=x+1$의 그래프는 서로 평행하다.
(나) 두 일차함수 $y=4x+p-5$와 $y=4x+4q-10$의 그래프는 일치한다.

유형 19 일차함수의 그래프의 성질 | 개념 17-1, 2

대표문제

23 0853 다음 중 일차함수 $y=\frac{3}{2}x-6$의 그래프에 대한 설명으로 옳은 것은?

① 점 $(-2, -10)$을 지난다.
② x절편은 -4, y절편은 -6이다.
③ 오른쪽 아래로 향하는 직선이다.
④ $y=\frac{3}{2}x+6$의 그래프와 평행하다.
⑤ x의 값이 증가할 때, y의 값은 감소한다.

24 0854 다음 일차함수 중 그 그래프가 y축에 가장 가까운 것은?

① $y=-\frac{1}{4}x+1$　② $y=x-8$
③ $y=-\frac{5}{3}x-1$　④ $y=\frac{1}{2}x-9$
⑤ $y=-3x+6$

25 0855 다음 일차함수 중 그 그래프가 아래 조건을 모두 만족하는 것은?

> (가) 오른쪽 아래로 향하는 직선이다.
> (나) $y=\frac{6}{5}x+4$의 그래프보다 x축에 가깝다.

① $y=-2x+4$　② $y=-\frac{1}{3}x+4$
③ $y=\frac{2}{9}x+4$　④ $y=x+4$
⑤ $y=\frac{7}{4}x+4$

26 0856 다음 **보기** 중 일차함수 $y=5x+2$의 그래프에 대한 설명으로 옳지 않은 것을 모두 고르시오.

> 보기
> ㄱ. $y=5x$의 그래프를 y축의 방향으로 2만큼 평행이동한 것이다.
> ㄴ. x절편과 y절편의 합은 $\frac{8}{5}$이다.
> ㄷ. $y=-2x$의 그래프보다 x축에 가깝다.
> ㄹ. $y=f(x)$일 때, $f(-1)+f(1)=7$이다.

27 0857 오른쪽 그림과 같은 일차함수의 그래프에 대한 설명으로 다음 중 옳은 것은?

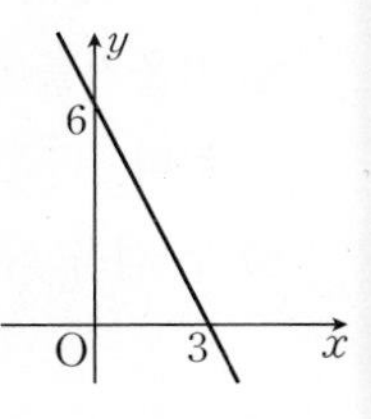

① x의 값이 2만큼 증가할 때, y의 값은 4만큼 증가한다.
② $y=2x+6$의 그래프와 일치한다.
③ y축의 방향으로 -3만큼 평행이동하면 원점을 지난다.
④ $y=\frac{7}{4}x+1$의 그래프보다 y축에 가깝다.
⑤ $y=-2x-5$의 그래프와 한 점에서 만난다.

28 0858 일차함수 $y=ax+b$의 그래프가 오른쪽 그림과 같을 때, 다음 중 옳지 않은 것은? (단, a, b는 수)

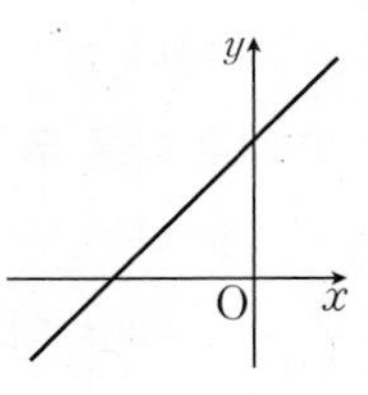

① $y=ax$의 그래프와 평행하다.
② $a>0$, $b>0$이다.
③ $y=-ax+b$의 그래프와 y축 위에서 만난다.
④ $y=-ax-b$의 그래프는 제1, 2, 3사분면을 지난다.
⑤ $y=\frac{a}{2}x+b$의 그래프보다 y축에 가깝다.

Lecture 18 일차함수의 그래프 그리기

18-1 일차함수의 그래프 그리기 | 유형 20~22

일차함수의 그래프는 직선이므로 그래프 위의 서로 다른 두 점을 알면 그 그래프를 그릴 수 있다. → 서로 다른 두 점을 지나는 직선은 오직 하나뿐이다.

(1) x절편, y절편을 이용하여 일차함수의 그래프 그리기

❶ x절편, y절편을 각각 구한다.

❷ x절편, y절편을 이용하여 x축, y축과 만나는 두 점을 좌표평면 위에 나타낸다.

❸ 두 점을 직선으로 연결한다.

(2) 기울기와 y절편을 이용하여 일차함수의 그래프 그리기

❶ y절편을 이용하여 y축과 만나는 점을 좌표평면 위에 나타낸다.

❷ 기울기를 이용하여 그래프가 지나는 다른 한 점을 찾는다.

❸ 두 점을 직선으로 연결한다.

18-2 일차함수의 식 구하기 | 유형 23~27

(1) 기울기와 y절편이 주어질 때

기울기가 a이고 y절편이 b인 직선을 그래프로 하는 일차함수의 식은

➡ $y=ax+b$

(2) 기울기와 한 점의 좌표가 주어질 때

기울기가 a이고 점 (x_1, y_1)을 지나는 직선을 그래프로 하는 일차함수의 식은 다음과 같은 순서로 구한다.

❶ 구하는 일차함수의 식을 $y=ax+b$라 한다.

❷ $x=x_1$, $y=y_1$을 $y=ax+b$에 대입하여 b의 값을 구한다.

(3) 서로 다른 두 점의 좌표가 주어질 때

서로 다른 두 점 (x_1, y_1), (x_2, y_2)를 지나는 직선을 그래프로 하는 일차함수의 식은 다음과 같은 순서로 구한다.

❶ 두 점의 좌표를 이용하여 기울기 a를 구한다.

➡ $a=\dfrac{y_2-y_1}{x_2-x_1}=\dfrac{y_1-y_2}{x_1-x_2}$

❷ 구하는 일차함수의 식을 $y=ax+b$라 하고, 두 점 중 한 점의 좌표를 대입하여 b의 값을 구한다.

참고 x절편이 m, y절편이 n인 직선을 그래프로 하는 일차함수의 식은 그래프가 두 점 $(m, 0)$, $(0, n)$을 지남을 이용하여 구한다.

[01~02] 다음 일차함수의 그래프의 x절편과 y절편을 구하고, 그 그래프를 그리시오.

01 $y=-x+3$
0859

⇨ x절편: ______

y절편: ______

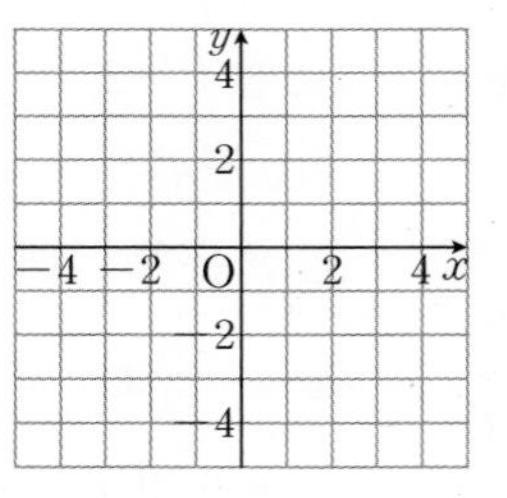

02 $y=\frac{1}{2}x+2$
0860

⇨ x절편: ______

y절편: ______

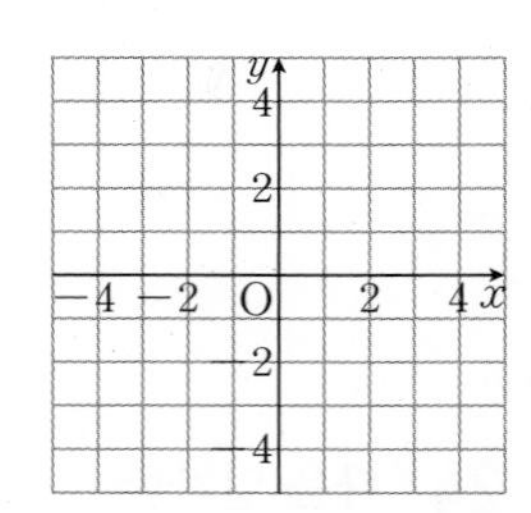

[03~04] 다음 일차함수의 그래프의 기울기와 y절편을 구하고, 그 그래프를 그리시오.

03 $y=3x+1$
0861

⇨ 기울기: ______

y절편: ______

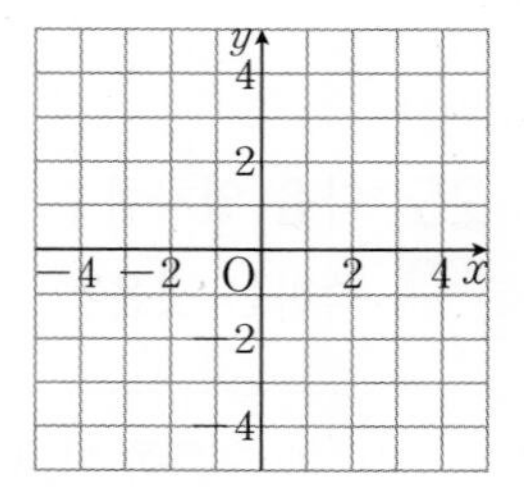

04 $y=-\frac{1}{4}x+3$
0862

⇨ 기울기: ______

y절편: ______

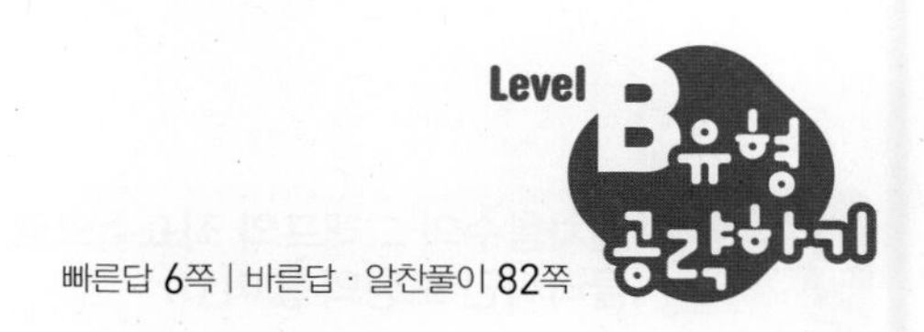

빠른답 6쪽 | 바른답 · 알찬풀이 82쪽

[05~07] 다음 직선을 그래프로 하는 일차함수의 식을 구하시오.

05 기울기가 4, y절편이 -3인 직선
0863

06 기울기가 $-\frac{1}{2}$이고 점 $(0,\ 1)$을 지나는 직선
0864

07 x의 값이 3만큼 증가할 때 y의 값은 6만큼 증가하고 y절편이 -7인 직선
0865

[08~09] 다음 직선을 그래프로 하는 일차함수의 식을 구하시오.

08 기울기가 -3이고 점 $(2,\ 1)$을 지나는 직선
0866

09 일차함수 $y=2x$의 그래프와 평행하고 점 $(-1,\ 3)$을 지나는 직선
0867

[10~12] 다음 두 점을 지나는 직선을 그래프로 하는 일차함수의 식을 구하시오.

10 $(4,\ 0)$, $(7,\ -6)$
0868

11 $(1,\ 2)$, $(3,\ 8)$
0869

12 $(-5,\ 6)$, $(3,\ -2)$
0870

[13~14] 다음 직선을 그래프로 하는 일차함수의 식을 구하시오.

13 x절편이 2, y절편이 -1인 직선
0871

14 x절편이 -5이고 점 $(0,\ 2)$를 지나는 직선
0872

유형 20 일차함수의 그래프 그리기 | 개념 18-1

대표문제

15 다음 일차함수의 그래프 중 제4사분면을 지나지 않는 것은?
0873

① $y=-2x-1$ ② $y=-\frac{2}{5}x+4$
③ $y=-x-9$ ④ $y=\frac{7}{3}x-7$
⑤ $y=2x+6$

16 다음 중 일차함수 $y=-\frac{4}{5}x+8$의 그래프는?
0874

①
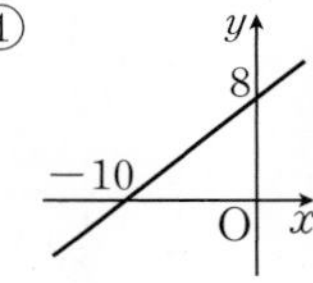

②
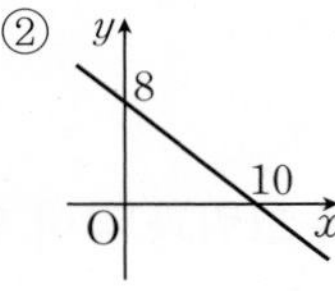

③

④
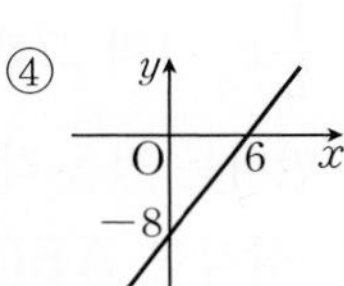

⑤
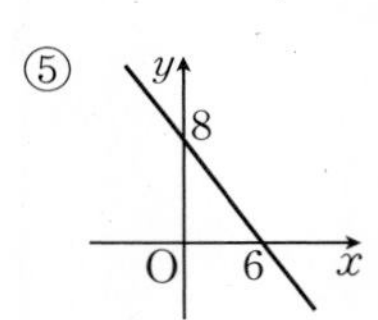

17 일차함수 $y=\frac{5}{8}x+2$의 그래프를 y축의 방향으로 -7만큼 평행이동한 그래프가 지나지 않는 사분면은?
0875

① 제1사분면 ② 제2사분면
③ 제3사분면 ④ 제4사분면
⑤ 제1, 3사분면

빈출

유형 21 일차함수의 그래프와 좌표축으로 둘러싸인 도형의 넓이 (1) | 개념 18-1

일차함수의 그래프와 x축 및 y축으로 둘러싸인 도형의 넓이는

$\frac{1}{2}\times|x\text{절편}|\times|y\text{절편}|=\frac{1}{2}\times\overline{OA}\times\overline{OB}$

이때 변의 길이는 양수이어야 함에 주의한다.

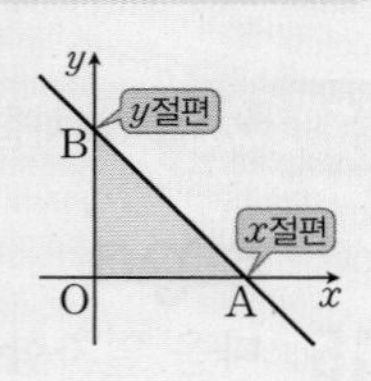

대표문제

18 일차함수 $y=-3x+6$의 그래프와 x축 및 y축으로 둘러싸인 도형의 넓이는?
0876

① 6 ② 8 ③ 10
④ 12 ⑤ 14

19 오른쪽 그림과 같이 일차함수 $y=-\frac{1}{2}x-4$의 그래프가 x축, y축과 만나는 점을 각각 A, B라 할 때, 삼각형 ABO의 넓이를 구하시오. (단, O는 원점)
0877

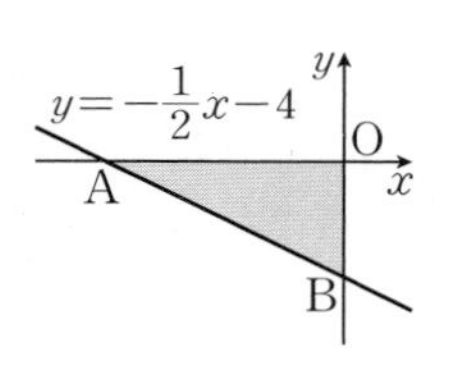

20 일차함수 $y=ax-5$의 그래프와 x축 및 y축으로 둘러싸인 도형의 넓이가 10일 때, 양수 a의 값은?
0878

① $\frac{1}{5}$ ② $\frac{2}{5}$ ③ $\frac{4}{5}$
④ $\frac{5}{4}$ ⑤ $\frac{5}{2}$

21 오른쪽 그림과 같이 두 일차함수 $y=x+2$, $y=\frac{1}{2}x+3$의 그래프와 x축 및 y축으로 둘러싸인 도형의 넓이를 구하시오.
0879

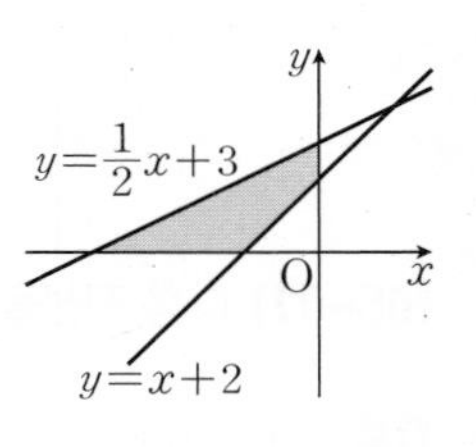

유형 22 일차함수의 그래프와 좌표축으로 둘러싸인 도형의 넓이 (2) | 개념 18-1

두 일차함수의 그래프가 y축 위에서 만날 때, 두 일차함수의 그래프와 x축으로 둘러싸인 도형의 넓이는

$\frac{1}{2}\times|x\text{절편의 차}|\times|y\text{절편}|$

$=\frac{1}{2}\times\overline{BC}\times\overline{OA}$

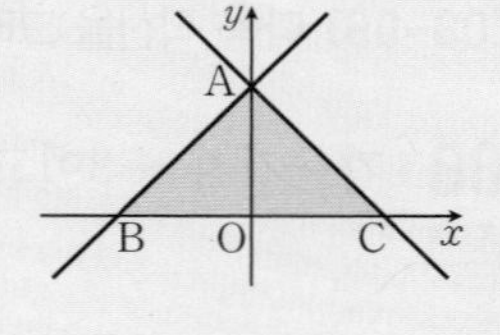

대표문제

22 두 일차함수 $y=-x+3$, $y=\frac{1}{3}x+3$의 그래프와 x축으로 둘러싸인 도형의 넓이를 구하시오.
0880

23 두 일차함수 $y=x-6$, $y=-2x+12$의 그래프와 y축으로 둘러싸인 도형의 넓이를 구하시오.
0881

24 두 일차함수 $y=-\frac{2}{3}x-2$, $y=ax-2$의 그래프와 x축으로 둘러싸인 도형의 넓이가 5일 때, 양수 a의 값을 구하시오.
0882

유형 23 기울기와 y절편이 주어질 때, 일차함수의 식 구하기 | 개념 18-2

대표문제

25 일차함수 $y=3x+4$의 그래프와 평행하고 y절편이 -9인 일차함수의 그래프의 x절편을 구하시오.
0883

26 기울기가 -2이고 y절편이 -5인 일차함수의 그래프가 점 $(k, -1)$을 지날 때, k의 값을 구하시오.
0884

서술형

27 다음 조건을 모두 만족하는 직선을 그래프로 하는 일차함수의 식을 구하시오.
0885

> (가) 두 점 $(-2, 9)$, $(1, -3)$을 지나는 직선과 평행하다.
> (나) 일차함수 $y=-2x+8$의 그래프와 y축 위에서 만난다.

28 오른쪽 그림의 직선과 평행하고 y절편이 -4인 일차함수의 그래프가 점 $(5a, 8-2a)$를 지날 때, a의 값을 구하시오.
0886

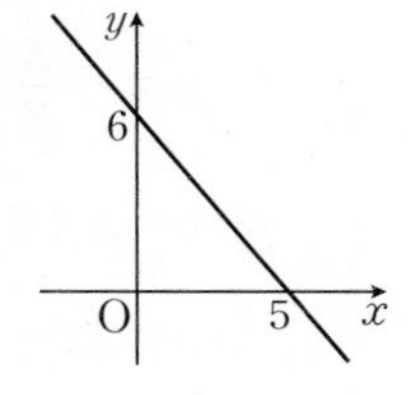

빈출

유형 24 기울기와 한 점의 좌표가 주어질 때, 일차함수의 식 구하기 | 개념 18-2

대표문제

29 오른쪽 그림의 직선과 평행하고 점 $(4, -1)$을 지나는 직선을 그래프로 하는 일차함수의 식은?
0887

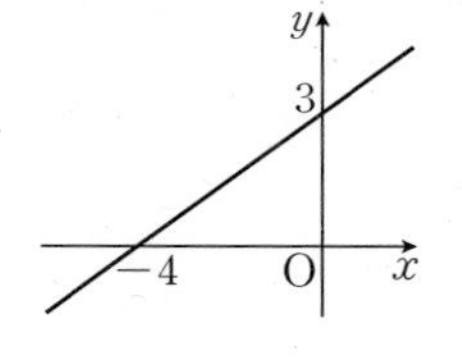

① $y=-4x+3$
② $y=\frac{3}{4}x-4$
③ $y=\frac{3}{4}x+1$
④ $y=3x-4$
⑤ $y=4x+3$

30 기울기가 5이고 점 $(1, 7)$을 지나는 직선을 그래프로 하는 일차함수의 식을 $y=f(x)$라 할 때, $f(-3)$의 값을 구하시오.
0888

31 x의 값이 2에서 6까지 증가할 때 y의 값은 3만큼 감소하고 점 $(8, 2)$를 지나는 일차함수의 그래프의 y절편은?
0889

① -8 ② -4 ③ 4
④ 8 ⑤ 10

서술형

32 0890 일차함수 $y=ax+b$의 그래프는 일차함수 $y=2x+3$의 그래프와 평행하고 점 $(-6, 0)$을 지난다. 이때 수 a, b에 대하여 $a+b$의 값을 구하시오.

33 0891 일차함수 $y=3x-9$의 그래프와 평행하고 일차함수 $y=\frac{6}{5}x-1$의 그래프와 x축 위에서 만나는 직선을 그래프로 하는 일차함수의 식을 구하시오.

빈출

유형 25 서로 다른 두 점의 좌표가 주어질 때, 일차함수의 식 구하기 | 개념 18-2

대표문제

34 0892 두 점 $(2, 4)$, $(-1, 1)$을 지나는 일차함수의 그래프가 x축과 만나는 점의 좌표는?

① $(-2, 0)$ ② $(-1, 0)$ ③ $(0, 0)$
④ $(1, 0)$ ⑤ $(2, 0)$

35 0893 오른쪽 그림과 같은 직선을 그래프로 하는 일차함수의 식을 구하시오.

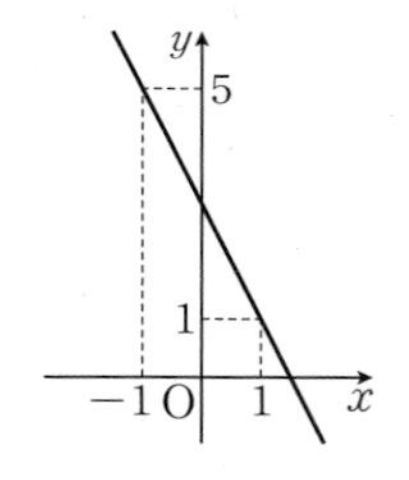

36 0894 다음 중 두 점 $(-1, 4)$, $(2, -5)$를 지나는 일차함수의 그래프에 대한 설명으로 옳지 않은 것은?

① x축과 점 $\left(\frac{1}{3}, 0\right)$에서 만난다.
② 점 $(3, -8)$을 지난다.
③ x의 값이 증가하면 y의 값은 감소한다.
④ $y=-3x-7$의 그래프와 평행하다.
⑤ 제1사분면을 지나지 않는다.

37 0895 두 점 $(0, 6)$, $(k, 5)$를 지나는 일차함수의 그래프와 x축 및 y축으로 둘러싸인 도형의 넓이가 36일 때, k의 값을 구하시오. (단, $k>0$)

창의+융합

38 0896 아래 그림은 일차함수의 그래프를 한 좌표평면 위에 그린 것인데 일부분이 얼룩져 보이지 않는다. 다음 중 각 그래프에 해당하는 일차함수의 식이 바르게 연결된 것은?

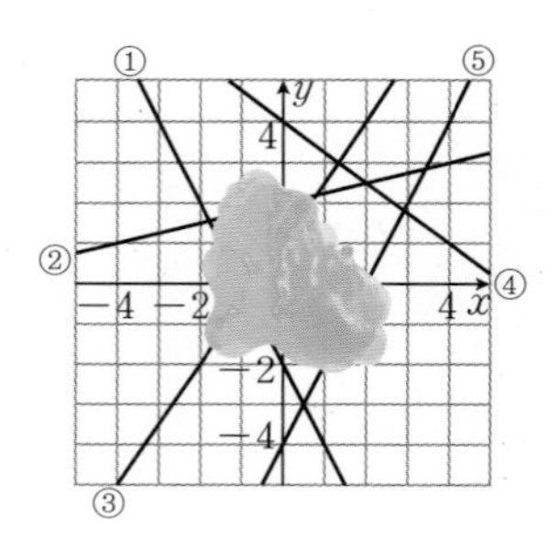

① $y=-\frac{5}{2}x-2$ ② $y=\frac{1}{3}x+2$
③ $y=x+1$ ④ $y=-\frac{3}{5}x+4$
⑤ $y=2x-4$

유형 26 x절편과 y절편이 주어질 때, 일차함수의 식 구하기 | 개념 18-2

대표문제

39 오른쪽 그림과 같은 일차함수의 그래프가 점 $\left(\frac{6}{5},\ k\right)$를 지날 때, k의 값을 구하시오.
0897

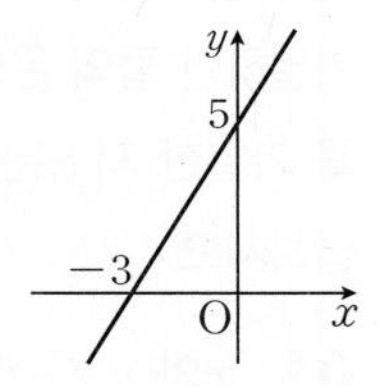

40 x절편이 2이고 y절편이 4인 일차함수의 그래프가 점 $(-k,\ 6k)$를 지날 때, k의 값은?
0898

① -1 ② $-\frac{1}{2}$ ③ $\frac{1}{2}$
④ 1 ⑤ $\frac{3}{2}$

41 일차함수 $y=mx+n$의 그래프가 일차함수 $y=-\frac{1}{3}x+1$의 그래프와 x축 위에서 만나고, 일차함수 $y=-3x+2$의 그래프와 y축 위에서 만날 때, $\frac{n}{m}$의 값은? (단, m, n은 수)
0899

① -3 ② $-\frac{4}{3}$ ③ $-\frac{1}{3}$
④ $\frac{4}{3}$ ⑤ 3

서술형

42 일차함수 $y=ax+2$의 그래프를 y축의 방향으로 b만큼 평행이동하면 오른쪽 그림과 같을 때, ab의 값을 구하시오. (단, a는 수)
0900

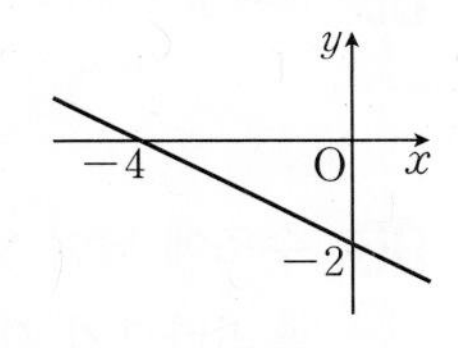

유형 27 일차함수의 그래프의 활용 | 개념 18-2

대표문제

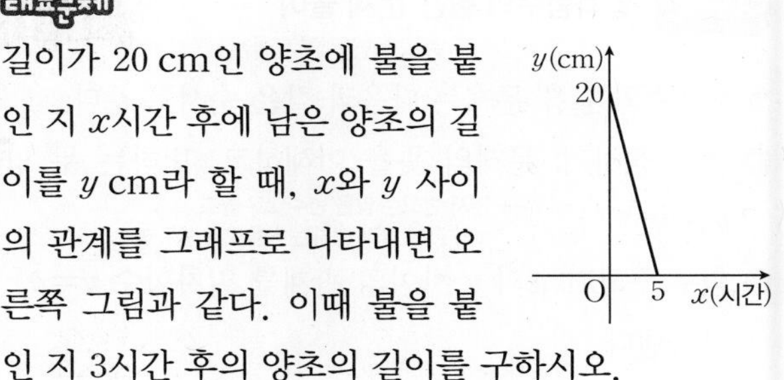

43 길이가 20 cm인 양초에 불을 붙인 지 x시간 후에 남은 양초의 길이를 y cm라 할 때, x와 y 사이의 관계를 그래프로 나타내면 오른쪽 그림과 같다. 이때 불을 붙인 지 3시간 후의 양초의 길이를 구하시오.
0901

44 오른쪽 그림은 지표의 온도가 15 ℃인 지역의 지표로부터 지하 x km에서의 온도를 y ℃라 할 때, x와 y 사이의 관계를 그래프로 나타낸 것이다. 이때 지표로부터 지하 7 km에서의 온도를 구하시오.
0902

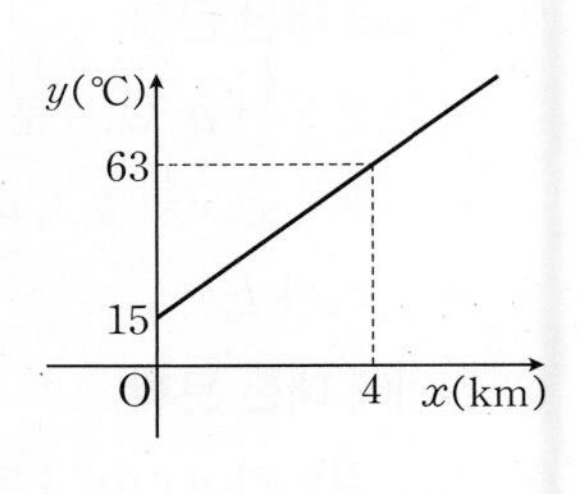

창의⊕융합

45 어떤 가습기를 가동한 지 x시간 후에 남아 있는 물의 양을 y mL라 할 때, x와 y 사이의 관계를 그래프로 나타내면 오른쪽 그림과 같다. 이때 남은 물의 양이 300 mL가 되는 것은 가습기를 가동한 지 몇 시간 후인지 구하시오.
0903

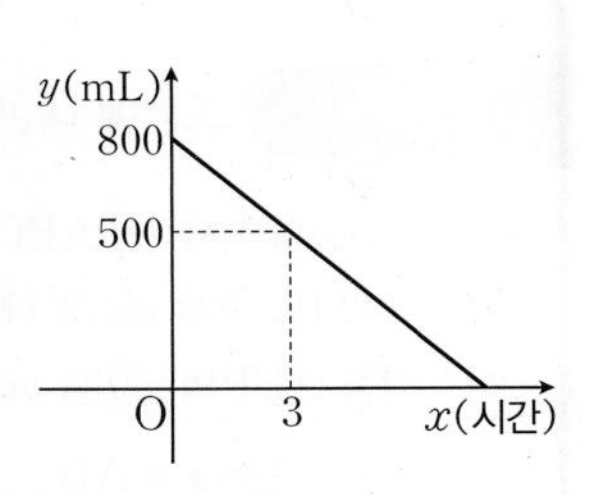

일차함수의 활용

19-1 일차함수의 활용 문제 풀이 | 유형 28~32

일차함수의 활용 문제는 다음과 같은 순서로 푼다.

❶ **변수 정하기:** 문제의 뜻을 이해하고, 변하는 두 양을 x, y로 놓는다. → 먼저 변하는 양을 변수 x로 놓고, x의 값에 따라 변하는 양을 변수 y로 놓는다.

❷ **함수 구하기:** x와 y 사이의 관계를 일차함수 $y=ax+b$로 나타낸다.

❸ **답 구하기:** 일차함수의 식이나 그래프를 이용하여 문제를 푸는 데 필요한 값을 찾는다.

❹ **확인하기:** 구한 답이 문제의 뜻에 맞는지 확인한다.

주의 답을 쓸 때, 단위에 주의해야 한다.
각각의 단위가 다를 때에는 단위를 통일한 후, 관계식을 세운다.

19-2 일차함수의 여러 가지 활용 | 유형 28~30

(1) **온도에 대한 문제**

처음 온도가 a ℃, 1분 동안의 온도 변화가 k ℃일 때, x분 후의 온도를 y ℃라 하면

➡ $y=a+kx$

(2) **길이에 대한 문제**

처음 길이가 a cm, 1분 동안의 길이 변화가 k cm일 때, x분 후의 길이를 y cm라 하면

➡ $y=a+kx$

(3) **액체의 양에 대한 문제**

처음 물의 양이 a L, 1분 동안의 물의 양의 변화가 k L일 때, x분 후의 물의 양을 y L라 하면

➡ $y=a+kx$

참고 a분 동안 b L만큼의 물을 채울 때, 1분 동안에 채우는 물의 양은 $\frac{b}{a}$ L이다.

실전 특강 도형에 대한 문제 | 유형 32

오른쪽 그림의 직사각형 ABCD에서 점 P가 변 BC 위를 움직일 때,

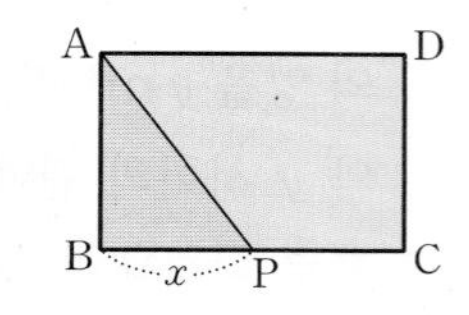

① 삼각형 ABP의 넓이를 y라 하면

$y=\frac{1}{2}\times x\times\overline{AB}$

② 사각형 APCD의 넓이를 y라 하면

$y=\frac{1}{2}\times\{\overline{AD}+(\overline{BC}-x)\}\times\overline{AB}$

[01~02] 현재 주전자에 담긴 물의 온도는 10 ℃이고, 주전자를 가열하면 물의 온도는 1분마다 8 ℃씩 올라간다고 한다. 주전자를 가열한 지 x분 후의 물의 온도를 y ℃라 할 때, 다음 물음에 답하시오.

01 x와 y 사이의 관계식을 구하시오.
0904

02 주전자를 가열한 지 7분 후의 물의 온도를 구하시오.
0905

[03~04] 길이가 17 cm인 양초에 불을 붙이면 양초의 길이는 1분마다 2 cm씩 짧아진다고 한다. 불을 붙인 지 x분 후의 양초의 길이를 y cm라 할 때, 다음 물음에 답하시오.

03 x와 y 사이의 관계식을 구하시오.
0906

04 불을 붙인 지 4분 후의 양초의 길이를 구하시오.
0907

[05~06] 50 L의 물이 들어 있는 수조에서 1분마다 2 L씩 물이 흘러나온다. 물이 흘러나오기 시작한 지 x분 후에 수조에 남아 있는 물의 양을 y L라 할 때, 다음 물음에 답하시오.

05 x와 y 사이의 관계식을 구하시오.
0908

06 수조에 남아 있는 물의 양이 14 L가 되는 것은 물이 흘러나오기 시작한 지 몇 분 후인지 구하시오.
0909

빠른답 6쪽 | 바른답 · 알찬풀이 86쪽

유형 28 온도에 대한 문제 | 개념 19-1, 2

대표문제

07 온도가 90 ℃인 물을 공기 중에 놓아두면 4분이 지날 때마다 온도가 2 ℃씩 내려간다고 한다. 이때 물의 온도가 75 ℃가 되는 것은 물을 공기 중에 놓아둔 지 몇 분 후인지 구하시오.
0910

08 지면으로부터 높이가 1 km 높아질 때마다 기온이 6 ℃씩 내려간다고 한다. 지면의 기온이 30 ℃일 때, 지면으로부터 높이가 3 km인 지점의 기온을 구하시오.
0911

09 공기 중에서 소리의 속력은 기온이 0 ℃일 때 초속 331 m이고, 기온이 3 ℃ 올라갈 때마다 소리의 속력이 초속 1.8 m씩 증가한다고 한다. 기온이 23 ℃일 때, 소리의 속력은?
0912

① 초속 344.8 m ② 초속 345.4 m
③ 초속 360.4 m ④ 초속 361 m
⑤ 초속 372.4 m

10 온도가 15 ℃인 물에 열을 가하면 2분마다 온도가 6 ℃씩 올라가고 열을 가하지 않으면 4분마다 온도가 4 ℃씩 내려간다고 한다. 처음 온도가 15 ℃인 물을 60 ℃까지 데웠다가 다시 40 ℃까지 식히는 데 몇 분이 걸리는지 구하시오.
0913

유형 29 길이에 대한 문제 | 개념 19-1, 2

대표문제

11 길이가 27 cm인 용수철에 무게가 5 g인 물건을 매달 때마다 용수철의 길이는 4 cm씩 늘어난다고 한다. 무게가 25 g인 물건을 매달았을 때, 용수철의 길이를 구하시오.
0914

창의⊕융합

12 어떤 식물의 높이는 현재 16 cm이고, 3개월마다 4.5 cm씩 일정한 속도로 자란다고 한다. 이 식물의 높이가 31 cm가 되는 것은 몇 개월 후인가?
0915

① 8개월 ② 9개월 ③ 10개월
④ 11개월 ⑤ 12개월

13 길이가 30 cm인 양초에 불을 붙이면 양초의 길이는 8분마다 3 cm씩 짧아진다고 한다. 불을 붙인 지 x분 후의 양초의 길이를 y cm라 할 때, 다음 중 옳은 것은?
0916

① 양초의 길이는 1분마다 3 cm씩 짧아진다.
② x와 y 사이의 관계식은 $y=30-3x$이다.
③ 불을 붙인 지 40분 후의 양초의 길이는 16 cm이다.
④ 양초의 길이가 12 cm가 되는 것은 불을 붙인 지 48분 후이다.
⑤ 양초가 다 타는 데 걸리는 시간은 1시간 40분이다.

빈출

유형 30 액체의 양에 대한 문제 | 개념 19-1, 2

대표문제

14 0917 150 L의 물을 담을 수 있는 물통에 45 L의 물이 들어 있다. 이 물통에 3분마다 9 L씩 물을 넣는다고 할 때, 물통을 가득 채우는 데 걸리는 시간은?

① 30분 ② 35분 ③ 40분
④ 45분 ⑤ 50분

창의⊕융합

15 0918 용량이 40 mL인 방향제를 개봉하고 일주일이 지난 후에 남아 있는 방향제의 양을 확인하였더니 34.4 mL이었다. 이때 개봉하고 20일이 지난 후에 남아 있는 방향제의 양은?

(단, 하루에 줄어드는 양은 일정하다.)

① 16 mL ② 18 mL ③ 20 mL
④ 22 mL ⑤ 24 mL

서술형

16 0919 자동차의 연비란 1 L의 연료로 달릴 수 있는 거리를 말한다. 연비가 15 km인 어떤 하이브리드 자동차에 38 L의 휘발유를 넣고 x km를 달린 후에 남아 있는 휘발유의 양을 y L라 할 때, 다음 물음에 답하시오.

(1) x와 y 사이의 관계식을 구하시오.

(2) 75 km를 달린 후에 남아 있는 휘발유의 양을 구하시오.

17 0920 어느 펜션에 있는 석유 난로는 10분마다 1 L씩 석유를 연소시킨다고 한다. 이 난로에 25 L의 석유를 넣었을 때, 난로를 켠 지 몇 분 후에 석유가 모두 연소되는가?

① 25분 ② 100분 ③ 150분
④ 200분 ⑤ 250분

18 0921 어떤 환자에게 0.3 L의 포도당을 매분 5 mL씩 일정한 속도로 투여한다. 오후 1시부터 투여하기 시작하였을 때, 포도당을 모두 투여한 시각은?

① 오후 1시 30분 ② 오후 1시 40분
③ 오후 1시 50분 ④ 오후 2시
⑤ 오후 2시 10분

19 0922 두 물통 A, B에 각각 40 L, 60 L의 물이 들어 있다. 두 물통 A, B에서 각각 3분마다 2 L, 4 L씩 물이 흘러나온다고 할 때, 동시에 물이 흘러나오기 시작하여 두 물통에 남아 있는 물의 양이 같아지는 것은 몇 분 후인지 구하시오.

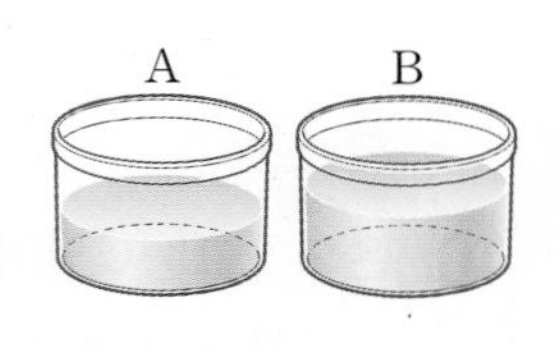

유형 31 속력에 대한 문제 | 개념 19-1

대표문제

20 0923 태훈이는 집으로부터 150 km 떨어진 할머니 댁까지 자동차를 타고 시속 70 km로 가고 있다. 출발한 지 2시간 후의 남은 거리는 몇 km인지 구하시오.

21 0924 초속 1.5 m로 내려오는 엘리베이터가 있다. 지상으로부터 80 m의 높이에서 출발하여 쉬지 않고 내려오는 이 엘리베이터의 x초 후의 높이를 y m라 할 때, x와 y 사이의 관계식은?

① $y=80-1.5x$　② $y=80+1.5x$
③ $y=80-3x$　④ $y=80+3x$
⑤ $y=\frac{160}{3}x$

22 0925 현재 독도의 동쪽 해상 P 지점에 있는 태풍이 700 km 떨어진 Q 지점을 향해 시속 24 km의 속력으로 이동하고 있다. 태풍이 Q 지점에 도달하는 것은 P 지점을 출발한 지 몇 시간 후인지 구하시오.
(단, 태풍의 이동 경로는 직선으로 나타난다.)

창의⊕융합

23 0926 둘레의 길이가 800 m인 원 모양의 산책로가 있다. 이 산책로를 따라 현진이가 출발한 지 4분 후에 같은 지점에서 같은 방향으로 연주가 출발하였다. 현진이는 분속 50 m로 걷고, 연주는 분속 300 m로 자전거를 타고 달릴 때, 연주가 출발하여 현진이보다 한 바퀴 앞설 때까지 걸리는 시간을 구하시오.

빈출

유형 32 도형에 대한 문제 | 개념 19-1

대표문제

24 0927 오른쪽 그림과 같은 직사각형 ABCD에서 점 P는 꼭짓점 B를 출발하여 변 BC를 따라 꼭짓점 C까지 매초 1 cm씩 움직인다. 삼각형 ABP의 넓이가 36 cm^2가 되는 것은 점 P가 꼭짓점 B를 출발한 지 몇 초 후인지 구하시오.

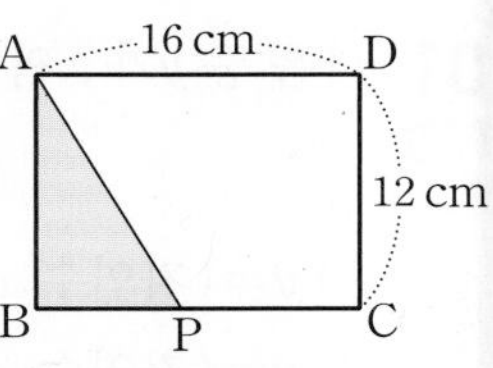

25 0928 오른쪽 그림과 같은 직사각형 ABCD에서 점 P는 꼭짓점 B를 출발하여 변 BA를 따라 꼭짓점 A까지 1초에 2 cm씩 움직인다. 점 P가 꼭짓점 B를 출발한 지 5초 후의 사다리꼴 APCD의 넓이를 구하시오.

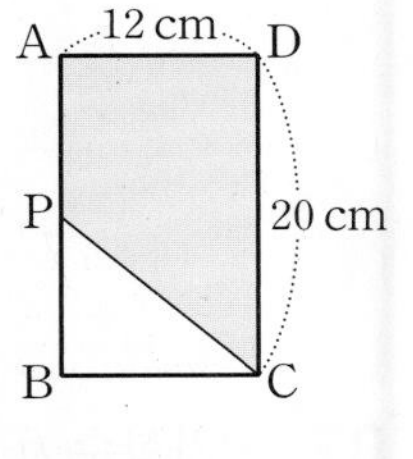

서술형

26 0929 오른쪽 그림에서 점 P는 꼭짓점 B를 출발하여 변 BD를 따라 꼭짓점 D까지 매초 3 cm씩 움직인다. 점 P가 꼭짓점 B를 출발한 지 x초 후의 삼각형 ABP와 삼각형 CDP의 넓이의 합을 y cm^2라 할 때, 다음 물음에 답하시오.

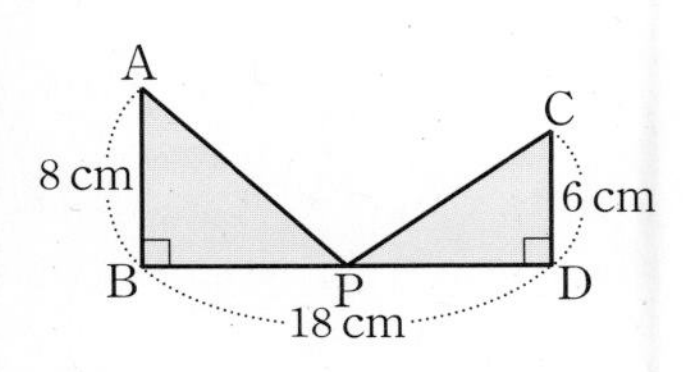

(1) x와 y 사이의 관계식을 구하시오.

(2) 점 P가 꼭짓점 B를 출발한 지 몇 초 후에 삼각형 ABP와 삼각형 CDP의 넓이의 합이 63 cm^2가 되는지 구하시오.

필수 유형 정복하기

01 0930
다음 중 y가 x의 함수가 아닌 것을 모두 고르면? (정답 2개)

① $y=$(자연수 x보다 작은 홀수)
② $y=$(자연수 x의 소인수의 개수)
③ 키가 x cm인 사람의 몸무게 y kg
④ 쌀 15 kg을 x개의 통에 똑같이 나누어 담을 때, 한 통에 담기는 쌀의 양 y kg
⑤ 100 g에 1000원인 초콜릿 x g의 가격 y원

▶ 113쪽 유형 01

02 0931
일차함수 $f(x)=ax+b$의 그래프가 두 점 $(2, 3)$, $(0, 5)$를 지날 때, $f(4)$의 값은? (단, a, b는 수)

① -2　② -1　③ 0
④ 1　⑤ 2

▶ 115쪽 유형 05 + 117쪽 유형 06

03 0932
일차함수 $y=-2x+k$의 그래프를 y축의 방향으로 -1만큼 평행이동한 그래프가 점 $(-3, 2)$를 지날 때, 수 k의 값은?

① -5　② -3　③ 2
④ 7　⑤ 9

▶ 118쪽 유형 08

04 0933
일차함수 $y=\frac{2}{3}x$의 그래프를 y축의 방향으로 4만큼 평행이동한 그래프의 x절편은?

① -6　② -3　③ 3
④ 4　⑤ $\frac{9}{2}$

▶ 119쪽 유형 09

05 0934
일차함수 $y=-4x+8$의 그래프는 일차함수 $y=\frac{1}{2}x-3+a$의 그래프와 x축 위에서 만나고, 일차함수 $y=-x+b$의 그래프와 y축 위에서 만난다. 이때 수 a, b에 대하여 $a+b$의 값을 구하시오.

▶ 119쪽 유형 10

06 0935
일차함수 $y=\frac{a}{9}x-6$의 그래프에서 x의 값이 1에서 5까지 증가할 때, y의 값은 -1에서 7까지 증가한다. 이때 수 a의 값을 구하시오.

▶ 120쪽 유형 11

07 0936
두 점 $(-1, m-3)$, $(2, 3m+2)$를 지나는 일차함수의 그래프의 기울기가 2 이상일 때, m의 값의 범위를 구하시오.

▶ 120쪽 유형 12

08 0937 세 점 $(-1,\ 1-2k)$, $(3,\ 4)$, $(5,\ 2k+1)$이 한 직선 위에 있을 때, k의 값을 구하시오.

▶ 121쪽 유형 13

09 0938 일차함수 $y=ax-b$의 그래프가 오른쪽 그림과 같을 때, 일차함수 $y=bx+\frac{a}{b}$의 그래프가 지나지 않는 사분면을 구하시오.

(단, a, b는 수)

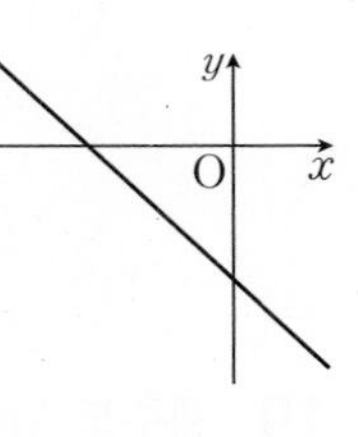

▶ 123쪽 유형 15 + 123쪽 유형 16

창의⊕융합

10 0939 오른쪽 그림에서 사각형 ABCD는 평행사변형이고 직선 AB는 일차함수 $y=ax+2$의 그래프일 때, 수 a의 값을 구하시오.

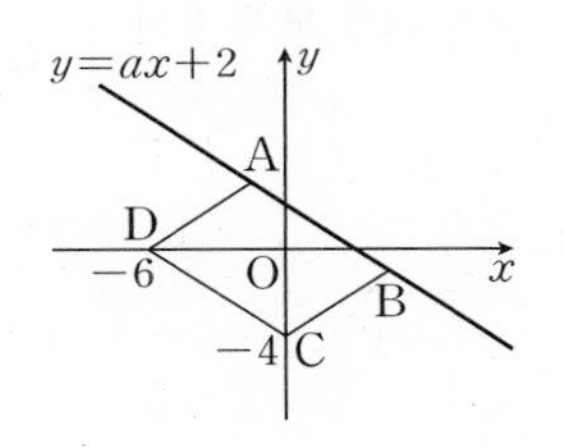

▶ 124쪽 유형 17

11 0940 점 $(-2,\ 5)$를 지나는 일차함수 $y=ax+1$의 그래프와 일차함수 $y=bx+c-1$의 그래프가 일치할 때, 수 a, b, c에 대하여 $a+b+c$의 값을 구하시오.

▶ 124쪽 유형 18

12 0941 다음 중 일차함수 $y=-x$의 그래프를 y축의 방향으로 -3만큼 평행이동한 그래프에 대한 설명으로 옳지 않은 것은?

① y절편이 -3이다.
② 제1사분면을 지나지 않는다.
③ 오른쪽 아래로 향하는 직선이다.
④ $y=2x-6$의 그래프와 x축 위에서 만난다.
⑤ x의 값이 2만큼 증가할 때, y의 값은 2만큼 감소한다.

▶ 125쪽 유형 19 + 127쪽 유형 20

13 0942 $ac>0$, $bc<0$일 때, 다음 중 일차함수 $y=\frac{a}{b}x-\frac{c}{b}$의 그래프에 대한 설명으로 옳은 것은?

① y절편은 음수이다.
② x절편은 음수이다.
③ 기울기는 양수이다.
④ 제3사분면을 지나지 않는다.
⑤ $y=\frac{b}{a}x-\frac{c}{b}$의 그래프와 평행하다.

▶ 125쪽 유형 19

14 0943 두 일차함수 $y=-\frac{4}{3}x+8$, $y=-\frac{4}{3}x+4$의 그래프와 x축 및 y축으로 둘러싸인 도형의 넓이를 구하시오.

▶ 128쪽 유형 21

15 0944 일차함수 $y=f(x)$에서 x의 값의 증가량에 대한 y의 값의 증가량의 비율이 $-\frac{2}{3}$이고 $f(6)=2$일 때, $f(k)=14$를 만족하는 k의 값을 구하시오.

▶ 129쪽 유형 **24**

16 0945 일차함수 $y=ax+b$의 그래프의 x절편이 1, y절편이 -3일 때, 다음 중 일차함수 $y=bx+a$의 그래프는? (단, a, b는 수)

①
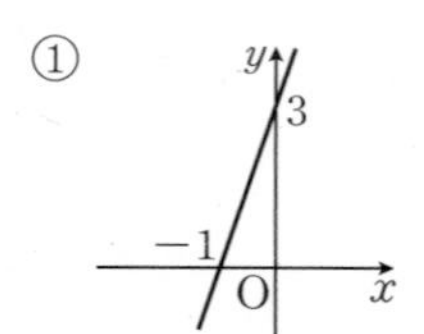

②
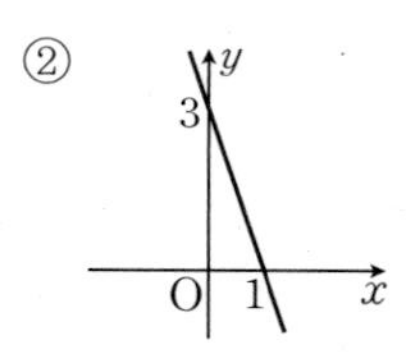

③
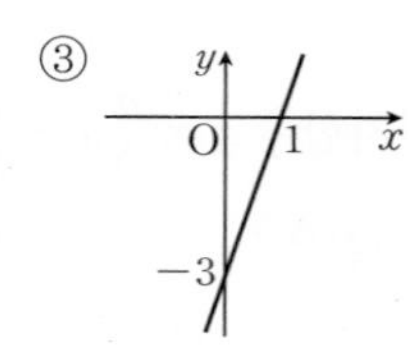

④
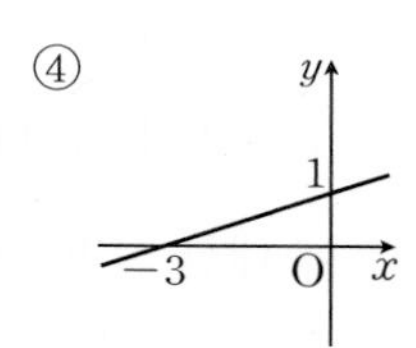

⑤
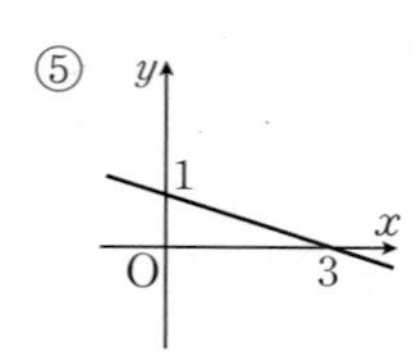

▶ 131쪽 유형 **26** + 127쪽 유형 **20**

17 0946 오른쪽 그림은 물이 담긴 물통에서 물이 흘러나오기 시작한 지 x분 후에 물통에 남아 있는 물의 양을 y L라 할 때, x와 y 사이의 관계를 그래프로 나타낸 것이다. 이때 처음 25분 동안 흘러나온 물의 양을 구하시오.

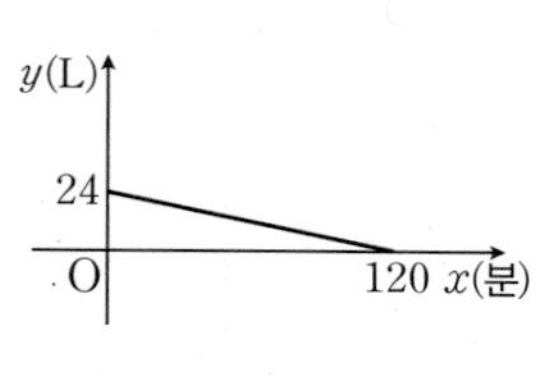

▶ 131쪽 유형 **27**

창의 융합

18 0947 길이와 모양이 같은 성냥개비로 다음 그림과 같이 정삼각형을 한 방향으로 연결하여 만들 때, 정삼각형 8개를 만드는 데 필요한 성냥개비의 개수를 구하시오.

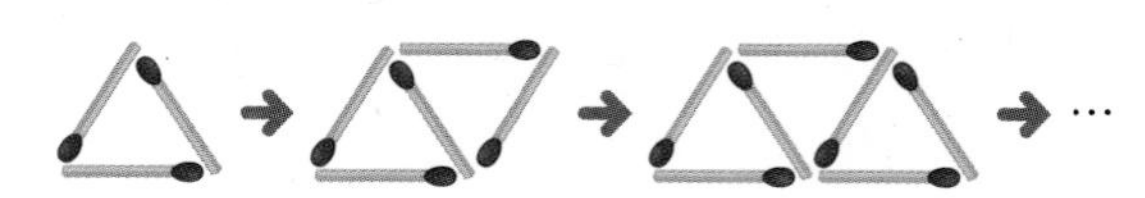

▶ 133쪽 유형 **29**

19 0948 제주도 남쪽의 마라도에서 서남쪽으로 149 km 떨어져 있는 이어도에는 종합해양과학기지가 있다. 마라도에서 배를 타고 시속 20 km로 이어도까지 갈 때, 마라도에서 오전 10시에 출발한다고 하면 이어도까지 남은 거리가 4 km일 때의 시각은?

(단, 배의 이동 경로는 직선으로 나타난다.)

① 오후 5시　② 오후 5시 15분
③ 오후 5시 30분　④ 오후 5시 45분
⑤ 오후 6시

▶ 135쪽 유형 **31**

20 0949 오른쪽 그림에서 점 P는 점 A를 출발하여 y축을 따라 점 C까지 3초마다 1만큼씩 일정한 속도로 움직인다. 점 P가 점 A를 출발한 지 몇 초 후에 삼각형 ABP의 넓이가 삼각형 CDP의 넓이의 3배가 되는지 구하시오.

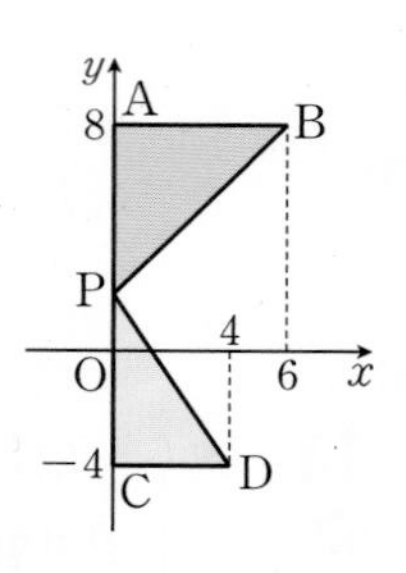

▶ 135쪽 유형 **32**

서술형 문제

21 0950 오른쪽 그림과 같이 일차함수 $y=2x$의 그래프 위의 한 점 A에서 x축에 평행하게 그은 선분과 일차함수 $y=-2x+4$의 그래프의 교점을 D라 하고, 두 점 A, D에서 x축에 내린 수선의 발을 각각 B, C라 하자. 사각형 ABCD가 정사각형일 때, 정사각형 ABCD의 넓이를 구하시오.

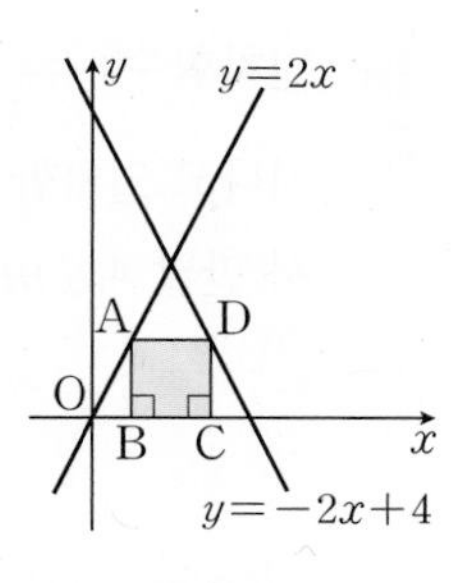

▶ 117쪽 유형 06

22 0951 일차함수 $y=-ax+b$의 그래프는 오른쪽 그림의 그래프와 평행하고 x절편이 -3이다. 이때 수 a, b에 대하여 ab의 값을 구하시오.

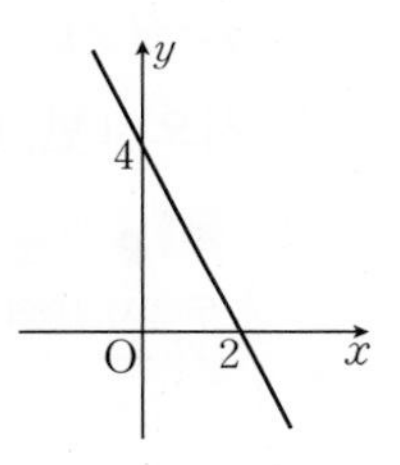

▶ 124쪽 유형 17

23 0952 두 일차함수 $y=\frac{1}{2}x+1$, $y=-\frac{1}{4}x+1$의 그래프와 x축으로 둘러싸인 도형을 x축을 회전축으로 하여 1회전 시킬 때 생기는 입체도형의 부피를 구하시오.

▶ 128쪽 유형 22

24 0953 두 점 $(-2,\ 4)$, $(6,\ -8)$을 지나는 일차함수의 그래프를 y축의 방향으로 -5만큼 평행이동한 그래프가 점 $(k,\ 2)$를 지날 때, k의 값을 구하시오.

▶ 130쪽 유형 25

25 0954 길이가 32 cm인 양초에 불을 붙이면 일정한 속력으로 타서 양초가 다 타는 데 2시간 40분이 걸린다고 한다. 불을 붙인 지 x분 후의 양초의 길이를 y cm라 할 때, 다음 물음에 답하시오.

(1) x와 y 사이의 관계식을 구하시오.

(2) 양초의 길이가 15 cm가 되는 것은 불을 붙인 지 몇 분 후인지 구하시오.

▶ 133쪽 유형 29

26 0955 오른쪽 그림과 같은 직사각형 ABCD에서 점 P는 꼭짓점 B를 출발하여 변 BC를 따라 꼭짓점 C까지 매초 3 cm씩 움직인다. 점 P가 꼭짓점 B를 출발한 지 x초 후의 삼각형 APC의 넓이를 y cm^{2}라 할 때, 다음 물음에 답하시오.

(1) x와 y 사이의 관계식을 구하시오.

(2) 삼각형 APC의 넓이가 144 cm^{2}가 되는 것은 점 P가 꼭짓점 B를 출발한 지 몇 초 후인지 구하시오.

▶ 135쪽 유형 32

01 0956 함수 $f(x)$에 대하여 $f\left(\frac{-x+1}{4}\right)=-3x+10$일 때, $f(-1)$의 값을 구하시오.

02 0957 다음 **보기** 중 x와 y 사이의 관계를 식으로 나타낼 때, y가 x에 대한 일차함수인 것을 모두 고르시오.

보기
ㄱ. x각형의 대각선의 개수는 y개이다.
ㄴ. 가로의 길이와 세로의 길이가 각각 x cm, 4 cm인 직사각형의 넓이는 y cm²이다.
ㄷ. 모래시계를 5번 계속 사용하면 10분을 잴 수 있을 때, 이 모래시계를 x번 계속 사용하여 잰 시간은 y분이다.
ㄹ. 현재 온도가 45 ℃인 어떤 물체의 온도가 1분에 3 ℃씩 올라갈 때, x분 후의 이 물체의 온도는 y ℃이다.
ㅁ. 중장비 1대를 사용하면 6일 만에 끝낼 수 있는 공사를 중장비 x대를 사용하면 y일 만에 끝낼 수 있다.

03 0958 오른쪽 그림과 같이 일차함수 $y=ax$의 그래프가 직사각형 ABCD의 변 AD, 변 BC와 만나는 점을 각각 E, F라 하자. 두 사다리꼴 ABFE와 EFCD의 넓이의 비가 2 : 3일 때, 음수 a의 값을 구하시오. (단, 직사각형 ABCD의 네 변은 각각 x축 또는 y축에 평행하다.)

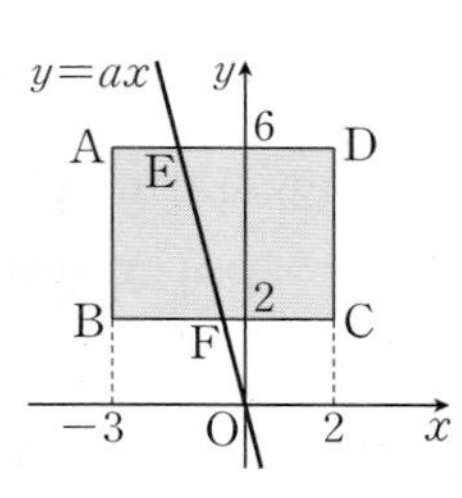

04 0959 일차함수 $y=-2x+m$의 그래프가 점 $\left(-\frac{1}{2}, n\right)$을 지나고 일차함수 $y=-3x+12$의 그래프와 x축 위에서 만날 때, $m+n$의 값을 구하시오. (단, m은 수)

창의+융합

05 0960 오른쪽 그림과 같이 y절편이 4인 두 일차함수 $y=f(x)$, $y=g(x)$의 그래프가 있다. x축 위의 점 A에서 y축에 평행한 직선을 그어 두 일차함수 $y=f(x)$, $y=g(x)$의 그래프와 만나는 점을 각각 B, C라 하자. $2\overline{BC}=\overline{OA}$일 때, 두 일차함수 $y=f(x)$, $y=g(x)$의 그래프의 기울기의 차를 구하시오. (단, O는 원점)

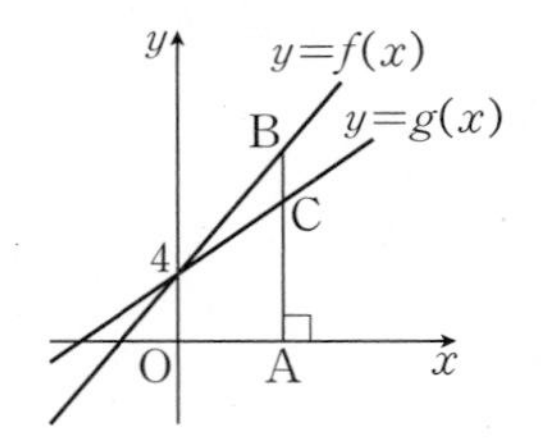

Tip
두 일차함수의 그래프의 기울기에서 x의 값의 증가량은 $\overline{OA}$의 길이이다.

06 0961 서로 평행한 두 일차함수 $y=ax+b$와 $y=\frac{1}{3}x-1$의 그래프가 x축과 만나는 점을 각각 A, B라 할 때, $\overline{AB}=4$이다. 이때 $a+b$의 값을 구하시오.
(단, a, b는 수이고, $b<0$)

07 0962 수 a, b에 대하여 일차함수 $f(x)$는 $\frac{f(b)-f(a)}{a-b}=7$을 만족한다. 일차함수 $y=f(x)$의 그래프가 점 $\left(-\frac{1}{2}, \frac{3}{2}\right)$을 지날 때, $f(-2)$의 값을 구하시오.

창의⊕융합

08 0963 세 일차함수 $y=f(x)$, $y=g(x)$, $y=h(x)$의 그래프가 오른쪽 그림과 같다. 두 일차함수 $y=g(x)$, $y=h(x)$의 그래프의 교점을 $P(x_1, y_1)$, 두 일차함수 $y=f(x)$, $y=h(x)$의 그래프의 교점을 $Q(x_2, y_2)$라 할 때, 다음 **보기** 중 옳은 것을 모두 고른 것은?

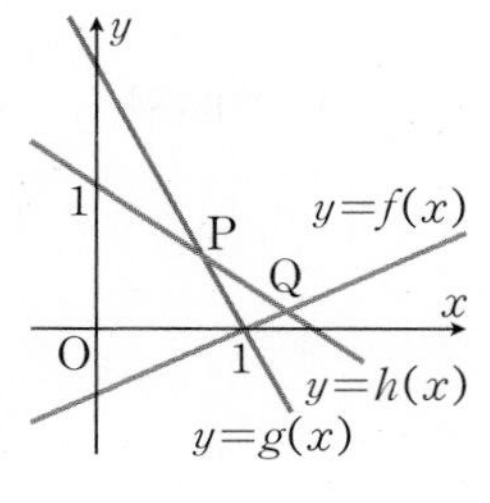

보기

ㄱ. $y=f(x)$의 그래프의 기울기는 양수이다.
ㄴ. $y=h(x)$의 그래프의 기울기의 절댓값은 1보다 작다.
ㄷ. $\dfrac{y_1}{x_1-1}>\dfrac{y_2-1}{x_2}$

① ㄱ ② ㄴ ③ ㄱ, ㄴ
④ ㄴ, ㄷ ⑤ ㄱ, ㄴ, ㄷ

09 0964 물이 들어 있는 원기둥 모양의 물통이 있다. 이 물통에서 일정한 속도로 물을 빼기 시작한 지 6분 후의 물의 높이는 28 cm이고, 15분 후의 물의 높이는 16 cm일 때, 처음 물통에 들어 있던 물의 높이를 구하시오.

Tip
6분부터 15분까지 낮아진 물의 높이를 이용하여 물의 높이가 1분마다 몇 cm씩 낮아지는지 구한다.

10 0965 지금 5시 30분을 가리키는 시계가 있다. 지금으로부터 x분 후에 분침과 시침이 이루는 각의 크기를 $y°$라 할 때, x와 y 사이의 관계식을 구하시오.

(단, $0\le x\le 30$)

서술형 문제

11 0966 일차함수 $f(x)=ax+b$에 대하여 $f(-2)=-1$, $f(x+1)-f(x-1)=6$일 때, $f(-4)$의 값을 구하시오. (단, a, b는 수)

12 0967 좌표평면 위에 일차함수 $y=ax+b$의 그래프를 그리는데 재민이는 기울기를 잘못 보고 그렸더니 두 점 $(-3, -2)$, $(0, 5)$를 지났고, 지후는 y절편을 잘못 보고 그렸더니 두 점 $(2, 3)$, $(-4, 4)$를 지났다고 한다. 처음 일차함수의 그래프의 식을 구하시오.

(단, a, b는 수)

13 0968 오른쪽 그림과 같은 직사각형 ABCD에서 점 P는 꼭짓점 D를 출발하여 직사각형의 변을 따라 두 꼭짓점 C, B를 거쳐 꼭짓점 A까지 움직인다. 점 P가 움직인 거리를 x, 삼각형 APD의 넓이를 y라 할 때, 다음 물음에 답하시오.

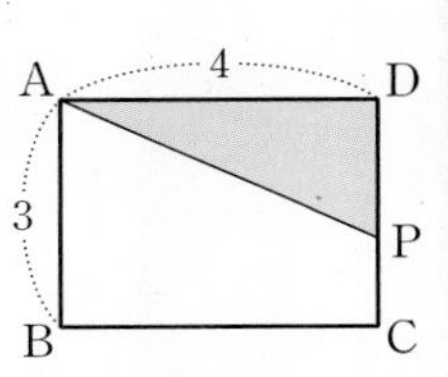

(1) $0<x<3$일 때, x와 y 사이의 관계식을 구하시오.

(2) $3\le x<7$일 때, y의 값을 구하시오.

(3) $7\le x<10$일 때, x와 y 사이의 관계식을 구하시오.

(4) $y=4$를 만족하는 x의 값을 모두 구하시오.

III. 함수

7 일차함수와 일차방정식의 관계

학습 계획 및 성취도 체크

- 학습 계획을 세우고 적어도 두 번 반복하여 공부합니다.
- 유형 이해도에 따라 ☐ 안에 ○, △, ×를 표시합니다.
- 시험 전에 [빈출] 유형과 × 표시한 유형은 반드시 한 번 더 풀어 봅니다.

			학습 계획	1차 학습	2차 학습
Lecture 20 일차함수와 일차방정식	유형 01	일차함수와 일차방정식 빈출	/		
	유형 02	일차방정식의 그래프 위의 점	/		
	유형 03	일차방정식의 미지수의 값 구하기 (1)	/		
	유형 04	일차방정식의 미지수의 값 구하기 (2)	/		
	유형 05	좌표축에 평행한(또는 수직인) 직선 빈출	/		
	유형 06	좌표축에 평행한 직선으로 둘러싸인 도형의 넓이	/		
	유형 07	일차방정식 $ax+by+c=0$의 그래프와 a, b, c의 부호 빈출	/		
	유형 08	직선이 선분과 만날 조건	/		
Lecture 21 연립일차 방정식의 해와 그래프	유형 09	일차방정식의 그래프와 연립방정식	/		
	유형 10	두 직선의 교점의 좌표를 이용하여 미지수의 값 구하기 빈출	/		
	유형 11	두 직선의 교점을 지나는 직선의 방정식	/		
	유형 12	한 점에서 만나는 세 직선	/		
	유형 13	연립방정식의 해의 개수와 그래프	/		
	유형 14	직선으로 둘러싸인 도형의 넓이 빈출	/		
	유형 15	두 직선의 교점을 이용한 직선의 방정식의 활용	/		
단원 마무리	Level B	필수 유형 정복하기	/		
	Level C	발전 유형 정복하기	/		

일차함수와 일차방정식

20-1 일차함수와 일차방정식의 관계 | 유형 01~04, 07, 08

(1) 미지수가 2개인 일차방정식의 그래프

미지수가 2개인 일차방정식의 해 (x, y)를 좌표평면 위에 나타낸 것

참고 일차방정식 $ax+by+c=0$ (a, b, c는 수, $a \neq 0$, $b \neq 0$)의 그래프의 모양은
① x, y의 값이 자연수 또는 정수이면 ➡ 점
② x, y의 값의 범위가 수 전체이면 ➡ 직선

(2) 일차함수와 일차방정식의 관계

미지수가 2개인 일차방정식

$$ax+by+c=0\ (a,\ b,\ c\text{는 수},\ a \neq 0,\ b \neq 0)$$

의 그래프는 일차함수 $y=-\frac{a}{b}x-\frac{c}{b}$의 그래프와 같다.

일차방정식		일차함수
$ax+by+c=0$ ($a \neq 0$, $b \neq 0$)	y에 대하여 풀면 →	$y=-\frac{a}{b}x-\frac{c}{b}$

예 일차방정식 $x-2y+5=0$의 그래프는 일차함수 $y=\frac{1}{2}x+\frac{5}{2}$의 그래프와 같다.

참고 일차방정식 $ax+by+c=0$ (a, b, c는 수, $a \neq 0$, $b \neq 0$)의 그래프의 기울기는 $-\frac{a}{b}$, y절편은 $-\frac{c}{b}$이다.

20-2 일차방정식 $x=p$, $y=q$의 그래프 | 유형 05~07

(1) 일차방정식 $x=p$ ($p \neq 0$)의 그래프

점 $(p, 0)$을 지나고 y축에 평행한 직선 (→ x축에 수직)

(2) 일차방정식 $y=q$ ($q \neq 0$)의 그래프

점 $(0, q)$를 지나고 x축에 평행한 직선 (→ y축에 수직)

참고 일차방정식 $x=0$의 그래프 ➡ y축, 일차방정식 $y=0$의 그래프 ➡ x축

20-3 직선의 방정식 | 유형 05, 06, 08

미지수 x, y의 값의 범위가 수 전체일 때, 일차방정식

$$ax+by+c=0\ (a,\ b,\ c\text{는 수},\ a \neq 0\text{ 또는 }b \neq 0)$$

의 해는 무수히 많고, 이것을 좌표평면 위에 나타내면 직선이 된다. 이때 이 일차방정식을 **직선의 방정식**이라 한다.

[01~02] 다음 일차방정식을 일차함수 $y=ax+b$ 꼴로 나타내시오. (단, a, b는 수)

01 $3x-2y+1=0$ 0969

02 $-x+5y+2=0$ 0970

[03~04] 다음 일차방정식의 그래프의 기울기, x절편, y절편을 각각 구하시오.

03 $4x-2y=1$ 0971

04 $\frac{x}{3}+\frac{y}{5}=1$ 0972

[05~08] 다음 일차방정식의 그래프를 오른쪽 좌표평면 위에 그리시오.

05 $x=2$ 0973

06 $x=-4$ 0974

07 $y=1$ 0975

08 $y=-3$ 0976

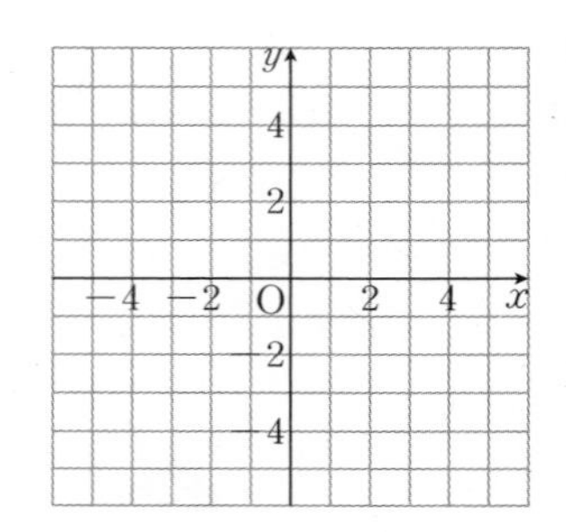

[09~12] 다음 직선의 방정식을 구하시오.

09 점 $(5, 3)$을 지나고 y축에 평행한 직선 0977

10 점 $(-3, -2)$를 지나고 x축에 수직인 직선 0978

11 점 $(-1, 2)$를 지나고 x축에 평행한 직선 0979

12 점 $(4, -6)$을 지나고 y축에 수직인 직선 0980

유형 01 일차함수와 일차방정식 | 개념 20-1

빈출

대표문제

13 다음 중 일차방정식 $4x-y-1=0$의 그래프에 대한 설명으로 옳은 것을 모두 고르면? (정답 2개)

0981

① x절편은 $-\frac{1}{4}$, y절편은 -1이다.

② 오른쪽 아래로 향하는 직선이다.

③ 일차함수 $y=4x+7$의 그래프와 평행하다.

④ 제2사분면을 지나지 않는다.

⑤ 점 $(-2, 9)$를 지난다.

14 다음 중 일차방정식 $2x-y+3=0$의 그래프는?

0982

①

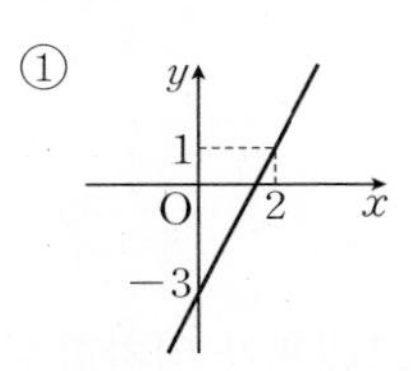

②

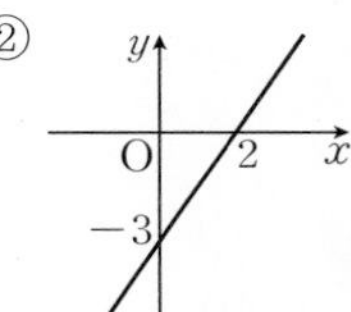

③

④

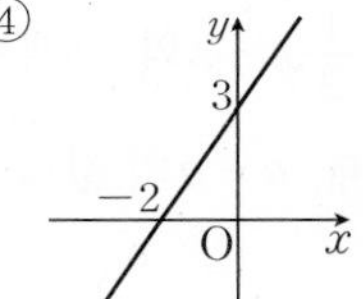

⑤

15 일차방정식 $6x+3y+2=0$의 그래프의 기울기를 a, x절편을 b, y절편을 c라 할 때, abc의 값을 구하시오.

0983

유형 02 일차방정식의 그래프 위의 점 | 개념 20-1

대표문제

16 일차방정식 $6x-y+5=0$의 그래프가 점 $(-k, 1-2k)$를 지날 때, k의 값을 구하시오.

0984

17 다음 중 일차방정식 $3x+y-4=0$의 그래프 위의 점이 아닌 것은?

0985

① $(-2, 10)$ ② $(0, 4)$ ③ $(1, 1)$
④ $(3, 5)$ ⑤ $(4, -8)$

18 일차방정식 $x+2y+8=0$의 그래프가 오른쪽 그림과 같을 때, a의 값을 구하시오.

0986

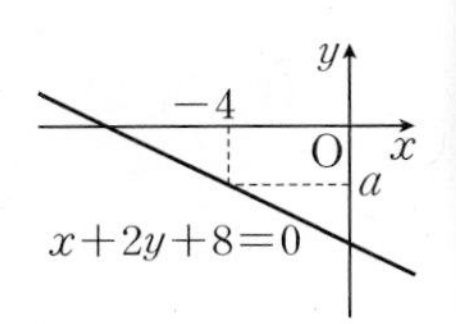

19 두 점 $(a, 3)$, $(5, b)$가 일차방정식 $4x+3y=5$의 그래프 위에 있을 때, $a+b$의 값을 구하시오.

0987

7 일차함수와 일차방정식의 관계

유형 03 일차방정식의 미지수의 값 구하기 (1) | 개념 20-1

대표문제

20 0988 일차방정식 $(2a+1)x-y+7=0$의 그래프가 두 점 $(-2,\ 1)$, $(b,\ -5)$를 지날 때, ab의 값을 구하시오. (단, a는 수)

21 0989 일차방정식 $5x-ky+1=0$의 그래프가 점 $(3,\ -2)$를 지날 때, 수 k의 값을 구하시오.

22 0990 일차방정식 $ax+3y-9=0$의 그래프가 점 $(-3,\ 7)$을 지날 때, 다음 중 이 그래프 위의 점이 아닌 것은? (단, a는 수)

① $\left(-\frac{3}{2},\ 5\right)$ ② $\left(-1,\ \frac{13}{3}\right)$ ③ $(0,\ 3)$
④ $(3,\ 1)$ ⑤ $(6,\ -5)$

23 0991 일차방정식 $mx-ny+6=0$의 그래프가 오른쪽 그림과 같을 때, 수 m, n에 대하여 $m-n$의 값을 구하시오.

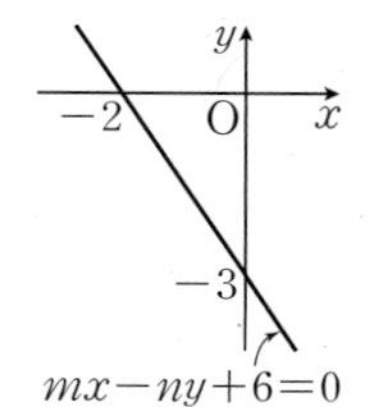

유형 04 일차방정식의 미지수의 값 구하기 (2) | 개념 20-1

대표문제

24 0992 일차방정식 $ax+(3-2b)y+4=0$의 그래프의 기울기가 2, y절편이 -4일 때, 수 a, b에 대하여 $\frac{a}{b}$의 값은?

① -2 ② -1 ③ 0
④ 1 ⑤ 2

25 0993 두 점 $(-9,\ -4)$, $(6,\ 1)$을 지나는 직선과 일차방정식 $kx-12y-3=0$의 그래프가 서로 평행할 때, 수 k의 값을 구하시오.

서술형

26 0994 일차방정식 $x-ay+6=0$의 그래프가 일차함수 $y=\frac{1}{2}x-3$의 그래프와 평행하고 점 $(-2,\ b)$를 지날 때, $b-a$의 값을 구하시오. (단, a는 수)

창의융합

27 0995 일차방정식 $ax+y+b=0$의 그래프가 오른쪽 그림의 직선 l과 평행하고 직선 m과 y축 위에서 만날 때, 수 a, b에 대하여 $a+b$의 값은?

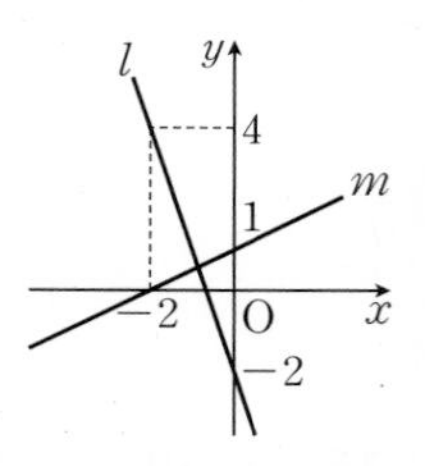

① -4 ② -2 ③ 2
④ 4 ⑤ 6

빈출

유형 05 좌표축에 평행한 (또는 수직인) 직선 | 개념 20-2, 3

대표문제

28 두 점 $(a-4,\ 7)$, $(2a-1,\ 4)$를 지나는 직선이 y축에 평행할 때, a의 값을 구하시오.
0996

29 다음 중 y축에 수직인 직선의 방정식을 모두 고르면? (정답 2개)
0997

① $x=-1$　② $y+2=0$　③ $2y=1$
④ $x+y=0$　⑤ $3x-5=0$

30 일차방정식 $7x-y-5=0$의 그래프 위의 점 $(k,\ 9)$를 지나고 x축에 수직인 직선의 방정식을 구하시오.
0998

31 다음 **보기** 중 일차방정식 $-2y=8$의 그래프에 대한 설명으로 옳은 것을 모두 고른 것은?
0999

보기

ㄱ. x축에 평행한 직선이다.
ㄴ. 제1, 2사분면을 지난다.
ㄷ. $x=-4$의 그래프와 평행하다.
ㄹ. 점 $(2,\ -4)$를 지난다.
ㅁ. $x=1$의 그래프와 만난다.

① ㄱ, ㄹ　② ㄹ, ㅁ　③ ㄱ, ㄴ, ㄹ
④ ㄱ, ㄷ, ㅁ　⑤ ㄱ, ㄹ, ㅁ

32 일차방정식 $ax+by=-1$의 그래프가 오른쪽 그림과 같을 때, 수 a, b에 대하여 $a-b$의 값을 구하시오.
1000

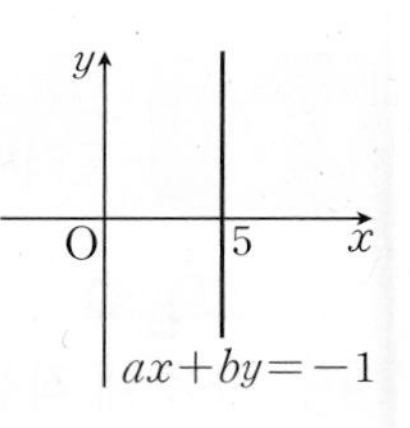

서술형

33 일차방정식 $(m-3)x-(n+1)y-3=0$의 그래프가 직선 $x=6$과 평행하고 점 $(3,\ -1)$을 지날 때, 수 m, n에 대하여 $m+n$의 값을 구하시오.
1001

34 일차방정식 $ax-y-b=0$의 그래프가 오른쪽 그림과 같을 때, 다음 중 일차방정식 $bx+ay-1=0$의 그래프는? (단, a, b는 수)
1002

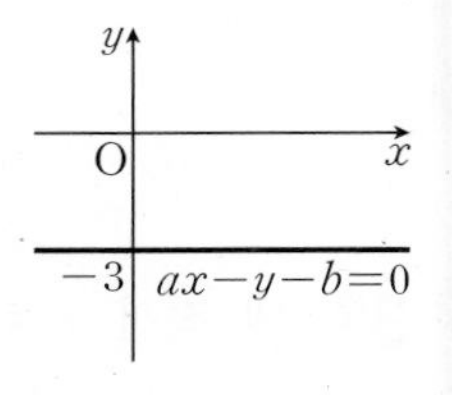

①　②

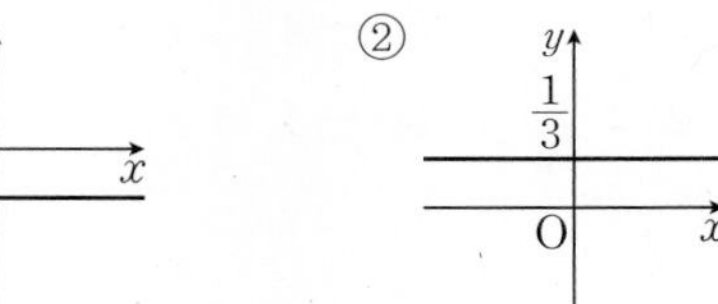

③

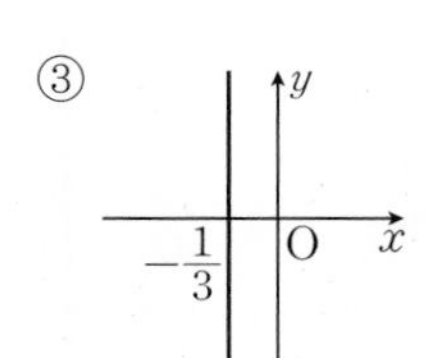

④

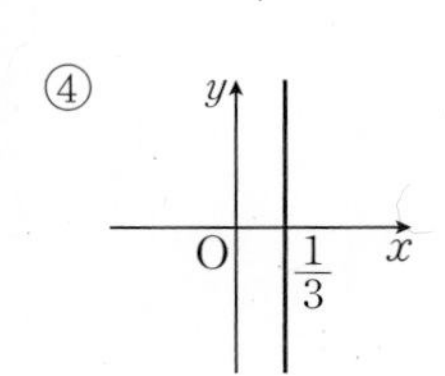

⑤

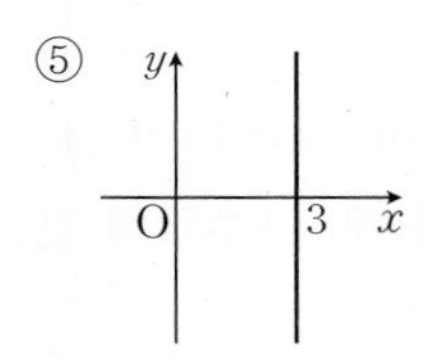

유형 06 좌표축에 평행한 직선으로 둘러싸인 도형의 넓이 | 개념 20-2, 3

대표문제

35 다음 네 직선으로 둘러싸인 도형의 넓이를 구하시오.
1003

$x=0$, $3x=9$, $y-1=0$, $2y+4=0$

36 네 직선 $x=-2$, $x=1$, $y=-4$, $y=0$으로 둘러싸인 도형의 넓이를 구하시오.
1004

37 네 직선 $x=2$, $x=a$, $y+1=0$, $y=5$로 둘러싸인 도형의 넓이가 18일 때, 음수 a의 값은?
1005

① -5 ② -4 ③ -3
④ -2 ⑤ -1

서술형

38 네 직선 $4y-8=0$, $x+2k=0$, $y+3=0$, $x=k$로 둘러싸인 도형의 넓이가 45일 때, 양수 k의 값을 구하시오.
1006

유형 07 일차방정식 $ax+by+c=0$의 그래프와 a, b, c의 부호 | 개념 20-1, 2

대표문제

39 일차방정식 $ax-by+c=0$의 그래프가 오른쪽 그림과 같을 때, 다음 중 옳은 것은? (단, a, b, c는 수)
1007

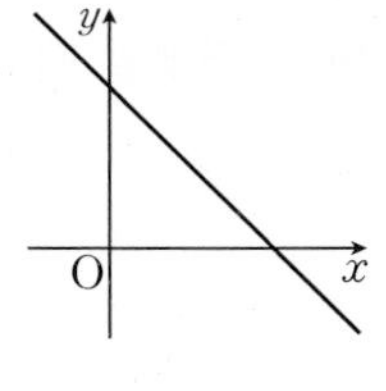

① $a<0$, $b<0$, $c<0$
② $a<0$, $b>0$, $c<0$
③ $a<0$, $b>0$, $c>0$
④ $a>0$, $b<0$, $c>0$
⑤ $a>0$, $b>0$, $c>0$

40 일차방정식 $x+ay+b=0$의 그래프가 오른쪽 그림과 같을 때, 다음 중 옳은 것은? (단, a, b는 수)
1008

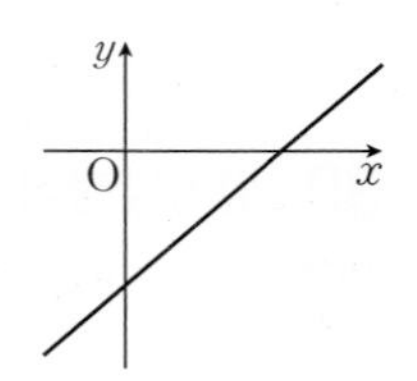

① $a>0$, $b>0$
② $a>0$, $b<0$
③ $a<0$, $b=0$
④ $a<0$, $b>0$
⑤ $a<0$, $b<0$

41 $a<0$, $b>0$, $c<0$일 때, 일차방정식 $ax+by+c=0$의 그래프가 지나지 않는 사분면은?
1009

① 제1사분면 ② 제2사분면
③ 제3사분면 ④ 제4사분면
⑤ 제2, 4사분면

42 일차방정식 $ax-y+b=0$의 그래프가 오른쪽 그림과 같을 때, 다음 중 일차방정식 $ax+by-1=0$의 그래프로 알맞은 것은? (단, a, b는 수)

1010

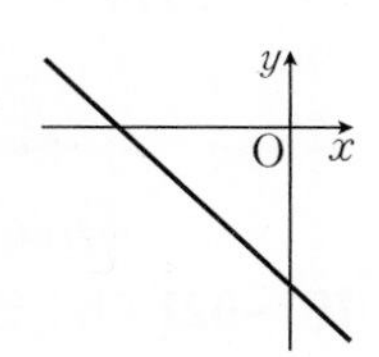

①

②

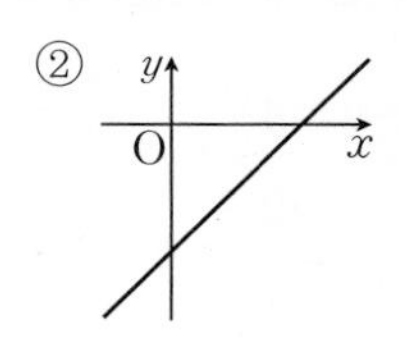

③

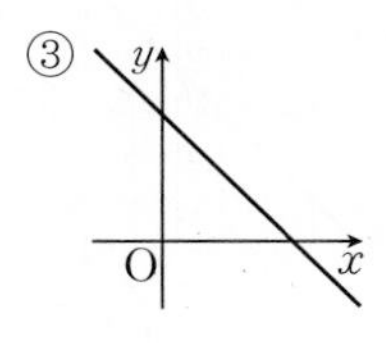

④

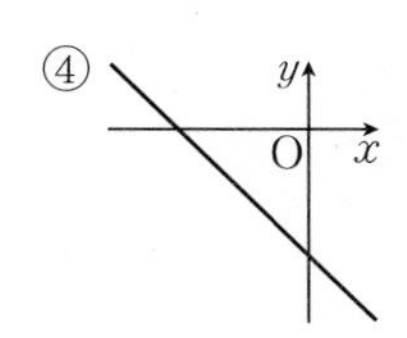

⑤

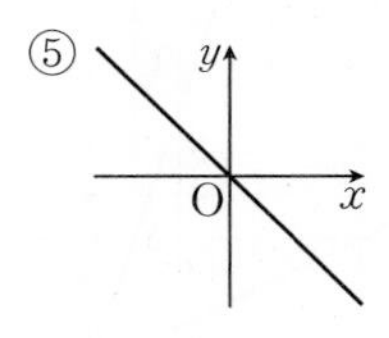

43 일차방정식 $ax+by+1=0$의 그래프가 x축에 수직이고, 제2사분면과 제3사분면만을 지나도록 하는 수 a, b의 조건을 구하시오.

1011

창의⊕융합

44 $ac>0$, $bc<0$일 때, 다음 **보기** 중 일차방정식 $ax+by-c=0$의 그래프에 대한 설명으로 옳은 것을 모두 고르시오.

1012

| 보기 |

ㄱ. 기울기는 $-\frac{a}{b}$, y절편은 $-\frac{c}{b}$이다.

ㄴ. 오른쪽 위로 향하는 직선이다.

ㄷ. 제2사분면을 지나지 않는다.

유형 08 직선이 선분과 만날 조건

| 개념 20-1, 3

직선 $y=ax+b$가 선분 AB와 만나기 위한 수 a의 값의 범위는

(직선 m의 기울기)$\le a \le$(직선 l의 기울기)

즉, 직선이 선분의 양 끝점을 지날 때, a의 값이 최대 또는 최소이다.

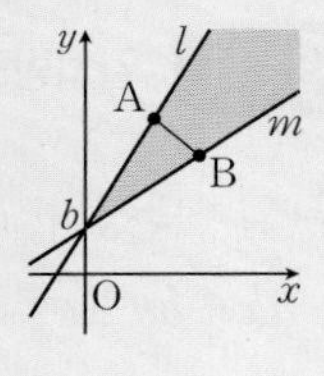

대표문제

45 직선 $y=ax+1$이 두 점 A$(-5, 3)$, B$(-2, 5)$를 잇는 선분 AB와 만나도록 하는 수 a의 값의 범위를 구하시오.

1013

46 오른쪽 그림과 같이 좌표평면 위에 두 점 A$(2, 3)$, B$(4, 1)$이 있다. 다음 중 일차방정식 $mx-y-2=0$의 그래프가 선분 AB와 만나도록 하는 수 m의 값이 될 수 없는 것은?

1014

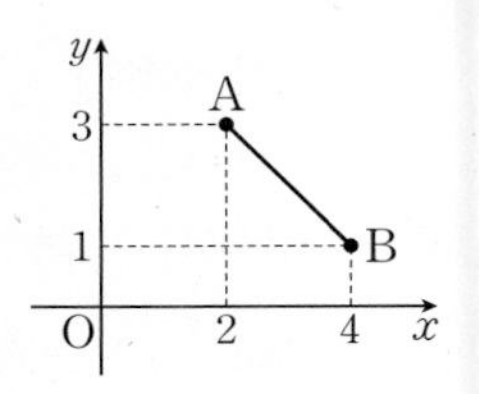

① $\frac{1}{2}$ ② 1 ③ $\frac{3}{2}$

④ 2 ⑤ $\frac{5}{2}$

서술형

47 오른쪽 그림과 같이 좌표평면 위에 세 점 A$(4, 4)$, B$(1, 1)$, C$(5, 1)$을 꼭짓점으로 하는 삼각형 ABC가 있다. 다음 물음에 답하시오.

1015

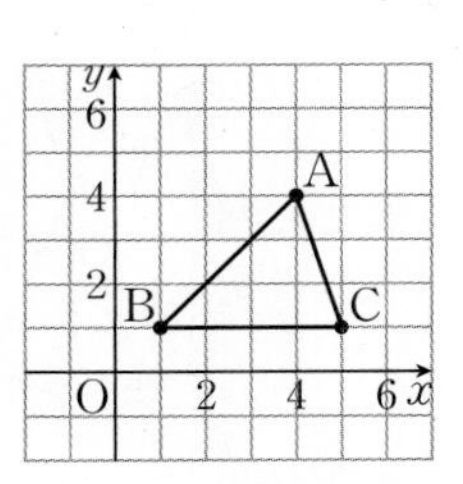

(1) 직선 $y=-2x+a$가 꼭짓점 A, B, C를 지날 때의 수 a의 값을 각각 구하시오.

(2) 직선 $y=-2x+a$가 삼각형 ABC와 만나도록 하는 수 a의 값의 범위를 구하시오.

Lecture 21

7. 일차함수와 일차방정식의 관계

연립일차방정식의 해와 그래프

21-1 일차방정식의 그래프와 연립방정식 | 유형 09~12, 14, 15

두 일차방정식

$ax+by+c=0$, $a'x+b'y+c'=0$

의 그래프의 교점의 좌표는 연립방정식

$\begin{cases} ax+by+c=0 \\ a'x+b'y+c'=0 \end{cases}$ 의 해와 같다.

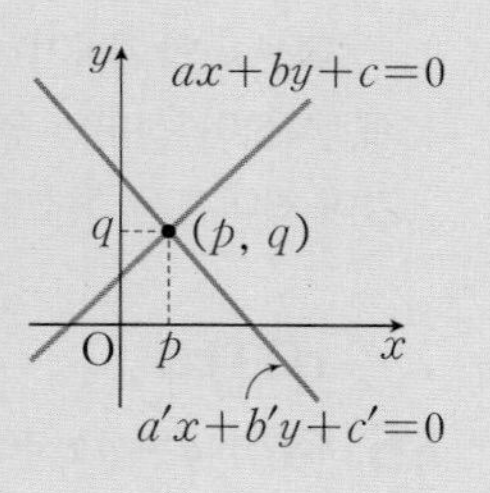

두 일차방정식의 그래프의 교점의 좌표 (p, q) ⇄ 연립방정식의 해 $x=p$, $y=q$

예) 오른쪽 그림은 두 일차방정식 $x-2y=-1$, $x+y=5$의 그래프이다.

(i) 두 일차방정식의 그래프의 교점의 좌표는 $(3, 2)$

(ii) 연립방정식 $\begin{cases} x-2y=-1 \\ x+y=5 \end{cases}$ 를 풀면 $x=3$, $y=2$

(i), (ii)에서 두 일차방정식 $x-2y=-1$, $x+y=5$의 그래프의 교점의 좌표 $(3, 2)$는 연립방정식 $\begin{cases} x-2y=-1 \\ x+y=5 \end{cases}$ 의 해와 같음을 알 수 있다.

→ $x-2y=-1$, $x+y=5$의 공통인 해

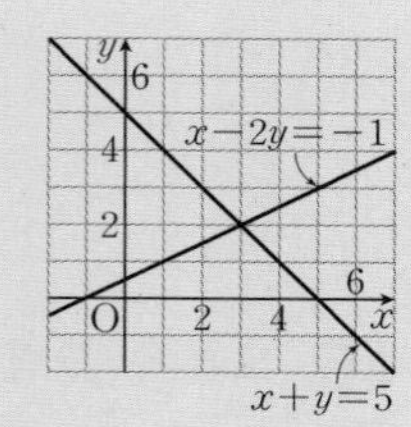

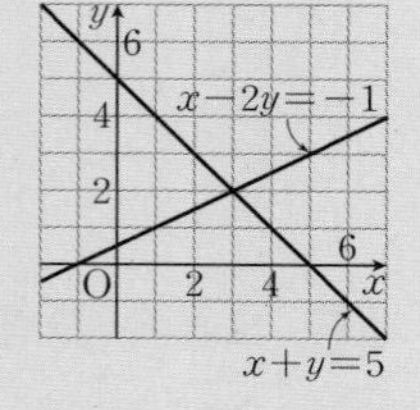

21-2 연립방정식의 해의 개수와 두 그래프의 위치 관계 | 유형 13

연립방정식 $\begin{cases} ax+by+c=0 \\ a'x+b'y+c'=0 \end{cases}$ 의 해의 개수는 두 일차방정식 $ax+by+c=0$, $a'x+b'y+c'=0$의 그래프의 교점의 개수와 같다.

두 그래프의 위치 관계	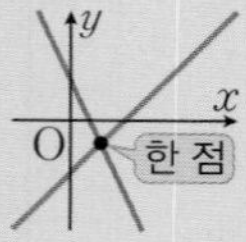 한 점에서 만난다.	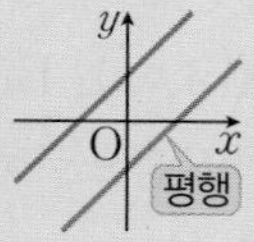 평행하다.	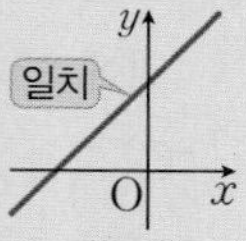 일치한다.
두 그래프의 교점의 개수	1개	없다.	무수히 많다.
연립방정식의 해의 개수	한 쌍	없다.	무수히 많다.
기울기와 y절편	기울기가 다르다.	기울기가 같고, y절편은 다르다.	기울기와 y절편이 각각 같다.
계수의 비	$\frac{a}{a'} \neq \frac{b}{b'}$	$\frac{a}{a'} = \frac{b}{b'} \neq \frac{c}{c'}$	$\frac{a}{a'} = \frac{b}{b'} = \frac{c}{c'}$

[01~02] 다음 연립방정식에서 두 일차방정식의 그래프가 오른쪽 그림과 같을 때, 연립방정식의 해를 구하시오.

01 1016 $\begin{cases} x+y=4 \\ x-y=2 \end{cases}$

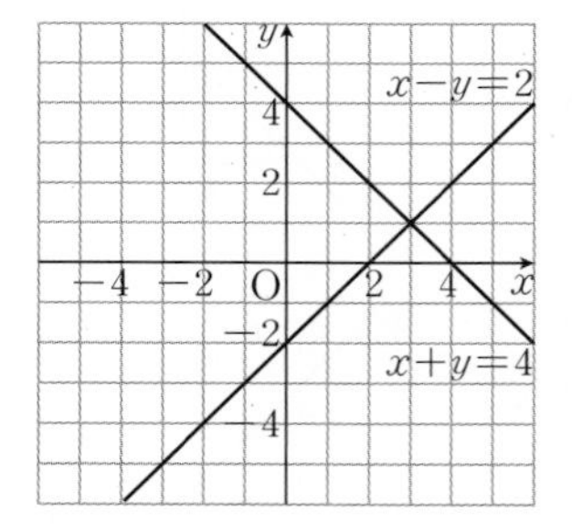

02 1017 $\begin{cases} 3x+y=3 \\ x+2y=-4 \end{cases}$

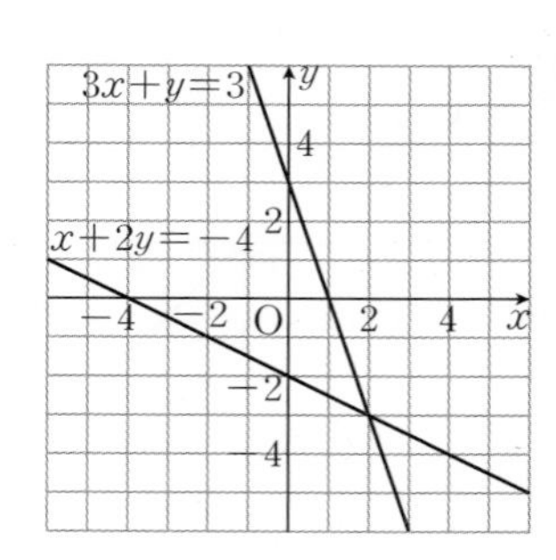

[03~04] 다음 연립방정식에서 각 일차방정식의 그래프를 오른쪽 좌표평면 위에 그리고, 그 그래프를 이용하여 연립방정식을 푸시오.

03 1018 $\begin{cases} 2x-2y=4 \\ 3x-3y=9 \end{cases}$

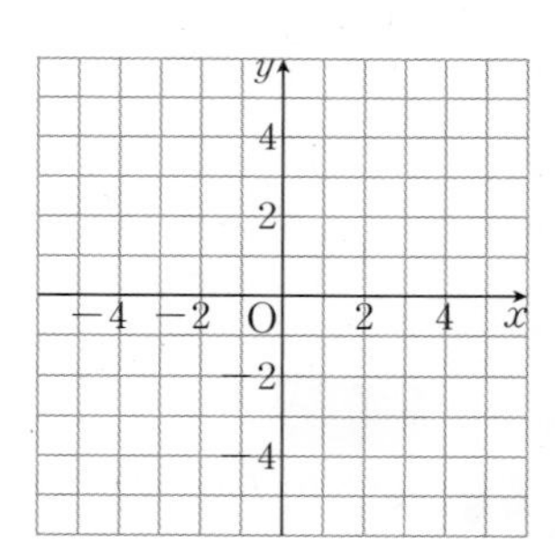

04 1019 $\begin{cases} 3x+2y=6 \\ 6x+4y=12 \end{cases}$

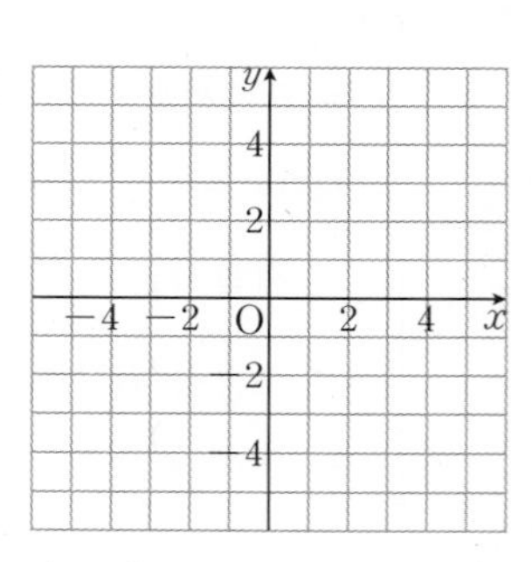

빠른답 7쪽 | 바른답 · 알찬풀이 98쪽

유형 09 일차방정식의 그래프와 연립방정식 | 개념 21-1

대표문제

05 두 일차방정식 $x-3y+2=0$, $2x-5y+1=0$의 그래프의 교점의 좌표가 (a, b)일 때, $a-b$의 값을 구하시오.
1020

06 오른쪽 그림에서 연립방정식 $\begin{cases} x-2y=-1 \\ 2x+y=-2 \end{cases}$의 해를 나타내는 점은?
1021

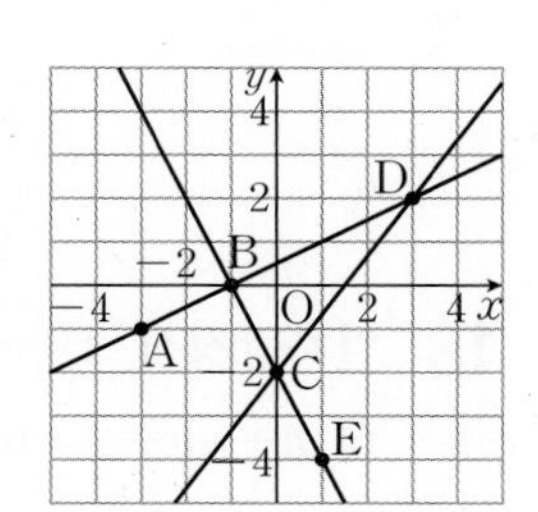

① A ② B
③ C ④ D
⑤ E

07 두 직선 $2x-y=5$, $2x+3y=1$의 교점이 직선 $y=ax+7$ 위의 점일 때, 수 a의 값을 구하시오.
1022

서술형

08 오른쪽 그림의 두 직선 l, m의 교점의 좌표를 (a, b)라 할 때, $2a+b$의 값을 구하시오.
1023

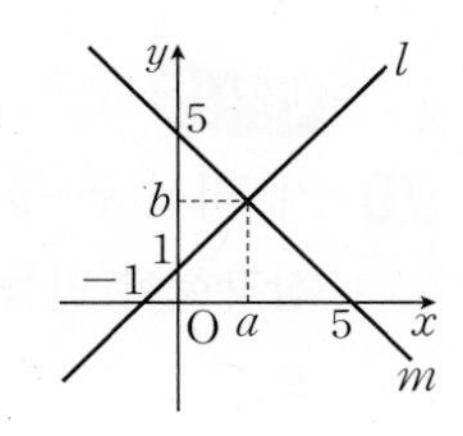

빈출

유형 10 두 직선의 교점의 좌표를 이용하여 미지수의 값 구하기 | 개념 21-1

대표문제

09 연립방정식 $\begin{cases} ax+y=-1 \\ x+by=-5 \end{cases}$의 해를 구하기 위해 그래프를 그렸더니 오른쪽 그림과 같았다. 이때 수 a, b의 값을 각각 구하시오.
1024

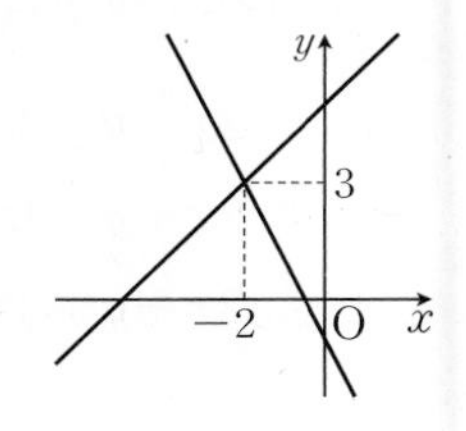

10 두 일차방정식 $x+y-a=0$, $bx+2y+8=0$의 그래프의 교점의 좌표가 $(4, -6)$일 때, 수 a, b에 대하여 $a+b$의 값을 구하시오.
1025

11 두 직선 $y=2x-4$, $y=ax-\frac{1}{3}$의 교점의 y좌표가 -2일 때, 수 a의 값은?
1026

① $-\frac{5}{3}$ ② $-\frac{1}{3}$ ③ $\frac{1}{3}$
④ $\frac{5}{3}$ ⑤ 3

12 두 일차방정식 $3x+2y+9=0$, $ax+2y-1=0$의 그래프의 교점이 x축 위에 있을 때, 수 a의 값을 구하시오.
1027

유형 11 두 직선의 교점을 지나는 직선의 방정식

| 개념 21-1

대표문제

13 두 일차방정식 $x-y-3=0$, $x+2y+6=0$의 그래프의 교점을 지나고, 직선 $6x+3y-4=0$과 평행한 직선의 방정식은?

1028

① $2x-y-3=0$ ② $2x-y-1=0$
③ $2x+y-1=0$ ④ $2x+y+1=0$
⑤ $2x+y+3=0$

14 두 직선 $y=3x-4$, $y=-8x+7$의 교점을 지나고, y축에 수직인 직선의 방정식을 구하시오.

1029

15 두 일차방정식 $3x-2y-2=0$, $5x-2y+2=0$의 그래프의 교점을 지나고, x절편이 3인 직선의 y절편을 구하시오.

1030

서술형

16 두 직선 $y=-\frac{1}{2}x+\frac{7}{2}$, $y=4x-1$의 교점과 점 $(6, -2)$를 지나는 직선의 방정식이 $y=ax+b$일 때, 수 a, b에 대하여 $a-b$의 값을 구하시오.

1031

유형 12 한 점에서 만나는 세 직선

| 개념 21-1

❶ 미지수를 포함하지 않는 두 직선의 교점의 좌표를 구한다.
❷ 미지수를 포함한 직선의 방정식에 ❶에서 구한 교점의 좌표를 대입하여 미지수의 값을 구한다.

대표문제

17 세 직선

1032

$$2x+y=-1,\ x+y=1,\ kx-2y=-12$$

가 한 점에서 만날 때, 수 k의 값은?

① -9 ② -3 ③ 3
④ 9 ⑤ 15

18 일차방정식 $3x+y+6=0$의 그래프가 두 일차방정식 $x+ay-2=0$, $2x-y-1=0$의 그래프의 교점을 지날 때, 수 a의 값을 구하시오.

1033

19 다음 네 직선이 한 점에서 만나도록 하는 수 a, b에 대하여 ab의 값을 구하시오.

1034

$$3x+y=11,\quad ax+y=3,$$
$$x+by=-8,\quad 5x-3y=-5$$

창의·융합

20 세 직선 $x-y=4$, $2x-y=3$, $3x+y=a$에 의하여 삼각형이 만들어지지 않을 때, 수 a의 값을 구하시오.

1035

유형 13 연립방정식의 해의 개수와 그래프 | 개념 21-2

대표문제

21 연립방정식 $\begin{cases} ax-by=2 \\ 3x-8y=4 \end{cases}$의 해가 무수히 많을 때, 수 a, b에 대하여 $a+b$의 값은?
1036

① $-\frac{7}{2}$ ② $-\frac{5}{2}$ ③ $\frac{1}{2}$
④ $\frac{7}{2}$ ⑤ $\frac{11}{2}$

22 두 직선 $3x+ay=1$, $6x-10y=b$가 일치할 때, 수 a, b의 값을 각각 구하시오.
1037

23 연립방정식 $\begin{cases} kx+y=-1 \\ 2x-3y=6 \end{cases}$이 오직 한 쌍의 해를 갖도록 하는 수 k의 조건을 구하시오.
1038

24 두 직선 $ax-2y-4=0$, $2x+4y-b=0$의 교점이 존재하지 않도록 하는 수 a, b의 조건은?
1039

① $a=-1$, $b=-8$ ② $a=-1$, $b\neq-8$
③ $a=-1$, $b\neq8$ ④ $a\neq-1$
⑤ $a=1$, $b\neq-8$

빈출

유형 14 직선으로 둘러싸인 도형의 넓이 | 개념 21-1

대표문제

25 오른쪽 그림과 같이 두 직선 $x-y+3=0$, $2x+y-6=0$과 x축으로 둘러싸인 도형의 넓이를 구하시오.
1040

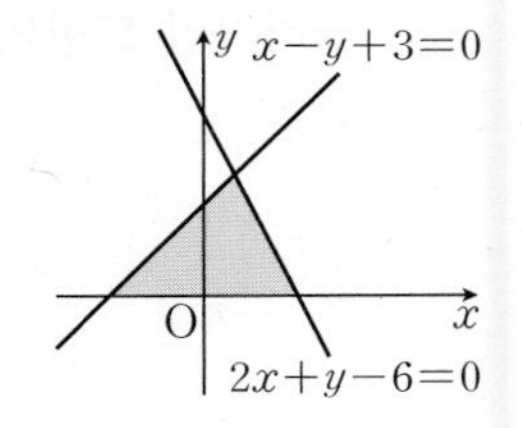

26 오른쪽 그림과 같이 두 직선 $x-2y-4=0$, $x+y-1=0$과 y축으로 둘러싸인 도형의 넓이는?
1041

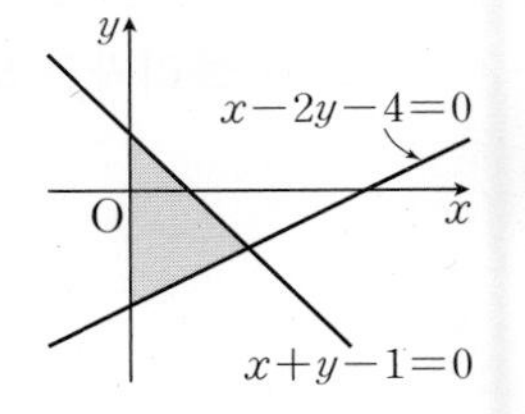

① 1 ② $\frac{3}{2}$
③ 3 ④ $\frac{9}{2}$ ⑤ 6

서술형

27 오른쪽 그림과 같이 직선 $kx+y-2=0$과 x축 및 두 직선 $x=1$, $x=5$로 둘러싸인 도형의 넓이가 4일 때, 수 k의 값을 구하시오. $\left(\text{단, } 0<k<\frac{2}{5}\right)$
1042

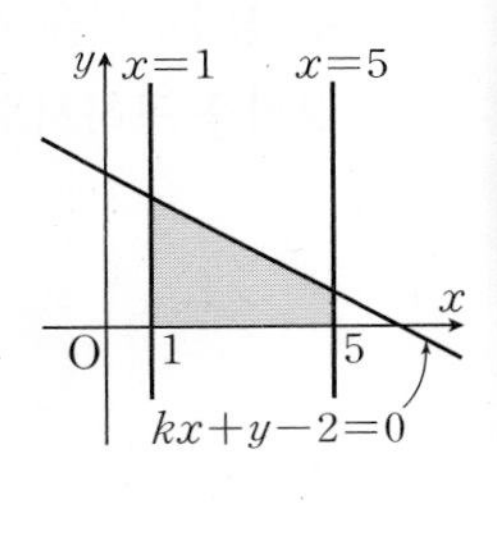

28 두 직선 $x+y-7=0$, $2x+ay+4=0$과 x축으로 둘러싸인 도형의 넓이가 27일 때, 음수 a의 값을 구하시오.
1043

29 오른쪽 그림과 같이 세 직선
1044
$y=-\frac{4}{3}x$, $x=-6$, $y=2$로 둘러싸인 도형의 넓이를 구하시오.

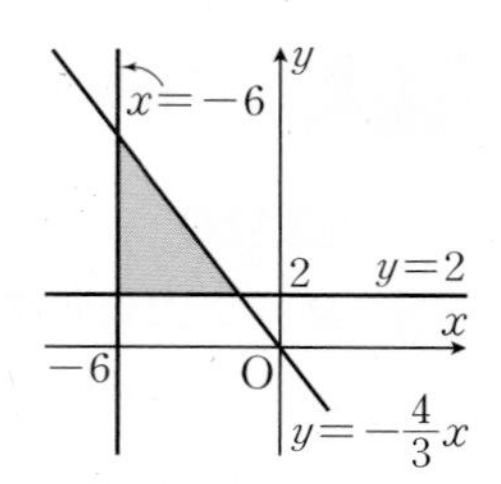

30 네 직선
1045

$y=3x$, $y=3x+6$, $y=-3x$, $y=-3x+6$

으로 둘러싸인 도형의 넓이를 구하시오.

창의융합

31 오른쪽 그림과 같이 직선 $x+y-5=0$이 x축, y축과 만나는 점을 각각 A, B라 하자. 삼각형 ABC의 넓이가 10이 되도록 $\overline{OA}$ 위에 점 C를 잡을 때, 두 점 B, C를 지나는 직선의 방정식을 구하시오. (단, O는 원점)
1046

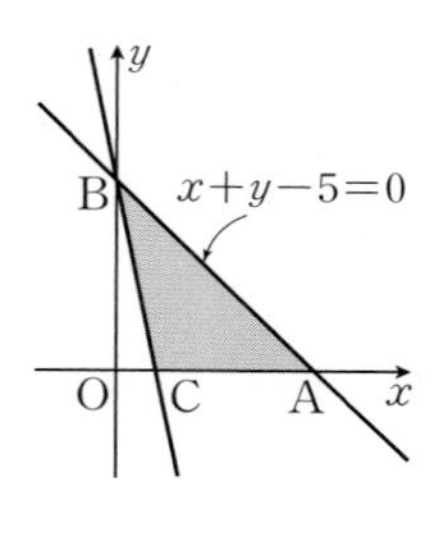

32 오른쪽 그림과 같이 직선 $y=\frac{3}{2}x+6$이 x축, y축과 만나는 점을 각각 A, B라 하자. 삼각형 AOB의 넓이를 직선 $y=mx$가 이등분할 때, 수 m의 값을 구하시오. (단, O는 원점)
1047

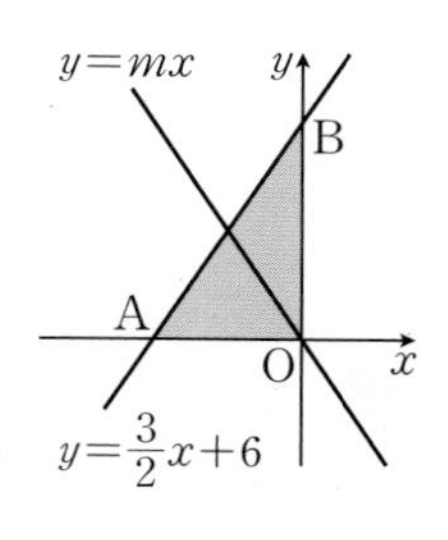

유형 15 두 직선의 교점을 이용한 직선의 방정식의 활용

| 개념 21-1

대표문제

33 어떤 가게에서는 1월 1일부터 상품 A의 판매를 시작하였고, 3월 1일부터 상품 B의 판매를 시작하였다. 오른쪽 그림은 3월 1일로부터 x개월 후의 두 상품 A, B의 총판매량을 y개라 할 때, x와 y 사이의 관계를 그래프로 나타낸 것이다. 이때 두 상품 A, B의 총 판매량이 같아지는 것은 3월 1일로부터 몇 개월 후인가?
1048

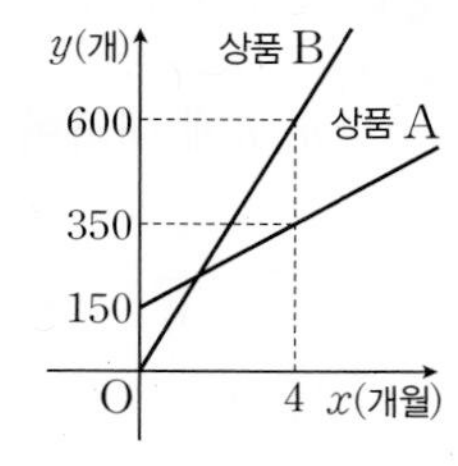

① 1개월 ② $\frac{3}{2}$개월 ③ 2개월
④ $\frac{5}{2}$개월 ⑤ 3개월

서술형

34 일정한 속력으로 1100 L의 물이 들어 있는 물탱크 A에서는 물을 빼내고, 200 L의 물이 들어 있는 물탱크 B에는 물을 넣었다. 다음 그림은 x분 후에 각 물탱크에 남아 있는 물의 양을 y L라 할 때, x와 y 사이의 관계를 그래프로 나타낸 것이다. 이때 두 물탱크 A, B에 남아 있는 물의 양이 같아지는 것은 몇 분 후인지 구하시오.
1049

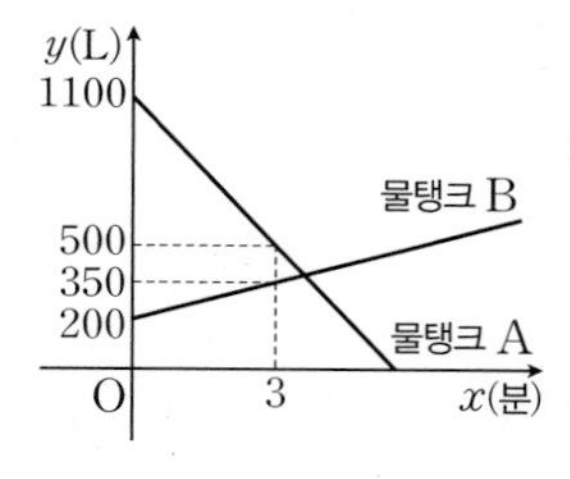

필수 유형 정복하기

01 다음 **보기** 중 일차방정식 $2x+y+2=0$의 그래프에 대한 설명으로 옳은 것을 모두 고른 것은?
1050

보기
ㄱ. 일차함수 $y=-2x+1$의 그래프와 평행하다.
ㄴ. 제1사분면을 지나지 않는다.
ㄷ. x절편과 y절편의 합은 -1이다.
ㄹ. x의 값이 2만큼 증가할 때, y의 값은 4만큼 감소한다.
ㅁ. 일차함수 $y=-2x$의 그래프를 y축의 방향으로 2만큼 평행이동한 것이다.

① ㄱ, ㄴ　② ㄷ, ㅁ
③ ㄱ, ㄴ, ㄹ　④ ㄱ, ㄴ, ㄷ, ㄹ
⑤ ㄴ, ㄷ, ㄹ, ㅁ

145쪽 유형 01

02 일차방정식 $3x+y=1$의 그래프가 두 점 (a, b), $(2a, b-3)$을 지날 때, $a-b$의 값을 구하시오.
1051

145쪽 유형 02

03 두 점 $(-1, -5)$, $(4, a)$가 일차방정식 $bx-y-3=0$의 그래프 위에 있을 때, $a+b$의 값을 구하시오. (단, b는 수)
1052

146쪽 유형 03

04 다음 **보기**의 일차방정식의 그래프가 오른쪽 그림의 세 직선 l, m, n 중 하나일 때, 일차방정식에 해당하는 그래프를 짝 지으시오.
1053

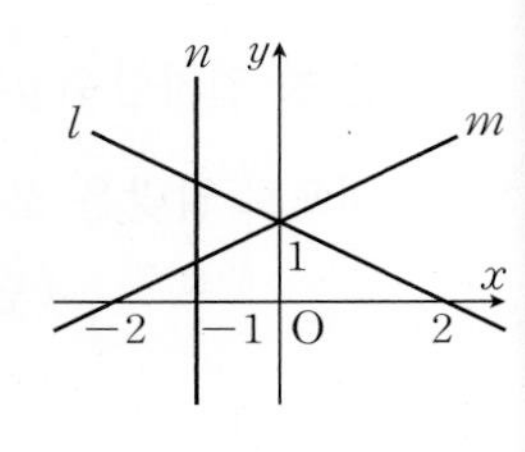

보기
ㄱ. $x=-1$　ㄴ. $x+2y-2=0$
ㄷ. $x-2y+2=0$

145쪽 유형 01 + 147쪽 유형 05

05 두 점 $(-2, 3a-2)$, $(a, a+6)$을 지나는 직선이 y축에 수직일 때, a의 값은?
1054

① -4　② -2　③ 0
④ 2　⑤ 4

147쪽 유형 05

06 수 a, b에 대하여 다음 중 옳지 않은 것은? (단, $a\neq0$, $b\neq0$)
1055

① 직선 $y=a$는 x축에 평행하다.
② 직선 $x-b=0$은 x축에 수직이다.
③ $a<0$이면 직선 $y=a$는 제3사분면을 지난다.
④ $a>0$, $b<0$이면 직선 $ax+b=0$은 제2사분면을 지난다.
⑤ $a<0$, $b<0$이면 직선 $ay-b=0$은 제4사분면을 지나지 않는다.

147쪽 유형 05

07 일차방정식 $ax+by-c=0$의 그래프가 오른쪽 그림과 같을 때, 다음 중 일차함수 $y=\frac{b}{a}x+bc$의 그래프로 알맞은 것은?
1056

(단, a, b, c는 수)

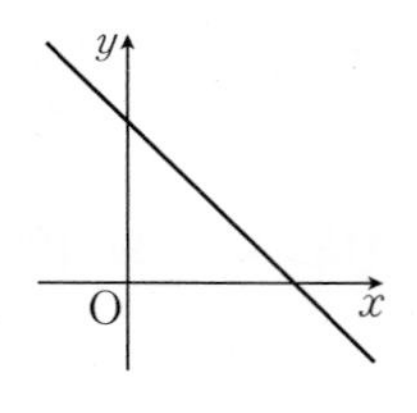

①
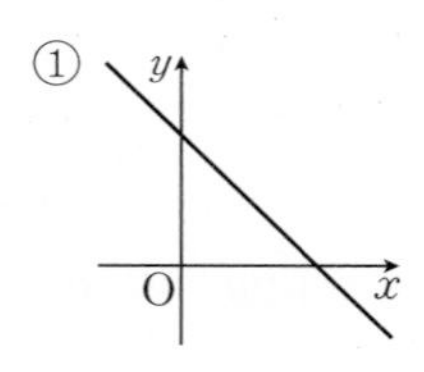

②
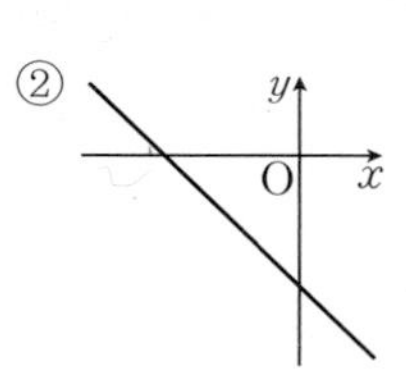

③
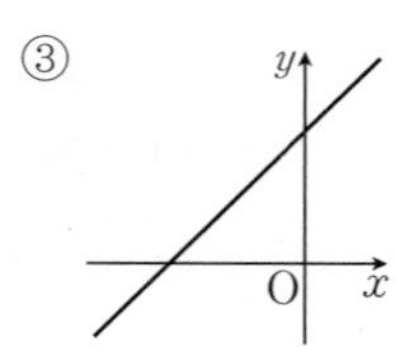

④
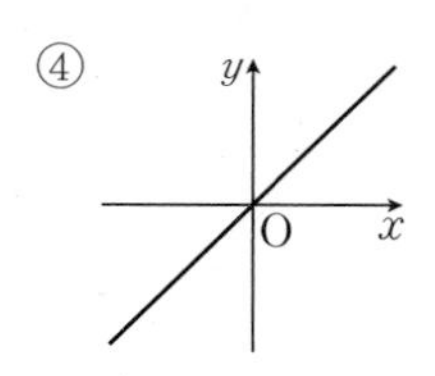

⑤
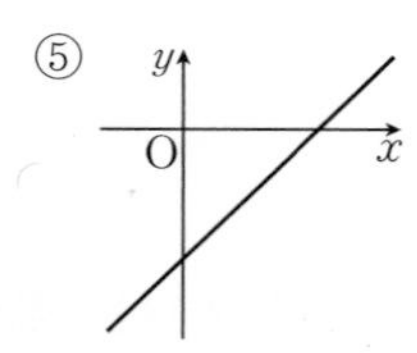

▶ 148쪽 유형 07

08 두 일차방정식 $x-3y+3=0$, $x+2y-a=0$의 그래프가 제2사분면 위에서 만나도록 하는 수 a의 값의 범위는?
1057

① $-5\leq a\leq -3$　② $-5<a<-3$
③ $-3\leq a\leq 2$　④ $-3<a<2$
⑤ $-\frac{1}{2}<a<\frac{1}{3}$

▶ 149쪽 유형 08

09 오른쪽 그림과 같이 두 직선
1058

$x-y+a=0$,
$4x+3y-16=0$

이 x축과 만나는 점을 각각 A, B라 하자. $\overline{\text{AB}}=7$일 때, 두 직선의 교점 P의 좌표를 구하시오. (단, a는 수)

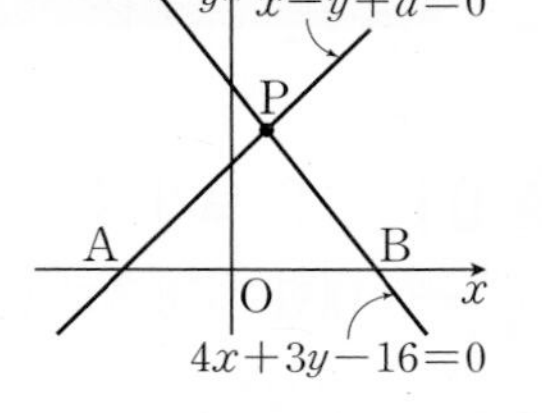

▶ 151쪽 유형 09

10 두 일차방정식 $ax+by=7$, $bx+ay=-5$의 그래프의 교점의 좌표가 $(-2, 1)$일 때, 직선 $y=\frac{b}{a}x+\frac{a}{b}$의 x절편은? (단, a, b는 수)
1059

① -9　② -7　③ -5
④ -3　⑤ -1

▶ 151쪽 유형 10

창의⊕융합

11 두 직선 $y=2x+1$, $y=-ax+2b$의 교점의 좌표가 $(1, c)$이고 직선 $x-ay+b=0$의 y절편이 -4일 때, $9abc$의 값을 구하시오. (단, a, b는 수)
1060

▶ 151쪽 유형 10

12 직선 $y=-1$이 두 직선 $y=3x+a$, $y=-2x+5$의 교점을 지날 때, 수 a의 값은?
1061

① -10 ② -8 ③ -6
④ 2 ⑤ 4

▶ 152쪽 유형 12

13 두 점 $(-2, 5)$, $(6, -3)$을 지나는 직선 위에 두 직선 $x-y-1=0$, $kx+y+3=0$의 교점이 있다. 이때 수 k의 값은?
1062

① -2 ② -1 ③ 0
④ 1 ⑤ 2

▶ 152쪽 유형 12

14 두 직선 $ax+2y=5$, $6x+by=-10$이 일치할 때, 직선 $y=-ax+b$가 지나지 않는 사분면을 구하시오. (단, a, b는 수)
1063

▶ 153쪽 유형 13

15 연립방정식 $\begin{cases} 2x-y-3=0 \\ ax+2y+b=0 \end{cases}$의 해가 없고, 일차방정식 $ax+2y+b=0$의 그래프가 점 $(1, m)$을 지날 때, 다음 중 m의 값이 될 수 없는 것은? (단, a, b는 수)
1064

① -3 ② -1 ③ 1
④ 3 ⑤ 5

▶ 153쪽 유형 13

창의⊕융합

16 오른쪽 그림과 같이 두 직선 $y=x+4$, $y=-x+8$의 교점을 B, 직선 $y=x+4$가 y축과 만나는 점을 C라 하자. 사각형 OABC가 평행사변형일 때, 평행사변형 OABC의 넓이는? (단, O는 원점)
1065

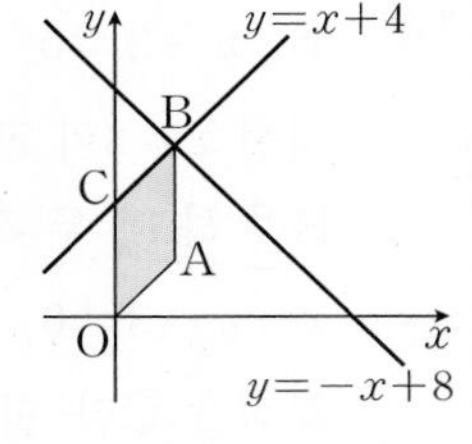

① 4 ② 8 ③ 12
④ 16 ⑤ 32

▶ 153쪽 유형 14

17 오른쪽 그림과 같이 직선 $y=-\frac{2}{5}x+8$과 x축, y축, 직선 $y=ax$와의 교점을 각각 A, B, C라 하자. 삼각형 ABO와 삼각형 ACO의 넓이의 비가 $4:1$일 때, 수 a의 값을 구하시오. (단, O는 원점)
1066

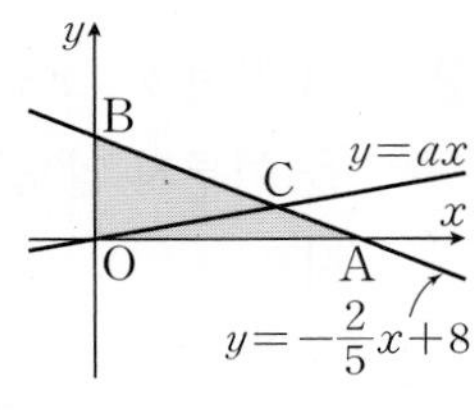

▶ 153쪽 유형 14

서술형 문제

18 1067 오른쪽 그림은 두 직선 $y=ax+b$와 $y=cx+d$를 나타낸 것이다. 이때 두 직선 $ax+by=-2$, $cx+dy=4$의 교점의 좌표를 구하시오.

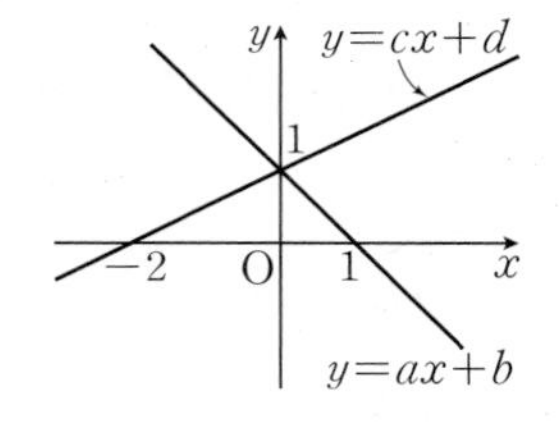

(단, a, b, c, d는 수)

▶ 151쪽 유형 09

창의융합

19 1068 오른쪽 그림과 같이 두 직선 $x-y-3=0$, $2x+y=0$과 직선 $x=3$의 교점을 각각 A, B라 하고, 두 직선 $x-y-3=0$, $2x+y=0$의 교점을 C라 할 때, 다음 물음에 답하시오.

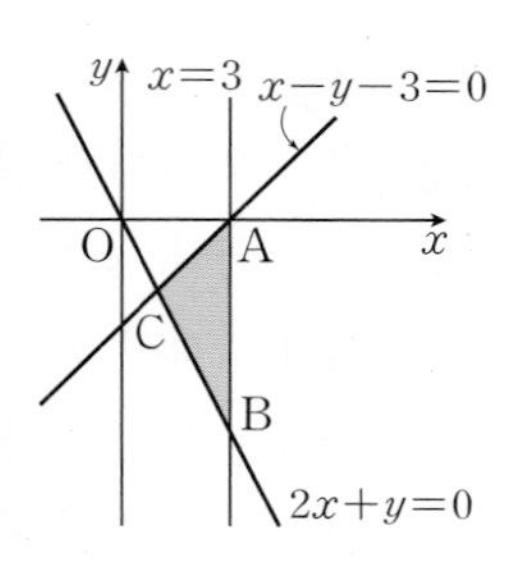

(1) 세 점 A, B, C의 좌표를 각각 구하시오.

(2) 직선 $y=\frac{1}{2}x+a$가 삼각형 ACB와 만나도록 하는 수 a의 값의 범위를 구하시오.

▶ 149쪽 유형 08 + 151쪽 유형 09

20 1069 세 직선 $y=x+6$, $y=-2x$, $y=a(x+1)$이 삼각형을 이루지 않도록 하는 모든 수 a의 값의 합을 구하시오.

▶ 152쪽 유형 12

21 1070 연립방정식 $\begin{cases} 4x+ay-3=0 \\ bx-2y+6=0 \end{cases}$의 해가 무수히 많고, 두 직선 $3x+ay=b$, $cx-2y=7$은 만나지 않을 때, 수 a, b, c에 대하여 $a+b+c$의 값을 구하시오.

▶ 153쪽 유형 13

22 1071 오른쪽 그림과 같이 두 직선 $y=ax+b$, $y=-2x+8$의 교점을 A, 두 직선의 x축과의 교점을 각각 B, C라 할 때, 삼각형 ABC의 넓이를 구하시오. (단, a, b는 수)

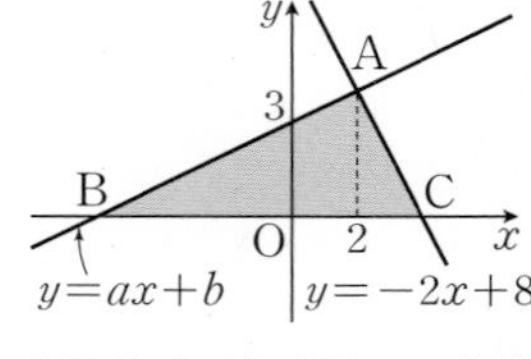

▶ 153쪽 유형 14

23 1072 집에서 3 km 떨어진 도서관에 가는데 동생이 먼저 출발하고 6분 후에 형이 출발하였다. 오른쪽 그림은 동생이 출발한 지 x분 후에 동생과 형이 집으로부터 떨어진 거리를 y km라 할 때, x와 y 사이의 관계를 그래프로 나타낸 것이다. 다음 물음에 답하시오.

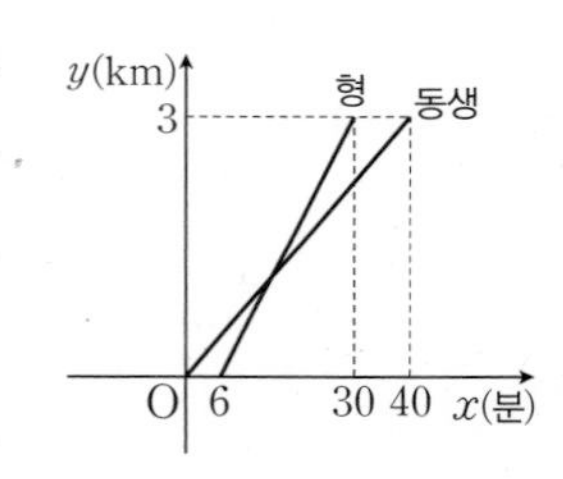

(1) 동생이 출발한 지 몇 분 후에 동생과 형이 만나는지 구하시오.

(2) 동생과 형이 만나는 곳은 집으로부터 몇 km 떨어진 지점인지 구하시오.

▶ 154쪽 유형 15

01 1073
일차방정식 $ax+by-1=0$의 그래프가 세 점 $(-1, 4)$, $(2, -5)$, $(k, k+3)$을 지날 때, $a+b+4k$의 값은? (단, a, b는 수)

① -6　② -4　③ -2
④ 0　⑤ 2

02 1074
다음 네 직선으로 둘러싸인 도형의 넓이가 15가 되도록 하는 수 k의 값을 모두 구하시오.

$x+2=0$, $x-3=0$, $y+k=0$, $y-2k=0$

03 1075
x절편이 3, y절편이 6인 직선과 평행한 직선 $ax+y+5a-2b=0$이 제1사분면을 지나지 않도록 하는 b의 값의 범위를 구하시오. (단, a, b는 수)

04 1076
직선 $(2a-3)x+y+b=0$이 다음 조건을 모두 만족할 때, 자연수 a, b에 대하여 $b-a$의 값을 구하시오.

(가) 두 직선 $3x+y+1=0$, $x-2y-9=0$의 교점을 지난다.
(나) 제1사분면을 지난다.

Tip
a, b가 자연수이므로 $a=1, 2, 3, \cdots$을 a, b 사이의 관계식에 차례대로 대입하여 자연수 b의 값을 구한다.

창의⊕융합

05 1077
두 일차방정식 $2x+y-5=0$, $ax-3y+8=0$의 그래프의 교점이 존재하지 않을 때, 두 그래프의 교점이 존재하려면 일차방정식 $ax-3y+8=0$의 그래프를 y축의 방향으로 b만큼 평행이동해야 한다. 이때 ab의 값을 구하시오. (단, a는 수)

06 1078
오른쪽 그림과 같이 두 직선 $y=\frac{1}{2}x+2$, $y=-x-1$이 y축과 만나는 점을 각각 A, B라 하고, 두 직선의 교점을 C라 할 때, 삼각형 ACB를 y축을 회전축으로 하여 1회전 시킬 때 생기는 입체도형의 부피를 구하시오.

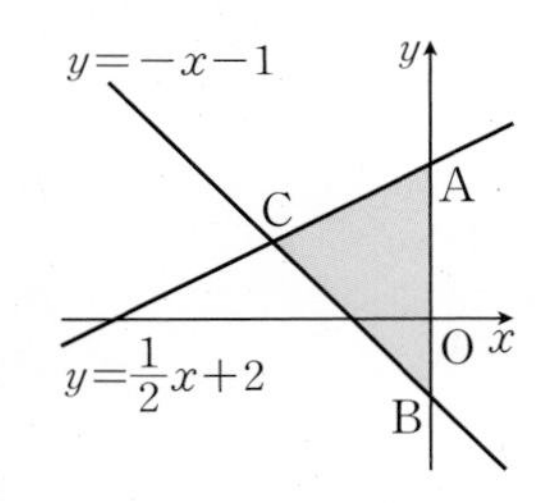

07 1079 오른쪽 그림과 같이 직선 $y=ax+b$가 두 직선 $x+y-12=0$, $2x-y=0$의 교점을 지나면서 두 직선과 x축으로 둘러싸인 도형의 넓이를 이등분할 때, 수 a, b에 대하여 $a+b$의 값은?

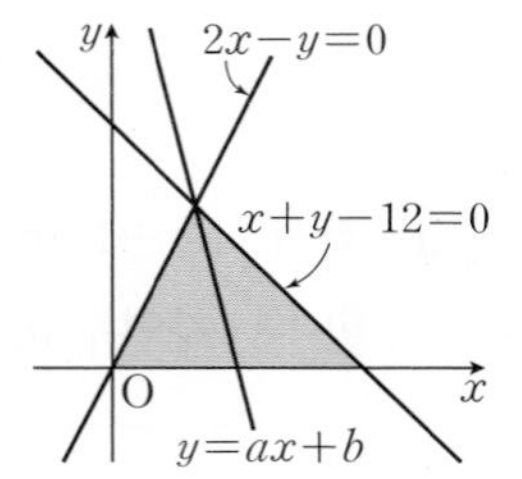

① -28　② -20　③ 20
④ 28　⑤ 32

08 1080 오른쪽 그림은 길이가 다른 두 양초 A, B에 동시에 불을 붙인 후 x분이 지났을 때, 남은 양초의 길이 y cm를 그래프로 나타낸 것이다. 다음 중 옳지 않은 것은?

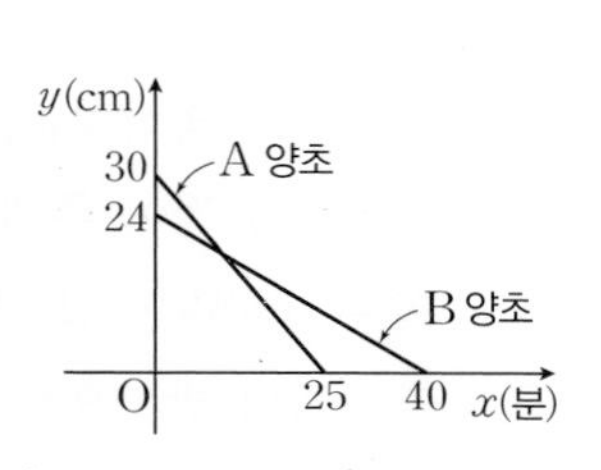

① A 양초가 모두 타는 데 25분이 걸린다.
② B 양초의 처음 길이는 24 cm이다.
③ 15분 후에 남은 양초의 길이는 B 양초가 더 길다.
④ 10분 동안 줄어든 A 양초의 길이는 18 cm이다.
⑤ 두 양초의 길이가 같아지는 것은 불을 붙인 지 10분 후이다.

서술형 문제

09 1081 오른쪽 그림에서 사각형 ABCD는 각 변이 x축 또는 y축에 평행하고 한 변의 길이가 2인 정사각형이다. 직선 $y=ax+5$가 이 정사각형과 만나도록 하는 수 a의 값의 범위를 구하시오.

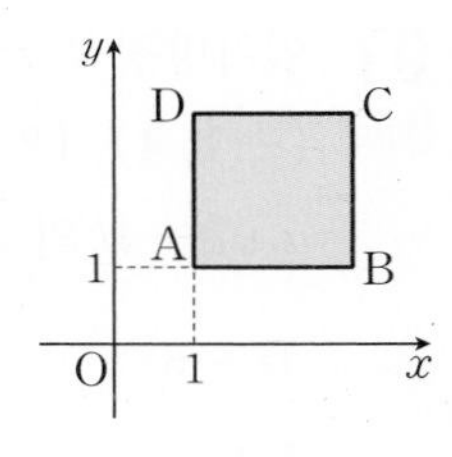

Tip
직선 $y=ax+5$는 항상 점 $(0, 5)$를 지나는 직선이다.

10 1082 오른쪽 그림과 같이 두 직선 $2x-y+6=0$과 $ax+y+b=0$이 x축 위의 점 A에서 만난다. $\overline{AB}=\overline{AC}$일 때, 수 a, b에 대하여 ab의 값을 구하시오.

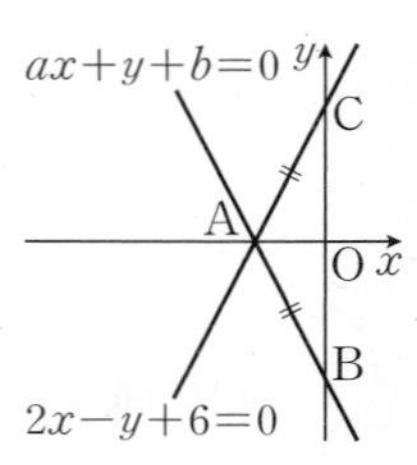

창의⊕융합

11 1083 오른쪽 그림과 같이 직선 $y=2x+2$와 두 직선 $y=5$, $y=-1$의 교점을 각각 A, B라 하고, 직선 $y=mx-8$과 두 직선 $y=-1$, $y=5$의 교점을 각각 C, D라 하면 사각형 ABCD는 평행사변형이 된다. 평행사변형 ABCD의 넓이를 S라 할 때, $S-m$의 값을 구하시오. (단, m은 수)

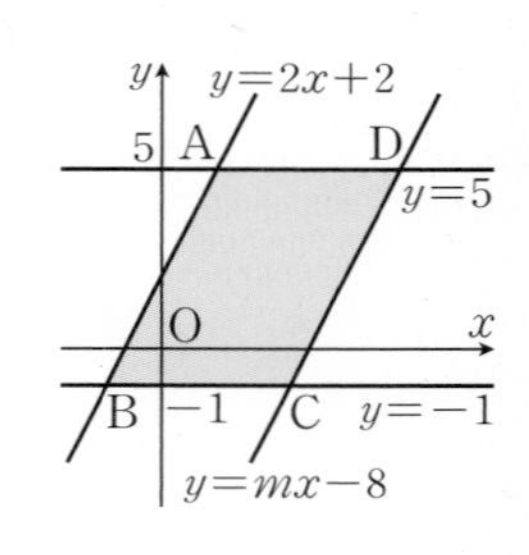

수학 개념을 쉽게 이해하는 방법?

개념수다로 시작하자!

수학의 진짜 실력자가 되는 비결 -
나에게 딱 맞는 개념서를 술술 읽으며 시작하자!

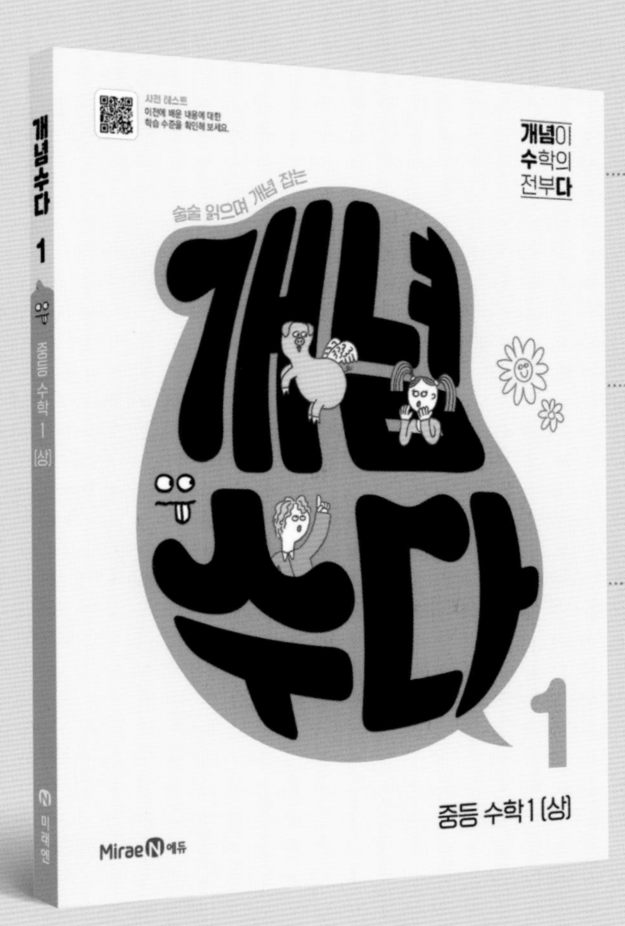

개념 이해 친구와 수다 떨듯 쉽고 재미있게, 베테랑 선생님의 동영상 강의로 완벽하게

개념 확인·정리 깔끔하게 구조화된 문제로 개념을 확인하고, 개념 전체의 흐름을 한 번에 정리

개념 끝장 온라인을 통해 개개인별 성취도 분석과 틀린 문항에 대한 맞춤 클리닉 제공

| 추천 대상 |

- 중등 수학 과정을 예습하고 싶은 초등 5~6학년
- 중등 수학을 어려워하는 중학생

수학은 순서를 따라 학습해야 효과적이므로,
초등 수학부터 꼼꼼하게 공부해 보자.

개념이 수학의 전부다
수학 개념을 제대로 공부하는 EASY 개념서

개념수다 시리즈 (전7책)

0_초등 핵심 개념
1_중등 수학 1(상), 2_중등 수학 1(하)
3_중등 수학 2(상), 4_중등 수학 2(하)
5_중등 수학 3(상), 6_중등 수학 3(하)

초등 핵심 개념
한 권으로 빠르게 정리!

중등 도서안내

비주얼 개념서

룩 LOOK

이미지 연상으로 필수 개념을 쉽게 익히는 비주얼 개념서

국어 문학, 문법
역사 ①, ②

필수 개념서

올리드

자세하고 쉬운 개념,
시험을 대비하는 특별한 비법이 한가득!

국어 1-1, 1-2, 2-1, 2-2, 3-1, 3-2
영어 1-1, 1-2, 2-1, 2-2, 3-1, 3-2
수학 1(상), 1(하), 2(상), 2(하), 3(상), 3(하)
사회 ①-1, ①-2, ②-1, ②-2
역사 ①-1, ①-2, ②-1, ②-2
과학 1-1, 1-2, 2-1, 2-2, 3-1, 3-2

* 국어, 영어는 미래엔 교과서 관련 도서입니다.

국어 독해·어휘 훈련서

수능 국어 독해의 자신감을 깨우는
단계별 훈련서

독해 0_준비편, 1_기본편, 2_실력편, 3_수능편
어휘 1_종합편, 2_수능편

영문법 기본서

GRAMMAR BITE

중학교 핵심 필수 문법 공략,
내신·서술형·수능까지 한 번에!

문법 PREP
Grade 1, Grade 2, Grade 3
SUM

영어 독해 기본서

READING BITE

끊어 읽으며 직독직해하는
중학 독해의 자신감!

독해 PREP
Grade 1, Grade 2, Grade 3
PLUS 수능

실전에서 강력한

필수 유형서

올리드 유형완성

바른답·알찬풀이

중등 **수학 2(상)**

Mirae N 에듀

바른답・알찬풀이

STUDY POINT

알찬 풀이 정확하고 자세하며 논리적인 풀이로 이해하기 쉽습니다.

공략 비법 유형 공략 비법을 익혀 문제 해결 능력을 높일 수 있습니다.

개념 보충 중요 개념을 한 번 더 학습하여 개념을 확실히 다질 수 있습니다.

해결 전략 문제 해결의 방향을 잡는 전략을 세울 수 있습니다.

바른답
알찬풀이

Speed Check **빠른답 체크**

1. 유리수와 순환소수

Lecture 01 유리수의 소수 표현 (08~13쪽)

01 0.7, 유한소수 **02** 0.444⋯, 무한소수
03 -0.45, 유한소수 **04** 0.5909090⋯, 무한소수
05 $-0.1333\cdots$, 무한소수 **06** 0.42, 유한소수 **07** 5, $0.\dot{5}$
08 2, $1.4\dot{2}$ **09** 18, $0.\dot{1}\dot{8}$ **10** 43, $4.0\dot{4}\dot{3}$ **11** 456, $0.\dot{4}5\dot{6}$
12 07, $3.24\dot{0}\dot{7}$ **13** $0.\dot{1}$, 1 **14** $0.\dot{5}\dot{4}$, 54
15 $0.\dot{3}7\dot{0}$, 370 **16** $2.1\dot{6}$, 6 **17** $1.\dot{5}\dot{1}$, 51 **18** $0.0\dot{7}$, 7
19 풀이 8쪽 **20** 풀이 8쪽 **21** 풀이 8쪽 **22** × **23** ○
24 × **25** ○ **26** ㄷ, ㅁ **27** 3개 **28** ⑤
29 ⑤ **30** ⑤ **31** (1) 481 (2) $1.\dot{4}8\dot{1}$ **32** ③
33 3 **34** 2, 7 **35** ④ **36** 450 **37** 23.15
38 ③, ④ **39** (가) 25 (나) 2^2 (다) 56 (라) 0.56 **40** 379
41 ④, ⑤ **42** ㄴ, ㅁ **43** 2, 4, 5, 8 **44** 4개 **45** 14
46 ④ **47** 3개 **48** 77 **49** ⑤ **50** 96
51 38 **52** 13개 **53** 43 **54** 105 **55** 38
56 7, 9 **57** ③ **58** ②, ⑤ **59** 4개

Lecture 02 순환소수의 분수 표현 (14~17쪽)

01 풀이 11쪽 **02** 풀이 11쪽 **03** $\frac{5}{3}$
04 $\frac{52}{99}$ **05** $\frac{41}{90}$ **06** $\frac{191}{330}$ **07** ⑤
08 (가) 10 (나) 1000 (다) 990 (라) 343 (마) $\frac{343}{990}$ **09** 은수
10 ③ **11** ④ **12** $0.\dot{2}7\dot{0}$ **13** 1 **14** ⑤
15 $0.\dot{8}\dot{1}$ **16** ④ **17** ① **18** 19 **19** ⑤
20 $0.\dot{1}\dot{4}$ **21** 128 **22** 3 **23** 110 **24** ④
25 11 **26** ④ **27** ㄱ, ㄷ, ㄹ **28** ③, ④

Level B 필수 유형 정복하기 (18~21쪽)

01 3 **02** 4 **03** ⑤ **04** ④ **05** ②
06 117 **07** 221 **08** ②, ④ **09** ② **10** ④
11 ④ **12** ③ **13** 7 **14** ① **15** ①
16 3 **17** ② **18** ④ **19** (1) 6개 (2) 110
20 5개 **21** 924
22 (1) 기약분수의 분모의 소인수가 2나 5뿐이어야 한다. (2) 21
23 9 **24** 17

Level C 발전 유형 정복하기 (22~23쪽)

01 ⑤ **02** ④ **03** 63 **04** ③ **05** 106
06 50개 **07** ⑤ **08** 4개 **09** 55 **10** 90
11 17, 19, 22, 23, 26, 28, 29 **12** $0.\dot{6}$

2. 단항식의 계산

Lecture 03 지수법칙 (26~31쪽)

01 3^7 **02** x^4 **03** 5^6 **04** a^{15} **05** x^9y^7
06 -1 **07** 7^9 **08** x^{12} **09** 2^{21} **10** x^{38}
11 $a^{10}b^{11}$ **12** x^5 **13** 1 **14** $\frac{1}{x^5}$ **15** y^8
16 $\frac{1}{a^4}$ **17** 1 **18** a^3b^6 **19** $81x^{16}$ **20** $4x^6y^4$
21 $\frac{a^4}{b^{12}}$ **22** $-\frac{x^6}{y^{15}}$ **23** ⑤ **24** 3 **25** 81
26 ⑤ **27** 5 **28** ⑤ **29** ③ **30** 4
31 ③, ⑤ **32** 2 **33** 윤희 **34** 2 **35** 20
36 ③ **37** $64a^3b^6$ **38** 15 **39** ④ **40** ②
41 10 **42** 60 **43** ③ **44** ② **45** ③
46 10 **47** 17 **48** ④ **49** 13 **50** 6
51 5 **52** ⑤ **53** ② **54** ② **55** ③
56 5자리 **57** ① **58** 6자리

Lecture 04 단항식의 곱셈과 나눗셈 (32~35쪽)

01 $6ab$ **02** $-12xy$ **03** $-4a^5b^2$ **04** $4a^2$ **05** $8b$
06 $20x^4y$ **07** $2b^2$ **08** $-\frac{1}{2}a$ **09** $4xy^2$ **10** $54ab^2$
11 14 **12** ③ **13** $-3ab^3$ **14** 12 **15** ⑤
16 $-\frac{1}{x^{15}}$ **17** ② **18** 6 **19** $-8x^5y^2$ **20** ㄴ, ㄹ
21 ⑤ **22** 7 **23** ② **24** $4x^5y^3$ **25** $-72x^3y^4$
26 b^9 **27** $7b^4$ **28** ⑤ **29** $3x^5y$ **30** $6a^2b^2$
31 $12x^2y^2$ **32** $21a^5b^3$ **33** $4y$ **34** ④

Level B 필수 유형 정복하기 36~39쪽

01 ① 02 ③ 03 ③ 04 1024 05 32
06 ④ 07 ⑤ 08 ③ 09 ④ 10 ④
11 ③ 12 ⑤ 13 ④ 14 $3xy^2$ 15 ⑤
16 $18x^2y$ 17 $\frac{5}{3}ab^2$ 18 $\frac{4}{9}b$ 19 12 20 4
21 15 22 (1) 45×10^{15} (2) 17자리 23 8
24 (1) $4\pi a^7b^4$ (2) $6\pi a^5b^5$ (3) $\frac{2a^2}{3b}$

Level C 발전 유형 정복하기 40~41쪽

01 ④ 02 ② 03 23 04 ① 05 4배
06 ⑤ 07 81 08 $-27a^4b^2$ 09 ① 10 7
11 (1) 2^{20} KB (2) 14자리 12 $-\frac{1}{2x^3}$

3. 다항식의 계산

Lecture 05 다항식의 덧셈과 뺄셈 44~47쪽

01 $3x-3y$ 02 $a+7b$ 03 $7x-2y-2$
04 $-2a+6b-4$ 05 $\frac{5}{6}a-\frac{1}{3}b$ 06 $\frac{1}{3}x-\frac{1}{2}y$
07 $5x+3$ 08 $6x+y$ 09 $8b$ 10 $7x-5y$ 11 ×
12 ○ 13 × 14 ○ 15 $4a^2$ 16 $-7x^2+4$
17 $-7x^2+2x-8$ 18 $3y^2-3y-5$
19 $-4x^2-x-3$ 20 $-5x^2+9x+4$ 21 ②
22 ① 23 -1 24 $8b-2$ 25 7 26 ④
27 -14 28 5 29 -24 30 $-a+8b$ 31 ③
32 x^2-2x+4 33 x^2-4x+6 34 ②
35 $2x^2-14x-3$ 36 ① 37 $2a+25b$ 38 ⑤
39 $7x-18y+11$ 40 3

Lecture 06 단항식과 다항식의 곱셈과 나눗셈 48~51쪽

01 $-5a^2-ab$ 02 $8x^2+16xy-8x$
03 $-3a^2+9ab-6ac$ 04 $-5x-2y$ 05 $-9a+6$
06 $-7x-14y+21$ 07 $5x^2-9x$ 08 $-x^2-2x$
09 $5y+8$ 10 $y-14$ 11 $6x+y$ 12 $-3x+7y$
13 ⑤ 14 ④ 15 13 16 $-18a^2+25ab+3a$
17 ③ 18 ① 19 $12a-8b+4$ 20 $16a-b$
21 5 22 ② 23 ④ 24 25
25 $22a+21b-12$ 26 ④ 27 $5xy^2$ 28 $33x^2+x$
29 $6y^2-15y$ 30 $62a^2+40ab$ 31 ③ 32 ①
33 ③ 34 2 35 ④ 36 $-7a+26b$

Level B 필수 유형 정복하기 52~55쪽

01 ⑤ 02 ①, ⑤ 03 ⑤ 04 ② 05 $x+4y-3$
06 $-\frac{3}{2}a^2+2a$ 07 ② 08 $20a^3b^2-8a^2b+6ab$
09 ② 10 -1 11 상민, 승희 12 $\frac{14}{3}a+8$
13 20 14 ③ 15 15 16 B 17 14
18 ③ 19 $-a+b$ 20 (1) $-10x^2+8x+3$ (2) $14x^2+1$
21 $\frac{1}{4}x^2y-\frac{1}{2}y+\frac{3}{4}$ 22 (1) $36x^2+24xy$ (2) $24x^2+16xy$
23 $8b+\frac{8}{3}$ 24 $18y-8$

Level C 발전 유형 정복하기 56~57쪽

01 ③ 02 ④ 03 $\frac{5}{3}ab+b^2-3b$ 04 9
05 $-30x^2y^3-4x+9y$ 06 ① 07 $4a+b$ 08 $-\frac{1}{4}$
09 ④ 10 $-4x^2+\frac{15}{2}x$
11 (1) $3a-2b$, $5ab$ (2) $60a^2b^2-40ab^3$ 12 1

4. 일차부등식

Lecture 07 부등식의 해와 그 성질 60~63쪽

01 × 02 ○ 03 × 04 ○ 05 ×
06 $x+6\ge4$ 07 $2x\le-1$ 08 $3x\ge18000$
09 $200x+1000\le3000$ 10 ㄱ, ㄹ, ㅁ 11 -2, -1, 0, 1
12 1, 2 13 2 14 $>$ 15 $>$ 16 $<$
17 $>$ 18 $<$ 19 $>$ 20 $\ge$ 21 $\le$

22 ④ 23 ①, ③ 24 2개 25 ③ 26 ④
27 $180-10x<30$ 28 ④, ⑤ 29 1 30 ④
31 ④ 32 ④ 33 ⑤ 34 ④ 35 a
36 ③ 37 10 38 ①, ⑤ 39 $3\le y\le 19$

Lecture 08 일차부등식의 풀이

64~69쪽

01 ○ 02 × 03 × 04 ○ 05 $x>-5$
06 $x\le 3$ 07 $x<-3$ 08 풀이 41쪽 09 풀이 41쪽
10 풀이 41쪽 11 풀이 41쪽 12 $x<-9$
13 $x\le -1$ 14 $x>4$ 15 풀이 41쪽 16 풀이 41쪽
17 $x<4$ 18 $x\ge 13$ 19 $x\le 10$ 20 ④ 21 ④
22 $a\ne\frac{3}{5}$ 23 ③ 24 ⑤ 25 6 26 ④
27 ① 28 ④ 29 ③ 30 1 31 $x\le 2$
32 ② 33 2개 34 ④ 35 ① 36 ①
37 0 38 $x>\frac{3}{a}$ 39 $x>-1$ 40 ⑤ 41 -3
42 -6 43 -4 44 -5 45 $x\le 15$ 46 ⑤
47 ② 48 -2 49 -2 50 ④ 51 $a>4$
52 21

Lecture 09 일차부등식의 활용

70~75쪽

01 $4x-5>2x+9$ 02 8 03 풀이 44쪽
04 7개 05 풀이 44쪽 06 8 km 07 15
08 ② 09 10, 11, 12 10 12 11 5개
12 11개 13 10송이 14 ② 15 15명 16 18,900점
17 ③ 18 18명 19 ② 20 9개월 21 5600원
22 60000원 23 8권 24 6권 25 ④ 26 ⑤
27 9 cm 28 ① 29 25 cm 30 15 km 31 ①
32 40 km 33 $\frac{3}{2}$ km 34 5 km 35 ② 36 ⑤
37 50 g 38 ③ 39 300 g 40 ④ 41 100 g

Level B 필수 유형 정복하기

76~79쪽

01 ④ 02 ㈐ 03 14개 04 2개 05 ②
06 ④ 07 ④ 08 ㄱ, ㄴ, ㄷ 09 -2 10 ⑤
11 9 12 4개 13 96점 14 17주 15 ③
16 ① 17 ① 18 60 g 19 14
20 (1) $x>-\frac{6a+4}{5}$ (2) $x>-\frac{2}{3}$ (3) $-\frac{1}{9}$ 21 $-\frac{7}{3}$
22 (1) $10000+1200(x-5)\le 16000$ (2) 10개 23 13명
24 24분

Level C 발전 유형 정복하기

80~81쪽

01 ②, ④ 02 $2\le A\le 14$ 03 ⑤ 04 5개
05 -7 06 ④ 07 100분 08 8 cm 09 50 g
10 -4 11 80 g 12 3명

5. 연립일차방정식

Lecture 10 미지수가 2개인 연립일차방정식

84~87쪽

01 ○ 02 × 03 ○ 04 × 05 ×
06 × 07 ○ 08 ○ 09 (1, 8), (2, 5), (3, 2)
10 (1, 4), (3, 3), (5, 2), (7, 1) 11 (2, 4), (4, 1)
12 (1, 2), (4, 1) 13 (4, 1) 14 ③ 15 ②, ⑤
16 3개 17 ④ 18 ④ 19 $5x+7y=12$
20 ③ 21 ㄴ, ㄹ 22 4개 23 (1, 5), (4, 1)
24 ④ 25 (3, 3) 26 7 27 ① 28 6
29 ① 30 ④ 31 ⑤ 32 ㄴ, ㄹ 33 1
34 6 35 ① 36 4

Lecture 11 연립일차방정식의 풀이

88~91쪽

01 $x=1$, $y=-2$ 02 $x=-1$, $y=1$
03 $x=2$, $y=-1$ 04 $x=3$, $y=3$
05 $x=6$, $y=6$ 06 $x=1$, $y=1$
07 $x=3$, $y=0$ 08 $x=4$, $y=4$
09 $x=-2$, $y=3$ 10 ④ 11 ④
12 $x=4$, $y=2$ 13 ④ 14 -1 15 ㄱ, ㄹ

16 ② 17 30 18 ③ 19 ⑤ 20 $x=-\frac{1}{3}$

21 2 22 $x=4,\ y=1$ 23 ③

24 $x=3,\ y=-\frac{3}{2}$ 25 34 26 -30 27 ①

28 $x=-1,\ y=4$ 29 ① 30 ①

31 $x=-3,\ y=1$ 32 1 33 ③

Lecture 12 여러 가지 연립일차방정식

92~95쪽

01 $a=1,\ b=2$ 02 $a=7,\ b=2$

03 $\begin{cases} x-2y=13 \\ 3x+2y=-1 \end{cases}$, 해: $x=3,\ y=-5$ 04 $a=4,\ b=1$

05 $y=3x$ 06 $\begin{cases} 2x+y=10 \\ y=3x \end{cases}$, 해: $x=2,\ y=6$ 07 2

08 해가 무수히 많다. 09 해가 없다.

10 $a=-2,\ b=5$ 11 45 12 -2 13 ③

14 -3 15 ① 16 $a=-2,\ b=1$ 17 $\frac{15}{4}$

18 ② 19 4 20 12 21 ② 22 ④

23 $x=0,\ y=2$ 24 3 25 -24 26 ④

27 4 28 4 29 $-\frac{9}{4}$ 30 ③ 31 ⑤

32 ⑤

Lecture 13 연립일차방정식의 활용 (1)

96~99쪽

01 $\begin{cases} x+y=48 \\ x-y=14 \end{cases}$ 02 $x=31,\ y=17$ 03 17, 31

04 $\begin{cases} x+y=12 \\ 50x+100y=800 \end{cases}$ 05 $x=8,\ y=4$

06 50원짜리 동전: 8개, 100원짜리 동전: 4개

07 $\begin{cases} x+y=38 \\ x+3=3(y+3) \end{cases}$ 08 $x=30,\ y=8$

09 어머니의 나이: 30살, 딸의 나이: 8살 10 37 11 49

12 ⑤ 13 ③ 14 46살

15 말 한 마리의 값: 36냥, 소 한 마리의 값: 28냥 16 400명

17 24명 18 77점 19 16개 20 8회 21 ④

22 ② 23 470명 24 138마리 25 28200원 26 7500원

27 80개 28 396 cm^2 29 ④ 30 ③ 31 10시간

32 5시간

Lecture 14 연립일차방정식의 활용 (2)

100~103쪽

01 풀이 65쪽 02 $\begin{cases} x+y=7 \\ \frac{x}{3}+\frac{y}{4}=2 \end{cases}$

03 $x=3,\ y=4$

04 집과 서점 사이의 거리: 3 km, 서점과 학교 사이의 거리: 4 km

05 풀이 65쪽 06 $\begin{cases} x+y=800 \\ \frac{9}{100}x+\frac{13}{100}y=80 \end{cases}$

07 $x=600,\ y=200$ 08 소금물 A: 600 g, 소금물 B: 200 g

09 14 km 10 ② 11 2 km 12 7.5 km 13 6 km

14 25분 15 혜진: 분속 45 m, 수정: 분속 35 m

16 배: 시속 16 km, 강물: 시속 4 km 17 ② 18 ②

19 길이: 320 m, 속력: 초속 80 m 20 ① 21 450 g

22 ② 23 225 g 24 ④

25 설탕물 A: 8 %, 설탕물 B: 3 % 26 ② 27 20 %

28 식품 A: 150 g, 식품 B: 100 g 29 ④

30 합금 A: 280 g, 합금 B: 140 g

Level B 필수 유형 정복하기

104~107쪽

01 ①, ④ 02 ④ 03 ② 04 9 05 13

06 ④ 07 ⑤ 08 -4 09 11

10 $a=1,\ b=2$ 11 ④ 12 ③ 13 ⑤

14 어른: 6명, 청소년: 9명 15 9권 16 264상자 17 ③

18 ④ 19 40 m 20 ⑤ 21 20 22 54

23 (1) 6 (2) $x=4,\ y=2$ 24 12

25 (1) $\begin{cases} 3x+12y=1 \\ 6x+6y=1 \end{cases}$ (2) $x=\frac{1}{9},\ y=\frac{1}{18}$ (3) 9일 26 1.4 km

Level C 발전 유형 정복하기

108~109쪽

01 6 02 ④ 03 $x=-\frac{1}{4},\ y=\frac{1}{6}$ 04 1

05 4 06 -21 07 300명 08 7개 09 ③

10 ⑤ 11 2 12 (1) 볼펜: 3자루, 자: 900원 (2) 5개

13 시속 5 km

6. 일차함수와 그 그래프

Lecture 15 일차함수 (112~115쪽)

01 풀이 74쪽 02 풀이 74쪽 03 ×
04 ○ 05 ○ 06 × 07 -12 08 7
09 3 10 $-\frac{1}{2}$ 11 ○ 12 × 13 ×
14 ○ 15 $y=3x$, 일차함수이다.
16 $y=\frac{200}{x}$, 일차함수가 아니다.
17 $y=5000-1200x$, 일차함수이다. 18 10 19 4
20 6 21 12 22 ② 23 ③, ④ 24 3개
25 ⑤ 26 2 27 ④ 28 -4 29 ⑤
30 9 31 6 32 ④ 33 2개 34 ③
35 $a\neq3$ 36 ③, ④ 37 4 38 2 39 ⑤
40 -11

Lecture 16 일차함수의 그래프와 절편, 기울기 (116~121쪽)

01 -2 02 4 03 $-\frac{3}{7}$ 04 $\frac{1}{2}$ 05 $y=4x-1$
06 $y=-7x+9$ 07 $y=\frac{3}{8}x-2$
08 $y=-\frac{3}{2}x-6$ 09 풀이 76쪽 10 풀이 76쪽
11 x절편: -2, y절편: -2 12 x절편: 2, y절편: -3
13 x절편: -3, y절편: 1 14 x절편: -2, y절편: 6
15 x절편: 5, y절편: 5 16 x절편: 7, y절편: -1
17 x절편: 12, y절편: 9 18 기울기: 2, y의 값의 증가량: 6
19 기울기: -3, y의 값의 증가량: -9 20 3 21 -1
22 11 23 ② 24 -6 25 $-\frac{3}{2}$ 26 -5
27 ⑤ 28 4 29 ② 30 ② 31 ④
32 -7 33 1 34 25 35 ③
36 $A(6, 0)$, $B(0, -3)$ 37 ④ 38 ③ 39 -2
40 -5 41 -1 42 ① 43 6 44 -8
45 -4 46 ① 47 $\frac{1}{3}$ 48 -4 49 -6
50 ④ 51 -1 52 -2 53 30 54 -4
55 $\frac{2}{3}$ 56 -25 57 ④

Lecture 17 일차함수의 그래프의 성질 (122~125쪽)

01 ㄴ, ㄹ 02 ㄱ, ㄷ 03 ㄱ, ㄷ, ㄹ 04 ㄴ 05 ㄷ
06 $a>0$, $b>0$ 07 $a<0$, $b>0$ 08 -2
09 $a=6$, $b=-5$ 10 ① 11 $a>0$, $b<0$
12 ⑤ 13 ③ 14 ㄴ, ㄹ 15 ③ 16 -8
17 ④ 18 -5 19 -11 20 ① 21 ②
22 6 23 ④ 24 ⑤ 25 ② 26 ㄷ, ㄹ
27 ④ 28 ④

Lecture 18 일차함수의 그래프 그리기 (126~131쪽)

01 풀이 82쪽 02 풀이 82쪽 03 풀이 82쪽
04 풀이 82쪽 05 $y=4x-3$
06 $y=-\frac{1}{2}x+1$ 07 $y=2x-7$
08 $y=-3x+7$ 09 $y=2x+5$
10 $y=-2x+8$ 11 $y=3x-1$
12 $y=-x+1$ 13 $y=\frac{1}{2}x-1$
14 $y=\frac{2}{5}x+2$ 15 ⑤ 16 ② 17 ②
18 ① 19 16 20 ④ 21 7 22 18
23 54 24 1 25 3 26 -2
27 $y=-4x+8$ 28 -3 29 ② 30 -13
31 ④ 32 14 33 $y=3x-\frac{5}{2}$ 34 ①
35 $y=-2x+3$ 36 ⑤ 37 2 38 ⑤
39 7 40 ④ 41 ① 42 2 43 8 cm
44 99 ℃ 45 5시간

Lecture 19 일차함수의 활용 (132~135쪽)

01 $y=10+8x$ 02 66 ℃ 03 $y=17-2x$
04 9 cm 05 $y=50-2x$ 06 18분 07 30분
08 12 ℃ 09 ① 10 35분 11 47 cm 12 ③
13 ④ 14 ② 15 ⑤
16 (1) $y=38-\frac{1}{15}x$ (2) 33 L 17 ⑤ 18 ④
19 30분 20 10 km 21 ① 22 $\frac{175}{6}$시간 23 4분
24 6초 25 180 cm^2 26 (1) $y=3x+54$ (2) 3초

Level B 필수 유형 정복하기 (136~139쪽)

01 ①, ③ 02 ④ 03 ② 04 ① 05 10

06 18 07 $m\ge\frac{1}{2}$ 08 $\frac{9}{2}$ 09 제2사분면

10 $-\frac{2}{3}$ 11 -2 12 ④ 13 ④ 14 18

15 -12 16 ② 17 5 L 18 17개 19 ②

20 24초 21 1 22 -12 23 2π 24 -4

25 (1) $y=32-\frac{1}{5}x$ (2) 85분

26 (1) $y=360-36x$ (2) 6초

Level C 발전 유형 정복하기 (140~141쪽)

01 -5 02 ㄴ, ㄷ, ㄹ 03 -4 04 17 05 $\frac{1}{2}$

06 -2 07 12 08 ③ 09 36 cm

10 $y=15+5.5x$ 11 -7 12 $y=-\frac{1}{6}x+5$

13 (1) $y=2x$ (2) 6 (3) $y=20-2x$ (4) 2, 8

7. 일차함수와 일차방정식의 관계

Lecture 20 일차함수와 일차방정식 (144~149쪽)

01 $y=\frac{3}{2}x+\frac{1}{2}$ 02 $y=\frac{1}{5}x-\frac{2}{5}$

03 기울기: 2, x절편: $\frac{1}{4}$, y절편: $-\frac{1}{2}$

04 기울기: $-\frac{5}{3}$, x절편: 3, y절편: 5 05 풀이 95쪽

06 풀이 95쪽 07 풀이 95쪽 08 풀이 95쪽

09 $x=5$ 10 $x=-3$ 11 $y=2$ 12 $y=-6$ 13 ③, ④

14 ⑤ 15 $-\frac{4}{9}$ 16 1 17 ④ 18 -2

19 -6 20 -4 21 -8 22 ④ 23 5

24 ① 25 4 26 0 27 ③ 28 -3

29 ②, ③ 30 $x=2$ 31 ⑤ 32 $-\frac{1}{5}$ 33 3

34 ④ 35 9 36 12 37 ⑤ 38 3

39 ③ 40 ⑤ 41 ④ 42 ④

43 $a>0$, $b=0$ 44 ㄴ, ㄷ 45 $-2\le a\le -\frac{2}{5}$

46 ①

47 (1) 점 A를 지날 때: 12, 점 B를 지날 때: 3, 점 C를 지날 때: 11
(2) $3\le a\le 12$

Lecture 21 연립일차방정식의 해와 그래프 (150~154쪽)

01 $x=3$, $y=1$ 02 $x=2$, $y=-3$ 03 풀이 99쪽

04 풀이 99쪽 05 4 06 ② 07 -4

08 7 09 $a=2$, $b=-1$ 10 -1 11 ①

12 $-\frac{1}{3}$ 13 ⑤ 14 $y=-1$ 15 $-\frac{12}{5}$ 16 -5

17 ③ 18 -1 19 2 20 -8 21 ⑤

22 $a=-5$, $b=2$ 23 $k\ne-\frac{2}{3}$ 24 ② 25 12

26 ③ 27 $\frac{1}{3}$ 28 -1 29 $\frac{27}{2}$ 30 6

31 $y=-5x+5$ 32 $-\frac{3}{2}$ 33 ② 34 $\frac{18}{5}$분

Level B 필수 유형 정복하기 (155~158쪽)

01 ③ 02 3 03 7 04 ㄱ: n, ㄴ: l, ㄷ: m

05 ⑤ 06 ④ 07 ③ 08 ④ 09 (1, 4)

10 ① 11 -12 12 ① 13 ① 14 제2사분면

15 ② 16 ② 17 $\frac{2}{15}$ 18 (4, 2)

19 (1) A(3, 0), B(3, -6), C(1, -2) (2) $-\frac{15}{2}\le a\le -\frac{3}{2}$

20 -5 21 -13 22 20 23 (1) 15분 (2) $\frac{9}{8}$ km

Level C 발전 유형 정복하기 (159~160쪽)

01 ⑤ 02 -1, 1 03 $b\le 5$ 04 4 05 -14

06 4π 07 ③ 08 ④ 09 $-4\le a\le -\frac{2}{3}$

10 12 11 28

Lecture 01 유리수의 소수 표현

Level A 개념 익히기 8~9쪽

01 답 0.7, 유한소수

02 답 0.444…, 무한소수

참고 분수는 (분자)÷(분모)를 하면 정수 또는 소수로 나타낼 수 있다.

03 답 −0.45, 유한소수

04 답 0.5909090…, 무한소수

05 답 −0.1333…, 무한소수

06 답 0.42, 유한소수

07 답 5, $0.\dot{5}$

08 답 2, $1.4\dot{2}$

09 답 18, $0.\dot{1}\dot{8}$

10 답 43, $4.0\dot{4}\dot{3}$

11 답 456, $0.\dot{4}5\dot{6}$

12 답 07, $3.24\dot{0}\dot{7}$

13 $\frac{1}{9}=0.111\cdots=0.\dot{1}$ 답 $0.\dot{1}$, 1

14 $\frac{6}{11}=0.545454\cdots=0.\dot{5}\dot{4}$ 답 $0.\dot{5}\dot{4}$, 54

15 $\frac{10}{27}=0.370370370\cdots=0.\dot{3}7\dot{0}$ 답 $0.\dot{3}7\dot{0}$, 370

16 $\frac{13}{6}=2.1666\cdots=2.1\dot{6}$ 답 $2.1\dot{6}$, 6

17 $\frac{50}{33}=1.515151\cdots=1.\dot{5}\dot{1}$ 답 $1.\dot{5}\dot{1}$, 51

18 $\frac{7}{90}=0.0777\cdots=0.0\dot{7}$ 답 $0.0\dot{7}$, 7

19 $\frac{7}{4}=\frac{7}{2^2}=\frac{7\times\boxed{5^2}}{2^2\times\boxed{5^2}}=\frac{\boxed{175}}{100}=\boxed{1.75}$ 답 풀이 참조

20 $\frac{9}{50}=\frac{9}{2\times5^2}=\frac{9\times\boxed{2}}{2\times5^2\times\boxed{2}}=\frac{\boxed{18}}{100}=\boxed{0.18}$ 답 풀이 참조

21 $\frac{31}{200}=\frac{31}{2^3\times5^2}=\frac{31\times\boxed{5}}{2^3\times5^2\times\boxed{5}}=\frac{\boxed{155}}{1000}=\boxed{0.155}$ 답 풀이 참조

22 $\frac{6}{2\times3^2}=\frac{1}{3}$ 답 ×

23 $\frac{12}{3\times5^2}=\frac{4}{5^2}$ 답 ○

24 $\frac{8}{30}=\frac{4}{15}=\frac{4}{3\times5}$ 답 ×

25 $\frac{14}{70}=\frac{1}{5}$ 답 ○

Level B 유형 공략하기 9~13쪽

하 26 ㄱ. $\frac{1}{4}=0.25$ ㄴ. $-\frac{2}{5}=-0.4$

ㄷ. $\frac{3}{7}=0.428571\cdots$ ㄹ. $-\frac{11}{10}=-1.1$

ㅁ. $\frac{23}{12}=1.91666\cdots$ ㅂ. $\frac{19}{20}=0.95$

이상에서 소수로 나타내었을 때, 유한소수가 아닌 것은 ㄷ, ㅁ이다. 답 ㄷ, ㅁ

하 27 1.6 ⇨ 유한소수

$\frac{10}{3}=3.333\cdots$ ⇨ 무한소수

$\pi=3.14159265\cdots$ ⇨ 무한소수

$-\frac{8}{25}=-0.32$ ⇨ 유한소수

$\frac{1}{14}=0.0714285\cdots$ ⇨ 무한소수

따라서 무한소수인 것은 $\frac{10}{3}$, π, $\frac{1}{14}$의 3개이다. 답 3개

중 28 ① $\frac{21}{8}$은 유리수이다.

② 2.318318…은 무한소수이다.

③ 5.409는 유한소수이다.

④ $\frac{17}{6}$을 소수로 나타내면 2.8333…이므로 무한소수이다.

⑤ $\frac{4}{11}$를 소수로 나타내면 0.363636…이므로 무한소수이다.

따라서 옳은 것은 ⑤이다. 답 ⑤

중 29 ① $0.5333\cdots=0.5\dot{3}$

② $7.070707\cdots=7.\dot{0}\dot{7}$

③ $-3.0222\cdots=-3.0\dot{2}$

④ $0.134134134\cdots=0.\dot{1}3\dot{4}$

⑤ $0.02282828\cdots=0.02\dot{2}\dot{8}$

따라서 옳은 것은 ⑤이다. 답 ⑤

공략 비법

다음과 같은 순서에 따라 순환소수를 표현한다.

❶ 소수점 아래에서

❷ 처음으로 반복되는 순환마디를 찾아

❸ 양 끝의 숫자 위에 점을 찍는다.

➡

순환소수	순환마디	순환소수의 표현
$0.aaa\cdots$	a	$0.\dot{a}$
$0.ababab\cdots$	ab	$0.\dot{a}\dot{b}$
$a.bcabcabca\cdots$	bca	$a.\dot{b}c\dot{a}$

하 30 주어진 순환소수의 순환마디는 각각 다음과 같다.

① 30 ② 87 ③ 21 ④ 25 답 ⑤

중 31 (1) $\frac{40}{27}=1.481481481\cdots$의 순환마디는 481이다. …… ㉮

(2) 순환마디의 양 끝의 숫자 위에 점을 찍어 나타내면

$\frac{40}{27}=1.\dot{4}8\dot{1}$ …… ㉯

답 (1) 481 (2) $1.\dot{4}8\dot{1}$

채점 기준

(1)	㉮ 순환마디 구하기	50 %
(2)	㉯ 순환마디를 이용하여 간단히 나타내기	50 %

중 32 주어진 분수를 소수로 나타내어 순환마디를 구하면

① $\frac{2}{3}=0.666\cdots$ ⇨ 6

② $\frac{5}{6}=0.8333\cdots$ ⇨ 3

③ $\frac{6}{7}=0.857142857142\cdots$ ⇨ 857142

④ $\frac{7}{11}=0.636363\cdots$ ⇨ 63

⑤ $\frac{4}{15}=0.2666\cdots$ ⇨ 6

따라서 순환마디를 이루는 숫자의 개수가 가장 많은 것은 ③이다. 답 ③

중 33 $\frac{12}{37}=0.324324324\cdots=0.\dot{3}2\dot{4}$이므로 순환마디를 이루는 숫자의 개수는 3개이다.
이때 $25=3\times8+1$이므로 소수점 아래 25번째 자리의 숫자는 순환마디의 첫 번째 숫자인 3이다. 답 3

중 34 $\frac{4}{7}=0.571428571428\cdots=0.\dot{5}7142\dot{8}$이므로 순환마디를 이루는 숫자의 개수는 6개이고, □ 안에 알맞은 숫자는 2이다.
이때 $38=6\times6+2$이므로 소수점 아래 38번째 자리의 숫자는 순환마디의 2번째 숫자인 7이다. 답 2, 7

상 35 $3.40\dot{1}7\dot{5}$의 순환마디를 이루는 숫자의 개수는 3개이고, 소수점 아래 3번째 자리에서 순환마디가 시작되므로 소수점 아래 20번째 자리의 숫자는 순환마디가 시작된 후 $20-2=18$(번째) 자리의 숫자와 같고, 소수점 아래 70번째 자리의 숫자는 순환마디가 시작된 후 $70-2=68$(번째) 숫자와 같다.
이때 $18=3\times6$이므로 소수점 아래 20번째 자리의 숫자는 순환마디의 3번째 숫자인 5이고, $68=3\times22+2$이므로 소수점 아래 70번째 자리의 숫자는 순환마디의 2번째 숫자인 7이다.
따라서 $a=5$, $b=7$이므로
$a+b=5+7=12$ 답 ④

상 36 $\frac{5}{11}=0.454545\cdots=0.\dot{4}\dot{5}$이므로 순환마디를 이루는 숫자의 개수는 2개이다.
이때 $100=2\times50$이므로 소수점 아래 첫째 자리부터 100번째 자리까지 순환마디가 50번 반복된다.
따라서 구하는 합은
$(4+5)\times50=450$ 답 450

중 37 $\frac{21}{140}=\frac{3}{20}=\frac{3}{2^2\times5}=\frac{3\times5}{2^2\times5\times5}=\frac{15}{100}=0.15$

따라서 $a=3$, $b=5$, $c=15$, $d=0.15$이므로
$a+b+c+d=3+5+15+0.15=23.15$ 답 23.15

하 38 ① $\frac{39}{12}=\frac{13}{4}=\frac{13\times5^2}{2^2\times5^2}=\frac{325}{10^2}$

② $\frac{12}{30}=\frac{2}{5}=\frac{2\times2}{5\times2}=\frac{4}{10}$

③ $\frac{7}{42}=\frac{1}{6}=\frac{1}{2\times3}$

④ $\frac{3}{51}=\frac{1}{17}$

⑤ $\frac{27}{75}=\frac{9}{25}=\frac{9\times2^2}{5^2\times2^2}=\frac{36}{10^2}$

따라서 분모를 10의 거듭제곱 꼴로 나타낼 수 없는 것은 ③, ④이다. 답 ③, ④

중 39 $\frac{84}{150}=\frac{14}{\boxed{(가)\ 25}}=\frac{14\times\boxed{(나)\ 2^2}}{5^2\times\boxed{(나)\ 2^2}}=\frac{\boxed{(다)\ 56}}{10^2}=\boxed{(라)\ 0.56}$

답 (가) 25 (나) 2^2 (다) 56 (라) 0.56

중 40 $\frac{3}{80}=\frac{3}{2^4\times5}=\frac{3\times5^3}{2^4\times5^4}$

$=\frac{375}{10^4}=\frac{3750}{10^5}=\frac{37500}{10^6}=\cdots$ …… ㉮

따라서 $m+n$의 값 중에서 가장 작은 값은
$4+375=379$ …… ㉯

답 379

채점 기준

㉮ $\frac{3}{80}$을 $\frac{n}{10^m}$ 꼴로 나타내기	60 %
㉯ $m+n$의 값 중에서 가장 작은 값 구하기	40 %

중 41 ① $\frac{9}{2\times3\times5}=\frac{3}{2\times5}$

③ $\frac{42}{3\times5^2\times7}=\frac{2}{5^2}$

④ $\frac{132}{3\times7\times11}=\frac{4}{7}$

⑤ $\frac{12}{2^2\times3^2\times5}=\frac{1}{3\times5}$

따라서 유한소수로 나타낼 수 없는 것은 ④, ⑤이다.

답 ④, ⑤

중 42 먼저 분수를 기약분수로 고친 후, 분모의 소인수가 2나 5뿐인 것을 찾는다.

ㄱ. $\frac{5}{12}=\frac{5}{2^2\times3}$

ㄴ. $\frac{14}{35}=\frac{2}{5}$

ㄷ. $\frac{6}{2^3\times3^2\times5}=\frac{1}{2^2\times3\times5}$

ㄹ. $\frac{6}{45}=\frac{2}{15}=\frac{2}{3\times5}$

ㅁ. $\frac{9}{2\times3\times5^2}=\frac{3}{2\times5^2}$

이상에서 유한소수로 나타낼 수 있는 것은 ㄴ, ㅁ이다.

답 ㄴ, ㅁ

공략 비법

유한소수, 무한소수 판별법

❶ 주어진 분수를 기약분수로 나타낸다.
❷ 분모를 소인수분해한다.
❸ 분모의 소인수가
- 2나 5뿐이면 ➡ 유한소수
- 2와 5 이외의 다른 소인수가 있으면 ➡ 무한소수

중 43 분수가 유한소수로 나타내어지려면 분수를 기약분수로 나타내었을 때, 분모의 소인수가 2나 5뿐이어야 한다.

이때 a는 1보다 크고 10보다 작은 자연수이므로

$\frac{1}{2}$, $\frac{1}{3}$, $\frac{1}{4}=\frac{1}{2^2}$, $\frac{1}{5}$, $\frac{1}{6}=\frac{1}{2\times3}$, $\frac{1}{7}$, $\frac{1}{8}=\frac{1}{2^3}$, $\frac{1}{9}=\frac{1}{3^2}$

따라서 구하는 a의 값은 2, 4, 5, 8이다.

답 2, 4, 5, 8

상 44 달력에서 찾을 수 있는 분수는

$\frac{1}{8}$, $\frac{2}{9}$, $\frac{3}{10}$, $\frac{4}{11}$, $\frac{5}{12}$, $\frac{6}{13}$, $\frac{7}{14}$, $\frac{8}{15}$, $\frac{9}{16}$

이고, 이 분수 중 유한소수로 나타낼 수 있는 분수는

$\frac{1}{8}=\frac{1}{2^3}$, $\frac{3}{10}=\frac{3}{2\times5}$, $\frac{7}{14}=\frac{1}{2}$, $\frac{9}{16}=\frac{9}{2^4}$

의 4개이다.

답 4개

중 45 $\frac{33}{210}\times x=\frac{11}{70}\times x=\frac{11}{2\times5\times7}\times x$가 유한소수로 나타내어지려면 x는 7의 배수이어야 한다.

따라서 가장 작은 두 자리 자연수 x의 값은 14이다.

답 14

공략 비법

분수에 자연수 x를 곱하여 유한소수가 되도록 하려면

❶ 주어진 분수를 기약분수로 나타낸다.
❷ 분모를 소인수분해한다.
➡ x는 분모의 소인수 중 2와 5를 제외한 소인수들의 곱의 배수이다.

하 46 분수가 유한소수가 되려면 분수를 기약분수로 나타내었을 때, 분모의 소인수가 2나 5뿐이어야 하므로 a는 3×7, 즉 21의 배수이어야 한다.

따라서 a의 값이 될 수 없는 것은 ④이다.

답 ④

중 47 $\frac{13}{264}\times n=\frac{13}{2^3\times3\times11}\times n$이 유한소수가 되려면 n은 3×11, 즉 33의 배수이어야 한다. …… ㉮

따라서 100보다 작은 자연수 n은 33, 66, 99의 3개이다. …… ㉯

답 3개

채점 기준

㉮ n이 33의 배수임을 알기	60 %
㉯ 100보다 작은 자연수 n의 개수 구하기	40 %

상 48 $\frac{3}{165}\times a=\frac{1}{55}\times a=\frac{1}{5\times11}\times a$가 유한소수로 나타내어지려면 a는 11의 배수이어야 하고, $\frac{17}{56}\times a=\frac{17}{2^3\times7}\times a$가 유한소수로 나타내어지려면 a는 7의 배수이어야 하므로 a는 11과 7의 공배수, 즉 77의 배수이어야 한다.

따라서 가장 작은 자연수 a의 값은 77이다.

답 77

중 49 ① $\frac{54}{2^2\times5\times3}=\frac{9}{2\times5}$

② $\frac{54}{2^2\times5\times6}=\frac{9}{2^2\times5}$

③ $\frac{54}{2^2\times5\times15}=\frac{9}{2\times5^2}$

④ $\frac{54}{2^2\times5\times18}=\frac{3}{2^2\times5}$

⑤ $\frac{54}{2^2\times5\times21}=\frac{9}{2\times5\times7}$

따라서 x의 값이 될 수 없는 것은 ⑤이다.

답 ⑤

중 50 $\frac{6}{80\times x}=\frac{3}{40\times x}=\frac{3}{2^3\times5\times x}$이 유한소수가 되려면 x는 소인수가 2나 5로만 이루어진 수 또는 3의 약수 또는 이들의 곱으로 이루어진 수이어야 한다.

따라서 가장 큰 두 자리 자연수 x의 값은 96이다.

답 96

공략 비법

분수의 분모에 자연수 x를 곱하여 유한소수가 되도록 하려면

❶ 주어진 분수를 기약분수로 나타낸다.
❷ 분모를 소인수분해한다.
➡ x가 될 수 있는 수는
① 소인수가 2나 5뿐인 수
② ❶의 분자의 약수
③ ①, ②에 해당하는 수들의 곱

중 51 $\frac{9}{25\times x}=\frac{9}{5^2\times x}$가 유한소수로 나타내어지려면 x는 소인수가 2나 5로만 이루어진 수 또는 9의 약수 또는 이들의 곱으로 이루어진 수이어야 한다.

따라서 한 자리 자연수 x는

1, 2, 3, 4, 5, 6, 8, 9

이므로 구하는 합은

$1+2+3+4+5+6+8+9=38$

답 38

상 52 $\frac{21}{10\times x}=\frac{21}{2\times5\times x}$이 유한소수가 되려면 x는 소인수가 2나 5로만 이루어진 수 또는 21의 약수 또는 이들의 곱으로 이루어진 수이어야 한다.

따라서 20 미만의 자연수 x는 1, 2, 3, 4, 5, 6, 7, 8, 10, 12, 14, 15, 16의 13개이다.

답 13개

중 53 $\frac{x}{180}=\frac{x}{2^2\times3^2\times5}$가 유한소수가 되려면 x는 3^2, 즉 9의 배수이어야 한다.

또한, $\frac{x}{180}$를 기약분수로 나타내면 $\frac{7}{y}$이므로 x는 7의 배수이다.
따라서 x는 9와 7의 공배수, 즉 63의 배수이면서 두 자리 자연수이므로
$x=63$
$\frac{63}{180}=\frac{7}{20}$이므로 $y=20$
$\therefore x-y=63-20=43$ 답 43

중 54 조건 ㈎에서 x는 7의 배수이고, 조건 ㈏에서 x는 3의 배수이므로 x는 7과 3의 공배수, 즉 21의 배수이다.
따라서 가장 작은 세 자리 자연수 x의 값은 105이다. 답 105

중 55 $\frac{a}{136}=\frac{a}{2^3\times17}$가 유한소수가 되려면 a는 17의 배수이어야 한다.
이때 $30<a<40$이므로 $a=34$ …… ㉮
$\frac{34}{136}=\frac{1}{4}$이므로 $b=4$ …… ㉯
$\therefore a+b=34+4=38$ …… ㉰
답 38

채점 기준

㉮ a의 값 구하기	40 %
㉯ b의 값 구하기	40 %
㉰ $a+b$의 값 구하기	20 %

중 56 $\frac{27}{3^2\times5\times a}=\frac{3}{5\times a}$이 순환소수가 되려면 기약분수의 분모가 2와 5 이외의 소인수를 가져야 한다.
이때 a는 10보다 작은 자연수이므로
$a=3$ 또는 $a=6$ 또는 $a=7$ 또는 $a=9$
$a=3$일 때, $\frac{3}{5\times3}=\frac{1}{5}$
$a=6$일 때, $\frac{3}{5\times6}=\frac{1}{2\times5}$
$a=7$일 때, $\frac{3}{5\times7}$
$a=9$일 때, $\frac{3}{5\times9}=\frac{1}{3\times5}$
따라서 구하는 a의 값은 7, 9이다. 답 7, 9

공략 비법
분수 A를 기약분수로 나타내었을 때, 분모가 2와 5 이외의 소인수를 가지면 ➡ 분수 A는 순환소수로 나타내어진다.

중 57 $\frac{x}{165}=\frac{x}{3\times5\times11}$가 순환소수가 되려면 기약분수의 분모가 2와 5 이외의 소인수를 가져야 하므로 x는 3×11, 즉 33의 배수가 아니어야 한다.
따라서 x의 값이 될 수 없는 것은 ③이다. 답 ③

중 58 $\frac{42}{x}$가 순환소수가 되려면 기약분수의 분모가 2와 5 이외의 소인수를 가져야 한다.
① $\frac{42}{12}=\frac{7}{2}$ ② $\frac{42}{18}=\frac{7}{3}$ ③ $\frac{42}{21}=2$
④ $\frac{42}{35}=\frac{6}{5}$ ⑤ $\frac{42}{49}=\frac{6}{7}$
따라서 x의 값이 될 수 있는 것은 ②, ⑤이다. 답 ②, ⑤

상 59 $\frac{1}{3}=\frac{8}{24}$, $\frac{5}{8}=\frac{15}{24}$이므로 x는 8과 15 사이의 자연수이다.
이때 $\frac{x}{24}=\frac{x}{2^3\times3}$가 순환소수로 나타내어지려면 x는 3의 배수가 아니어야 한다.
따라서 8과 15 사이의 자연수 x는 10, 11, 13, 14의 4개이다.
답 4개

Lecture 02 순환소수의 분수 표현

Level A 개념 익히기 14쪽

01
순환소수 $0.\dot{2}\dot{3}$을 x로 놓으면
$x=0.232323\cdots$ …… ㉠
㉠의 양변에 [100]을 곱하면
[100]$x=23.232323\cdots$ …… ㉡
㉡에서 ㉠을 변끼리 빼면
[99]$x=$[23] $\therefore x=\frac{[23]}{99}$
답 풀이 참조

02
순환소수 $0.5\dot{1}$을 x로 놓으면
$x=0.5111\cdots$ …… ㉠
㉠의 양변에 [10]을 곱하면
[10]$x=5.111\cdots$ …… ㉡
또, ㉠의 양변에 [100]을 곱하면
[100]$x=51.111\cdots$ …… ㉢
㉢에서 ㉡을 변끼리 빼면
[90]$x=$[46] $\therefore x=\frac{[23]}{45}$
답 풀이 참조

03 $1.\dot{6}=\frac{16-1}{9}=\frac{5}{3}$ 답 $\frac{5}{3}$

04 $0.\dot{5}\dot{2}=\frac{52}{99}$ 답 $\frac{52}{99}$

05 $0.4\dot{5}=\frac{45-4}{90}=\frac{41}{90}$ 답 $\frac{41}{90}$

06 $0.5\dot{7}\dot{8}=\frac{578-5}{990}=\frac{191}{330}$ 답 $\frac{191}{330}$

중 07 $x=0.18\dot{4}=0.18444\cdots$이므로
$100x=18.444\cdots$, $1000x=184.444\cdots$
$\therefore 1000x-100x=166$
답 ⑤

하 08

순환소수 $0.3\dot{4}\dot{6}$을 x로 놓으면
$x=0.3464646\cdots$ …… ㉠
㉠의 양변에 (가) 10 을 곱하면
(가) 10 $x=3.464646\cdots$ …… ㉡
또, ㉠의 양변에 (나) 1000 을 곱하면
(나) 1000 $x=346.464646\cdots$ …… ㉢
㉢에서 ㉡을 변끼리 빼면
(다) 990 $x=$ (라) 343 $\therefore x=$ (마) $\frac{343}{990}$

답 (가) 10 (나) 1000 (다) 990 (라) 343 (마) $\frac{343}{990}$

중 09 [민정] $x=1.333\cdots$이므로 $10x=13.333\cdots$
$\therefore 10x-x=12$
[은수] $x=2.7555\cdots$이므로
$10x=27.555\cdots$, $100x=275.555\cdots$
$\therefore 100x-10x=248$
[규민] $x=3.252525\cdots$이므로 $100x=325.252525\cdots$
$\therefore 100x-x=322$
[성주] $x=5.2404040\cdots$이므로
$10x=52.404040\cdots$, $1000x=5240.404040\cdots$
$\therefore 1000x-10x=5188$
따라서 잘못 말한 학생은 은수뿐이다.
답 은수

중 10 ① $0.\dot{2}\dot{1}=\frac{21}{99}=\frac{7}{33}$
② $0.3\dot{5}=\frac{35-3}{90}=\frac{16}{45}$
③ $3.\dot{1}\dot{2}=\frac{312-3}{99}=\frac{103}{33}$
④ $0.\dot{2}3\dot{4}=\frac{234}{999}=\frac{26}{111}$
⑤ $1.1\dot{8}\dot{2}=\frac{1182-11}{990}=\frac{1171}{990}$
따라서 옳지 않은 것은 ③이다.
답 ③

공략 비법

순환소수를 분수로 나타내기
a, b, c가 0 또는 한 자리 자연수일 때,
① $0.\dot{a}=\frac{a}{9}$ ② $0.\dot{a}\dot{b}=\frac{ab}{99}$
③ $0.a\dot{b}=\frac{ab-a}{90}$ ④ $0.ab\dot{c}=\frac{abc-ab}{900}$

하 11 ① $0.7\dot{3}=\frac{73-7}{90}$ ② $0.1\dot{2}\dot{0}=\frac{120-1}{990}$
③ $4.0\dot{6}=\frac{406-40}{90}$ ⑤ $1.\dot{3}1\dot{5}=\frac{1315-1}{999}$
따라서 옳은 것은 ④이다.
답 ④

중 12 $3.6\dot{9}=\frac{369-36}{90}=\frac{37}{10}$이므로 …… ㉮
$a=10$, $b=37$ …… ㉯
$\therefore \frac{a}{b}=\frac{10}{37}=0.270270270\cdots=0.\dot{2}7\dot{0}$ …… ㉰
답 $0.\dot{2}7\dot{0}$

채점 기준

㉮ $3.6\dot{9}$를 기약분수로 나타내기	40 %
㉯ a, b의 값 구하기	20 %
㉰ $\frac{a}{b}$를 순환소수로 나타내기	40 %

상 13 $9\times\left(\frac{1}{10}+\frac{1}{10^3}+\frac{1}{10^5}+\cdots\right)$
$=9\times(0.1+0.001+0.00001+\cdots)$
$=9\times 0.101010\cdots$
$=9\times 0.\dot{1}\dot{0}$
$=9\times\frac{10}{99}$
$=\frac{10}{11}$
따라서 $a=11$, $b=10$이므로
$a-b=11-10=1$
답 1

중 14 $1.\dot{4}=\frac{14-1}{9}=\frac{13}{9}$이므로 처음 기약분수의 분자는 13이고,
$0.\dot{6}=\frac{6}{9}=\frac{2}{3}$이므로 처음 기약분수의 분모는 3이다.
$\therefore \frac{13}{3}=4.333\cdots=4.\dot{3}$
답 ⑤

공략 비법

기약분수를 소수로 나타내는데
① 분모를 잘못 보았다. ➡ 분자는 제대로 보았다.
② 분자를 잘못 보았다. ➡ 분모는 제대로 보았다.

중 15 $0.3\dot{6}=\frac{36-3}{90}=\frac{11}{30}$이므로 기약분수의 분자는 11이고,
$0.\dot{7}=\frac{7}{9}$이므로 기약분수의 분모는 9이다.
따라서 $a=9$, $b=11$이므로
$\frac{a}{b}=\frac{9}{11}=0.818181\cdots=0.\dot{8}\dot{1}$
답 $0.\dot{8}\dot{1}$

중 16 $a=2.\dot{4}\dot{5}=\frac{245-2}{99}=\frac{27}{11}$
$b=0.1\dot{9}\dot{0}=\frac{190-1}{990}=\frac{21}{110}$
$\therefore \frac{b}{a}=\frac{21}{110}\div\frac{27}{11}=\frac{21}{110}\times\frac{11}{27}=\frac{7}{90}=0.0777\cdots=0.0\dot{7}$
답 ④

하 17 $\frac{13}{3}-1.\dot{8}=\frac{13}{3}-\frac{18-1}{9}=\frac{13}{3}-\frac{17}{9}$

$=\frac{22}{9}=2.444\cdots=2.\dot{4}$ 답 ①

중 18 $0.8\dot{3}+1.\dot{3}=\frac{83-8}{90}+\frac{13-1}{9}=\frac{5}{6}+\frac{4}{3}=\frac{13}{6}$

따라서 $a=6$, $b=13$이므로

$a+b=6+13=19$ 답 19

중 19 $0.\dot{3}x-2=1.\dot{2}$에서 $\frac{3}{9}x-2=\frac{12-1}{9}$

$3x-18=11$, $3x=29$

$\therefore x=\frac{29}{3}=9.666\cdots=9.\dot{6}$ 답 ⑤

개념 보충 학습

계수가 분수인 일차방정식은 양변에 분모의 최소공배수를 곱하여 계수를 모두 정수로 고쳐서 푼다.

하 20 $\frac{16}{33}=a+0.\dot{3}\dot{4}$에서 $\frac{16}{33}=a+\frac{34}{99}$

$\therefore a=\frac{16}{33}-\frac{34}{99}=\frac{14}{99}=0.141414\cdots=0.\dot{1}\dot{4}$ 답 $0.\dot{1}\dot{4}$

중 21 $1.4\dot{7}=\frac{147-14}{90}=\frac{133}{90}=133\times\frac{1}{90}=133\times0.0\dot{1}$

$\therefore A=133$ …… ㉮

$0.\dot{5}=\frac{5}{9}=5\times\frac{1}{9}=5\times0.\dot{1}$

$\therefore B=5$ …… ㉯

$\therefore A-B=133-5=128$ …… ㉰

답 128

채점 기준

㉮ A의 값 구하기	40 %
㉯ B의 값 구하기	40 %
㉰ $A-B$의 값 구하기	20 %

중 22 $1.0\dot{6}=\frac{106-10}{90}=\frac{16}{15}=\frac{16}{3\times5}$

따라서 곱할 수 있는 자연수는 3의 배수이므로 가장 작은 자연수는 3이다. 답 3

중 23 $0.\dot{2}\dot{7}=\frac{27}{99}=\frac{3}{11}$

따라서 x는 11의 배수이어야 하므로 가장 작은 세 자리 자연수 x의 값은 110이다. 답 110

중 24 $1.4\dot{4}\dot{2}=\frac{1442-14}{990}=\frac{238}{165}=\frac{238}{3\times5\times11}$

따라서 A는 3×11, 즉 33의 배수이어야 하므로 A의 값이 될 수 있는 것은 ④이다. 답 ④

중 25 $0.19\dot{4}=\frac{194-19}{900}=\frac{7}{36}=\frac{7}{2^2\times3^2}$ …… ㉮

따라서 x는 3^2, 즉 9의 배수이어야 하므로

$a=9$, $b=99$ …… ㉯

$\therefore \frac{b}{a}=\frac{99}{9}=11$ …… ㉰

답 11

채점 기준

㉮ $0.19\dot{4}$를 기약분수로 나타내고, 분모를 소인수분해하기	40 %
㉯ a, b의 값 구하기	40 %
㉰ $\frac{b}{a}$의 값 구하기	20 %

중 26 ① 무한소수 중 순환소수만 유리수이다.

② $\frac{1}{3}=0.333\cdots$은 정수가 아닌 유리수이지만 유한소수로 나타낼 수 없다.

③ 모든 유리수는 분수로 나타낼 수 있다.

⑤ 순환소수 $0.\dot{2}\dot{7}$을 기약분수로 나타내면 $\frac{3}{11}$으로 분모가 3의 배수가 아니다.

따라서 옳은 것은 ④이다. 답 ④

중 27 ㄴ. $\frac{1}{3}=0.333\cdots$은 유리수이지만 유한소수가 아니다.

이상에서 옳은 것은 ㄱ, ㄷ, ㄹ이다. 답 ㄱ, ㄷ, ㄹ

중 28 ③ $\frac{3}{30}=\frac{1}{10}=0.1$은 분모가 30이지만 유한소수로 나타낼 수 있다.

④ 무한소수는 순환소수와 순환소수가 아닌 무한소수로 이루어져 있으므로 모두 순환소수로 나타낼 수는 없다.

답 ③, ④

단원 마무리 18~21쪽

Level B 필수 유형 정복하기

01 3	02 4	03 ⑤	04 ④	05 ②
06 117	07 221	08 ②, ④	09 ②	10 ④
11 ④	12 ③	13 7	14 ①	15 ①
16 3	17 ②	18 ④	19 (1) 6개 (2) 110	
20 5개	21 924	22 (1) 풀이 참조 (2) 21	23 9	
24 17				

01 전략 분수를 소수로 나타내어 순환마디를 구한다.

$\frac{5}{12}=0.41666\cdots=0.41\dot{6}$이므로 순환마디를 이루는 숫자의 개수는 1개이다.

$\therefore a=1$

$\frac{17}{22}=0.7727272\cdots=0.7\dot{7}\dot{2}$이므로 순환마디를 이루는 숫자의 개수는 2개이다.

$\therefore b=2$

$\therefore a+b=1+2=3$

02 전략 먼저 A, B 두 선수의 타율을 각각 소수로 나타낸다.

A 선수의 타율은

$\frac{12}{99}=0.121212\cdots=0.\dot{1}\dot{2}$

이므로 순환마디를 이루는 숫자의 개수는 2개이다.

이때 $19=2\times9+1$이므로 소수점 아래 19번째 자리의 숫자는 순환마디의 첫 번째 숫자인 1이다.

$\therefore a=1$

한편, B 선수의 타율은

$\frac{27}{111}=0.243243243\cdots=0.\dot{2}4\dot{3}$

이므로 순환마디를 이루는 숫자의 개수는 3개이다.

이때 $41=3\times13+2$이므로 소수점 아래 41번째 자리의 숫자는 순환마디의 2번째 숫자인 4이다.

$\therefore b=4$

$\therefore ab=1\times4=4$

03 전략 순환마디를 이루는 숫자의 개수를 이용하여 소수점 아래 65번째 자리의 숫자를 구한다.

$0.2\dot{3}84\dot{7}$의 순환마디를 이루는 숫자의 개수는 4개이고, 소수점 아래 2번째 자리에서 순환마디가 시작되므로 소수점 아래 65번째 자리의 숫자는 순환마디가 시작된 후 $65-1=64$(번째) 자리의 숫자와 같다.

이때 $64=4\times16$이므로 소수점 아래 65번째 자리의 숫자는 순환마디의 4번째 숫자인 7이다.

04 전략 분모가 10의 거듭제곱이 되도록 분모, 분자에 같은 수를 곱한다.

$\frac{7}{250}=\frac{7}{2\times5^3}=\frac{7\times\boxed{(가)\ 2^2}}{2\times5^3\times\boxed{(가)\ 2^2}}=\frac{\boxed{(나)\ 28}}{10^{\boxed{(다)\ 3}}}=\boxed{(라)\ 0.028}$

05 전략 분모의 소인수가 2나 5뿐인 것을 찾는다.

(i) 분모의 소인수가 2뿐인 분수

$\frac{1}{2}, \frac{1}{4}, \frac{1}{8}, \frac{1}{16}, \frac{1}{32}$의 5개

(ii) 분모의 소인수가 5뿐인 분수

$\frac{1}{5}, \frac{1}{25}$의 2개

(iii) 분모의 소인수가 2와 5뿐인 분수

$\frac{1}{10}, \frac{1}{20}, \frac{1}{40}, \frac{1}{50}$의 4개

이상에서 주어진 분수 중 유한소수로 나타낼 수 있는 것의 개수는

$5+2+4=11$(개)

06 전략 유한소수로 나타낼 수 있는 분수는 기약분수로 나타내었을 때, 분모의 소인수가 2나 5뿐임을 이용한다.

$\frac{x}{2^3\times3\times13}$가 유한소수로 나타내어지려면 x는 3×13, 즉 39의 배수이어야 한다.

따라서 가장 작은 세 자리 자연수 x의 값은 117이다.

07 전략 두 분수를 기약분수로 나타내었을 때, 각각의 분모의 소인수가 2나 5뿐이어야 한다.

$\frac{45}{306}\times A=\frac{5}{34}\times A=\frac{5}{2\times17}\times A$가 유한소수로 나타내어지려면 A는 17의 배수이어야 하고, $\frac{17}{130}\times A=\frac{17}{2\times5\times13}\times A$가 유한소수로 나타내어지려면 A는 13의 배수이어야 하므로 A는 17과 13의 공배수, 즉 221의 배수이어야 한다.

따라서 가장 작은 자연수 A의 값은 221이다.

08 전략 유한소수로 나타낼 수 있는 분수는 기약분수로 나타내었을 때, 분모의 소인수가 2나 5뿐임을 이용한다.

$\frac{18}{60\times a}=\frac{3}{10\times a}=\frac{3}{2\times5\times a}$

① $\frac{3}{2\times5\times6}=\frac{1}{2^2\times5}$ ② $\frac{3}{2\times5\times7}$

③ $\frac{3}{2\times5\times8}=\frac{3}{2^4\times5}$ ④ $\frac{3}{2\times5\times9}=\frac{1}{2\times3\times5}$

⑤ $\frac{3}{2\times5\times10}=\frac{3}{2^2\times5^2}$

따라서 a의 값이 될 수 없는 것은 ②, ④이다.

09 전략 먼저 $\frac{a}{150}$의 분모를 소인수분해한다.

$\frac{a}{150}=\frac{a}{2\times3\times5^2}$가 유한소수가 되려면 a는 3의 배수이어야 한다.

이때 $10<a<15$이므로 $a=12$

$\frac{12}{150}=\frac{2}{25}$이므로 $b=25$

$\therefore b-a=25-12=13$

10 전략 순환소수로 나타낼 수 있는 분수는 기약분수로 나타내었을 때, 분모가 2와 5 이외의 소인수를 가짐을 이용한다.

$\frac{7}{2\times5^2\times n}$이 순환소수가 되려면 기약분수의 분모가 2와 5 이외의 소인수를 가져야 한다.

이때 n은 한 자리 자연수이므로

$n=3$ 또는 $n=6$ 또는 $n=9$

따라서 모든 n의 값의 합은

$3+6+9=18$

참고 $n=7$일 때, $\frac{7}{2\times5^2\times7}=\frac{1}{2\times5^2}$

11 전략 x의 양변에 10의 거듭제곱을 곱하여 소수점 아래의 부분이 같은 두 식을 만든다.

각각의 순환소수를 분수로 나타낼 때, 가장 편리한 식은 다음과 같다.

① $1000x-100x$ ② $100x-x$

③ $1000x-10x$ ④ $1000x-x$

⑤ $100x-10x$

12 전략 a, b, c, d가 0 또는 한 자리 자연수일 때, $a.b\dot{c}\dot{d}=\frac{abcd-ab}{990}$임을 이용한다.

③ 분수로 나타내면 $\frac{2041-20}{990}=\frac{2021}{990}$이다.

13 전략 순환소수를 기약분수로 나타낸 후 x의 값을 구한다.

$0.1\dot{5}=\frac{15-1}{90}=\frac{7}{45}$이므로 $x=7$

14 전략 처음 기약분수에서 윤기는 분자를 제대로 보았고, 정국이는 분모를 제대로 보았음을 이용한다.

$1.\dot{3}=\frac{13-1}{9}=\frac{4}{3}$이므로 처음 기약분수의 분자는 4이고,

$0.\dot{4}\dot{2}=\frac{42}{99}=\frac{14}{33}$이므로 처음 기약분수의 분모는 33이다.

$\therefore \frac{4}{33}=0.121212\cdots=0.\dot{1}\dot{2}$

15 전략 순환소수를 분수로 나타내어 계산한다.

$0.\dot{1}3\dot{5}=\frac{135}{999}=135\times\frac{1}{999}=135\times\boxed{0.\dot{0}0\dot{1}}$

16 전략 어떤 자연수를 x라 하고 주어진 문제를 식으로 나타낸다.

어떤 자연수를 x라 하면

$x\times2.6=x\times2.\dot{6}-0.2$이므로

$2.\dot{6}x-2.6x=0.2$, $\frac{26-2}{9}x-\frac{26}{10}x=\frac{2}{10}$

$\frac{8}{3}x-\frac{13}{5}x=\frac{1}{5}$, $40x-39x=3$ $\therefore x=3$

따라서 어떤 자연수는 3이다.

17 전략 순환소수를 기약분수로 나타낸 후 분모의 소인수가 2나 5뿐이어야 함을 이용한다.

$0.4\dot{8}=\frac{48-4}{90}=\frac{22}{45}=\frac{22}{3^2\times5}$

따라서 n은 3^2, 즉 9의 배수이어야 하므로 n의 값이 될 수 없는 것은 ②이다.

18 전략 유한소수와 순환소수는 모두 유리수이다.

① 유한소수는 모두 유리수이다.

② 순환소수는 모두 유리수이다.

③ 순환소수는 유한소수로 나타낼 수 없지만 유리수이다.

⑤ $1.\dot{6}=\frac{16-1}{9}=\frac{5}{3}$, $2.\dot{7}=\frac{27-2}{9}=\frac{25}{9}$이므로 분모가 다르다.

따라서 옳은 것은 ④이다.

19 전략 $\frac{23}{7}$을 소수로 나타내어 순환마디를 구한다.

(1) $\frac{23}{7}=3.285714285714\cdots=3.\dot{2}8571\dot{4}$이므로 순환마디를 이루는 숫자의 개수는 6개이다. ⋯⋯ ㉮

(2) $25=6\times4+1$이므로 소수점 아래 첫째 자리부터 25번째 자리까지 순환마디가 4번 반복되고, 마지막 25번째 자리의 숫자는 순환마디의 첫 번째 숫자인 2이다.

$\therefore x_1+x_2+x_3+\cdots+x_{25}$
$=(2+8+5+7+1+4)\times4+2$
$=27\times4+2=110$ ⋯⋯ ㉯

채점 기준

(1)	㉮ 순환마디를 이루는 숫자의 개수 구하기	30 %
(2)	㉯ $x_1+x_2+x_3+\cdots+x_{25}$의 값 구하기	70 %

20 전략 분모를 소인수분해한 후 유한소수로 나타낼 수 있도록 하는 분자의 조건을 생각한다.

구하는 분수를 $\frac{a}{45}$라 하자.

$\frac{a}{45}=\frac{a}{3^2\times5}$가 유한소수로 나타내어지려면 a는 3^2, 즉 9의 배수이어야 한다.

이때 $\frac{1}{9}=\frac{5}{45}$, $\frac{7}{5}=\frac{63}{45}$이므로 a는 5와 63 사이의 자연수 중 45를 제외한 9의 배수이다. ⋯⋯ ㉮

따라서 유한소수로 나타낼 수 있는 분수는 $\frac{9}{45}$, $\frac{18}{45}$, $\frac{27}{45}$, $\frac{36}{45}$, $\frac{54}{45}$의 5개이다. ⋯⋯ ㉯

채점 기준

㉮ 분자의 조건 구하기	60 %
㉯ 유한소수로 나타낼 수 있는 분수의 개수 구하기	40 %

참고 $a=45$이면 $\frac{a}{45}=\frac{45}{45}=1$로 정수가 아닌 분수라는 조건에 맞지 않으므로 $a=45$인 경우는 제외해야 한다.

21 전략 먼저 $\frac{x}{420}$의 분모를 소인수분해한다.

$\frac{x}{420}=\frac{x}{2^2\times3\times5\times7}$ ⋯⋯ ㉠ ⋯⋯ ㉮

조건 ㈎에서 ㉠이 유한소수가 되므로 x는 3×7, 즉 21의 배수이다.

또, 조건 ㈏, ㈐에서 x는 11의 배수이고 세 자리 자연수이므로 x는 21과 11의 공배수, 즉 231의 배수 중 세 자리 자연수이다. ⋯⋯ ㉯

따라서 가장 큰 자연수 x의 값은 924이다. ⋯⋯ ㉰

채점 기준

㉮ $\frac{x}{420}$의 분모를 소인수분해하기	20 %
㉯ x의 값의 조건 구하기	60 %
㉰ 가장 큰 자연수 x의 값 구하기	20 %

22 전략 y가 유한소수가 되도록 하는 분모의 조건을 생각한다.

(1) y가 유한소수가 되려면 기약분수의 분모의 소인수가 2나 5뿐이어야 한다. ⋯⋯ ㉮

(2) $y=\frac{33}{2^2\times5\times x}$이 유한소수가 되도록 하는 20 이하의 소수 x는 2, 3, 5, 11이다. ⋯⋯ ㉯

따라서 모든 x의 값의 합은

$2+3+5+11=21$ ⋯⋯ ㉰

채점 기준

(1)	㉮ y가 유한소수가 되기 위한 조건 말하기	30 %
(2)	㉯ x의 값 구하기	40 %
	㉰ 모든 x의 값의 합 구하기	30 %

참고 $x=3$일 때, $y=\frac{33}{2^2\times5\times3}=\frac{11}{2^2\times5}$

$x=11$일 때, $y=\frac{33}{2^2\times5\times11}=\frac{3}{2^2\times5}$

23 전략 먼저 순환소수를 기약분수 $\frac{y}{x}$로 나타내고, $\frac{y}{x}$의 역수는 $\frac{x}{y}$임을 이용한다.

$0.0\dot{6}=\frac{6}{99}=\frac{2}{33}$이므로 $a=\frac{33}{2}$ …… ㉮

$1.8\dot{3}=\frac{183-18}{90}=\frac{11}{6}$이므로 $b=\frac{6}{11}$ …… ㉯

$\therefore ab=\frac{33}{2}\times\frac{6}{11}=9$ …… ㉰

채점 기준

㉮ a의 값 구하기	40 %
㉯ b의 값 구하기	40 %
㉰ ab의 값 구하기	20 %

24 전략 좌변의 순환소수를 분수로 나타내어 계산한다.

$(0.\dot{6})^2\div1.\dot{1}\dot{3}=\left(\frac{6}{9}\right)^2\div\frac{113-1}{99}=\frac{4}{9}\div\frac{112}{99}$

$=\frac{4}{9}\times\frac{99}{112}=\frac{11}{28}$ …… ㉮

따라서 $a=28$, $b=11$이므로 …… ㉯

$a-b=28-11=17$ …… ㉰

채점 기준

㉮ 좌변의 순환소수를 분수로 나타내어 계산하기	60 %
㉯ a, b의 값 구하기	20 %
㉰ $a-b$의 값 구하기	20 %

단원 마무리 22~23쪽

Level C 발전 유형 정복하기

01 ⑤	02 ④	03 63	04 ③	05 106
06 50개	07 ⑤	08 4개	09 55	10 90
11 17, 19, 22, 23, 26, 28, 29			12 $0.\dot{6}$	

01 전략 $\frac{2}{11}$를 소수로 나타낸 후 n이 홀수일 때와 짝수일 때로 나누어 생각한다.

$\frac{2}{11}=0.181818\cdots=0.\dot{1}\dot{8}$

ㄱ. $0.\dot{1}\dot{8}$의 소수점 아래 7번째 자리의 숫자는 1이므로
$f(7)=1$

ㄴ. (i) n이 홀수일 때,
$f(n)=1$이고, $n+2$도 홀수이므로 $f(n+2)=1$
$\therefore f(n)=f(n+2)$
(ii) n이 짝수일 때,
$f(n)=8$이고, $n+2$도 짝수이므로 $f(n+2)=8$
$\therefore f(n)=f(n+2)$
(i), (ii)에서 $f(n)=f(n+2)$

ㄷ. (i) n이 홀수일 때,
$f(n)=1$이고, $n+1$은 짝수이므로 $f(n+1)=8$
$\therefore f(n)+f(n+1)=1+8=9$
(ii) n이 짝수일 때,
$f(n)=8$이고, $n+1$은 홀수이므로 $f(n+1)=1$
$\therefore f(n)+f(n+1)=8+1=9$
(i), (ii)에서 $f(n)+f(n+1)=9$

이상에서 ㄱ, ㄴ, ㄷ 모두 옳다.

02 전략 조건 (다)에서 x는 유한소수로 나타낼 수 없으므로 기약분수로 나타내었을 때, 분모에 2와 5 이외의 소인수가 있어야 한다.

조건 (가), (나)에서 $\frac{10}{30}<x<\frac{20}{30}$

이때 $30=2\times3\times5$이므로

조건 (다)에서 x는 $\frac{11}{30}$, $\frac{13}{30}$, $\frac{14}{30}$, $\frac{16}{30}$, $\frac{17}{30}$, $\frac{19}{30}$의 6개이다.

03 전략 두 분수가 모두 정수가 아닌 유리수이므로 n의 값이 될 수 없는 수를 생각해야 한다.

$\frac{n}{6}=\frac{n}{2\times3}$이 유한소수로 나타내어지려면 n은 3의 배수이어야 하고, $\frac{n}{14}=\frac{n}{2\times7}$이 유한소수로 나타내어지려면 n은 7의 배수이어야 하므로 n은 3과 7의 공배수, 즉 21의 배수이어야 한다.

또한, $\frac{n}{6}$이 정수가 아닌 유리수이므로 n은 6의 배수가 아니어야 하고, $\frac{n}{14}$도 정수가 아닌 유리수이므로 n은 14의 배수도 아니어야 한다.

따라서 n은 21, 63, 105, …이므로 가장 큰 두 자리 자연수 n의 값은 63이다.

04 전략 기약분수를 소수로 나타내었을 때, 유한소수가 되려면 분모의 소인수가 2나 5뿐이어야 한다.

$\frac{a}{2^2\times3\times b}$가 유한소수가 되려면 a는 3의 배수이어야 한다.

이때 a는 한 자리 자연수이므로

$a=3$ 또는 $a=6$ 또는 $a=9$

(i) $a=3$일 때, b도 한 자리 자연수이므로
$\frac{3}{2^2\times3\times b}=\frac{1}{2^2\times b}$이 유한소수가 되도록 하는 순서쌍 (a, b)는 (3, 1), (3, 2), (3, 4), (3, 5), (3, 8)의 5개이다.

(ii) $a=6$일 때, b도 한 자리 자연수이므로
$\frac{6}{2^2\times3\times b}=\frac{1}{2\times b}$이 유한소수가 되도록 하는 순서쌍 (a, b)는 (6, 1), (6, 2), (6, 4), (6, 5), (6, 8)의 5개이다.

(iii) $a=9$일 때, b도 한 자리 자연수이므로
$\frac{9}{2^2\times3\times b}=\frac{3}{2^2\times b}$이 유한소수가 되도록 하는 순서쌍 (a, b)는 (9, 1), (9, 2), (9, 3), (9, 4), (9, 5), (9, 6), (9, 8)의 7개이다.

이상에서 구하는 순서쌍 (a, b)의 개수는
$5+5+7=17$(개)

05 전략 먼저 $\frac{a}{360}$의 분모를 소인수분해한다.

$\frac{a}{360}=\frac{a}{2^3\times3^2\times5}$가 유한소수가 되려면 a는 3^2, 즉 9의 배수이

어야 한다.
이때 a는 100보다 크고 150보다 작은 자연수이므로
$a=108$ 또는 $a=117$ 또는 $a=126$ 또는 $a=135$ 또는
$a=144$
a의 값을 각각 $\frac{a}{360}$에 대입하여 기약분수로 나타내면
$\frac{108}{360}=\frac{3}{10}$, $\frac{117}{360}=\frac{13}{40}$, $\frac{126}{360}=\frac{7}{20}$, $\frac{135}{360}=\frac{3}{8}$, $\frac{144}{360}=\frac{2}{5}$
따라서 $a=126$, $b=20$이므로
$a-b=126-20=106$

06 전략 소수점 아래 첫째 자리부터 순환마디가 시작되는 순환소수를 분수로 나타냈을 때, 분모를 어떤 꼴로 나타낼 수 있는지 파악해 본다.
분수를 소수로 나타냈을 때, 소수점 아래 첫째 자리부터 순환마디가 시작되는 순환소수가 되려면 분모를 9, 99, 999, …의 꼴로 나타낼 수 있어야 한다.
$\frac{x}{198}=\frac{x}{9\times22}=\frac{x}{99\times2}$에서 x는 22의 배수이거나 2의 배수이어야 하므로 x는 2의 배수이어야 한다.
따라서 100 이하의 자연수 x는 2, 4, 6, ⋯, 100의 50개이다.

07 전략 순환소수를 분수로 나타내어 분모를 같게 한 후 대소를 비교한다.
$0.3\dot{2}=\frac{32-3}{90}=\frac{29}{90}$, $0.\dot{7}\dot{2}=\frac{72}{99}=\frac{8}{11}$
① $\frac{4}{15}=\frac{24}{90}$ $\therefore \frac{4}{15}<0.3\dot{2}$
② $\frac{7}{30}=\frac{21}{90}$ $\therefore \frac{7}{30}<0.3\dot{2}$
③ $\frac{13}{45}=\frac{26}{90}$ $\therefore \frac{13}{45}<0.3\dot{2}$
④ $0.\dot{7}\dot{2}=\frac{720}{990}$, $\frac{67}{90}=\frac{737}{990}$ $\therefore 0.\dot{7}\dot{2}<\frac{67}{90}$
⑤ $0.3\dot{2}=\frac{319}{990}$, $0.\dot{7}\dot{2}=\frac{720}{990}$, $\frac{43}{99}=\frac{430}{990}$
$\therefore 0.3\dot{2}<\frac{43}{99}<0.\dot{7}\dot{2}$
따라서 $0.3\dot{2}$와 $0.\dot{7}\dot{2}$ 사이의 수는 ⑤이다.

08 전략 먼저 $\frac{a}{280}$의 분모를 소인수분해한다.
$\frac{a}{280}=\frac{a}{2^3\times5\times7}$가 유한소수가 되려면 a는 7의 배수이어야 한다.
$0.\dot{4}<\frac{a}{90}<0.\dot{7}$에서 $\frac{4}{9}<\frac{a}{90}<\frac{7}{9}$이므로
$\frac{40}{90}<\frac{a}{90}<\frac{70}{90}$ $\therefore 40<a<70$ ...... ㉠
따라서 ㉠을 만족하는 7의 배수 a는 42, 49, 56, 63의 4개이다.

09 전략 먼저 $1.\dot{8}\dot{1}$을 기약분수로 나타낸다.
$1.\dot{8}\dot{1}=\frac{181-1}{99}=\frac{20}{11}=\frac{2^2\times5}{11}$
따라서 x는 $5\times11\times\square^2$ 꼴이어야 하므로 가장 작은 자연수 x의 값은 55이다.

10 전략 $\frac{7}{13}$을 소수로 나타내어 순환마디를 구한다.
$\frac{7}{13}=0.538461538461\cdots=0.\dot{5}3846\dot{1}$이므로 순환마디를 이루는 숫자의 개수는 6개이다. ...... ㉮
a_n은 $\frac{7}{13}$을 소수로 나타내었을 때, 소수점 아래 n번째 자리의 숫자이다. ...... ㉯
이때 $50=6\times8+2$이므로 소수점 아래 첫째 자리부터 50번째 자리까지 순환마디가 8번 반복되고, 49번째, 50번째 자리의 숫자는 각각 순환마디의 첫 번째, 두 번째 숫자인 5, 3이다.
$\therefore a_1-a_2+a_3-a_4+a_5-a_6+\cdots+a_{49}-a_{50}$
$=(5-3+8-4+6-1)\times8+5-3$
$=11\times8+2=90$ ...... ㉰

채점 기준

㉮ 순환마디를 이루는 숫자의 개수 구하기	20 %
㉯ a_n의 의미 알기	30 %
㉰ $a_1-a_2+a_3-a_4+\cdots+a_{49}-a_{50}$의 값 구하기	50 %

11 전략 $\frac{1}{2}<\frac{15}{x}<1$에서 분자를 같게 하여 x의 값의 범위를 구한다.
$\frac{15}{x}$는 기약분수이므로 x는 3의 배수도 아니어야 하고 5의 배수도 아니어야 한다.
또, $\frac{15}{x}$가 순환소수가 되려면 x는 2와 5 이외의 소인수를 가져야 한다. ...... ㉮
$\frac{1}{2}<\frac{15}{x}<1$에서 $\frac{15}{30}<\frac{15}{x}<\frac{15}{15}$이므로
$15<x<30$ ...... ㉯
따라서 구하는 x의 값은 17, 19, 22, 23, 26, 28, 29이다. ...... ㉰

채점 기준

㉮ x의 조건 구하기	40 %
㉯ x의 값의 범위 구하기	30 %
㉰ 모든 x의 값 구하기	30 %

12 전략 순환소수를 분수로 나타내어 계산한다.
$0.a\dot{b}-0.b\dot{a}=0.3\dot{5}$이므로
$\frac{10a+b-a}{90}-\frac{10b+a-b}{90}=\frac{35-3}{90}$
$(9a+b)-(a+9b)=32$
$\therefore a-b=4$ ...... ㉠ ...... ㉮
이때 a, b는 $b<a<6$인 자연수이므로 ㉠에 의하여
$a=5$, $b=1$ ...... ㉯
$\therefore 0.a\dot{b}+0.b\dot{a}=0.5\dot{1}+0.1\dot{5}=\frac{51-5}{90}+\frac{15-1}{90}$
$=\frac{2}{3}=0.666\cdots=0.\dot{6}$ ...... ㉰

채점 기준

㉮ a, b 사이의 관계식 구하기	50 %
㉯ a, b의 값 구하기	20 %
㉰ $0.a\dot{b}+0.b\dot{a}$의 값을 순환소수로 나타내기	30 %

참고 $a>b$이므로 $0.a\dot{b}>0.b\dot{a}$ $\therefore 0.a\dot{b}-0.b\dot{a}=0.3\dot{5}$

2. 단항식의 계산

Lecture 03 지수법칙

Level A 개념 익히기 26~27쪽

01 답 3^7

02 답 x^4

03 답 5^6

04 답 a^{15}

참고 l, m, n이 자연수일 때, $a^l \times a^m \times a^n = a^{l+m+n}$

05 답 x^9y^7

06 (주어진 식)$=(-1)^9=-1$ 답 -1

참고 $(-1)^n = \begin{cases} 1 & (n\text{이 짝수}) \\ -1 & (n\text{이 홀수}) \end{cases}$

07 답 7^9

08 답 x^{12}

09 (주어진 식)$=2^{15}\times 2^6=2^{21}$ 답 2^{21}

10 (주어진 식)$=x^{18}\times x^{20}=x^{38}$ 답 x^{38}

11 (주어진 식)$=a^{10}\times b^7\times b^4=a^{10}b^{11}$ 답 $a^{10}b^{11}$

12 답 x^5

13 답 1

14 답 $\dfrac{1}{x^5}$

15 답 y^8

16 (주어진 식)$=a^4\div a^8=\dfrac{1}{a^4}$ 답 $\dfrac{1}{a^4}$

참고 세 개 이상의 수의 나눗셈은 앞에서부터 차례대로 계산한다.

17 (주어진 식)$=x^{12}\div x^{12}=1$ 답 1

18 답 a^3b^6

19 (주어진 식)$=(-3)^4\times(x^4)^4=81x^{16}$ 답 $81x^{16}$

참고 $(-a)^n = \begin{cases} a^n & (n\text{이 짝수}) \\ -a^n & (n\text{이 홀수}) \end{cases}$

20 답 $4x^6y^4$

참고 m이 자연수일 때, $(abc)^m=a^mb^mc^m$

21 답 $\dfrac{a^4}{b^{12}}$

22 답 $-\dfrac{x^6}{y^{15}}$

Level B 유형 공략하기 27~31쪽

중 **23** ① $x^4\times x^5=x^9$이므로

$\square=9$

② $a\times a^{\square}\times a=a^{1+\square+1}=a^6$이므로

$1+\square+1=6$ $\therefore \square=4$

③ $x^2\times x\times x^{\square}=x^{2+1+\square}=x^8$이므로

$2+1+\square=8$ $\therefore \square=5$

④ $a^4\times b^2\times a^2\times b^8=(a^4\times a^2)\times(b^2\times b^8)=a^6b^{10}$이므로

$\square=6$

⑤ $x\times y^{\square}\times x^3\times y^2=(x\times x^3)\times(y^{\square}\times y^2)=x^4y^{\square+2}=x^4y^5$

이므로

$\square+2=5$ $\therefore \square=3$

따라서 $\square$ 안에 알맞은 수가 가장 작은 것은 ⑤이다.

답 ⑤

공략 비법

지수법칙을 이용하여 좌변을 간단히 한 후, 자연수 m, n에 대하여 $a^m=a^n$이면 $m=n$임을 이용한다. (단, $a\neq 0$, $a\neq 1$)

하 **24** $2^x\times 2^4=2^{x+4}$

$128=2^7$

즉, $2^{x+4}=2^7$이므로

$x+4=7$ $\therefore x=3$

답 3

중 **25** $ab=3^x\times 3^y=3^{x+y}$

이때 $x+y=4$이므로

$ab=3^4=81$

답 81

상 **26** $1\times2\times3\times4\times5\times6\times7\times8\times9\times10$

$=1\times2\times3\times2^2\times5\times(2\times3)\times7\times2^3\times3^2\times(2\times5)$

$=(2\times2^2\times2\times2^3\times2)\times(3\times3\times3^2)\times(5\times5)\times7$

$=2^8\times3^4\times5^2\times7$

따라서 $a=8$, $b=4$, $c=2$, $d=1$이므로

$a+b+c+d=8+4+2+1=15$

답 ⑤

중 **27** $(x^2)^3\times x^4=x^6\times x^4=x^{10}$

$(x^a)^2=x^{2a}$

즉, $x^{10}=x^{2a}$이므로

$10=2a$ $\therefore a=5$

답 5

하 **28** $(a^3)^4\times b^3\times a\times(b^2)^3=a^{12}\times b^3\times a\times b^6$

$=(a^{12}\times a)\times(b^3\times b^6)$

$=a^{13}b^9$

답 ⑤

중 **29** $(2^2)^{㉠}\times(5^3)^3\times2\times5^4=2^{2\times㉠}\times5^9\times2\times5^4$

$=(2^{2\times㉠}\times2)\times(5^9\times5^4)$

$=2^{2\times㉠+1}\times5^{13}$

즉, $2^{2\times㉠+1}\times5^{13}=2^9\times5^{㉡}$이므로

$2\times㉠+1=9$, $13=㉡$ $\therefore ㉠=4$, $㉡=13$

따라서 구하는 합은

$4+13=17$

답 ③

중 30 $3^a \times 27^2 = 3^a \times (3^3)^2 = 3^a \times 3^6 = 3^{a+6}$
$9^5 = (3^2)^5 = 3^{10}$
즉, $3^{a+6} = 3^{10}$이므로 …… ㉮
$a+6=10$ $\therefore a=4$ …… ㉯
답 4

채점 기준

㉮ 지수법칙을 이용하여 식을 간단히 하기	60 %
㉯ a의 값 구하기	40 %

공략 비법
지수법칙은 밑이 같은 경우에만 성립하므로 밑이 다른 경우에는
➡ 소인수분해를 이용하여 밑을 같게 한 후, 지수법칙을 이용한다.

중 31 ① $a^6 \div a^3 = a^3$
② $a \div a^5 = \dfrac{1}{a^4}$
③ $(a^3)^2 \div a^4 \div a^2 = a^6 \div a^4 \div a^2 = a^2 \div a^2 = 1$
④ $a^7 \div a^4 \div (a^2)^3 = a^7 \div a^4 \div a^6 = a^3 \div a^6 = \dfrac{1}{a^3}$
⑤ $(a^5)^4 \div a^8 \div (a^2)^2 = a^{20} \div a^8 \div a^4 = a^{12} \div a^4 = a^8$
따라서 옳은 것은 ③, ⑤이다. 답 ③, ⑤

중 32 $x^{10} \div (x^2)^4 \div x^{\square} = x^{10} \div x^8 \div x^{\square}$
$= x^2 \div x^{\square}$
즉, $x^2 \div x^{\square} = 1$이므로 $\square = 2$ 답 2

중 33 [지수] $3^4 \div (3 \div 3^2) = 3^4 \div \dfrac{1}{3} = 3^4 \times 3 = 3^5$
[성민] $(3^2)^6 \div 3^4 = 3^{12} \div 3^4 = 3^8$
[윤희] $3^5 \times \left(3^2 \div \dfrac{1}{3^4}\right) = 3^5 \times (3^2 \times 3^4) = 3^5 \times 3^6 = 3^{11}$
[영석] $3^8 \times \dfrac{1}{3} \div 3^4 = 3^7 \div 3^4 = 3^3$
따라서 계산 결과가 가장 큰 것을 가지고 있는 학생은 윤희이다. 답 윤희

중 34 $\dfrac{5^{7-x}}{5^{2x-2}} = 5^{7-x-(2x-2)} = 5^{-3x+9}$
$125 = 5^3$
즉, $5^{-3x+9} = 5^3$이므로
$-3x+9=3,\ -3x=-6$ $\therefore x=2$ 답 2

참고 $\dfrac{5^{7-x}}{5^{2x-2}} = 125$에서 우변이 1 또는 분수 꼴이 아니므로
$7-x > 2x-2$임을 알 수 있다.

중 35 $(-4x^3y)^a = (-4)^a x^{3a} y^a = 256 x^b y^c$이므로
$(-4)^a = 256,\ 3a=b,\ a=c$
따라서 $a=4,\ b=12,\ c=4$이므로
$a+b+c=4+12+4=20$ 답 20

하 36 ① $(a^4b^6)^2 = a^8b^{12}$
② $(2x^2y)^3 = 8x^6y^3$
④ $(-6x^3y^5)^2 = 36x^6y^{10}$
⑤ $(-3x^2y^4)^3 = -27x^6y^{12}$
답 ③

중 37 (정육면체의 부피) $=$ (한 모서리의 길이)^3
$= (4ab^2)^3$
$= 64a^3b^6$ 답 $64a^3b^6$

개념 보충 학습
정육면체의 부피
한 모서리의 길이가 a인 정육면체의 부피 V는
$V = a \times a \times a = a^3$

중 38 54를 소인수분해하면 $54 = 2 \times 3^3$이므로 …… ㉮
$54^4 = (2 \times 3^3)^4 = 2^4 \times 3^{12}$
따라서 $x=3,\ y=12$이므로 …… ㉯
$x+y=3+12=15$ …… ㉰
답 15

채점 기준

㉮ 54를 소인수분해하기	30 %
㉯ x, y의 값 구하기	50 %
㉰ $x+y$의 값 구하기	20 %

중 39 $\left(-\dfrac{3x^2}{y^a}\right)^3 = -\dfrac{27x^6}{y^{3a}} = -\dfrac{bx^c}{y^{15}}$이므로
$3a=15,\ 27=b,\ 6=c$
따라서 $a=5,\ b=27,\ c=6$이므로
$a+b-c=5+27-6=26$ 답 ④

하 40 ㄴ. $\left(-\dfrac{x^2}{y^3}\right)^3 = -\dfrac{x^6}{y^9}$ ㄹ. $\left(-\dfrac{5x}{3y^2}\right)^2 = \dfrac{25x^2}{9y^4}$
이상에서 옳은 것은 ㄱ, ㄷ이다. 답 ②

중 41 $\left(\dfrac{ax}{y^bz^2}\right)^5 = \dfrac{a^5x^5}{y^{5b}z^{10}} = \dfrac{32x^5}{y^{10}z^c}$이므로
$a^5=32,\ 5b=10,\ 10=c$
따라서 $a=2,\ b=2,\ c=10$이므로
$a-b+c=2-2+10=10$ 답 10

상 42 $(0.\dot{1})^p = \left(\dfrac{1}{9}\right)^p = \left(\dfrac{1}{3^2}\right)^p = \dfrac{1}{3^{2p}} = \dfrac{1}{3^{10}}$
이므로 $2p=10$ $\therefore p=5$
$(5.\dot{4})^6 = \left(\dfrac{49}{9}\right)^6 = \left\{\left(\dfrac{7}{3}\right)^2\right\}^6 = \left(\dfrac{7}{3}\right)^{12} = \left(\dfrac{7}{3}\right)^q$
이므로 $q=12$
$\therefore pq=5 \times 12=60$ 답 60

개념 보충 학습
순환소수를 분수로 나타내기
a, b가 0 또는 한 자리 자연수일 때,
① $0.\dot{a} = \dfrac{a}{9}$ ② $a.\dot{b} = \dfrac{ab-a}{9}$

중 43 ① $3^2\times3^3\times3^4=3^9$

② $\{(2^2)^3\}^4=(2^6)^4=2^{24}$

③ $x^4\div x^3\div x^2=x\div x^2=\dfrac{1}{x}$

④ $\left(-\dfrac{x}{y^2}\right)^3=-\dfrac{x^3}{y^6}$

⑤ $a^8\times a^4\div a^2=a^{12}\div a^2=a^{10}$

따라서 옳은 것은 ③이다. 답 ③

참고 l, m, n이 자연수일 때, $\{(a^l)^m\}^n=a^{lmn}$

주의 ① $a^m\times b^n\neq a^{m+n}$ ② $a^m+a^n\neq a^{m+n}$
③ $a^m\times a^n\neq a^{mn}$ ④ $(a^m)^n\neq a^{m^n}$
⑤ $a^m\div a^n\neq a^{m\div n}$ ⑥ $a^m\div a^m\neq0$

중 44 ① $a^6\div a^5=a$

② $(a^2)^4\div(a^3)^3=a^8\div a^9=\dfrac{1}{a}$

③ $a^7\div(a^2)^3\div a=a^7\div a^6\div a=a\div a=1$

④ $a\times a^5\div(a^4)^2=a\times a^5\div a^8=a^6\div a^8=\dfrac{1}{a^2}$

⑤ $(a^3)^2\div(a^5)^2\times a^2=a^6\div a^{10}\times a^2=\dfrac{1}{a^4}\times a^2=\dfrac{1}{a^2}$

따라서 계산 결과가 $\dfrac{1}{a}$인 것은 ②이다. 답 ②

중 45 ① $a^{\square}\times a^4=a^{\square+4}=a^6$이므로

$\square+4=6$ $\therefore \square=2$

② $(a^2)^{\square}=a^{2\times\square}=a^6$이므로

$2\times\square=6$ $\therefore \square=3$

③ $a^4\div a^{\square}=\dfrac{1}{a}$이므로

$\square-4=1$ $\therefore \square=5$

④ $(\square\times a^4)^3=(\square)^3\times a^{12}=-8a^{12}$이므로

$(\square)^3=-8$ $\therefore \square=-2$

⑤ $\left(\dfrac{b^{\square}}{a}\right)^2=\dfrac{b^{\square\times2}}{a^2}=\dfrac{b^8}{a^2}$이므로

$\square\times2=8$ $\therefore \square=4$

따라서 □ 안에 알맞은 수가 가장 큰 것은 ③이다. 답 ③

상 46 $(2^3)^4\div2^x=2^{12}\div2^x$, $\dfrac{1}{8}=\dfrac{1}{2^3}$

즉, $2^{12}\div2^x=\dfrac{1}{2^3}$이므로

$x-12=3$ $\therefore x=15$

$16\times2^y\div8=2^4\times2^y\div2^3=2^{4+y}\div2^3$, $64=2^6$

즉, $2^{4+y}\div2^3=2^6$이므로

$4+y-3=6$ $\therefore y=5$

$\therefore x-y=15-5=10$ 답 10

중 47 $3^4\times3^4\times3^4=(3^4)^3=3^{12}$이므로

$a=12$

$3^4+3^4+3^4=3\times3^4=3^5$이므로

$b=5$

$\therefore a+b=12+5=17$ 답 17

주의 n이 자연수일 때,
① $\underbrace{a\times a\times a\times\cdots\times a}_{n\text{개}}=a^n$ ② $\underbrace{a+a+a+\cdots+a}_{n\text{개}}=na$

중 48 $8^4+8^4+8^4+8^4=4\times8^4$
$=2^2\times(2^3)^4$
$=2^2\times2^{12}$
$=2^{14}$ 답 ④

중 49 $2\div\left(\dfrac{1}{2}\right)^4+2^5+2^5+2^5=2\div\dfrac{1}{2^4}+2^5+2^5+2^5$
$=2\times2^4+2^5+2^5+2^5$
$=2^5+2^5+2^5+2^5$
$=4\times2^5$
$=2^2\times2^5$
$=2^7$

$\therefore a=7$ …… ㉮

$4^5\times4^5\times4^5\times4^5=(4^5)^4=4^{20}$

$\therefore b=20$ …… ㉯

$\therefore b-a=20-7=13$ …… ㉰

답 13

채점 기준

㉮ a의 값 구하기	40 %
㉯ b의 값 구하기	40 %
㉰ $b-a$의 값 구하기	20 %

상 50 $\dfrac{4^2+4^2+4^2}{3^5+3^5+3^5+3^5}\times\dfrac{9^3+9^3+9^3+9^3}{2^3+2^3+2^3}$

$=\dfrac{3\times4^2}{4\times3^5}\times\dfrac{4\times9^3}{3\times2^3}$

$=\dfrac{3\times(2^2)^2}{2^2\times3^5}\times\dfrac{2^2\times(3^2)^3}{3\times2^3}$

$=\dfrac{3\times2^4}{2^2\times3^5}\times\dfrac{2^2\times3^6}{3\times2^3}=\dfrac{2^2}{3^4}\times\dfrac{3^5}{2}$

$=2\times3=6$ 답 6

중 51 $27^4\div9=(3^3)^4\div3^2=3^{12}\div3^2$
$=3^{10}=(3^2)^5=A^5$

$\therefore x=5$ 답 5

하 52 $\dfrac{1}{8^4}=\dfrac{1}{(2^3)^4}=\dfrac{1}{2^{12}}=\dfrac{1}{(2^6)^2}=\dfrac{1}{a^2}$ 답 ⑤

중 53 $A=2^{x+1}=2^x\times2$이므로 $2^x=\dfrac{A}{2}$

$\therefore 16^x=(2^4)^x=(2^x)^4=\left(\dfrac{A}{2}\right)^4=\dfrac{A^4}{16}$ 답 ②

중 54 75를 소인수분해하면 $75=3\times5^2$이므로

$75^3=(3\times5^2)^3=3^3\times5^6$
$=3^3\times(5^3)^2=AB^2$ 답 ②

중 55 $2^{13}\times3\times5^{10}=2^3\times2^{10}\times3\times5^{10}$
$=2^3\times3\times(2\times5)^{10}$
$=24\times10^{10}$
따라서 $2^{13}\times3\times5^{10}$은 12자리 자연수이므로
$n=12$ 답 ③

하 56 $A=2^7\times5^4$
$=2^3\times2^4\times5^4$
$=2^3\times(2\times5)^4$
$=8\times10^4$
따라서 A는 5자리 자연수이다. 답 5자리

중 57 $3^2\times5^2\times20^4=3^2\times5^2\times(2^2\times5)^4$
$=3^2\times5^2\times2^8\times5^4$
$=2^8\times3^2\times5^6$
$=2^2\times2^6\times3^2\times5^6$
$=2^2\times3^2\times(2\times5)^6$
$=36\times10^6$
따라서 $3^2\times5^2\times20^4$은 8자리 자연수이므로
$n=8$
또, 각 자리의 숫자의 합은
$3+6=9$ $\therefore m=9$
$\therefore m+n=9+8=17$ 답 ①

상 58 $A=\dfrac{12^4\times15^{12}}{45^8}=\dfrac{(2^2\times3)^4\times(3\times5)^{12}}{(3^2\times5)^8}$
$=\dfrac{2^8\times3^4\times3^{12}\times5^{12}}{3^{16}\times5^8}=2^8\times5^4$ …… ㉮
$=2^4\times2^4\times5^4=2^4\times(2\times5)^4$
$=16\times10^4$ …… ㉯
따라서 A는 6자리 자연수이다. …… ㉰
답 6자리

채점 기준

㉮ 소인수분해와 지수법칙을 이용하여 A를 간단히 하기	40 %
㉯ A를 $a\times10^n$ 꼴로 나타내기	30 %
㉰ A가 몇 자리 자연수인지 구하기	30 %

Lecture 04 단항식의 곱셈과 나눗셈

Level A 개념 익히기 32쪽

01 답 $6ab$ **02** 답 $-12xy$

03 (주어진 식)$=(-a^3)\times4a^2b^2=-4a^5b^2$ 답 $-4a^5b^2$

04 (주어진 식)$=\dfrac{12a^4}{3a^2}=4a^2$ 답 $4a^2$

05 (주어진 식)$=(-4ab^2)\times\left(-\dfrac{2}{ab}\right)=8b$ 답 $8b$

06 (주어진 식)$=5x^6y\div\dfrac{1}{4}x^2=5x^6y\times\dfrac{4}{x^2}=20x^4y$
답 $20x^4y$

07 (주어진 식)$=4ab\times2b\times\dfrac{1}{4a}=2b^2$ 답 $2b^2$

08 (주어진 식)$=3a^3\times(-2a^2)\times\dfrac{1}{12a^4}=-\dfrac{1}{2}a$ 답 $-\dfrac{1}{2}a$

09 (주어진 식)$=12x^2y\times\left(-\dfrac{1}{6x}\right)\times(-2y)=4xy^2$
답 $4xy^2$

10 (주어진 식)$=9a^2b^4\times2ab\times\dfrac{3}{a^2b^3}=54ab^2$ 답 $54ab^2$

Level B 유형 공략하기 33~35쪽

중 11 (좌변)$=9x^4y^2\times(-x^3y^6)\times(-4x^3y^4)$
$=9\times(-1)\times(-4)\times(x^4\times x^3\times x^3)\times(y^2\times y^6\times y^4)$
$=36x^{10}y^{12}$
따라서 $a=36,\ b=10,\ c=12$이므로
$a-b-c=36-10-12=14$ 답 14

중 12 (주어진 식)$=\left(-\dfrac{27}{8}a^3b^6\right)\times\dfrac{1}{9}a^6b^2$
$=\left(-\dfrac{27}{8}\right)\times\dfrac{1}{9}\times(a^3\times a^6)\times(b^6\times b^2)$
$=-\dfrac{3}{8}a^9b^8$ 답 ③

중 13 $\left(-\dfrac{a^2}{b}\right)\times(-2a^2b)=(-1)\times(-2)\times\dfrac{a^2\times a^2b}{b}=2a^4$이므로
$A=2a^4\times\left(-\dfrac{3b^3}{2a^3}\right)$
$=2\times\left(-\dfrac{3}{2}\right)\times\dfrac{a^4\times b^3}{a^3}$
$=-3ab^3$ 답 $-3ab^3$

상 14 (좌변)$=(-5)^Ax^{3A}y^A\times Bx^6y^5$
$=(-5)^A\times B\times(x^{3A}\times x^6)\times(y^A\times y^5)$
$=(-5)^ABx^{3A+6}y^{A+5}$ …… ㉮
즉, $(-5)^ABx^{3A+6}y^{A+5}=-10x^9y^C$이므로
$(-5)^AB=-10,\ x^{3A+6}=x^9,\ y^{A+5}=y^C$
$\therefore (-5)^AB=-10,\ 3A+6=9,\ A+5=C$
이때 $3A+6=9$에서 $3A=3$ $\therefore A=1$
$A=1$을 $(-5)^AB=-10$에 대입하면
$-5B=-10$ $\therefore B=2$
$A=1$을 $A+5=C$에 대입하면 $C=6$ …… ㉯

$\therefore ABC=1\times2\times6=12$ …… ㉰

답 12

채점 기준	
㉮ 좌변을 간단히 하기	30 %
㉯ A, B, C의 값 구하기	50 %
㉰ ABC의 값 구하기	20 %

중 **15** (주어진 식)$=24x^7y^4\div(-x^3y^9)\div\frac{4}{3}xy^2$

$=24x^7y^4\times\left(-\frac{1}{x^3y^9}\right)\times\frac{3}{4xy^2}$

$=24\times(-1)\times\frac{3}{4}\times\frac{x^7y^4}{x^3y^9\times xy^2}$

$=-\frac{18x^3}{y^7}$

따라서 $a=7,\ b=18,\ c=3$이므로

$a+b+c=7+18+3=28$

답 ⑤

하 **16** (주어진 식)$=x^4y^2\div\frac{x^4}{y^8}\div(-x^{15}y^{10})$

$=x^4y^2\times\frac{y^8}{x^4}\times\left(-\frac{1}{x^{15}y^{10}}\right)$

$=-\frac{x^4y^2\times y^8}{x^4\times x^{15}y^{10}}$

$=-\frac{1}{x^{15}}$

답 $-\frac{1}{x^{15}}$

중 **17** $(-3a^2b^{㉠})^3\div\frac{1}{2}a^4b^7=(-27a^6b^{㉠\times3})\times\frac{2}{a^4b^7}$

$=(-27)\times2\times\frac{a^6b^{㉠\times3}}{a^4b^7}$

$=-\frac{54a^2b^{㉠\times3}}{b^7}$

즉, $-\frac{54a^2b^{㉠\times3}}{b^7}=㉡a^{㉢}b^8$이므로

$-54=㉡,\ a^2=a^{㉢},\ \frac{b^{㉠\times3}}{b^7}=b^8$

$\therefore -54=㉡,\ 2=㉢,\ ㉠\times3-7=8$

따라서 ㉠$=5$, ㉡$=-54$, ㉢$=2$이므로 구하는 합은

$5+(-54)+2=-47$

답 ②

상 **18** (좌변)$=6x^Ay\div B^2x^6y^4\div\frac{x^3}{3y^2}$

$=6x^Ay\times\frac{1}{B^2x^6y^4}\times\frac{3y^2}{x^3}$

$=6\times\frac{1}{B^2}\times3\times\frac{x^Ay\times y^2}{x^6y^4\times x^3}$

$=\frac{18x^A}{B^2x^9y}$

즉, $\frac{18x^A}{B^2x^9y}=\frac{2}{x^Cy}$이므로

$\frac{18}{B^2}=2,\ \frac{x^A}{x^9}=\frac{1}{x^C}$ $\quad\therefore \frac{18}{B^2}=2,\ 9-A=C$

$\frac{18}{B^2}=2$에서 $B^2=9$

이때 B는 자연수이므로 $B=3$

$9-A=C$에서 $A+C=9$

$\therefore A-B+C=A+C-B=9-3=6$

답 6

중 **19** (주어진 식)$=(-x^6y^3)\div\frac{x^9}{8y^3}\times\frac{x^8}{y^4}$

$=(-x^6y^3)\times\frac{8y^3}{x^9}\times\frac{x^8}{y^4}$

$=(-1)\times8\times\frac{x^6y^3\times y^3\times x^8}{x^9\times y^4}$

$=-8x^5y^2$

답 $-8x^5y^2$

하 **20** ㄱ. $a\div b\times c=a\times\frac{1}{b}\times c=\frac{ac}{b}$

ㄴ. $a\times b\div c=a\times b\times\frac{1}{c}=\frac{ab}{c}$

ㄷ. $a\times(b\div c)=a\times\left(b\times\frac{1}{c}\right)=a\times\frac{b}{c}=\frac{ab}{c}$

ㄹ. $a\div(b\div c)=a\div\left(b\times\frac{1}{c}\right)=a\div\frac{b}{c}=a\times\frac{c}{b}=\frac{ac}{b}$

이상에서 옳은 것은 ㄴ, ㄹ이다.

답 ㄴ, ㄹ

중 **21** ① $3x^4\times(-y^3)^2=3x^4\times y^6=3x^4y^6$

② $10x^4y^2\div\frac{1}{5}xy\times x^3y=10x^4y^2\times\frac{5}{xy}\times x^3y$

$=10\times5\times\frac{x^4y^2\times x^3y}{xy}$

$=50x^6y^2$

③ $(-9a^5b^3)\times4ab^2\div12a^2b^4$

$=(-9a^5b^3)\times4ab^2\times\frac{1}{12a^2b^4}$

$=(-9)\times4\times\frac{1}{12}\times\frac{a^5b^3\times ab^2}{a^2b^4}$

$=-3a^4b$

④ $21ab\div(-7a^2)\times2a^2b=21ab\times\left(-\frac{1}{7a^2}\right)\times2a^2b$

$=21\times\left(-\frac{1}{7}\right)\times2\times\frac{ab\times a^2b}{a^2}$

$=-6ab^2$

⑤ $(8xy^2)^2\div(4y)^2\times8x^3=64x^2y^4\div16y^2\times8x^3$

$=64x^2y^4\times\frac{1}{16y^2}\times8x^3$

$=64\times\frac{1}{16}\times8\times\frac{x^2y^4\times x^3}{y^2}$

$=32x^5y^2$

따라서 옳지 않은 것은 ⑤이다.

답 ⑤

상 **22** (좌변)$=\left(-\frac{y^3}{8x^{3A}}\right)\times5^Bx^{2B}y^B\div(-xy^2)$

$=\left(-\frac{y^3}{8x^{3A}}\right)\times5^Bx^{2B}y^B\times\left(-\frac{1}{xy^2}\right)$

$$=\left(-\frac{1}{8}\right)\times 5^B\times(-1)\times\frac{y^3\times x^{2B}y^B}{x^{3A}\times xy^2}$$
$$=\frac{5^Bx^{2B}y^{B+1}}{8x^{3A+1}}$$

즉, $\frac{5^Bx^{2B}y^{B+1}}{8x^{3A+1}}=\frac{25y^C}{8x^3}$이므로

$\frac{5^B}{8}=\frac{25}{8}$, $\frac{x^{2B}}{x^{3A+1}}=\frac{1}{x^3}$, $y^{B+1}=y^C$

$\therefore 5^B=25$, $3A+1-2B=3$, $B+1=C$

이때 $5^B=25$에서 $B=2$

$B=2$를 $3A+1-2B=3$에 대입하면

$3A+1-4=3$, $3A=6$ $\therefore A=2$

$B=2$를 $B+1=C$에 대입하면 $C=3$

$\therefore A+B+C=2+2+3=7$

답 7

중 23 $\square=\frac{1}{4x^5y^3}\times(-2x^2y)^2\times(-3x^3y)$

$=\frac{1}{4x^5y^3}\times 4x^4y^2\times(-3x^3y)$

$=-3x^2$

답 ②

중 24 $\square=(6x^2y)^2\times(-xy)^2\times\frac{1}{9xy}$

$=36x^4y^2\times x^2y^2\times\frac{1}{9xy}$

$=4x^5y^3$

답 $4x^5y^3$

중 25 어떤 식을 A라 하면

$A\div 24xy=-\frac{1}{8}xy^2$이므로

$A=\left(-\frac{1}{8}xy^2\right)\times 24xy=-3x^2y^3$ …… ㉮

따라서 바르게 계산한 식은

$(-3x^2y^3)\times 24xy=-72x^3y^4$ …… ㉯

답 $-72x^3y^4$

채점 기준

㉮ 어떤 식 구하기	50 %
㉯ 바르게 계산한 식 구하기	50 %

상 26 $A\times ab^6=(a^2b)^3$이므로

$A=(a^2b)^3\div ab^6=\frac{a^6b^3}{ab^6}=\frac{a^5}{b^3}$

$a^4\times B=A$이므로

$B=A\div a^4=\frac{a^5}{b^3}\div a^4=\frac{a^5}{b^3}\times\frac{1}{a^4}=\frac{a}{b^3}$

$B\times C=ab^6$이므로

$C=ab^6\div B=ab^6\div\frac{a}{b^3}=ab^6\times\frac{b^3}{a}=b^9$

답 b^9

중 27 $14a^4b^2\times$(다른 대각선의 길이)$\div 2=(7a^2b^3)^2$이므로

(다른 대각선의 길이)$=(7a^2b^3)^2\times\frac{1}{14a^4b^2}\times 2$

$=49a^4b^6\times\frac{1}{14a^4b^2}\times 2$

$=7b^4$

답 $7b^4$

개념 보충 학습

(마름모의 넓이)=(한 대각선의 길이)×(다른 대각선의 길이)÷2

하 28 (평행사변형의 넓이)=(밑변의 길이)×(높이)

$=4xy^2\times 3xy$

$=12x^2y^3$

답 ⑤

중 29 (타일 1개의 넓이)$=135x^6y^4\div 9=15x^6y^4$이므로

$5xy^3\times$(타일의 세로의 길이)$=15x^6y^4$

$\therefore$ (타일의 세로의 길이)$=15x^6y^4\times\frac{1}{5xy^3}=3x^5y$

답 $3x^5y$

상 30 (직사각형의 넓이)=(가로의 길이)×(세로의 길이)

$=6a^3b\times 4a^4b^3$

$=24a^7b^4$ …… ㉮

(삼각형의 넓이)$=\frac{1}{2}\times$(밑변의 길이)×(높이)

$=\frac{1}{2}\times 8a^5b^2\times$(높이)

$=4a^5b^2\times$(높이) …… ㉯

따라서 $4a^5b^2\times$(삼각형의 높이)$=24a^7b^4$이므로

(삼각형의 높이)$=24a^7b^4\times\frac{1}{4a^5b^2}=6a^2b^2$ …… ㉰

답 $6a^2b^2$

채점 기준

㉮ 직사각형의 넓이 구하기	30 %
㉯ 삼각형의 넓이 구하기	30 %
㉰ 삼각형의 높이 구하기	40 %

중 31 밑면인 직각삼각형의 넓이는

$\frac{1}{2}\times 2x^2y\times 3xy^4=3x^3y^5$

따라서 $3x^3y^5\times$(삼각기둥의 높이)$=36x^5y^7$이므로

(삼각기둥의 높이)$=36x^5y^7\times\frac{1}{3x^3y^5}=12x^2y^2$

답 $12x^2y^2$

개념 보충 학습

(기둥의 부피)=(밑넓이)×(높이)

하 32 (직육면체의 부피)=(밑넓이)×(높이)

$=\left(\frac{1}{2}a^3b\times 7a\right)\times 6ab^2$

$=21a^5b^3$

답 $21a^5b^3$

중 33 $\frac{1}{3}\times\pi\times(6x)^2\times$(원뿔의 높이)$=48\pi x^2y$이므로

$(\text{원뿔의 높이})=48\pi x^2y\times 3\times\dfrac{1}{\pi}\times\dfrac{1}{(6x)^2}$

$=48\pi x^2y\times\dfrac{3}{\pi}\times\dfrac{1}{36x^2}$

$=4y$ 답 $4y$

개념 보충 학습

$(\text{원뿔의 부피})=\dfrac{1}{3}\times(\text{밑넓이})\times(\text{높이})$

$=\dfrac{1}{3}\times\pi\times(\text{밑면의 반지름의 길이})^2\times(\text{높이})$

상 34 $(\text{구의 겉넓이})=4\pi\times(3ab^2)^2=4\pi\times 9a^2b^4=36\pi a^2b^4$

$(\text{원기둥의 겉넓이})=\pi\times(2ab^2)^2\times 2+2\pi\times 2ab^2\times 4ab^2$

$=8\pi a^2b^4+16\pi a^2b^4$

$=24\pi a^2b^4$

따라서 구의 겉넓이는 원기둥의 겉넓이의 $\dfrac{36\pi a^2b^4}{24\pi a^2b^4}=\dfrac{3}{2}$(배)이다.

답 ④

개념 보충 학습

① $(\text{구의 겉넓이})=4\pi\times(\text{반지름의 길이})^2$

② $(\text{기둥의 겉넓이})=(\text{밑넓이})\times 2+(\text{옆넓이})$

Level B 단원 마무리 필수 유형 정복하기 36~39쪽

01 ①	02 ③	03 ③	04 1024	05 32
06 ④	07 ⑤	08 ③	09 ④	10 ④
11 ③	12 ⑤	13 ④	14 $3xy^2$	15 ⑤
16 $18x^2y$	17 $\dfrac{5}{3}ab^2$	18 $\dfrac{4}{9}b$	19 12	20 4
21 15	22 (1) 45×10^{15} (2) 17자리			23 8
24 (1) $4\pi a^7b^4$ (2) $6\pi a^5b^5$ (3) $\dfrac{2a^2}{3b}$				

01 전략 625를 5의 거듭제곱으로 나타내고 지수법칙을 이용한다.

$5\times 5^k\times 5^2=5^{1+k+2}$, $625=5^4$

즉, $5^{1+k+2}=5^4$이므로

$1+k+2=4$ $\quad\therefore k=1$

02 전략 81, 27, 9를 모두 3의 거듭제곱으로 나타내고 지수법칙을 이용한다.

$81^2\times 27^3\div 9^3=(3^4)^2\times(3^3)^3\div(3^2)^3$

$=3^8\times 3^9\div 3^6$

$=3^{17}\div 3^6=3^{11}$

$\therefore x=11$

03 전략 처음 신문지의 두께를 1로 놓고, 1번, 2번, 3번, … 접은 신문지의 두께를 거듭제곱 꼴로 나타낸다.

처음 신문지의 두께를 1이라 하면

1번 접은 신문지의 두께는 2,

2번 접은 신문지의 두께는 2^2,

3번 접은 신문지의 두께는 2^3,

⋮

따라서 8번 접은 신문지의 두께는 2^8,

5번 접은 신문지의 두께는 2^5이므로

8번 접은 신문지의 두께는 5번 접은 신문지의 두께의

$\dfrac{2^8}{2^5}=2^3=8$(배)

이다.

04 전략 $a^2b^2=(ab)^2$임을 이용한다.

$ab=2^x\times 2^y=2^{x+y}$

이때 $x+y=5$이므로

$ab=2^5=32$

$\therefore a^2b^2=(ab)^2=32^2=1024$

05 전략 $\left(\dfrac{a}{b}\right)^n=\dfrac{a^n}{b^n}$임을 이용하여 미지수의 값을 구한다.

$\left(\dfrac{2x^{2a}}{y^3}\right)^4=\dfrac{16x^{8a}}{y^{12}}=\dfrac{bx^8}{y^{6c}}$이므로

$8a=8$, $16=b$, $12=6c$

따라서 $a=1$, $b=16$, $c=2$이므로

$abc=1\times 16\times 2=32$

06 전략 지수법칙을 이용한다.

ㄱ. $(a^2)^3=a^6$ ㄹ. $(2a^2b^6)^3=8a^6b^{18}$

이상에서 옳은 것은 ㄴ, ㄷ이다.

07 전략 지수법칙을 이용한다.

① $a^{\square}\times a^2=a^{\square+2}=a^8$이므로

$\square+2=8$ $\quad\therefore \square=6$

② $\dfrac{x^{\square}}{x^9}=\dfrac{1}{x^3}$이므로 $9-\square=3$ $\quad\therefore \square=6$

③ $\left(\dfrac{y^5}{x^{\square}}\right)^2=\dfrac{y^{10}}{x^{\square\times 2}}=\dfrac{y^{10}}{x^{12}}$이므로

$\square\times 2=12$ $\quad\therefore \square=6$

④ $(a^2b^{\square})^3=a^6b^{\square\times 3}=a^6b^{18}$이므로

$\square\times 3=18$ $\quad\therefore \square=6$

⑤ $x^{\square}\times x^2\div x^3=x^{\square+2}\div x^3=x^7$이므로

$\square+2-3=7$ $\quad\therefore \square=8$

따라서 □ 안에 알맞은 수가 다른 하나는 ⑤이다.

08 전략 같은 수의 덧셈식을 곱셈식으로 바꾼 후 지수법칙을 이용한다.

$\dfrac{3^5+3^5+3^5}{4^5+4^5}\times\dfrac{8^2+8^2+8^2}{9^2+9^2+9^2}=\dfrac{3\times 3^5}{2\times 4^5}\times\dfrac{3\times 8^2}{3\times 9^2}$

$=\dfrac{3\times 3^5}{2\times 2^{10}}\times\dfrac{3\times 2^6}{3\times 3^4}$

$=\dfrac{3^6}{2^{11}}\times\dfrac{2^6}{3^4}$

$=\dfrac{3^2}{2^5}=\dfrac{9}{32}$

09 전략 $9=3^2$, $3^{x+2}=3^x\times3^2$임을 이용한다.

$$\frac{9^x+3^{x+2}}{3^x}=\frac{(3^2)^x+3^x\times3^2}{3^x}=\frac{(3^x)^2+9\times3^x}{3^x}=\frac{A^2+9A}{A}=A+9$$

10 전략 먼저 2^x과 3^x을 각각 A, B를 사용하여 나타낸다.

$A=2^{x-1}=2^x\div2=\frac{2^x}{2}$이므로 $2^x=2A$

$B=3^{x+1}=3^x\times3$이므로 $3^x=\frac{B}{3}$

18을 소인수분해하면 $18=2\times3^2$이므로

$$18^x=(2\times3^2)^x=2^x\times3^{2x}=2^x\times(3^x)^2=2A\times\left(\frac{B}{3}\right)^2=\frac{2}{9}AB^2$$

공략 비법

① $a^{n+1}=A$일 때, $a^n\times a=A$이므로
$a^n=\frac{A}{a}$

② $a^{n-1}=A$일 때, $a^n\div a=A$이므로
$a^n=a\times A$

11 전략 $12=2^2\times3$, $16=2^4$, $25=5^2$임을 이용하여 주어진 식을 간단히 한다.

$$12\times16^3\times25^6=(2^2\times3)\times(2^4)^3\times(5^2)^6=2^2\times3\times2^{12}\times5^{12}=12\times(2\times5)^{12}=12\times10^{12}$$

따라서 12×10^{12}일 때, a가 최소이므로

$a=12$, $k=12$

$\therefore k-a=12-12=0$

12 전략 지수법칙을 이용하여 괄호를 풀고 계수는 계수끼리, 문자는 문자끼리 계산한다.

(주어진 식)$=\left(-\frac{b^3}{a^6}\right)\times\frac{49a^4}{b^2}\times(-a^9b^3)=49a^7b^4$

13 전략 계수는 계수끼리, 문자는 문자끼리 계산한다. 이때 나눗셈은 곱셈 또는 분수 꼴로 바꾸어 계산한다.

② $(-6ab)\div\frac{a}{2}=(-6ab)\times\frac{2}{a}=-12b$

③ $(2a^3)^2\times5a=4a^6\times5a=20a^7$

④ $(-3a^2)^2\div4a^2b=9a^4\times\frac{1}{4a^2b}=\frac{9a^2}{4b}$

⑤ $(-27x^4)\div(9x)^2=(-27x^4)\div81x^2=\frac{-27x^4}{81x^2}=-\frac{x^2}{3}$

따라서 옳지 않은 것은 ④이다.

14 전략 단항식의 곱셈과 나눗셈이 혼합된 식은 지수법칙을 이용하여 괄호를 풀고 나눗셈은 곱셈으로 바꾸어 계산한다.

$$(다)=8x^2y\times6x^3y^3\div(-4x^2y)^2=8x^2y\times6x^3y^3\div16x^4y^2=8x^2y\times6x^3y^3\times\frac{1}{16x^4y^2}=3xy^2$$

15 전략 $A\div\square\times B=C$에서 $\square=A\times B\times\frac{1}{C}$임을 이용한다.

$$\square=(-3a^2b^2)^2\times\frac{1}{6a^2b^4}\times\frac{a^3}{2b^2}=9a^4b^4\times\frac{1}{6a^2b^4}\times\frac{a^3}{2b^2}=\frac{3a^5}{4b^2}$$

16 전략 $\square\times A=B$에서 $\square=B\div A$임을 이용한다.

어떤 식을 A라 하면

$A\times\left(-\frac{2}{3}x^2y\right)=(2x^2y)^3$이므로

$$A=(2x^2y)^3\div\left(-\frac{2}{3}x^2y\right)=8x^6y^3\times\left(-\frac{3}{2x^2y}\right)=-12x^4y^2$$

따라서 바르게 계산한 식은

$$(-12x^4y^2)\div\left(-\frac{2}{3}x^2y\right)=(-12x^4y^2)\times\left(-\frac{3}{2x^2y}\right)=18x^2y$$

17 전략 직사각형의 넓이 공식을 이용한다.

$9a^2b^3\times$(세로의 길이)$=15a^3b^5$이므로

(세로의 길이)$=15a^3b^5\times\frac{1}{9a^2b^3}=\frac{5}{3}ab^2$

18 전략 (원기둥의 부피)=(밑넓이)×(높이)임을 이용한다.

(원기둥 A의 부피)$=\pi\times(2a)^2\times b=4\pi a^2b$

(원기둥 B의 부피)$=\pi\times(3a)^2\times$(높이)$=9\pi a^2\times$(높이)

따라서 $9\pi a^2\times$(원기둥 B의 높이)$=4\pi a^2b$이므로

(원기둥 B의 높이)$=4\pi a^2b\times\frac{1}{9\pi a^2}=\frac{4}{9}b$

19 전략 지수법칙을 이용하여 좌변과 우변의 밑이 같은 것끼리 지수를 비교한다.

$x\times x^{a+3}=x^{1+a+3}=x^6$이므로

$1+a+3=6$ $\quad\therefore a=2$ ⋯⋯ ㉮

$y^3\times y^{2a-1}=y^{3+2a-1}=y^b$이므로

$3+2a-1=b$

이때 $a=2$이므로 $b=6$ ⋯⋯ ㉯

$\therefore ab=2\times6=12$ ...... ㉰

채점 기준

㉮ a의 값 구하기	40 %
㉯ b의 값 구하기	40 %
㉰ ab의 값 구하기	20 %

20 전략 48을 소인수분해한 후 지수법칙을 이용한다.

48을 소인수분해하면 $48=2^4\times3$이므로 ...... ㉮

$48^6=(2^4\times3)^6=2^{24}\times3^6$

따라서 $a=24$, $b=6$이므로 ...... ㉯

$\frac{a}{b}=\frac{24}{6}=4$ ...... ㉰

채점 기준

㉮ 48을 소인수분해하기	30 %
㉯ a, b의 값 구하기	50 %
㉰ $\frac{a}{b}$의 값 구하기	20 %

공략 비법

a^n에서 a를 소인수분해하였을 때, $a=p\times q$이면
$a^n=(p\times q)^n=p^n\times q^n$

21 전략 지수법칙을 이용한다.

$\{(9^2)^3\}^3=(9^6)^3=9^{18}=(3^2)^{18}=3^{36}$

$\therefore a=36$ ...... ㉮

$9^2\times9^5=9^7=(3^2)^7=3^{14}$

$\therefore b=14$ ...... ㉯

$9^3+9^3+9^3=3\times9^3=3\times(3^2)^3=3\times3^6=3^7$

$\therefore c=7$ ...... ㉰

$\therefore a-b-c=36-14-7=15$ ...... ㉱

채점 기준

㉮ a의 값 구하기	30 %
㉯ b의 값 구하기	30 %
㉰ c의 값 구하기	30 %
㉱ $a-b-c$의 값 구하기	10 %

22 전략 $\frac{2^{10}\times6^8\times5^{16}}{18^3}$을 간단히 한 후 $a\times10^n$ 꼴로 나타낸다.

(1) $A=\frac{2^{10}\times6^8\times5^{16}}{18^3}$

$=\frac{2^{10}\times(2\times3)^8\times5^{16}}{(2\times3^2)^3}$

$=\frac{2^{10}\times2^8\times3^8\times5^{16}}{2^3\times3^6}$

$=2^{15}\times3^2\times5^{16}$ ...... ㉮

$=2^{15}\times3^2\times5\times5^{15}$

$=3^2\times5\times(2\times5)^{15}$

$=45\times10^{15}$ ...... ㉯

(2) A는 17자리 자연수이다. ...... ㉰

채점 기준

(1)	㉮ 소인수분해와 지수법칙을 이용하여 A를 간단히 하기	40 %
	㉯ A를 $a\times10^n$ 꼴로 나타내기	30 %
(2)	㉰ A가 몇 자리 자연수인지 구하기	30 %

23 전략 좌변과 우변을 비교할 때, 계수는 계수끼리, 지수는 밑이 같은 지수끼리 비교한다.

$(\text{좌변})=(-3)^ax^{2a}y^a\times bxy^3\times\frac{1}{x^2y}$

$=\frac{(-3)^abx^{2a}y^{a+2}}{x}$ ...... ㉮

즉, $\frac{(-3)^abx^{2a}y^{a+2}}{x}=162x^7y^c$이므로

$(-3)^ab=162$, $\frac{x^{2a}}{x}=x^7$, $y^{a+2}=y^c$

$\therefore (-3)^ab=162$, $2a-1=7$, $a+2=c$

이때 $2a-1=7$에서 $2a=8$ $\quad\therefore a=4$

$a=4$를 $(-3)^ab=162$에 대입하면

$81b=162$ $\quad\therefore b=2$

$a=4$를 $a+2=c$에 대입하면

$c=6$ ...... ㉯

$\therefore a-b+c=4-2+6=8$ ...... ㉰

채점 기준

㉮ 좌변을 간단히 하기	30 %
㉯ a, b, c의 값 구하기	50 %
㉰ $a-b+c$의 값 구하기	20 %

24 전략 1회전 시킬 때 생기는 입체도형이 원뿔임을 이용한다.

(1) $\overline{AC}$를 회전축으로 하여 1회전 시킬 때 생기는 입체도형은 밑면의 반지름의 길이가 $2a^3b$, 높이가 $3ab^2$인 원뿔이므로

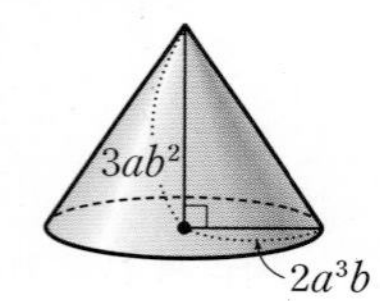

$V_1=\frac{1}{3}\times\pi\times(2a^3b)^2\times3ab^2$

$=\frac{1}{3}\times\pi\times4a^6b^2\times3ab^2$

$=4\pi a^7b^4$ ...... ㉮

(2) $\overline{BC}$를 회전축으로 하여 1회전 시킬 때 생기는 입체도형은 밑면의 반지름의 길이가 $3ab^2$, 높이가 $2a^3b$인 원뿔이므로

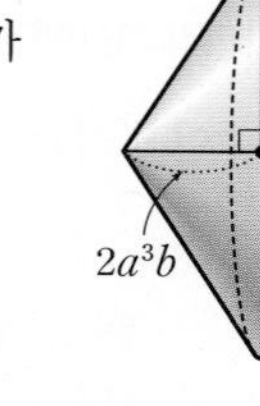

$V_2=\frac{1}{3}\times\pi\times(3ab^2)^2\times2a^3b$

$=\frac{1}{3}\times\pi\times9a^2b^4\times2a^3b$

$=6\pi a^5b^5$ ...... ㉯

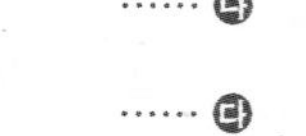

(3) $\frac{V_1}{V_2}=\frac{4\pi a^7b^4}{6\pi a^5b^5}=\frac{2a^2}{3b}$ ...... ㉰

채점 기준

(1)	㉮ V_1 구하기	35 %
(2)	㉯ V_2 구하기	35 %
(3)	㉰ $\frac{V_1}{V_2}$ 구하기	30 %

개념 보충 학습

평면도형을 직선 l을 회전축으로 하여 1회전 시킬 때 생기는 입체도형은 다음과 같다.

① 직각삼각형을 1회전 시킬 때 ② 직사각형을 1회전 시킬 때

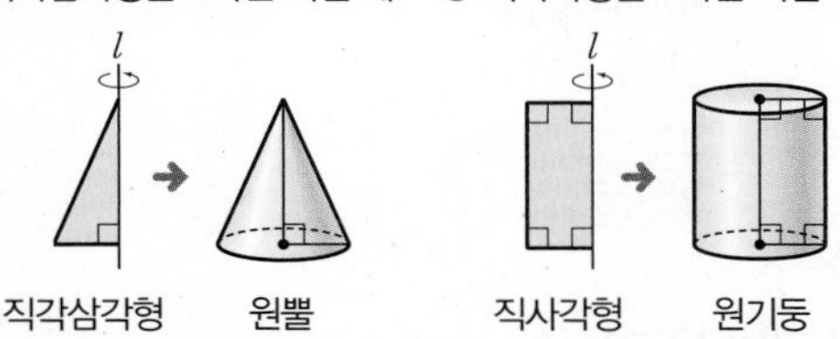

단원 마무리 40~41쪽

Level C 발전 유형 정복하기

01 ④	02 ②	03 23	04 ①	05 4배
06 ⑤	07 81	08 $-27a^4b^2$	09 ①	10 7
11 (1) 2^{20} KB (2) 14자리		12 $-\frac{1}{2x^3}$		

01 전략 지수법칙을 이용한다.

$(2^3)^4\times2^a=2^{12}\times2^a=2^{12+a}=2^{15}$이므로

$12+a=15$ $\therefore a=3$

$2^7\div(2^b)^2=2^7\div2^{2b}$, $\frac{1}{32}=\frac{1}{2^5}$

즉, $2^7\div2^{2b}=\frac{1}{2^5}$이므로

$2b-7=5$, $2b=12$ $\therefore b=6$

$\therefore ab=3\times6=18$

02 전략 $(-1)^{\text{홀수}}=-1$, $(-1)^{\text{짝수}}=1$임을 이용한다.

ㄱ. n이 홀수이면 $n+1$은 짝수이므로

$(-1)^n+(-1)^{n+1}=-1+1=0$

n이 짝수이면 $n+1$은 홀수이므로

$(-1)^n+(-1)^{n+1}=1+(-1)=0$

$\therefore (-1)^n+(-1)^{n+1}=0$

ㄴ. n이 짝수이면 $n+1$은 홀수이므로

$(-1)^n-(-1)^{n+1}=1-(-1)=2$

ㄷ. $(-1)^n\times(-1)^{n+1}=(-1)^{2n+1}=(-1)^{\text{홀수}}=-1$

ㄹ. $(-1)^n\div(-1)^{n+1}=\frac{1}{-1}=-1$

이상에서 옳은 것은 ㄱ, ㄷ이다.

03 전략 d는 16, 32, 28의 최대공약수임을 이용한다.

$(x^ay^bz^c)^d=x^{ad}y^{bd}z^{cd}=x^{16}y^{32}z^{28}$이므로 이 식을 만족하는 가장 큰 자연수 d는 16, 32, 28의 최대공약수이다.

16, 32, 28의 최대공약수는 4이므로 $d=4$

$ad=16$이므로 $4a=16$ $\therefore a=4$

$bd=32$이므로 $4b=32$ $\therefore b=8$

$cd=28$이므로 $4c=28$ $\therefore c=7$

$\therefore a+b+c+d=4+8+7+4=23$

개념 보충 학습

최대공약수 구하는 방법

[방법 1] 소인수분해를 이용하기

$16=2^4$

$32=2^5$

$28=2^2\times7$

$(\text{최대공약수})=2^2=4$

공통인 소인수는 지수가 같거나 작은 것을 택한다.

[방법 2] 나눗셈을 이용하기

$$\begin{array}{r|rrr} 2 & 16 & 32 & 28 \\ 2 & 8 & 16 & 14 \\ \hline & 4 & 8 & 7 \end{array}$$

$(\text{최대공약수})=2\times2=4$

04 전략 $2^{n+3}=2^n\times2^3$, $3^{n+1}=3^n\times3$임을 이용한다.

$2^{n+3}(3^n-3^{n+1})=2^n\times2^3\times(3^n-3^n\times3)$

$=2^n\times8\times3^n(1-3)$

$=2^n\times8\times3^n\times(-2)$

$=(-16)\times(2\times3)^n$

$=(-16)\times6^n$

$\therefore a=-16$

공략 비법

지수가 미지수인 수의 뺄셈식

밑이 같고 지수가 미지수인 수의 뺄셈식은 분배법칙을 이용하여 간단히 한다.

예 $3^{x+1}-3^x=3^x(3-1)=2\times3^x$

05 전략 각 단계에서 남은 나무 막대의 개수를 거듭제곱 꼴로 나타낸다.

나무 막대를 자를 때, 각 단계에서 남은 나무 막대의 개수는 다음과 같다.

단계	1단계	2단계	3단계	…
남은 나무 막대의 개수	2개	2^2개	2^3개	…

즉, 한 단계가 증가할 때마다 남은 나무 막대의 개수는 전 단계의 나무 막대의 개수의 2배이다.

따라서 [6단계]에서 남은 나무 막대의 개수는 2^6개,

[4단계]에서 남은 나무 막대의 개수는 2^4개이므로

[6단계]에서 남은 나무 막대의 개수는 [4단계]에서 남은 나무 막대의 개수의

$\frac{2^6}{2^4}=2^2=4$(배)

이다.

06 전략 지수법칙을 이용하여 괄호를 풀고 계수는 계수끼리, 문자는 문자끼리 계산한다. 이때 나눗셈은 곱셈 또는 분수 꼴로 바꾸어 계산한다.

① $(-2x^3y)^2\times6xy^2=4x^6y^2\times6xy^2=24x^7y^4$

② $8a^2b^3 \div (-2ab)^2 = 8a^2b^3 \div 4a^2b^2 = \frac{8a^2b^3}{4a^2b^2} = 2b$

③ $(3xy^2)^3 \div \left(-\frac{9}{2}x^4y^3\right) = 27x^3y^6 \times \left(-\frac{2}{9x^4y^3}\right) = -\frac{6y^3}{x}$

④ $x^2y \div 3y^2 \div \frac{x}{6} = x^2y \times \frac{1}{3y^2} \times \frac{6}{x} = \frac{2x}{y}$

⑤ $\frac{8a^2b^4 \times 2a^3b^4}{4a^2b} = 4a^3b^7$

따라서 옳지 않은 것은 ⑤이다.

07 전략 $4^{x+3} = 2^{12}$, $\frac{8^5}{2^y} = 2^{12}$에서 x, y의 값을 구하여 주어진 식에 대입한다.

$4^{x+3} = (2^2)^{x+3} = 2^{2x+6} = 2^{12}$이므로

$2x + 6 = 12$, $2x = 6$ $\quad \therefore x = 3$

$\frac{8^5}{2^y} = \frac{(2^3)^5}{2^y} = \frac{2^{15}}{2^y} = 2^{12}$이므로

$15 - y = 12$ $\quad \therefore y = 3$

$(xy^2)^2 \div (-x^4y^3)^2 \times (-x^3)^4 = x^2y^4 \div x^8y^6 \times x^{12}$

$= x^2y^4 \times \frac{1}{x^8y^6} \times x^{12}$

$= \frac{x^6}{y^2}$

이때 $x = 3$, $y = 3$이므로

(주어진 식) $= \frac{x^6}{y^2} = \frac{3^6}{3^2} = 3^4 = 81$

08 전략 $X \times \square \div Y \times Z = M$에서 $\square = \frac{1}{X} \times Y \times \frac{1}{Z} \times M$임을 이용한다.

$A = 18a^4 \times \left(\frac{a}{2b}\right)^3 \times \left(-\frac{b}{3a}\right) \times \left(-\frac{6b^2}{a}\right)^2$

$= 18a^4 \times \frac{a^3}{8b^3} \times \left(-\frac{b}{3a}\right) \times \frac{36b^4}{a^2}$

$= -27a^4b^2$

09 전략 물통 ㈎의 물의 부피와 물통 ㈏의 물의 부피가 서로 같음을 이용한다.

(물통 ㈎의 물의 부피) $= 2ab \times 3ab^2 \times 4a^2 = 24a^4b^3$

(물통 ㈏의 물의 부피) $= 4a \times 3ab \times$ (물의 높이)

$= 12a^2b \times$ (물의 높이)

따라서 $12a^2b \times$ (물통 ㈏의 물의 높이) $= 24a^4b^3$이므로

(물통 ㈏의 물의 높이) $= 24a^4b^3 \times \frac{1}{12a^2b} = 2a^2b^2$

10 전략 $15 = 3 \times 5$, $45 = 3^2 \times 5$, $8 = 2^3$, $4 = 2^2$임을 이용하여 두 식의 좌변을 간단히 한다.

$\frac{15^{30}}{45^{15}} = \frac{(3 \times 5)^{30}}{(3^2 \times 5)^{15}} = \frac{3^{30} \times 5^{30}}{3^{30} \times 5^{15}} = 5^{15}$

$\therefore a = 15$ …… ㉮

$\frac{8^{10} + 4^{10}}{8^4 + 4^{11}} = \frac{(2^3)^{10} + (2^2)^{10}}{(2^3)^4 + (2^2)^{11}}$

$= \frac{2^{30} + 2^{20}}{2^{12} + 2^{22}}$

$= \frac{(2^{20} \times 2^{10}) + 2^{20}}{2^{12} + (2^{12} \times 2^{10})}$

$= \frac{2^{20}(2^{10} + 1)}{2^{12}(1 + 2^{10})}$

$= \frac{2^{20}}{2^{12}} = 2^8$

$\therefore b = 8$ …… ㉯

$\therefore a - b = 15 - 8 = 7$ …… ㉰

채점 기준

채점 기준	배점
㉮ a의 값 구하기	40 %
㉯ b의 값 구하기	40 %
㉰ $a-b$의 값 구하기	20 %

11 전략 1 MB $= 2^{10}$ KB, 1 GB $= 2^{10}$ MB임을 이용한다.

(1) 1 MB $= 2^{10}$ KB, 1 GB $= 2^{10}$ MB이므로

1 GB $= 2^{10}$ MB

$= 2^{10} \times 2^{10}$ KB

$= 2^{20}$ KB …… ㉮

(2) 1 GB $= 2^{20}$ KB이므로

5^{10} GB $= 5^{10} \times 2^{20}$ KB

$\therefore x = 5^{10} \times 2^{20}$ …… ㉯

$5^{10} \times 2^{20} = 5^{10} \times 2^{10} \times 2^{10}$

$= 2^{10} \times (2 \times 5)^{10}$

$= 1024 \times 10^{10}$ ($\because 2^{10} = 1024$) …… ㉰

따라서 x는 14자리 자연수이다. …… ㉱

채점 기준

	채점 기준	배점
(1)	㉮ 1 GB를 KB로 나타내기	30 %
(2)	㉯ x의 값 구하기	20 %
	㉰ x를 $a \times 10^n$ 꼴로 나타내기	30 %
	㉱ x가 몇 자리 자연수인지 구하기	20 %

12 전략 $\frac{b}{a} = \frac{d}{c}$이면 $ad = bc$임을 이용하여 A, B를 구한다.

$(-16x^{10}y^7) \div A = \frac{A^2}{4x^2y^2}$에서 $\frac{-16x^{10}y^7}{A} = \frac{A^2}{4x^2y^2}$이므로

$A^3 = (-16x^{10}y^7) \times 4x^2y^2 = -64x^{12}y^9 = (-4x^4y^3)^3$

$\therefore A = -4x^4y^3$ …… ㉮

$4x^3y^6 \times \frac{1}{B} = B^2 \div 2y^3$에서 $\frac{4x^3y^6}{B} = \frac{B^2}{2y^3}$이므로

$B^3 = 4x^3y^6 \times 2y^3 = 8x^3y^9 = (2xy^3)^3$

$\therefore B = 2xy^3$ …… ㉯

$\therefore \frac{B}{A} = \frac{2xy^3}{-4x^4y^3} = -\frac{1}{2x^3}$ …… ㉰

채점 기준

채점 기준	배점
㉮ A 구하기	40 %
㉯ B 구하기	40 %
㉰ $\frac{B}{A}$ 간단히 하기	20 %

Lecture 05 다항식의 덧셈과 뺄셈

Level A 개념 익히기 44~45쪽

01 답 $3x-3y$

02 (주어진 식) $=3a+4b-2a+3b$
$=a+7b$ 답 $a+7b$

03 답 $7x-2y-2$

04 (주어진 식) $=5a+b-1-7a+5b-3$
$=-2a+6b-4$ 답 $-2a+6b-4$

05 답 $\frac{5}{6}a-\frac{1}{3}b$

06 (주어진 식) $=\frac{3x-(x+3y)}{6}=\frac{3x-x-3y}{6}$
$=\frac{2x-3y}{6}=\frac{1}{3}x-\frac{1}{2}y$ 답 $\frac{1}{3}x-\frac{1}{2}y$

07 (주어진 식) $=6x+2-x+1$
$=5x+3$ 답 $5x+3$

08 (주어진 식) $=4x-(x-3x-y)$
$=4x-(-2x-y)$
$=4x+2x+y$
$=6x+y$ 답 $6x+y$

09 (주어진 식) $=a+2b-(4a-b-3a-5b)$
$=a+2b-(a-6b)$
$=a+2b-a+6b$
$=8b$ 답 $8b$

10 (주어진 식) $=6x-\{2y+(x-2x+3y)\}$
$=6x-\{2y+(-x+3y)\}$
$=6x-(2y-x+3y)$
$=6x-(-x+5y)$
$=6x+x-5y$
$=7x-5y$ 답 $7x-5y$

11 답 ×

12 답 ○

13 답 ×

14 (주어진 식) $=2b^2+b$ 답 ○

15 답 $4a^2$

16 (주어진 식) $=-5x^2+1-2x^2+3$
$=-7x^2+4$ 답 $-7x^2+4$

17 답 $-7x^2+2x-8$

18 (주어진 식) $=7y^2-3y+4-4y^2-9$
$=3y^2-3y-5$ 답 $3y^2-3y-5$

19 (주어진 식) $=(x-3x^2-2x+1)-x^2-4$
$=(-3x^2-x+1)-x^2-4$
$=-4x^2-x-3$ 답 $-4x^2-x-3$

20 (주어진 식) $=3x-\{4x^2-5-(6x-1-x^2)\}$
$=3x-(4x^2-5-6x+1+x^2)$
$=3x-(5x^2-6x-4)$
$=3x-5x^2+6x+4$
$=-5x^2+9x+4$ 답 $-5x^2+9x+4$

Level B 유형 공략하기 45~47쪽

중 **21** (좌변) $=\frac{1}{2}x+\frac{4}{3}y-\frac{7}{4}x+\frac{1}{6}y$
$=-\frac{5}{4}x+\frac{3}{2}y$
따라서 $a=-\frac{5}{4}$, $b=\frac{3}{2}$이므로
$\frac{a}{b}=\left(-\frac{5}{4}\right)\div\frac{3}{2}=\left(-\frac{5}{4}\right)\times\frac{2}{3}=-\frac{5}{6}$ 답 ②

하 **22** (주어진 식) $=5x-7y+4x-6y$
$=9x-13y$
따라서 x의 계수는 9, y의 계수는 -13이므로 구하는 합은
$9+(-13)=-4$ 답 ①

중 **23** (좌변) $=\frac{12x+3(x-2y)-2(3x+5y)}{12}$
$=\frac{12x+3x-6y-6x-10y}{12}$
$=\frac{9x-16y}{12}=\frac{3}{4}x-\frac{4}{3}y$ …… ㉮
따라서 $a=\frac{3}{4}$, $b=-\frac{4}{3}$이므로 …… ㉯
$ab=\frac{3}{4}\times\left(-\frac{4}{3}\right)=-1$ …… ㉰
답 -1

채점 기준

㉮ 좌변을 간단히 하기	60 %
㉯ a, b의 값 구하기	20 %
㉰ ab의 값 구하기	20 %

공략 비법

분수 꼴인 다항식의 계산
분모의 최소공배수로 통분한 후, 동류항끼리 모아서 계산한다.

상 **24** (장미 꽃밭의 둘레의 길이)
$=2\times\{($가로의 길이$)+($세로의 길이$)\}$

$=2\times[(2a+b)+\{(3b-1)-2a\}]$
$=2\{2a+b+(-2a+3b-1)\}$
$=2(4b-1)$
$=8b-2$ 　답 $8b-2$

개념 보충 학습

직사각형의 둘레의 길이
가로, 세로의 길이가 각각 a, b인 직사각형의 둘레의 길이 l은
$l=a+b+a+b=2a+2b=2(a+b)$

중 **25** (주어진 식)$=3x^2-4x+6+x^2-x-4$
$=4x^2-5x+2$
따라서 $a=4$, $b=-5$, $c=2$이므로
$a-b-c=4-(-5)-2=7$ 　답 7

하 **26** (주어진 식)$=\frac{1}{5}x^2+\frac{3}{10}x^2-x+4x+\frac{1}{2}-\frac{3}{2}$
$=\frac{1}{2}x^2+3x-1$ 　답 ④

중 **27** (주어진 식)$=4a^2-12a+8-6a^2+15$
$=-2a^2-12a+23$
따라서 a^2의 계수는 -2, a의 계수는 -12이므로 구하는 합은
$-2+(-12)=-14$ 　답 -14

상 **28** (주어진 식)$=ax^2+5x-3-4x^2-bx+1$
$=(a-4)x^2+(5-b)x-2$ ······ ㉮
이때 x^2의 계수와 x의 계수가 모두 상수항과 같으므로
$a-4=-2$, $5-b=-2$
따라서 $a=2$, $b=7$이므로 ······ ㉯
$b-a=7-2=5$ ······ ㉰
답 5

채점 기준

㉮ 주어진 식을 간단히 하기	40 %
㉯ a, b의 값 구하기	40 %
㉰ $b-a$의 값 구하기	20 %

중 **29** (좌변)$=2x-\{5x-4y-(2x+y-2x+3y)\}$
$=2x-(5x-4y-4y)$
$=2x-(5x-8y)$
$=2x-5x+8y$
$=-3x+8y$
따라서 $a=-3$, $b=8$이므로
$ab=(-3)\times8=-24$ 　답 -24

공략 비법

여러 가지 괄호가 있는 식의 계산
(1) (소괄호) ➡ {중괄호} ➡ [대괄호]의 순서로 괄호를 푼다.
(2) 괄호 앞에 ① +가 있으면: 괄호 안의 부호는 그대로
② −가 있으면: 괄호 안의 부호는 반대로

하 **30** (주어진 식)$=5a+b-(3a-b+3a-6b)$
$=5a+b-(6a-7b)$
$=5a+b-6a+7b$
$=-a+8b$ 　답 $-a+8b$

중 **31** (주어진 식)$=-3y-\{x+7y+2(4x-5y-x-y)\}$
$=-3y-\{x+7y+2(3x-6y)\}$
$=-3y-(x+7y+6x-12y)$
$=-3y-(7x-5y)$
$=-3y-7x+5y$
$=-7x+2y$
따라서 x의 계수는 -7, y의 계수는 2이므로 구하는 곱은
$(-7)\times2=-14$ 　답 ③

중 **32** (주어진 식)$=8x^2+5-\{x^2-(2x-6x^2-4x-1)\}$
$=8x^2+5-\{x^2-(-6x^2-2x-1)\}$
$=8x^2+5-(x^2+6x^2+2x+1)$
$=8x^2+5-(7x^2+2x+1)$
$=8x^2+5-7x^2-2x-1$
$=x^2-2x+4$ 　답 x^2-2x+4

중 **33** $(2x^2-3x+5)-A=x^2+x-1$이므로
$A=(2x^2-3x+5)-(x^2+x-1)$
$=2x^2-3x+5-x^2-x+1$
$=x^2-4x+6$ 　답 x^2-4x+6

공략 비법

① $A+B=C$ ➡ $A=C-B$
② $A-B=C$ ➡ $A=C+B$
③ $B-A=C$ ➡ $A=B-C$

하 **34** $4a+b+$□$=-a+3b$에서
□$=(-a+3b)-(4a+b)$
$=-a+3b-4a-b$
$=-5a+2b$ 　답 ②

중 **35** $(-x^2+3x+5)+A=3x^2+7x+12$이므로
$A=(3x^2+7x+12)-(-x^2+3x+5)$
$=3x^2+7x+12+x^2-3x-5$
$=4x^2+4x+7$
또, $(2x^2-x+1)-B=-4x^2+9x-3$이므로
$B=(2x^2-x+1)-(-4x^2+9x-3)$
$=2x^2-x+1+4x^2-9x+3$
$=6x^2-10x+4$
$\therefore B-A=(6x^2-10x+4)-(4x^2+4x+7)$
$=6x^2-10x+4-4x^2-4x-7$
$=2x^2-14x-3$ 　답 $2x^2-14x-3$

상 **36** 다항식을 써넣는 규칙은 아래 칸에 있는 두 식을 더하여 그 위 칸에 적는 것이다.

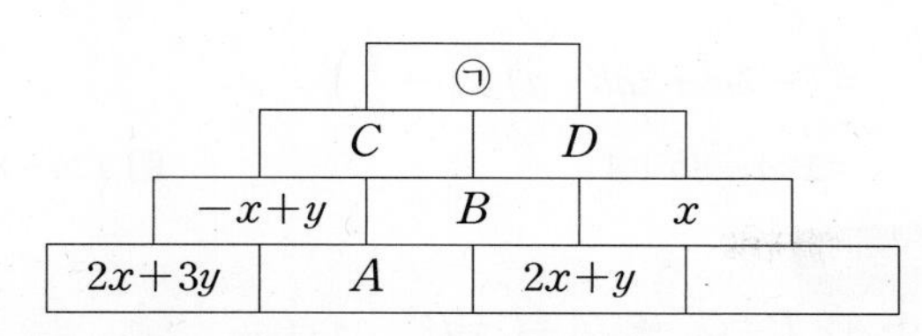

위의 그림과 같이 빈칸에 들어갈 다항식을 각각 A, B, C, D라 하면

$(2x+3y)+A=-x+y$이므로

$A=(-x+y)-(2x+3y)=-x+y-2x-3y$
$=-3x-2y$

$B=A+(2x+y)=(-3x-2y)+(2x+y)$
$=-x-y$

$C=(-x+y)+B=(-x+y)+(-x-y)$
$=-2x$

$D=B+x=(-x-y)+x=-y$

$\therefore$ ㉠$=C+D=-2x+(-y)=-2x-y$ 답 ①

상 37 (좌변)$=7a-\{2a+9b-(-a-5b+\square)\}$
$=7a-(2a+9b+a+5b-\square)$
$=7a-(3a+14b-\square)$
$=7a-3a-14b+\square$
$=4a-14b+\square$

즉, $4a-14b+\square=6a+11b$이므로

$\square=(6a+11b)-(4a-14b)$
$=6a+11b-4a+14b$
$=2a+25b$ 답 $2a+25b$

중 38 어떤 식을 A라 하면

$A+(-x^2+4x-7)=2x^2-x+3$이므로

$A=(2x^2-x+3)-(-x^2+4x-7)$
$=2x^2-x+3+x^2-4x+7$
$=3x^2-5x+10$

따라서 바르게 계산한 식은

$(3x^2-5x+10)-(-x^2+4x-7)$
$=3x^2-5x+10+x^2-4x+7$
$=4x^2-9x+17$ 답 ⑤

중 39 어떤 식을 A라 하면

$(8x-11y+3)+A=9x-4y-5$이므로

$A=(9x-4y-5)-(8x-11y+3)$
$=9x-4y-5-8x+11y-3$
$=x+7y-8$

따라서 바르게 계산한 식은

$(8x-11y+3)-(x+7y-8)$
$=8x-11y+3-x-7y+8$
$=7x-18y+11$ 답 $7x-18y+11$

중 40 어떤 식을 A라 하면

$A-(7x+4)=-3x^2+x+1$이므로

$A=(-3x^2+x+1)+(7x+4)$
$=-3x^2+8x+5$ …… ㉮

따라서 바르게 계산한 식은

$(-3x^2+8x+5)+(7x+4)=-3x^2+15x+9$

이므로 $a=-3$, $b=15$, $c=9$ …… ㉯

$\therefore a+b-c=-3+15-9=3$ …… ㉰

답 3

채점 기준

㉮ 어떤 식 구하기	40 %
㉯ a, b, c의 값 구하기	40 %
㉰ $a+b-c$의 값 구하기	20 %

Lecture 06 단항식과 다항식의 곱셈과 나눗셈

Level A 개념 익히기 48쪽

01 답 $-5a^2-ab$

02 답 $8x^2+16xy-8x$

03 답 $-3a^2+9ab-6ac$

04 (주어진 식)$=\dfrac{10x^2+4xy}{-2x}=\dfrac{10x^2}{-2x}+\dfrac{4xy}{-2x}=-5x-2y$

답 $-5x-2y$

다른 풀이 (주어진 식)$=(10x^2+4xy)\times\left(-\dfrac{1}{2x}\right)$
$=10x^2\times\left(-\dfrac{1}{2x}\right)+4xy\times\left(-\dfrac{1}{2x}\right)$
$=-5x-2y$

05 (주어진 식)$=(-6a^2+4a)\times\dfrac{3}{2a}$
$=(-6a^2)\times\dfrac{3}{2a}+4a\times\dfrac{3}{2a}$
$=-9a+6$ 답 $-9a+6$

06 (주어진 식)$=(xy+2y^2-3y)\times\left(-\dfrac{7}{y}\right)$
$=xy\times\left(-\dfrac{7}{y}\right)+2y^2\times\left(-\dfrac{7}{y}\right)-3y\times\left(-\dfrac{7}{y}\right)$
$=-7x-14y+21$ 답 $-7x-14y+21$

07 (주어진 식)$=x^2-5x+4x^2-4x$
$=5x^2-9x$ 답 $5x^2-9x$

08 (주어진 식)$=\dfrac{9x^3}{3x}-\dfrac{15x^2}{3x}+\dfrac{6x^2}{2x}-\dfrac{8x^3}{2x}$
$=3x^2-5x+3x-4x^2$
$=-x^2-2x$ 답 $-x^2-2x$

09 $2x+3y=2(y+4)+3y$
$=2y+8+3y$
$=5y+8$ 답 $5y+8$

10 $-3x+4y-2=-3(y+4)+4y-2$
$=-3y-12+4y-2$
$=y-14$ 답 $y-14$

11 $4A+B=4(x+y)+(2x-3y)$
$=4x+4y+2x-3y$
$=6x+y$ 답 $6x+y$

12 $2A-(A+2B)=2A-A-2B$
$=A-2B$
$=(x+y)-2(2x-3y)$
$=x+y-4x+6y$
$=-3x+7y$ 답 $-3x+7y$

Level B 유형 공략하기 49~51쪽

중 **13** (좌변)$=\frac{7}{2}x^2-2xy+\frac{3}{2}x$

따라서 $A=\frac{7}{2}$, $B=-2$, $C=\frac{3}{2}$이므로

$A-B+C=\frac{7}{2}-(-2)+\frac{3}{2}=7$ 답 ⑤

하 **14** ④ $-3y(6x-11y+1)=-18xy+33y^2-3y$ 답 ④

중 **15** (주어진 식)$=-6x^2+3xy-4x^2+20xy$
$=-10x^2+23xy$ …… ㉮
따라서 x^2의 계수는 -10, xy의 계수는 23이므로 …… ㉯
구하는 합은
$-10+23=13$ …… ㉰
답 13

채점 기준

㉮ 주어진 식을 간단히 하기	60 %
㉯ x^2의 계수와 xy의 계수 구하기	20 %
㉰ x^2의 계수와 xy의 계수의 합 구하기	20 %

중 **16** (주어진 식)$=-10a^2+5ab+15a-8a^2+20ab-12a$
$=-18a^2+25ab+3a$
답 $-18a^2+25ab+3a$

중 **17** (주어진 식)$=(6x^3y-24x^2+18xy)\times\frac{5}{3x}$
$=10x^2y-40x+30y$ 답 ③

중 **18** (주어진 식)$=4xy^2-7xy+5y$
따라서 xy의 계수는 -7, y의 계수는 5이므로 구하는 곱은
$(-7)\times5=-35$ 답 ①

중 **19** $\square\times\left(-\frac{1}{4}a\right)=-3a^2+2ab-a$에서
$\square=(-3a^2+2ab-a)\div\left(-\frac{1}{4}a\right)$
$=(-3a^2+2ab-a)\times\left(-\frac{4}{a}\right)$
$=12a-8b+4$ 답 $12a-8b+4$

공략 비법
① $A\times B=C$ ➡ $A=C\div B$
② $A\div B=C$ ➡ $A=C\times B$

중 **20** $A=(9a^2b+3ab^2)\times\frac{4}{3ab}=12a+4b$

$B=\frac{12a^2-15ab}{-3a}=-4a+5b$

$\therefore A-B=(12a+4b)-(-4a+5b)$
$=12a+4b+4a-5b$
$=16a-b$ 답 $16a-b$

중 **21** (주어진 식)$=y^2(3x-2)-\frac{x^2y^3-5xy^3}{xy}$
$=3xy^2-2y^2-(xy^2-5y^2)$
$=3xy^2-2y^2-xy^2+5y^2$
$=2xy^2+3y^2$
따라서 $A=2$, $B=3$이므로
$A+B=2+3=5$ 답 5

하 **22** (주어진 식)$=2x^2-10x+\frac{12x^3-8x^2}{-4x}$
$=2x^2-10x+(-3x^2+2x)$
$=-x^2-8x$ 답 ②

중 **23** ① $x(6x-5)-(-2x)^2=6x^2-5x-4x^2=2x^2-5x$
② $x+\left(\frac{x^2}{4}-\frac{x}{2}\right)\div\left(-\frac{x}{8}\right)=x+\left(\frac{x^2}{4}-\frac{x}{2}\right)\times\left(-\frac{8}{x}\right)$
$=x+(-2x+4)$
$=-x+4$
③ $\frac{6x+4x^3}{2x}-\frac{x}{5}(10x-15)=3+2x^2-2x^2+3x$
$=3x+3$
④ $4\left\{\left(\frac{1}{2}x\right)^2+3\right\}-x(x-1)=4\left(\frac{1}{4}x^2+3\right)-x^2+x$
$=x^2+12-x^2+x$
$=x+12$
⑤ $x-[y-\{2x-(x-y)\}]=x-\{y-(2x-x+y)\}$
$=x-\{y-(x+y)\}$
$=x-(y-x-y)$
$=x-(-x)=2x$
따라서 옳은 것은 ④이다. 답 ④

중 **24** (주어진 식)$=(18x^3y-12xy^2)\times\frac{5}{6x}-y(x^2+y)$
$=15x^2y-10y^2-x^2y-y^2$
$=14x^2y-11y^2$
따라서 $a=14$, $b=-11$이므로
$a-b=14-(-11)=25$ 답 25

중 25 오른쪽 그림에서

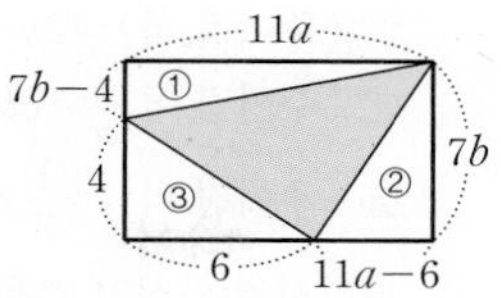

(색칠한 부분의 넓이)

=(직사각형의 넓이)

−(①의 넓이)−(②의 넓이)

−(③의 넓이)

$=11a\times7b-\frac{1}{2}\times11a\times(7b-4)-\frac{1}{2}\times(11a-6)\times7b$

$-\frac{1}{2}\times6\times4$

$=77ab-\frac{1}{2}\times(77ab-44a)-\frac{1}{2}\times(77ab-42b)-12$

$=77ab-\frac{77}{2}ab+22a-\frac{77}{2}ab+21b-12$

$=22a+21b-12$ 답 $22a+21b-12$

중 26 오른쪽 그림에서

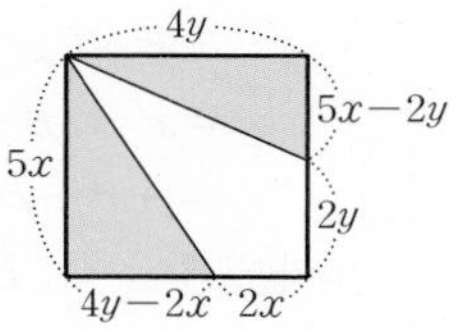

(색칠한 부분의 넓이)

$=\frac{1}{2}\times5x\times(4y-2x)$

$+\frac{1}{2}\times4y\times(5x-2y)$

$=\frac{1}{2}\times(20xy-10x^2)+\frac{1}{2}\times(20xy-8y^2)$

$=10xy-5x^2+10xy-4y^2$

$=-5x^2+20xy-4y^2$ 답 ④

중 27 $\frac{1}{2}\times\{$(윗변의 길이)$+4xy\}\times6x^2y=15x^3y^3+12x^3y^2$이므로 …… ㉮

(윗변의 길이)$+4xy=(15x^3y^3+12x^3y^2)\div3x^2y$

$=\frac{15x^3y^3+12x^3y^2}{3x^2y}$

$=5xy^2+4xy$

∴ (윗변의 길이)$=(5xy^2+4xy)-4xy$

$=5xy^2$ …… ㉯

답 $5xy^2$

채점 기준

㉮ 사다리꼴의 넓이에 대한 식 세우기	40 %
㉯ 사다리꼴의 윗변의 길이 구하기	60 %

개념 보충 학습

(사다리꼴의 넓이)

$=\frac{1}{2}\times\{$(윗변의 길이)+(아랫변의 길이)$\}\times$(높이)

상 28 오른쪽 그림에서

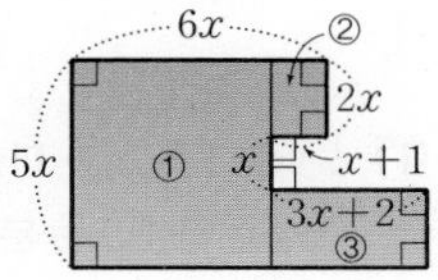

(땅의 넓이)

=(①의 넓이)+(②의 넓이)

+(③의 넓이)

$=\{6x-(x+1)\}\times5x$

$+(x+1)\times2x+(3x+2)\times(5x-2x-x)$

$=5x(5x-1)+2x(x+1)+2x(3x+2)$

$=25x^2-5x+2x^2+2x+6x^2+4x$

$=33x^2+x$ 답 $33x^2+x$

중 29 $\frac{1}{3}\times\pi\times(4x)^2\times$(높이)$=32\pi x^2y^2-80\pi x^2y$이므로

(높이)$=(32\pi x^2y^2-80\pi x^2y)\div\frac{16}{3}\pi x^2$

$=(32\pi x^2y^2-80\pi x^2y)\times\frac{3}{16\pi x^2}$

$=6y^2-15y$ 답 $6y^2-15y$

하 30 (밑넓이)$=2a\times3a=6a^2$

(옆넓이)$=(2a+3a+2a+3a)\times(5a+4b)$

$=10a(5a+4b)$

$=50a^2+40ab$

∴ (겉넓이)=(밑넓이)×2+(옆넓이)

$=6a^2\times2+(50a^2+40ab)$

$=12a^2+50a^2+40ab$

$=62a^2+40ab$ 답 $62a^2+40ab$

개념 보충 학습

직육면체의 겉넓이

가로, 세로의 길이가 각각 a, b, 높이가 h인 직육면체의 겉넓이 S는

$S=$(밑넓이)×2+(옆넓이)

$=(a\times b)\times2+\{(a+b+a+b)\times h\}$

$=2ab+2h(a+b)$

중 31 (밑넓이)$=\frac{1}{2}\times\{(a-b)+(2a+b)\}\times$(사다리꼴의 높이)

$=\frac{3}{2}a\times$(사다리꼴의 높이)

(밑넓이)×(사각기둥의 높이)=(사각기둥의 부피)이므로

$\frac{3}{2}a\times$(사다리꼴의 높이)$\times4ab=-12a^3b^2+6a^2b$

∴ (사다리꼴의 높이)$=(-12a^3b^2+6a^2b)\div6a^2b$

$=\frac{-12a^3b^2+6a^2b}{6a^2b}$

$=-2ab+1$ 답 ③

중 32 (주어진 식)$=-8x+4xy$

$=-8\times2+4\times2\times(-3)$

$=-40$ 답 ①

개념 보충 학습

식의 값 구하는 순서

❶ 주어진 식을 간단히 한다.

❷ 간단히 한 식의 문자에 주어진 수를 대입하여 식의 값을 구한다.
이때 대입하는 수가 음수인 경우, 괄호로 묶어서 대입한다.

중 33 (주어진 식)$=x^2+2xy-2xy-y^2$

$=x^2-y^2$

$=5^2-(-4)^2=9$ 답 ③

중 34 (주어진 식)$=-4a^2-8ab-\left(\frac{2}{3}a^3+\frac{5}{6}a^2b\right)\times\left(-\frac{6}{a}\right)$

$=-4a^2-8ab-(-4a^2-5ab)$

$=-4a^2-8ab+4a^2+5ab$

$=-3ab$ …… ㉮

$=-3\times(-1)\times\frac{2}{3}=2$ …… ㉯

답 2

채점 기준

㉮ 주어진 식을 간단히 하기	60 %
㉯ 식의 값 구하기	40 %

중 **35** $-2(A-B)+3A-B=-2A+2B+3A-B$

$=A+B$

$=(-2x+7y)+(4x+3y)$

$=2x+10y$

답 ④

공략 비법

주어진 식을 다른 문자에 대한 식으로 나타내려면
❶ 주어진 식을 간단히 한다.
❷ 대입하는 식을 괄호로 묶어서 대입한다.
❸ ❷의 식을 간단히 정리한다.

중 **36** $6x-3(x+2y)=6x-3x-6y$

$=3x-6y$

$=3\times\frac{2a+5b}{3}-6\times\frac{3a-7b}{2}$

$=2a+5b-3(3a-7b)$

$=2a+5b-9a+21b$

$=-7a+26b$

답 $-7a+26b$

단원 마무리 52~55쪽

Level B 필수 유형 정복하기

01 ⑤ **02** ①, ⑤ **03** ⑤ **04** ②
05 $x+4y-3$ **06** $-\frac{3}{2}a^2+2a$ **07** ②
08 $20a^3b^2-8a^2b+6ab$ **09** ② **10** -1 **11** 상민, 승희
12 $\frac{14}{3}a+8$ **13** 20 **14** ③ **15** 15 **16** B
17 14 **18** ③ **19** $-a+b$
20 (1) $-10x^2+8x+3$ (2) $14x^2+1$ **21** $\frac{1}{4}x^2y-\frac{1}{2}y+\frac{3}{4}$
22 (1) $36x^2+24xy$ (2) $24x^2+16xy$ **23** $8b+\frac{8}{3}$ **24** $18y-8$

01 전략 다항식의 덧셈은 괄호를 풀어 동류항끼리 계산하고, 빼셈은 빼는 식의 각 항의 부호를 바꾸어 더한다.

⑤ $3(a-4b-2)-(2b-6)=3a-12b-6-2b+6$

$=3a-14b$

02 전략 주어진 식을 정리하여 차수를 확인한다.

① (주어진 식)$=-a^2-4a+1+4a=-a^2+1$

② (주어진 식)$=5x^3-x^3+3x=4x^3+3x$

③ (주어진 식)$=2y-6y^2+6y^2=2y$

④ (주어진 식)$=10b^2-8b^2-7b-2b^2=-7b$

⑤ (주어진 식)$=\frac{1}{2}x^2+x-\frac{1}{2}$

따라서 이차식인 것은 ①, ⑤이다.

03 전략 짝 지어진 두 이차식을 더한 결과가 $2x^2+2x+3$인 것을 찾는다.

⑤ $(4x^2+3x+2)+(-2x^2-x+1)=2x^2+2x+3$

04 전략 좌변을 (소괄호) → {중괄호} → [대괄호]의 순서로 괄호를 풀어 간단히 한다.

(좌변)$=x^2-\{4x+(2x^2+1-5x-15)\}$

$=x^2-(4x+2x^2-5x-14)$

$=x^2-(2x^2-x-14)$

$=x^2-2x^2+x+14$

$=-x^2+x+14$

따라서 $A=-1$, $B=1$, $C=14$이므로

$A+B-C=-1+1-14=-14$

05 전략 등식을 세운 후 등식의 좌변에 A만 남기고 모두 우변으로 이항한다.

$(4x-y+2)+A=5x+3y-1$이므로

$A=(5x+3y-1)-(4x-y+2)$

$=5x+3y-1-4x+y-2$

$=x+4y-3$

06 전략 어떤 식을 A라 하고 A를 먼저 구한다.

어떤 식을 A라 하면

$\left(-\frac{1}{2}a^2+a-3\right)-A=\frac{3}{2}a^2-2a$이므로

$A=\left(-\frac{1}{2}a^2+a-3\right)-\left(\frac{3}{2}a^2-2a\right)$

$=-\frac{1}{2}a^2+a-3-\frac{3}{2}a^2+2a$

$=-2a^2+3a-3$

따라서 바르게 계산한 식은

$(-2a^2+3a-3)-\left(-\frac{1}{2}a^2+a-3\right)$

$=-2a^2+3a-3+\frac{1}{2}a^2-a+3$

$=-\frac{3}{2}a^2+2a$

07 전략 단항식과 다항식의 곱셈은 분배법칙을 이용하여 계산하고, 나눗셈은 곱셈 또는 분수 꼴로 바꾸어 계산한다.

① $a(4a^2-6a)=4a^3-6a^2$

② $(7x^2+3x)\div\frac{1}{4}x=(7x^2+3x)\times\frac{4}{x}$

$=28x+12$

③ $(9x^2y-6xy^2)\times\frac{5}{3}xy=15x^3y^2-10x^2y^3$

④ $(2a^3b^2-8a^2b-6ab^2)\div\frac{3}{2}ab$

$=(2a^3b^2-8a^2b-6ab^2)\times\frac{2}{3ab}$

$=\frac{4}{3}a^2b-\frac{16}{3}a-4b$

⑤ $(x-y)\times 5x\times(-2y)=(x-y)\times(-10xy)$

$=-10x^2y+10xy^2$

따라서 옳은 것은 ②이다.

08 전략 $\square\div A=B$이면 $\square=B\times A$임을 이용한다.

$\square\div 2ab=10a^2b-4a+3$에서

$\square=(10a^2b-4a+3)\times 2ab$

$=20a^3b^2-8a^2b+6ab$

09 전략 분자의 각 항을 분모로 나누어 나눗셈을 먼저 계산한다.

(주어진 식) $=-3y^2+4x-(5x-2x^2)$

$=-3y^2+4x-5x+2x^2$

$=2x^2-x-3y^2$

따라서 $a=2$, $b=-3$이므로

$ab=2\times(-3)=-6$

10 전략 덧셈, 뺄셈, 곱셈, 나눗셈이 혼합된 식은 거듭제곱 → 괄호 → 곱셈, 나눗셈 → 덧셈, 뺄셈의 순서로 계산한다.

(주어진 식) $=4a^2+\frac{21a^2b+14ab}{-7b}$

$=4a^2+(-3a^2-2a)$

$=a^2-2a$

따라서 a^2의 계수는 1, a의 계수는 -2이므로 구하는 합은

$1+(-2)=-1$

11 전략 덧셈, 뺄셈, 곱셈, 나눗셈이 혼합된 식은 거듭제곱 → 괄호 → 곱셈, 나눗셈 → 덧셈, 뺄셈의 순서로 계산한다.

(주어진 식) $=(3x^2y+x^2)\times\left(-\frac{4}{3x}\right)-y(y-3x)$

$=-4xy-\frac{4}{3}x-y^2+3xy$

$=-y^2-xy-\frac{4}{3}x$

[지영] 총 3개의 항이다.

[건우] y^2의 계수는 -1이고 상수항은 없으므로 y^2의 계수와 상수항의 합은 -1이다.

따라서 바르게 말한 학생은 상민, 승희이다.

12 전략 (마름모의 넓이) $=$ (한 대각선의 길이) $\times$ (다른 대각선의 길이) $\div 2$임을 이용한다.

$3ab\times$(다른 대각선의 길이)$\div 2=7a^2b+12ab$이므로

(다른 대각선의 길이) $=(7a^2b+12ab)\div\frac{3}{2}ab$

$=(7a^2b+12ab)\times\frac{2}{3ab}$

$=\frac{14}{3}a+8$

13 전략 길을 제외한 밭의 가로, 세로의 길이를 먼저 구한다.

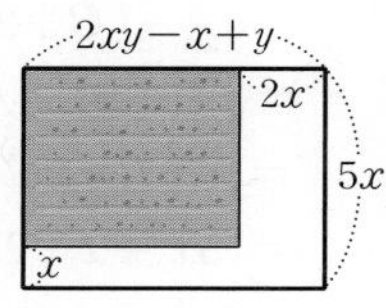

길을 제외한 밭의 넓이는 오른쪽 그림에서 색칠한 부분의 넓이와 같으므로

$\{(2xy-x+y)-2x\}\times(5x-x)$

$=(2xy-3x+y)\times 4x$

$=8x^2y-12x^2+4xy$

따라서 $a=8$, $b=-12$, $c=4$이므로

$ac+b=8\times 4+(-12)=20$

14 전략 1회전 시킬 때 생기는 입체도형이 원기둥임을 이용한다.

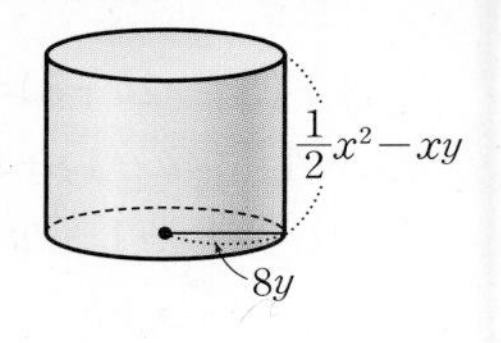

1회전 시킬 때 생기는 입체도형은 밑면의 반지름의 길이가 $8y$, 높이가 $\frac{1}{2}x^2-xy$인 원기둥이므로 구하는 부피는

$\pi\times(8y)^2\times\left(\frac{1}{2}x^2-xy\right)=\pi\times 64y^2\times\left(\frac{1}{2}x^2-xy\right)$

$=32\pi x^2y^2-64\pi xy^3$

개념 보충 학습

(원기둥의 부피) $=$ (밑넓이) $\times$ (높이)

$=\pi\times$(밑면의 반지름의 길이)$^2\times$(높이)

15 전략 먼저 주어진 식을 간단히 한 후 x 대신 $-\frac{1}{4}$, y 대신 -2를 대입하여 식의 값을 구한다.

(주어진 식) $=(24xy^2-32x^2y)\times\left(-\frac{3}{8xy}\right)$

$=-9y+12x$

$=-9\times(-2)+12\times\left(-\frac{1}{4}\right)=15$

16 전략 먼저 A, B를 간단히 한 후 a 대신 3, b 대신 -3을 대입하여 식의 값을 구한다.

$A=(a-b)-(b+a)$

$=a-b-b-a$

$=-2b$

$=-2\times(-3)=6$

$B=-a^2-ab+2ab-2b$

$=-a^2+ab-2b$

$=-3^2+3\times(-3)-2\times(-3)=-12$

따라서 식의 값이 더 작은 것은 B이다.

17 전략 $2x-4y+3$에 y 대신 $-3x+5$를 대입하여 정리한다.

$2x-4y+3=2x-4(-3x+5)+3$

$=2x+12x-20+3$

$=14x-17$

따라서 x의 계수는 14이다.

18 전략 주어진 식을 간단히 한 후 A, B, C를 각각 괄호로 묶어서 대입한다.

$3A-\{B+2(A-C)\}$
$=3A-(B+2A-2C)$
$=3A-B-2A+2C$
$=A-B+2C$
$=(5x^2+x+2)-(3x^2-2x)+2(-4x+1)$
$=5x^2+x+2-3x^2+2x-8x+2$
$=2x^2-5x+4$

19 전략 전개도에서 마주 보는 면을 찾아 등식을 세운다.

다항식 A가 적힌 면과 마주 보는 면에는 $3a-2b+5$가 적혀 있으므로 …… ㉮

$A+(3a-2b+5)=(4a-1)+(-2a-b+6)$
$\therefore A=(4a-1)+(-2a-b+6)-(3a-2b+5)$
$=4a-1-2a-b+6-3a+2b-5$
$=-a+b$ …… ㉯

채점 기준

㉮ A가 적힌 면과 마주 보는 면 찾기	30 %
㉯ A 구하기	70 %

20 전략 먼저 A가 포함된 등식을 세워 A를 구한다.

(1) $3(3x^2-x-1)+A=-x^2+5x$이므로 …… ㉮
$A=(-x^2+5x)-3(3x^2-x-1)$
$=-x^2+5x-9x^2+3x+3$
$=-10x^2+8x+3$ …… ㉯

(2) $4(x^2+2x+1)-A=4(x^2+2x+1)-(-10x^2+8x+3)$
$=4x^2+8x+4+10x^2-8x-3$
$=14x^2+1$ …… ㉰

채점 기준

(1)	㉮ A가 포함된 등식 세우기	20 %
	㉯ A 구하기	40 %
(2)	㉰ $4(x^2+2x+1)-A$를 간단히 하기	40 %

21 전략 먼저 좌변을 간단히 한 후 $X\times Y=Z$이면 $Y=Z\div X$임을 이용한다.

$(\text{좌변})=\left(-\frac{2}{3}x^3y^2\right)\times\left(-\frac{6}{x^2y}\right)\times A$
$=4xy\times A$ …… ㉮

즉, $4xy\times A=x^3y^2-2xy^2+3xy$이므로
$A=(x^3y^2-2xy^2+3xy)\div 4xy$
$=\frac{x^3y^2-2xy^2+3xy}{4xy}$
$=\frac{1}{4}x^2y-\frac{1}{2}y+\frac{3}{4}$ …… ㉯

채점 기준

㉮ 좌변을 간단히 하기	40 %
㉯ A 구하기	60 %

22 전략 (2) 타일을 붙인 부분은 전체 벽면의 $\frac{8}{12}=\frac{2}{3}$임을 이용한다.

(1) 벽면의 넓이는
$(9x+6y)\times 4x=36x^2+24xy$ …… ㉮

(2) 타일 12개 중 8개를 붙인 상태이므로 타일을 붙인 부분의 넓이는 전체 벽면의 넓이의 $\frac{8}{12}=\frac{2}{3}$이다.

$\therefore$ (타일을 붙인 부분의 넓이)$=$(벽면의 넓이)$\times\frac{2}{3}$
$=(36x^2+24xy)\times\frac{2}{3}$
$=24x^2+16xy$ …… ㉯

채점 기준

(1)	㉮ 벽면의 넓이 구하기	40 %
(2)	㉯ 타일을 붙인 부분의 넓이 구하기	60 %

23 전략 두 그릇에 들어 있는 물의 부피가 서로 같으므로 두 그릇의 부피가 서로 같다.

직육면체 모양의 그릇의 부피는
$2a\times(3b+1)\times 4a=8a^2\times(3b+1)$
$=24a^2b+8a^2$ …… ㉮

삼각기둥 모양의 그릇의 부피는
$\frac{1}{2}\times 2a\times 3a\times$(그릇의 높이)$=3a^2\times$(그릇의 높이) …… ㉯

이때 두 그릇의 부피가 서로 같으므로
$3a^2\times$(삼각기둥 모양의 그릇의 높이)$=24a^2b+8a^2$
$\therefore$ (삼각기둥 모양의 그릇의 높이)$=(24a^2b+8a^2)\div 3a^2$
$=\frac{24a^2b+8a^2}{3a^2}$
$=8b+\frac{8}{3}$ …… ㉰

채점 기준

㉮ 직육면체 모양의 그릇의 부피 구하기	30 %
㉯ 삼각기둥 모양의 그릇의 부피 구하기	30 %
㉰ 삼각기둥 모양의 그릇의 높이 구하기	40 %

24 전략 $a:b=c:d$이면 $ad=bc$임을 이용하여 $x:y=5:2$를 $x=(y$에 대한 식) 꼴로 변형한다.

$x:y=5:2$에서 $2x=5y$이므로
$x=\frac{5}{2}y$ …… ㉮

$\therefore 6x+3y-8=6\times\frac{5}{2}y+3y-8$
$=15y+3y-8$
$=18y-8$ …… ㉯

채점 기준

㉮ $x:y=5:2$를 $x=(y$에 대한 식) 꼴로 변형하기	50 %
㉯ $6x+3y-8$을 y에 대한 식으로 나타내기	50 %

공략 비법

x, y에 대한 등식이 주어질 때, x, y에 대한 다항식 A를 한 문자에 대한 식으로 나타내려면
① x에 대한 식으로 나타낼 때
➡ 등식을 $y=(x$에 대한 식)으로 변형한 후 A에 대입한다.
② y에 대한 식으로 나타낼 때
➡ 등식을 $x=(y$에 대한 식)으로 변형한 후 A에 대입한다.

단원 마무리 56~57쪽

Level C 발전 유형 정복하기

01 ③ 02 ④ 03 $\frac{5}{3}ab+b^2-3b$ 04 9

05 $-30x^2y^3-4x+9y$ 06 ① 07 $4a+b$ 08 $-\frac{1}{4}$

09 ④ 10 $-4x^2+\frac{15}{2}x$

11 (1) $3a-2b$, $5ab$ (2) $60a^2b^2-40ab^3$ 12 1

01 전략 좌변을 분모의 최소공배수로 통분하여 간단히 한다.

$$(\text{좌변})=\frac{3(2x^2-x+4)-4(x^2+3x-2)}{36}$$
$$=\frac{6x^2-3x+12-4x^2-12x+8}{36}$$
$$=\frac{2x^2-15x+20}{36}$$
$$=\frac{1}{18}x^2-\frac{5}{12}x+\frac{5}{9}$$

따라서 $a=\frac{1}{18}$, $b=-\frac{5}{12}$, $c=\frac{5}{9}$이므로

$$\frac{ab}{c}=\frac{1}{18}\times\left(-\frac{5}{12}\right)\div\frac{5}{9}=\frac{1}{18}\times\left(-\frac{5}{12}\right)\times\frac{9}{5}=-\frac{1}{24}$$

02 전략 주어진 식을 (소괄호) → {중괄호} → [대괄호]의 순서로 괄호를 풀어 간단히 한다.

$$(\text{주어진 식})=-3x^2-\{2x+5x^2-(4x^2-\square+x)\}$$
$$=-3x^2-(2x+5x^2-4x^2+\square-x)$$
$$=-3x^2-(x^2+x+\square)$$
$$=-3x^2-x^2-x-\square$$
$$=-4x^2-x-\square$$

즉, $-4x^2-x-\square=-5x^2-x$이므로

$$\square=(-4x^2-x)-(-5x^2-x)$$
$$=-4x^2-x+5x^2+x$$
$$=x^2$$

03 전략 어떤 식을 A라 하고 A를 먼저 구한다.

어떤 식을 A라 하면

$A\times3a^2b=15a^5b^3+9a^4b^4-27a^4b^3$이므로

$$A=(15a^5b^3+9a^4b^4-27a^4b^3)\div3a^2b$$
$$=\frac{15a^5b^3+9a^4b^4-27a^4b^3}{3a^2b}$$
$$=5a^3b^2+3a^2b^3-9a^2b^2$$

따라서 바르게 계산한 식은

$$(5a^3b^2+3a^2b^3-9a^2b^2)\div3a^2b=\frac{5a^3b^2+3a^2b^3-9a^2b^2}{3a^2b}$$
$$=\frac{5}{3}ab+b^2-3b$$

04 전략 덧셈, 뺄셈, 곱셈, 나눗셈이 혼합된 식은 거듭제곱 → 괄호 → 곱셈, 나눗셈 → 덧셈, 뺄셈의 순서로 계산한다.

(주어진 식)

$$=28y\left(\frac{2}{7}x-\frac{1}{2}\right)-\{x(16x^2y^2+x)-5y\}+12x^3y^2$$
$$=28y\left(\frac{2}{7}x-\frac{1}{2}\right)-(16x^3y^2+x^2-5y)+12x^3y^2$$
$$=8xy-14y-16x^3y^2-x^2+5y+12x^3y^2$$
$$=-4x^3y^2-x^2+8xy-9y$$

따라서 $a=-1$, $b=-9$이므로

$ab=(-1)\times(-9)=9$

05 전략 기호의 약속을 이용하여 주어진 식을 간단히 한다.

$$\langle C,\ B\rangle=2\left(-\frac{1}{3x}+5xy^2\right)\times(-3xy)$$
$$=\left(-\frac{2}{3x}+10xy^2\right)\times(-3xy)$$
$$=2y-30x^2y^3$$

$$[A,\ B]=(12x^3y^2-21x^2y^3)\div\left\{\frac{1}{3}\times(-3xy)^2\right\}$$
$$=(12x^3y^2-21x^2y^3)\div3x^2y^2$$
$$=\frac{12x^3y^2-21x^2y^3}{3x^2y^2}$$
$$=4x-7y$$

$$\therefore\ \langle C,\ B\rangle-[A,\ B]=(2y-30x^2y^3)-(4x-7y)$$
$$=2y-30x^2y^3-4x+7y$$
$$=-30x^2y^3-4x+9y$$

06 전략 사각형 FECG의 가로, 세로의 길이를 각각 구한 후 넓이를 구한다.

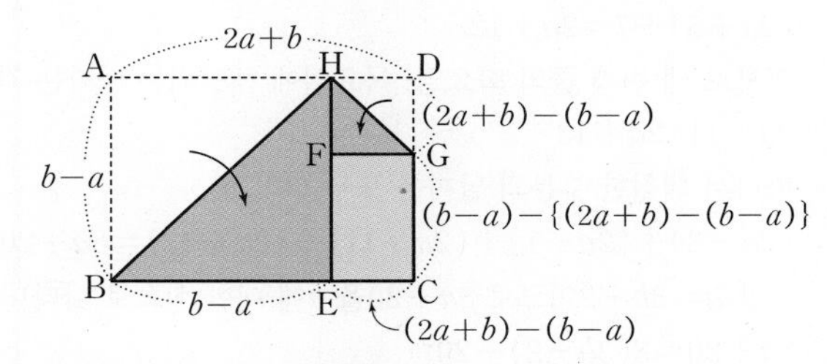

위의 그림에서 사각형 FECG의

$$(\text{가로의 길이})=(2a+b)-(b-a)$$
$$=2a+b-b+a$$
$$=3a$$

$$(\text{세로의 길이})=(b-a)-\{(2a+b)-(b-a)\}$$
$$=b-a-3a$$
$$=-4a+b$$

$\therefore$ (사각형 FECG의 넓이)$=3a(-4a+b)=-12a^2+3ab$

07 전략 각각의 부피를 이용하여 큰 직육면체의 높이와 작은 직육면체의 높이를 구한다.

$2a\times1\times$(큰 직육면체의 높이)$=2a^2+4ab$,

$a\times1\times$(작은 직육면체의 높이)$=3a^2-ab$이므로

$$(\text{큰 직육면체의 높이})=(2a^2+4ab)\div2a$$
$$=\frac{2a^2+4ab}{2a}$$
$$=a+2b$$

$$(\text{작은 직육면체의 높이})=(3a^2-ab)\div a$$
$$=\frac{3a^2-ab}{a}$$
$$=3a-b$$

$\therefore$ (입체도형의 전체 높이)

$=$(큰 직육면체의 높이)$+$(작은 직육면체의 높이)

$=(a+2b)+(3a-b)$

$=4a+b$

08 전략 먼저 주어진 식을 간단히 한 후 x 대신 $-\frac{3}{2}$, y 대신 $\frac{1}{3}$을 대입하여 식의 값을 구한다.

$$(\text{주어진 식})=x^2y^2\times\left(\frac{1}{x}-\frac{1}{y}\right)+\frac{2x^3y^2-3xy^2}{xy}-xy^2$$
$$=xy^2-x^2y+2x^2y-3y-xy^2$$
$$=x^2y-3y$$
$$=\left(-\frac{3}{2}\right)^2\times\frac{1}{3}-3\times\frac{1}{3}$$
$$=-\frac{1}{4}$$

09 전략 먼저 두 번째 줄과 네 번째 줄의 수요일의 날짜를 각각 a에 대한 식으로 나타낸다.

두 번째 줄의 수요일에 해당되는 날짜는

$(2a+5)-7=2a-2$

이므로 두 번째 줄의 화요일, 목요일에 해당되는 날짜는 각각

$2a-3$, $2a-1$

마찬가지로 네 번째 줄의 수요일에 해당되는 날짜는

$(2a+5)+7=2a+12$

이므로 네 번째 줄의 화요일, 목요일에 해당되는 날짜는 각각

$2a+11$, $2a+13$

따라서 색칠한 부분의 날짜를 모두 더하면

$(2a-3)+(2a-1)+(2a+11)+(2a+13)=8a+20$

이때 $a=3b-2$이므로 $8a+20$을 b에 대한 식으로 나타내면

$8a+20=8(3b-2)+20$

$=24b-16+20$

$=24b+4$

10 전략 조건 (가)에서 A를 구한 후 조건 (나)에서 B를 구한다.

조건 (가)에서 $A-(-7x^2+4x-1)=4x^2-5$이므로

$A=(4x^2-5)+(-7x^2+4x-1)$

$=-3x^2+4x-6$ …… ㉮

조건 (나)에서 $A+(x^2+3x+18)=2B$이므로

$2B=(-3x^2+4x-6)+(x^2+3x+18)$

$=-2x^2+7x+12$

$\therefore B=-x^2+\frac{7}{2}x+6$ …… ㉯

$\therefore A+B=(-3x^2+4x-6)+\left(-x^2+\frac{7}{2}x+6\right)$

$=-4x^2+\frac{15}{2}x$ …… ㉰

채점 기준

㉮ A 구하기	30 %
㉯ B 구하기	40 %
㉰ $A+B$를 간단히 하기	30 %

11 전략 밑면의 가로, 세로의 길이를 각각 구하여 직육면체의 부피를 구한다.

(1) 밑면의 가로의 길이를 x, 세로의 길이를 y라 하면 오른쪽 그림에서 $x\times4b=12ab-8b^2$이므로

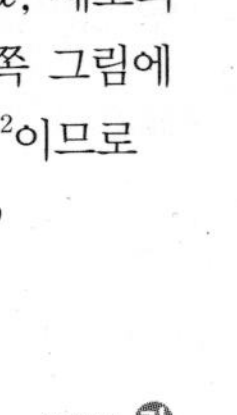

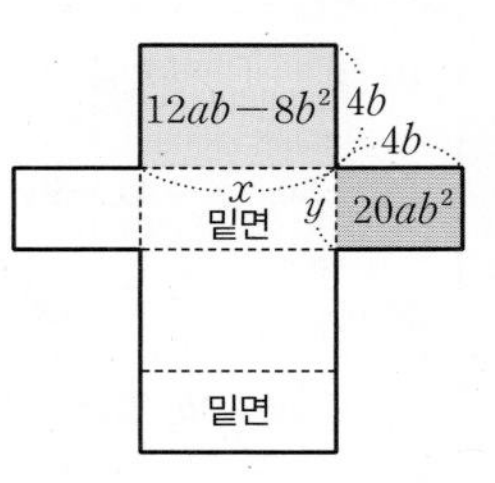

$x=(12ab-8b^2)\div4b$

$=\frac{12ab-8b^2}{4b}$

$=3a-2b$ …… ㉮

또, $4b\times y=20ab^2$이므로

$y=20ab^2\div4b=\frac{20ab^2}{4b}=5ab$ …… ㉯

(2) 직육면체의 밑면의 가로의 길이는 $3a-2b$, 세로의 길이는 $5ab$, 높이는 $4b$이므로 구하는 부피는

$(3a-2b)\times5ab\times4b=(3a-2b)\times20ab^2$

$=60a^2b^2-40ab^3$ …… ㉰

채점 기준

(1)	㉮ 밑면의 가로의 길이 구하기	30 %
	㉯ 밑면의 세로의 길이 구하기	30 %
(2)	㉰ 직육면체의 부피 구하기	40 %

12 전략 지수법칙을 이용하여 등식에서 $y=$(x에 대한 식)을 구한다.

$(3^3)^x\times9^2\div3^2=3^{3x}\times(3^2)^2\div3^2$

$=3^{3x+4-2}=3^{3x+2}$

즉, $3^{3x+2}=3^y$이므로 $3x+2=y$ …… ㉮

$\therefore -2(x-2y)-(-4x+5y)=-2x+4y+4x-5y$

$=2x-y$

$=2x-(3x+2)$

$=2x-3x-2$

$=-x-2$ …… ㉯

따라서 $A=-1$, $B=-2$이므로

$A-B=-1-(-2)=1$ …… ㉰

채점 기준

㉮ $(3^3)^x\times9^2\div3^2=3^y$에서 $y=$(x에 대한 식) 구하기	40 %
㉯ 주어진 식을 x에 대한 식으로 나타내기	40 %
㉰ $A-B$의 값 구하기	20 %

참고 $3^{3x}\times(3^2)^2\div3^2=3^{3x+4}\div3^2$

이때 x는 자연수이므로 $3x+4>2$

$\therefore 3^{3x+4}\div3^2=3^{3x+4-2}=3^{3x+2}$

개념 보충 학습

지수법칙

m, n이 자연수일 때,

① $a^m\times a^n=a^{m+n}$ ② $(a^m)^n=a^{mn}$

③ $a^m\div a^n=\begin{cases} a^{m-n} & (m>n) \\ 1 & (m=n) \\ \frac{1}{a^{n-m}} & (m<n) \end{cases}$ (단, $a\neq0$)

④ $(ab)^m=a^mb^m$ ⑤ $\left(\frac{a}{b}\right)^m=\frac{a^m}{b^m}$ (단, $b\neq0$)

Lecture 07 부등식의 해와 그 성질

Level A 개념 익히기 60~61쪽

01 답 ×

02 답 ○

03 답 ×

04 답 ○

05 답 ×

06 답 $x+6\geq 4$

07 답 $2x\leq -1$

08 답 $3x\geq 18000$

09 답 $200x+1000\leq 3000$

10 ㄱ. $-1-9<0$ ∴ $-10<0$ (참)
ㄴ. $-1+7<4$ ∴ $6<4$ (거짓)
ㄷ. $-(-1)+5>6$ ∴ $6>6$ (거짓)
ㄹ. $3\times(-1)-8\leq 6$ ∴ $-11\leq 6$ (참)
ㅁ. $1-2\times(-1)\geq 3$ ∴ $3\geq 3$ (참)
ㅂ. $2\times(-1)+4\leq -1$ ∴ $2\leq -1$ (거짓)
이상에서 $x=-1$일 때, 참인 것은 ㄱ, ㄹ, ㅁ이다.
답 ㄱ, ㄹ, ㅁ

11 $x=-2$일 때, $-2+3<5$ ∴ $1<5$ (참)
$x=-1$일 때, $-1+3<5$ ∴ $2<5$ (참)
$x=0$일 때, $0+3<5$ ∴ $3<5$ (참)
$x=1$일 때, $1+3<5$ ∴ $4<5$ (참)
$x=2$일 때, $2+3<5$ ∴ $5<5$ (거짓)
따라서 부등식 $x+3<5$의 해는 -2, -1, 0, 1이다.
답 -2, -1, 0, 1

12 $x=-2$일 때, $4\times(-2)-1>2$ ∴ $-9>2$ (거짓)
$x=-1$일 때, $4\times(-1)-1>2$ ∴ $-5>2$ (거짓)
$x=0$일 때, $4\times 0-1>2$ ∴ $-1>2$ (거짓)
$x=1$일 때, $4\times 1-1>2$ ∴ $3>2$ (참)
$x=2$일 때, $4\times 2-1>2$ ∴ $7>2$ (참)
따라서 부등식 $4x-1>2$의 해는 1, 2이다. 답 1, 2

13 $x=-2$일 때, $7-2\times(-2)\leq 3$ ∴ $11\leq 3$ (거짓)
$x=-1$일 때, $7-2\times(-1)\leq 3$ ∴ $9\leq 3$ (거짓)
$x=0$일 때, $7-2\times 0\leq 3$ ∴ $7\leq 3$ (거짓)
$x=1$일 때, $7-2\times 1\leq 3$ ∴ $5\leq 3$ (거짓)
$x=2$일 때, $7-2\times 2\leq 3$ ∴ $3\leq 3$ (참)
따라서 부등식 $7-2x\leq 3$의 해는 2이다. 답 2

14 답 >

15 답 >

16 답 <

17 답 >

18 $a+5<b+5$의 양변에서 5를 빼면
$a+5-5<b+5-5$ ∴ $a\boxed{<}b$ 답 <

19 $a\div(-3)<b\div(-3)$의 양변에 -3을 곱하면
$a\div(-3)\times(-3)>b\div(-3)\times(-3)$ ∴ $a\boxed{>}b$
답 >

20 $4a\geq 4b$의 양변을 4로 나누면
$4a\div 4\geq 4b\div 4$ ∴ $a\boxed{\geq}b$ 답 ≥

21 $-\frac{a}{9}\geq -\frac{b}{9}$의 양변에 -9를 곱하면
$-\frac{a}{9}\times(-9)\leq -\frac{b}{9}\times(-9)$ ∴ $a\boxed{\leq}b$ 답 ≤

Level B 유형 공략하기 61~63쪽

하 **22** ②, ③ 다항식 ⑤ 등식
따라서 부등식인 것은 ④이다. 답 ④

하 **23** ① 다항식 ③ 등식
따라서 부등식이 아닌 것은 ①, ③이다. 답 ①, ③

하 **24** ㄱ. 다항식 ㄷ, ㅁ. 등식
이상에서 부등식인 것은 ㄴ, ㄹ의 2개이다. 답 2개

하 **25** ③ $2x\geq 9+x$
따라서 옳지 않은 것은 ③이다. 답 ③

하 **26** $\frac{1}{3}x+1\geq x-2$ 답 ④

> **공략 비법**
> 주어진 문장을 x에 대한 다항식으로 나타낸 후 '크다', '작다' 등을 부등호로 표현하여 부등식으로 나타낸다.

하 **27** (30쪽 미만이 남았다.)=(남은 쪽수가 30쪽보다 작다.)이므로
$180-10x<30$ 답 $180-10x<30$

중 **28** ① $x=-1$일 때, $5\times(-1)-3\geq 9-(-1)$
∴ $-8\geq 10$ (거짓)
② $x=0$일 때, $5\times 0-3\geq 9-0$ ∴ $-3\geq 9$ (거짓)
③ $x=1$일 때, $5\times 1-3\geq 9-1$ ∴ $2\geq 8$ (거짓)
④ $x=2$일 때, $5\times 2-3\geq 9-2$ ∴ $7\geq 7$ (참)
⑤ $x=3$일 때, $5\times 3-3\geq 9-3$ ∴ $12\geq 6$ (참)
따라서 부등식 $5x-3\geq 9-x$의 해인 것은 ④, ⑤이다.
답 ④, ⑤

> **공략 비법**
> $x=a$를 부등식에 대입하였을 때, 부등식이 성립하면 $x=a$는 부등식의 해이다.

하 **29** $x=1$일 때, $2\times 1+11<15$ ∴ $13<15$ (참)
$x=2$일 때, $2\times 2+11<15$ ∴ $15<15$ (거짓)

$x=3$일 때, $2\times3+11<15$ $\quad\therefore 17<15$ (거짓)
따라서 부등식 $2x+11<15$의 해는 1이다. 답 1

하 30 $x=-3$일 때,
① $3\times(-3)+2>9$ $\quad\therefore -7>9$ (거짓)
② $4\times(-3)-1>5$ $\quad\therefore -13>5$ (거짓)
③ $-3-1\ge-(-3)+1$ $\quad\therefore -4\ge4$ (거짓)
④ $3-2\times(-3)<-(-3)+8$ $\quad\therefore 9<11$ (참)
⑤ $\frac{2}{3}\ge\frac{-3}{6}+5$ $\quad\therefore \frac{2}{3}\ge\frac{9}{2}$ (거짓)
따라서 $x=-3$이 해인 부등식은 ④이다. 답 ④

중 31 ① $x=2$일 때, $1-0.5\times2>-6$ $\quad\therefore 0>-6$ (참)
② $x=1$일 때, $-1+8\ge1-4$ $\quad\therefore 7\ge-3$ (참)
③ $x=-1$일 때, $\frac{-1}{3}-1<2$ $\quad\therefore -\frac{4}{3}<2$ (참)
④ $x=0$일 때, $7\times(0-1)\ge9+0$ $\quad\therefore -7\ge9$ (거짓)
⑤ $x=4$일 때, $4-\frac{3}{2}\times4<4+3$ $\quad\therefore -2<7$ (참)
따라서 [ ] 안의 수가 부등식의 해가 아닌 것은 ④이다.
답 ④

중 32 $5-6a<5-6b$에서 $-6a<-6b$ $\quad\therefore a>b$
② $-\frac{a}{2}<-\frac{b}{2}$
③ $a+11>b+11$
④ $-a<-b$ $\quad\therefore 1-a<1-b$
⑤ $\frac{4}{3}a>\frac{4}{3}b$ $\quad\therefore \frac{4}{3}a-7>\frac{4}{3}b-7$
따라서 옳은 것은 ④이다. 답 ④

주의 부등식의 양변에 같은 음수를 곱하거나 양변을 같은 음수로 나눌 때, 부등호의 방향이 바뀜에 유의한다.

하 33 ③ $a<b$에서 $2a<2b$ $\quad\therefore 2a-8<2b-8$
④ $a<b$에서 $\frac{a}{10}<\frac{b}{10}$ $\quad\therefore -1+\frac{a}{10}<-1+\frac{b}{10}$
⑤ $a<b$에서 $-\frac{a}{2}>-\frac{b}{2}$ $\quad\therefore -7-\frac{a}{2}>-7-\frac{b}{2}$
따라서 옳지 않은 것은 ⑤이다. 답 ⑤

중 34 ① $a+2>b+2$ $\quad\therefore a\,\boxed{>}\,b$
② $9a>9b$ $\quad\therefore a\,\boxed{>}\,b$
③ $-\frac{a}{7}<-\frac{b}{7}$ $\quad\therefore a\,\boxed{>}\,b$
④ $-3a>-3b$ $\quad\therefore a\,\boxed{<}\,b$
⑤ $a-1>b-1$ $\quad\therefore a\,\boxed{>}\,b$
따라서 부등호의 방향이 다른 하나는 ④이다. 답 ④

상 35 $-a<-b<0$이므로 $a>b>0$
또, $a>b$이고 $ac<bc$이므로 $c<0$
따라서 $c<0<b<a$이므로 가장 큰 것은 a이다. 답 a

중 36 $-2<x<3$의 각 변에 -2를 곱하면
$-6<-2x<4$
각 변에 4를 더하면
$-2<-2x+4<8$, 즉 $-2<A<8$ 답 ③

중 37 $-9<x\le6$의 각 변에 $\frac{1}{3}$을 곱하면
$-3<\frac{1}{3}x\le2$
각 변에 2를 더하면
$-1<\frac{1}{3}x+2\le4$, 즉 $-1<A\le4$ …… ㉮
따라서 모든 정수 A의 값의 합은
$0+1+2+3+4=10$ …… ㉯
답 10

채점 기준

㉮ A의 값의 범위 구하기	60 %
㉯ 모든 정수 A의 값의 합 구하기	40 %

중 38 $-1\le x<2$의 각 변에 -3을 곱하면
$-6<-3x\le3$
각 변에 9를 더하면
$3<9-3x\le12$
따라서 $9-3x$의 값이 될 수 없는 것은 ①, ⑤이다.
답 ①, ⑤

상 39 $4x+y=7$에서 $y=-4x+7$
$-3\le x\le1$의 각 변에 -4를 곱하면
$-4\le-4x\le12$
각 변에 7을 더하면
$3\le-4x+7\le19$, 즉 $3\le y\le19$ 답 $3\le y\le19$

Lecture 08 일차부등식의 풀이

Level A 개념 익히기 64~65쪽

01 $3x-1>1$에서 $3x-2>0$ 답 ○

02 $2x-4\le2x+3$에서 $-7\le0$ 답 ×

03 $x^2<x$에서 $x^2-x<0$ 답 ×

04 $x+5\ge-x+1$에서 $2x+4\ge0$ 답 ○

05 $x-2>-7$에서 $x>-5$ 답 $x>-5$

06 $4x\le12$에서 $x\le3$ 답 $x\le3$

07 $6<3-x$에서 $x<-3$ 답 $x<-3$

08 $2x+5\geq 9$에서 $2x\geq 4$

$\therefore x\geq 2$

답 풀이 참조

09 $x<3x+2$에서 $-2x<2$

$\therefore x>-1$

답 풀이 참조

10 $3x<2x-6$에서 $x<-6$

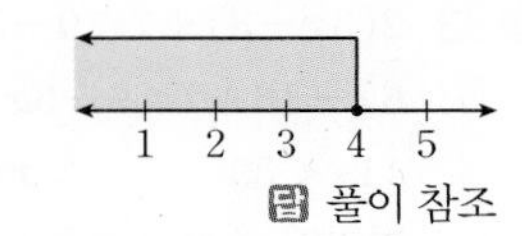

답 풀이 참조

11 $-3x+7\geq -5$에서 $-3x\geq -12$

$\therefore x\leq 4$

답 풀이 참조

12 $3(x+6)<x$에서 $3x+18<x$

$2x<-18$ $\quad\therefore x<-9$

답 $x<-9$

13 $-4\geq 2(x-1)$에서 $-4\geq 2x-2$

$-2x\geq 2$ $\quad\therefore x\leq -1$

답 $x\leq -1$

14 $1-4(5-x)>-3$에서 $1-20+4x>-3$

$4x>16$ $\quad\therefore x>4$

답 $x>4$

15

> $0.5x-0.8\leq 0.3x+1$의 양변에 $\boxed{10}$을 곱하면
> $\boxed{5}x-8\leq 3x+\boxed{10}$
> $2x\leq\boxed{18}$ $\quad\therefore x\leq\boxed{9}$

답 풀이 참조

16

> $\frac{1}{3}x-1>1-\frac{1}{6}x$의 양변에 $\boxed{6}$을 곱하면
> $2x-\boxed{6}>\boxed{6}-x$
> $3x>\boxed{12}$ $\quad\therefore x>\boxed{4}$

답 풀이 참조

17 $0.2x+0.1>0.5x-1.1$의 양변에 10을 곱하면

$2x+1>5x-11$

$-3x>-12$ $\quad\therefore x<4$

답 $x<4$

18 $\frac{x+3}{4}\leq\frac{x-5}{2}$의 양변에 4를 곱하면

$x+3\leq 2x-10$

$-x\leq -13$ $\quad\therefore x\geq 13$

답 $x\geq 13$

19 $\frac{x}{2}+0.6\geq\frac{3x-2}{5}$의 양변에 10을 곱하면

$5x+6\geq 6x-4$

$-x\geq -10$ $\quad\therefore x\leq 10$

답 $x\leq 10$

Level B 유형 공략하기 (65~69쪽)

하 20 ① $-2<0$이므로 일차부등식이 아니다.

② $9>0$이므로 일차부등식이 아니다.

③ $x^2+10x-7<0$이므로 일차부등식이 아니다.

④ $-x-1\geq 0$이므로 일차부등식이다.

⑤ $\frac{2}{x}-13\leq 0$이므로 일차부등식이 아니다.

따라서 일차부등식인 것은 ④이다.

답 ④

주의 $\frac{2}{x}$와 같이 분모에 문자가 포함된 식은 일차식이 아니다.

> **공략 비법**
> 모든 항을 좌변으로 이항하여 정리한 식이
> $ax+b>0,\ ax+b<0,\ ax+b\geq 0,\ ax+b\leq 0$
> (a, b는 수, $a\neq 0$)
> 꼴인 것을 찾는다.

중 21 ① $\frac{1}{2}\times x\times 4<35$ $\quad\therefore 2x-35<0$

즉, 일차부등식이다.

② $x+5>2x$ $\quad\therefore -x+5>0$

즉, 일차부등식이다.

③ $\frac{x}{2}-7<0$이므로 일차부등식이다.

④ $x\times x\geq 80$ $\quad\therefore x^2-80\geq 0$

즉, 일차부등식이 아니다.

⑤ $600x\leq 10000$ $\quad\therefore 600x-10000\leq 0$

즉, 일차부등식이다.

따라서 일차부등식이 아닌 것은 ④이다.

답 ④

중 22 $\frac{1}{5}x-2<ax+1-\frac{2}{5}x$에서 $\frac{3}{5}x-ax-3<0$

$\therefore\left(\frac{3}{5}-a\right)x-3<0$ ······ ㉮

이 부등식이 일차부등식이 되려면

$\frac{3}{5}-a\neq 0$ $\quad\therefore a\neq\frac{3}{5}$ ······ ㉯

답 $a\neq\frac{3}{5}$

채점 기준

㉮ (일차식)<0 꼴로 정리하기	60 %
㉯ a의 조건 구하기	40 %

중 23 ① $3x<12$에서 $x<4$

② $2x-4x>-8$에서 $-2x>-8$ $\quad\therefore x<4$

③ $-5x+1<-14$에서 $-5x<-15$ $\quad\therefore x>3$

④ $-6x+5>-2x-11$에서 $-4x>-16$ $\quad\therefore x<4$

⑤ $2+4x<6+3x$에서 $x<4$

따라서 해가 다른 하나는 ③이다.

답 ③

중 24 ① $x+1\leq 2x-1$에서 $-x\leq -2$ $\quad\therefore x\geq 2$

② $6-8x\leq -11x$에서 $3x\leq -6$ $\quad\therefore x\leq -2$

③ $3x+2\geq 7x+10$에서 $-4x\geq 8$ $\quad\therefore x\leq -2$

④ $5x-9\geq -x+3$에서 $6x\geq 12$ $\quad\therefore x\geq 2$

⑤ $4x-17\le6x-13$에서 $-2x\le4$ $\therefore x\ge-2$

따라서 해가 $x\ge-2$인 것은 ⑤이다. 답 ⑤

중 25 $5x-4\ge-16+7x$에서 $-2x\ge-12$

$\therefore x\le6$ ······ ㉮

따라서 주어진 부등식을 만족하는 가장 큰 정수 x의 값은 6이다. ······ ㉯

답 6

채점 기준

㉮ 부등식의 해 구하기	70 %
㉯ 가장 큰 정수 x의 값 구하기	30 %

중 26 $x+14=3-4(x+1)$에서 $x+14=3-4x-4$

$5x=-15$ $\therefore x=-3$

따라서 $a=-3$이므로 주어진 부등식은

$-3x+2<6x-7$

$-9x<-9$ $\therefore x>1$ 답 ④

중 27 $-6x+2>3x-7$에서 $-9x>-9$

$\therefore x<1$

따라서 해를 수직선 위에 나타내면 ①이다. 답 ①

중 28 ① $1-x>x-1$에서

$-2x>-2$ $\therefore x<1$

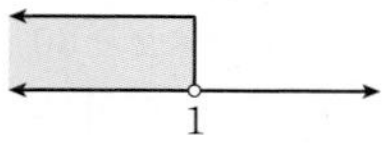

1

② $2-5x<-13$에서

$-5x<-15$ $\therefore x>3$

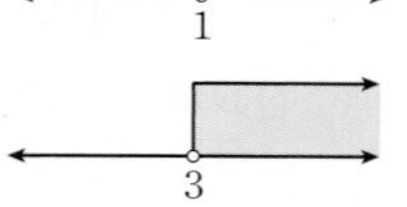

③ $4x-1\ge19$에서

$4x\ge20$ $\therefore x\ge5$

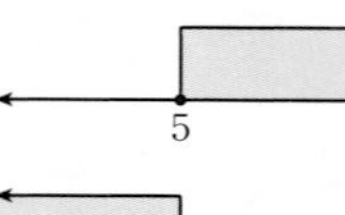

④ $3x+2<x+10$에서

$2x<8$ $\therefore x<4$

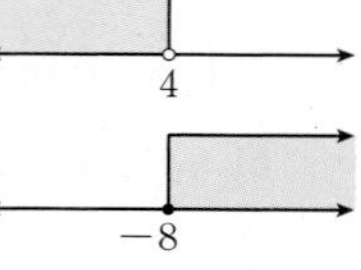

⑤ $7x+1\le8x+9$에서

$-x\le8$ $\therefore x\ge-8$

−8

따라서 해를 수직선 위에 바르게 나타낸 것은 ④이다.

답 ④

중 29 주어진 그림에서 $x\le-2$

① $-x+4\le x$에서 $-2x\le-4$ $\therefore x\ge2$

② $2x-7\le x-5$에서 $x\le2$

③ $4x+1\le-7$에서 $4x\le-8$ $\therefore x\le-2$

④ $3x+9\ge-2x-1$에서 $5x\ge-10$ $\therefore x\ge-2$

⑤ $8+5x\le6x+6$에서 $-x\le-2$ $\therefore x\ge2$

따라서 해를 수직선 위에 나타내었을 때, 주어진 그림과 같은 것은 ③이다. 답 ③

중 30 $3-(x+2)<2(4x-1)$에서 $3-x-2<8x-2$

$-9x<-3$ $\therefore x>\frac{1}{3}$

따라서 주어진 부등식을 만족하는 가장 작은 정수 x의 값은 1이다. 답 1

개념 보충 학습

분배법칙

① $a(x+y)=ax+ay$ ② $(a+b)x=ax+bx$

하 31 $4(x+1)\ge3(5x-6)$에서 $4x+4\ge15x-18$

$-11x\ge-22$ $\therefore x\le2$ 답 $x\le2$

중 32 $10-7(x-4)\ge6(3-2x)$에서 $10-7x+28\ge18-12x$

$5x\ge-20$ $\therefore x\ge-4$

따라서 해를 수직선 위에 나타내면 ②이다. 답 ②

중 33 $2(3x-8)+7<9-5(x-3)$에서

$6x-16+7<9-5x+15$

$11x<33$ $\therefore x<3$

따라서 주어진 부등식을 만족하는 자연수 x는 1, 2의 2개이다.

답 2개

중 34 ① $0.7x-1\ge0.4x+1.1$의 양변에 10을 곱하면

$7x-10\ge4x+11$, $3x\ge21$ $\therefore x\ge7$

② $6x+5<7x+8$에서 $-x<3$ $\therefore x>-3$

③ $-0.2x+2\le0.1x+3.5$의 양변에 10을 곱하면

$-2x+20\le x+35$, $-3x\le15$ $\therefore x\ge-5$

④ $\frac{1}{3}x-1<\frac{1}{2}x-\frac{4}{3}$의 양변에 6을 곱하면

$2x-6<3x-8$, $-x<-2$ $\therefore x>2$

⑤ $5x-16>-2x-9$에서 $7x>7$ $\therefore x>1$

따라서 해를 바르게 구한 것은 ④이다. 답 ④

주의 양변에 적당한 수를 곱하여 계수를 정수로 고칠 때에는 모든 항에 빠짐없이 곱해야 한다.

공략 비법

계수가 ┌ 소수이면 ➡ 10의 거듭제곱을 양변에 곱한다.
　　　 └ 분수이면 ➡ 분모의 최소공배수를 양변에 곱한다.

중 35 $-\frac{x+3}{3}+\frac{x-2}{4}\ge-1$의 양변에 12를 곱하면

$-4(x+3)+3(x-2)\ge-12$

$-4x-12+3x-6\ge-12$

$-x\ge6$ $\therefore x\le-6$

따라서 주어진 부등식의 해인 것은 ①이다. 답 ①

중 36 $1.2+\frac{3}{2}x<1.1x-0.8$의 양변에 10을 곱하면

$12+15x<11x-8$, $4x<-20$ $\therefore x<-5$

따라서 해를 수직선 위에 나타내면 ①이다. 답 ①

중 37 $\frac{x-3}{2}-\frac{6x+1}{5}<0.2(x-4)$의 양변에 10을 곱하면

$5(x-3)-2(6x+1)<2(x-4)$ ······ ㉮

$5x-15-12x-2<2x-8$

$-9x<9$ $\therefore x>-1$ ······ ㉯

따라서 주어진 부등식을 만족하는 가장 작은 정수 x의 값은 0이다. …… ㉰

답 0

채점 기준

㉮ 부등식의 계수를 정수로 고치기	30 %
㉯ 부등식의 해 구하기	50 %
㉰ 가장 작은 정수 x의 값 구하기	20 %

중 **38** $2-ax>-1$에서 $-ax>-3$

$-a>0$이므로 $x>\frac{3}{a}$ 답 $x>\frac{3}{a}$

공략 비법

계수가 문자인 일차부등식의 풀이

주어진 일차부등식을 $ax>b$ 꼴로 정리하였을 때

① $a>0$이면 $x>\frac{b}{a}$ ② $a<0$이면 $x<\frac{b}{a}$

하 **39** $ax>-a$에서 $a>0$이므로

$x>-1$ 답 $x>-1$

중 **40** $kx+1\le 3(kx-2)$에서 $kx+1\le 3kx-6$

$-2kx\le -7$

$-2k<0$이므로 $x\ge\frac{7}{2k}$ 답 ⑤

상 **41** $ax+2a>4(x+2)$에서 $ax+2a>4x+8$

$ax-4x>-2a+8$, $(a-4)x>-2(a-4)$

$a<4$에서 $a-4<0$이므로 $x<-2$

따라서 주어진 부등식을 만족하는 가장 큰 정수 x의 값은 -3이다. 답 -3

중 **42** $ax+5>-1$에서 $ax>-6$

이 부등식의 해가 $x<1$이므로 $a<0$

따라서 $x<-\frac{6}{a}$이므로

$-\frac{6}{a}=1$ $\therefore a=-6$ 답 -6

하 **43** $3x+4>a-x$에서 $4x>a-4$

$\therefore x>\frac{a-4}{4}$

이 부등식의 해가 $x>-2$이므로

$\frac{a-4}{4}=-2$, $a-4=-8$ $\therefore a=-4$ 답 -4

중 **44** $kx+8\le 4-3(x-2)$에서 $kx+8\le 4-3x+6$

$kx+3x\le 2$, $(k+3)x\le 2$ …… ㉮

이 부등식의 해가 $x\ge -1$이므로 $k+3<0$

따라서 $x\ge\frac{2}{k+3}$이므로 …… ㉯

$\frac{2}{k+3}=-1$, $k+3=-2$ $\therefore k=-5$ …… ㉰

답 -5

채점 기준

㉮ 일차부등식을 $ax\le b$ 꼴로 정리하기	20 %
㉯ 일차부등식의 해 구하기	50 %
㉰ k의 값 구하기	30 %

상 **45** $6x+p\le 4x+13$에서 $2x\le 13-p$

$\therefore x\le\frac{13-p}{2}$

주어진 그림에서 이 부등식의 해가 $x\le 5$이므로

$\frac{13-p}{2}=5$, $13-p=10$ $\therefore p=3$

따라서 $\frac{x+5}{2}\ge\frac{3}{5}x+1$의 양변에 10을 곱하면

$5(x+5)\ge 6x+10$, $5x+25\ge 6x+10$

$-x\ge -15$ $\therefore x\le 15$ 답 $x\le 15$

중 **46** $2x+6<x+k-4$에서 $x<k-10$

$3(x-2)-1<x-3$에서 $3x-6-1<x-3$

$2x<4$ $\therefore x<2$

두 부등식의 해가 서로 같으므로

$k-10=2$ $\therefore k=12$ 답 ⑤

공략 비법

두 일차부등식의 해가 서로 같을 때, 미지수의 값 구하기

두 일차부등식의 해를 각각 구한 후, 구한 해가 같음을 이용하여 미지수의 값을 구한다.

중 **47** $x-a<-9-3x$에서 $4x<a-9$ $\therefore x<\frac{a-9}{4}$

$6x-3>8x+7$에서 $-2x>10$ $\therefore x<-5$

두 부등식의 해가 서로 같으므로

$\frac{a-9}{4}=-5$, $a-9=-20$ $\therefore a=-11$ 답 ②

중 **48** $\frac{x+5}{3}\ge\frac{x+3}{2}$의 양변에 6을 곱하면

$2(x+5)\ge 3(x+3)$, $2x+10\ge 3x+9$

$-x\ge -1$ $\therefore x\le 1$ …… ㉮

$0.3x-0.8\ge 0.5(x+a)$의 양변에 10을 곱하면

$3x-8\ge 5(x+a)$, $3x-8\ge 5x+5a$

$-2x\ge 5a+8$ $\therefore x\le -\frac{5a+8}{2}$ …… ㉯

두 부등식의 해가 서로 같으므로

$1=-\frac{5a+8}{2}$, $5a+8=-2$

$5a=-10$ $\therefore a=-2$ …… ㉰

답 -2

채점 기준

㉮ 부등식 $\frac{x+5}{3}\ge\frac{x+3}{2}$의 해 구하기	30 %
㉯ 부등식 $0.3x-0.8\ge 0.5(x+a)$의 해 구하기	30 %
㉰ a의 값 구하기	40 %

중 49 $1-x\geq 3x+a-5$에서 $-4x\geq a-6$ $\therefore x\leq -\frac{a-6}{4}$

이 부등식의 해 중에서 가장 큰 수가 2이므로

$-\frac{a-6}{4}=2$, $a-6=-8$ $\therefore a=-2$ 답 -2

참고 ① 부등식의 해가 $x\geq a$이면
➡ a는 부등식의 해 중에서 가장 작은 수
② 부등식의 해가 $x\leq a$이면
➡ a는 부등식의 해 중에서 가장 큰 수

중 50 $2x-a\leq 2+4x$에서 $-2x\leq a+2$ $\therefore x\geq -\frac{a+2}{2}$

이 부등식의 해 중에서 가장 작은 수가 -3이므로

$-\frac{a+2}{2}=-3$, $a+2=6$ $\therefore a=4$ 답 ④

상 51 $2x+7\geq 5x+a$에서 $-3x\geq a-7$ $\therefore x\leq -\frac{a-7}{3}$

주어진 부등식을 만족하는 자연수 x가 존재하지 않으므로 오른쪽 그림에서

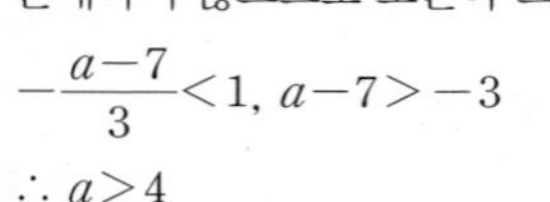

$-\frac{a-7}{3}<1$, $a-7>-3$

$\therefore a>4$ 답 $a>4$

공략 비법

부등식을 만족하는 자연수 x가 존재하지 않을 때
❶ 주어진 부등식의 해를 구하여 $x<k$ 또는 $x\leq k$ 꼴로 나타낸다.
❷ 조건에 맞게 $x<k$ 또는 $x\leq k$를 수직선 위에 나타내어 k의 값의 범위를 구한다.

① $x<k$이면 ② $x\leq k$이면

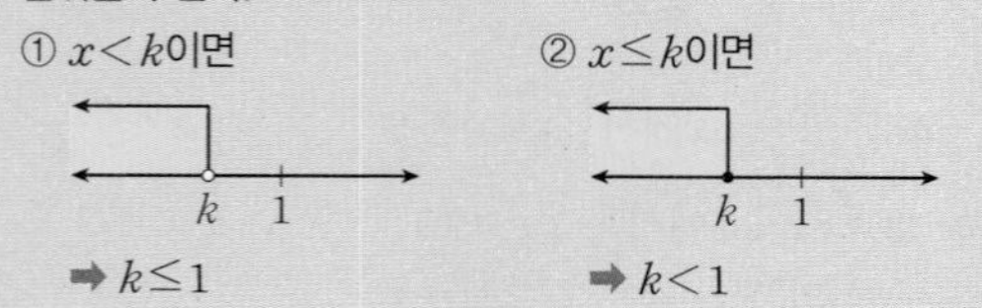

상 52 $1-\frac{2x+a}{6}<\frac{x}{3}-\frac{5}{2}$의 양변에 6을 곱하면

$6-(2x+a)<2x-15$, $6-2x-a<2x-15$

$-4x<a-21$ $\therefore x>-\frac{a-21}{4}$

주어진 부등식을 만족하는 음수 x가 존재하지 않으므로 오른쪽 그림에서

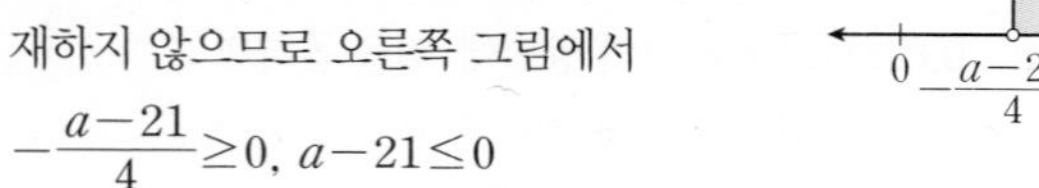

$-\frac{a-21}{4}\geq 0$, $a-21\leq 0$

$\therefore a\leq 21$

따라서 가장 큰 수 a의 값은 21이다. 답 21

Lecture 09 일차부등식의 활용

Level A 개념 익히기 70쪽

01 답 $4x-5>2x+9$

02 $4x-5>2x+9$에서 $2x>14$ $\therefore x>7$

따라서 어떤 자연수 중 가장 작은 수는 8이다. 답 8

03

	껌	사탕	전체
개수	x개	$(12-x)$개	12개
금액	$1000x$원	$700(12-x)$원	10500원 이하

위의 표를 이용하여 부등식을 세우면

$1000x+700(12-x)\leq 10500$ 답 풀이 참조

04 $1000x+700(12-x)\leq 10500$에서

$1000x+8400-700x\leq 10500$

$300x\leq 2100$ $\therefore x\leq 7$

따라서 껌은 최대 7개까지 살 수 있다. 답 7개

05

	올라갈 때	내려올 때	전체
거리	x km	x km	
속력	시속 2 km	시속 4 km	
시간	$\frac{x}{2}$시간	$\frac{x}{4}$시간	6시간 이내

위의 표를 이용하여 부등식을 세우면

$\frac{x}{2}+\frac{x}{4}\leq 6$ 답 풀이 참조

06 $\frac{x}{2}+\frac{x}{4}\leq 6$의 양변에 4를 곱하면

$2x+x\leq 24$, $3x\leq 24$ $\therefore x\leq 8$

따라서 출발점에서 최대 8 km 떨어진 곳까지 올라갔다 내려올 수 있다. 답 8 km

Level B 유형 공략하기 71~75쪽

중 07 연속하는 두 홀수를 x, $x+2$라 하면

$3x+1\geq 2(x+2)$

$3x+1\geq 2x+4$ $\therefore x\geq 3$

따라서 x의 값 중에서 가장 작은 홀수는 3이므로 구하는 두 홀수의 곱은

$3\times 5=15$ 답 15

하 08 두 정수를 x, $x+9$라 하면

$x+(x+9)>25$

$2x>16$ $\therefore x>8$

따라서 x의 값이 될 수 있는 가장 작은 수는 9이다. 답 ②

중 09 연속하는 세 자연수를 $x-1$, x, $x+1$이라 하면

$(x-1)+x+(x+1)<36$

$3x<36$ $\therefore x<12$

따라서 x의 값 중에서 가장 큰 자연수는 11이므로 구하는 세 자연수는 10, 11, 12이다. 답 10, 11, 12

> **개념 보충 학습**
> **연속하는 세 수에 대한 문제**
> ① 연속하는 세 정수 ➡ 세 수를 $x-1$, x, $x+1$로 놓는다.
> ② 연속하는 세 짝수(홀수) ➡ 세 수를 $x-2$, x, $x+2$로 놓는다.

중 10 연속하는 세 짝수를 $x-4$, $x-2$, x라 하면

$(x-4)+(x-2)+x\le 2(x-4)+15$

$3x-6\le 2x+7$ $\qquad \therefore x\le 13$

따라서 x의 값이 될 수 있는 가장 큰 수는 12이다. 답 12

주의 x는 짝수이므로 $x\le 13$에서 x의 값이 될 수 있는 가장 큰 수는 12이다.

중 11 자몽을 x개 산다고 하면 오렌지는 $(10-x)$개 살 수 있으므로

$1500x+900(10-x)+3000\le 15000$

$1500x+9000-900x+3000\le 15000$

$600x\le 3000$ $\qquad \therefore x\le 5$

따라서 자몽을 최대 5개까지 살 수 있다. 답 5개

참고 문제에서 구하는 것이 물건의 개수, 사람 수, 나이 등이면 해가 자연수이다.

하 12 마카롱을 x개 산다고 하면

$800\times 6+1100x<18000$

$1100x<13200$ $\qquad \therefore x<12$

따라서 마카롱을 최대 11개까지 살 수 있다. 답 11개

중 13 튤립을 x송이 산다고 하면 장미는 $(18-x)$송이 살 수 있으므로

$1200x+1000(18-x)\le 20000$ …… ㉮

$1200x+18000-1000x\le 20000$

$200x\le 2000$ $\qquad \therefore x\le 10$ …… ㉯

따라서 튤립을 최대 10송이까지 살 수 있다. …… ㉰

답 10송이

채점 기준

㉮ 일차부등식 세우기	40 %
㉯ 일차부등식의 해 구하기	40 %
㉰ 튤립을 최대 몇 송이까지 살 수 있는지 구하기	20 %

중 14 볼펜을 x자루 담는다고 하면 색연필은 $(8-x)$자루 담을 수 있으므로

$2600+600(8-x)+1300x\le 9500$

$2600+4800-600x+1300x\le 9500$

$700x\le 2100$ $\qquad \therefore x\le 3$

따라서 볼펜을 최대 3자루까지 담을 수 있다. 답 ②

중 15 현주네 반의 남학생 수를 x명이라 하면 이 반 전체 학생 수는 $(18+x)$명이므로

$\dfrac{45\times 18+56x}{18+x}\ge 50$

$810+56x\ge 900+50x$, $6x\ge 90$

$\therefore x\ge 15$

따라서 남학생은 최소 15명이다. 답 15명

> **개념 보충 학습**
> ① $(\text{평균})=\dfrac{(\text{자료의 총합})}{(\text{자료의 개수})}$
> ② $(\text{자료의 총합})=(\text{평균})\times(\text{자료의 개수})$

중 16 리본 종목에서 x점을 받는다고 하면

$\dfrac{19.150+18.200+17.350+x}{4}\ge 18.400$

$54.700+x\ge 73.600$ $\qquad \therefore x\ge 18.900$

따라서 18.900점 이상을 받아야 한다. 답 18.900점

중 17 x분 동안 자전거를 탄다고 하면

$4000+200(x-30)\le 10000$

$4000+200x-6000\le 10000$

$200x\le 12000$ $\qquad \therefore x\le 60$

따라서 최대 60분 동안 자전거를 탈 수 있다. 답 ③

> **공략 비법**
> 기본 요금과 추가 요금이 주어질 때
> ➡ (기본 요금)+(추가 요금) □ (이용 가능 금액)
> └▸문제의 뜻에 맞게 부등호를 넣는다.

중 18 x명이 입장한다고 하면

$3000\times 10+2500(x-10)\le 50000$

$30000+2500x-25000\le 50000$

$2500x\le 45000$ $\qquad \therefore x\le 18$

따라서 최대 18명까지 입장할 수 있다. 답 18명

중 19 x개월 후부터 은사의 예금액이 채현이의 예금액의 2배보다 적어진다고 하면

$5000+3000x<2(1000+2000x)$

$5000+3000x<2000+4000x$

$-1000x<-3000$ $\qquad \therefore x>3$

따라서 4개월 후부터 은사의 예금액이 채현이의 예금액의 2배보다 적어진다. 답 ②

> **개념 보충 학습**
> 현재 예금액이 a원이고, 매달 b원씩 예금하는 경우
> ➡ x개월 후의 예금액은 $(a+bx)$원

하 20 x개월 후부터 주연이의 예금액이 100000원을 넘는다고 하면

$80000+2500x>100000$

$2500x>20000$ $\qquad \therefore x>8$

따라서 9개월 후부터 주연이의 예금액이 100000원을 넘게 된다. 답 9개월

중 21 정가를 x원이라 하면

$\left(1-\dfrac{10}{100}\right)x-4200\ge 4200\times\dfrac{20}{100}$

$\frac{9}{10}x \geq 5040$ $\therefore x \geq 5600$

따라서 정가는 5600원 이상으로 정하면 된다. 답 5600원

참고 (정가)=(원가)+(이익)이므로 (이익)=(정가)−(원가)

개념 보충 학습

① 정가 x원에서 a % 할인한 가격 ➡ $\left(1-\frac{a}{100}\right) \times x$(원)

② 원가 x원에 b %의 이익을 붙인 가격 ➡ $\left(1+\frac{b}{100}\right) \times x$(원)

중 22 원가를 x원이라 하면

$\left(1+\frac{40}{100}\right)x \times \left(1-\frac{25}{100}\right) - x \geq 3000$ …… ㉮

$\frac{1}{20}x \geq 3000$ $\therefore x \geq 60000$ …… ㉯

따라서 원가는 60000원 이상이다. …… ㉰

답 60000원

채점 기준

㉮ 일차부등식 세우기	40 %
㉯ 일차부등식의 해 구하기	40 %
㉰ 전자제품의 원가가 얼마 이상인지 구하기	20 %

중 23 공책을 x권 산다고 하면

$500x + 1500 < 700x$

$-200x < -1500$ $\therefore x > 7.5$

따라서 공책을 8권 이상 살 경우 문구 할인점에서 사는 것이 유리하다. 답 8권

참고 '유리하다'는 것은 비용이 적게 든다는 뜻이므로 등호가 포함되지 않은 부등호 $>$, $<$를 사용한다.

중 24 만화책을 x권 산다고 하면

$8000 \times \left(1-\frac{10}{100}\right) \times x + 4000 < 8000x$ …… ㉮

$-800x < -4000$ $\therefore x > 5$ …… ㉯

따라서 만화책을 6권 이상 살 경우 인터넷 서점을 이용하는 것이 유리하다. …… ㉰

답 6권

채점 기준

㉮ 일차부등식 세우기	40 %
㉯ 일차부등식의 해 구하기	40 %
㉰ 인터넷 서점을 이용하는 것이 유리한 최소 권수 구하기	20 %

중 25 단체 인원수를 x명이라 하면

$4500 \times 40 < 5000x$ $\therefore x > 36$

따라서 37명 이상일 때, 40명의 단체 입장권을 사는 것이 유리하다. 답 ④

상 26 공기청정기를 구입하여 x개월 동안 사용한다고 하면

$560000 + 12000x < 30000x$

$-18000x < -560000$ $\therefore x > 31.111\cdots$

따라서 공기청정기를 구입해서 32개월 이상 사용해야 임대하는 것보다 유리하다. 답 ⑤

중 27 사다리꼴의 아랫변의 길이를 x cm라 하면

$\frac{1}{2} \times (4+x) \times 6 \geq 39$

$12 + 3x \geq 39$, $3x \geq 27$ $\therefore x \geq 9$

따라서 사다리꼴의 아랫변의 길이는 9 cm 이상이어야 한다.

답 9 cm

중 28 가장 긴 변의 길이가 $x+6$이므로

$x + (x+2) > x + 6$

$2x + 2 > x + 6$ $\therefore x > 4$

따라서 x의 값으로 옳지 않은 것은 ①이다. 답 ①

개념 보충 학습

삼각형의 세 변의 길이가 주어질 때

➡ (가장 긴 변의 길이)<(나머지 두 변의 길이의 합)

중 29 세로의 길이를 x cm라 하면 가로의 길이는 $(2x-5)$ cm이므로

$2\{(2x-5)+x\} \geq 140$

$6x - 10 \geq 140$, $6x \geq 150$ $\therefore x \geq 25$

따라서 세로의 길이는 25 cm 이상이어야 한다. 답 25 cm

중 30 시속 10 km로 달린 거리를 x km라 하면 시속 6 km로 달린 거리는 $(18-x)$ km이므로

$\frac{x}{10} + \frac{18-x}{6} \leq 2$

$3x + 5(18-x) \leq 60$, $3x + 90 - 5x \leq 60$

$-2x \leq -30$ $\therefore x \geq 15$

따라서 시속 10 km로 달린 거리는 15 km 이상이다.

답 15 km

공략 비법

A 지점에서 B 지점까지 p시간 이내에 가는데 오른쪽 그림과 같이 도중에 속력이 바뀌면

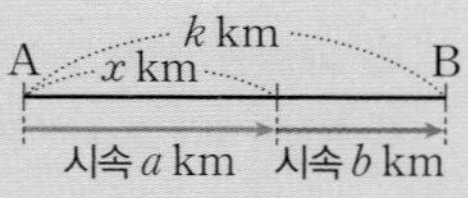

A, B, k km, x km, 시속 a km, 시속 b km

(시속 a km로 갈 때 걸리는 시간)+(시속 b km로 갈 때 걸리는 시간)≤(제한 시간)

➡ $\frac{x}{a} + \frac{k-x}{b} \leq p$

중 31 시속 5 km로 걸은 거리를 x km라 하면 시속 3 km로 걸은 거리는 $(6-x)$ km이므로

$\frac{x}{5} + \frac{6-x}{3} \leq \frac{3}{2}$

$6x + 10(6-x) \leq 45$, $6x + 60 - 10x \leq 45$

$-4x \leq -15$ $\therefore x \geq \frac{15}{4}$

따라서 시속 5 km로 걸은 거리가 될 수 없는 것은 ①이다.

답 ①

중 32 시속 80 km로 달린 거리를 x km라 하면 시속 60 km로 달린 거리는 $(70-x)$ km이므로

$\frac{x}{80}+\frac{70-x}{60}\le 1$ …… ㉮

$3x+4(70-x)\le 240$, $3x+280-4x\le 240$

$-x\le -40$ $\quad\therefore x\ge 40$ …… ㉯

따라서 시속 80 km로 달린 거리는 40 km 이상이다. …… ㉰

답 40 km

채점 기준

㉮ 일차부등식 세우기	40 %
㉯ 일차부등식의 해 구하기	40 %
㉰ 시속 80 km로 달린 거리는 몇 km 이상인지 구하기	20 %

중 33 터미널에서 상점까지의 거리를 x km라 하면

$\frac{x}{4}+\frac{15}{60}+\frac{x}{4}\le 1$

$x+1+x\le 4$, $2x\le 3$

$\therefore x\le \frac{3}{2}$

따라서 터미널에서 $\frac{3}{2}$ km 이내에 있는 상점을 이용할 수 있다.

답 $\frac{3}{2}$ km

참고 시간의 단위가 각각 다르므로 단위를 통일하여 부등식을 세운다.
즉, 1분$=\frac{1}{60}$시간이므로 15분$=\frac{15}{60}$시간

중 34 x km까지 올라갔다 내려온다고 하면

$\frac{x}{3}+\frac{5}{60}+\frac{x}{4}\le 3$

$4x+1+3x\le 36$, $7x\le 35$

$\therefore x\le 5$

따라서 최대 5 km까지 올라갔다 내려올 수 있다. 답 5 km

중 35 갈 때 걸은 거리를 x km라 하면 올 때 걸은 거리는 $(x+1)$ km이므로

$\frac{x}{2}+\frac{x+1}{4}\le 1$

$2x+(x+1)\le 4$, $3x\le 3$

$\therefore x\le 1$

따라서 갈 때 걸은 거리는 최대 1 km이고, 올 때 걸은 거리는 최대 2 km이므로 영주가 걸은 거리는 최대

$1+2=3$(km) 답 ②

중 36 물을 x g 더 넣는다고 하면

$\frac{8}{100}\times 400\le \frac{5}{100}\times(400+x)$

$3200\le 2000+5x$, $-5x\le -1200$

$\therefore x\ge 240$

따라서 최소 240 g의 물을 더 넣어야 한다. 답 ⑤

참고 소금물에 물을 더 넣으면 소금물의 양은 증가하고, 소금의 양은 변하지 않는다.

공략 비법

a %의 소금물 A g에 물 x g을 더 넣으면 k % 이하의 소금물이 된다.

➡ $\left(\frac{a}{100}\times A\right)\times\frac{1}{A+x}\times 100\le k$

↳ a %의 소금물 A g에 물 x g을 더 넣었을 때의 농도

➡ $\frac{a}{100}\times A\le \frac{k}{100}\times(A+x)$

중 37 물을 x g 더 넣는다고 하면

$30\ge \frac{12}{100}\times(200+x)$ …… ㉮

$3000\ge 2400+12x$, $-12x\ge -600$

$\therefore x\le 50$ …… ㉯

따라서 최대 50 g의 물을 더 넣을 수 있다. …… ㉰

답 50 g

채점 기준

㉮ 일차부등식 세우기	40 %
㉯ 일차부등식의 해 구하기	40 %
㉰ 최대 몇 g의 물을 더 넣을 수 있는지 구하기	20 %

참고 물을 x g 더 넣는다고 하면 $\frac{30}{(170+30)+x}\times 100\ge 12$에서

$30\ge \frac{12}{100}\times(200+x)$

상 38 물을 x g 증발시킨다고 하면

$\frac{16}{100}\times 300\ge \frac{20}{100}\times(300-x)$

$4800\ge 6000-20x$, $20x\ge 1200$

$\therefore x\ge 60$

따라서 최소 60 g의 물을 증발시켜야 한다. 답 ③

참고 소금물에서 물을 증발시키면 소금물의 양은 줄어들고, 소금의 양은 변하지 않는다.

공략 비법

a %의 소금물 A g에서 물 x g을 증발시키면 k % 이상의 소금물이 된다.

➡ $\left(\frac{a}{100}\times A\right)\times\frac{1}{A-x}\times 100\ge k$

↳ a %의 소금물 A g에서 물 x g을 증발시켰을 때의 농도

➡ $\frac{a}{100}\times A\ge \frac{k}{100}\times(A-x)$

중 39 20 %의 소금물을 x g 섞는다고 하면

$\frac{15}{100}\times 200+\frac{20}{100}\times x\ge \frac{18}{100}\times(200+x)$

$3000+20x\ge 3600+18x$, $2x\ge 600$

$\therefore x\ge 300$

따라서 20 %의 소금물을 300 g 이상 섞어야 한다.

답 300 g

중 40 8 %의 설탕물을 x g 섞는다고 하면

$\frac{14}{100}\times 80+\frac{8}{100}\times x\le \frac{9}{100}\times(80+x)$

$1120+8x\le 720+9x$, $-x\le -400$

$\therefore x\ge 400$

따라서 8 %의 설탕물을 400 g 이상 섞어야 한다. 답 ④

중 41 2 %의 소금물을 x g 섞는다고 하면 10 %의 소금물은 $(200-x)$ g 섞어야 하므로

$\frac{2}{100}\times x+\frac{10}{100}\times(200-x)\ge\frac{6}{100}\times 200$

$2x+2000-10x\ge 1200$, $-8x\ge -800$

$\therefore x\le 100$

따라서 2 %의 소금물을 최대 100 g까지 섞을 수 있다.

답 100 g

단원 마무리 76~79쪽

Level B 필수 유형 정복하기

01 ④	02 (다)	03 14개	04 2개	05 ②
06 ④	07 ④	08 ㄱ, ㄴ, ㄷ	09 −2	10 ⑤
11 9	12 4개	13 96점	14 17주	15 ③
16 ①	17 ①	18 60 g	19 14	

20 (1) $x>-\frac{6a+4}{5}$ (2) $x>-\frac{2}{3}$ (3) $-\frac{1}{9}$ 21 $-\frac{7}{3}$

22 (1) $10000+1200(x-5)\le 16000$ (2) 10개

23 13명 24 24분

01 전략 [ ] 안의 수를 부등식에 대입하여 참, 거짓을 판단한다.

① $-2-1>-3$ $\therefore -3>-3$ (거짓)

② $3\times2+1\le -4$ $\therefore 7\le -4$ (거짓)

③ $5<2-7\times1$ $\therefore 5<-5$ (거짓)

④ $-4\times(-1)\ge 1-(-1)$ $\therefore 4\ge 2$ (참)

⑤ $4-3\times0>7-0$ $\therefore 4>7$ (거짓)

따라서 부등식의 해인 것은 ④이다.

02 전략 부등식의 양변에 같은 음수를 곱하거나 양변을 같은 음수로 나누면 부등호의 방향이 바뀜을 이용한다.

(i) $a-1>b-1$이면 $a>b$

따라서 첫 번째 상자에서 No를 따라간다.

(ii) $\frac{a}{2}>\frac{b}{2}$이면 $a>b$이므로

$a+4>b+4$

따라서 두 번째 상자에서 No를 따라간다.

(iii) $a+3>b+3$이면 $a>b$이므로

$-2a<-2b$ $\therefore -2a+5<-2b+5$

따라서 세 번째 상자에서 Yes를 따라간다.

이상에서 마지막으로 도착한 상자는 (다)이다.

03 전략 a의 값의 범위를 이용하여 $2-3a$의 값의 범위를 구한다.

$-4<a<1$의 각 변에 -3을 곱하면

$-3<-3a<12$

각 변에 2를 더하면

$-1<2-3a<14$

따라서 $2-3a$의 값이 될 수 있는 정수는 0, 1, 2, ⋯, 13의 14개이다.

04 전략 주어진 부등식을 정리하여 (일차식) >0, (일차식) <0, (일차식) ≥ 0, (일차식) ≤ 0 중 어느 하나의 꼴로 나타나는지 확인한다.

ㄱ. $x<0$이므로 일차부등식이다.

ㄴ. 방정식이다.

ㄷ. $\frac{1}{7}x-1\ge 0$이므로 일차부등식이다.

ㄹ. $-4<0$이므로 일차부등식이 아니다.

ㅁ. $11>0$이므로 일차부등식이 아니다.

ㅂ. x가 분모에 있으므로 일차부등식이 아니다.

이상에서 일차부등식은 ㄱ, ㄷ의 2개이다.

05 전략 먼저 주어진 방정식의 해를 구한다.

$0.6(x-4)=\frac{x}{2}-3$의 양변에 10을 곱하면

$6(x-4)=5x-30$

$6x-24=5x-30$ $\therefore x=-6$

즉, $a=-6$이므로 주어진 부등식은

$4x-6\le -6x+30$

$10x\le 36$ $\therefore x\le\frac{18}{5}$

따라서 주어진 부등식을 만족하는 모든 자연수 x의 값의 합은

$1+2+3=6$

개념 보충 학습

계수가 소수 또는 분수인 일차방정식은 양변에 10의 거듭제곱 또는 분모의 최소공배수를 곱하여 계수를 모두 정수로 고친 후 푼다.

06 전략 주어진 부등식의 양변에 분모의 최소공배수를 곱하여 계수를 모두 정수로 고친다.

$\frac{x-1}{10}-\frac{x+1}{2}\le -1$의 양변에 10을 곱하면

$(x-1)-5(x+1)\le -10$

$x-1-5x-5\le -10$, $-4x\le -4$

$\therefore x\ge 1$

따라서 해를 수직선 위에 나타내면 ④이다.

07 전략 계수가 소수 또는 분수인 일차부등식은 양변에 적당한 수를 곱하여 계수를 모두 정수로 고친 후 푼다.

① $3x\ge -3$ $\therefore x\ge -1$

② 부등식의 양변에 4를 곱하면

$6x+3\ge 3x$, $3x\ge -3$ $\therefore x\ge -1$

③ 부등식의 양변에 10을 곱하면

$3(2x-3)\le 35x+20$, $6x-9\le 35x+20$

$-29x\le 29$ $\therefore x\ge -1$

④ $5x+15\le 6-4x$, $9x\le -9$ $\therefore x\le -1$

⑤ 부등식의 양변에 10을 곱하면

$18x+2(x+6)\ge -8$, $18x+2x+12\ge -8$

$20x \geq -20 \qquad \therefore x \geq -1$
따라서 해가 다른 하나는 ④이다.

08 전략 부등식의 성질을 이용하여 주어진 부등식의 해를 구한다.
$ax-4 \leq b(x+1)$에서 $ax-4 \leq bx+b$
$\therefore (a-b)x \leq b+4$
ㄱ. $a>b$이면 $a-b>0$이므로
$x \leq \frac{b+4}{a-b}$
ㄴ. $a<b$이면 $a-b<0$이므로
$x \geq \frac{b+4}{a-b}$
ㄷ. $a>0$, $b<0$이면 $a-b>0$이므로
$x \leq \frac{b+4}{a-b}$
이상에서 ㄱ, ㄴ, ㄷ 모두 옳다.

09 전략 주어진 부등식의 해를 구하여 $x<-8$과 비교한다.
$a-\frac{4x-3}{5}>0.2(1-3x)$의 양변에 5를 곱하면
$5a-(4x-3)>1-3x$
$5a-4x+3>1-3x$, $-x>-5a-2$
$\therefore x<5a+2$
이 부등식의 해가 $x<-8$이므로
$5a+2=-8$, $5a=-10 \qquad \therefore a=-2$

10 전략 주어진 부등식의 해를 구하여 조건에 맞게 수직선 위에 나타내어 본다.
$0.5x+a \leq \frac{1}{6}(x+3)$의 양변에 6을 곱하면
$3x+6a \leq x+3$
$2x \leq 3-6a \qquad \therefore x \leq \frac{3-6a}{2}$
주어진 부등식을 만족하는 양수 x가 존재하지 않으므로 오른쪽 그림에서

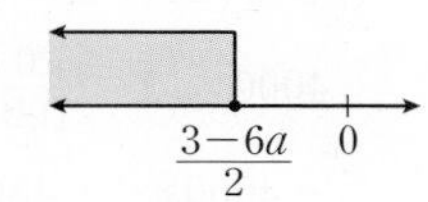

$\frac{3-6a}{2} \leq 0$, $3-6a \leq 0$
$-6a \leq -3 \qquad \therefore a \geq \frac{1}{2}$

11 전략 (x를 5배한 것)>(x에 5를 더하여 2배한 것)임을 이용하여 부등식을 세운다.
$5x>2(x+5)$이므로
$5x>2x+10$, $3x>10 \qquad \therefore x>\frac{10}{3}$
이때 x는 5 이하의 자연수이므로 모든 x의 값의 합은
$4+5=9$

12 전략 감의 개수를 x개라 하여 부등식을 세운다.
감을 x개 산다고 하면 귤은 $(14-x)$개 살 수 있으므로
$90(14-x)+150x \leq 1500$
$1260-90x+150x \leq 1500$, $60x \leq 240 \qquad \therefore x \leq 4$
따라서 감은 최대 4개까지 살 수 있다.

참고 무게의 단위가 각각 다르므로 단위를 통일하여 부등식을 세운다.
즉, 1 kg=1000 g이므로 1.5 kg=1500 g

13 전략 4회째 수학 시험의 점수를 x점이라 하여 부등식을 세운다.
3회까지의 수학 점수의 총합은
$88 \times 3 = 264$(점)
4회째 수학 시험에서 x점을 받는다고 하면
$\frac{264+x}{4} \geq 90$
$264+x \geq 360 \qquad \therefore x \geq 96$
따라서 96점 이상을 받아야 한다.

14 전략 현재 예금액이 a원이고 매주 b원씩 예금할 때, x주 후의 예금액은 $(a+bx)$원임을 이용한다.
x주 후부터 은우의 예금액이 소희의 예금액보다 많아진다고 하면
$32000+2000x>40000+1500x$
$500x>8000 \qquad \therefore x>16$
따라서 17주 후부터 은우의 예금액이 소희의 예금액보다 많아진다.

15 전략 집 근처 문구점에서 볼펜을 살 때의 비용과 할인매장에서 볼펜을 살 때의 비용을 각각 구하여 조건에 맞게 부등식을 세운다.
③ 비용이 적게 들수록 더 유리하므로
$1500x<1200x+1000$
이면 집 근처 문구점에서 사는 것이 더 유리하다.
④, ⑤ $1500x<1200x+1000$에서
$300x<1000 \qquad \therefore x<\frac{10}{3}$
즉, 볼펜 3자루를 산다면 집 근처 문구점에서 사는 것이 더 저렴하고, 4자루를 산다면 할인매장에서 사는 것이 더 저렴하다.
따라서 옳지 않은 것은 ③이다.

16 전략 n각형의 내각의 크기의 합은 $180° \times (n-2)$임을 이용한다.
구하는 다각형을 n각형이라 하면
$180° \times (n-2) < 900°$
$180° \times n - 360° < 900°$, $180° \times n < 1260°$
$\therefore n<7$
따라서 내각의 크기의 합이 900°보다 작은 다각형은 ①이다.

17 전략 (갈 때 걸린 시간)+(기념품을 사는 데 걸린 시간)+(올 때 걸린 시간)이 1시간 20분 이내이어야 한다.
역에서 상점까지의 거리를 x km라 하면
$\frac{x}{5}+\frac{40}{60}+\frac{x}{5} \leq \frac{80}{60}$
$3x+10+3x \leq 20$, $6x \leq 10 \qquad \therefore x \leq \frac{5}{3}$
따라서 역에서 $\frac{5}{3}$ km 이내에 있는 상점을 이용해야 한다.

4 일차부등식

18 전략 더 넣는 소금의 양을 x g이라 하여 부등식을 세운다.

소금을 x g 더 넣는다고 하면

$\frac{4}{100}\times300+x\geq\frac{20}{100}\times(300+x)$

$1200+100x\geq6000+20x$, $80x\geq4800$

$\therefore x\geq60$

따라서 소금을 60 g 이상 더 넣으면 된다.

주의 소금물에 소금을 더 넣으면 소금물의 양과 소금의 양이 모두 증가한다.

참고 4 %의 소금물 300 g에 들어 있는 소금의 양은 $\left(\frac{4}{100}\times300\right)$ g이므로 소금을 x g 더 넣는다고 하면 $\frac{\left(\frac{4}{100}\times300\right)+x}{300+x}\times100\geq20$에서

$\frac{4}{100}\times300+x\geq\frac{20}{100}\times(300+x)$

19 전략 A를 간단히 한 후 x의 값의 범위를 이용하여 A의 값의 범위를 구한다.

$A=\frac{1}{5}(15-4x)=3-\frac{4}{5}x$ …… ㉮

$-5\leq x<2$의 각 변에 $-\frac{4}{5}$를 곱하면

$-\frac{8}{5}<-\frac{4}{5}x\leq4$

각 변에 3을 더하면

$\frac{7}{5}<3-\frac{4}{5}x\leq7$, 즉 $\frac{7}{5}<A\leq7$ …… ㉯

따라서 $M=7$, $m=2$이므로 …… ㉰

$Mm=7\times2=14$ …… ㉱

채점 기준

채점 기준	배점
㉮ 분배법칙을 이용하여 A를 간단히 하기	20 %
㉯ A의 값의 범위 구하기	50 %
㉰ M, m의 값 구하기	20 %
㉱ Mm의 값 구하기	10 %

20 전략 각 부등식의 해를 구한 후 해가 같음을 이용하여 미지수의 값을 구한다.

(1) ㉠의 양변에 6을 곱하면 $2(2x+1)-3(3x+2)<6a$

$4x+2-9x-6<6a$, $-5x<6a+4$

$\therefore x>-\frac{6a+4}{5}$ …… ㉮

(2) ㉡의 양변에 10을 곱하면 $10+5x>6-x$

$6x>-4$ $\therefore x>-\frac{2}{3}$ …… ㉯

(3) 부등식 ㉠의 해가 부등식 ㉡의 해와 같으므로

$-\frac{6a+4}{5}=-\frac{2}{3}$, $3(6a+4)=10$

$18a=-2$ $\therefore a=-\frac{1}{9}$ …… ㉰

채점 기준

	채점 기준	배점
(1)	㉮ 부등식 ㉠의 해 구하기	30 %
(2)	㉯ 부등식 ㉡의 해 구하기	30 %
(3)	㉰ a의 값 구하기	40 %

21 전략 먼저 주어진 부등식의 해를 구한 후 가장 큰 값이 7임을 이용한다.

$\frac{3-x}{2}\geq k+\frac{1}{3}$의 양변에 6을 곱하면

$3(3-x)\geq6k+2$, $9-3x\geq6k+2$

$-3x\geq6k-7$ $\therefore x\leq-\frac{6k-7}{3}$ …… ㉮

이 부등식을 만족하는 x의 값 중에서 가장 큰 값이 7이므로

$-\frac{6k-7}{3}=7$, $6k-7=-21$

$6k=-14$ $\therefore k=-\frac{7}{3}$ …… ㉯

채점 기준

채점 기준	배점
㉮ 주어진 부등식의 해 구하기	50 %
㉯ k의 값 구하기	50 %

22 전략 k개의 1개당 대여료가 a원이고 추가되는 1개당 대여료가 b원일 때, $x(x>k)$개의 대여료는 $a\times k+b\times(x-k)$(원)임을 이용한다.

(1) 5개까지는 1개당 2000원이고, 5개를 초과하면 1개당 1200원이므로 총대여료는

$2000\times5+1200\times(x-5)$(원)

$\therefore 10000+1200(x-5)\leq16000$ …… ㉮

(2) 위의 부등식에서 $10000+1200x-6000\leq16000$

$1200x\leq12000$ $\therefore x\leq10$ …… ㉯

따라서 최대 10개까지 튜브를 대여할 수 있다. …… ㉰

채점 기준

	채점 기준	배점
(1)	㉮ 일차부등식 세우기	40 %
(2)	㉯ 일차부등식의 해 구하기	40 %
	㉰ 최대 몇 개까지 튜브를 대여할 수 있는지 구하기	20 %

23 전략 단체 인원수를 x명이라 하여 부등식을 세운다.

단체 인원수를 x명이라 하면

$4000\times\left(1-\frac{20}{100}\right)\times15<4000x$ …… ㉮

$-4000x<-48000$ $\therefore x>12$ …… ㉯

따라서 13명 이상일 때, 15명의 단체 입장권을 사는 것이 유리하다. …… ㉰

채점 기준

채점 기준	배점
㉮ 일차부등식 세우기	40 %
㉯ 일차부등식의 해 구하기	40 %
㉰ 단체 입장권을 사는 것이 유리한 최소 인원수 구하기	20 %

24 전략 슬비와 선미가 같은 지점에서 반대 방향으로 동시에 출발할 때, 두 사람 사이의 거리는 슬비가 이동한 거리와 선미가 이동한 거리의 합임을 이용한다.

x분 동안 걷는다고 하면

$3\times\frac{x}{60}+4\times\frac{x}{60}\geq2.8$ …… ㉮

$3x+4x\geq168$, $7x\geq168$

$\therefore x\geq24$ …… ㉯

따라서 슬비와 선미는 24분 이상 걸어야 한다. …… ㉰

채점 기준

㉮ 일차부등식 세우기	40 %
㉯ 일차부등식의 해 구하기	40 %
㉰ 몇 분 이상 걸어야 하는지 구하기	20 %

공략 비법

A, B 두 사람이 같은 지점에서 반대 방향으로 동시에 출발하여 a km 이상 떨어졌을 때
➡ (A가 이동한 거리)+(B가 이동한 거리)$\ge a$

Level C 단원 마무리 80~81쪽

발전 유형 정복하기

01 ②, ④	02 $2\le A\le 14$	03 ⑤	04 5개
05 -7	06 ④	07 100분	08 8 cm	09 50 g
10 -4	11 80 g	12 3명	

01 전략 주어진 조건에서 a, b의 부호를 먼저 정한다.

$ab<0$이므로 a, b 둘 중 하나는 양수, 하나는 음수이다.
이때 $a+b<0$, $|a|<|b|$이므로 b가 음수이다.
$\therefore a>0,\ b<0$
① $\frac{a}{b}<0$
② $a^3>0$, $ab<0$이므로 $a^3-ab>0$
③ $\frac{1}{a}>0$, $\frac{1}{b}<0$이므로 $\frac{1}{a}>\frac{1}{b}$
④ $2b<0$, $a>0$이므로 $2b-a<0$
⑤ $a>b$이므로 $-\frac{a}{3}<-\frac{b}{3}$ $\quad\therefore -\frac{a}{3}+5<-\frac{b}{3}+5$
따라서 옳은 것은 ②, ④이다.

02 전략 $-14\le 5x-9\le 1$에서 x의 값의 범위를 먼저 구한 후 A의 값의 범위를 구한다.

$-14\le 5x-9\le 1$의 각 변에 9를 더하면
$-5\le 5x\le 10$
각 변에 $\frac{1}{5}$을 곱하면
$-1\le x\le 2$
$-1\le x\le 2$의 각 변에 -4를 곱하면
$-8\le -4x\le 4$
각 변에 10을 더하면
$2\le 10-4x\le 14$, 즉 $2\le A\le 14$

03 전략 주어진 부등식의 해를 이용하여 $\frac{5x-2}{4}$의 값의 범위를 구한다.

$0.3(x-1)\le 0.1x+0.3$의 양변에 10을 곱하면
$3(x-1)\le x+3$, $3x-3\le x+3$
$2x\le 6$ $\quad\therefore x\le 3$
$x\le 3$의 양변에 5를 곱하면 $5x\le 15$
양변에서 2를 빼면 $5x-2\le 13$
양변을 4로 나누면 $\frac{5x-2}{4}\le\frac{13}{4}$
이때 $\frac{5x-2}{4}$의 값이 자연수이려면
$\frac{5x-2}{4}=1$ 또는 $\frac{5x-2}{4}=2$ 또는 $\frac{5x-2}{4}=3$이어야 한다.
$\frac{5x-2}{4}=1$에서 $5x-2=4$ $\quad\therefore x=\frac{6}{5}$
$\frac{5x-2}{4}=2$에서 $5x-2=8$ $\quad\therefore x=2$
$\frac{5x-2}{4}=3$에서 $5x-2=12$ $\quad\therefore x=\frac{14}{5}$
따라서 모든 x의 값의 합은
$\frac{6}{5}+2+\frac{14}{5}=6$

04 전략 먼저 부등식 $\frac{1}{2}a-0.\dot{2}<\frac{1}{3}a+0.\dot{7}$에서 a의 값의 범위를 구한다.

$\frac{1}{2}a-0.\dot{2}<\frac{1}{3}a+0.\dot{7}$에서 $\frac{1}{2}a-\frac{2}{9}<\frac{1}{3}a+\frac{7}{9}$
양변에 18을 곱하면 $9a-4<6a+14$
$3a<18$ $\quad\therefore a<6$
$ax-5a\ge 6x-30$에서 $ax-6x\ge 5a-30$
$(a-6)x\ge 5(a-6)$
이때 $a<6$에서 $a-6<0$이므로 $x\le 5$
따라서 자연수 x는 1, 2, 3, 4, 5의 5개이다.

개념 보충 학습

순환소수를 분수로 나타내기
a가 한 자리 자연수일 때, $0.\dot{a}=\frac{a}{9}$

05 전략 주어진 일차부등식의 해를 구하여 $x<3$과 비교한다. 이때 부등호의 방향에 주의한다.

주어진 일차부등식의 양변에 6을 곱하면
$2(4x+3)-6a>6-3(ax-1)$
$8x+6-6a>6-3ax+3$, $(8+3a)x>3+6a$
이 부등식의 해가 $x<3$이므로 $8+3a<0$
따라서 $x<\frac{3+6a}{8+3a}$이므로 $\frac{3+6a}{8+3a}=3$
$3+6a=24+9a$, $-3a=21$ $\quad\therefore a=-7$

06 전략 원가가 a원인 상품에 b %의 이익을 붙인 가격은 $a\left(1+\frac{b}{100}\right)$원임을 이용한다.

주인이 구입한 사과 한 개의 도매 가격을 a원이라 하면 사과 600개의 가격은 $600a$원이다.
이때 팔 수 있는 사과의 개수는 550개이므로 x %의 이익을 붙여서 판다고 하면
$550a\times\left(1+\frac{x}{100}\right)-600a\ge 600a\times\frac{10}{100}$

4 일차부등식

$a>0$이므로 양변을 a로 나누면

$550\left(1+\frac{x}{100}\right)-600 \geq 600 \times \frac{10}{100}$

$550+\frac{11}{2}x-600 \geq 60$, $\frac{11}{2}x \geq 110$

$\therefore x \geq 20$

따라서 사과 한 개의 도매 가격에 최소 20 %의 이익을 붙여서 팔아야 한다.

07 전략 두 통신사의 1분당 통화 요금을 구한 후 한 달에 청구되는 요금 총액에 대한 부등식을 세운다.

한 달의 휴대 전화 통화 시간을 x분이라 하면

A 통신사의 1분당 통화 요금은 90원이고,

B 통신사의 1분당 통화 요금은 120원이므로

$7000+15000+90x<10000+9000+120x$

$-30x<-3000$ $\therefore x>100$

따라서 한 달의 휴대 전화 통화 시간이 100분 초과이면 A 통신사를 선택하는 것이 유리하다.

08 전략 $\overline{BP}=x$ cm로 놓고 삼각형 APD의 넓이를 x에 대한 식으로 나타내어 부등식을 세운다.

$\overline{BP}=x$ cm라 하면 $\overline{CP}=(12-x)$ cm이므로

삼각형 APD의 넓이는

$\frac{1}{2}\times(7+5)\times 12-\left\{\frac{1}{2}\times x\times 7+\frac{1}{2}\times(12-x)\times 5\right\}$

$=72-\left(\frac{7}{2}x+30-\frac{5}{2}x\right)$

$=72-x-30$

$=-x+42\,(\text{cm}^2)$

이때 $-x+42 \leq 34$이어야 하므로

$-x \leq -8$ $\therefore x \geq 8$

따라서 점 B에서 8 cm 이상 떨어진 곳에 점 P를 잡아야 한다.

09 전략 주어진 표에서 두 식품 A, B의 1 g에 포함된 칼슘의 양을 생각하여 부등식을 세운다.

섭취해야 하는 식품 A의 양을 x g이라 하면 식품 B는 $(200-x)$ g 섭취해야 하므로

$\frac{320}{100}\times x+\frac{150}{100}\times(200-x) \geq 385$

$320x+30000-150x \geq 38500$

$170x \geq 8500$ $\therefore x \geq 50$

따라서 섭취해야 하는 식품 A의 양은 최소 50 g이다.

10 전략 주어진 부등식의 해를 구하여 조건에 맞게 수직선 위에 나타내어 본다.

$\frac{2x+a}{5}-\frac{3x+2}{2} \geq a$의 양변에 10을 곱하면

$2(2x+a)-5(3x+2) \geq 10a$

$4x+2a-15x-10 \geq 10a$, $-11x \geq 8a+10$

$\therefore x \leq -\frac{8a+10}{11}$ …… ㉮

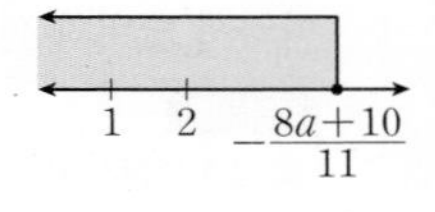

주어진 부등식을 만족하는 자연수 x가 2개 이상이므로 오른쪽 그림에서

$-\frac{8a+10}{11} \geq 2$

$8a+10 \leq -22$, $8a \leq -32$

$\therefore a \leq -4$ …… ㉯

따라서 가장 큰 수 a의 값은 -4이다. …… ㉰

채점 기준

㉮ 주어진 부등식의 해 구하기	30 %
㉯ a의 값의 범위 구하기	50 %
㉰ 가장 큰 수 a의 값 구하기	20 %

11 전략 증발시킨 물의 양만큼 설탕을 넣으면 전체 설탕물의 양은 변하지 않음을 이용한다.

물을 x g 증발시킨다고 하면 더 넣는 설탕의 양도 x g이므로

$\frac{14}{100}\times 500+x \geq \frac{30}{100}\times 500$ …… ㉮

$7000+100x \geq 15000$, $100x \geq 8000$

$\therefore x \geq 80$ …… ㉯

따라서 최소 80 g의 물을 증발시켜야 한다. …… ㉰

채점 기준

㉮ 일차부등식 세우기	40 %
㉯ 일차부등식의 해 구하기	40 %
㉰ 최소 몇 g의 물을 증발시켜야 하는지 구하기	20 %

12 전략 전체 일의 양을 1로 놓고 남학생 1명과 여학생 1명이 하루에 할 수 있는 일의 양을 각각 구한다.

전체 일의 양을 1로 놓으면 남학생 한 명이 하루에 할 수 있는 일의 양은 $\frac{1}{5}$이고, 여학생 한 명이 하루에 할 수 있는 일의 양은 $\frac{1}{7}$이다. …… ㉮

남학생 수를 x명이라 하면 여학생 수는 $(6-x)$명이므로

$\frac{1}{5}x+\frac{1}{7}(6-x) \geq 1$ …… ㉯

$7x+5(6-x) \geq 35$, $7x+30-5x \geq 35$

$2x \geq 5$ $\therefore x \geq \frac{5}{2}$ …… ㉰

따라서 남학생은 최소 3명이 필요하다. …… ㉱

채점 기준

㉮ 남학생 1명, 여학생 1명이 하루에 할 수 있는 일의 양 파악하기	20 %
㉯ 일차부등식 세우기	30 %
㉰ 일차부등식의 해 구하기	30 %
㉱ 필요한 남학생의 최소 인원수 구하기	20 %

공략 비법

① 어떤 일을 혼자서 완성하는 데 x일이 걸린다.

➡ 전체 일의 양을 1로 놓으면 하루에 하는 일의 양은 $\frac{1}{x}$이다.

② 1명이 하루에 하는 일의 양이 A이다.

➡ x명이 하루에 하는 일의 양은 Ax이다.

5. 연립일차방정식

Lecture 10 미지수가 2개인 연립일차방정식

Level A 개념 익히기 84쪽

01 $x=6-y$에서 $x+y-6=0$ 답 ○

02 $5x+2y^2=1$에서 $5x+2y^2-1=0$ 답 ×

03 답 ○

04 $2x+y=y-7$에서 $2x+7=0$ 답 ×

05 $-1+4\times2=7\neq8$ 답 ×

06 $2\neq3\times1-5=-2$ 답 ×

07 $9\times1+2\times2=13$ 답 ○

08 $1+7=6\times2-4=8$ 답 ○

09

x	1	2	3	4	…
y	8	5	2	-1	…

따라서 구하는 해는 (1, 8), (2, 5), (3, 2)이다.

답 (1, 8), (2, 5), (3, 2)

10

x	1	2	3	4	5	6	7	8	9	…
y	4	$\frac{7}{2}$	3	$\frac{5}{2}$	2	$\frac{3}{2}$	1	$\frac{1}{2}$	0	…

따라서 구하는 해는 (1, 4), (3, 3), (5, 2), (7, 1)이다.

답 (1, 4), (3, 3), (5, 2), (7, 1)

11

x	1	2	3	4	5	…
y	$\frac{11}{2}$	4	$\frac{5}{2}$	1	$-\frac{1}{2}$	…

따라서 구하는 해는 (2, 4), (4, 1)이다.

답 (2, 4), (4, 1)

12

x	1	2	3	4	5	6	7	…
y	2	$\frac{5}{3}$	$\frac{4}{3}$	1	$\frac{2}{3}$	$\frac{1}{3}$	0	…

따라서 구하는 해는 (1, 2), (4, 1)이다.

답 (1, 2), (4, 1)

13 두 일차방정식 ㉠, ㉡의 공통인 해는 (4, 1)이므로 연립방정식의 해는 (4, 1)이다. 답 (4, 1)

Level B 유형 공략하기 85~87쪽

하 **14** ① $y=-5x-1$에서 $5x+y+1=0$

③ $x+2y=x-2y+1$에서 $4y-1=0$

④ $y-(3x-y)-7=0$에서

$y-3x+y-7=0$ $\quad\therefore -3x+2y-7=0$

⑤ $x^2+3x-y=x^2+1$에서 $3x-y-1=0$

따라서 미지수가 2개인 일차방정식이 아닌 것은 ③이다.

답 ③

공략 비법

모든 항을 좌변으로 이항하여 정리한 식이

$ax+by+c=0$ (a, b, c는 수, $a\neq0$, $b\neq0$)

꼴인 것을 찾는다.

하 **15** ① $7x+10=-1$에서 $7x+11=0$

③ $x+3y=x+2$에서 $3y-2=0$

④ $xy-x=3$에서 $xy-x-3=0$

⑤ $2x^2+x=2x^2+2y$에서 $x-2y=0$

따라서 미지수가 2개인 일차방정식은 ②, ⑤이다.

답 ②, ⑤

중 **16** $3x+1=3(x+y)$에서

$3x+1=3x+3y$ $\quad\therefore -3y+1=0$

$y=x$에서 $-x+y=0$

$y(y+1)=x+y^2-3$에서

$y^2+y=x+y^2-3$ $\quad\therefore -x+y+3=0$

$\frac{y}{4}+\frac{x}{2}=1$에서 $\frac{x}{2}+\frac{y}{4}-1=0$

따라서 미지수가 2개인 일차방정식은

$y=x$, $y(y+1)=x+y^2-3$, $\frac{y}{4}+\frac{x}{2}=1$

의 3개이다. 답 3개

중 **17** $2x+y=x+ay+3$에서

$x+(1-a)y-3=0$

위의 식이 미지수가 2개인 일차방정식이 되려면

$1-a\neq0$ $\quad\therefore a\neq1$ 답 ④

공략 비법

미지수가 2개인 일차방정식이 되려면 모든 항을 좌변으로 이항하여 정리한 식에서 x와 y의 계수가 모두 0이 아니어야 한다.

중 **18** ① $2x=5y+7$ $\quad\therefore 2x-5y-7=0$

② $x=y-5$ $\quad\therefore x-y+5=0$

③ $2x+3y=23$ $\quad\therefore 2x+3y-23=0$

④ $\frac{1}{2}\times(4+x)\times y=36$ $\quad\therefore \frac{1}{2}xy+2y-36=0$

⑤ $400x+600y=5000$ $\quad\therefore 400x+600y-5000=0$

따라서 미지수가 2개인 일차방정식으로 나타낼 수 없는 것은 ④이다. 답 ④

하 **19** (걸은 거리)+(달린 거리)=(총거리)이므로

$5x+7y=12$ 답 $5x+7y=12$

참고 (거리)=(속력)×(시간)

5 연립일차방정식

하 20 ③ $6+3\times3=15\neq16$ 답 ③

공략 비법

x, y의 순서쌍 (m, n)이 일차방정식 $ax+by+c=0$의 해이다.
➡ $x=m$, $y=n$을 $ax+by+c=0$에 대입하면 등식이 성립한다.
➡ $am+bn+c=0$

하 21 ㄱ. $(-1)+4\times3=11\neq10$
ㄴ. $-(-1)+2\times3=7$
ㄷ. $2\times(-1)-3=-5\neq1$
ㄹ. $4\times(-1)+5\times3=11$
이상에서 x, y의 순서쌍 $(-1, 3)$을 해로 갖는 일차방정식은 ㄴ, ㄹ이다. 답 ㄴ, ㄹ

중 22 x, y가 자연수일 때, $3x+2y=28$의 해는
$(2, 11)$, $(4, 8)$, $(6, 5)$, $(8, 2)$
의 4개이다. 답 4개

공략 비법

주어진 일차방정식에 $x=1, 2, 3, \cdots$을 차례대로 대입하여 y의 값도 자연수인 x, y의 순서쌍 (x, y)를 찾는다.

하 23 x, y가 자연수일 때, $4x+3y=19$의 해는 $(1, 5)$, $(4, 1)$이다.
답 $(1, 5)$, $(4, 1)$

중 24 x, y가 자연수일 때, $2x+5y=22$의 해는
$(1, 4)$, $(6, 2)$
의 2개이므로 $a=2$
이때 이 순서쌍에서 x가 될 수 있는 값의 합은
$1+6=7$ $\therefore b=7$
y가 될 수 있는 값의 합은
$4+2=6$ $\therefore c=6$
$\therefore a+b+c=2+7+6=15$ 답 ④

상 25 $2x⊙y=3⊙5$에서
$2\times2x+3\times y=2\times3+3\times5$ $\therefore 4x+3y=21$
따라서 x, y가 자연수일 때, $4x+3y=21$의 해는 $(3, 3)$이다.
답 $(3, 3)$

하 26 $x=-7$, $y=4$를 $2x+ay=14$에 대입하면
$-14+4a=14$, $4a=28$ $\therefore a=7$ 답 7

공략 비법

일차방정식의 한 해가 주어지면 그 해를 일차방정식에 대입하여 미지수의 값을 구한다.

하 27 $x=k$, $y=2$를 $6x-5y=-28$에 대입하면
$6k-10=-28$, $6k=-18$ $\therefore k=-3$ 답 ①

중 28 $x=3$, $y=3$을 $5x-ay=6$에 대입하면
$15-3a=6$, $-3a=-9$ $\therefore a=3$ …… ㉮
$x=k$, $y=-k$를 $5x-ay=6$, 즉 $5x-3y=6$에 대입하면
$5k+3k=6$, $8k=6$ $\therefore k=\frac{3}{4}$ …… ㉯
$\therefore a+4k=3+4\times\frac{3}{4}=6$ …… ㉰
답 6

채점 기준

채점 기준	배점
㉮ a의 값 구하기	40 %
㉯ k의 값 구하기	40 %
㉰ $a+4k$의 값 구하기	20 %

중 29 $x=4$, $y=-1$을 $(1-a)x+a(y+3)=0$에 대입하면
$4(1-a)+2a=0$, $4-4a+2a=0$
$-2a=-4$ $\therefore a=2$
$x=-2$를 $(1-a)x+a(y+3)=0$, 즉 $-x+2(y+3)=0$에 대입하면
$2+2(y+3)=0$, $2+2y+6=0$
$2y=-8$ $\therefore y=-4$ 답 ①

중 30 x, y가 자연수일 때, $2x+y=5$의 해는
$(1, 3)$, $(2, 1)$
$3x+5y=11$의 해는
$(2, 1)$
따라서 연립방정식의 해는 $(2, 1)$이다. 답 ④

공략 비법

x, y에 대한 연립방정식의 해
➡ 두 일차방정식의 공통인 해
➡ 두 일차방정식을 동시에 만족하는 x, y의 값 또는 x, y의 순서쌍 (x, y)

하 31 ⑤ $x=2$, $y=1$을 두 일차방정식에 각각 대입하면
$2\times2-1=3$, $2=2\times1$ 답 ⑤

공략 비법

연립방정식의 해가 $x=a$, $y=b$이다.
➡ 두 일차방정식을 모두 만족한다.
➡ $x=a$, $y=b$를 각각의 일차방정식에 대입하면 등식이 성립한다.

중 32 각 일차방정식에 $x=-5$, $y=3$을 대입하면
ㄱ. $-5-2\times3=-11\neq11$
ㄴ. $-3\times(-5)-4\times3=3$
ㄷ. $5\times(-5)+8\times3=-1\neq1$
ㄹ. $7\times3=6-3\times(-5)=21$
따라서 두 일차방정식 ㄴ, ㄹ을 짝 지어 만든 연립방정식
$\begin{cases}-3x-4y=3\\7y=6-3x\end{cases}$의 해가 $x=-5$, $y=3$이다. 답 ㄴ, ㄹ

중 33 x, y가 자연수일 때, $x+3y=17$의 해는
$(2, 5)$, $(5, 4)$, $(8, 3)$, $(11, 2)$, $(14, 1)$
의 5개이므로 $a=5$ …… ㉮
$3x+y=11$의 해는 $(1, 8)$, $(2, 5)$, $(3, 2)$의 3개이므로
$b=3$ …… ㉯

연립방정식 $\begin{cases} x+3y=17 \\ 3x+y=11 \end{cases}$ 의 해는 (2, 5)의 1개이므로

$c=1$ …… ㉰

$\therefore a-b-c=5-3-1=1$ …… ㉱

답 1

채점 기준

㉮ a의 값 구하기	30 %
㉯ b의 값 구하기	30 %
㉰ c의 값 구하기	30 %
㉱ $a-b-c$의 값 구하기	10 %

중 **34** $x=-1$, $y=-2$를 $x+ay=3$에 대입하면

$-1-2a=3$, $-2a=4$ $\therefore a=-2$

$x=-1$, $y=-2$를 $bx+4y=-5$에 대입하면

$-b-8=-5$, $-b=3$ $\therefore b=-3$

$\therefore ab=(-2)\times(-3)=6$

답 6

중 **35** $x=2$, $y=b-2$를 $3x+2y=4$에 대입하면

$6+2(b-2)=4$, $6+2b-4=4$

$2b=2$ $\therefore b=1$

$x=2$, $y=-1$을 $ax-5y=3$에 대입하면

$2a+5=3$, $2a=-2$ $\therefore a=-1$

$\therefore a-b=-1-1=-2$

답 ①

상 **36** 조건 ㈎에서 2와 3의 최소공배수는 6이므로

$x=6$

조건 ㈏에서 $6=2\times3$과 $9=3^2$의 최대공약수는 3이므로

$y=3$

$x=6$, $y=3$을 $2x-3y=a$에 대입하면

$12-9=a$ $\therefore a=3$

$x=6$, $y=3$을 $bx+2y=12$에 대입하면

$6b+6=12$, $6b=6$ $\therefore b=1$

$\therefore a+b=3+1=4$

답 4

Lecture 11 연립일차방정식의 풀이

Level A 개념 익히기 88쪽

01 $\begin{cases} y=x-3 & \cdots\cdots ㉠ \\ x-3y=7 & \cdots\cdots ㉡ \end{cases}$

㉠을 ㉡에 대입하면 $x-3(x-3)=7$

$-2x+9=7$, $-2x=-2$ $\therefore x=1$

$x=1$을 ㉠에 대입하면 $y=-2$

답 $x=1$, $y=-2$

02 $\begin{cases} 3x+y=-2 & \cdots\cdots ㉠ \\ x=2y-3 & \cdots\cdots ㉡ \end{cases}$

㉡을 ㉠에 대입하면 $3(2y-3)+y=-2$

$7y-9=-2$, $7y=7$ $\therefore y=1$

$y=1$을 ㉡에 대입하면 $x=-1$

답 $x=-1$, $y=1$

03 $\begin{cases} x-y=3 & \cdots\cdots ㉠ \\ 3x+y=5 & \cdots\cdots ㉡ \end{cases}$

㉠+㉡을 하면 $4x=8$ $\therefore x=2$

$x=2$를 ㉠에 대입하면 $2-y=3$

$-y=1$ $\therefore y=-1$

답 $x=2$, $y=-1$

04 $\begin{cases} x+2y=9 & \cdots\cdots ㉠ \\ 2x-y=3 & \cdots\cdots ㉡ \end{cases}$

㉠×2−㉡을 하면 $5y=15$ $\therefore y=3$

$y=3$을 ㉠에 대입하면 $x+6=9$ $\therefore x=3$

답 $x=3$, $y=3$

05 주어진 연립방정식을 정리하면

$\begin{cases} x+2y=18 & \cdots\cdots ㉠ \\ 3x-y=12 & \cdots\cdots ㉡ \end{cases}$

㉠+㉡×2를 하면 $7x=42$ $\therefore x=6$

$x=6$을 ㉡에 대입하면 $18-y=12$

$-y=-6$ $\therefore y=6$

답 $x=6$, $y=6$

06 $\begin{cases} 0.3x-0.2y=0.1 & \cdots\cdots ㉠ \\ 0.2x+0.3y=0.5 & \cdots\cdots ㉡ \end{cases}$

㉠×10, ㉡×10을 하면

$\begin{cases} 3x-2y=1 & \cdots\cdots ㉢ \\ 2x+3y=5 & \cdots\cdots ㉣ \end{cases}$

㉢×2−㉣×3을 하면 $-13y=-13$ $\therefore y=1$

$y=1$을 ㉢에 대입하면 $3x-2=1$

$3x=3$ $\therefore x=1$

답 $x=1$, $y=1$

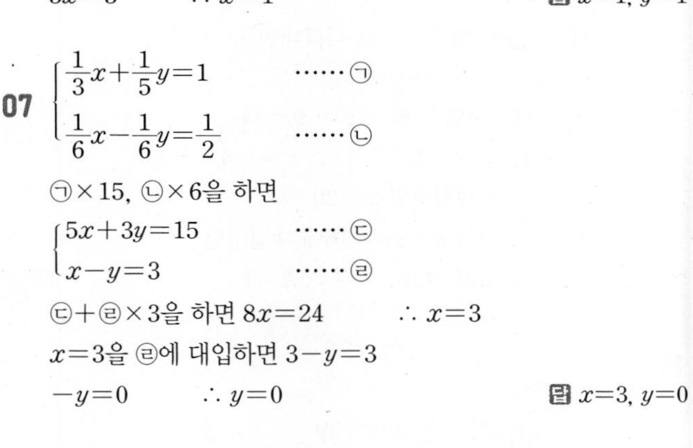

07 $\begin{cases} \frac{1}{3}x+\frac{1}{5}y=1 & \cdots\cdots ㉠ \\ \frac{1}{6}x-\frac{1}{6}y=\frac{1}{2} & \cdots\cdots ㉡ \end{cases}$

㉠×15, ㉡×6을 하면

$\begin{cases} 5x+3y=15 & \cdots\cdots ㉢ \\ x-y=3 & \cdots\cdots ㉣ \end{cases}$

㉢+㉣×3을 하면 $8x=24$ $\therefore x=3$

$x=3$을 ㉣에 대입하면 $3-y=3$

$-y=0$ $\therefore y=0$

답 $x=3$, $y=0$

08 주어진 방정식에서 $\begin{cases} 2x+y=12 & \cdots\cdots ㉠ \\ x+2y=12 & \cdots\cdots ㉡ \end{cases}$

㉠−㉡×2를 하면 $-3y=-12$ $\therefore y=4$

$y=4$를 ㉡에 대입하면 $x+8=12$ $\therefore x=4$

답 $x=4$, $y=4$

09 주어진 방정식에서 $\begin{cases} 5x-2y=9x+2 & \cdots\cdots ㉠ \\ 9x+2=1-2x-7y & \cdots\cdots ㉡ \end{cases}$

㉠, ㉡을 정리하면 $\begin{cases} 2x+y=-1 & \cdots\cdots ㉢ \\ 11x+7y=-1 & \cdots\cdots ㉣ \end{cases}$

5 연립일차방정식

ⓒ×7−ⓓ을 하면 $3x=-6$ $\therefore x=-2$

$x=-2$를 ⓒ에 대입하면 $-4+y=-1$ $\therefore y=3$

답 $x=-2$, $y=3$

Level B 유형 공략하기 89~91쪽

중 10 $\begin{cases} y=5x-7 & \cdots\cdots ㉠ \\ 2x-y=-11 & \cdots\cdots ㉡ \end{cases}$

㉠을 ㉡에 대입하면 $2x-(5x-7)=-11$

$-3x+7=-11$, $-3x=-18$ $\therefore x=6$

$x=6$을 ㉠에 대입하면 $y=23$

따라서 $a=6$, $b=23$이므로

$b-a=23-6=17$

답 ④

하 11 $\begin{cases} 3x-4y=8 & \cdots\cdots ㉠ \\ x=2y-6 & \cdots\cdots ㉡ \end{cases}$

㉡을 ㉠에 대입하면 $3(2y-6)-4y=8$

$2y-18=8$ $\therefore 2y=26$

$\therefore k=2$

답 ④

중 12 $\begin{cases} x=3y-2 & \cdots\cdots ㉠ \\ x=7y-10 & \cdots\cdots ㉡ \end{cases}$

㉠을 ㉡에 대입하면 $3y-2=7y-10$

$-4y=-8$ $\therefore y=2$

$y=2$를 ㉠에 대입하면 $x=4$

답 $x=4$, $y=2$

중 13 $\begin{cases} x+3y=8 & \cdots\cdots ㉠ \\ 2x+9y=4 & \cdots\cdots ㉡ \end{cases}$

㉠에서 x를 y에 대한 식으로 나타내면

$x=8-3y$ $\cdots\cdots$ ㉢

㉢을 ㉡에 대입하면 $2(8-3y)+9y=4$

$16+3y=4$, $3y=-12$ $\therefore y=-4$

$y=-4$를 ㉢에 대입하면 $x=20$

$x=20$, $y=-4$를 $kx+y=16$에 대입하면

$20k-4=16$, $20k=20$ $\therefore k=1$

답 ④

중 14 $\begin{cases} 2x+7y=3 & \cdots\cdots ㉠ \\ 5x+3y=-7 & \cdots\cdots ㉡ \end{cases}$

㉠×5−㉡×2를 하면 $29y=29$ $\therefore y=1$

$y=1$을 ㉠에 대입하면 $2x+7=3$

$2x=-4$ $\therefore x=-2$

$\therefore x+y=-2+1=-1$

답 -1

중 15 ㄱ. x를 없애기 위하여 x의 계수의 절댓값을 같게 한 후, 계수의 부호가 같으므로 변끼리 빼면 된다.

즉, ㉠×3−㉡×2를 하면 $-17y=17$

ㄹ. y를 없애기 위하여 y의 계수의 절댓값을 같게 한 후, 계수의 부호가 다르므로 변끼리 더하면 된다.

즉, ㉠×4+㉡×3을 하면 $17x=17$

이상에서 x 또는 y를 없애기 위하여 필요한 식은 ㄱ, ㄹ이다.

답 ㄱ, ㄹ

공략 비법

미지수를 없애는 순서

❶ 없애려는 미지수의 계수의 절댓값이 같도록 적당한 수를 곱한다.

❷ 계수의 부호가 ┌ 같으면 ➡ 변끼리 뺀다.
　　　　　　　　└ 다르면 ➡ 변끼리 더한다.

중 16 ① $\begin{cases} x+y=-1 & \cdots\cdots ㉠ \\ x-y=5 & \cdots\cdots ㉡ \end{cases}$

㉠+㉡을 하면 $2x=4$ $\therefore x=2$

$x=2$를 ㉠에 대입하면 $2+y=-1$ $\therefore y=-3$

② $\begin{cases} 2x-y=1 & \cdots\cdots ㉠ \\ x-2y=8 & \cdots\cdots ㉡ \end{cases}$

㉠×2−㉡을 하면 $3x=-6$ $\therefore x=-2$

$x=-2$를 ㉠에 대입하면 $-4-y=1$

$-y=5$ $\therefore y=-5$

③ $\begin{cases} 3x-2y=12 & \cdots\cdots ㉠ \\ 4x+3y=-1 & \cdots\cdots ㉡ \end{cases}$

㉠×3+㉡×2를 하면 $17x=34$ $\therefore x=2$

$x=2$를 ㉡에 대입하면 $8+3y=-1$

$3y=-9$ $\therefore y=-3$

④ $\begin{cases} 3x+5y=-9 & \cdots\cdots ㉠ \\ x-4y=14 & \cdots\cdots ㉡ \end{cases}$

㉠−㉡×3을 하면 $17y=-51$ $\therefore y=-3$

$y=-3$을 ㉡에 대입하면 $x+12=14$ $\therefore x=2$

⑤ $\begin{cases} 5x+2y=4 & \cdots\cdots ㉠ \\ 2x+y=1 & \cdots\cdots ㉡ \end{cases}$

㉠−㉡×2를 하면 $x=2$

$x=2$를 ㉡에 대입하면 $4+y=1$ $\therefore y=-3$

따라서 연립방정식의 해가 다른 하나는 ②이다.

답 ②

중 17 $(2, -1)$, $(-3, 5)$를 각각 $ax+by=7$에 대입하면

$\begin{cases} 2a-b=7 & \cdots\cdots ㉠ \\ -3a+5b=7 & \cdots\cdots ㉡ \end{cases}$ $\cdots\cdots$ ㉮

㉠×5+㉡을 하면 $7a=42$ $\therefore a=6$

$a=6$을 ㉠에 대입하면 $12-b=7$

$-b=-5$ $\therefore b=5$ $\cdots\cdots$ ㉯

$\therefore ab=6\times5=30$ $\cdots\cdots$ ㉰

답 30

채점 기준

㉮ 연립방정식 세우기	30 %
㉯ a, b의 값 구하기	50 %
㉰ ab의 값 구하기	20 %

중 18 주어진 연립방정식을 정리하면

$\begin{cases} 2x-y=0 & \cdots\cdots ㉠ \\ x+y=-3 & \cdots\cdots ㉡ \end{cases}$

㉠+㉡을 하면 $3x=-3$ $\therefore x=-1$

$x=-1$을 ㉡에 대입하면 $-1+y=-3$ $\therefore y=-2$
따라서 $a=-1$, $b=-2$이므로
$a-b=-1-(-2)=1$ 답 ③

하 **19** 주어진 연립방정식을 정리하면
$\begin{cases} 2x+3y=21 & \cdots\cdots ㉠ \\ x-3y=6 & \cdots\cdots ㉡ \end{cases}$
㉠+㉡을 하면 $3x=27$ $\therefore x=9$
$x=9$를 ㉡에 대입하면 $9-3y=6$
$-3y=-3$ $\therefore y=1$ 답 ⑤

중 **20** 주어진 연립방정식을 정리하면
$\begin{cases} 7x+5y=16 & \cdots\cdots ㉠ \\ x-3y=6 & \cdots\cdots ㉡ \end{cases}$ ⋯⋯ ㉮
㉠−㉡×7을 하면 $26y=-26$ $\therefore y=-1$
$y=-1$을 ㉡에 대입하면 $x+3=6$ $\therefore x=3$
따라서 $m=3$, $n=-1$이므로 ⋯⋯ ㉯
일차방정식 $3x+1=0$의 해는 $x=-\frac{1}{3}$ ⋯⋯ ㉰
답 $x=-\frac{1}{3}$

채점 기준

㉮ 연립방정식 정리하기	20 %
㉯ m, n의 값 구하기	50 %
㉰ 일차방정식 $mx-n=0$의 해 구하기	30 %

중 **21** 주어진 연립방정식을 정리하면
$\begin{cases} 5x-14y=26 & \cdots\cdots ㉠ \\ x-2y=2 & \cdots\cdots ㉡ \end{cases}$
㉠−㉡×5를 하면 $-4y=16$ $\therefore y=-4$
$y=-4$를 ㉡에 대입하면 $x+8=2$ $\therefore x=-6$
따라서 $p=-6$, $q=-4$이므로
$q-p=-4-(-6)=2$ 답 2

중 **22** $\begin{cases} \frac{x}{2}-\frac{x-y}{3}=1 & \cdots\cdots ㉠ \\ 0.3x=0.2y+1 & \cdots\cdots ㉡ \end{cases}$
㉠×6, ㉡×10을 정리하면
$\begin{cases} x+2y=6 & \cdots\cdots ㉢ \\ 3x-2y=10 & \cdots\cdots ㉣ \end{cases}$
㉢+㉣을 하면 $4x=16$ $\therefore x=4$
$x=4$를 ㉢에 대입하면 $4+2y=6$
$2y=2$ $\therefore y=1$ 답 $x=4$, $y=1$

공략 비법
계수가 ─ 소수이면 ➡ 10의 거듭제곱을 양변에 곱한다.
　　　└ 분수이면 ➡ 분모의 최소공배수를 양변에 곱한다.

하 **23** $\begin{cases} 0.6x-1.1y=3 & \cdots\cdots ㉠ \\ 0.12x+0.05y=-8 & \cdots\cdots ㉡ \end{cases}$
㉠×10을 하면 $6x-11y=30$
㉡×100을 하면 $12x+5y=-800$
$\therefore \begin{cases} 6x-11y=30 \\ 12x+5y=-800 \end{cases}$ 답 ③

주의 양변에 적당한 수를 곱하여 계수를 정수로 고칠 때에는 모든 항에 빠짐없이 곱해야 한다.

중 **24** $\begin{cases} \frac{x}{4}-\frac{y}{2}=\frac{3}{2} & \cdots\cdots ㉠ \\ \frac{x}{3}+y=-\frac{1}{2} & \cdots\cdots ㉡ \end{cases}$
㉠×4, ㉡×6을 하면
$\begin{cases} x-2y=6 & \cdots\cdots ㉢ \\ 2x+6y=-3 & \cdots\cdots ㉣ \end{cases}$
㉢×3+㉣을 하면 $5x=15$ $\therefore x=3$
$x=3$을 ㉢에 대입하면 $3-2y=6$
$-2y=3$ $\therefore y=-\frac{3}{2}$ 답 $x=3$, $y=-\frac{3}{2}$

중 **25** $\begin{cases} \frac{2}{3}x+\frac{3}{5}y=5 & \cdots\cdots ㉠ \\ 0.3(x+y)-0.1y=1.9 & \cdots\cdots ㉡ \end{cases}$
㉠×15, ㉡×10을 정리하면
$\begin{cases} 10x+9y=75 & \cdots\cdots ㉢ \\ 3x+2y=19 & \cdots\cdots ㉣ \end{cases}$
㉢×2−㉣×9를 하면 $-7x=-21$ $\therefore x=3$
$x=3$을 ㉣에 대입하면 $9+2y=19$
$2y=10$ $\therefore y=5$
따라서 $p=3$, $q=5$이므로
$p^2+q^2=3^2+5^2=34$ 답 34

중 **26** $\begin{cases} 0.\dot{3}x-0.\dot{5}y=-5 \\ 0.2x+0.5y=2 \end{cases}$, 즉 $\begin{cases} \frac{3}{9}x-\frac{5}{9}y=-5 & \cdots\cdots ㉠ \\ 0.2x+0.5y=2 & \cdots\cdots ㉡ \end{cases}$
㉠×9, ㉡×10을 하면
$\begin{cases} 3x-5y=-45 & \cdots\cdots ㉢ \\ 2x+5y=20 & \cdots\cdots ㉣ \end{cases}$
㉢+㉣을 하면 $5x=-25$ $\therefore x=-5$
$x=-5$를 ㉣에 대입하면 $-10+5y=20$
$5y=30$ $\therefore y=6$
따라서 $m=-5$, $n=6$이므로
$mn=(-5)\times6=-30$ 답 −30

중 **27** $\begin{cases} x-\frac{x-y}{2}=-3 & \cdots\cdots ㉠ \\ \frac{x+4y}{3}=3 & \cdots\cdots ㉡ \end{cases}$
㉠×2, ㉡×3을 정리하면
$\begin{cases} x+y=-6 & \cdots\cdots ㉢ \\ x+4y=9 & \cdots\cdots ㉣ \end{cases}$
㉢−㉣을 하면 $-3y=-15$ $\therefore y=5$
$y=5$를 ㉢에 대입하면 $x+5=-6$ $\therefore x=-11$
$x=-11$, $y=5$를 $x-ay=4$에 대입하면
$-11-5a=4$, $-5a=15$ $\therefore a=-3$ 답 ①

중 28 $\begin{cases} 2(5x-2y)-y=-30 & \cdots\cdots ㉠ \\ (x+2y):(-5x)=7:5 & \cdots\cdots ㉡ \end{cases}$

㉡에서 $5(x+2y)=7\times(-5x)$ ⋯⋯ ㉢

㉠, ㉢을 정리하면

$\begin{cases} 2x-y=-6 & \cdots\cdots ㉣ \\ 4x+y=0 & \cdots\cdots ㉤ \end{cases}$

㉣+㉤을 하면 $6x=-6$ $\quad\therefore x=-1$

$x=-1$을 ㉤에 대입하면 $-4+y=0$ $\quad\therefore y=4$

답 $x=-1$, $y=4$

개념 보충 학습

비례식의 성질

$a:b=c:d$ ➡ $ad=bc$ ←(외항의 곱)=(내항의 곱)

중 29 $\begin{cases} (x-1):(2x+y)=2:1 & \cdots\cdots ㉠ \\ x+2y=5 & \cdots\cdots ㉡ \end{cases}$

㉠에서 $x-1=2(2x+y)$이므로 $3x+2y=-1$

즉, $\begin{cases} 3x+2y=-1 & \cdots\cdots ㉢ \\ x+2y=5 & \cdots\cdots ㉡ \end{cases}$

㉢−㉡을 하면 $2x=-6$ $\quad\therefore x=-3$

$x=-3$을 ㉡에 대입하면 $-3+2y=5$

$2y=8$ $\quad\therefore y=4$

따라서 $p=-3$, $q=4$이므로

$p-q=-3-4=-7$

답 ①

중 30 주어진 방정식에서

$\begin{cases} 6x-5y-10=4x+y-8 & \cdots\cdots ㉠ \\ 4x+y-8=2(x-1)+9y & \cdots\cdots ㉡ \end{cases}$

㉠, ㉡을 정리하면

$\begin{cases} x-3y=1 & \cdots\cdots ㉢ \\ x-4y=3 & \cdots\cdots ㉣ \end{cases}$

㉢−㉣을 하면 $y=-2$

$y=-2$를 ㉢에 대입하면 $x+6=1$ $\quad\therefore x=-5$

답 ①

중 31 주어진 방정식에서

$\begin{cases} \dfrac{x-3y}{3}=\dfrac{3x+y}{4} & \cdots\cdots ㉠ \\ \dfrac{3x+y}{4}=\dfrac{x-1}{2} & \cdots\cdots ㉡ \end{cases}$

㉠×12, ㉡×4를 정리하면

$\begin{cases} x+3y=0 & \cdots\cdots ㉢ \\ x+y=-2 & \cdots\cdots ㉣ \end{cases}$

㉢−㉣을 하면 $2y=2$ $\quad\therefore y=1$

$y=1$을 ㉢에 대입하면 $x+3=0$ $\quad\therefore x=-3$

답 $x=-3$, $y=1$

중 32 주어진 방정식에서

$\begin{cases} \dfrac{3}{10}x-\dfrac{2}{5}y=1 & \cdots\cdots ㉠ \\ 0.2x+0.1y+0.7=1 & \cdots\cdots ㉡ \end{cases}$

㉠×10, ㉡×10을 정리하면

$\begin{cases} 3x-4y=10 & \cdots\cdots ㉢ \\ 2x+y=3 & \cdots\cdots ㉣ \end{cases}$ ⋯⋯ ㉮

㉢+㉣×4를 하면 $11x=22$ $\quad\therefore x=2$

$x=2$를 ㉣에 대입하면 $4+y=3$ $\quad\therefore y=-1$

따라서 $a=2$, $b=-1$이므로 ⋯⋯ ㉯

$a+b=2+(-1)=1$ ⋯⋯ ㉰

답 1

채점 기준

㉮ 연립방정식 정리하기	30 %
㉯ a, b의 값 구하기	50 %
㉰ $a+b$의 값 구하기	20 %

공략 비법

방정식 $A=B=C$에서 C가 수이면 $\begin{cases} A=C \\ B=C \end{cases}$를 푸는 것이 가장 편리하다.

상 33 주어진 방정식에서

$\begin{cases} 5x-2y-3=4 \\ 1.\dot{6}x-1.\dot{3}y=4 \end{cases}$, 즉 $\begin{cases} 5x-2y=7 & \cdots\cdots ㉠ \\ \dfrac{15}{9}x-\dfrac{12}{9}y=4 & \cdots\cdots ㉡ \end{cases}$

㉡×9를 정리하면 $5x-4y=12$

즉, $\begin{cases} 5x-2y=7 & \cdots\cdots ㉠ \\ 5x-4y=12 & \cdots\cdots ㉢ \end{cases}$

㉠−㉢을 하면 $2y=-5$ $\quad\therefore y=-\dfrac{5}{2}$

$y=-\dfrac{5}{2}$를 ㉠에 대입하면 $5x+5=7$

$5x=2$ $\quad\therefore x=\dfrac{2}{5}$

$x=\dfrac{2}{5}$, $y=-\dfrac{5}{2}$를 $10x+6y-k=0$에 대입하면

$4-15-k=0$, $-k=11$ $\quad\therefore k=-11$

답 ③

Lecture 12 여러 가지 연립일차방정식

Level A 개념 익히기

92쪽

01 $x=3$, $y=1$을 주어진 연립방정식에 대입하면

$\begin{cases} 3a+b=5 & \cdots\cdots ㉠ \\ a+3b=7 & \cdots\cdots ㉡ \end{cases}$

㉠×3−㉡을 하면 $8a=8$ $\quad\therefore a=1$

$a=1$을 ㉠에 대입하면 $3+b=5$ $\quad\therefore b=2$

답 $a=1$, $b=2$

02 $x=3$, $y=1$을 주어진 연립방정식에 대입하면

$\begin{cases} 3a+b=23 & \cdots\cdots ㉠ \\ -a+3b=-1 & \cdots\cdots ㉡ \end{cases}$

㉠+㉡×3을 하면 $10b=20$ $\quad\therefore b=2$

$b=2$를 ㉡에 대입하면 $-a+6=-1$

$-a=-7$ $\quad\therefore a=7$ 답 $a=7$, $b=2$

03 계수와 상수항이 모두 주어진 두 일차방정식으로 연립방정식을 세우면

$\begin{cases} x-2y=13 & \cdots\cdots ㉠ \\ 3x+2y=-1 & \cdots\cdots ㉡ \end{cases}$

㉠+㉡을 하면 $4x=12$ $\quad\therefore x=3$

$x=3$을 ㉠에 대입하면 $3-2y=13$

$-2y=10$ $\quad\therefore y=-5$ 답 풀이 참조

04 **03**에서 구한 해 $x=3$, $y=-5$를 나머지 두 일차방정식에 각각 대입하여 연립방정식을 세우면

$\begin{cases} 3a-5b=7 & \cdots\cdots ㉠ \\ 3a+5b=17 & \cdots\cdots ㉡ \end{cases}$

㉠+㉡을 하면 $6a=24$ $\quad\therefore a=4$

$a=4$를 ㉠에 대입하면 $12-5b=7$

$-5b=-5$ $\quad\therefore b=1$ 답 $a=4$, $b=1$

05 답 $y=3x$

06 $\begin{cases} 2x+y=10 & \cdots\cdots ㉠ \\ y=3x & \cdots\cdots ㉡ \end{cases}$

㉡을 ㉠에 대입하면 $2x+3x=10$

$5x=10$ $\quad\therefore x=2$

$x=2$를 ㉡에 대입하면 $y=6$ 답 풀이 참조

07 **06**에서 구한 해 $x=2$, $y=6$을 $3x-ay=-6$에 대입하면

$6-6a=-6$, $-6a=-12$ $\quad\therefore a=2$ 답 2

08 $\begin{cases} 4x-2y=2 \\ 4x-2y=2 \end{cases}$이므로 해가 무수히 많다. 답 해가 무수히 많다.

09 $\begin{cases} 10x+8y=6 \\ 10x+8y=9 \end{cases}$이므로 해가 없다. 답 해가 없다.

Level B 유형 공략하기 93~95쪽

중 **10** $x=-4$, $y=2$를 주어진 연립방정식에 대입하면

$\begin{cases} -4a+2b=18 & \cdots\cdots ㉠ \\ -8a-2b=6 & \cdots\cdots ㉡ \end{cases}$

㉠+㉡을 하면 $-12a=24$ $\quad\therefore a=-2$

$a=-2$를 ㉠에 대입하면 $8+2b=18$

$2b=10$ $\quad\therefore b=5$ 답 $a=-2$, $b=5$

중 **11** $x=3$, $y=-2$를 주어진 연립방정식에 대입하면

$\begin{cases} 3a+2b=5 & \cdots\cdots ㉠ \\ 4a+3b=-2 & \cdots\cdots ㉡ \end{cases}$

㉠×4−㉡×3을 하면 $-b=26$ $\quad\therefore b=-26$

$b=-26$을 ㉠에 대입하면 $3a-52=5$

$3a=57$ $\quad\therefore a=19$

$\therefore a-b=19-(-26)=45$ 답 45

중 **12** 주어진 연립방정식의 해는 연립방정식

$\begin{cases} x-y=1 & \cdots\cdots ㉠ \\ 2x+3y=7 & \cdots\cdots ㉡ \end{cases}$의 해와 같다.

㉠×3+㉡을 하면 $5x=10$ $\quad\therefore x=2$

$x=2$를 ㉠에 대입하면 $2-y=1$

$-y=-1$ $\quad\therefore y=1$

$x=2$, $y=1$을 $3x+ay=-2a$에 대입하면

$6+a=-2a$, $3a=-6$ $\quad\therefore a=-2$ 답 −2

공략 비법

연립방정식의 해와 일차방정식의 해가 같을 때, 미지수의 값 구하기

❶ 세 일차방정식 중 계수와 상수항이 모두 주어진 두 일차방정식을 연립하여 해를 구한다.

❷ ❶에서 구한 해를 나머지 일차방정식에 대입하여 미지수의 값을 구한다.

중 **13** 주어진 연립방정식의 해는 연립방정식

$\begin{cases} 2(x+2)=-(y-5)+2 & \cdots\cdots ㉠ \\ 3x+2(y-3)=2 & \cdots\cdots ㉡ \end{cases}$의 해와 같다.

㉠, ㉡을 정리하면

$\begin{cases} 2x+y=3 & \cdots\cdots ㉢ \\ 3x+2y=8 & \cdots\cdots ㉣ \end{cases}$

㉢×2−㉣을 하면 $x=-2$

$x=-2$를 ㉢에 대입하면 $-4+y=3$ $\quad\therefore y=7$

$x=-2$, $y=7$을 $5x+ky=-3$에 대입하면

$-10+7k=-3$, $7k=7$ $\quad\therefore k=1$

따라서 $a=-2$, $b=7$, $k=1$이므로

$a+b+k=-2+7+1=6$ 답 ③

중 **14** 주어진 연립방정식의 해는 연립방정식

$\begin{cases} \frac{1}{3}x+\frac{1}{2}y=-\frac{1}{6} & \cdots\cdots ㉠ \\ 3x=11-2y & \cdots\cdots ㉡ \end{cases}$의 해와 같다.

㉠×6, ㉡을 정리하면

$\begin{cases} 2x+3y=-1 & \cdots\cdots ㉢ \\ 3x+2y=11 & \cdots\cdots ㉣ \end{cases}$

㉢×3−㉣×2를 하면 $5y=-25$ $\quad\therefore y=-5$

$y=-5$를 ㉢에 대입하면 $2x-15=-1$

$2x=14$ $\quad\therefore x=7$

$x=7$, $y=-5$를 $-kx+y=16$에 대입하면

$-7k-5=16$, $-7k=21$ $\quad\therefore k=-3$ 답 −3

중 **15** $\begin{cases} 5x+2y=4 & \cdots\cdots ㉠ \\ 0.2x-0.1y=0.7 & \cdots\cdots ㉡ \end{cases}$

㉡×10을 하면

$\begin{cases} 5x+2y=4 & \cdots\cdots ㉠ \\ 2x-y=7 & \cdots\cdots ㉢ \end{cases}$

㉠+㉢×2를 하면 $9x=18$ $\therefore x=2$

$x=2$를 ㉢에 대입하면 $4-y=7$

$-y=3$ $\therefore y=-3$

$x=2,\ y=-3$을 $ax-y=9$에 대입하면

$2a+3=9,\ 2a=6$ $\therefore a=3$

$x=2,\ y=-3$을 $x+by=14$에 대입하면

$2-3b=14,\ -3b=12$ $\therefore b=-4$

$\therefore ab=3\times(-4)=-12$

답 ①

중 16 $\begin{cases} 2x+5y=16 & \cdots\cdots ㉠ \\ x+4y=11 & \cdots\cdots ㉡ \end{cases}$

㉠−㉡×2를 하면 $-3y=-6$ $\therefore y=2$

$y=2$를 ㉡에 대입하면 $x+8=11$ $\therefore x=3$

$x=3,\ y=2$를 $bx-y=b$에 대입하면

$3b-2=b,\ 2b=2$ $\therefore b=1$

$x=3,\ y=2$를 $ax+by=-4$, 즉 $ax+y=-4$에 대입하면

$3a+2=-4,\ 3a=-6$ $\therefore a=-2$

답 $a=-2,\ b=1$

상 17 $\begin{cases} \frac{1}{2}x+\frac{1}{4}y=2 & \cdots\cdots ㉠ \\ (x-4):(2y-9)=2:1 & \cdots\cdots ㉡ \end{cases}$

㉡에서 $x-4=2(2y-9)$ ……㉢

㉠×4, ㉢을 정리하면

$\begin{cases} 2x+y=8 & \cdots\cdots ㉣ \\ x-4y=-14 & \cdots\cdots ㉤ \end{cases}$

㉣−㉤×2를 하면 $9y=36$ $\therefore y=4$

$y=4$를 ㉤에 대입하면 $x-16=-14$ $\therefore x=2$ ……㉮

$x=2,\ y=4$를 $-x+y=8a$에 대입하면

$-2+4=8a$ $\therefore a=\frac{1}{4}$

$x=2,\ y=4$를 $bx-3y=-5$에 대입하면

$2b-12=-5,\ 2b=7$ $\therefore b=\frac{7}{2}$ ……㉯

$\therefore a+b=\frac{1}{4}+\frac{7}{2}=\frac{15}{4}$ ……㉰

답 $\frac{15}{4}$

채점 기준

㉮ 연립방정식의 해 구하기	50 %
㉯ $a,\ b$의 값 구하기	30 %
㉰ $a+b$의 값 구하기	20 %

중 18 $\begin{cases} 0.1x+0.3y=1.4 & \cdots\cdots ㉠ \\ y=2x & \cdots\cdots ㉡ \end{cases}$

㉠×10을 하면

$\begin{cases} x+3y=14 & \cdots\cdots ㉢ \\ y=2x & \cdots\cdots ㉡ \end{cases}$

㉡을 ㉢에 대입하면 $x+3\times 2x=14$

$7x=14$ $\therefore x=2$

$x=2$를 ㉡에 대입하면 $y=4$

$x=2,\ y=4$를 $\frac{1}{3}x-\frac{5}{6}y=\frac{1}{6}a-1$에 대입하면

$\frac{2}{3}-\frac{10}{3}=\frac{1}{6}a-1,\ -\frac{1}{6}a=\frac{5}{3}$ $\therefore a=-10$

답 ②

중 19 $\begin{cases} 3x-(x-y)=7 & \cdots\cdots ㉠ \\ x=y+2 & \cdots\cdots ㉡ \end{cases}$

㉠을 정리하면

$\begin{cases} 2x+y=7 & \cdots\cdots ㉢ \\ x=y+2 & \cdots\cdots ㉡ \end{cases}$

㉡을 ㉢에 대입하면 $2(y+2)+y=7$

$3y=3$ $\therefore y=1$

$y=1$을 ㉡에 대입하면 $x=3$

$x=3,\ y=1$을 $2(x-2y)+y=k-1$에 대입하면

$2\times(3-2)+1=k-1$ $\therefore k=4$

답 4

중 20 $\begin{cases} x-\frac{1}{2}y=-1 & \cdots\cdots ㉠ \\ x+y=5 & \cdots\cdots ㉡ \end{cases}$

㉠×2를 하면

$\begin{cases} 2x-y=-2 & \cdots\cdots ㉢ \\ x+y=5 & \cdots\cdots ㉡ \end{cases}$

㉢+㉡을 하면 $3x=3$ $\therefore x=1$

$x=1$을 ㉡에 대입하면 $1+y=5$ $\therefore y=4$

$x=1,\ y=4$를 $x+2y=a-3$에 대입하면

$1+8=a-3$ $\therefore a=12$

답 12

상 21 주어진 방정식에서 $\begin{cases} 4x-3y=12 \\ 3x+ky+4=12 \end{cases}$

$x:y=3:2$에서 $2x=3y$이므로

$\begin{cases} 4x-3y=12 & \cdots\cdots ㉠ \\ 3y=2x & \cdots\cdots ㉡ \end{cases}$

㉡을 ㉠에 대입하면 $4x-2x=12$

$2x=12$ $\therefore x=6$

$x=6$을 ㉡에 대입하면 $3y=12$ $\therefore y=4$

$x=6,\ y=4$를 $3x+ky+4=12$에 대입하면

$18+4k+4=12,\ 4k=-10$ $\therefore k=-\frac{5}{2}$

답 ②

중 22 $x=8,\ y=7$은 연립방정식 $\begin{cases} bx+ay=5 \\ ax+by=10 \end{cases}$의 해이므로

$\begin{cases} 7a+8b=5 & \cdots\cdots ㉠ \\ 8a+7b=10 & \cdots\cdots ㉡ \end{cases}$

㉠×8−㉡×7을 하면 $15b=-30$ $\therefore b=-2$

$b=-2$를 ㉠에 대입하면 $7a-16=5$

$7a=21$ $\therefore a=3$

따라서 처음 연립방정식은 $\begin{cases} 3x-2y=5 & \cdots\cdots ㉢ \\ -2x+3y=10 & \cdots\cdots ㉣ \end{cases}$

㉢×2+㉣×3을 하면 $5y=40$ $\therefore y=8$

$y=8$을 ㉢에 대입하면 $3x-16=5$

$3x=21$ $\therefore x=7$

답 ④

중 23 $x=3$, $y=1$은 $bx+3y=6$의 해이므로
$3b+3=6$, $3b=3$ $\quad\therefore b=1$ ······ ㉮
$x=2$, $y=3$은 $-x+ay=4$의 해이므로
$-2+3a=4$, $3a=6$ $\quad\therefore a=2$ ······ ㉯
따라서 처음 연립방정식은 $\begin{cases}-x+2y=4 & \cdots\cdots ㉠\\ x+3y=6 & \cdots\cdots ㉡\end{cases}$
㉠+㉡을 하면 $5y=10$ $\quad\therefore y=2$
$y=2$를 ㉡에 대입하면 $x+6=6$ $\quad\therefore x=0$ ······ ㉰
답 $x=0$, $y=2$

채점 기준

채점 기준	배점
㉮ b의 값 구하기	30 %
㉯ a의 값 구하기	30 %
㉰ 처음 연립방정식의 해 구하기	40 %

공략 비법
계수 또는 상수항을 잘못 보고 구한 해
$\begin{cases}ax+by=c & \cdots\cdots ㉠\\ a'x+b'y=c' & \cdots\cdots ㉡\end{cases}$에서
① ㉠의 계수 또는 상수항을 잘못 보고 구한 해 ➡ ㉡을 만족한다.
② ㉡의 계수 또는 상수항을 잘못 보고 구한 해 ➡ ㉠을 만족한다.

중 24 4를 A로 잘못 보았다고 하면
$2x-y=A$ ······ ㉠
$y=9$를 $\frac{5}{12}x-\frac{1}{6}y=1$에 대입하면
$\frac{5}{12}x-\frac{3}{2}=1$, $\frac{5}{12}x=\frac{5}{2}$ $\quad\therefore x=6$
$x=6$, $y=9$를 ㉠에 대입하면 $A=12-9=3$
따라서 4를 3으로 잘못 보았다. 답 3

중 25 $\begin{cases}3x+ay=2\\ bx-8y=4\end{cases}$, 즉 $\begin{cases}6x+2ay=4 & \cdots\cdots ㉠\\ bx-8y=4 & \cdots\cdots ㉡\end{cases}$
이 연립방정식의 해가 무수히 많으므로 ㉠과 ㉡이 일치한다.
즉, $6=b$, $2a=-8$이므로
$a=-4$, $b=6$
$\therefore ab=(-4)\times 6=-24$ 답 -24

다른 풀이 해가 무수히 많으므로 $\frac{3}{b}=\frac{a}{-8}=\frac{2}{4}$
$\frac{3}{b}=\frac{2}{4}$에서 $2b=12$ $\quad\therefore b=6$
$\frac{a}{-8}=\frac{2}{4}$에서 $4a=-16$ $\quad\therefore a=-4$
$\therefore ab=(-4)\times 6=-24$

공략 비법
연립방정식 $\begin{cases}ax+by=c\\ a'x+b'y=c'\end{cases}$의 해가 무수히 많다.
➡ $\frac{a}{a'}=\frac{b}{b'}=\frac{c}{c'}$

하 26 ① $x=\frac{4}{3}$, $y=-\frac{1}{6}$
② $x=5$, $y=1$
③ $x=1$, $y=11$
④ $\begin{cases}2x+8y=4\\ 2x+8y=4\end{cases}$이므로 해가 무수히 많다.
⑤ $x=3$, $y=1$
따라서 해가 무수히 많은 것은 ④이다. 답 ④

중 27 $\begin{cases}0.5x+0.3y=1 & \cdots\cdots ㉠\\ 10x+6(y-k)=-4 & \cdots\cdots ㉡\end{cases}$
㉠×10, ㉡을 정리하면
$\begin{cases}5x+3y=10 & \cdots\cdots ㉢\\ 5x+3y=3k-2 & \cdots\cdots ㉣\end{cases}$ ······ ㉮
이 연립방정식의 해가 무수히 많으므로 ㉢과 ㉣이 일치한다.
즉, $10=3k-2$이므로
$-3k=-12$ $\quad\therefore k=4$ ······ ㉯
답 4

채점 기준

채점 기준	배점
㉮ 연립방정식 정리하기	50 %
㉯ k의 값 구하기	50 %

중 28 주어진 연립방정식을 정리하면
$\begin{cases}2x-ky=0\\ x-(k-2)y=0\end{cases}$, 즉 $\begin{cases}2x-ky=0 & \cdots\cdots ㉠\\ 2x-2(k-2)y=0 & \cdots\cdots ㉡\end{cases}$
이 연립방정식이 $x=0$, $y=0$ 이외의 해를 가지므로 해가 무수히 많다. 즉, ㉠과 ㉡이 일치하므로
$k=2(k-2)$, $k=2k-4$
$-k=-4$ $\quad\therefore k=4$ 답 4

참고 연립방정식 $\begin{cases}ax+by=0\\ a'x+b'y=0\end{cases}$은 $x=0$, $y=0$을 반드시 해로 갖는다.
(단, a, b, a', b'은 수)

중 29 $\begin{cases}ax+3y=5\\ -3x+4y=1\end{cases}$, 즉 $\begin{cases}4ax+12y=20 & \cdots\cdots ㉠\\ -9x+12y=3 & \cdots\cdots ㉡\end{cases}$
이 연립방정식의 해가 없으므로 ㉠, ㉡에서 x, y의 계수는 각각 같고 상수항은 다르다.
즉, $4a=-9$이므로 $a=-\frac{9}{4}$ 답 $-\frac{9}{4}$

다른 풀이 해가 없으므로 $\frac{a}{-3}=\frac{3}{4}\neq\frac{5}{1}$
$\frac{a}{-3}=\frac{3}{4}$에서 $4a=-9$ $\quad\therefore a=-\frac{9}{4}$

공략 비법
연립방정식 $\begin{cases}ax+by=c\\ a'x+b'y=c'\end{cases}$의 해가 없다. ➡ $\frac{a}{a'}=\frac{b}{b'}\neq\frac{c}{c'}$

하 30 ① $\begin{cases}4x+6y=8\\ 4x+6y=8\end{cases}$이므로 해가 무수히 많다.
② $x=\frac{5}{2}$, $y=0$
③ $\begin{cases}2x+8y=16\\ 2x+8y=10\end{cases}$이므로 해가 없다.

④ $x=1$, $y=2$

⑤ $x=2$, $y=-1$

따라서 해가 없는 것은 ③이다. 답 ③

중 31 $\begin{cases} \frac{1}{2}x+\frac{5}{6}y=\frac{1}{3} \\ 9x+15y=k \end{cases}$, 즉 $\begin{cases} 9x+15y=6 & \cdots\cdots ㉠ \\ 9x+15y=k & \cdots\cdots ㉡ \end{cases}$

주어진 두 일차방정식을 동시에 만족하는 x, y의 값이 존재하지 않으므로 위의 연립방정식의 해가 없다. 즉, ㉠, ㉡에서 x, y의 계수는 각각 같고 상수항은 다르므로

$k\neq6$ 답 ⑤

상 32 $\begin{cases} 12x-(a+2)y=3 \\ 4x-\frac{8}{3}y=b \end{cases}$

즉, $\begin{cases} 12x-(a+2)y=3 & \cdots\cdots ㉠ \\ 12x-8y=3b & \cdots\cdots ㉡ \end{cases}$

이 연립방정식의 해가 없으려면 ㉠, ㉡에서 x, y의 계수는 각각 같고 상수항은 달라야 한다.

즉, $a+2=8$, $3\neq3b$이어야 하므로

$a=6$, $b\neq1$ 답 ⑤

Lecture 13 연립일차방정식의 활용 (1)

Level A 개념 익히기 96쪽

01 답 $\begin{cases} x+y=48 \\ x-y=14 \end{cases}$

02 $\begin{cases} x+y=48 & \cdots\cdots ㉠ \\ x-y=14 & \cdots\cdots ㉡ \end{cases}$

㉠+㉡을 하면 $2x=62$ $\therefore x=31$

$x=31$을 ㉠에 대입하면 $31+y=48$ $\therefore y=17$

답 $x=31$, $y=17$

03 답 17, 31

04 답 $\begin{cases} x+y=12 \\ 50x+100y=800 \end{cases}$

05 $\begin{cases} x+y=12 & \cdots\cdots ㉠ \\ 50x+100y=800 & \cdots\cdots ㉡ \end{cases}$

㉠×50−㉡을 하면 $-50y=-200$ $\therefore y=4$

$y=4$를 ㉠에 대입하면 $x+4=12$ $\therefore x=8$

답 $x=8$, $y=4$

06 답 50원짜리 동전: 8개, 100원짜리 동전: 4개

07 답 $\begin{cases} x+y=38 \\ x+3=3(y+3) \end{cases}$

08 $\begin{cases} x+y=38 \\ x+3=3(y+3) \end{cases}$, 즉 $\begin{cases} x+y=38 & \cdots\cdots ㉠ \\ x-3y=6 & \cdots\cdots ㉡ \end{cases}$

㉠−㉡을 하면 $4y=32$ $\therefore y=8$

$y=8$을 ㉠에 대입하면 $x+8=38$ $\therefore x=30$

답 $x=30$, $y=8$

09 답 어머니의 나이: 30살, 딸의 나이: 8살

Level B 유형 공략하기 97~99쪽

중 10 처음 수의 십의 자리의 숫자를 x, 일의 자리의 숫자를 y라 하면

$\begin{cases} 3x=y+2 \\ 10y+x=2(10x+y)-1 \end{cases}$, 즉 $\begin{cases} 3x-y=2 & \cdots\cdots ㉠ \\ 19x-8y=1 & \cdots\cdots ㉡ \end{cases}$

㉠×8−㉡을 하면 $5x=15$ $\therefore x=3$

$x=3$을 ㉠에 대입하면 $9-y=2$ $\therefore y=7$

따라서 처음 수는 37이다. 답 37

중 11 처음 수의 십의 자리의 숫자를 x, 일의 자리의 숫자를 y라 하면

$\begin{cases} x+y=13 \\ 10y+x=(10x+y)+45 \end{cases}$ ······ ㉮

즉, $\begin{cases} x+y=13 & \cdots\cdots ㉠ \\ x-y=-5 & \cdots\cdots ㉡ \end{cases}$

㉠+㉡을 하면 $2x=8$ $\therefore x=4$

$x=4$를 ㉠에 대입하면 $4+y=13$ $\therefore y=9$ ······ ㉯

따라서 처음 수는 49이다. ······ ㉰

답 49

채점 기준

㉮ 연립방정식 세우기	40 %
㉯ 연립방정식의 해 구하기	40 %
㉰ 처음 수 구하기	20 %

중 12 큰 수를 x, 작은 수를 y라 하면

$\begin{cases} x+y=200 & \cdots\cdots ㉠ \\ x=17y+2 & \cdots\cdots ㉡ \end{cases}$

㉡을 ㉠에 대입하면 $(17y+2)+y=200$

$18y=198$ $\therefore y=11$

$y=11$을 ㉡에 대입하면 $x=189$

따라서 큰 수는 189이다. 답 ⑤

중 13 돼지를 x마리, 닭을 y마리라 하면

$\begin{cases} x+y=40 \\ 4x+2y=110 \end{cases}$, 즉 $\begin{cases} x+y=40 & \cdots\cdots ㉠ \\ 2x+y=55 & \cdots\cdots ㉡ \end{cases}$

㉠−㉡을 하면 $-x=-15$ $\therefore x=15$

$x=15$를 ㉠에 대입하면 $15+y=40$ $\therefore y=25$

따라서 닭은 25마리이다. 답 ③

공략 비법

다리가 a개인 동물이 x마리, 다리가 b개인 동물이 y마리 있으면

➡ $\begin{cases} x+y=(\text{전체 동물의 수}) \\ ax+by=(\text{전체 동물의 다리의 수}) \end{cases}$

중 14 현재 아버지의 나이를 x살, 아들의 나이를 y살이라 하면

$\begin{cases} x-y=32 \\ x+5=3(y+5)+4 \end{cases}$, 즉 $\begin{cases} x-y=32 & \cdots\cdots ㉠ \\ x-3y=14 & \cdots\cdots ㉡ \end{cases}$

㉠−㉡을 하면 $2y=18$　　$\therefore y=9$

$y=9$를 ㉠에 대입하면 $x-9=32$　　$\therefore x=41$

따라서 5년 후의 아버지의 나이는

$41+5=46$(살)　　답 46살

중 15 말 한 마리의 값을 x냥, 소 한 마리의 값을 y냥이라 하면

$\begin{cases} 2x+y=100 & \cdots\cdots ㉠ \\ x+2y=92 & \cdots\cdots ㉡ \end{cases}$

㉠×2−㉡을 하면 $3x=108$　　$\therefore x=36$

$x=36$을 ㉠에 대입하면 $72+y=100$　　$\therefore y=28$

따라서 말 한 마리의 값은 36냥, 소 한 마리의 값은 28냥이다.

답 말 한 마리의 값: 36냥, 소 한 마리의 값: 28냥

중 16 이 학교의 남학생 수를 x명, 여학생 수를 y명이라 하면

$\begin{cases} x+y=700 \\ \frac{1}{3}x+\frac{1}{4}y=700\times\frac{2}{7} \end{cases}$, 즉 $\begin{cases} x+y=700 & \cdots\cdots ㉠ \\ 4x+3y=2400 & \cdots\cdots ㉡ \end{cases}$

㉠×3−㉡을 하면 $-x=-300$　　$\therefore x=300$

$x=300$을 ㉠에 대입하면 $300+y=700$　　$\therefore y=400$

따라서 이 학교의 여학생 수는 400명이다.　　답 400명

공략 비법

전체 학생의 $\frac{n}{m}$ ➡ (전체 학생 수)$\times\frac{n}{m}$

중 17 이 동아리의 남학생 수를 x명, 여학생 수를 y명이라 하면

$\begin{cases} x+y=45 \\ \frac{1}{2}x+\frac{1}{3}y=19 \end{cases}$, 즉 $\begin{cases} x+y=45 & \cdots\cdots ㉠ \\ 3x+2y=114 & \cdots\cdots ㉡ \end{cases}$

㉠×3−㉡을 하면 $y=21$

$y=21$을 ㉠에 대입하면 $x+21=45$　　$\therefore x=24$

따라서 이 동아리의 남학생 수는 24명이다.　　답 24명

중 18 수학 점수를 x점, 과학 점수를 y점이라 하면

$\begin{cases} \frac{x+y}{2}=81 \\ y=x-8 \end{cases}$, 즉 $\begin{cases} x+y=162 & \cdots\cdots ㉠ \\ y=x-8 & \cdots\cdots ㉡ \end{cases}$

㉡을 ㉠에 대입하면 $x+(x-8)=162$

$2x=170$　　$\therefore x=85$

$x=85$를 ㉡에 대입하면 $y=77$

따라서 지현이의 과학 점수는 77점이다.　　답 77점

개념 보충 학습

두 수 a, b의 평균 ➡ $\frac{a+b}{2}$

중 19 풍선을 터뜨린 화살의 개수를 x개, 터뜨리지 못한 화살의 개수를 y개라 하면

$\begin{cases} x+y=22 & \cdots\cdots ㉠ \\ 3x-2y=36 & \cdots\cdots ㉡ \end{cases}$

㉠×3−㉡을 하면 $5y=30$　　$\therefore y=6$

$y=6$을 ㉠에 대입하면 $x+6=22$　　$\therefore x=16$

따라서 풍선을 터뜨린 화살의 개수는 16개이다.　　답 16개

중 20 서준이가 이긴 횟수를 x회, 진 횟수를 y회라 하면 민주가 이긴 횟수는 y회, 진 횟수는 x회이므로

$\begin{cases} x+y=18 \\ 3y-2x=14 \end{cases}$, 즉 $\begin{cases} x+y=18 & \cdots\cdots ㉠ \\ -2x+3y=14 & \cdots\cdots ㉡ \end{cases}$

㉠×2+㉡을 하면 $5y=50$　　$\therefore y=10$

$y=10$을 ㉠에 대입하면 $x+10=18$　　$\therefore x=8$

따라서 서준이가 이긴 횟수는 8회이다.　　답 8회

공략 비법

① A, B 두 사람이 가위바위보를 할 때,
A가 이긴 횟수를 x회, 진 횟수를 y회라 하면
➡ B가 이긴 횟수는 y회, 진 횟수는 x회

② 가위바위보를 하여 이기면 a계단을 올라가고 지면 b계단을 내려갈 때, 어떤 사람이 x회 이기고 y회 졌다면 이 사람의 위치 변화는
➡ $(ax-by)$계단

중 21 사랑이가 이긴 횟수를 x회, 진 횟수를 y회라 하면 소망이가 이긴 횟수는 y회, 진 횟수는 x회이므로

$\begin{cases} 4x-3y=22 \\ 4y-3x=1 \end{cases}$, 즉 $\begin{cases} 4x-3y=22 & \cdots\cdots ㉠ \\ -3x+4y=1 & \cdots\cdots ㉡ \end{cases}$

㉠×3+㉡×4를 하면 $7y=70$　　$\therefore y=10$

$y=10$을 ㉠에 대입하면 $4x-30=22$

$4x=52$　　$\therefore x=13$

따라서 가위바위보를 한 횟수는

$13+10=23$(회)　　답 ④

중 22 작년의 남학생 수를 x명, 여학생 수를 y명이라 하면

$\begin{cases} x+y=1010-10 \\ \frac{10}{100}x-\frac{10}{100}y=10 \end{cases}$, 즉 $\begin{cases} x+y=1000 & \cdots\cdots ㉠ \\ x-y=100 & \cdots\cdots ㉡ \end{cases}$

㉠+㉡을 하면 $2x=1100$　　$\therefore x=550$

$x=550$을 ㉠에 대입하면 $550+y=1000$　　$\therefore y=450$

따라서 올해의 여학생 수는

$450-450\times\frac{10}{100}=405$(명)　　답 ②

중 23 작년의 남자 참가자 수를 x명, 여자 참가자 수를 y명이라 하면

$\begin{cases} x+y=940 \\ -\frac{6}{100}x+\frac{5}{100}y=-8 \end{cases}$

즉, $\begin{cases} x+y=940 & \cdots\cdots ㉠ \\ -6x+5y=-800 & \cdots\cdots ㉡ \end{cases}$

㉠×5−㉡을 하면 $11x=5500$　　$\therefore x=500$

$x=500$을 ㉠에 대입하면 $500+y=940$　　$\therefore y=440$

따라서 올해의 남자 참가자 수는

$500-500\times\frac{6}{100}=470$(명)　　답 470명

중 24 작년에 사육한 염소의 수를 x마리, 양의 수를 y마리라 하면

$\begin{cases} x+y=500 \\ \frac{15}{100}x-\frac{10}{100}y=-20 \end{cases}$, 즉 $\begin{cases} x+y=500 & \cdots\cdots ㉠ \\ 3x-2y=-400 & \cdots\cdots ㉡ \end{cases}$

㉠×2+㉡을 하면 $5x=600$ $\quad\therefore x=120$

$x=120$을 ㉠에 대입하면 $120+y=500$ $\quad\therefore y=380$

따라서 올해 사육하는 염소의 수는

$120+120\times\frac{15}{100}=138$(마리) 답 138마리

상 25 지난달의 희수의 휴대 전화 요금을 x원, 유나의 휴대 전화 요금을 y원이라 하면

$\begin{cases} x+y=120000 \\ -\frac{6}{100}x+\frac{6}{100}y=120000\times\frac{3}{100} \end{cases}$ ······ ㉮

즉, $\begin{cases} x+y=120000 & \cdots\cdots ㉠ \\ -x+y=60000 & \cdots\cdots ㉡ \end{cases}$

㉠+㉡을 하면 $2y=180000$ $\quad\therefore y=90000$

$y=90000$을 ㉠에 대입하면 $x+90000=120000$

$\therefore x=30000$ ······ ㉯

따라서 이번 달의 희수의 휴대 전화 요금은

$30000-30000\times\frac{6}{100}=28200$(원) ······ ㉰

답 28200원

채점 기준

㉮ 연립방정식 세우기	40 %
㉯ 연립방정식의 해 구하기	40 %
㉰ 이번 달의 희수의 휴대 전화 요금 구하기	20 %

중 26 A 상품의 원가를 x원, B 상품의 원가를 y원이라 하면

$\begin{cases} x+y=40000 \\ \frac{30}{100}x-\frac{10}{100}y=9000 \end{cases}$, 즉 $\begin{cases} x+y=40000 & \cdots\cdots ㉠ \\ 3x-y=90000 & \cdots\cdots ㉡ \end{cases}$

㉠+㉡을 하면 $4x=130000$ $\quad\therefore x=32500$

$x=32500$을 ㉠에 대입하면 $32500+y=40000$

$\therefore y=7500$

따라서 B 상품의 원가는 7500원이다. 답 7500원

공략 비법

① (정가)=(원가)+(이익)

② x원에 a %의 이익을 붙인 가격은 ➡ $\left(1+\frac{a}{100}\right)x$(원)

③ x원에서 b % 할인한 가격은 ➡ $\left(1-\frac{b}{100}\right)x$(원)

중 27 물건 A의 판매 개수를 x개, 물건 B의 판매 개수를 y개라 하면

$\begin{cases} x+y=130 \\ \frac{60}{100}\times 500x+\frac{20}{100}\times 300y=19800 \end{cases}$

즉, $\begin{cases} x+y=130 & \cdots\cdots ㉠ \\ 5x+y=330 & \cdots\cdots ㉡ \end{cases}$

㉠−㉡을 하면 $-4x=-200$ $\quad\therefore x=50$

$x=50$을 ㉠에 대입하면 $50+y=130$ $\quad\therefore y=80$

따라서 물건 B의 판매 개수는 80개이다. 답 80개

중 28 가로의 길이를 x cm, 세로의 길이를 y cm라 하면

$\begin{cases} 2(x+y)=80 \\ x=y-4 \end{cases}$, 즉 $\begin{cases} x+y=40 & \cdots\cdots ㉠ \\ x=y-4 & \cdots\cdots ㉡ \end{cases}$

㉡을 ㉠에 대입하면 $(y-4)+y=40$

$2y=44$ $\quad\therefore y=22$

$y=22$를 ㉡에 대입하면 $x=18$

따라서 직사각형의 넓이는

$18\times22=396(\text{cm}^2)$ 답 396 cm^2

중 29 긴 끈의 길이를 x cm, 짧은 끈의 길이를 y cm라 하면

$\begin{cases} x+y=150 & \cdots\cdots ㉠ \\ x=3y-6 & \cdots\cdots ㉡ \end{cases}$

㉡을 ㉠에 대입하면 $(3y-6)+y=150$

$4y=156$ $\quad\therefore y=39$

$y=39$를 ㉡에 대입하면 $x=111$

따라서 긴 끈의 길이는 111 cm이다. 답 ④

공략 비법

한 개의 끈을 잘라서 두 개로 나누면

(긴 끈의 길이)+(짧은 끈의 길이)=(원래 끈의 길이)

중 30 전체 일의 양을 1로 놓고, 규리와 은혜가 하루에 할 수 있는 일의 양을 각각 x, y라 하면

$\begin{cases} 3(x+y)=1 \\ x+5y=1 \end{cases}$, 즉 $\begin{cases} 3x+3y=1 & \cdots\cdots ㉠ \\ x+5y=1 & \cdots\cdots ㉡ \end{cases}$

㉠−㉡×3을 하면 $-12y=-2$ $\quad\therefore y=\frac{1}{6}$

$y=\frac{1}{6}$을 ㉡에 대입하면 $x+\frac{5}{6}=1$ $\quad\therefore x=\frac{1}{6}$

따라서 이 일을 규리가 혼자 하면 6일이 걸린다. 답 ③

중 31 수조에 물이 가득 차 있을 때의 물의 양을 1로 놓고, A 호스, B 호스로 한 시간 동안 빼는 물의 양을 각각 x, y라 하면

$\begin{cases} 4x+9y=1 & \cdots\cdots ㉠ \\ 8x+3y=1 & \cdots\cdots ㉡ \end{cases}$ ······ ㉮

㉠×2−㉡을 하면 $15y=1$ $\quad\therefore y=\frac{1}{15}$

$y=\frac{1}{15}$을 ㉡에 대입하면 $8x+\frac{1}{5}=1$

$8x=\frac{4}{5}$ $\quad\therefore x=\frac{1}{10}$ ······ ㉯

따라서 수조의 물을 A 호스로만 모두 빼는 데는 10시간이 걸린다. ······ ㉰

답 10시간

채점 기준

㉮ 연립방정식 세우기	40 %
㉯ 연립방정식의 해 구하기	40 %
㉰ 수조의 물을 A 호스로만 모두 빼는 데 걸리는 시간 구하기	20 %

상 32 눈썰매장에 필요한 인공눈의 양을 1로 놓으면 A 제설기와 B 제설기가 한 시간 동안 만들 수 있는 인공눈의 양은 각각 $\frac{1}{6}$, $\frac{1}{10}$이다.

A 제설기를 x시간, B 제설기를 y시간 사용했다고 하면

$\begin{cases} \frac{1}{6}x+\frac{1}{10}y=1 \\ x+y=8 \end{cases}$, 즉 $\begin{cases} 5x+3y=30 & \cdots\cdots ㉠ \\ x+y=8 & \cdots\cdots ㉡ \end{cases}$

㉠−㉡×3을 하면 $2x=6$ $\quad\therefore x=3$

$x=3$을 ㉡에 대입하면 $3+y=8$ $\quad\therefore y=5$

따라서 B 제설기를 사용한 것은 5시간이다. 답 5시간

Lecture 14 연립일차방정식의 활용 (2)

Level A 개념 익히기 100쪽

01

	집~서점	서점~학교	전체
거리 (km)	x	y	7
속력 (km/h)	3	4	
시간 (시간)	$\frac{x}{3}$	$\frac{y}{4}$	2

답 풀이 참조

02 답 $\begin{cases} x+y=7 \\ \frac{x}{3}+\frac{y}{4}=2 \end{cases}$

03 $\begin{cases} x+y=7 \\ \frac{x}{3}+\frac{y}{4}=2 \end{cases}$, 즉 $\begin{cases} x+y=7 & \cdots\cdots ㉠ \\ 4x+3y=24 & \cdots\cdots ㉡ \end{cases}$

㉠×3−㉡을 하면 $-x=-3$ $\quad\therefore x=3$

$x=3$을 ㉠에 대입하면 $3+y=7$ $\quad\therefore y=4$

답 $x=3$, $y=4$

04 답 집과 서점 사이의 거리: 3 km,
서점과 학교 사이의 거리: 4 km

05

	소금물 A	소금물 B	전체
소금물의 농도 (%)	9	13	10
소금물의 양(g)	x	y	800
소금의 양(g)	$\frac{9}{100}x$	$\frac{13}{100}y$	$\frac{10}{100}\times800=80$

답 풀이 참조

06 답 $\begin{cases} x+y=800 \\ \frac{9}{100}x+\frac{13}{100}y=80 \end{cases}$

07 $\begin{cases} x+y=800 \\ \frac{9}{100}x+\frac{13}{100}y=80 \end{cases}$, 즉 $\begin{cases} x+y=800 & \cdots\cdots ㉠ \\ 9x+13y=8000 & \cdots\cdots ㉡ \end{cases}$

㉠×9−㉡을 하면 $-4y=-800$ $\quad\therefore y=200$

$y=200$을 ㉠에 대입하면 $x+200=800$ $\quad\therefore x=600$

답 $x=600$, $y=200$

08 답 소금물 A: 600 g, 소금물 B: 200 g

Level B 유형 공략하기 101~103쪽

중 09 뛰어간 거리를 x km, 버스를 타고 간 거리를 y km라 하면

$\begin{cases} x+y=15 \\ \frac{x}{6}+\frac{10}{60}+\frac{y}{30}=\frac{48}{60} \end{cases}$, 즉 $\begin{cases} x+y=15 & \cdots\cdots ㉠ \\ 5x+y=19 & \cdots\cdots ㉡ \end{cases}$

㉠−㉡을 하면 $-4x=-4$ $\quad\therefore x=1$

$x=1$을 ㉠에 대입하면 $1+y=15$ $\quad\therefore y=14$

따라서 시아가 버스를 타고 간 거리는 14 km이다.

답 14 km

주의 버스를 기다린 시간인 10분도 전체 걸린 시간에 포함하여야 한다.

하 10 걸어간 거리를 x km, 달려간 거리를 y km라 하면

$\begin{cases} x+y=5.5 \\ \frac{x}{3}+\frac{y}{6}=\frac{70}{60} \end{cases}$, 즉 $\begin{cases} 2x+2y=11 & \cdots\cdots ㉠ \\ 2x+y=7 & \cdots\cdots ㉡ \end{cases}$

㉠−㉡을 하면 $y=4$

$y=4$를 ㉡에 대입하면 $2x+4=7$

$2x=3$ $\quad\therefore x=1.5$

따라서 나래가 걸어간 거리는 1.5 km이다. 답 ②

도중에 속력이 바뀌는 경우

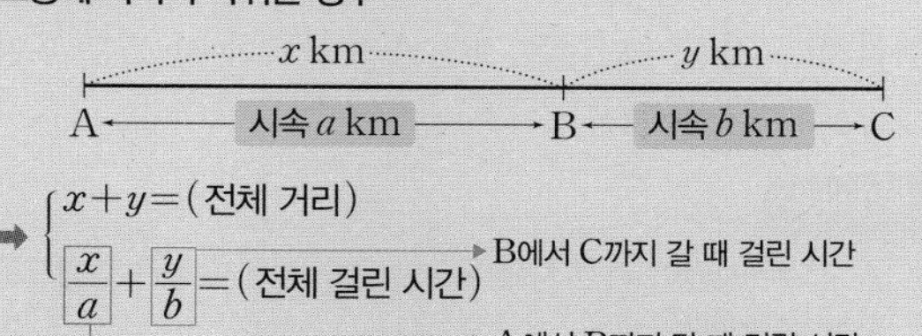

➡ $\begin{cases} x+y=(\text{전체 거리}) \\ \frac{x}{a}+\frac{y}{b}=(\text{전체 걸린 시간}) \end{cases}$

$\frac{y}{b}$ → B에서 C까지 갈 때 걸린 시간

$\frac{x}{a}$ → A에서 B까지 갈 때 걸린 시간

중 11 갈 때 걸은 거리를 x km, 올 때 걸은 거리를 y km라 하면

$\begin{cases} x+y=6 \\ \frac{x}{2}+\frac{y}{4}=\frac{150}{60} \end{cases}$ $\cdots\cdots$ ㉮

즉, $\begin{cases} x+y=6 & \cdots\cdots ㉠ \\ 2x+y=10 & \cdots\cdots ㉡ \end{cases}$

㉠−㉡을 하면 $-x=-4$ $\quad\therefore x=4$

$x=4$를 ㉠에 대입하면 $4+y=6$ $\quad\therefore y=2$ $\cdots\cdots$ ㉯

따라서 우진이가 도서관에서 올 때 걸은 거리는 2 km이다.

$\cdots\cdots$ ㉰

답 2 km

채점 기준

㉮ 연립방정식 세우기	40 %
㉯ 연립방정식의 해 구하기	40 %
㉰ 우진이가 도서관에서 올 때 걸은 거리 구하기	20 %

중 12 올라간 거리를 x km, 내려온 거리를 y km라 하면

$\begin{cases} \frac{x}{2}+\frac{y}{3}=3 \\ y=x+1.5 \end{cases}$, 즉 $\begin{cases} 3x+2y=18 & \cdots\cdots ㉠ \\ 2y=2x+3 & \cdots\cdots ㉡ \end{cases}$

㉡을 ㉠에 대입하면 $3x+(2x+3)=18$

$5x=15 \quad \therefore x=3$

$x=3$을 ㉡에 대입하면 $2y=9 \quad \therefore y=4.5$

따라서 소영이가 등산한 총거리는

$3+4.5=7.5$(km) 답 7.5 km

중 13 지혜가 달린 거리를 x km, 미래가 달린 거리를 y km라 하면

$\begin{cases} x+y=9 \\ \frac{x}{0.6}=\frac{y}{0.3} \end{cases}$, 즉 $\begin{cases} x+y=9 & \cdots\cdots ㉠ \\ x=2y & \cdots\cdots ㉡ \end{cases}$

㉡을 ㉠에 대입하면 $2y+y=9$

$3y=9 \quad \therefore y=3$

$y=3$을 ㉡에 대입하면 $x=6$

따라서 지혜가 달린 거리는 6 km이다. 답 6 km

참고 거리는 km, 속력은 m/min으로 거리를 나타내는 단위가 다르므로 단위를 통일하여 방정식을 세운다.
즉, 1 km=1000 m이므로 600 m=0.6 km, 300 m=0.3 km

중 14 A와 B가 만날 때까지 A가 걸은 시간을 x분, B가 걸은 시간을 y분이라 하면

$\begin{cases} x=y+10 \\ 150x=250y \end{cases}$, 즉 $\begin{cases} x=y+10 & \cdots\cdots ㉠ \\ 3x=5y & \cdots\cdots ㉡ \end{cases}$

㉠을 ㉡에 대입하면 $3(y+10)=5y$

$-2y=-30 \quad \therefore y=15$

$y=15$를 ㉠에 대입하면 $x=25$

따라서 두 사람이 만나는 것은 A가 출발한 지 25분 후이다.

답 25분

공략 비법

A, B 두 사람이 시간 차를 두고 같은 지점에서 같은 방향으로 출발하여 만나면
➡ (A가 이동한 거리)=(B가 이동한 거리)

상 15 혜진이의 속력을 분속 x m, 수정이의 속력을 분속 y m라 하면

(10분 동안 혜진이가 이동한 거리)
+(10분 동안 수정이가 이동한 거리)
=(호수의 둘레의 길이)

$\therefore 10x+10y=800 \quad \cdots\cdots ㉠$

또, 혜진이가 수정이보다 빠르게 걸으므로

(1시간 20분 동안 혜진이가 이동한 거리)
−(1시간 20분 동안 수정이가 이동한 거리)
=(호수의 둘레의 길이)

$\therefore 80x-80y=800 \quad \cdots\cdots ㉡$

㉠, ㉡에서 $\begin{cases} x+y=80 & \cdots\cdots ㉢ \\ x-y=10 & \cdots\cdots ㉣ \end{cases}$

㉢+㉣을 하면 $2x=90 \quad \therefore x=45$

$x=45$를 ㉢에 대입하면 $45+y=80 \quad \therefore y=35$

따라서 혜진이의 속력은 분속 45 m, 수정이의 속력은 분속 35 m이다. 답 혜진: 분속 45 m, 수정: 분속 35 m

중 16 정지한 물에서의 배의 속력을 시속 x km, 강물의 속력을 시속 y km라 하면 강을 거슬러 올라갈 때의 속력은 시속 $(x-y)$km, 내려올 때의 속력은 시속 $(x+y)$ km이므로

$\begin{cases} 4(x-y)=48 \\ \frac{144}{60}(x+y)=48 \end{cases}$, 즉 $\begin{cases} x-y=12 & \cdots\cdots ㉠ \\ x+y=20 & \cdots\cdots ㉡ \end{cases}$

㉠+㉡을 하면 $2x=32 \quad \therefore x=16$

$x=16$을 ㉡에 대입하면 $16+y=20 \quad \therefore y=4$

따라서 정지한 물에서의 배의 속력은 시속 16 km, 강물의 속력은 시속 4 km이다.

답 배: 시속 16 km, 강물: 시속 4 km

중 17 정지한 물에서의 배의 속력을 시속 x km, 강물의 속력을 시속 y km라 하면 강을 거슬러 올라갈 때의 속력은 시속 $(x-y)$km, 내려올 때의 속력은 시속 $(x+y)$ km이므로

$\begin{cases} 3(x-y)=36 \\ 2(x+y)=36 \end{cases}$, 즉 $\begin{cases} x-y=12 & \cdots\cdots ㉠ \\ x+y=18 & \cdots\cdots ㉡ \end{cases}$

㉠+㉡을 하면 $2x=30 \quad \therefore x=15$

$x=15$를 ㉡에 대입하면 $15+y=18 \quad \therefore y=3$

따라서 강물의 속력은 시속 3 km이다. 답 ②

중 18 기차의 길이를 x m, 기차의 속력을 초속 y m라 하면

$\begin{cases} x+1700=50y & \cdots\cdots ㉠ \\ x+2900=80y & \cdots\cdots ㉡ \end{cases}$

㉠−㉡을 하면 $-1200=-30y \quad \therefore y=40$

$y=40$을 ㉠에 대입하면 $x+1700=2000 \quad \therefore x=300$

따라서 기차의 길이는 300 m이다. 답 ②

중 19 고속 열차의 길이를 x m, 고속 열차의 속력을 초속 y m라 하면

$\begin{cases} x+4000=54y & \cdots\cdots ㉠ \\ x+2000=29y & \cdots\cdots ㉡ \end{cases}$

㉠−㉡을 하면 $2000=25y \quad \therefore y=80$

$y=80$을 ㉡에 대입하면 $x+2000=2320 \quad \therefore x=320$

따라서 고속 열차의 길이는 320 m, 고속 열차의 속력은 초속 80 m이다. 답 길이: 320 m, 속력: 초속 80 m

중 20 5 %의 소금물의 양을 x g, 9 %의 소금물의 양을 y g이라 하면

$\begin{cases} x+y=800 \\ \frac{5}{100}x+\frac{9}{100}y=\frac{8}{100}\times 800 \end{cases}$

즉, $\begin{cases} x+y=800 & \cdots\cdots ㉠ \\ 5x+9y=6400 & \cdots\cdots ㉡ \end{cases}$

㉠×5−㉡을 하면 $-4y=-2400 \quad \therefore y=600$

$y=600$을 ㉠에 대입하면 $x+600=800 \quad \therefore x=200$

따라서 5 %의 소금물은 200 g 섞었다. 답 ①

중 21 7 %의 매실 과즙의 양을 x g, 9 %의 매실 과즙의 양을 y g이라 하면

$\begin{cases} 300+x=y \\ \frac{10}{100}\times300+\frac{7}{100}x=\frac{9}{100}y \end{cases}$, 즉 $\begin{cases} y=300+x & \cdots\cdots ㉠ \\ 3000+7x=9y & \cdots\cdots ㉡ \end{cases}$

㉠을 ㉡에 대입하면 $3000+7x=9(300+x)$

$-2x=-300$ $\therefore x=150$

$x=150$을 ㉠에 대입하면 $y=450$

따라서 9 %의 매실 과즙의 양은 450 g이다. 답 450 g

중 22 8 %의 소금물의 양을 x g, 더 넣은 소금의 양을 y g이라 하면

$\begin{cases} x+y=230 \\ \frac{8}{100}x+y=\frac{14}{100}\times230 \end{cases}$, 즉 $\begin{cases} x+y=230 & \cdots\cdots ㉠ \\ 2x+25y=805 & \cdots\cdots ㉡ \end{cases}$

㉠×2−㉡을 하면 $-23y=-345$ $\therefore y=15$

$y=15$를 ㉠에 대입하면 $x+15=230$ $\therefore x=215$

따라서 더 넣은 소금의 양은 15 g이다. 답 ②

중 23 6 %의 설탕물의 양을 x g, 15 %의 설탕물의 양을 y g이라 하면

$\begin{cases} x+y-75=300 \\ \frac{6}{100}x+\frac{15}{100}y=\frac{12}{100}\times300 \end{cases}$ ······ ㉮

즉, $\begin{cases} x+y=375 & \cdots\cdots ㉠ \\ 2x+5y=1200 & \cdots\cdots ㉡ \end{cases}$

㉠×2−㉡을 하면 $-3y=-450$ $\therefore y=150$

$y=150$을 ㉠에 대입하면 $x+150=375$ $\therefore x=225$

······ ㉯

따라서 6 %의 설탕물의 양은 225 g이다. ······ ㉰

답 225 g

채점 기준

채점 기준	비율
㉮ 연립방정식 세우기	40 %
㉯ 연립방정식의 해 구하기	40 %
㉰ 6 %의 설탕물의 양 구하기	20 %

주의 설탕물에서 물을 증발시킬 때, 설탕의 양은 변하지 않는다.

상 24 4 %의 소금물의 양을 x g, 12 %의 소금물의 양을 y g이라 하면 12 %의 소금물의 양과 더 넣은 물의 양이 같으므로 더 넣은 물의 양도 y g이다.

$\begin{cases} x+y+y=600 \\ \frac{4}{100}x+\frac{12}{100}y=\frac{5}{100}\times600 \end{cases}$

즉, $\begin{cases} x+2y=600 & \cdots\cdots ㉠ \\ x+3y=750 & \cdots\cdots ㉡ \end{cases}$

㉠−㉡을 하면 $-y=-150$ $\therefore y=150$

$y=150$을 ㉠에 대입하면 $x+300=600$ $\therefore x=300$

따라서 더 넣은 물의 양은 150 g이다. 답 ④

주의 소금물에 물을 더 넣을 때, 소금의 양은 변하지 않는다.

중 25 설탕물 A의 농도를 x %, 설탕물 B의 농도를 y %라 하면

$\begin{cases} \frac{x}{100}\times300+\frac{y}{100}\times200=\frac{6}{100}\times500 \\ \frac{x}{100}\times100+\frac{y}{100}\times400=\frac{4}{100}\times500 \end{cases}$

즉, $\begin{cases} 3x+2y=30 & \cdots\cdots ㉠ \\ x+4y=20 & \cdots\cdots ㉡ \end{cases}$

㉠×2−㉡을 하면 $5x=40$ $\therefore x=8$

$x=8$을 ㉡에 대입하면 $8+4y=20$

$4y=12$ $\therefore y=3$

따라서 설탕물 A의 농도는 8 %, 설탕물 B의 농도는 3 %이다.

답 설탕물 A: 8 %, 설탕물 B: 3 %

참고 농도가 다른 두 설탕물을 섞을 때, 설탕의 양은 변하지 않음을 이용하여 방정식을 세운다.

중 26 소금물 A의 농도를 x %, 소금물 B의 농도를 y %라 하면

$\begin{cases} \frac{x}{100}\times200+\frac{y}{100}\times100=\frac{10}{100}\times300 \\ \frac{x}{100}\times100+\frac{y}{100}\times200=\frac{8}{100}\times300 \end{cases}$

즉, $\begin{cases} 2x+y=30 & \cdots\cdots ㉠ \\ x+2y=24 & \cdots\cdots ㉡ \end{cases}$

㉠×2−㉡을 하면 $3x=36$ $\therefore x=12$

$x=12$를 ㉠에 대입하면 $24+y=30$ $\therefore y=6$

따라서 소금물 B의 농도는 6 %이다. 답 ②

상 27 처음 설탕물 A의 농도를 x %, 처음 설탕물 B의 농도를 y %라 하면 두 설탕물을 섞었을 때, 14 %의 설탕물에는 x %의 설탕물 500 g과 y %의 설탕물 300 g이 들어 있고, 10 %의 설탕물에는 x %의 설탕물 300 g과 y %의 설탕물 500 g이 들어 있으므로

$\begin{cases} \frac{x}{100}\times500+\frac{y}{100}\times300=\frac{14}{100}\times800 \\ \frac{x}{100}\times300+\frac{y}{100}\times500=\frac{10}{100}\times800 \end{cases}$

즉, $\begin{cases} 5x+3y=112 & \cdots\cdots ㉠ \\ 3x+5y=80 & \cdots\cdots ㉡ \end{cases}$

㉠×3−㉡×5를 하면 $-16y=-64$ $\therefore y=4$

$y=4$를 ㉡에 대입하면 $3x+20=80$

$3x=60$ $\therefore x=20$

따라서 처음 설탕물 A의 농도는 20 %이다. 답 20 %

중 28 두 식품 A, B의 1 g에 들어 있는 열량과 단백질의 양은 오른쪽 표와 같다.

식품	열량(kcal)	단백질(g)
A	2	$\frac{2}{25}$
B	1	$\frac{3}{50}$

섭취해야 하는 식품 A의 양을 x g, 식품 B의 양을 y g이라 하면

$\begin{cases} 2x+y=400 \\ \frac{2}{25}x+\frac{3}{50}y=18 \end{cases}$

즉, $\begin{cases} 2x+y=400 & \cdots\cdots ㉠ \\ 4x+3y=900 & \cdots\cdots ㉡ \end{cases}$

㉠×2−㉡을 하면 $-y=-100$ $\therefore y=100$

$y=100$을 ㉠에 대입하면 $2x+100=400$

$2x=300$ $\therefore x=150$

따라서 식품 A는 150 g, 식품 B는 100 g을 섭취해야 한다.

답 식품 A: 150 g, 식품 B: 100 g

주의 주어진 표는 두 식품 A, B의 50 g에 들어 있는 열량과 단백질의 양을 나타낸 것이므로 두 식품 A, B의 1 g에 들어 있는 열량과 단백질의 양을 생각하여 방정식을 세워야 한다.

중 29 호두를 x개, 검은콩을 y개 먹는다고 하면

$\begin{cases} 2x+4y=48 \\ 6x+2y=34 \end{cases}$, 즉 $\begin{cases} x+2y=24 & \cdots\cdots ㉠ \\ 3x+y=17 & \cdots\cdots ㉡ \end{cases}$

㉠$-$㉡$\times 2$를 하면 $-5x=-10$ $\therefore x=2$

$x=2$를 ㉡에 대입하면 $6+y=17$ $\therefore y=11$

따라서 호두와 검은콩을 합하여 $2+11=13$(개)를 먹으면 된다.

답 ④

상 30 필요한 합금 A의 양을 x g, 합금 B의 양을 y g이라 하면

$\begin{cases} \frac{3}{4}x+\frac{1}{2}y=\frac{2}{3}\times 420 \\ \frac{1}{4}x+\frac{1}{2}y=\frac{1}{3}\times 420 \end{cases}$ …… ㉮

즉, $\begin{cases} 3x+2y=1120 & \cdots\cdots ㉠ \\ x+2y=560 & \cdots\cdots ㉡ \end{cases}$

㉠$-$㉡을 하면 $2x=560$ $\therefore x=280$

$x=280$을 ㉡에 대입하면 $280+2y=560$

$2y=280$ $\therefore y=140$ …… ㉯

따라서 필요한 합금 A의 양은 280 g, 합금 B의 양은 140 g이다. …… ㉰

답 합금 A: 280 g, 합금 B: 140 g

채점 기준

채점 기준	비율
㉮ 연립방정식 세우기	40 %
㉯ 연립방정식의 해 구하기	40 %
㉰ 필요한 두 합금 A, B의 양 구하기	20 %

공략 비법

어떤 합금을 이루는 두 금속 P와 Q의 양의 비가 $m : n$이면

(금속 P의 양)$=\frac{m}{m+n}\times$(합금의 양)

(금속 Q의 양)$=\frac{n}{m+n}\times$(합금의 양)

단원 마무리 104~107쪽

Level B 필수 유형 정복하기

01 ①, ④	**02** ④	**03** ②	**04** 9	**05** 13
06 ④	**07** ⑤	**08** -4	**09** 11	
10 $a=1$, $b=2$		**11** ④	**12** ③	**13** ⑤
14 어른: 6명, 청소년: 9명		**15** 9권	**16** 264상자	**17** ③
18 ④	**19** 40 m	**20** ⑤	**21** 20	**22** 54
23 (1) 6 (2) $x=4$, $y=2$		**24** 12		
25 (1) $\begin{cases} 3x+12y=1 \\ 6x+6y=1 \end{cases}$ (2) $x=\frac{1}{9}$, $y=\frac{1}{18}$ (3) 9일				**26** 1.4 km

01 전략 등식에서 모든 항을 좌변으로 이항하여 정리한 후 미지수가 2개인 일차방정식을 찾는다.

① $\frac{x}{4}+y+3=2y$에서 $\frac{x}{4}-y+3=0$

③ $y=\frac{5}{x}+1$에서 $-\frac{5}{x}+y-1=0$

④ $y(y+1)=x+y^2-3$에서 $-x+y+3=0$

⑤ $2x(x-2y)=3$에서 $2x^2-4xy-3=0$

따라서 미지수가 2개인 일차방정식은 ①, ④이다.

02 전략 x, y가 자연수일 때, 일차방정식 $3x-4y=11$의 해를 구한다.

x, y가 자연수일 때, 일차방정식 $3x-4y=11$의 해는

$(5, 1)$, $(9, 4)$, $(13, 7)$, $(17, 10)$, $(21, 13)$, $\cdots$

이므로 $x+y$의 값이 될 수 있는 것은 ④ $17+10=27$이다.

03 전략 일차방정식의 한 해가 주어졌을 때, 그 해를 방정식에 대입하면 등식이 성립함을 이용한다.

ㄱ. $2\times 1+3\times 10=32$

ㄴ. $x=7$, $y=a$를 $2x+3y=32$에 대입하면

$14+3a=32$, $3a=18$ $\therefore a=6$

ㄷ. x, y가 자연수일 때, 일차방정식 $2x+3y=32$의 해는

$(1, 10)$, $(4, 8)$, $(7, 6)$, $(10, 4)$, $(13, 2)$

의 5개이다.

이상에서 옳은 것은 ㄱ, ㄴ이다.

04 전략 $x=b$, $y=-3$을 주어진 연립방정식에 대입하여 a, b의 값을 구한다.

$x=b$, $y=-3$을 $x-y=5$에 대입하면

$b+3=5$ $\therefore b=2$

$x=2$, $y=-3$을 $3x-2y=5-a$에 대입하면

$6+6=5-a$ $\therefore a=-7$

$\therefore b-a=2-(-7)=9$

05 전략 대입법을 이용하여 연립방정식의 해를 구한다.

연립방정식 $\begin{cases} y=2x-1 & \cdots\cdots ㉠ \\ x+2y=8 & \cdots\cdots ㉡ \end{cases}$에서

㉠을 ㉡에 대입하면 $x+2(2x-1)=8$

$5x=10$ $\therefore x=2$

$x=2$를 ㉠에 대입하면 $y=3$

$\therefore x^2+y^2=2^2+3^2=13$

06 전략 x의 계수의 절댓값이 같도록 만든다.

x를 없애기 위하여 x의 계수의 절댓값을 같게 한 후, 계수의 부호가 다르므로 변끼리 더하면 된다.

즉, ㉠$\times 6+$㉡$\times 7$을 하면 $11y=55$

07 전략 계수가 소수 또는 분수인 연립방정식은 양변에 10의 거듭제곱 또는 분모의 최소공배수를 곱하여 계수를 모두 정수로 고친 후 푼다.

$\begin{cases} 0.3x+\frac{1}{5}y=0.5 \\ 3x+1=2(x+y) \end{cases}$, 즉 $\begin{cases} 3x+2y=5 & \cdots\cdots ㉠ \\ x-2y=-1 & \cdots\cdots ㉡ \end{cases}$

㉠+㉡을 하면 $4x=4$ $\quad \therefore x=1$

$x=1$을 ㉠에 대입하면 $3+2y=5$

$2y=2$ $\quad \therefore y=1$

08 전략 $x=a$, $y=b$를 $\frac{x+y-3}{2}=\frac{x-2y}{4}$에 대입하여 정리한 후 a, b에 대한 연립방정식을 푼다.

$x=a$, $y=b$를 주어진 일차방정식에 대입하면

$\frac{a+b-3}{2}=\frac{a-2b}{4}$

양변에 4를 곱하면 $2(a+b-3)=a-2b$

$2a+2b-6=a-2b$ $\quad \therefore a+4b=6$

$(b-a):b=2:1$에서 $b-a=2b$

$\therefore a+b=0$

따라서 연립방정식 $\begin{cases} a+4b=6 & \cdots\cdots ㉠ \\ a+b=0 & \cdots\cdots ㉡ \end{cases}$에서

㉠−㉡을 하면 $3b=6$ $\quad \therefore b=2$

$b=2$를 ㉡에 대입하면 $a+2=0$ $\quad \therefore a=-2$

$\therefore ab=(-2)\times 2=-4$

09 전략 $A=B=C$ 꼴의 방정식은 $\begin{cases} A=B \\ A=C \end{cases}$, $\begin{cases} A=B \\ B=C \end{cases}$, $\begin{cases} A=C \\ B=C \end{cases}$ 중 가장 간단한 것을 선택하여 푼다.

$x=-6$, $y=2$를 연립방정식 $\begin{cases} ax+y=a-b \\ x-by=a-b \end{cases}$에 대입하면

$\begin{cases} -6a+2=a-b \\ -6-2b=a-b \end{cases}$, 즉 $\begin{cases} 7a-b=2 & \cdots\cdots ㉠ \\ a+b=-6 & \cdots\cdots ㉡ \end{cases}$

㉠+㉡을 하면 $8a=-4$ $\quad \therefore a=-\frac{1}{2}$

$a=-\frac{1}{2}$을 ㉡에 대입하면 $-\frac{1}{2}+b=-6$

$\therefore b=-\frac{11}{2}$

$\therefore \frac{b}{a}=\left(-\frac{11}{2}\right)\div\left(-\frac{1}{2}\right)=\left(-\frac{11}{2}\right)\times(-2)=11$

10 전략 세 일차방정식 중 미지수가 없는 두 일차방정식으로 연립방정식을 세워 해를 구한 후 그 해를 나머지 일차방정식에 대입한다.

주어진 연립방정식의 해는 연립방정식

$\begin{cases} x-15y=17 \\ 4x+9y+1=0 \end{cases}$, 즉 $\begin{cases} x-15y=17 & \cdots\cdots ㉠ \\ 4x+9y=-1 & \cdots\cdots ㉡ \end{cases}$

의 해와 같다.

㉠×4−㉡을 하면 $-69y=69$ $\quad \therefore y=-1$

$y=-1$을 ㉠에 대입하면 $x+15=17$ $\quad \therefore x=2$

$x=2$, $y=-1$을 $ax-by=4$에 대입하면

$2a+b=4$

a, b가 자연수일 때, $2a+b=4$의 해는 $(1, 2)$이므로

$a=1$, $b=2$

11 전략 $x>y$이고 x와 y의 값의 차가 7이므로 $x-y=7$임을 이용한다.

$\begin{cases} 5x+2y=-28 & \cdots\cdots ㉠ \\ x-y=7 & \cdots\cdots ㉡ \end{cases}$

㉠+㉡×2를 하면 $7x=-14$ $\quad \therefore x=-2$

$x=-2$를 ㉡에 대입하면 $-2-y=7$ $\quad \therefore y=-9$

$x=-2$, $y=-9$를 $kx-y=k$에 대입하면

$-2k+9=k$, $-3k=-9$ $\quad \therefore k=3$

12 전략 연립방정식 중 어느 하나의 일차방정식의 양변에 적당한 수를 곱하였을 때, 나머지 방정식과 x, y의 계수는 각각 같으나 상수항이 다르면 연립방정식의 해는 없다.

$\begin{cases} \frac{3}{4}x-\frac{3}{2}y=1 \\ x+ay=3 \end{cases}$, 즉 $\begin{cases} x-2y=\frac{4}{3} \\ x+ay=3 \end{cases}$

이 연립방정식의 해가 없으므로 $a=-2$

$a=-2$를 $(a-2b)x-a=b+3$에 대입하면

$(-2-2b)x+2=b+3$

$-2(b+1)x=b+1$

이때 $b\neq-1$이므로 양변을 $b+1$로 나누면

$-2x=1$ $\quad \therefore x=-\frac{1}{2}$

개념 보충 학습

$a\neq0$일 때, $ax=b$에서 $x=\frac{b}{a}$

13 전략 십의 자리의 숫자를 x, 일의 자리의 숫자를 y라 하여 연립방정식을 세운다.

십의 자리의 숫자를 x, 일의 자리의 숫자를 y라 하면

$\begin{cases} x+y=11 \\ 10y+x=3(10x+y)-31 \end{cases}$

즉, $\begin{cases} x+y=11 & \cdots\cdots ㉠ \\ 29x-7y=31 & \cdots\cdots ㉡ \end{cases}$

㉠×7+㉡을 하면 $36x=108$ $\quad \therefore x=3$

$x=3$을 ㉠에 대입하면 $3+y=11$ $\quad \therefore y=8$

따라서 처음 수는 38이므로 십의 자리의 숫자와 일의 자리의 숫자를 바꾼 자연수는 83이다.

14 전략 입장한 어른의 수를 x명, 청소년의 수를 y명이라 하여 연립방정식을 세운다.

입장한 어른의 수를 x명, 청소년의 수를 y명이라 하면

$\begin{cases} x+y=15 \\ 1000x+500y=10500 \end{cases}$

즉, $\begin{cases} x+y=15 & \cdots\cdots ㉠ \\ 2x+y=21 & \cdots\cdots ㉡ \end{cases}$

㉠−㉡을 하면 $-x=-6$ $\quad \therefore x=6$

$x=6$을 ㉠에 대입하면 $6+y=15$ $\quad \therefore y=9$

따라서 입장한 어른의 수는 6명, 청소년의 수는 9명이다.

15 전략 희성이가 읽은 책의 권수를 x권, 수연이가 읽은 책의 권수를 y권이라 하여 연립방정식을 세운다.

희성이가 읽은 책의 권수를 x권, 수연이가 읽은 책의 권수를 y권이라 하면

$$\begin{cases} x+y=21 & \cdots\cdots ㉠ \\ y=2x+3 & \cdots\cdots ㉡ \end{cases}$$

㉡을 ㉠에 대입하면 $x+(2x+3)=21$

$3x=18$　　$\therefore x=6$

$x=6$을 ㉡에 대입하면 $y=15$

따라서 희성이와 수연이가 읽은 책의 권수의 차는

$15-6=9$(권)

16 전략 작년 사과의 수확량을 x상자, 배의 수확량을 y상자라 하여 연립방정식을 세운다.

작년 사과의 수확량을 x상자, 배의 수확량을 y상자라 하면

$$\begin{cases} x+y=600 \\ -\frac{15}{100}x+\frac{10}{100}y=-30 \end{cases}$$

즉, $\begin{cases} x+y=600 & \cdots\cdots ㉠ \\ 3x-2y=600 & \cdots\cdots ㉡ \end{cases}$

㉠$\times 2+$㉡을 하면 $5x=1800$　　$\therefore x=360$

$x=360$을 ㉠에 대입하면 $360+y=600$　　$\therefore y=240$

따라서 올해 배의 수확량은

$240+240\times\frac{10}{100}=264$(상자)

17 전략 윗변의 길이를 x cm, 아랫변의 길이를 y cm라 하여 연립방정식을 세운다.

윗변의 길이를 x cm, 아랫변의 길이를 y cm라 하면

$\begin{cases} x=y-5 \\ \frac{1}{2}\times(x+y)\times 8=84 \end{cases}$, 즉 $\begin{cases} x=y-5 & \cdots\cdots ㉠ \\ x+y=21 & \cdots\cdots ㉡ \end{cases}$

㉠을 ㉡에 대입하면 $(y-5)+y=21$

$2y=26$　　$\therefore y=13$

$y=13$을 ㉠에 대입하면 $x=8$

따라서 윗변의 길이는 8 cm이다.

18 전략 걸어간 거리를 x km, 달려간 거리를 y km라 하여 연립방정식을 세운다.

걸어간 거리를 x km, 달려간 거리를 y km라 하면

$\begin{cases} x+y=8 \\ \frac{x}{4}+\frac{15}{60}+\frac{y}{8}=\frac{90}{60} \end{cases}$, 즉 $\begin{cases} x+y=8 & \cdots\cdots ㉠ \\ 2x+y=10 & \cdots\cdots ㉡ \end{cases}$

㉠$-$㉡을 하면 $-x=-2$　　$\therefore x=2$

$x=2$를 ㉠에 대입하면 $2+y=8$　　$\therefore y=6$

따라서 영수가 달려간 거리는 6 km이다.

19 전략 희철이와 우석이가 마주 보고 동시에 출발하여 만났으므로 두 사람이 각각 걸은 거리의 합은 두 지점 사이의 거리임을 이용한다. 이때 각각의 단위가 다를 경우에는 먼저 단위를 통일해야 한다.

희철이의 속력을 분속 x m, 우석이의 속력을 분속 y m라 하면

$\begin{cases} 15x+15y=3000 \\ x:y=300:200 \end{cases}$, 즉 $\begin{cases} x+y=200 & \cdots\cdots ㉠ \\ 2x-3y=0 & \cdots\cdots ㉡ \end{cases}$

㉠$\times 2-$㉡을 하면 $5y=400$　　$\therefore y=80$

$y=80$을 ㉠에 대입하면 $x+80=200$　　$\therefore x=120$

따라서 희철이가 1분 동안 걸은 거리는 120 m, 우석이가 1분 동안 걸은 거리는 80 m이므로 구하는 거리의 차는

$120-80=40$(m)

참고 A가 x m를 걷는 동안 B는 y m를 걷는다.
➡ (A의 속력) : (B의 속력) $=x:y$

20 전략 10 %의 설탕물의 양을 x g, 40 %의 설탕물의 양을 y g이라 하여 연립방정식을 세운다. 이때 설탕물에 물을 더 넣어도 설탕의 양은 변하지 않음에 주의한다.

10 %의 설탕물의 양을 x g, 40 %의 설탕물의 양을 y g이라 하면

$$\begin{cases} x+y+200=600+200 \\ \frac{10}{100}x+\frac{40}{100}y=\frac{15}{100}\times(600+200) \end{cases}$$

즉, $\begin{cases} x+y=600 & \cdots\cdots ㉠ \\ x+4y=1200 & \cdots\cdots ㉡ \end{cases}$

㉠$-$㉡을 하면 $-3y=-600$　　$\therefore y=200$

$y=200$을 ㉠에 대입하면 $x+200=600$　　$\therefore x=400$

따라서 10 %의 설탕물의 양은 400 g이다.

21 전략 주어진 그림을 식으로 나타낸 후 p, q의 값을 구한다.

주어진 그림을 식으로 나타내면

$x\times 4+y\times 5=8$, $x\times p+y\times 3=6$

$\therefore 4x+5y=8$, $px+3y=6$　　······ ㉮

$x=-3$, $y=q$를 $4x+5y=8$에 대입하면

$-12+5q=8$, $5q=20$　　$\therefore q=4$

$x=-3$, $y=4$를 $px+3y=6$에 대입하면

$-3p+12=6$, $-3p=-6$　　$\therefore p=2$　　······ ㉯

$\therefore p^2+q^2=2^2+4^2=20$　　······ ㉰

채점 기준

㉮ 주어진 그림을 식으로 나타내기	40 %
㉯ p, q의 값 구하기	40 %
㉰ p^2+q^2의 값 구하기	20 %

22 전략 표의 가로, 세로에 놓인 두 수의 합이 15임을 이용하여 연립방정식을 세운다.

$(-3x+y)+(2x-3y)=15$에서

$-x-2y=15$　　$\therefore x+2y=-15$

$(2x-3y)+(x+4y)=15$에서 $3x+y=15$

따라서 연립방정식 $\begin{cases} x+2y=-15 & \cdots\cdots ㉠ \\ 3x+y=15 & \cdots\cdots ㉡ \end{cases}$에서　　······ ㉮

㉠$-$㉡$\times 2$를 하면 $-5x=-45$　　$\therefore x=9$

$x=9$를 ㉡에 대입하면 $27+y=15$　　$\therefore y=-12$　　······ ㉯

이때 $(-3x+y)+a=15$이므로

$a=15+3x-y=15+27+12=54$　　······ ㉰

채점 기준

㉮ 연립방정식 세우기	40 %
㉯ x, y의 값 구하기	30 %
㉰ a의 값 구하기	30 %

23 전략 x와 y의 값의 비가 $2:1$이므로 $x:y=2:1$, 즉 $x=2y$임을 이용한다.

(1) x와 y의 값의 비가 $2:1$이므로

$x:y=2:1 \qquad \therefore x=2y$ ······ ㉮

$x=2y$를 주어진 연립방정식에 대입하면

$\begin{cases} 4y-y=a \\ 2y+2y=14-a \end{cases}$, 즉 $\begin{cases} 3y=a & \cdots\cdots ㉠ \\ 4y=14-a & \cdots\cdots ㉡ \end{cases}$

㉠에서 $y=\frac{1}{3}a$ ······ ㉢

㉢을 ㉡에 대입하면 $\frac{4}{3}a=14-a$

$\frac{7}{3}a=14 \qquad \therefore a=6$ ······ ㉯

(2) 연립방정식 $\begin{cases} 2x-y=6 & \cdots\cdots ㉣ \\ x+2y=8 & \cdots\cdots ㉤ \end{cases}$에서

㉣$\times 2+$㉤을 하면 $5x=20 \qquad \therefore x=4$

$x=4$를 ㉣에 대입하면 $8-y=6 \qquad \therefore y=2$ ······ ㉰

채점 기준

(1)	㉮ 해에 대한 조건을 식으로 나타내기	20 %
	㉯ a의 값 구하기	40 %
(2)	㉰ 연립방정식의 해 구하기	40 %

24 전략 해가 무수히 많을 조건을 이용하여 a, b의 값을 구한 후 해가 없을 조건을 이용하여 c의 값을 구한다.

$\begin{cases} x+3y=a \\ 3x+by=9 \end{cases}$, 즉 $\begin{cases} 3x+9y=3a & \cdots\cdots ㉠ \\ 3x+by=9 & \cdots\cdots ㉡ \end{cases}$

이 연립방정식의 해가 무수히 많으므로

$9=b$, $3a=9 \qquad \therefore a=3, b=9$ ······ ㉮

$\begin{cases} 9x-3y=1 \\ cx+6y=2 \end{cases}$, 즉 $\begin{cases} -18x+6y=-2 & \cdots\cdots ㉢ \\ cx+6y=2 & \cdots\cdots ㉣ \end{cases}$

이 연립방정식의 해가 없으므로 $c=-18$ ······ ㉯

$\therefore a-b-c=3-9-(-18)=12$ ······ ㉰

채점 기준

㉮ a, b의 값 구하기	50 %
㉯ c의 값 구하기	30 %
㉰ $a-b-c$의 값 구하기	20 %

25 전략 전체 벽화를 그리는 일의 양을 1로 놓고 x, y에 대한 연립방정식을 세운다.

(1) 전체 벽화를 그리는 일의 양을 1로 놓으면 정환이와 태희가 하루에 그릴 수 있는 벽화의 양이 각각 x, y이므로

$\begin{cases} 3x+12y=1 \\ 6(x+y)=1 \end{cases}$, 즉 $\begin{cases} 3x+12y=1 & \cdots\cdots ㉠ \\ 6x+6y=1 & \cdots\cdots ㉡ \end{cases}$ ······ ㉮

(2) ㉠$\times 2-$㉡을 하면 $18y=1 \qquad \therefore y=\frac{1}{18}$

$y=\frac{1}{18}$을 ㉡에 대입하면 $6x+\frac{1}{3}=1$

$6x=\frac{2}{3} \qquad \therefore x=\frac{1}{9}$ ······ ㉯

(3) 벽화를 정환이가 혼자 그려서 완성하려면 9일이 걸린다. ······ ㉰

채점 기준

(1)	㉮ 연립방정식 세우기	40 %
(2)	㉯ 연립방정식 풀기	40 %
(3)	㉰ 벽화를 정환이가 혼자 그려서 완성하려면 며칠이 걸리는지 구하기	20 %

26 전략 다리의 길이를 x m, 화물 열차의 속력을 초속 y m라 하여 연립방정식을 세운다.

다리의 길이를 x m, 화물 열차의 속력을 초속 y m라 하면 특급 열차의 속력은 초속 $2y$ m이므로

$\begin{cases} x+800=55y \\ x+360=22\times 2y \end{cases}$ ······ ㉮

즉, $\begin{cases} x-55y=-800 & \cdots\cdots ㉠ \\ x-44y=-360 & \cdots\cdots ㉡ \end{cases}$

㉠$-$㉡을 하면 $-11y=-440 \qquad \therefore y=40$

$y=40$을 ㉠에 대입하면 $x-2200=-800$

$\therefore x=1400$ ······ ㉯

따라서 다리의 길이는 1400 m, 즉 1.4 km이다. ······ ㉰

채점 기준

㉮ 연립방정식 세우기	40 %
㉯ 연립방정식의 해 구하기	40 %
㉰ 다리의 길이 구하기	20 %

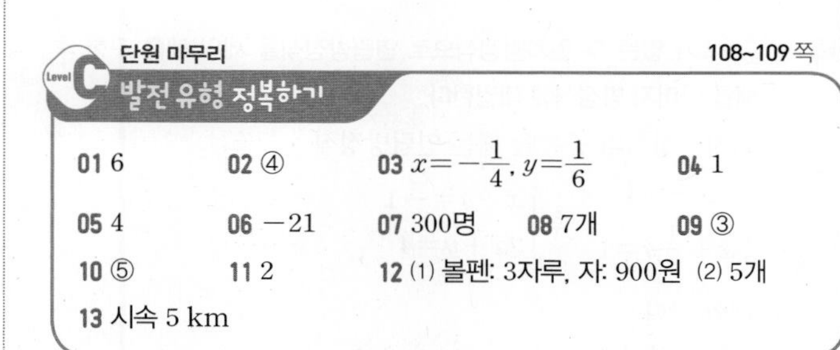

단원 마무리 108~109쪽

Level C 발전 유형 정복하기

01 6 **02** ④ **03** $x=-\frac{1}{4}$, $y=\frac{1}{6}$ **04** 1
05 4 **06** -21 **07** 300명 **08** 7개 **09** ③
10 ⑤ **11** 2 **12** (1) 볼펜: 3자루, 자: 900원 (2) 5개
13 시속 5 km

01 전략 x, y가 자연수일 때, 일차방정식 $3x-2y=26$의 해를 구한다.

x, y가 자연수일 때, $3x-2y=26$의 해는

$(10, 2)$, $(12, 5)$, $(14, 8)$, $(16, 11)$, $(18, 14)$, $\cdots$

이 중에서 최소공배수가 56인 것은 $(14, 8)$이므로

$x-y=14-8=6$

개념 보충 학습

최소공배수 구하는 방법

[방법 1] 소인수분해를 이용하기

$14=2\times 7$

$8=2^3$

$(\text{최소공배수})=2^3\times 7=56$

공통이 아닌 소인수는 모두 택한다.

공통인 소인수는 지수가 같거나 큰 것을 택한다.

[방법 2] 나눗셈을 이용하기

$2\,)\;14\quad 8$

$\quad\;\; 7\quad 4$

$(\text{최소공배수})=2\times 7\times 4=56$

5 연립일차방정식

02 전략 먼저 주어진 해를 이용하여 a, b, c의 값을 구한다.

$x=-1$, $y=3$을 $ax+2y=5$에 대입하면

$-a+6=5 \qquad \therefore a=1$

$x=1$, $y=b$를 $x+2y=5$에 대입하면

$1+2b=5$, $2b=4 \qquad \therefore b=2$

$x=1$, $y=2$를 $cx+y=3$에 대입하면

$c+2=3 \qquad \therefore c=1$

연립방정식 $\begin{cases} 2x+y=1 & \cdots\cdots ㉠ \\ x+y=3 & \cdots\cdots ㉡ \end{cases}$에서

㉠－㉡을 하면 $x=-2$

$x=-2$를 ㉡에 대입하면 $-2+y=3 \qquad \therefore y=5$

따라서 A에 알맞은 순서쌍은 $(-2, 5)$이다.

03 전략 $\frac{1}{x}=A$, $\frac{1}{y}=B$로 놓고 주어진 연립방정식을 A, B에 대한 연립방정식으로 나타낸다.

$\frac{1}{x}=A$, $\frac{1}{y}=B$로 놓으면 주어진 연립방정식은

$\begin{cases} 2A+3B=10 & \cdots\cdots ㉠ \\ A+4B=20 & \cdots\cdots ㉡ \end{cases}$

㉠－㉡×2를 하면 $-5B=-30 \qquad \therefore B=6$

$B=6$을 ㉡에 대입하면 $A+24=20 \qquad \therefore A=-4$

따라서 $\frac{1}{x}=-4$, $\frac{1}{y}=6$이므로

$x=-\frac{1}{4}$, $y=\frac{1}{6}$

04 전략 k가 없는 두 일차방정식으로 연립방정식을 세워 해를 구한 후 그 해를 나머지 방정식에 대입한다.

세 일차방정식의 공통인 해는 연립방정식

$\begin{cases} x-y=-1 \\ \frac{1}{2}x+\frac{1}{4}y=1 \end{cases}$, 즉 $\begin{cases} x-y=-1 & \cdots\cdots ㉠ \\ 2x+y=4 & \cdots\cdots ㉡ \end{cases}$

의 해와 같다.

㉠＋㉡을 하면 $3x=3 \qquad \therefore x=1$

$x=1$을 ㉠에 대입하면 $1-y=-1 \qquad \therefore y=2$

$x=1$, $y=2$를 $kx+5y=11k$에 대입하면

$k+10=11k$, $-10k=-10 \qquad \therefore k=1$

05 전략 미지수가 없는 두 일차방정식으로 연립방정식을 세워 해를 구한 후 그 해를 나머지 두 일차방정식에 대입한다.

$\begin{cases} 0.\dot{7}x+0.\dot{3}y=1.\dot{4} \\ \frac{1}{5}x-\frac{3}{5}y=-1 \end{cases}$, 즉 $\begin{cases} 7x+3y=13 & \cdots\cdots ㉠ \\ x-3y=-5 & \cdots\cdots ㉡ \end{cases}$

㉠＋㉡을 하면 $8x=8 \qquad \therefore x=1$

$x=1$을 ㉠에 대입하면 $7+3y=13$

$3y=6 \qquad \therefore y=2$

$x=1$, $y=2$를 나머지 두 일차방정식에 대입하면

$\begin{cases} \frac{1}{2}a+\frac{2}{3}b=1 \\ a-4b=-2 \end{cases}$, 즉 $\begin{cases} 3a+4b=6 & \cdots\cdots ㉢ \\ a-4b=-2 & \cdots\cdots ㉣ \end{cases}$

㉢＋㉣을 하면 $4a=4 \qquad \therefore a=1$

$a=1$을 ㉢에 대입하면 $3+4b=6$

$4b=3 \qquad \therefore b=\frac{3}{4}$

$\therefore a+4b=1+4\times\frac{3}{4}=4$

참고 $0.\dot{7}x+0.\dot{3}y=1.\dot{4}$에서 순환소수를 분수로 나타내면

$\frac{7}{9}x+\frac{3}{9}y=\frac{13}{9}$

양변에 9를 곱하면 $7x+3y=13$

> **개념 보충 학습**
>
> **순환소수를 분수로 나타내기**
>
> a가 한 자리 자연수일 때, $0.\dot{a}=\frac{a}{9}$

06 전략 호준이는 c를 잘못 보고 풀었으므로 $x=-4$, $y=4$는 일차방정식 $ax+by=2$를 만족한다.

재환이는 바르게 풀었으므로 $x=3$, $y=-2$를 주어진 연립방정식에 대입하면

$\begin{cases} 3a-2b=2 & \cdots\cdots ㉠ \\ 3c+14=8 & \cdots\cdots ㉡ \end{cases}$

㉡에서 $3c=-6 \qquad \therefore c=-2$

또, 호준이는 c를 잘못 보고 풀었으므로 $x=-4$, $y=4$는 일차방정식 $ax+by=2$를 만족한다. 즉,

$-4a+4b=2 \qquad \therefore 2a-2b=-1 \quad \cdots\cdots ㉢$

㉠－㉢을 하면 $a=3$

$a=3$을 ㉠에 대입하면 $9-2b=2$

$-2b=-7 \qquad \therefore b=\frac{7}{2}$

$\therefore abc=3\times\frac{7}{2}\times(-2)=-21$

07 전략 (불합격자의 수)＝(전체 지원자의 수)－(합격자의 수)임을 이용한다.

남학생 지원자의 수를 x명, 여학생 지원자의 수를 y명이라 하면

합격한 남학생의 수는 $150\times\frac{2}{5}=60$(명),

합격한 여학생의 수는 $150\times\frac{3}{5}=90$(명)이므로

$\begin{cases} x : y=3 : 5 \\ (x-60) : (y-90)=4 : 7 \end{cases}$

즉, $\begin{cases} 5x-3y=0 & \cdots\cdots ㉠ \\ 7x-4y=60 & \cdots\cdots ㉡ \end{cases}$

㉠×4－㉡×3을 하면 $-x=-180 \qquad \therefore x=180$

$x=180$을 ㉠에 대입하면 $900-3y=0$

$-3y=-900 \qquad \therefore y=300$

따라서 여학생 지원자의 수는 300명이다.

08 전략 맞힌 3점짜리 문제의 개수를 x개, 5점짜리 문제의 개수를 y개라 하여 연립방정식을 세운다.

3점짜리 문제를 x개, 5점짜리 문제를 y개 맞혔다고 하면

$\begin{cases} 3x+5y=71 & \cdots\cdots ㉠ \\ 5x+3y=65 & \cdots\cdots ㉡ \end{cases}$

㉠×5−㉡×3을 하면 $16y=160$ $\therefore y=10$

$y=10$을 ㉠에 대입하면 $3x+50=71$

$3x=21$ $\therefore x=7$

따라서 현경이가 맞힌 3점짜리 문제는 7개이다.

09 전략 할인하기 전 반바지의 판매 가격을 x원, 슬리퍼의 판매 가격을 y원이라 하여 연립방정식을 세운다.

할인하기 전 반바지의 판매 가격을 x원, 슬리퍼의 판매 가격을 y원이라 하면

$$\begin{cases} x+y=60000 \\ -\frac{15}{100}x-\frac{20}{100}y=-10600 \end{cases}$$

즉, $\begin{cases} x+y=60000 & \cdots\cdots ㉠ \\ 3x+4y=212000 & \cdots\cdots ㉡ \end{cases}$

㉠×4−㉡을 하면 $x=28000$

$x=28000$을 ㉠에 대입하면 $28000+y=60000$

$\therefore y=32000$

따라서 슬리퍼의 할인된 판매 가격은

$32000-32000\times\frac{20}{100}=25600$(원)

10 전략 섭취해야 하는 식품 A의 양을 x g, 식품 B의 양을 y g이라 하여 연립방정식을 세운다.

섭취해야 하는 식품 A의 양을 x g, 식품 B의 양을 y g이라 하면

$$\begin{cases} \frac{20}{100}x+\frac{40}{100}y=40 \\ \frac{30}{100}x+\frac{10}{100}y=30 \end{cases}$$

즉, $\begin{cases} x+2y=200 & \cdots\cdots ㉠ \\ 3x+y=300 & \cdots\cdots ㉡ \end{cases}$

㉠×3−㉡을 하면 $5y=300$ $\therefore y=60$

$y=60$을 ㉠에 대입하면 $x+120=200$ $\therefore x=80$

따라서 섭취해야 하는 두 식품 A, B의 양의 합은

$80+60=140$(g)

11 전략 두 일차방정식을 연립하여 x, y를 각각 k에 대한 식으로 나타낸다.

$\begin{cases} 2x-3y=7k & \cdots\cdots ㉠ \\ 3x+y=5k & \cdots\cdots ㉡ \end{cases}$

㉠+㉡×3을 하면 $11x=22k$ $\therefore x=2k$ …… ㉮

$x=2k$를 ㉡에 대입하면 $6k+y=5k$

$\therefore y=-k$ …… ㉯

따라서 $x=2k$, $y=-k$를 $\frac{x-4y}{2x+y}$에 대입하면

$\frac{2k+4k}{4k-k}=\frac{6k}{3k}=2$ …… ㉰

채점 기준

㉮ x를 k에 대한 식으로 나타내기	35 %
㉯ y를 k에 대한 식으로 나타내기	35 %
㉰ 주어진 식의 값 구하기	30 %

12 전략 먼저 구입한 볼펜의 수와 자 1개의 가격을 각각 구한 후 구입한 가위의 개수를 x개, 연필의 수를 y자루라 하여 연립방정식을 세운다.

(1) 한 자루에 800원인 볼펜의 구매 금액이 2400원이므로 구입한 볼펜의 수는 3자루이다.

또, 자 2개의 구매 금액이 1800원이므로 자 1개의 가격은 900원이다. …… ㉮

(2) 구입한 가위의 개수를 x개, 연필의 수를 y자루라 하면

$\begin{cases} x+2+y+3=16 \\ 1100x+1800+600y+2400=13300 \end{cases}$ …… ㉯

즉, $\begin{cases} x+y=11 & \cdots\cdots ㉠ \\ 11x+6y=91 & \cdots\cdots ㉡ \end{cases}$

㉠×11−㉡을 하면 $5y=30$ $\therefore y=6$

$y=6$을 ㉠에 대입하면 $x+6=11$ $\therefore x=5$ …… ㉰

따라서 구입한 가위의 개수는 5개이다. …… ㉱

채점 기준

(1)	㉮ 구입한 볼펜의 수와 자 1개의 가격 구하기	30 %
(2)	㉯ 연립방정식 세우기	30 %
	㉰ 연립방정식의 해 구하기	30 %
	㉱ 구입한 가위의 개수 구하기	10 %

공략 비법

A, B 1개의 가격을 알 때, 전체 개수와 전체 가격이 주어지면

➡ A, B의 개수를 각각 x, y로 놓고 연립방정식을 세운다.

➡ $\begin{cases} (\text{A의 개수})+(\text{B의 개수})=(\text{전체 개수}) \\ (\text{A의 전체 가격})+(\text{B의 전체 가격})=(\text{전체 가격}) \end{cases}$

13 전략 먼저 강을 거슬러 올라갈 때와 내려올 때 걸리는 시간을 구한다.

강을 거슬러 올라가는 데 걸리는 시간을 a시간, 내려오는 데 걸리는 시간을 b시간이라 하면

$\begin{cases} a=2b & \cdots\cdots ㉠ \\ a+b=3 & \cdots\cdots ㉡ \end{cases}$

㉠을 ㉡에 대입하면 $2b+b=3$

$3b=3$ $\therefore b=1$

$b=1$을 ㉠에 대입하면 $a=2$ …… ㉮

이때 정지한 물에서의 배의 속력을 시속 x km, 강물의 속력을 시속 y km라 하면 강을 거슬러 올라갈 때의 속력은 시속 $(x-y)$ km, 내려올 때의 속력은 시속 $(x+y)$ km이므로

$\begin{cases} 2(x-y)=20 \\ x+y=20 \end{cases}$

즉, $\begin{cases} x-y=10 & \cdots\cdots ㉢ \\ x+y=20 & \cdots\cdots ㉣ \end{cases}$

㉢+㉣을 하면 $2x=30$ $\therefore x=15$

$x=15$를 ㉣에 대입하면 $15+y=20$ $\therefore y=5$ …… ㉯

따라서 강물의 속력은 시속 5 km이다. …… ㉰

채점 기준

㉮ 강을 거슬러 올라갈 때와 내려올 때 걸리는 시간 구하기	40 %
㉯ 배와 강물의 속력에 대한 연립방정식을 세우고, 해 구하기	40 %
㉰ 강물의 속력 구하기	20 %

Lecture 15 일차함수

Level A 개념 익히기 112~113쪽

01 답

x	1	2	3	4	⋯
y	200	400	600	800	⋯

함수이다.

02 답

x	1	2	3	4	⋯
y	1	1, 2	1, 3	1, 2, 4	⋯

함수가 아니다.

03 자연수 2보다 큰 자연수는 3, 4, 5, ⋯로 y의 값이 오직 하나로 정해지지 않으므로 y는 x의 함수가 아니다. 답 ×

04 답 ○

05 답 ○

06 기온이 25 ℃일 때 습도는 75 %, 85 % 등으로 여러 가지가 있을 수 있다. 즉, x의 값이 정해짐에 따라 y의 값이 오직 하나로 정해지지 않으므로 y는 x의 함수가 아니다. 답 ×

07 $f(6)=-2\times6=-12$ 답 -12

08 $f(6)=\frac{7}{6}\times6=7$ 답 7

09 $f(6)=\frac{18}{6}=3$ 답 3

10 $f(6)=-\frac{3}{6}=-\frac{1}{2}$ 답 $-\frac{1}{2}$

11 $x+y+2=0$에서 $y=-x-2$ 답 ○

12 답 ×

13 $xy=8$에서 $y=\frac{8}{x}$ 답 ×

14 $y=\frac{x-1}{3}$에서 $y=\frac{1}{3}x-\frac{1}{3}$ 답 ○

15 (거리)=(속력)×(시간)이므로 $y=3x$
답 $y=3x$, 일차함수이다.

16 $\frac{1}{2}\times x\times y=100$이므로 $y=\frac{200}{x}$
답 $y=\frac{200}{x}$, 일차함수가 아니다.

17 $1200x+y=5000$이므로 $y=5000-1200x$
답 $y=5000-1200x$, 일차함수이다.

18 $f(-2)=-3\times(-2)+4=10$ 답 10

19 $f(0)=-3\times0+4=4$ 답 4

20 $f\left(-\frac{2}{3}\right)=-3\times\left(-\frac{2}{3}\right)+4=6$ 답 6

21 $f(-1)=-3\times(-1)+4=7$
$f(3)=-3\times3+4=-5$
$\therefore f(-1)-f(3)=7-(-5)=12$ 답 12

Level B 유형 공략하기 113~115쪽

중 22 ② $x=5$일 때, 5보다 작은 소수는 2, 3으로 y의 값이 오직 하나로 정해지지 않으므로 y는 x의 함수가 아니다.
③ 볼펜 x자루의 가격은 $700x$원이므로 $y=700x$
④ 한 대각선의 길이가 x cm, 다른 대각선의 길이가 6 cm인 마름모의 넓이는 $x\times6\div2=3x$이므로 $y=3x$
⑤ 물 1 L를 x명이 똑같이 나누어 마실 때, 한 명이 마시게 되는 물의 양은 $\frac{1}{x}$ L이므로 $y=\frac{1}{x}$
따라서 y가 x의 함수가 아닌 것은 ②이다. 답 ②

중 23 ① $x=1$일 때, 절댓값이 1인 수는 -1, 1로 y의 값이 오직 하나로 정해지지 않으므로 y는 x의 함수가 아니다.
② $x=3$일 때, 3과 서로소인 자연수는 1, 2, 4, 5, 7, ⋯로 y의 값이 오직 하나로 정해지지 않으므로 y는 x의 함수가 아니다.
④ 오리 x마리의 다리의 개수는 $2x$개이므로 $y=2x$
⑤ 가로, 세로의 길이가 각각 1 cm, 4 cm인 직사각형과 가로, 세로의 길이가 각각 2 cm, 3 cm인 직사각형의 둘레의 길이는 모두 10 cm이지만 넓이는 각각 4 cm², 6 cm²이다.
즉, $x=10$일 때, y의 값이 오직 하나로 정해지지 않으므로 y는 x의 함수가 아니다.
따라서 y가 x의 함수인 것은 ③, ④이다. 답 ③, ④

중 24 ㄱ. $x=2$일 때, 2의 배수는 2, 4, 6, 8, 10, ⋯으로 y의 값이 오직 하나로 정해지지 않으므로 y는 x의 함수가 아니다.
ㄴ. 길이가 120 cm인 노끈을 x cm 사용하고 남은 노끈의 길이는 $(120-x)$ cm이므로 $y=120-x$
ㄷ. 매분 x L씩 y분 동안 넣은 물의 양이 xy L이므로
$xy=50$ $\therefore y=\frac{50}{x}$
ㄹ. 소금 x g이 들어 있는 소금물 30 g의 농도는
$\frac{x}{30}\times100=\frac{10}{3}x(\%)$이므로 $y=\frac{10}{3}x$
이상에서 y가 x의 함수인 것은 ㄴ, ㄷ, ㄹ의 3개이다. 답 3개

개념 보충 학습

$$(\text{소금물의 농도})=\frac{(\text{소금의 양})}{(\text{소금물의 양})}\times100(\%)$$

중 25 $f(x)=\frac{4}{3}x+7$에서

$f(-3)=\frac{4}{3}\times(-3)+7=3$

$g(x)=\frac{6}{x}$에서

$g(2)=\frac{6}{2}=3$

$\therefore f(-3)-g(2)=3-3=0$

답 ⑤

하 26 $f(x)=2x-6$에서

$f(1)=2\times1-6=-4$

$f(-2)=2\times(-2)-6=-10$

$\therefore 2f(1)-f(-2)=2\times(-4)-(-10)=2$

답 2

중 27 ① $f(-1)=-\frac{9}{-1}=9$

② $g(2)=2+5=7$

③ $f(3)=-\frac{9}{3}=-3$, $g(-8)=-8+5=-3$

$\therefore f(3)=g(-8)$

④ $f(9)=-\frac{9}{9}=-1$

$g(4)=4+5=9$이므로 $-g(4)=-9$

$\therefore f(9)\neq-g(4)$

⑤ $2f(6)+g(1)=2\times\left(-\frac{9}{6}\right)+(1+5)=-3+6=3$

따라서 옳지 않은 것은 ④이다.

답 ④

상 28 $f(x)=-\frac{12}{x}$에서

$x=-4$일 때, $f(-4)=-\frac{12}{-4}=3$

$x=2$일 때, $f(2)=-\frac{12}{2}=-6$

$x=k$일 때, $f(k)=-\frac{12}{k}$ …… ㉮

즉, $3+(-6)+\left(-\frac{12}{k}\right)=0$이어야 하므로

$-3-\frac{12}{k}=0$, $-\frac{12}{k}=3$ $\therefore k=-4$ …… ㉯

답 -4

채점 기준

㉮ x의 값이 -4, 2, k일 때의 함숫값 각각 구하기	60%
㉯ k의 값 구하기	40%

중 29 ① 2의 약수는 1, 2의 2개이므로 $f(2)=2$

② 6의 약수는 1, 2, 3, 6의 4개이므로 $f(6)=4$

③ 5의 약수는 1, 5의 2개이므로 $f(5)=2$

7의 약수는 1, 7의 2개이므로 $f(7)=2$

$\therefore f(5)=f(7)$

④ $24=2^3\times3$이므로 24의 약수의 개수는

$(3+1)\times(1+1)=4\times2=8$ $\therefore f(24)=8$

$30=2\times3\times5$이므로 30의 약수의 개수는

$(1+1)\times(1+1)\times(1+1)=2\times2\times2=8$

$\therefore f(30)=8$

$\therefore f(24)=f(30)$

⑤ 13의 약수는 1, 13의 2개이므로 $f(13)=2$

15의 약수는 1, 3, 5, 15의 4개이므로 $f(15)=4$

$\therefore f(13)+f(15)=6\neq5$

따라서 옳지 않은 것은 ⑤이다.

답 ⑤

개념 보충 학습

소인수분해를 이용하여 약수의 개수 구하기

자연수 A가 $A=a^m\times b^n$ (a, b는 서로 다른 소수, m, n은 자연수)으로 소인수분해될 때, A의 약수의 개수는

$(m+1)\times(n+1)$개

하 30 3과 18의 최대공약수는 3이므로

$f(3)=3$

12와 18의 최대공약수는 6이므로

$f(12)=6$

$\therefore f(3)+f(12)=3+6=9$

$$\begin{array}{r|rr} 3 & 3 & 18 \\ \hline & 1 & 6 \end{array}\qquad \begin{array}{r|rr} 2 & 12 & 18 \\ \hline 3 & 6 & 9 \\ \hline & 2 & 3 \end{array}$$

답 9

중 31 8 이하의 소수는 2, 3, 5, 7의 4개이므로 $f(8)=4$

$\therefore a=4$

이때 4보다 크지 않은 짝수는 2, 4이므로

$g(a)=g(4)=2+4=6$

답 6

상 32 $f(1)=f(5)=f(9)=f(13)=f(17)=1$

$f(2)=f(6)=f(10)=f(14)=f(18)=2$

$f(3)=f(7)=f(11)=f(15)=f(19)=3$

$f(4)=f(8)=f(12)=f(16)=f(20)=0$

$\therefore f(1)+f(2)+f(3)+f(4)+\cdots+f(20)$

$=5\times(1+2+3+0)$

$=5\times6=30$

답 ④

참고 자연수 x를 y로 나누었을 때의 나머지는 0, 1, 2, 3, …, $y-1$ 중 하나이다.

하 33 $y=x-y$에서 $2y=x$ $\therefore y=\frac{1}{2}x$

$y=x(x+1)$에서 $y=x^2+x$

$\frac{x}{2}+\frac{y}{3}=1$에서 $\frac{y}{3}=-\frac{x}{2}+1$ $\therefore y=-\frac{3}{2}x+3$

따라서 y가 x에 대한 일차함수인 것은 $y=x-y$, $\frac{x}{2}+\frac{y}{3}=1$의 2개이다.

답 2개

하 34 ① $x+y=0$에서 $y=-x$

② $y=\frac{x+6}{4}$에서 $y=\frac{1}{4}x+\frac{3}{2}$

③ $xy=-1$에서 $y=-\frac{1}{x}$

따라서 y가 x에 대한 일차함수가 아닌 것은 ③이다.

답 ③

중 35 $y=3(2-x)+ax$에서 $y=6-3x+ax$

$\therefore y=(a-3)x+6$

위의 함수가 일차함수가 되려면

$a-3\neq0 \quad \therefore a\neq3$ 답 $a\neq3$

공략 비법

일차함수가 될 조건

수 a, b에 대하여 함수 $y=ax+b$가 x에 대한 일차함수이려면 $a\neq0$이어야 한다.

중 36 ① $1000x+3y$ ② $y=360$ ③ $y=4x$

④ $y=75x$ ⑤ $y=\frac{220}{x}$

따라서 y가 x에 대한 일차함수인 것은 ③, ④이다. 답 ③, ④

개념 보충 학습

다각형의 외각의 크기의 합은 변의 개수에 관계없이 항상 360°이다.

중 37 $f(-2)=-2a+3=5$이므로

$-2a=2 \quad \therefore a=-1$

따라서 $f(x)=-x+3$이므로

$f(-1)=-(-1)+3=4$ 답 4

하 38 $f(a)=5a-2=8$이므로

$5a=10 \quad \therefore a=2$ 답 2

중 39 $f(-1)=-a+b=5$ ······ ㉠

$f(3)=3a+b=13$ ······ ㉡

㉠−㉡을 하면 $-4a=-8 \quad \therefore a=2$

$a=2$를 ㉠에 대입하면 $-2+b=5 \quad \therefore b=7$

$\therefore ab=2\times7=14$ 답 ⑤

중 40 $f(-3)=-3a-6=3$이므로

$-3a=9 \quad \therefore a=-3$ ······ ㉮

$g(6)=-10+b=-4$이므로 $b=6$ ······ ㉯

따라서 $f(x)=-3x-6$, $g(x)=-\frac{5}{3}x+6$이므로

$f(-2)-g(-3)=(6-6)-(5+6)$

$=0-11=-11$ ······ ㉰

답 -11

채점 기준

채점 기준	배점
㉮ a의 값 구하기	30 %
㉯ b의 값 구하기	30 %
㉰ $f(-2)-g(-3)$의 값 구하기	40 %

Lecture 16 일차함수의 그래프와 절편, 기울기

Level A 개념 익히기 116~117쪽

01 답 -2 **02** 답 4

03 답 $-\frac{3}{7}$ **04** 답 $\frac{1}{2}$

05 답 $y=4x-1$ **06** 답 $y=-7x+9$

07 답 $y=\frac{3}{8}x-2$ **08** 답 $y=-\frac{3}{2}x-6$

09 답

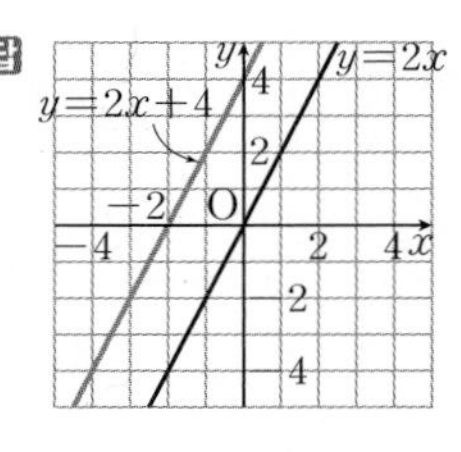

10 답

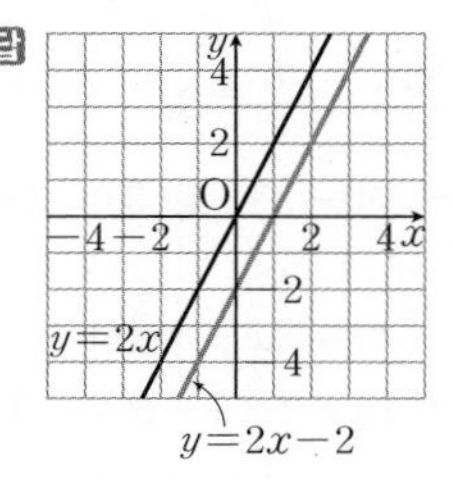

11 답 x절편: -2, y절편: -2

12 답 x절편: 2, y절편: -3

13 답 x절편: -3, y절편: 1

14 $y=0$일 때, $0=3x+6$, $-3x=6 \quad \therefore x=-2$

$x=0$일 때, $y=6$

따라서 x절편은 -2, y절편은 6이다.

답 x절편: -2, y절편: 6

15 $y=0$일 때, $0=-x+5 \quad \therefore x=5$

$x=0$일 때, $y=5$

따라서 x절편은 5, y절편은 5이다.

답 x절편: 5, y절편: 5

16 $y=0$일 때, $0=\frac{1}{7}x-1$, $-\frac{1}{7}x=-1 \quad \therefore x=7$

$x=0$일 때, $y=-1$

따라서 x절편은 7, y절편은 -1이다.

답 x절편: 7, y절편: -1

17 $y=0$일 때, $0=-\frac{3}{4}x+9$, $\frac{3}{4}x=9 \quad \therefore x=12$

$x=0$일 때, $y=9$

따라서 x절편은 12, y절편은 9이다.

답 x절편: 12, y절편: 9

18 기울기가 2이므로 $\frac{(y\text{의 값의 증가량})}{3}=2$

$\therefore (y$의 값의 증가량$)=6$

답 기울기: 2, y의 값의 증가량: 6

19 기울기가 -3이므로 $\frac{(y\text{의 값의 증가량})}{3}=-3$

$\therefore (y$의 값의 증가량$)=-9$

답 기울기: -3, y의 값의 증가량: -9

20 $(\text{기울기})=\frac{3-0}{2-1}=3$ 답 3

21 $(\text{기울기})=\frac{2-7}{4-(-1)}=-1$ 답 -1

중 22 $y=4x-5$의 그래프가 두 점 $(-1, p)$, $(q, 3)$을 지나므로
$p=-4-5=-9$
$3=4q-5$, $-4q=-8$ $\quad\therefore q=2$
$\therefore q-p=2-(-9)=11$ 답 11

공략 비법
일차함수의 그래프 위의 점
점 (p, q)가 일차함수 $y=ax+b$의 그래프 위에 있다.
➡ 일차함수 $y=ax+b$의 그래프가 점 (p, q)를 지난다.
➡ $q=ap+b$

하 23 ① $-\frac{-6}{2}+4=7\neq8$
② $-\frac{-4}{2}+4=6$
③ $-\frac{-1}{2}+4=\frac{9}{2}\neq\frac{5}{2}$
④ $-\frac{2}{2}+4=3\neq5$
⑤ $-\frac{4}{2}+4=2\neq-2$
따라서 그래프 위의 점인 것은 ②이다. 답 ②

중 24 $y=-\frac{5}{2}x-1$의 그래프가 점 $(-2, b)$를 지나므로
$b=5-1=4$ …… ㉮
$y=ax+1$의 그래프가 점 $(-2, 4)$를 지나므로
$4=-2a+1$, $2a=-3$ $\quad\therefore a=-\frac{3}{2}$ …… ㉯
$\therefore ab=\left(-\frac{3}{2}\right)\times4=-6$ …… ㉰
답 -6

채점 기준

㉮ b의 값 구하기	40 %
㉯ a의 값 구하기	40 %
㉰ ab의 값 구하기	20 %

중 25 $y=ax+b$의 그래프가 두 점 $(-2, -7)$, $(3, 3)$을 지나므로
$-7=-2a+b$ …… ㉠
$3=3a+b$ …… ㉡
㉠－㉡을 하면 $-5a=-10$ $\quad\therefore a=2$
$a=2$를 ㉠에 대입하면 $-7=-4+b$ $\quad\therefore b=-3$
$\therefore \frac{b}{a}=-\frac{3}{2}$ 답 $-\frac{3}{2}$

하 26 $y=-x+2$의 그래프를 y축의 방향으로 a만큼 평행이동한 그래프의 식은
$y=-x+2+a$
이 그래프가 $y=-x-3$의 그래프와 겹쳐지므로
$2+a=-3$ $\quad\therefore a=-5$ 답 -5

하 27 ⑤ $y=\frac{6}{5}x$의 그래프를 y축의 방향으로 -8만큼 평행이동하면 $y=\frac{6}{5}x-8$의 그래프와 겹친다. 답 ⑤

공략 비법
일차함수의 그래프는 평행이동하여도 그래프의 모양이 변하지 않으므로 기울기가 변하지 않는다. 즉, 기울기가 같은 두 일차함수의 그래프는 평행이동하면 겹칠 수 있다.

중 28 $y=-3x-2p$의 그래프를 y축의 방향으로 -2만큼 평행이동한 그래프의 식은
$y=-3x-2p-2$
이 그래프가 $y=qx-9$의 그래프이므로
$-3=q$, $-2p-2=-9$ $\quad\therefore p=\frac{7}{2}$, $q=-3$
$\therefore 2p+q=2\times\frac{7}{2}+(-3)=4$ 답 4

중 29 $y=\frac{2}{3}ax$의 그래프를 y축의 방향으로 6만큼 평행이동한 그래프의 식은
$y=\frac{2}{3}ax+6$
$y=3x-2$의 그래프를 y축의 방향으로 m만큼 평행이동한 그래프의 식은
$y=3x-2+m$
이때 두 그래프가 서로 겹쳐지므로
$\frac{2}{3}a=3$, $6=-2+m$ $\quad\therefore a=\frac{9}{2}$, $m=8$
$\therefore a-m=\frac{9}{2}-8=-\frac{7}{2}$ 답 ②

중 30 $y=-4x+3$의 그래프를 y축의 방향으로 -5만큼 평행이동한 그래프의 식은
$y=-4x+3-5$ $\quad\therefore y=-4x-2$
이 그래프가 점 $(k, 6)$을 지나므로
$6=-4k-2$, $4k=-8$ $\quad\therefore k=-2$ 답 ②

하 31 $y=\frac{1}{3}x-6$의 그래프를 y축의 방향으로 10만큼 평행이동한 그래프의 식은
$y=\frac{1}{3}x-6+10$ $\quad\therefore y=\frac{1}{3}x+4$
④ $\frac{1}{3}\times6+4=6\neq5$ 답 ④

중 32 $y=\frac{3}{2}ax+1$의 그래프가 점 $(4, 7)$을 지나므로
$7=6a+1$, $-6a=-6$ $\quad\therefore a=1$
따라서 $y=\frac{3}{2}x+1$의 그래프를 y축의 방향으로 b만큼 평행이동한 그래프의 식은
$y=\frac{3}{2}x+1+b$
이 그래프가 점 $(8, 6)$을 지나므로
$6=12+1+b$ $\quad\therefore b=-7$
$\therefore ab=1\times(-7)=-7$ 답 -7

상 33 $y=ax-2$의 그래프를 y축의 방향으로 3만큼 평행이동한 그래프의 식은

$y=ax-2+3$ $\therefore y=ax+1$ …… ㉮

이 그래프가 점 $(-1, 3)$을 지나므로

$3=-a+1$ $\therefore a=-2$ …… ㉯

따라서 $y=-2x+1$의 그래프가 점 $(b, b-8)$을 지나므로

$b-8=-2b+1$, $3b=9$ $\therefore b=3$ …… ㉰

$\therefore a+b=-2+3=1$ …… ㉱

답 1

채점 기준

㉮ 평행이동한 그래프의 식 구하기	30 %
㉯ a의 값 구하기	30 %
㉰ b의 값 구하기	30 %
㉱ $a+b$의 값 구하기	10 %

중 34 $y=0$일 때, $0=\frac{2}{3}x-10$, $-\frac{2}{3}x=-10$ $\therefore x=15$

$x=0$일 때, $y=-10$

따라서 $m=15$, $n=-10$이므로

$m-n=15-(-10)=25$

답 25

하 35 $y=0$일 때

① $0=-3x+9$, $3x=9$ $\therefore x=3$

② $0=-\frac{2}{3}x+2$, $\frac{2}{3}x=2$ $\therefore x=3$

③ $0=\frac{5}{6}x+\frac{5}{2}$, $-\frac{5}{6}x=\frac{5}{2}$ $\therefore x=-3$

④ $0=2x-6$, $-2x=-6$ $\therefore x=3$

⑤ $0=4x-12$, $-4x=-12$ $\therefore x=3$

따라서 x절편이 다른 하나는 ③이다.

답 ③

중 36 $y=0$일 때, $0=\frac{1}{2}x-3$, $-\frac{1}{2}x=-3$ $\therefore x=6$

$x=0$일 때, $y=-3$

따라서 $y=\frac{1}{2}x-3$의 그래프의 x절편은 6, y절편은 -3이므로

A$(6, 0)$, B$(0, -3)$

답 A$(6, 0)$, B$(0, -3)$

중 37 $y=\frac{3}{2}x+1$의 그래프와 x축 위에서 만나려면 x절편이 같아야 한다.

$y=\frac{3}{2}x+1$에서 $y=0$일 때,

$0=\frac{3}{2}x+1$, $-\frac{3}{2}x=1$ $\therefore x=-\frac{2}{3}$

$y=0$일 때

① $0=-3x+\frac{1}{2}$, $3x=\frac{1}{2}$ $\therefore x=\frac{1}{6}$

② $0=-\frac{3}{4}x+2$, $\frac{3}{4}x=2$ $\therefore x=\frac{8}{3}$

③ $0=x-\frac{2}{3}$ $\therefore x=\frac{2}{3}$

④ $0=2x+\frac{4}{3}$, $-2x=\frac{4}{3}$ $\therefore x=-\frac{2}{3}$

⑤ $0=4x+\frac{3}{2}$, $-4x=\frac{3}{2}$ $\therefore x=-\frac{3}{8}$

따라서 $y=\frac{3}{2}x+1$의 그래프와 x축 위에서 만나는 것은 ④이다.

답 ④

공략 비법

① 두 일차함수의 그래프가 x축 위에서 만난다.
➡ 두 일차함수의 그래프의 x절편이 같다.

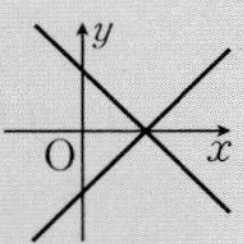

② 두 일차함수의 그래프가 y축 위에서 만난다.
➡ 두 일차함수의 그래프의 y절편이 같다.

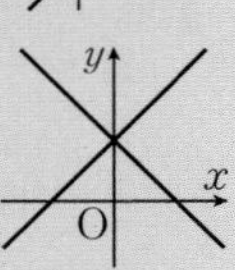

하 38 $y=-\frac{1}{4}x+2k$의 그래프의 x절편이 -2이므로

$0=\frac{1}{2}+2k$, $-2k=\frac{1}{2}$ $\therefore k=-\frac{1}{4}$

따라서 $y=-\frac{1}{4}x-\frac{1}{2}$이므로 그래프의 y절편은 $-\frac{1}{2}$이다.

답 ③

공략 비법

일차함수 $y=ax+b$의 그래프의 x절편이 p, y절편이 q이다.
➡ 그래프가 두 점 $(p, 0)$, $(0, q)$를 지난다.
➡ $0=ap+b$, $q=b$

하 39 $y=ax+5$의 그래프의 x절편이 $\frac{5}{2}$이므로

$0=\frac{5}{2}a+5$, $-\frac{5}{2}a=5$ $\therefore a=-2$

답 -2

중 40 $y=\frac{2}{3}x-3$에서 $y=0$일 때,

$0=\frac{2}{3}x-3$, $-\frac{2}{3}x=-3$ $\therefore x=\frac{9}{2}$

$y=2x-\frac{1}{2}-a$에서 $x=0$일 때, $y=-\frac{1}{2}-a$

따라서 $\frac{9}{2}=-\frac{1}{2}-a$이므로 $a=-5$

답 -5

중 41 $y=\frac{1}{6}ax+2$의 그래프를 y축의 방향으로 -1만큼 평행이동한 그래프의 식은

$y=\frac{1}{6}ax+2-1$ $\therefore y=\frac{1}{6}ax+1$ …… ㉮

이 그래프의 x절편이 3이므로

$0=\frac{1}{2}a+1$, $-\frac{1}{2}a=1$ $\therefore a=-2$ …… ㉯

y절편이 m이므로 $m=1$ …… ㉰

$\therefore a+m=-2+1=-1$ …… ㉱

답 -1

채점 기준

㉮ 평행이동한 그래프의 식 구하기	30 %
㉯ a의 값 구하기	30 %
㉰ m의 값 구하기	30 %
㉱ $a+m$의 값 구하기	10 %

하 42 $(기울기)=\frac{-5}{-1-(-3)}=-\frac{5}{2}$

따라서 기울기가 $-\frac{5}{2}$인 것은 ①이다. 답 ①

하 43 $\frac{k}{-2}=-3$이므로 $k=6$ 답 6

중 44 $a=\frac{6}{-2-1}=-2$

따라서 $\frac{(y\text{의 값의 증가량})}{4}=-2$이므로

$(y$의 값의 증가량$)=-8$ 답 -8

중 45 $\frac{f(4)-f(2)}{4-2}=\frac{(y\text{의 값의 증가량})}{(x\text{의 값의 증가량})}=(기울기)=-4$

답 -4

다른 풀이 $\frac{f(4)-f(2)}{4-2}=\frac{(-16+k)-(-8+k)}{2}$

$=\frac{-8}{2}=-4$

참고 일차함수 $y=f(x)$에서 $\frac{f(a)-f(b)}{a-b}=(기울기)$이다.

중 46 $\frac{k-5}{3-(-1)}=-5$이므로

$k-5=-20$ $\therefore k=-15$ 답 ①

중 47 주어진 그래프가 두 점 $(-5, 2)$, $(1, 4)$를 지나므로

$(기울기)=\frac{4-2}{1-(-5)}=\frac{1}{3}$ $\therefore a=\frac{1}{3}$ 답 $\frac{1}{3}$

중 48 그래프가 두 점 $(6, 0)$, $(0, 3)$을 지나므로

$a=\frac{3-0}{0-6}=-\frac{1}{2}$ …… ㉮

따라서 $\frac{(y\text{의 값의 증가량})}{4-(-4)}=-\frac{1}{2}$이므로

$(y$의 값의 증가량$)=-4$ …… ㉯

답 -4

채점 기준

㉮ 기울기 a의 값 구하기	50 %
㉯ y의 값의 증가량 구하기	50 %

참고 두 점 $(a, 0)$, $(0, b)$를 지나는 일차함수의 그래프의 기울기는 $\frac{b-0}{0-a}=-\frac{b}{a}$이므로 x절편이 a, y절편이 b인 일차함수의 그래프의 기울기는 $-\frac{b}{a}$이다.

중 49 그래프가 두 점 $(4, 0)$, $(0, a)$를 지나므로

$(기울기)=\frac{a-0}{0-4}=\frac{3}{2}$ $\therefore a=-6$ 답 -6

중 50 세 점이 한 직선 위에 있으므로 두 점 $(-2, 3)$, $(4, -1)$을 지나는 직선의 기울기와 두 점 $(-2, 3)$, $(2, k)$를 지나는 직선의 기울기가 같다.

즉, $\frac{-1-3}{4-(-2)}=\frac{k-3}{2-(-2)}$이므로

$-\frac{2}{3}=\frac{k-3}{4}$, $3k-9=-8$

$3k=1$ $\therefore k=\frac{1}{3}$ 답 ④

중 51 세 점이 한 직선 위에 있으므로 두 점 $(-3, -2)$, $(1, 2)$를 지나는 직선의 기울기와 두 점 $(a, 0)$, $(1, 2)$를 지나는 직선의 기울기가 같다.

즉, $\frac{2-(-2)}{1-(-3)}=\frac{2-0}{1-a}$이므로

$1=\frac{2}{1-a}$, $1-a=2$ $\therefore a=-1$ 답 -1

중 52 세 점이 한 직선 위에 있으므로 두 점 $(-1, 5)$, $(k, 1-3k)$를 지나는 직선의 기울기와 두 점 $(-1, 5)$, $(5, -7)$을 지나는 직선의 기울기가 같다.

즉, $\frac{(1-3k)-5}{k-(-1)}=\frac{-7-5}{5-(-1)}$이므로

$\frac{-3k-4}{k+1}=-2$, $-3k-4=-2k-2$

$-k=2$ $\therefore k=-2$ 답 -2

중 53 세 점이 한 직선 위에 있으므로 두 점 $(-1, a)$, $(2, 6)$을 지나는 직선의 기울기와 두 점 $(2, 6)$, $(4, b)$를 지나는 직선의 기울기가 같다.

즉, $\frac{6-a}{2-(-1)}=\frac{b-6}{4-2}$이므로

$\frac{6-a}{3}=\frac{b-6}{2}$, $12-2a=3b-18$

$\therefore 2a+3b=30$ 답 30

중 54 $y=\frac{6}{7}x-2$의 그래프를 y축의 방향으로 4만큼 평행이동한 그래프의 식은

$y=\frac{6}{7}x-2+4$ $\therefore y=\frac{6}{7}x+2$

이 그래프의 기울기가 a이므로

$a=\frac{6}{7}$

x절편이 b이므로

$0=\frac{6}{7}b+2$, $-\frac{6}{7}b=2$ $\therefore b=-\frac{7}{3}$

y절편이 c이므로 $c=2$

$\therefore abc=\frac{6}{7}\times\left(-\frac{7}{3}\right)\times 2=-4$ 답 -4

하 55 $y=-\frac{4}{3}x-8$의 그래프의 기울기가 a이므로

$a=-\frac{4}{3}$ …… ㉮

x절편이 b이므로

$0=-\frac{4}{3}b-8$, $\frac{4}{3}b=-8$ $\therefore b=-6$ …… ㉯

y절편이 c이므로 $c=-8$ …… ㉰

$\therefore a+b-c=-\frac{4}{3}+(-6)-(-8)=\frac{2}{3}$ …… ㉣

답 $\frac{2}{3}$

채점 기준

㉮ a의 값 구하기	30 %
㉯ b의 값 구하기	30 %
㉰ c의 값 구하기	30 %
㉱ $a+b-c$의 값 구하기	10 %

중 **56** $a=\frac{3}{5}$, $b=15$이므로 $y=\frac{3}{5}x+15$

$y=0$일 때, $0=\frac{3}{5}x+15$, $-\frac{3}{5}x=15$ $\therefore x=-25$

따라서 구하는 x절편은 -25이다. 답 -25

상 **57** $y=-x-4$에서 $y=0$일 때, $0=-x-4$ $\therefore x=-4$

$y=\frac{1}{2}x+3$에서 $x=0$일 때, $y=3$

따라서 $y=ax+b$의 그래프의 x절편은 -4, y절편은 3이므로 $y=ax+b$의 그래프는 두 점 $(-4, 0)$, $(0, 3)$을 지난다.

$\therefore (\text{기울기})=\frac{3-0}{0-(-4)}=\frac{3}{4}$ 답 ④

다른 풀이 $y=ax+b$의 그래프는 $y=-x-4$의 그래프와 x절편이 같으므로 x절편은 -4이다.

또, $y=\frac{1}{2}x+3$의 그래프와 y절편이 같으므로 $b=3$

이때 $-\frac{b}{a}=(x\text{절편})$이므로

$-\frac{3}{a}=-4$ $\therefore a=\frac{3}{4}$

Lecture 17 일차함수의 그래프의 성질

Level A 개념 익히기 122쪽

01 기울기가 음수인 것이므로 ㄴ, ㄹ이다. 답 ㄴ, ㄹ

02 기울기가 양수인 것이므로 ㄱ, ㄷ이다. 답 ㄱ, ㄷ

03 답 ㄱ, ㄷ, ㄹ

04 y절편이 양수인 것이므로 ㄴ이다. 답 ㄴ

05 기울기의 절댓값이 가장 큰 것이므로 ㄷ이다. 답 ㄷ

06 오른쪽 위로 향하는 직선이므로 $a>0$
y절편이 양수이므로 $b>0$ 답 $a>0$, $b>0$

07 오른쪽 아래로 향하는 직선이므로 $a<0$
y절편이 양수이므로 $b>0$ 답 $a<0$, $b>0$

08 답 -2

09 답 $a=6$, $b=-5$

Level B 유형 공략하기 123~125쪽

중 **10** 주어진 그림에서 $-a>0$, $b<0$이므로
$a<0$, $b<0$ 답 ①

공략 비법
일차함수 $y=ax+b$의 그래프가
① 오른쪽 위로 향하면 ➡ $a>0$
오른쪽 아래로 향하면 ➡ $a<0$
② y축과 양의 부분에서 만나면 ➡ $b>0$
y축과 음의 부분에서 만나면 ➡ $b<0$

중 **11** 주어진 그림에서 $ab<0$, $a>0$
$ab<0$에서 $a>0$이므로 $b<0$
$\therefore a>0$, $b<0$ 답 $a>0$, $b<0$

상 **12** 주어진 그림에서 $-b<0$, $\frac{a}{b}<0$

(i) $-b<0$에서 $b>0$

(ii) $\frac{a}{b}<0$에서 $b>0$이므로 $a<0$

(i), (ii)에서 $a<0$, $b>0$

② $-a>0$이므로 $b-a>0$

③ $a^2>0$이므로 $a^2+b>0$

⑤ $b^2>0$이므로 $\frac{b^2}{a}<0$

따라서 옳지 않은 것은 ⑤이다. 답 ⑤

중 **13** $a>0$, $b<0$이므로 $-ab>0$
따라서 (기울기)>0, (y절편)>0이므로 $y=ax-ab$의 그래프로 알맞은 것은 ③이다. 답 ③

공략 비법
일차함수 $y=ax+b$의 그래프가 지나는 사분면은 다음과 같다.
① $a>0$, $b>0$ ➡ 제1, 2, 3사분면
② $a>0$, $b<0$ ➡ 제1, 3, 4사분면
③ $a<0$, $b>0$ ➡ 제1, 2, 4사분면
④ $a<0$, $b<0$ ➡ 제2, 3, 4사분면

중 **14** ㄱ. (기울기)$=-a>0$, (y절편)$=-b>0$이므로
$y=-ax-b$의 그래프는 제1, 2, 3사분면을 지난다.
ㄴ. (기울기)$=a<0$, (y절편)$=-b>0$이므로
$y=ax-b$의 그래프는 제1, 2, 4사분면을 지난다.
ㄷ. (기울기)$=-b>0$, (y절편)$=0$이므로 $y=-bx$의 그래프는 제1, 3사분면을 지난다.
ㄹ. (기울기)$=b<0$, (y절편)$=a<0$이므로 $y=bx+a$의 그래프는 제2, 3, 4사분면을 지난다.
이상에서 그래프가 제4사분면을 지나는 것은 ㄴ, ㄹ이다.
답 ㄴ, ㄹ

참고 주어진 일차함수의 그래프의 모양은 각각 다음과 같다.

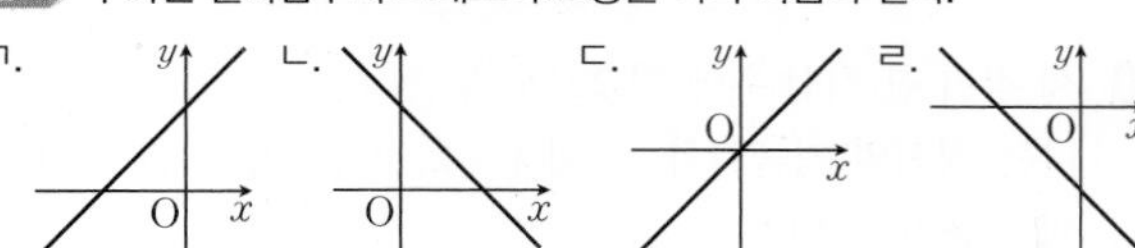

상 15 (i) $a>0$이면 $b<0$, $c<0$

(ii) $a<0$이면 $b>0$, $c>0$

(i), (ii)에서 $\frac{b}{a}<0$, $-\frac{c}{a}>0$

따라서 (기울기)<0, (y절편)>0이므로 $y=\frac{b}{a}x-\frac{c}{a}$의 그래프는 제1, 2, 4사분면을 지난다. 즉, 제3사분면을 지나지 않는다. 답 ③

참고 $y=\frac{b}{a}x-\frac{c}{a}$의 그래프의 모양은 오른쪽과 같다.

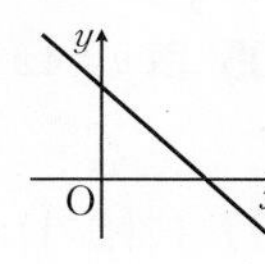

중 16 $y=ax+5$의 그래프와 $y=-4x+8$의 그래프가 서로 평행하므로

$a=-4$

또, $y=ax+5$, 즉 $y=-4x+5$의 그래프가 점 $(b, -3)$을 지나므로

$-3=-4b+5$, $4b=8$ $\quad\therefore b=2$

$\therefore ab=(-4)\times 2=-8$ 답 -8

하 17 ④ $y=\frac{2}{3}x-9$의 그래프는 $y=\frac{2}{3}x-5$의 그래프와 평행하므로 만나지 않는다. 답 ④

중 18 두 점 $(-1, 0)$, $(0, 3)$을 지나는 일차함수의 그래프의 기울기는

$\frac{3-0}{0-(-1)}=3$

두 점 $(0, a)$, $(2, 1)$을 지나는 일차함수의 그래프의 기울기는

$\frac{1-a}{2-0}=\frac{1-a}{2}$

따라서 $\frac{1-a}{2}=3$이므로

$1-a=6$ $\quad\therefore a=-5$ 답 -5

상 19 $y=mx+3$의 그래프와 $y=(3m-2)x-1$의 그래프가 서로 평행하므로

$m=3m-2$, $-2m=-2$ $\quad\therefore m=1$

또, $y=mx+3$, 즉 $y=x+3$의 그래프는 $y=4x-n$의 그래프와 x축 위에서 만나므로 x절편이 같다.

$y=x+3$의 그래프의 x절편이 -3이므로 $y=4x-n$에서

$0=4\times(-3)-n$ $\quad\therefore n=-12$

$\therefore m+n=1+(-12)=-11$ 답 -11

중 20 $y=ax-1$의 그래프를 y축의 방향으로 7만큼 평행이동한 그래프의 식은

$y=ax-1+7$ $\quad\therefore y=ax+6$

이 그래프가 $y=3x-b$의 그래프와 일치하므로

$a=3$, $6=-b$ $\quad\therefore a=3$, $b=-6$

$\therefore \frac{b}{a}=\frac{-6}{3}=-2$ 답 ①

중 21 $y=ax+4b$와 $y=-3x+2a+b$의 그래프가 일치하므로

$a=-3$, $4b=2a+b$

$a=-3$을 $4b=2a+b$에 대입하면 $4b=-6+b$

$3b=-6$ $\quad\therefore b=-2$

$\therefore a-b=-3-(-2)=-1$ 답 ②

중 22 조건 (가)에서 $p-2=1$이므로

$p=3$ …… ㉮

조건 (나)에서 $p-5=4q-10$이므로

$3-5=4q-10$, $-4q=-8$ $\quad\therefore q=2$ …… ㉯

$\therefore pq=3\times 2=6$ …… ㉰

답 6

채점 기준

㉮ p의 값 구하기	40 %
㉯ q의 값 구하기	40 %
㉰ pq의 값 구하기	20 %

중 23 ① 점 $(-2, -9)$를 지난다.

② x절편은 4, y절편은 -6이다.

③ 오른쪽 위로 향하는 직선이다.

⑤ x의 값이 증가할 때, y의 값도 증가한다.

따라서 옳은 것은 ④이다. 답 ④

중 24 기울기의 절댓값이 클수록 그래프는 y축에 가깝다.

$\left|-\frac{1}{4}\right|<\left|\frac{1}{2}\right|<|1|<\left|-\frac{5}{3}\right|<|-3|$

이므로 그래프가 y축에 가장 가까운 것은 ⑤이다. 답 ⑤

공략 비법

일차함수의 그래프의 기울기

① 기울기의 절댓값이 클수록 그래프는 y축에 가깝다.

② 기울기의 절댓값이 작을수록 그래프는 x축에 가깝다.

중 25 조건 (가)에서 (기울기)<0

조건 (나)에서 (기울기의 절댓값)$<\left|\frac{6}{5}\right|$

따라서 조건을 모두 만족하는 일차함수의 식은 ②이다.

답 ②

중 26 ㄴ. x절편은 $-\frac{2}{5}$, y절편은 2이므로 그 합은

$-\frac{2}{5}+2=\frac{8}{5}$

ㄷ. $|-2|<|5|$이므로 $y=-2x$의 그래프가 $y=5x+2$의 그래프보다 x축에 가깝다.

ㄹ. $f(-1)+f(1)=(-5+2)+(5+2)=4$

이상에서 옳지 않은 것은 ㄷ, ㄹ이다. 답 ㄷ, ㄹ

중 27 두 점 $(3, 0)$, $(0, 6)$을 지나므로

(기울기)$=\frac{6-0}{0-3}=-2$

① x의 값이 2만큼 증가할 때, y의 값은 4만큼 감소한다.

② $y=2x+6$의 그래프와 한 점에서 만난다.

③ y축의 방향으로 -6만큼 평행이동하면 원점을 지난다.

④ $\left|\frac{7}{4}\right| < |-2|$이므로 $y=\frac{7}{4}x+1$의 그래프보다 y축에 가깝다.

⑤ $y=-2x-5$의 그래프와 평행하다.

따라서 옳은 것은 ④이다. 답 ④

상 28 ② 오른쪽 위로 향하는 직선이므로 $a>0$
y절편이 양수이므로 $b>0$

③ $y=ax+b$의 그래프와 $y=-ax+b$의 그래프가 모두 점 $(0, b)$를 지나므로 y축 위에서 만난다.

④ (기울기)$=-a<0$, (y절편)$=-b<0$이므로 $y=-ax-b$의 그래프는 제 2, 3, 4사분면을 지난다.

⑤ $a>0$이므로 $|a|>\left|\frac{a}{2}\right|$

즉, $y=ax+b$의 그래프가 $y=\frac{a}{2}x+b$의 그래프보다 y축에 가깝다.

따라서 옳지 않은 것은 ④이다. 답 ④

참고 ④ $y=-ax-b$의 그래프의 모양은 오른쪽과 같다.

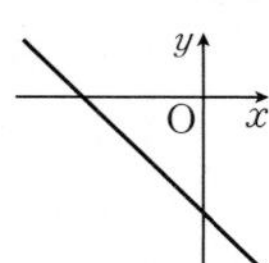

Lecture 18 일차함수의 그래프 그리기

Level A 개념 익히기 126~127쪽

01 $y=0$일 때, $0=-x+3$
$\therefore x=3$
$x=0$일 때, $y=3$
따라서 x절편은 3, y절편은 3이므로 그 그래프는 오른쪽 그림과 같다.

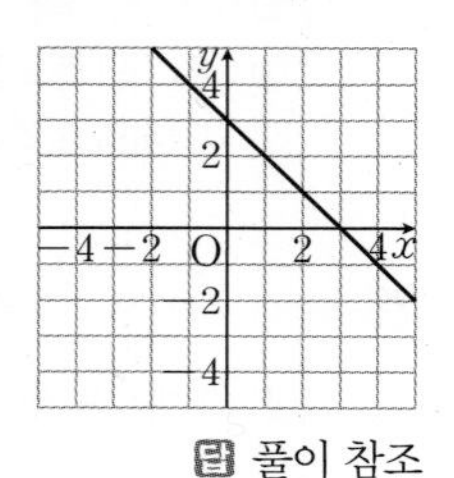

답 풀이 참조

02 $y=0$일 때, $0=\frac{1}{2}x+2$
$-\frac{1}{2}x=2 \qquad \therefore x=-4$
$x=0$일 때, $y=2$
따라서 x절편은 -4, y절편은 2이므로 그 그래프는 오른쪽 그림과 같다.

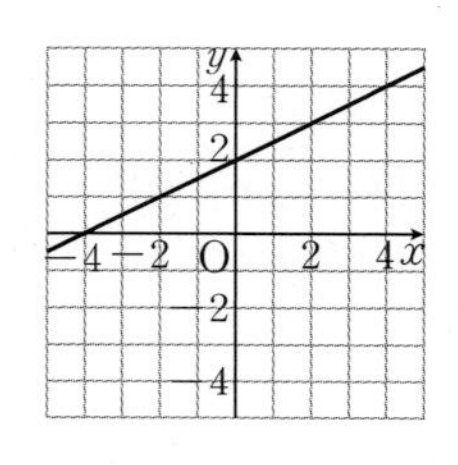

답 풀이 참조

03 기울기는 3이고 y절편은 1이므로 그 그래프는 오른쪽 그림과 같다.

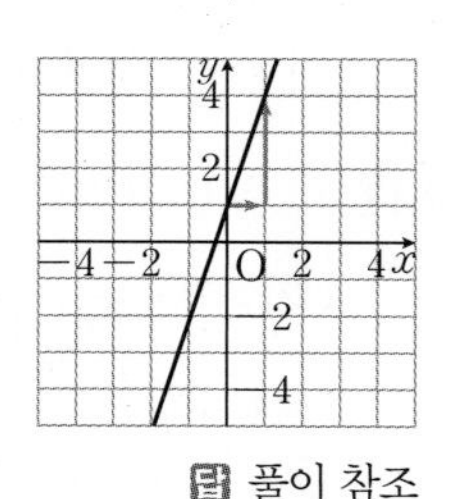

답 풀이 참조

04 기울기는 $-\frac{1}{4}$이고 y절편은 3이므로 그 그래프는 오른쪽 그림과 같다.

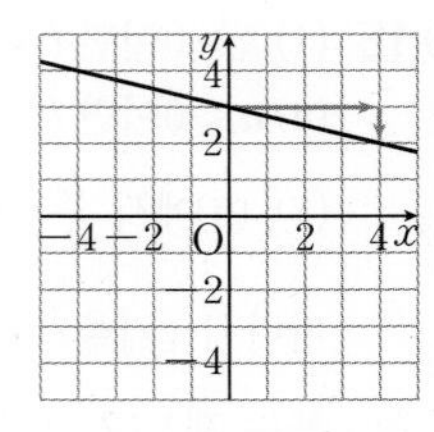

답 풀이 참조

05 답 $y=4x-3$

06 답 $y=-\frac{1}{2}x+1$

07 (기울기)$=\frac{6}{3}=2$이므로 $y=2x-7$ 답 $y=2x-7$

08 구하는 일차함수의 식을 $y=-3x+b$라 하면 이 그래프가 점 $(2, 1)$을 지나므로
$1=-6+b \qquad \therefore b=7$
$\therefore y=-3x+7$ 답 $y=-3x+7$

09 구하는 일차함수의 식을 $y=2x+b$라 하면 이 그래프가 점 $(-1, 3)$을 지나므로
$3=-2+b \qquad \therefore b=5$
$\therefore y=2x+5$ 답 $y=2x+5$

10 직선이 두 점 $(4, 0)$, $(7, -6)$을 지나므로
(기울기)$=\frac{-6-0}{7-4}=-2$
구하는 일차함수의 식을 $y=-2x+b$라 하면 이 그래프가 점 $(4, 0)$을 지나므로
$0=-8+b \qquad \therefore b=8$
$\therefore y=-2x+8$ 답 $y=-2x+8$

11 직선이 두 점 $(1, 2)$, $(3, 8)$을 지나므로
(기울기)$=\frac{8-2}{3-1}=3$
구하는 일차함수의 식을 $y=3x+b$라 하면 이 그래프가 점 $(1, 2)$를 지나므로
$2=3+b \qquad \therefore b=-1$
$\therefore y=3x-1$ 답 $y=3x-1$

12 직선이 두 점 $(-5, 6)$, $(3, -2)$를 지나므로
(기울기)$=\frac{-2-6}{3-(-5)}=-1$
구하는 일차함수의 식을 $y=-x+b$라 하면 이 그래프가 점 $(3, -2)$를 지나므로
$-2=-3+b \qquad \therefore b=1$
$\therefore y=-x+1$ 답 $y=-x+1$

13 직선이 두 점 $(2, 0)$, $(0, -1)$을 지나므로
(기울기)$=\frac{-1-0}{0-2}=\frac{1}{2}$
이때 y절편이 -1이므로 구하는 일차함수의 식은
$y=\frac{1}{2}x-1$ 답 $y=\frac{1}{2}x-1$

14 직선이 두 점 $(-5,\ 0)$, $(0,\ 2)$를 지나므로

$(\text{기울기})=\dfrac{2-0}{0-(-5)}=\dfrac{2}{5}$

이때 y절편이 2이므로 구하는 일차함수의 식은

$y=\dfrac{2}{5}x+2$ 답 $y=\dfrac{2}{5}x+2$

Level B 유형 공략하기 127~131쪽

중 15 주어진 일차함수의 그래프를 그려 보면 각각 다음과 같다.

①
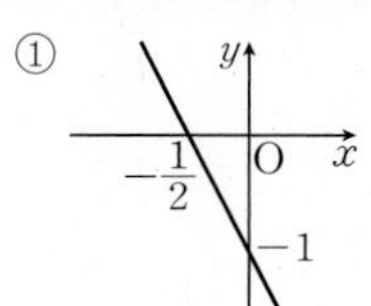

②
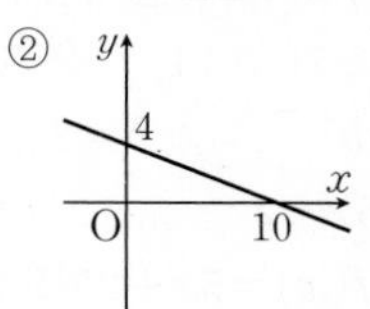

③
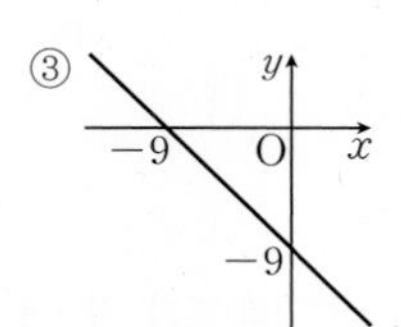

④
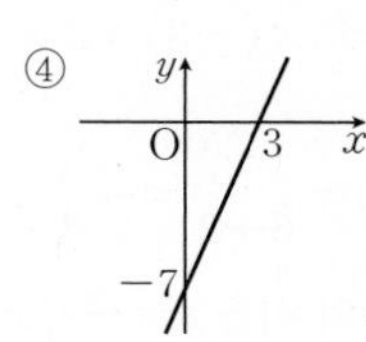

⑤
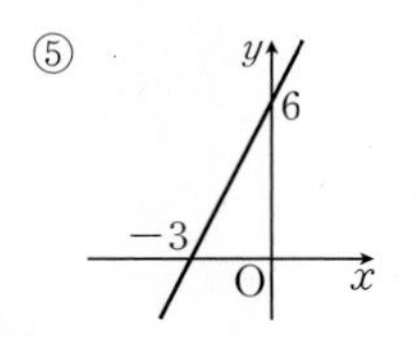

따라서 제4사분면을 지나지 않는 것은 ⑤이다. 답 ⑤

> **공략 비법**
> 일차함수의 그래프를 그릴 때에는 다음 세 가지 중 한 가지를 이용한다.
> ① 지나는 두 점 ② x절편과 y절편 ③ 기울기와 y절편

하 16 $y=-\dfrac{4}{5}x+8$의 그래프의 x절편은 10, y절편은 8이므로 그 그래프는 ②이다. 답 ②

중 17 $y=\dfrac{5}{8}x+2$의 그래프를 y축의 방향으로 -7만큼 평행이동한 그래프의 식은

$y=\dfrac{5}{8}x+2-7$ $\therefore y=\dfrac{5}{8}x-5$

이 그래프의 x절편은 8, y절편은 -5이므로 그 그래프는 오른쪽 그림과 같다.

따라서 이 그래프는 제2사분면을 지나지 않는다. 답 ②

중 18 $y=-3x+6$의 그래프의 x절편은 2, y절편은 6이므로 그 그래프는 오른쪽 그림과 같다.

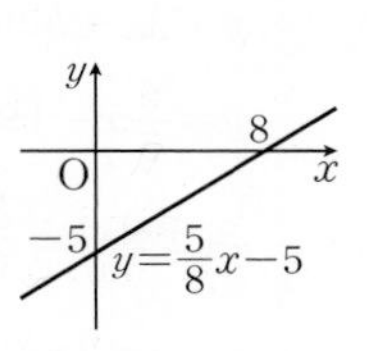

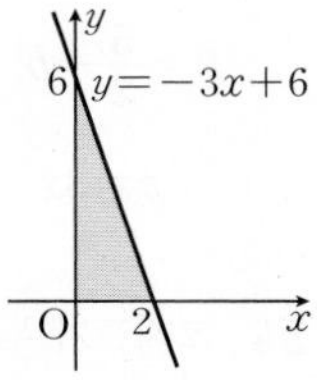

따라서 구하는 도형의 넓이는

$\dfrac{1}{2}\times 2\times 6=6$ 답 ①

중 19 $y=-\dfrac{1}{2}x-4$의 그래프의 x절편은 -8, y절편은 -4이므로

$A(-8,\ 0)$, $B(0,\ -4)$

따라서 삼각형 ABO의 넓이는

$\dfrac{1}{2}\times 8\times 4=16$ 답 16

상 20 $y=ax-5\ (a>0)$의 그래프의 x절편은 $\dfrac{5}{a}$, y절편은 -5이므로 그 그래프는 오른쪽 그림과 같다.

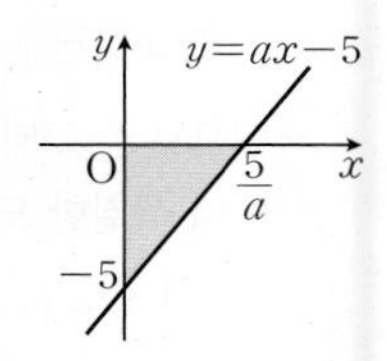

이때 색칠한 도형의 넓이가 10이므로

$\dfrac{1}{2}\times\dfrac{5}{a}\times 5=10$, $\dfrac{5}{a}=4$ $\therefore a=\dfrac{5}{4}$ 답 ④

다른 풀이 $y=ax-5\ (a>0)$의 그래프의 y절편은 -5이므로 오른쪽 그림에서

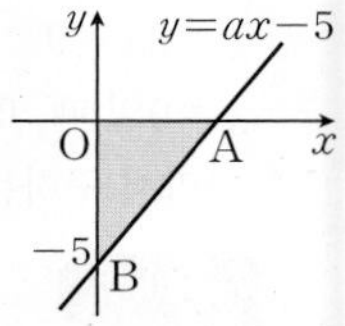

$\overline{OB}=5$

이때 삼각형 ABO의 넓이가 10이므로

$\dfrac{1}{2}\times\overline{OA}\times 5=10$ $\therefore \overline{OA}=4$

따라서 점 A의 좌표는 $(4,\ 0)$이므로

$0=4a-5$에서 $-4a=-5$ $\therefore a=\dfrac{5}{4}$

상 21 $y=x+2$의 그래프의 x절편은 -2, y절편은 2이고, $y=\dfrac{1}{2}x+3$의 그래프의 x절편은 -6, y절편은 3이다. 따라서 구하는 도형의 넓이는

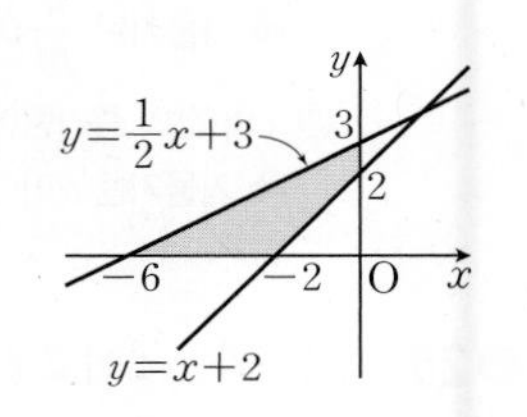

$\dfrac{1}{2}\times 6\times 3-\dfrac{1}{2}\times 2\times 2=9-2=7$ 답 7

중 22 $y=-x+3$의 그래프의 x절편은 3, y절편은 3이고, $y=\dfrac{1}{3}x+3$의 그래프의 x절편은 -9, y절편은 3이므로 두 그래프는 오른쪽 그림과 같다.

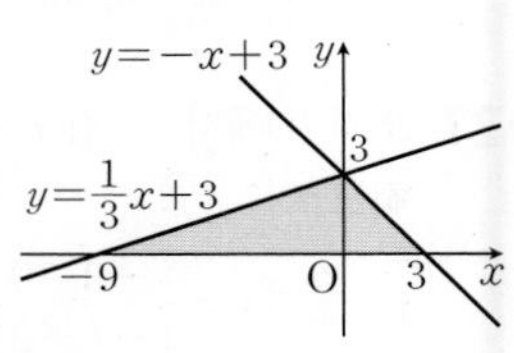

따라서 구하는 도형의 넓이는

$\dfrac{1}{2}\times 12\times 3=18$ 답 18

중 23 $y=x-6$의 그래프의 x절편은 6, y절편은 -6이고, $y=-2x+12$의 그래프의 x절편은 6, y절편은 12이므로 두 그래프는 오른쪽 그림과 같다. …… ㉮

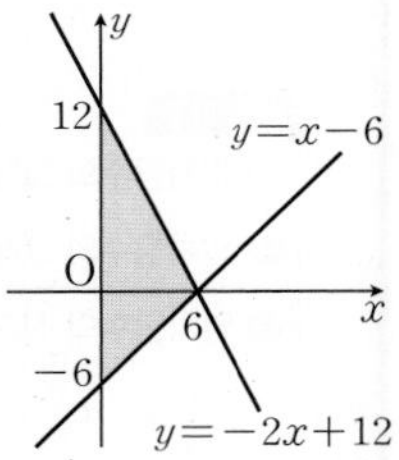

따라서 구하는 도형의 넓이는

$\dfrac{1}{2}\times 18\times 6=54$ …… ㉯

답 54

채점 기준

㉮ 두 일차함수의 그래프 그리기	60 %
㉯ 두 일차함수의 그래프와 y축으로 둘러싸인 도형의 넓이 구하기	40 %

상 24 $y=-\frac{2}{3}x-2$의 그래프의 x절편은 -3, y절편은 -2이고, $y=ax-2$ $(a>0)$의 그래프의 x절편은 $\frac{2}{a}$, y절편은 -2이므로 두 그래프는 오른쪽 그림과 같다.

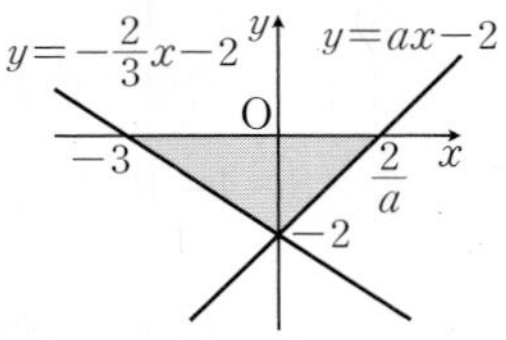

이때 색칠한 도형의 넓이가 5이므로

$\frac{1}{2}\times\left\{\frac{2}{a}-(-3)\right\}\times2=5$, $\frac{2}{a}=2$ $\quad\therefore a=1$

답 1

하 25 기울기가 3이고 y절편이 -9이므로 일차함수의 식은

$y=3x-9$

$y=0$일 때, $0=3x-9$, $-3x=-9$ $\quad\therefore x=3$

따라서 구하는 x절편은 3이다.

답 3

공략 비법

일차함수의 식을 구할 때, 다음을 이용한다.

① 일차함수 $y=ax+b$의 그래프와 평행하다.
➡ 기울기는 a이다.

② x의 값이 m만큼 증가할 때 y의 값은 n만큼 증가한다.
➡ 기울기는 $\frac{n}{m}$이다.

③ x의 값의 증가량에 대한 y의 값의 증가량의 비율이 a이다.
➡ 기울기는 a이다.

하 26 기울기가 -2이고 y절편이 -5인 일차함수의 식은

$y=-2x-5$

이 그래프가 점 $(k, -1)$을 지나므로

$-1=-2k-5$, $2k=-4$ $\quad\therefore k=-2$

답 -2

중 27 조건 (가)에서 두 점 $(-2, 9)$, $(1, -3)$을 지나는 직선과 평행하므로

$(\text{기울기})=\frac{-3-9}{1-(-2)}=-4$ …… ㉮

조건 (나)에서 $y=-2x+8$의 그래프와 y축 위에서 만나므로 y절편은 8이다. …… ㉯

따라서 구하는 일차함수의 식은

$y=-4x+8$ …… ㉰

답 $y=-4x+8$

채점 기준

채점 기준	비율
㉮ 일차함수의 그래프의 기울기 구하기	40 %
㉯ 일차함수의 그래프의 y절편 구하기	40 %
㉰ 일차함수의 식 구하기	20 %

중 28 두 점 $(5, 0)$, $(0, 6)$을 지나는 직선과 평행하므로

$(\text{기울기})=\frac{6-0}{0-5}=-\frac{6}{5}$

이때 y절편이 -4이므로 일차함수의 식은

$y=-\frac{6}{5}x-4$

이 그래프가 점 $(5a, 8-2a)$를 지나므로

$8-2a=-6a-4$, $4a=-12$ $\quad\therefore a=-3$

답 -3

하 29 두 점 $(-4, 0)$, $(0, 3)$을 지나는 직선과 평행하므로

$(\text{기울기})=\frac{3-0}{0-(-4)}=\frac{3}{4}$

구하는 일차함수의 식을 $y=\frac{3}{4}x+b$라 하면 이 그래프가 점 $(4, -1)$을 지나므로

$-1=3+b$ $\quad\therefore b=-4$

$\therefore y=\frac{3}{4}x-4$

답 ②

하 30 기울기가 5이므로 일차함수의 식을 $y=5x+b$라 하자.

이 그래프가 점 $(1, 7)$을 지나므로

$7=5+b$ $\quad\therefore b=2$

$\therefore y=5x+2$

따라서 $f(x)=5x+2$이므로

$f(-3)=5\times(-3)+2=-13$

답 -13

중 31 $(\text{기울기})=\frac{-3}{6-2}=-\frac{3}{4}$

일차함수의 식을 $y=-\frac{3}{4}x+b$라 하면 이 그래프가 점 $(8, 2)$를 지나므로

$2=-6+b$ $\quad\therefore b=8$

$\therefore y=-\frac{3}{4}x+8$

따라서 구하는 y절편은 8이다.

답 ④

중 32 $y=2x+3$의 그래프와 평행하므로 $a=2$ …… ㉮

$y=2x+b$의 그래프가 점 $(-6, 0)$을 지나므로

$0=-12+b$ $\quad\therefore b=12$ …… ㉯

$\therefore a+b=2+12=14$ …… ㉰

답 14

채점 기준

채점 기준	비율
㉮ a의 값 구하기	40 %
㉯ b의 값 구하기	40 %
㉰ $a+b$의 값 구하기	20 %

중 33 $y=3x-9$의 그래프와 평행하므로 구하는 일차함수의 식을 $y=3x+b$라 하자.

$y=\frac{6}{5}x-1$의 그래프의 x절편이 $\frac{5}{6}$이므로 $y=3x+b$의 그래프의 x절편도 $\frac{5}{6}$이다.

즉, $y=3x+b$의 그래프가 점 $\left(\frac{5}{6}, 0\right)$을 지나므로

$0=\frac{5}{2}+b$ $\quad\therefore b=-\frac{5}{2}$

$\therefore y=3x-\frac{5}{2}$

답 $y=3x-\frac{5}{2}$

하 34 그래프가 두 점 $(2, 4)$, $(-1, 1)$을 지나므로

$(\text{기울기})=\frac{1-4}{-1-2}=1$

일차함수의 식을 $y=x+b$라 하면 이 그래프가 점 $(2, 4)$를 지

나므로

$4=2+b \qquad \therefore b=2$

$\therefore y=x+2$

따라서 이 그래프가 x축과 만나는 점의 좌표는 $(-2,\ 0)$이다.

답 ①

다른 풀이 두 점 $(2,\ 4)$, $(-1,\ 1)$을 지나는 일차함수의 그래프의 식을 $y=ax+b$라 하면

$4=2a+b \quad \cdots\cdots$ ㉠, $1=-a+b \quad \cdots\cdots$ ㉡

㉠$-$㉡을 하면 $3=3a \qquad \therefore a=1$

$a=1$을 ㉡에 대입하면 $1=-1+b \qquad \therefore b=2$

따라서 일차함수의 식은 $y=x+2$이므로 이 그래프가 x축과 만나는 점의 좌표는 $(-2,\ 0)$이다.

공략 비법

서로 다른 두 점 $(x_1,\ y_1)$, $(x_2,\ y_2)$를 지나는 직선을 그래프로 하는 일차함수의 식은 다음과 같은 순서로 구할 수도 있다.

❶ 구하는 일차함수의 식을 $y=ax+b$라 하고, 두 점의 좌표를 각각 대입한다.

❷ ❶의 두 방정식을 연립하여 a, b의 값을 구한다.

(하) 35 직선이 두 점 $(1,\ 1)$, $(-1,\ 5)$를 지나므로

$(\text{기울기})=\dfrac{5-1}{-1-1}=-2$

일차함수의 식을 $y=-2x+b$라 하면 이 그래프가 점 $(1,\ 1)$을 지나므로

$1=-2+b \qquad \therefore b=3$

$\therefore y=-2x+3$

답 $y=-2x+3$

(중) 36 그래프가 두 점 $(-1,\ 4)$, $(2,\ -5)$를 지나므로

$(\text{기울기})=\dfrac{-5-4}{2-(-1)}=-3$

일차함수의 식을 $y=-3x+b$라 하면 이 그래프가 점 $(-1,\ 4)$를 지나므로

$4=3+b \qquad \therefore b=1$

$\therefore y=-3x+1$

⑤ $y=-3x+1$의 그래프는 오른쪽 그림과 같으므로 제1사분면을 지난다.

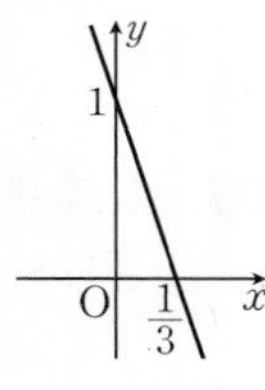

답 ⑤

(상) 37 그래프가 두 점 $(0,\ 6)$, $(k,\ 5)$를 지나므로

$(\text{기울기})=\dfrac{5-6}{k-0}=-\dfrac{1}{k}$

이때 y절편이 6이므로 일차함수의 식은

$y=-\dfrac{1}{k}x+6$

따라서 $y=-\dfrac{1}{k}x+6\ (k>0)$의 그래프의 x절편은 $6k$이므로 오른쪽 그림에서

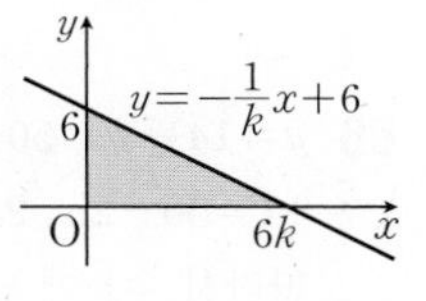

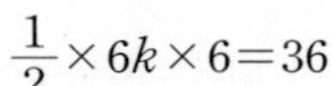

$\dfrac{1}{2}\times 6k\times 6=36$

$18k=36 \qquad \therefore k=2$

답 2

(상) 38 ① 두 점 $(-2,\ 2)$, $(0,\ -2)$를 지나므로

$(\text{기울기})=\dfrac{-2-2}{0-(-2)}=-2$

이때 y절편이 -2이므로 일차함수의 식은

$y=-2x-2$

② 두 점 $(-4,\ 1)$, $(4,\ 3)$을 지나므로

$(\text{기울기})=\dfrac{3-1}{4-(-4)}=\dfrac{1}{4}$

일차함수의 식을 $y=\dfrac{1}{4}x+b$라 하면 이 그래프가 점 $(-4,\ 1)$을 지나므로

$1=-1+b \qquad \therefore b=2$

$\therefore y=\dfrac{1}{4}x+2$

③ 두 점 $(-2,\ -2)$, $(2,\ 4)$를 지나므로

$(\text{기울기})=\dfrac{4-(-2)}{2-(-2)}=\dfrac{3}{2}$

일차함수의 식을 $y=\dfrac{3}{2}x+b$라 하면 이 그래프가 점 $(-2,\ -2)$를 지나므로

$-2=-3+b \qquad \therefore b=1$

$\therefore y=\dfrac{3}{2}x+1$

④ 두 점 $(0,\ 4)$, $(4,\ 1)$을 지나므로

$(\text{기울기})=\dfrac{1-4}{4-0}=-\dfrac{3}{4}$

이때 y절편이 4이므로 일차함수의 식은

$y=-\dfrac{3}{4}x+4$

⑤ 두 점 $(0,\ -4)$, $(3,\ 2)$를 지나므로

$(\text{기울기})=\dfrac{2-(-4)}{3-0}=2$

이때 y절편이 -4이므로 일차함수의 식은

$y=2x-4$

따라서 일차함수의 식이 바르게 연결된 것은 ⑤이다.

답 ⑤

(하) 39 그래프가 두 점 $(-3,\ 0)$, $(0,\ 5)$를 지나므로

$(\text{기울기})=\dfrac{5-0}{0-(-3)}=\dfrac{5}{3}$

이때 y절편이 5이므로 일차함수의 식은

$y=\dfrac{5}{3}x+5$

이 그래프가 점 $\left(\dfrac{6}{5},\ k\right)$를 지나므로

$k=2+5=7$

답 7

공략 비법

x절편이 m, y절편이 n인 직선을 그래프로 하는 일차함수의 식은 다음과 같은 순서로 구한다. (단, $m\neq 0$)

❶ 두 점 $(m,\ 0)$, $(0,\ n)$을 지남을 이용하여 기울기를 구한다.

➡ $(\text{기울기})=\dfrac{n-0}{0-m}=-\dfrac{n}{m}$

❷ y절편이 n이므로 구하는 일차함수의 식은

➡ $y=-\dfrac{n}{m}x+n$

하 40 그래프가 두 점 $(2, 0)$, $(0, 4)$를 지나므로

$(\text{기울기})=\frac{4-0}{0-2}=-2$

이때 y절편이 4이므로 일차함수의 식은

$y=-2x+4$

이 그래프가 점 $(-k, 6k)$를 지나므로

$6k=2k+4$, $4k=4$ $\therefore k=1$

답 ④

중 41 $y=-\frac{1}{3}x+1$의 그래프의 x절편은 3, $y=-3x+2$의 그래프의 y절편은 2이므로 $y=mx+n$의 그래프의 x절편은 3, y절편은 2이다.

즉, $y=mx+n$의 그래프가 두 점 $(3, 0)$, $(0, 2)$를 지나므로

$m=\frac{2-0}{0-3}=-\frac{2}{3}$, $n=2$

$\therefore \frac{n}{m}=2\div\left(-\frac{2}{3}\right)=2\times\left(-\frac{3}{2}\right)=-3$

답 ①

중 42 $y=ax+2$의 그래프를 y축의 방향으로 b만큼 평행이동한 그래프의 식은

$y=ax+2+b$ ...... ㉮

이 그래프가 두 점 $(-4, 0)$, $(0, -2)$를 지나므로

$a=\frac{-2-0}{0-(-4)}=-\frac{1}{2}$ ...... ㉯

또, y절편은 -2이므로

$2+b=-2$ $\therefore b=-4$ ...... ㉰

$\therefore ab=\left(-\frac{1}{2}\right)\times(-4)=2$ ...... ㉱

답 2

채점 기준

㉮ 평행이동한 그래프의 식 구하기	30 %
㉯ a의 값 구하기	30 %
㉰ b의 값 구하기	30 %
㉱ ab의 값 구하기	10 %

중 43 주어진 그림에서 직선이 두 점 $(5, 0)$, $(0, 20)$을 지나므로

$(\text{기울기})=\frac{20-0}{0-5}=-4$

이때 y절편이 20이므로 일차함수의 식은

$y=-4x+20$

$x=3$이면 $y=-4\times3+20=8$

따라서 불을 붙인 지 3시간 후의 양초의 길이는 8 cm이다.

답 8 cm

공략 비법

주어진 그래프의 x절편, y절편을 이용하여 일차함수의 식을 세운다.

① x절편: a, y절편: b

② $y=-\frac{b}{a}x+b$

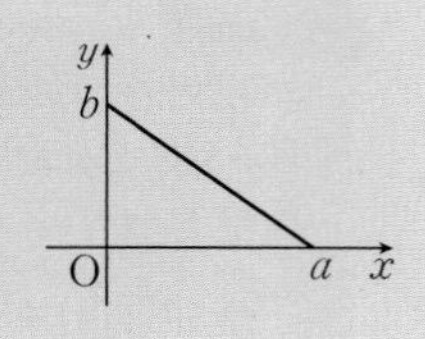

참고 일차함수의 그래프의 활용 문제에서 주어진 조건을 이용하여 x와 y 사이의 관계를 식으로 나타내었을 때, 그 식은 $y=(x$에 대한 일차식) 꼴이어야 한다.

중 44 주어진 그림에서 직선이 두 점 $(0, 15)$, $(4, 63)$을 지나므로

$(\text{기울기})=\frac{63-15}{4-0}=12$

이때 y절편이 15이므로 일차함수의 식은

$y=12x+15$

$x=7$이면 $y=12\times7+15=99$

따라서 지표로부터 지하 7 km에서의 온도는 99 ℃이다.

답 99 ℃

중 45 주어진 그림에서 직선이 두 점 $(0, 800)$, $(3, 500)$을 지나므로

$(\text{기울기})=\frac{500-800}{3-0}=-100$

이때 y절편이 800이므로 일차함수의 식은

$y=-100x+800$

$y=300$이면 $300=-100x+800$

$100x=500$ $\therefore x=5$

따라서 남은 물의 양이 300 mL가 되는 것은 가습기를 가동한 지 5시간 후이다.

답 5시간

Lecture 19 일차함수의 활용

Level A 개념 익히기 132쪽

01 x분 후에는 물의 온도가 $8x$ ℃ 올라가므로

$y=10+8x$

답 $y=10+8x$

02 $x=7$을 $y=10+8x$에 대입하면

$y=10+8\times7=66$

따라서 주전자를 가열한 지 7분 후의 물의 온도는 66 ℃이다.

답 66 ℃

03 x분 후에는 양초의 길이가 $2x$ cm 짧아지므로

$y=17-2x$

답 $y=17-2x$

04 $x=4$를 $y=17-2x$에 대입하면

$y=17-2\times4=9$

따라서 불을 붙인 지 4분 후의 양초의 길이는 9 cm이다.

답 9 cm

05 x분 동안 흘러나온 물의 양은 $2x$ L이므로

$y=50-2x$

답 $y=50-2x$

06 $y=14$를 $y=50-2x$에 대입하면

$14=50-2x$, $2x=36$ $\therefore x=18$

따라서 수조에 남아 있는 물의 양이 14 L가 되는 것은 물이 흘러나오기 시작한 지 18분 후이다.

답 18분

중 07 1분마다 물의 온도가 $\frac{1}{2}$ ℃씩 내려가므로 x분 후의 물의 온도를 y ℃라 하면

$y=90-\frac{1}{2}x$

$y=75$이면 $75=90-\frac{1}{2}x$

$\frac{1}{2}x=15$　　$\therefore x=30$

따라서 물의 온도가 75 ℃가 되는 것은 물을 공기 중에 놓아둔 지 30분 후이다.

답 30분

참고 x, y를 정할 때, 먼저 변하는 것을 x라 하고 나중에 변하는 것을 y라 한다.

예 ① 높이가 올라감에 따라 기온이 내려간다. ➡ 높이: x, 기온: y
② 온도가 올라감에 따라 속력이 빨라진다. ➡ 온도: x, 속력: y

하 08 1 km 높아질 때마다 기온이 6 ℃씩 내려가므로 지면으로부터 높이가 x km인 지점의 기온을 y ℃라 하면

$y=30-6x$

$x=3$이면 $y=30-6\times3=12$

따라서 지면으로부터 높이가 3 km인 지점의 기온은 12 ℃이다.

답 12 ℃

중 09 기온이 1 ℃ 올라갈 때마다 소리의 속력은 초속 0.6 m씩 증가하므로 기온이 x ℃일 때, 소리의 속력을 초속 y m라 하면

$y=331+0.6x$

$x=23$이면 $y=331+0.6\times23=344.8$

따라서 기온이 23 ℃일 때, 소리의 속력은 초속 344.8 m이다.

답 ①

상 10 물에 열을 가하면 1분마다 물의 온도가 3 ℃씩 올라가므로 x분 후의 물의 온도를 y ℃라 하면

$y=15+3x$

$y=60$이면 $60=15+3x$

$-3x=-45$　　$\therefore x=15$

즉, 물을 60 ℃까지 데우는 데 15분이 걸린다. …… ㉮

또, 물에 열을 가하지 않으면 1분마다 물의 온도가 1 ℃씩 내려가므로 x분 후의 물의 온도를 y ℃라 하면

$y=60-x$

$y=40$이면 $40=60-x$　　$\therefore x=20$

즉, 물을 40 ℃까지 식히는 데 20분이 걸린다. …… ㉯

따라서 물을 60 ℃까지 데웠다가 다시 40 ℃까지 식히는 데 걸리는 시간은

$15+20=35$(분) …… ㉰

답 35분

채점 기준

채점 기준	배점
㉮ 온도가 15 ℃인 물을 60 ℃까지 데우는 데 걸리는 시간 구하기	40 %
㉯ 온도가 60 ℃인 물을 40 ℃까지 식히는 데 걸리는 시간 구하기	40 %
㉰ 전체 걸리는 시간 구하기	20 %

주의 물에 열을 가하는 경우와 물에 열을 가하지 않는 경우로 나누어 각각의 관계식을 구한다.

중 11 1 g마다 용수철의 길이가 $\frac{4}{5}$ cm씩 늘어나므로 무게가 x g인 물건을 매달았을 때, 용수철의 길이를 y cm라 하면

$y=27+\frac{4}{5}x$

$x=25$이면 $y=27+\frac{4}{5}\times25=47$

따라서 무게가 25 g인 물건을 매달았을 때, 용수철의 길이는 47 cm이다.

답 47 cm

중 12 1개월마다 식물의 높이가 1.5 cm씩 자라므로 x개월 후의 식물의 높이를 y cm라 하면

$y=16+1.5x$

$y=31$이면 $31=16+1.5x$

$-1.5x=-15$　　$\therefore x=10$

따라서 식물의 높이가 31 cm가 되는 것은 10개월 후이다.

답 ③

중 13 ①, ② 1분마다 양초의 길이가 $\frac{3}{8}$ cm씩 짧아지므로 x와 y 사이의 관계식은

$y=30-\frac{3}{8}x$

③ $x=40$이면 $y=30-\frac{3}{8}\times40=15$

즉, 불을 붙인 지 40분 후의 양초의 길이는 15 cm이다.

④ $y=12$이면 $12=30-\frac{3}{8}x$

$\frac{3}{8}x=18$　　$\therefore x=48$

즉, 양초의 길이가 12 cm가 되는 것은 불을 붙인 지 48분 후이다.

⑤ 양초가 다 타면 $y=0$이므로

$0=30-\frac{3}{8}x$, $\frac{3}{8}x=30$　　$\therefore x=80$

즉, 양초가 다 타는 데 걸리는 시간은 80분, 즉 1시간 20분이다.

따라서 옳은 것은 ④이다.

답 ④

중 14 1분마다 3 L씩 물을 넣으므로 x분 후에 물통에 들어 있는 물의 양을 y L라 하면

$y=45+3x$

$y=150$이면 $150=45+3x$

$-3x=-105$　　$\therefore x=35$

따라서 물통을 가득 채우는 데 걸리는 시간은 35분이다.　답 ②

중 15 방향제의 양이 7일 동안 $40-34.4=5.6$(mL)만큼 줄어들었으므로 하루에 0.8 mL씩 방향제의 양이 줄어든다.

x일 후에 남아 있는 방향제의 양을 y mL라 하면

$y=40-0.8x$

$x=20$이면 $y=40-0.8\times20=24$

따라서 개봉하고 20일이 지난 후에 남아 있는 방향제의 양은 24 mL이다.

답 ⑤

중 **16** (1) 15 km를 달리는 데 1 L의 휘발유가 소모되므로 1 km를 달리는 데 $\frac{1}{15}$ L의 휘발유가 소모된다.

$\therefore y=38-\frac{1}{15}x$ …… ㉮

(2) $x=75$이면 $y=38-\frac{1}{15}\times75=33$

따라서 75 km를 달린 후에 남아 있는 휘발유의 양은 33 L이다. …… ㉯

답 (1) $y=38-\frac{1}{15}x$ (2) 33 L

채점 기준

(1)	㉮ x와 y 사이의 관계식 구하기	50 %
(2)	㉯ 75 km를 달린 후에 남아 있는 휘발유의 양 구하기	50 %

중 **17** 1분마다 $\frac{1}{10}$ L씩 석유가 연소되므로 x분 후에 남아 있는 석유의 양을 y L라 하면

$y=25-\frac{1}{10}x$

석유가 모두 연소되면 $y=0$이므로

$0=25-\frac{1}{10}x$, $\frac{1}{10}x=25$ $\therefore x=250$

따라서 난로를 켠 지 250분 후에 석유가 모두 연소된다.

답 ⑤

중 **18** x분 후에 남아 있는 포도당의 양을 y mL라 하면

$y=300-5x$

포도당을 모두 투여하면 $y=0$이므로

$0=300-5x$, $5x=300$ $\therefore x=60$

따라서 포도당을 모두 투여하는 데 60분, 즉 1시간이 걸리므로 포도당을 모두 투여한 시각은 오후 2시이다. 답 ④

참고 1 L=1000 mL이므로 0.3 L=300 mL로 고친 후, 관계식을 세운다.

상 **19** x분 후에 물통에 남아 있는 물의 양을 y L라 하면

물통 A에서는 1분마다 $\frac{2}{3}$ L씩 물이 흘러나오므로

$y=40-\frac{2}{3}x$

물통 B에서는 1분마다 $\frac{4}{3}$ L씩 물이 흘러나오므로

$y=60-\frac{4}{3}x$

$40-\frac{2}{3}x=60-\frac{4}{3}x$에서

$\frac{2}{3}x=20$ $\therefore x=30$

따라서 두 물통에 남아 있는 물의 양이 같아지는 것은 30분 후이다. 답 30분

중 **20** 출발한 지 x시간 후의 남은 거리를 y km라 하면

$y=150-70x$

$x=2$이면 $y=150-70\times2=10$

따라서 출발한 지 2시간 후의 남은 거리는 10 km이다.

답 10 km

개념 보충 학습

① (거리)=(속력)×(시간), (속력)=$\frac{(\text{거리})}{(\text{시간})}$, (시간)=$\frac{(\text{거리})}{(\text{속력})}$

② 초속 a m로 b초 동안 달린 거리는 ab m이다.

③ a km 떨어진 거리를 b분 동안 갔을 때의 속력은 분속 $\frac{a}{b}$ km이다.

하 **21** 엘리베이터가 x초에 $1.5x$ m를 내려오므로 x와 y 사이의 관계식은

$y=80-1.5x$ 답 ①

중 **22** x시간 후의 태풍과 Q 지점 사이의 거리를 y km라 하면

$y=700-24x$

태풍이 Q 지점에 도달하면 $y=0$이므로

$0=700-24x$, $24x=700$ $\therefore x=\frac{175}{6}$

따라서 태풍이 Q 지점에 도달하는 것은 P 지점을 출발한 지 $\frac{175}{6}$시간 후이다. 답 $\frac{175}{6}$시간

상 **23** 연주가 출발한 지 x분 후의 두 사람 사이의 거리를 y m라 하면

현진이가 걸은 시간은 $(x+4)$분이므로

현진이가 걸은 거리는 $50(x+4)$ m

연주가 달린 거리는 $300x$ m

$\therefore y=300x-50(x+4)$, 즉 $y=250x-200$

$y=800$이면 $800=250x-200$

$-250x=-1000$ $\therefore x=4$

따라서 연주가 출발하여 현진이보다 한 바퀴 앞설 때까지 걸리는 시간은 4분이다. 답 4분

중 **24** x초 후의 삼각형 ABP의 넓이를 y cm^{2}라 하면

$\overline{BP}=x$ cm이므로

$y=\frac{1}{2}\times x\times12$, 즉 $y=6x$

$y=36$이면 $36=6x$ $\therefore x=6$

따라서 삼각형 ABP의 넓이가 36 cm^{2}가 되는 것은 점 P가 꼭짓점 B를 출발한 지 6초 후이다. 답 6초

공략 비법

도형에서의 일차함수의 활용

선분 AB 위의 한 점 P가 점 A를 출발하여 선분 AB를 따라 점 B까지 매초 a cm씩 움직일 때,

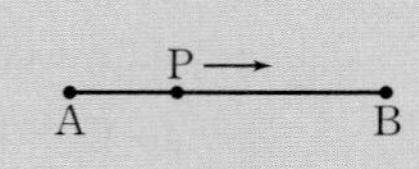

① (x초 후의 선분 AP의 길이)$=ax$ cm

② (x초 후의 선분 BP의 길이)$=\overline{AB}-\overline{AP}$
$=\overline{AB}-ax$(cm)

중 **25** x초 후의 사다리꼴 APCD의 넓이를 y cm^{2}라 하면

$\overline{BP}=2x$ cm이므로 $\overline{AP}=(20-2x)$ cm

$\therefore y=\frac{1}{2}\times\{(20-2x)+20\}\times12$, 즉 $y=240-12x$

$x=5$이면 $y=240-12\times5=180$

따라서 점 P가 꼭짓점 B를 출발한 지 5초 후의 사다리꼴 APCD의 넓이는 180 cm^2이다. 답 180 cm^2

중 **26** (1) $\overline{BP}=3x$ cm이므로 $\overline{PD}=(18-3x)$cm

$\therefore y=\frac{1}{2}\times3x\times8+\frac{1}{2}\times(18-3x)\times6$

즉, $y=3x+54$ …… ㉮

(2) $y=63$이면 $63=3x+54$

$-3x=-9$ $\therefore x=3$

따라서 점 P가 꼭짓점 B를 출발한 지 3초 후에 삼각형 ABP와 삼각형 CDP의 넓이의 합이 63 cm^2가 된다. …… ㉯

답 (1) $y=3x+54$ (2) 3초

채점 기준

(1)	㉮ x와 y 사이의 관계식 구하기	50 %
(2)	㉯ 몇 초 후에 삼각형 ABP와 삼각형 CDP의 넓이의 합이 63 cm^2가 되는지 구하기	50 %

단원 마무리 136~139쪽

Level B 필수 유형 정복하기

01 ①, ③ 02 ④ 03 ② 04 ① 05 10
06 18 07 $m\geq\frac{1}{2}$ 08 $\frac{9}{2}$ 09 제2사분면
10 $-\frac{2}{3}$ 11 -2 12 ④ 13 ④ 14 18
15 -12 16 ② 17 5 L 18 17개 19 ②
20 24초 21 1 22 -12 23 2π 24 -4
25 (1) $y=32-\frac{1}{5}x$ (2) 85분
26 (1) $y=360-36x$ (2) 6초

01 전략 x의 값이 정해짐에 따라 y의 값이 오직 하나씩 정해지는지 확인한다.

① $x=5$일 때, 5보다 작은 홀수는 1, 3으로 y의 값이 오직 하나로 정해지지 않으므로 y는 x의 함수가 아니다.

③ 키가 170 cm인 사람의 몸무게는 50 kg, 60 kg 등으로 여러 가지가 있을 수 있다. 즉, x의 값이 정해짐에 따라 y의 값이 오직 하나로 정해지지 않으므로 y는 x의 함수가 아니다.

02 전략 $f(x)=ax+b$에 두 점의 좌표를 각각 대입하여 a, b의 값을 구한다.

$f(x)=ax+b$의 그래프가 두 점 (2, 3), (0, 5)를 지나므로

$3=2a+b$, $5=b$

$b=5$를 $3=2a+b$에 대입하면

$3=2a+5$, $-2a=2$ $\therefore a=-1$

따라서 $f(x)=-x+5$이므로

$f(4)=-4+5=1$

03 전략 평행이동한 그래프의 식을 구한 후 지나는 점의 좌표를 대입한다.

$y=-2x+k$의 그래프를 y축의 방향으로 -1만큼 평행이동한 그래프의 식은

$y=-2x+k-1$

이 그래프가 점 $(-3, 2)$를 지나므로

$2=6+k-1$ $\therefore k=-3$

04 전략 일차함수의 그래프의 x절편은 $y=0$일 때의 x의 값임을 이용한다.

$y=\frac{2}{3}x$의 그래프를 y축의 방향으로 4만큼 평행이동한 그래프의 식은

$y=\frac{2}{3}x+4$

$y=0$일 때, $0=\frac{2}{3}x+4$, $-\frac{2}{3}x=4$ $\therefore x=-6$

따라서 구하는 x절편은 -6이다.

05 전략 두 일차함수의 그래프가 x축 위에서 만나면 x절편이 같고, y축 위에서 만나면 y절편이 같음을 이용한다.

$y=-4x+8$의 그래프의 x절편은 2, y절편은 8이다.

즉, $y=\frac{1}{2}x-3+a$의 그래프의 x절편이 2이므로

$0=1-3+a$ $\therefore a=2$

또, $y=-x+b$의 그래프의 y절편이 8이므로 $b=8$

$\therefore a+b=2+8=10$

06 전략 일차함수 $y=ax+b$의 그래프에서

$(기울기)=\frac{(y의\ 값의\ 증가량)}{(x의\ 값의\ 증가량)}=a$임을 이용한다.

$(기울기)=\frac{7-(-1)}{5-1}=2$이므로

$\frac{a}{9}=2$ $\therefore a=18$

07 전략 두 점 (x_1, y_1), (x_2, y_2)를 지나는 일차함수의 그래프의 기울기는 $\frac{y_2-y_1}{x_2-x_1}$임을 이용한다.

$(기울기)=\frac{(3m+2)-(m-3)}{2-(-1)}=\frac{2m+5}{3}$

이때 $\frac{2m+5}{3}\geq2$이므로

$2m+5\geq6$, $2m\geq1$ $\therefore m\geq\frac{1}{2}$

08 전략 세 점 중에서 어느 두 점을 택하여도 기울기가 같음을 이용한다.

세 점이 한 직선 위에 있으므로 두 점 $(-1, 1-2k)$, (3, 4)를 지나는 직선의 기울기와 두 점 (3, 4), $(5, 2k+1)$을 지나는 직선의 기울기가 같다.

즉, $\frac{4-(1-2k)}{3-(-1)}=\frac{(2k+1)-4}{5-3}$이므로

$\frac{2k+3}{4}=\frac{2k-3}{2}$, $4k+6=8k-12$

$-4k=-18$ $\therefore k=\frac{9}{2}$

09 전략 주어진 그림에서 a, b의 부호를 파악한 후 기울기와 y절편의 부호를 구한다.

주어진 그림에서 $a<0$, $-b<0$이므로

$a<0$, $b>0$ $\qquad \therefore \dfrac{a}{b}<0$

따라서 (기울기)>0, (y절편)<0이므로 $y=bx+\dfrac{a}{b}$의 그래프는 제1, 3, 4사분면을 지난다. 즉, 제2사분면을 지나지 않는다.

참고 $b>0$, $\dfrac{a}{b}<0$이므로 $y=bx+\dfrac{a}{b}$의 그래프는 오른쪽 그림과 같다.

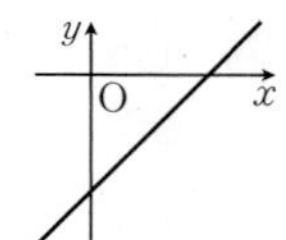

10 전략 사각형 ABCD가 평행사변형이므로 두 선분 AB와 DC가 서로 평행하다.

사각형 ABCD가 평행사변형이므로 $\overline{AB}/\!/\overline{DC}$

즉, 직선 AB의 기울기와 두 점 C, D를 지나는 일차함수의 그래프의 기울기가 같다.

두 점 C$(0, -4)$, D$(-6, 0)$을 지나는 일차함수의 그래프의 기울기는

$\dfrac{0-(-4)}{-6-0}=-\dfrac{2}{3}$ $\qquad \therefore a=-\dfrac{2}{3}$

개념 보충 학습

평행사변형은 두 쌍의 마주 보는 변이 평행한 사각형이다.

11 전략 두 일차함수 $y=ax+b$와 $y=cx+d$의 그래프가 일치하면 $a=c$, $b=d$임을 이용한다.

$y=ax+1$의 그래프가 점 $(-2, 5)$를 지나므로

$5=-2a+1$, $2a=-4$ $\qquad \therefore a=-2$

즉, $y=-2x+1$의 그래프와 $y=bx+c-1$의 그래프가 일치하므로

$-2=b$, $1=c-1$ $\qquad \therefore b=-2$, $c=2$

$\therefore a+b+c=-2+(-2)+2=-2$

12 전략 먼저 $y=-x$의 그래프를 y축의 방향으로 -3만큼 평행이동한 그래프의 식을 구한다.

$y=-x$의 그래프를 y축의 방향으로 -3만큼 평행이동한 그래프의 식은

$y=-x-3$

② $y=-x-3$의 그래프는 오른쪽 그림과 같으므로 제1사분면을 지나지 않는다.

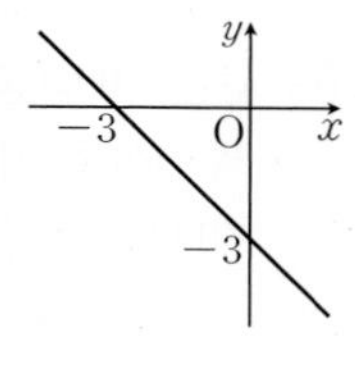

④ $y=-x-3$의 그래프의 x절편은 -3, $y=2x-6$의 그래프의 x절편은 3이다.
즉, x절편이 다르므로 $y=2x-6$의 그래프와 x축 위에서 만나지 않는다.

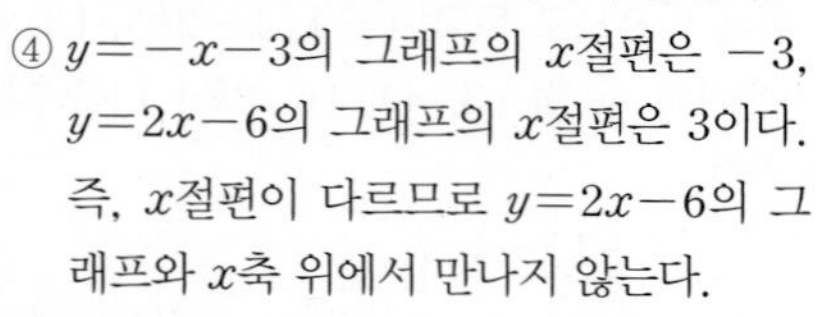

따라서 옳지 않은 것은 ④이다.

13 전략 $ac>0$, $bc<0$에서 a, b, c의 부호를 각각 구한다.

$ac>0$, $bc<0$에서

(i) $a>0$이면 $c>0$, $b<0$

(ii) $a<0$이면 $c<0$, $b>0$

(i), (ii)에서 $a>0$, $b<0$, $c>0$ 또는 $a<0$, $b>0$, $c<0$

① (y절편)$=-\dfrac{c}{b}>0$

② (x절편)$=\dfrac{c}{a}>0$

③ (기울기)$=\dfrac{a}{b}<0$

④ $y=\dfrac{a}{b}x-\dfrac{c}{b}$의 그래프는 오른쪽 그림과 같으므로 제3사분면을 지나지 않는다.

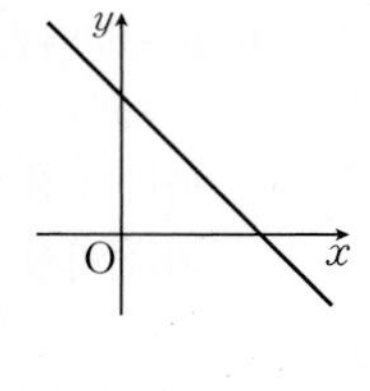

⑤ $y=\dfrac{b}{a}x-\dfrac{c}{b}$의 그래프와 y절편이 같으므로 두 그래프는 일치하거나 한 점에서 만난다.

따라서 옳은 것은 ④이다.

참고 ⑤ 두 일차함수 $y=\dfrac{a}{b}x-\dfrac{c}{b}$, $y=\dfrac{b}{a}x-\dfrac{c}{b}$의 그래프는 y절편이 같으므로 기울기가 같으면 두 그래프는 일치하고, 기울기가 다르면 두 그래프는 점 $\left(0, -\dfrac{c}{b}\right)$에서 만난다.

따라서 $y=\dfrac{a}{b}x-\dfrac{c}{b}$의 그래프는 $y=\dfrac{b}{a}x-\dfrac{c}{b}$의 그래프와 평행하지 않다. (평행할 수 없다.)

14 전략 두 일차함수 $y=-\dfrac{4}{3}x+8$, $y=-\dfrac{4}{3}x+4$의 그래프를 좌표평면 위에 나타내어 도형을 파악한다.

$y=-\dfrac{4}{3}x+8$의 그래프의 x절편은 6, y절편은 8

이고, $y=-\dfrac{4}{3}x+4$의 그래프의 x절편은 3, y절편은 4

이므로 두 그래프는 오른쪽 그림과 같다.

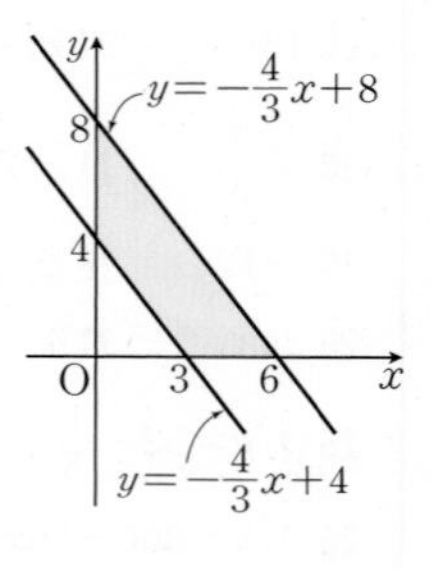

따라서 구하는 도형의 넓이는

$\dfrac{1}{2}\times6\times8-\dfrac{1}{2}\times3\times4=24-6=18$

15 전략 x의 값의 증가량에 대한 y의 값의 증가량의 비율이 기울기임을 이용한다.

x의 값의 증가량에 대한 y의 값의 증가량의 비율, 즉 기울기가 $-\dfrac{2}{3}$이므로 $f(x)=-\dfrac{2}{3}x+b$라 하면

$f(6)=2$에서 $-4+b=2$ $\qquad \therefore b=6$

따라서 $f(x)=-\dfrac{2}{3}x+6$이므로 $f(k)=14$에서

$-\dfrac{2}{3}k+6=14$, $-\dfrac{2}{3}k=8$ $\qquad \therefore k=-12$

16 전략 x절편과 y절편을 이용하여 a, b의 값을 구한다.

$y=ax+b$의 그래프가 두 점 $(1, 0)$, $(0, -3)$을 지나므로

$a=\dfrac{-3-0}{0-1}=3$, $b=-3$

따라서 $y=bx+a$, 즉 $y=-3x+3$의 그래프의 x절편은 1, y절편은 3이므로 그 그래프는 ②이다.

17 전략 주어진 그래프가 지나는 두 점의 좌표를 이용하여 일차함수의 식을 구한다.

주어진 그림에서 직선이 두 점 $(120, 0)$, $(0, 24)$를 지나므로

$(\text{기울기})=\frac{24-0}{0-120}=-\frac{1}{5}$

이때 y절편이 24이므로 일차함수의 식은

$y=-\frac{1}{5}x+24$

$x=25$이면 $y=-\frac{1}{5}\times25+24=19$

따라서 처음 25분 동안 흘러나온 물의 양은

$24-19=5(\text{L})$

주의 y는 물통에 남아 있는 물의 양이므로 흘러나온 물의 양은 처음 물의 양인 24 L에서 25분 후에 물통에 남아 있는 물의 양인 19 L를 빼야 한다.

18 전략 정삼각형 x개를 만드는 데 필요한 성냥개비의 개수를 y개라 하여 x와 y 사이의 관계식을 구한다.

정삼각형 1개를 만드는 데 필요한 성냥개비는 3개이고, 정삼각형이 1개씩 늘어날 때마다 성냥개비는 2개씩 늘어나므로 정삼각형 x개를 만드는 데 필요한 성냥개비의 개수를 y개라 하면

$y=3+(x-1)\times2$, 즉 $y=2x+1$

$x=8$이면 $y=2\times8+1=17$

따라서 정삼각형 8개를 만드는 데 필요한 성냥개비는 17개이다.

공략 비법

[1단계]의 막대가 a개, 한 단계 늘어날 때마다 개수의 변화가 k개일 때, [x단계]의 막대를 y개라 하면

➡ $y=a+k(x-1)$

19 전략 x시간 후에 이어도까지 남은 거리를 y km라 하여 x와 y 사이의 관계식을 구한다.

x시간 후에 이어도까지 남은 거리를 y km라 하면

$y=149-20x$

$y=4$이면 $4=149-20x$, $20x=145$ $\therefore x=\frac{29}{4}$

따라서 이어도까지 남은 거리가 4 km가 되는 것은 마라도에서 출발한 지 $\frac{29}{4}$시간, 즉 7시간 15분 후이므로 구하는 시각은 오후 5시 15분이다.

20 전략 점 P가 1초마다 $\frac{1}{3}$ 만큼씩 움직임을 이용하여 두 삼각형 ABP, CDP의 넓이를 구한다.

점 P는 1초마다 $\frac{1}{3}$만큼씩 움직이므로 x초 후의 삼각형 ABP의 넓이를 y라 하면

$\overline{AP}=\frac{1}{3}x$이므로 $y=\frac{1}{2}\times6\times\frac{1}{3}x$, 즉 $y=x$

또, x초 후의 삼각형 CDP의 넓이를 y라 하면

$\overline{PC}=(8+4)-\frac{1}{3}x=12-\frac{1}{3}x$이므로

$y=\frac{1}{2}\times4\times\left(12-\frac{1}{3}x\right)$, 즉 $y=24-\frac{2}{3}x$

$x=3\times\left(24-\frac{2}{3}x\right)$에서 $x=72-2x$

$3x=72$ $\therefore x=24$

따라서 점 P가 점 A를 출발한 지 24초 후에 삼각형 ABP의 넓이가 삼각형 CDP의 넓이의 3배가 된다.

21 전략 점 A의 x좌표를 a라 하고 점 D의 좌표를 a에 대한 식으로 나타낸다.

점 A의 x좌표를 a라 하면 $A(a, 2a)$ …… ㉮

$\overline{AB}=2a$이고 사각형 ABCD가 정사각형이므로

$\overline{AD}=2a$

즉, 점 D의 x좌표가 $3a$이므로 $D(3a, 2a)$ …… ㉯

이때 점 D가 $y=-2x+4$의 그래프 위의 점이므로

$2a=-6a+4$, $8a=4$ $\therefore a=\frac{1}{2}$ …… ㉰

따라서 정사각형 ABCD의 한 변의 길이가

$2a=2\times\frac{1}{2}=1$이므로

(정사각형 ABCD의 넓이)$=1\times1=1$ …… ㉱

채점 기준

㉮ 점 A의 좌표를 한 문자로 나타내기	10 %
㉯ 점 D의 좌표를 점 A의 좌표와 같은 문자로 나타내기	30 %
㉰ 점 A의 x좌표 구하기	30 %
㉱ 정사각형 ABCD의 넓이 구하기	30 %

22 전략 주어진 그래프의 기울기를 구하여 a의 값을 구한다.

주어진 그래프는 두 점 $(2, 0)$, $(0, 4)$를 지나므로

$(\text{기울기})=\frac{4-0}{0-2}=-2$

즉, $-a=-2$이므로 $a=2$ …… ㉮

이때 $y=-2x+b$의 그래프의 x절편이 -3이므로

$0=6+b$ $\therefore b=-6$ …… ㉯

$\therefore ab=2\times(-6)=-12$ …… ㉰

채점 기준

㉮ a의 값 구하기	40 %
㉯ b의 값 구하기	40 %
㉰ ab의 값 구하기	20 %

23 전략 두 일차함수 $y=\frac{1}{2}x+1$, $y=-\frac{1}{4}x+1$의 그래프를 좌표평면 위에 나타내어 도형을 파악한다.

$y=\frac{1}{2}x+1$의 그래프의 x절편은 -2, y절편은 1이고, $y=-\frac{1}{4}x+1$의 그래프의 x절편은 4, y절편은 1이므로 두 그래프는 [그림 1]과 같다. …… ㉮

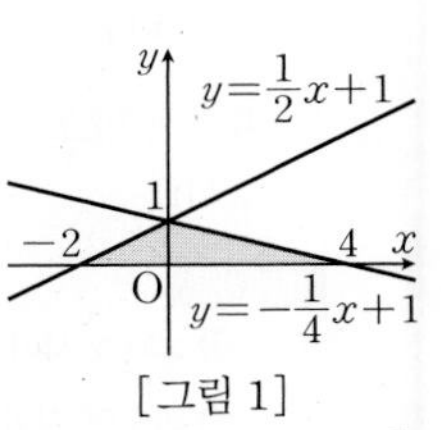

[그림 1]

따라서 [그림 1]에서 색칠한 도형을 x축을 회전축으로 하여 1회전 시킬 때 생기는 입체도형은 [그림 2]와 같으므로

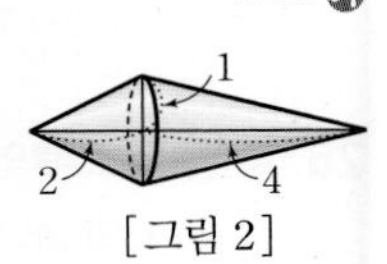

[그림 2]

구하는 입체도형의 부피는

$\frac{1}{3}\times\pi\times1^2\times2+\frac{1}{3}\times\pi\times1^2\times4=\frac{2}{3}\pi+\frac{4}{3}\pi=2\pi$ …… ㊥

채점 기준

㉮ 두 일차함수의 그래프 그리기	50 %
㊥ 입체도형의 부피 구하기	50 %

개념 보충 학습

(원뿔의 부피) $=\frac{1}{3}\times$ (밑넓이) $\times$ (높이)

$=\frac{1}{3}\times\pi\times$ (밑면의 반지름의 길이)$^2\times$ (높이)

24 전략 두 점의 좌표를 이용하여 일차함수의 식을 구한 후 평행이동한 그래프의 식을 구한다.

그래프가 두 점 $(-2, 4)$, $(6, -8)$을 지나므로

(기울기) $=\frac{-8-4}{6-(-2)}=-\frac{3}{2}$

일차함수의 식을 $y=-\frac{3}{2}x+b$라 하면 이 그래프가

점 $(-2, 4)$를 지나므로

$4=3+b$ $\quad\therefore b=1$

$\therefore y=-\frac{3}{2}x+1$ …… ㉮

이 그래프를 y축의 방향으로 -5만큼 평행이동한 그래프의 식은

$y=-\frac{3}{2}x+1-5$ $\quad\therefore y=-\frac{3}{2}x-4$ …… ㊥

이 그래프가 점 $(k, 2)$를 지나므로

$2=-\frac{3}{2}k-4$, $\frac{3}{2}k=-6$ $\quad\therefore k=-4$ …… ㊦

채점 기준

㉮ 두 점을 지나는 일차함수의 그래프의 식 구하기	40 %
㊥ 평행이동한 그래프의 식 구하기	30 %
㊦ k의 값 구하기	30 %

25 전략 먼저 양초의 길이가 1분에 몇 cm씩 짧아지는지 구한다.

(1) 32 cm의 양초가 다 타는 데 2시간 40분, 즉 160분이 걸리므로 1분에 $\frac{32}{160}=\frac{1}{5}$(cm)씩 양초의 길이가 짧아진다.

$\therefore y=32-\frac{1}{5}x$ …… ㉮

(2) $y=15$이면 $15=32-\frac{1}{5}x$

$\frac{1}{5}x=17$ $\quad\therefore x=85$

따라서 양초의 길이가 15 cm가 되는 것은 불을 붙인 지 85분 후이다. …… ㊥

채점 기준

(1)	㉮ x와 y 사이의 관계식 구하기	50 %
(2)	㊥ 양초의 길이가 15 cm가 되는 것은 불을 붙인 지 몇 분 후인지 구하기	50 %

26 전략 x초 후의 $\overline{BP}$의 길이를 이용하여 $\overline{PC}$의 길이를 구한 후 삼각형 APC의 넓이를 구한다.

(1) $\overline{BP}=3x$ cm이므로 $\overline{PC}=(30-3x)$ cm

$\therefore y=\frac{1}{2}\times(30-3x)\times24$, 즉 $y=360-36x$ …… ㉮

(2) $y=144$이면 $144=360-36x$

$36x=216$ $\quad\therefore x=6$

따라서 삼각형 APC의 넓이가 144 cm^{2}가 되는 것은 점 P가 꼭짓점 B를 출발한 지 6초 후이다. …… ㊥

채점 기준

(1)	㉮ x와 y 사이의 관계식 구하기	50 %
(2)	㊥ 삼각형 APC의 넓이가 144 cm^{2}가 되는 것은 점 P가 꼭짓점 B를 출발한 지 몇 초 후인지 구하기	50 %

Level C 단원 마무리 140~141쪽

발전 유형 정복하기

01 -5 **02** ㄴ, ㄷ, ㄹ **03** -4 **04** 17 **05** $\frac{1}{2}$

06 -2 **07** 12 **08** ③ **09** 36 cm

10 $y=15+5.5x$ **11** -7 **12** $y=-\frac{1}{6}x+5$

13 (1) $y=2x$ (2) 6 (3) $y=20-2x$ (4) 2, 8

01 전략 $\frac{-x+1}{4}=-1$을 만족하는 x의 값을 구한다.

$\frac{-x+1}{4}=-1$에서 $-x+1=-4$ $\quad\therefore x=5$

$f\left(\frac{-x+1}{4}\right)=-3x+10$의 양변에 x 대신 5를 대입하면

$f(-1)=-3\times5+10=-5$

02 전략 x와 y 사이의 관계식을 구하여 정리하였을 때, $y=$(x에 대한 일차식) 꼴인 것을 찾는다.

ㄱ. $y=\frac{x(x-3)}{2}$, 즉 $y=\frac{1}{2}x^2-\frac{3}{2}x$

ㄴ. $y=4x$

ㄷ. 모래시계를 한 번 사용하면 2분을 잴 수 있으므로 $y=2x$

ㄹ. $y=45+3x$

ㅁ. 전체 일의 양을 1이라 하면 중장비 1대가 하루에 할 수 있는 일의 양은 $\frac{1}{6}$이다.

이때 중장비 x대가 하루에 할 수 있는 일의 양은 $\frac{1}{6}x$이고 y일 만에 일을 끝내므로

$\frac{1}{6}x\times y=1$ $\quad\therefore y=\frac{6}{x}$

이상에서 y가 x에 대한 일차함수인 것은 ㄴ, ㄷ, ㄹ이다.

03 전략 두 점 E, F의 x좌표를 각각 구하여 사다리꼴 EFCD의 넓이에 대한 식을 세운다.

사각형 ABCD의 넓이가 $5\times4=20$이므로

(사다리꼴 EFCD의 넓이) $=20\times\frac{3}{5}=12$

점 E의 y좌표는 6이므로

$ax=6$에서 $x=\frac{6}{a}$

점 F의 y좌표는 2이므로

$ax=2$에서 $x=\frac{2}{a}$

∴ (사다리꼴 EFCD의 넓이)

$=\frac{1}{2}\times\left\{\left(2-\frac{6}{a}\right)+\left(2-\frac{2}{a}\right)\right\}\times 4$

$=8-\frac{16}{a}$

즉, $8-\frac{16}{a}=12$이므로 $-\frac{16}{a}=4$ ∴ $a=-4$

04 전략 두 일차함수의 그래프가 x축 위에서 만나면 x절편이 같다.

$y=-2x+m$의 그래프가 점 $\left(-\frac{1}{2}, n\right)$을 지나므로

$n=1+m$ ······ ㉠

$y=-3x+12$의 그래프의 x절편이 4이므로 $y=-2x+m$의 그래프의 x절편도 4이다.

즉, $y=-2x+m$의 그래프가 점 $(4, 0)$을 지나므로

$0=-8+m$ ∴ $m=8$

$m=8$을 ㉠에 대입하면 $n=9$

∴ $m+n=8+9=17$

05 전략 두 일차함수 $y=f(x)$, $y=g(x)$의 그래프의 기울기를 구할 때, x의 값의 증가량을 $\overline{OA}$의 길이로 놓는다.

$y=f(x)$의 그래프의 기울기는 $\frac{\overline{BA}-4}{\overline{OA}}$

$y=g(x)$의 그래프의 기울기는 $\frac{\overline{CA}-4}{\overline{OA}}$

두 일차함수 $y=f(x)$, $y=g(x)$의 그래프의 기울기의 차는

$\frac{\overline{BA}-4}{\overline{OA}}-\frac{\overline{CA}-4}{\overline{OA}}=\frac{\overline{BA}-\overline{CA}}{\overline{OA}}=\frac{\overline{BC}}{\overline{OA}}$

이때 $2\overline{BC}=\overline{OA}$이므로

$\frac{\overline{BC}}{\overline{OA}}=\frac{\overline{BC}}{2\overline{BC}}=\frac{1}{2}$

06 전략 두 일차함수 $y=ax+b$, $y=\frac{1}{3}x-1$의 그래프의 x절편을 각각 구하여 $\overline{AB}=4$임을 이용한다.

두 일차함수 $y=ax+b$와 $y=\frac{1}{3}x-1$의 그래프가 서로 평행하므로

$a=\frac{1}{3}$, $b\neq-1$

$y=\frac{1}{3}x+b$의 그래프의 x절편은 $-3b$이므로

$A(-3b, 0)$

$y=\frac{1}{3}x-1$의 그래프의 x절편은 3이므로

$B(3, 0)$

이때 $\overline{AB}=4$이므로 $|3-(-3b)|=4$

즉, $3+3b=-4$ 또는 $3+3b=4$이므로

$b=-\frac{7}{3}$ 또는 $b=\frac{1}{3}$

따라서 $a=\frac{1}{3}$, $b=-\frac{7}{3}$ ($\because b<0$)이므로

$a+b=\frac{1}{3}+\left(-\frac{7}{3}\right)=-2$

07 전략 $\frac{f(b)-f(a)}{a-b}=7$임을 이용하여 기울기를 구한다.

$y=f(x)$의 그래프의 기울기는

$\frac{f(b)-f(a)}{b-a}=-\frac{f(b)-f(a)}{a-b}=-7$

$f(x)=-7x+k$라 하면 $y=-7x+k$의 그래프가

점 $\left(-\frac{1}{2}, \frac{3}{2}\right)$을 지나므로

$\frac{3}{2}=\frac{7}{2}+k$ ∴ $k=-2$

따라서 $f(x)=-7x-2$이므로

$f(-2)=-7\times(-2)-2=12$

08 전략 ㄷ에서 $\frac{y_1}{x_1-1}$, $\frac{y_2-1}{x_2}$은 두 점을 지나는 일차함수의 그래프의 기울기와 같음을 이용한다.

ㄱ. $y=f(x)$의 그래프는 오른쪽 위로 향하는 직선이므로 기울기는 양수이다.

ㄴ. $y=h(x)$의 그래프의 x절편을 a라 하면 그래프의 기울기는 $-\frac{1}{a}$이다.

이때 $a>1$이므로 $\left|-\frac{1}{a}\right|=\frac{1}{a}<1$

따라서 $y=h(x)$의 그래프의 기울기의 절댓값은 1보다 작다.

ㄷ. 두 점 $(1, 0)$, $P(x_1, y_1)$을 지나는 일차함수 $y=g(x)$의 그래프의 기울기는

$\frac{y_1}{x_1-1}$

두 점 $(0, 1)$, $Q(x_2, y_2)$를 지나는 일차함수 $y=h(x)$의 그래프의 기울기는

$\frac{y_2-1}{x_2}$

$y=g(x)$의 그래프가 $y=h(x)$의 그래프보다 y축에 더 가까우므로

($y=g(x)$의 그래프의 기울기의 절댓값)

$>$($y=h(x)$의 그래프의 기울기의 절댓값)

이때 두 그래프의 기울기가 모두 음수이므로

($y=g(x)$의 그래프의 기울기)

$<$($y=h(x)$의 그래프의 기울기)

∴ $\frac{y_1}{x_1-1}<\frac{y_2-1}{x_2}$

이상에서 옳은 것은 ㄱ, ㄴ이다.

09 전략 처음 물통에 들어 있던 물의 높이를 a cm, x분 후의 물의 높이를 y cm라 하여 x와 y 사이의 관계식을 구한다.

6분부터 15분까지, 즉 9분 동안 물의 높이가 $28-16=12$(cm) 낮아졌으므로 1분마다 $\frac{4}{3}$ cm씩 물의 높이가 낮아진다.

처음 물통에 들어 있던 물의 높이를 a cm, x분 후의 물의 높이를 y cm라 하면

$y=a-\frac{4}{3}x$

$x=6$일 때, $y=28$이므로

$28=a-\frac{4}{3}\times6$, $28=a-8$ $\quad\therefore a=36$

따라서 처음 물통에 들어 있던 물의 높이는 36 cm이다.

10 전략 분침과 시침이 1분 동안 움직이는 각의 크기를 이용하여 1분 동안 분침과 시침이 이루는 각의 변화에 대한 식을 세운다.

오른쪽 그림과 같이 5시 30분을 가리키는 시계의 분침과 시침이 이루는 각의 크기는

$6^\circ\times30-(30^\circ\times5+0.5^\circ\times30)=15^\circ$

분침은 1분에 6°씩 움직이고 시침은 1분에 0.5°씩 움직이므로 분침과 시침이 이루는 각의 크기는 1분마다 5.5°씩 커진다.

따라서 x와 y 사이의 관계를 식으로 나타내면

$y=15+5.5x$

개념 보충 학습

① 1시간당 시침이 움직인 각의 크기 ➡ $\frac{360^\circ}{12}=30^\circ$

1분당 시침이 움직인 각의 크기 ➡ $\frac{30^\circ}{60}=0.5^\circ$

② 1시간당 분침이 움직인 각의 크기 ➡ 360°

1분당 분침이 움직인 각의 크기 ➡ $\frac{360^\circ}{60}=6^\circ$

11 전략 $f(x+1)$은 $f(x)$에 x 대신 $x+1$을 대입한 것과 같다.

$f(-2)=-1$에서 $-2a+b=-1$ $\quad\cdots\cdots$ ㉠

$f(x+1)-f(x-1)=6$에서

$a(x+1)+b-\{a(x-1)+b\}=6$

$ax+a+b-(ax-a+b)=6$

$2a=6$ $\quad\therefore a=3$

$a=3$을 ㉠에 대입하면

$-6+b=-1$ $\quad\therefore b=5$ $\quad\cdots\cdots$ ㉮

따라서 $f(x)=3x+5$이므로 $\quad\cdots\cdots$ ㉯

$f(-4)=3\times(-4)+5=-7$ $\quad\cdots\cdots$ ㉰

채점 기준	
㉮ a, b의 값 구하기	50 %
㉯ $f(x)$ 구하기	20 %
㉰ $f(-4)$의 값 구하기	30 %

12 전략 기울기를 잘못 보았다는 것은 y절편은 바르게 보았다는 의미이고, y절편을 잘못 보았다는 것은 기울기는 바르게 보았다는 의미이다.

(i) 재민이가 그린 일차함수의 그래프는 두 점 $(-3, -2)$, $(0, 5)$를 지나므로

$(\text{기울기})=\frac{5-(-2)}{0-(-3)}=\frac{7}{3}$

이때 y절편은 5이므로 일차함수의 식은

$y=\frac{7}{3}x+5$ $\quad\cdots\cdots$ ㉮

(ii) 지후가 그린 일차함수의 그래프는 두 점 $(2, 3)$, $(-4, 4)$를 지나므로

$(\text{기울기})=\frac{4-3}{-4-2}=-\frac{1}{6}$

일차함수의 식을 $y=-\frac{1}{6}x+k$라 하면 이 그래프가 점 $(2, 3)$을 지나므로

$3=-\frac{1}{3}+k$ $\quad\therefore k=\frac{10}{3}$

$\therefore y=-\frac{1}{6}x+\frac{10}{3}$ $\quad\cdots\cdots$ ㉯

이때 재민이는 y절편을 바르게 보았고, 지후는 기울기를 바르게 보았으므로 (i), (ii)에서

$a=-\frac{1}{6}$, $b=5$

따라서 처음 일차함수의 그래프의 식은

$y=-\frac{1}{6}x+5$ $\quad\cdots\cdots$ ㉰

채점 기준	
㉮ 재민이가 그린 일차함수의 그래프의 식 구하기	40 %
㉯ 지후가 그린 일차함수의 그래프의 식 구하기	40 %
㉰ 처음 일차함수의 그래프의 식 구하기	20 %

13 전략 $0<x<3$일 때 점 P는 변 DC 위에 있고, $3\le x<7$일 때 점 P는 변 BC 위에 있고, $7\le x<10$일 때 점 P는 변 AB 위에 있다.

(1) $0<x<3$일 때,

점 P는 변 DC 위에 있으므로

$y=\frac{1}{2}\times4\times x$

$\therefore y=2x$ $\quad\cdots\cdots$ ㉮

(2) $3\le x<7$일 때,

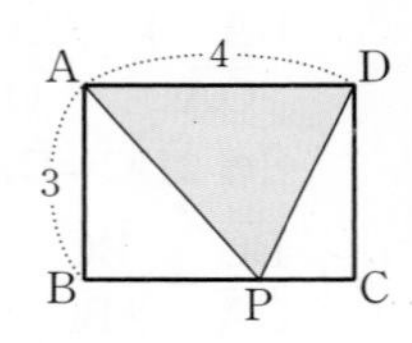

점 P는 변 BC 위에 있으므로

$y=\frac{1}{2}\times4\times3=6$ $\quad\cdots\cdots$ ㉯

(3) $7\le x<10$일 때,

점 P는 변 AB 위에 있으므로

$\overline{PB}=x-(3+4)=x-7$,

$\overline{AP}=3-(x-7)=10-x$

$\therefore y=\frac{1}{2}\times4\times(10-x)$, 즉 $y=20-2x$ $\quad\cdots\cdots$ ㉰

(4) (i) $0<x<3$일 때, $4=2x$에서 $x=2$

(ii) $7\le x<10$일 때, $4=20-2x$에서

$2x=16$ $\quad\therefore x=8$

(i), (ii)에서 구하는 x의 값은 2, 8이다. $\quad\cdots\cdots$ ㉱

채점 기준		
(1)	㉮ $0<x<3$일 때, x와 y 사이의 관계식 구하기	20 %
(2)	㉯ $3\le x<7$일 때, y의 값 구하기	20 %
(3)	㉰ $7\le x<10$일 때, x와 y 사이의 관계식 구하기	30 %
(4)	㉱ $y=4$를 만족하는 x의 값 구하기	30 %

7. 일차함수와 일차방정식의 관계

Lecture 20 일차함수와 일차방정식

Level A 개념 익히기 144쪽

01 $3x-2y+1=0$에서 $-2y=-3x-1$

$\therefore y=\frac{3}{2}x+\frac{1}{2}$ 답 $y=\frac{3}{2}x+\frac{1}{2}$

02 $-x+5y+2=0$에서 $5y=x-2$

$\therefore y=\frac{1}{5}x-\frac{2}{5}$ 답 $y=\frac{1}{5}x-\frac{2}{5}$

03 $4x-2y=1$에서 $-2y=-4x+1$ $\therefore y=2x-\frac{1}{2}$

따라서 주어진 일차방정식의 그래프는 일차함수 $y=2x-\frac{1}{2}$의 그래프와 같으므로 기울기는 2, x절편은 $\frac{1}{4}$, y절편은 $-\frac{1}{2}$이다.

답 기울기: 2, x절편: $\frac{1}{4}$, y절편: $-\frac{1}{2}$

04 $\frac{x}{3}+\frac{y}{5}=1$에서 $\frac{y}{5}=-\frac{x}{3}+1$ $\therefore y=-\frac{5}{3}x+5$

따라서 주어진 일차방정식의 그래프는 일차함수 $y=-\frac{5}{3}x+5$의 그래프와 같으므로 기울기는 $-\frac{5}{3}$, x절편은 3, y절편은 5이다. 답 기울기: $-\frac{5}{3}$, x절편: 3, y절편: 5

05 답

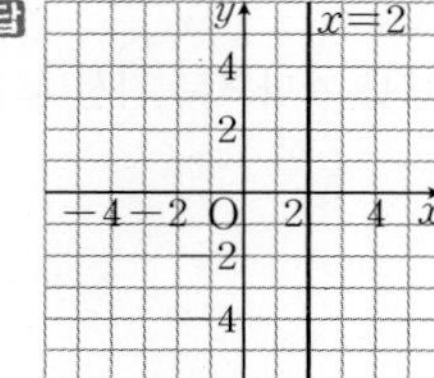

06 답

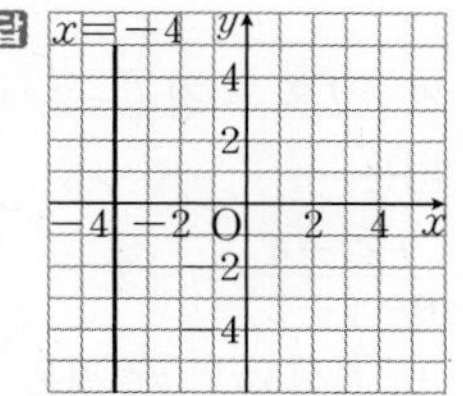

07 답

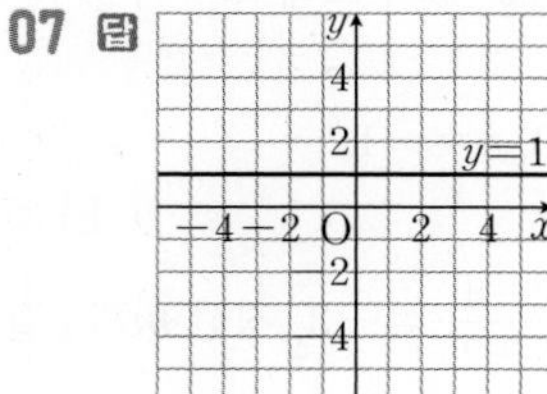

08 답

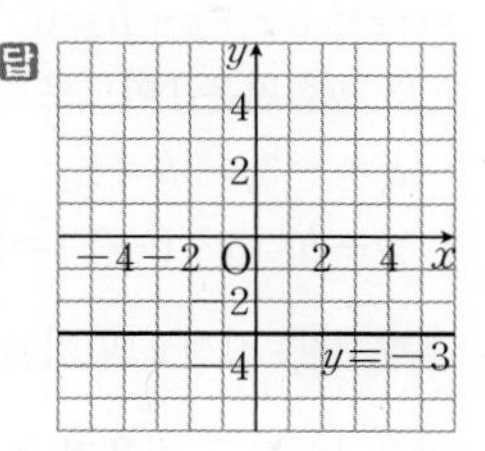

09 답 $x=5$

10 답 $x=-3$

11 답 $y=2$

12 답 $y=-6$

Level B 유형 공략하기 145~149쪽

중 **13** $4x-y-1=0$에서 $y=4x-1$

① x절편은 $\frac{1}{4}$, y절편은 -1이다.

② 오른쪽 위로 향하는 직선이다.

③ 일차함수 $y=4x+7$의 그래프와 기울기가 같고 y절편은 다르므로 평행하다.

④ $4x-y-1=0$의 그래프는 오른쪽 그림과 같으므로 제2사분면을 지나지 않는다.

y, O, $\frac{1}{4}$, x, $4x-y-1=0$, −1

⑤ $4\times(-2)-9-1=-18\neq0$이므로 점 $(-2, 9)$를 지나지 않는다.

따라서 옳은 것은 ③, ④이다. 답 ③, ④

하 **14** $2x-y+3=0$에서 $y=2x+3$

따라서 $2x-y+3=0$의 그래프의 기울기는 2, y절편은 3이므로 그 그래프는 ⑤이다. 답 ⑤

중 **15** $6x+3y+2=0$에서 $y=-2x-\frac{2}{3}$

따라서 $6x+3y+2=0$의 그래프의 기울기는 -2, x절편은 $-\frac{1}{3}$, y절편은 $-\frac{2}{3}$이므로

$a=-2$, $b=-\frac{1}{3}$, $c=-\frac{2}{3}$

$\therefore abc=(-2)\times\left(-\frac{1}{3}\right)\times\left(-\frac{2}{3}\right)=-\frac{4}{9}$ 답 $-\frac{4}{9}$

중 **16** $x=-k$, $y=1-2k$를 $6x-y+5=0$에 대입하면

$-6k-(1-2k)+5=0$, $-4k=-4$ $\therefore k=1$

답 1

공략 비법

일차방정식의 그래프 위의 점

점 (p, q)가 일차방정식 $ax+by+c=0$의 그래프 위에 있다.

➡ 일차방정식 $ax+by+c=0$의 그래프가 점 (p, q)를 지난다.

➡ $x=p$, $y=q$를 $ax+by+c=0$에 대입하면 등식이 성립한다.

➡ $ap+bq+c=0$

하 **17** ④ $x=3$, $y=5$를 $3x+y-4=0$에 대입하면

$9+5-4=10\neq0$ 답 ④

하 **18** $x+2y+8=0$의 그래프가 점 $(-4, a)$를 지나므로

$-4+2a+8=0$, $2a=-4$ $\therefore a=-2$ 답 -2

중 **19** $x=a$, $y=3$을 $4x+3y=5$에 대입하면

$4a+9=5$, $4a=-4$ $\therefore a=-1$ …… ㉮

$x=5$, $y=b$를 $4x+3y=5$에 대입하면

$20+3b=5$, $3b=-15$ $\therefore b=-5$ …… ㉯

$\therefore a+b=-1+(-5)=-6$ …… ㉰

답 -6

채점 기준

채점 기준	배점
㉮ a의 값 구하기	40 %
㉯ b의 값 구하기	40 %
㉰ $a+b$의 값 구하기	20 %

중 **20** $x=-2$, $y=1$을 $(2a+1)x-y+7=0$에 대입하면
$-2(2a+1)-1+7=0$, $-4a=-4$ $\therefore a=1$
$x=b$, $y=-5$를 $3x-y+7=0$에 대입하면
$3b+5+7=0$, $3b=-12$ $\therefore b=-4$
$\therefore ab=1\times(-4)=-4$ 답 -4

공략 비법
일차방정식의 그래프가 지나는 점의 좌표가 주어지면
➡ 일차방정식에 점의 좌표를 대입한다.

하 **21** $x=3$, $y=-2$를 $5x-ky+1=0$에 대입하면
$15+2k+1=0$, $2k=-16$ $\therefore k=-8$ 답 -8

중 **22** $x=-3$, $y=7$을 $ax+3y-9=0$에 대입하면
$-3a+21-9=0$, $-3a=-12$ $\therefore a=4$
④ $x=3$, $y=1$을 $4x+3y-9=0$에 대입하면
$12+3-9=6\neq0$ 답 ④

중 **23** $mx-ny+6=0$의 그래프가 점 $(-2, 0)$을 지나므로
$-2m+6=0$, $-2m=-6$ $\therefore m=3$
$3x-ny+6=0$의 그래프가 점 $(0, -3)$을 지나므로
$3n+6=0$, $3n=-6$ $\therefore n=-2$
$\therefore m-n=3-(-2)=5$ 답 5

중 **24** $ax+(3-2b)y+4=0$에서 $y=-\frac{a}{3-2b}x-\frac{4}{3-2b}$
이 그래프의 기울기가 2, y절편이 -4이므로
$-\frac{a}{3-2b}=2$, $-\frac{4}{3-2b}=-4$
$-\frac{4}{3-2b}=-4$에서 $-4=-12+8b$
$-8b=-8$ $\therefore b=1$
$b=1$을 $-\frac{a}{3-2b}=2$에 대입하면
$-a=2$ $\therefore a=-2$
$\therefore \frac{a}{b}=\frac{-2}{1}=-2$ 답 ①

다른 풀이 기울기가 2, y절편이 -4인 직선을 그래프로 하는 일차함수의 식은
$y=2x-4$ $\therefore -2x+y+4=0$
따라서 $a=-2$, $3-2b=1$이므로
$a=-2$, $b=1$
$\therefore \frac{a}{b}=\frac{-2}{1}=-2$

공략 비법
일차방정식의 그래프의 기울기와 y절편이 주어지면
➡ 일차방정식을 $y=ax+b$ 꼴로 변형하여 기울기와 y절편을 비교한다.

중 **25** 두 점 $(-9, -4)$, $(6, 1)$을 지나는 직선의 기울기는
$\frac{1-(-4)}{6-(-9)}=\frac{1}{3}$
$kx-12y-3=0$에서 $y=\frac{k}{12}x-\frac{1}{4}$
이때 두 점을 지나는 직선과 일차방정식의 그래프가 서로 평행하므로
$\frac{k}{12}=\frac{1}{3}$ $\therefore k=4$ 답 4

개념 보충 학습
① 두 점 (x_1, y_1), (x_2, y_2)를 지나는 일차함수의 그래프의 기울기는
➡ (기울기)$=\frac{(y\text{의 값의 증가량})}{(x\text{의 값의 증가량})}=\frac{y_2-y_1}{x_2-x_1}=\frac{y_1-y_2}{x_1-x_2}$
② 두 일차함수 $y=ax+b$와 $y=a'x+b'$의 그래프가 서로 평행하면
➡ $a=a'$, $b\neq b'$ ← 기울기가 같고 y절편은 다르다.

중 **26** $x-ay+6=0$에서 $y=\frac{1}{a}x+\frac{6}{a}$
이 그래프가 $y=\frac{1}{2}x-3$의 그래프와 평행하므로
$\frac{1}{a}=\frac{1}{2}$ $\therefore a=2$ …… ㉮
이때 $x-2y+6=0$의 그래프가 점 $(-2, b)$를 지나므로
$-2-2b+6=0$, $-2b=-4$ $\therefore b=2$ …… ㉯
$\therefore b-a=2-2=0$ …… ㉰
답 0

채점 기준

㉮ a의 값 구하기	40 %
㉯ b의 값 구하기	40 %
㉰ $b-a$의 값 구하기	20 %

상 **27** 직선 l은 두 점 $(-2, 4)$, $(0, -2)$를 지나므로 직선 l의 기울기는
$\frac{-2-4}{0-(-2)}=-3$
또, 직선 m의 y절편은 1이다.
따라서 $ax+y+b=0$, 즉 $y=-ax-b$의 그래프의 기울기는 -3, y절편은 1이므로
$-a=-3$, $-b=1$ $\therefore a=3$, $b=-1$
$\therefore a+b=3+(-1)=2$ 답 ③

다른 풀이 직선 l의 기울기는 $\frac{-2-4}{0-(-2)}=-3$, 직선 m의 y절편은 1이므로 기울기가 -3, y절편이 1인 직선을 그래프로 하는 일차함수의 식은
$y=-3x+1$ $\therefore 3x+y-1=0$
따라서 $a=3$, $b=-1$이므로
$a+b=3+(-1)=2$

참고 두 직선이 y축 위에서 만나면 두 직선의 y절편은 같다.

중 **28** 두 점 $(a-4, 7)$, $(2a-1, 4)$를 지나는 직선이 y축에 평행하려면 두 점의 x좌표가 같아야 한다.
즉, $a-4=2a-1$이어야 하므로
$-a=3$ $\therefore a=-3$ 답 -3

공략 비법

y축에 평행한 직선 ➡ 직선 $x=m$
➡ 두 점 (m, y_1), (m, y_2)를 지나는 직선

하 29 y축에 수직인 직선의 방정식은 $y=$(수) 꼴로 나타내어진다.

② $y=-2$ ③ $y=\frac{1}{2}$ ④ $y=-x$ ⑤ $x=\frac{5}{3}$

따라서 y축에 수직인 직선의 방정식은 ②, ③이다.

답 ②, ③

중 30 점 $(k, 9)$가 $7x-y-5=0$의 그래프 위의 점이므로

$7k-9-5=0$, $7k=14$ $\therefore k=2$

따라서 점 $(2, 9)$를 지나고 x축에 수직인 직선의 방정식은

$x=2$

답 $x=2$

중 31 $-2y=8$에서 $y=-4$

즉, $y=-4$의 그래프는 오른쪽 그림과 같다.

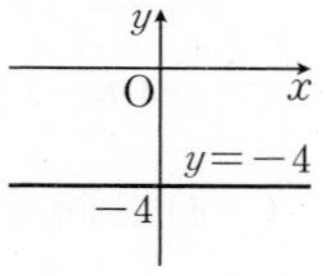

ㄴ. 제3, 4사분면을 지난다.

ㄷ. $x=-4$의 그래프와 수직이다.

이상에서 옳은 것은 ㄱ, ㄹ, ㅁ이다.

답 ⑤

중 32 주어진 그래프의 식은 $x=5$이므로

양변을 -5로 나누면 $-\frac{1}{5}x=-1$

따라서 $a=-\frac{1}{5}$, $b=0$이므로

$a-b=-\frac{1}{5}-0=-\frac{1}{5}$

답 $-\frac{1}{5}$

다른 풀이 주어진 그래프의 식은 $x=5$

$ax+by=-1$에서 $x=-\frac{b}{a}y-\frac{1}{a}$

따라서 $-\frac{b}{a}=0$, $-\frac{1}{a}=5$이므로 $a=-\frac{1}{5}$, $b=0$

$\therefore a-b=-\frac{1}{5}-0=-\frac{1}{5}$

상 33 직선 $x=6$과 평행하고 점 $(3, -1)$을 지나는 그래프의 식은

$x=3$ …… ㉮

즉, $x-3=0$이므로

$m-3=1$, $-(n+1)=0$

따라서 $m=4$, $n=-1$이므로 …… ㉯

$m+n=4+(-1)=3$ …… ㉰

답 3

채점 기준

㉮ 직선 $x=6$과 평행하고 점 $(3, -1)$을 지나는 그래프의 식 구하기	40 %
㉯ m, n의 값 구하기	40 %
㉰ $m+n$의 값 구하기	20 %

상 34 주어진 그래프의 식은 $y=-3$이므로 $-y-3=0$

$\therefore a=0$, $b=3$

따라서 $bx+ay-1=0$, 즉 $3x-1=0$에서 $x=\frac{1}{3}$이므로 그 그래프는 ④이다.

답 ④

중 35 직선 $x=0$, $x=3$, $y=1$, $y=-2$는 오른쪽 그림과 같으므로 구하는 넓이는

$3\times3=9$

답 9

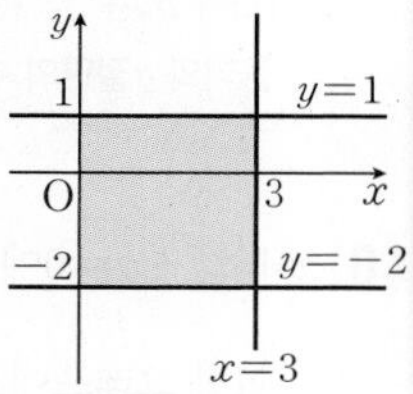

참고 직선 $x=0$은 y축을 나타내고, 직선 $y=0$은 x축을 나타낸다.

공략 비법

네 직선 $x=a$, $x=b$, $y=c$, $y=d$로 둘러싸인 도형의 넓이

➡ $|b-a|\times|d-c|$

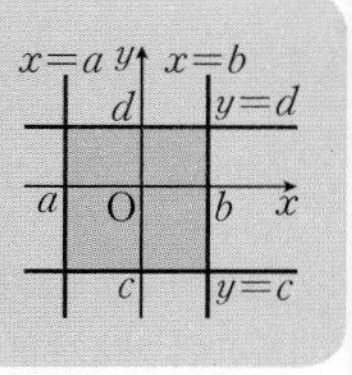

하 36 직선 $x=-2$, $x=1$, $y=-4$, $y=0$은 오른쪽 그림과 같으므로 구하는 넓이는

$3\times4=12$

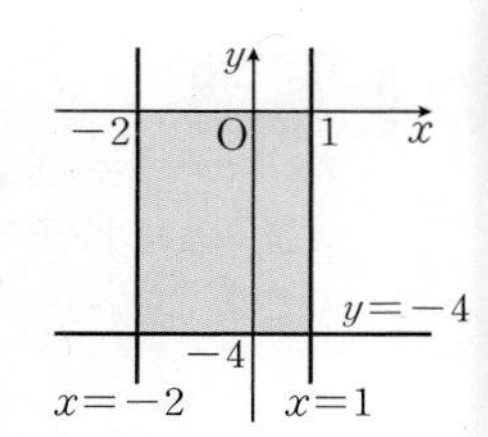

답 12

중 37 직선 $x=2$, $x=a$ $(a<0)$, $y=-1$, $y=5$는 오른쪽 그림과 같다.

이때 색칠한 도형의 넓이가 18이므로

$(2-a)\times6=18$

$12-6a=18$, $-6a=6$

$\therefore a=-1$

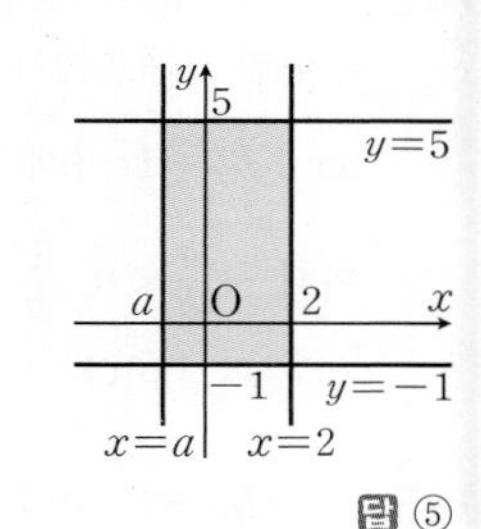

답 ⑤

상 38 직선 $y=2$, $x=-2k$ $(k>0)$, $y=-3$, $x=k$ $(k>0)$는 오른쪽 그림과 같다. …… ㉮

이때 색칠한 도형의 넓이가 45이므로

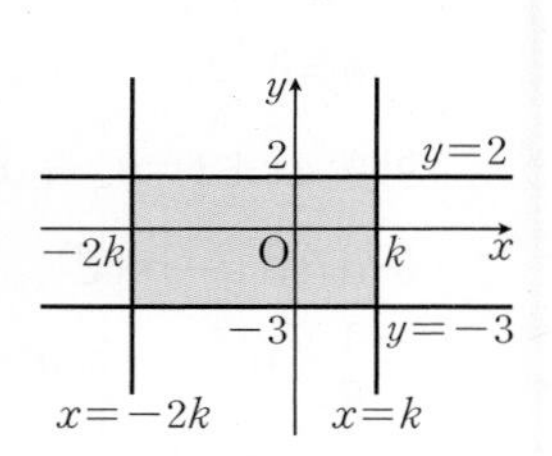

$\{k-(-2k)\}\times5=45$

$15k=45$ $\therefore k=3$ …… ㉯

답 3

채점 기준

㉮ 네 직선을 좌표평면 위에 나타내기	50 %
㉯ k의 값 구하기	50 %

중 39 $ax-by+c=0$에서 $y=\frac{a}{b}x+\frac{c}{b}$

주어진 그래프에서 $\frac{a}{b}<0$, $\frac{c}{b}>0$

(i) $a>0$일 때, $b<0$, $c<0$

(ii) $a<0$일 때, $b>0$, $c>0$

(ⅰ), (ⅱ)에서 $a>0$, $b<0$, $c<0$ 또는 $a<0$, $b>0$, $c>0$

답 ③

공략 비법

$ax+by+c=0$을 $y=■x+▲$ 꼴로 나타낸 후 주어진 그래프의 기울기와 y절편의 부호를 이용하여 a, b, c의 부호를 정한다.

하 40 $x+ay+b=0$에서 $y=-\frac{1}{a}x-\frac{b}{a}$

주어진 그래프에서 $-\frac{1}{a}>0$, $-\frac{b}{a}<0$

$\therefore a<0$, $b<0$

답 ⑤

중 41 $ax+by+c=0$에서 $y=-\frac{a}{b}x-\frac{c}{b}$

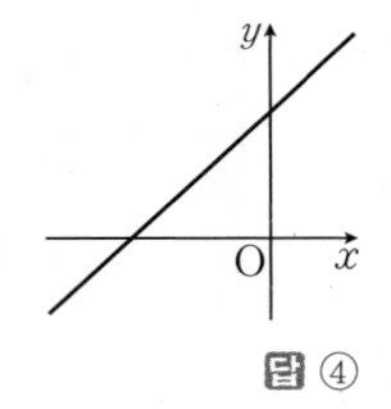

이때 $-\frac{a}{b}>0$, $-\frac{c}{b}>0$이므로

$ax+by+c=0$의 그래프는 오른쪽 그림과 같이 제4사분면을 지나지 않는다.

답 ④

공략 비법

$ax+by+c=0$을 $y=■x+▲$ 꼴로 나타낸 후 주어진 a, b, c의 부호를 이용하여 기울기와 y절편의 부호를 정하고, 그래프의 모양을 살펴본다.

중 42 $ax-y+b=0$에서 $y=ax+b$

주어진 그래프에서 $a<0$, $b<0$

$ax+by-1=0$에서 $y=-\frac{a}{b}x+\frac{1}{b}$

이때 $-\frac{a}{b}<0$, $\frac{1}{b}<0$이므로 $ax+by-1=0$의 그래프로 알맞은 것은 ④이다.

답 ④

중 43 $ax+by+1=0$의 그래프가 x축에 수직이므로 $x=(수)$ 꼴이어야 한다.

$\therefore b=0$

이때 $ax+1=0$, 즉 $x=-\frac{1}{a}$의 그래프가 제2사분면과 제3사분면만을 지나려면

$-\frac{1}{a}<0$ $\quad\therefore a>0$

답 $a>0$, $b=0$

상 44 $ax+by-c=0$에서 $y=-\frac{a}{b}x+\frac{c}{b}$

ㄱ. 기울기는 $-\frac{a}{b}$, y절편은 $\frac{c}{b}$이다.

ㄴ, ㄷ. $ac>0$, $bc<0$에서

(ⅰ) $a>0$일 때, $c>0$, $b<0$

(ⅱ) $a<0$일 때, $c<0$, $b>0$

(ⅰ), (ⅱ)에서 $-\frac{a}{b}>0$, $\frac{c}{b}<0$

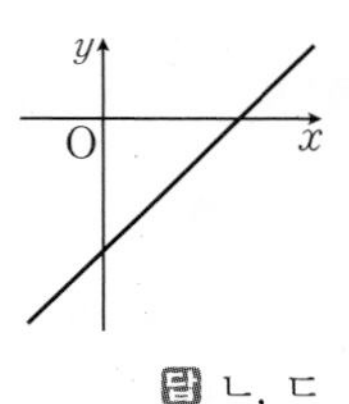

따라서 주어진 일차방정식의 그래프는 오른쪽 그림과 같이 오른쪽 위로 향하는 직선이고, 제2사분면을 지나지 않는다.

이상에서 옳은 것은 ㄴ, ㄷ이다.

답 ㄴ, ㄷ

중 45 오른쪽 그림에서

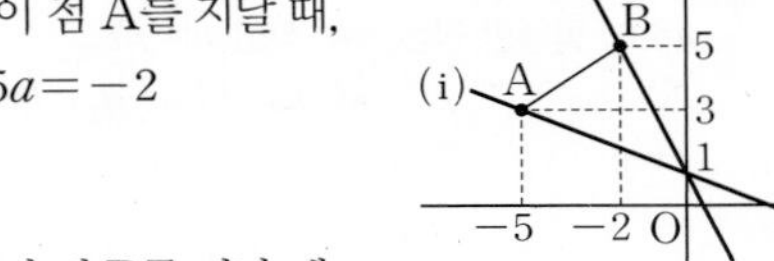

(ⅰ) 직선 $y=ax+1$이 점 A를 지날 때,

$3=-5a+1$, $5a=-2$

$\therefore a=-\frac{2}{5}$

(ⅱ) 직선 $y=ax+1$이 점 B를 지날 때,

$5=-2a+1$, $2a=-4$ $\quad\therefore a=-2$

(ⅰ), (ⅱ)에서 $-2\le a\le -\frac{2}{5}$

답 $-2\le a\le -\frac{2}{5}$

참고 직선 $y=ax+1$은 a의 값에 관계없이 점 $(0, 1)$을 지난다.

중 46 오른쪽 그림에서

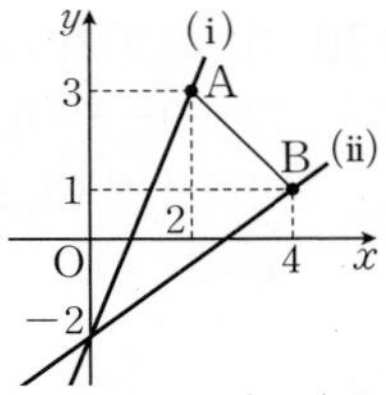

(ⅰ) $mx-y-2=0$의 그래프가 점 A를 지날 때,

$2m-3-2=0$, $2m=5$

$\therefore m=\frac{5}{2}$

(ⅱ) $mx-y-2=0$의 그래프가 점 B를 지날 때,

$4m-1-2=0$, $4m=3$ $\quad\therefore m=\frac{3}{4}$

(ⅰ), (ⅱ)에서 $\frac{3}{4}\le m\le \frac{5}{2}$

따라서 m의 값이 될 수 없는 것은 ①이다.

답 ①

참고 $mx-y-2=0$, 즉 $y=mx-2$의 그래프는 m의 값에 관계없이 점 $(0, -2)$를 지난다.

상 47 (1) 오른쪽 그림에서

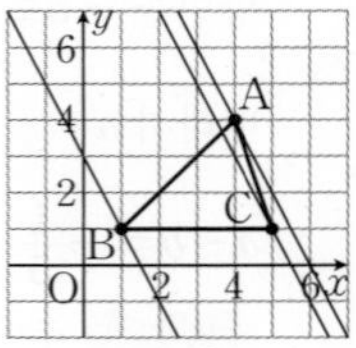

(ⅰ) 직선 $y=-2x+a$가 점 A를 지날 때,

$4=-8+a$

$\therefore a=12$ ⋯⋯ ㉮

(ⅱ) 직선 $y=-2x+a$가 점 B를 지날 때,

$1=-2+a$ $\quad\therefore a=3$ ⋯⋯ ㉯

(ⅲ) 직선 $y=-2x+a$가 점 C를 지날 때,

$1=-10+a$ $\quad\therefore a=11$ ⋯⋯ ㉰

(2) (1)의 (ⅰ)~(ⅲ)에서 $3\le a\le 12$ ⋯⋯ ㉱

답 (1) 풀이 참조 (2) $3\le a\le 12$

채점 기준

(1)	㉮ 직선 $y=-2x+a$가 점 A를 지날 때, a의 값 구하기	30 %
	㉯ 직선 $y=-2x+a$가 점 B를 지날 때, a의 값 구하기	30 %
	㉰ 직선 $y=-2x+a$가 점 C를 지날 때, a의 값 구하기	30 %
(2)	㉱ a의 값의 범위 구하기	10 %

Lecture 21 연립일차방정식의 해와 그래프

Level A 개념 익히기 150쪽

01 연립방정식의 해는 두 그래프의 교점의 좌표와 같으므로

$x=3$, $y=1$

답 $x=3$, $y=1$

02 연립방정식의 해는 두 그래프의 교점의 좌표와 같으므로
$x=2$, $y=-3$ 답 $x=2$, $y=-3$

03 주어진 방정식을 각각 y에 대하여 풀면

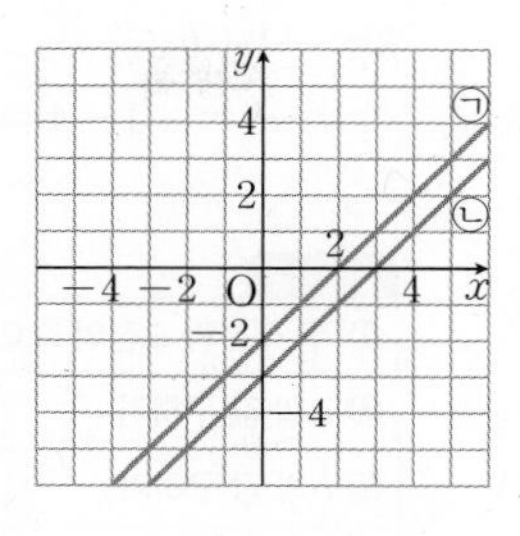

$\begin{cases} y=x-2 & \cdots\cdots ㉠ \\ y=x-3 & \cdots\cdots ㉡ \end{cases}$

㉠, ㉡의 그래프는 기울기가 같고 y절편은 다르므로 오른쪽 그림과 같이 서로 평행하다.
따라서 두 직선의 교점이 없으므로 연립방정식의 해는 없다.
답 풀이 참조

04 주어진 방정식을 각각 y에 대하여 풀면

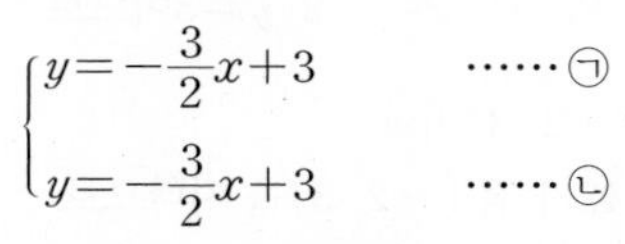

$\begin{cases} y=-\dfrac{3}{2}x+3 & \cdots\cdots ㉠ \\ y=-\dfrac{3}{2}x+3 & \cdots\cdots ㉡ \end{cases}$

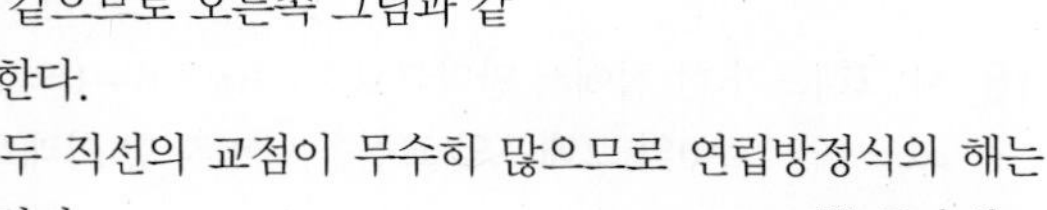

㉠, ㉡의 그래프는 기울기와 y절편이 각각 같으므로 오른쪽 그림과 같이 일치한다.
따라서 두 직선의 교점이 무수히 많으므로 연립방정식의 해는 무수히 많다. 답 풀이 참조

Level B 유형 공략하기 151~154쪽

중 05 두 그래프의 교점의 좌표는 연립방정식 $\begin{cases} x-3y+2=0 \\ 2x-5y+1=0 \end{cases}$의 해와 같다.
위의 연립방정식의 해는 $x=7$, $y=3$
따라서 교점의 좌표가 $(7, 3)$이므로
$a=7$, $b=3$
$\therefore a-b=7-3=4$ 답 4

하 06 직선 $x-2y=-1$의 x절편은 -1, y절편은 $\frac{1}{2}$이므로
직선 $x-2y=-1$은 세 점 A, B, D를 지나는 직선이다.
직선 $2x+y=-2$의 x절편은 -1, y절편은 -2이므로
직선 $2x+y=-2$는 세 점 B, C, E를 지나는 직선이다.
따라서 주어진 연립방정식의 해를 나타내는 점은 두 직선의 교점인 B이다. 답 ②

중 07 두 직선의 교점의 좌표는 연립방정식 $\begin{cases} 2x-y=5 \\ 2x+3y=1 \end{cases}$의 해와 같다.
위의 연립방정식의 해는 $x=2$, $y=-1$
따라서 두 직선의 교점 $(2, -1)$이 직선 $y=ax+7$ 위의 점이므로
$-1=2a+7$, $-2a=8$ $\therefore a=-4$ 답 -4

상 08 직선 l은 x절편이 -1, y절편이 1이므로
$y=x+1$ …… ㉮
직선 m은 x절편이 5, y절편이 5이므로
$y=-x+5$ …… ㉯
두 직선 l, m의 교점의 좌표는 연립방정식 $\begin{cases} y=x+1 \\ y=-x+5 \end{cases}$의 해와 같다.
위의 연립방정식의 해는 $x=2$, $y=3$
따라서 교점의 좌표가 $(2, 3)$이므로 …… ㉰
$a=2$, $b=3$
$\therefore 2a+b=2\times2+3=7$ …… ㉱
답 7

채점 기준

㉮ 직선 l의 방정식 구하기	30 %
㉯ 직선 m의 방정식 구하기	30 %
㉰ 두 직선 l, m의 교점의 좌표 구하기	30 %
㉱ $2a+b$의 값 구하기	10 %

개념 보충 학습

x절편이 m, y절편이 n인 직선의 방정식은
$y=-\dfrac{n}{m}x+n$

중 09 주어진 두 그래프의 교점의 좌표가 $(-2, 3)$이므로 연립방정식의 해는 $x=-2$, $y=3$이다.
$x=-2$, $y=3$을 $ax+y=-1$에 대입하면
$-2a+3=-1$, $-2a=-4$ $\therefore a=2$
$x=-2$, $y=3$을 $x+by=-5$에 대입하면
$-2+3b=-5$, $3b=-3$ $\therefore b=-1$
답 $a=2$, $b=-1$

공략 비법

두 일차방정식의 그래프의 교점의 좌표는 연립방정식의 해이므로 각 일차방정식에 교점의 좌표를 대입하여 미지수의 값을 구한다.

하 10 $x=4$, $y=-6$을 $x+y-a=0$에 대입하면
$4-6-a=0$ $\therefore a=-2$
$x=4$, $y=-6$을 $bx+2y+8=0$에 대입하면
$4b-12+8=0$, $4b=4$ $\therefore b=1$
$\therefore a+b=-2+1=-1$ 답 -1

중 11 $y=-2$를 $y=2x-4$에 대입하면
$-2=2x-4$, $-2x=-2$ $\therefore x=1$
즉, 두 직선의 교점의 좌표는 $(1, -2)$이다.
따라서 직선 $y=ax-\frac{1}{3}$이 점 $(1, -2)$를 지나므로
$-2=a-\dfrac{1}{3}$ $\therefore a=-\dfrac{5}{3}$ 답 ①

중 12 $3x+2y+9=0$의 그래프의 x절편은 -3이므로 두 일차방정식의 그래프의 교점의 좌표는 $(-3, 0)$이다.

7 일차함수와 일차방정식의 관계

따라서 $ax+2y-1=0$의 그래프가 점 $(-3, 0)$을 지나므로

$-3a-1=0$, $-3a=1$ $\quad\therefore a=-\frac{1}{3}$ 답 $-\frac{1}{3}$

중 13 연립방정식 $\begin{cases} x-y-3=0 \\ x+2y+6=0 \end{cases}$의 해는 $x=0$, $y=-3$이므로

두 그래프의 교점의 좌표는 $(0, -3)$이다.

한편, $6x+3y-4=0$에서 $y=-2x+\frac{4}{3}$이므로 직선의 기울기는 -2이다.

따라서 기울기가 -2이고 점 $(0, -3)$을 지나는 직선의 방정식은

$y=-2x-3$ $\quad\therefore 2x+y+3=0$ 답 ⑤

개념 보충 학습

기울기가 a이고 y절편이 b인 직선의 방정식은
$y=ax+b$

하 14 연립방정식 $\begin{cases} y=3x-4 \\ y=-8x+7 \end{cases}$의 해는 $x=1$, $y=-1$이므로

두 직선의 교점의 좌표는 $(1, -1)$이다.

따라서 점 $(1, -1)$을 지나고 y축에 수직인 직선의 방정식은

$y=-1$ 답 $y=-1$

중 15 연립방정식 $\begin{cases} 3x-2y-2=0 \\ 5x-2y+2=0 \end{cases}$의 해는 $x=-2$, $y=-4$이므로

두 그래프의 교점의 좌표는 $(-2, -4)$이다.

즉, 직선이 두 점 $(-2, -4)$, $(3, 0)$을 지나므로

$(\text{기울기})=\frac{0-(-4)}{3-(-2)}=\frac{4}{5}$

직선의 방정식을 $y=\frac{4}{5}x+b$라 하면 이 직선이 점 $(3, 0)$을 지나므로

$0=\frac{12}{5}+b$ $\quad\therefore b=-\frac{12}{5}$

따라서 직선의 방정식은 $y=\frac{4}{5}x-\frac{12}{5}$이므로 구하는 y절편은 $-\frac{12}{5}$이다. 답 $-\frac{12}{5}$

개념 보충 학습

두 점 (x_1, y_1), (x_2, y_2)를 지나는 직선의 방정식은 다음과 같은 순서로 구한다. (단, $x_1\neq x_2$)

❶ 기울기 a를 구한다. ➡ $a=\frac{y_2-y_1}{x_2-x_1}=\frac{y_1-y_2}{x_1-x_2}$

❷ 구하는 직선의 방정식을 $y=ax+b$라 하고, 한 점의 좌표를 대입하여 b의 값을 구한다.

중 16 연립방정식 $\begin{cases} y=-\frac{1}{2}x+\frac{7}{2} \\ y=4x-1 \end{cases}$의 해는 $x=1$, $y=3$이므로

두 직선의 교점의 좌표는 $(1, 3)$이다. …… ㉮

따라서 직선 $y=ax+b$가 두 점 $(1, 3)$, $(6, -2)$를 지나므로

$a=\frac{-2-3}{6-1}=-1$ …… ㉯

직선 $y=-x+b$가 점 $(1, 3)$을 지나므로

$3=-1+b$ $\quad\therefore b=4$ …… ㉰

$\therefore a-b=-1-4=-5$ …… ㉱

답 -5

채점 기준

㉮ 두 직선의 교점의 좌표 구하기	30 %
㉯ a의 값 구하기	30 %
㉰ b의 값 구하기	30 %
㉱ $a-b$의 값 구하기	10 %

중 17 세 직선이 한 점에서 만나므로 두 직선 $2x+y=-1$, $x+y=1$의 교점을 나머지 한 직선이 지난다.

연립방정식 $\begin{cases} 2x+y=-1 \\ x+y=1 \end{cases}$의 해는 $x=-2$, $y=3$이므로

두 직선의 교점의 좌표는 $(-2, 3)$이다.

따라서 직선 $kx-2y=-12$가 점 $(-2, 3)$을 지나므로

$-2k-6=-12$, $-2k=-6$ $\quad\therefore k=3$ 답 ③

중 18 세 그래프가 한 점에서 만나므로 $3x+y+6=0$의 그래프와 $2x-y-1=0$의 그래프의 교점을 나머지 한 그래프가 지난다.

연립방정식 $\begin{cases} 3x+y+6=0 \\ 2x-y-1=0 \end{cases}$의 해는 $x=-1$, $y=-3$이므로

두 그래프의 교점의 좌표는 $(-1, -3)$이다.

따라서 $x+ay-2=0$의 그래프가 점 $(-1, -3)$을 지나므로

$-1-3a-2=0$, $-3a=3$ $\quad\therefore a=-1$ 답 -1

중 19 네 직선이 한 점에서 만나려면 두 직선 $3x+y=11$, $5x-3y=-5$의 교점을 나머지 두 직선이 지나야 한다.

연립방정식 $\begin{cases} 3x+y=11 \\ 5x-3y=-5 \end{cases}$의 해는 $x=2$, $y=5$이므로

두 직선의 교점의 좌표는 $(2, 5)$이다.

따라서 직선 $ax+y=3$이 점 $(2, 5)$를 지나야 하므로

$2a+5=3$, $2a=-2$ $\quad\therefore a=-1$

직선 $x+by=-8$이 점 $(2, 5)$를 지나야 하므로

$2+5b=-8$, $5b=-10$ $\quad\therefore b=-2$

$\therefore ab=(-1)\times(-2)=2$ 답 2

상 20 $x-y=4$, $2x-y=3$, $3x+y=a$에서

$y=x-4$, $y=2x-3$, $y=-3x+a$

세 직선 중 어느 두 직선도 서로 평행하지 않으므로 세 직선에 의하여 삼각형이 만들어지지 않는 경우는 세 직선이 한 점에서 만날 때이다.

연립방정식 $\begin{cases} x-y=4 \\ 2x-y=3 \end{cases}$의 해는 $x=-1$, $y=-5$이므로

두 직선 $x-y=4$, $2x-y=3$의 교점의 좌표는 $(-1, -5)$이다.

따라서 직선 $3x+y=a$가 점 $(-1, -5)$를 지나므로

$a=-3-5=-8$ 답 -8

공략 비법

세 직선이 삼각형을 이루지 않으려면 다음 두 조건 중 하나를 만족해야 한다.

① 어느 두 직선이 서로 평행하거나 세 직선이 모두 평행하다.

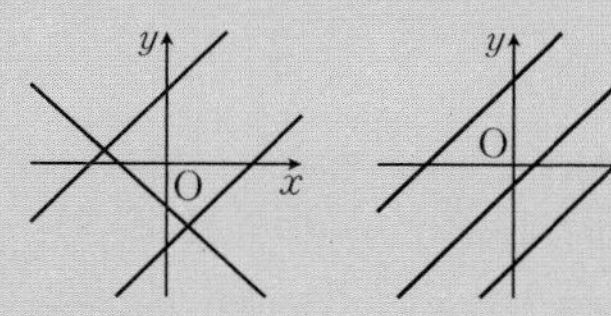

② 세 직선이 한 점에서 만난다.

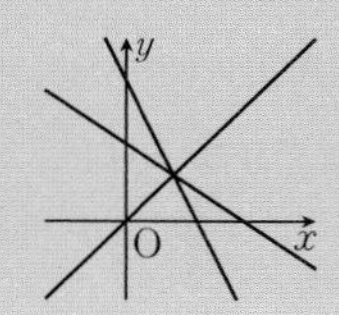

중 21 $ax-by=2$에서 $y=\frac{a}{b}x-\frac{2}{b}$

$3x-8y=4$에서 $y=\frac{3}{8}x-\frac{1}{2}$

연립방정식의 해가 무수히 많으므로 두 일차방정식의 그래프가 일치한다. 즉,

$\frac{a}{b}=\frac{3}{8}$, $-\frac{2}{b}=-\frac{1}{2}$ $\quad\therefore a=\frac{3}{2}$, $b=4$

$\therefore a+b=\frac{3}{2}+4=\frac{11}{2}$ 답 ⑤

다른 풀이 연립방정식의 해가 무수히 많으므로

$\frac{a}{3}=\frac{-b}{-8}=\frac{2}{4}$ $\quad\therefore a=\frac{3}{2}$, $b=4$

$\therefore a+b=\frac{3}{2}+4=\frac{11}{2}$

하 22 $3x+ay=1$에서 $y=-\frac{3}{a}x+\frac{1}{a}$

$6x-10y=b$에서 $y=\frac{3}{5}x-\frac{b}{10}$

두 직선이 일치하므로

$-\frac{3}{a}=\frac{3}{5}$, $\frac{1}{a}=-\frac{b}{10}$ $\quad\therefore a=-5$, $b=2$

답 $a=-5$, $b=2$

중 23 $kx+y=-1$에서 $y=-kx-1$

$2x-3y=6$에서 $y=\frac{2}{3}x-2$

연립방정식이 오직 한 쌍의 해를 가지려면 두 일차방정식의 그래프가 한 점에서 만나야 하므로

$-k\neq\frac{2}{3}$ $\quad\therefore k\neq-\frac{2}{3}$ 답 $k\neq-\frac{2}{3}$

중 24 $ax-2y-4=0$에서 $y=\frac{a}{2}x-2$

$2x+4y-b=0$에서 $y=-\frac{1}{2}x+\frac{b}{4}$

두 직선의 교점이 존재하지 않으려면 두 직선이 서로 평행해야 하므로

$\frac{a}{2}=-\frac{1}{2}$, $-2\neq\frac{b}{4}$ $\quad\therefore a=-1$, $b\neq-8$ 답 ②

중 25 두 직선의 교점의 좌표는 연립방정식 $\begin{cases}x-y+3=0\\2x+y-6=0\end{cases}$의 해와 같다.

위의 연립방정식의 해는 $x=1$, $y=4$이므로 두 직선의 교점의 좌표는 $(1, 4)$이다.

이때 두 직선 $x-y+3=0$, $2x+y-6=0$의 x절편은 각각 -3, 3이므로 구하는 넓이는

$\frac{1}{2}\times6\times4=12$ 답 12

공략 비법

좌표평면 위에서 직선으로 둘러싸인 삼각형의 넓이를 구할 때에는 다음과 같은 순서로 구한다.

❶ 두 직선의 교점의 좌표를 구한다.

❷ 삼각형에서 나머지 두 꼭짓점의 좌표를 구한다.

중 26 두 직선의 교점의 좌표는 연립방정식 $\begin{cases}x-2y-4=0\\x+y-1=0\end{cases}$의 해와 같다.

위의 연립방정식의 해는 $x=2$, $y=-1$이므로 두 직선의 교점의 좌표는 $(2, -1)$이다.

이때 두 직선 $x-2y-4=0$, $x+y-1=0$의 y절편은 각각 -2, 1이므로 구하는 넓이는

$\frac{1}{2}\times3\times2=3$ 답 ③

중 27 $x=1$을 $kx+y-2=0$에 대입하면

$k+y-2=0$이므로 $y=-k+2$

즉, 두 직선 $kx+y-2=0$과 $x=1$의 교점의 좌표는

$(1, -k+2)$ …… ㉮

$x=5$를 $kx+y-2=0$에 대입하면

$5k+y-2=0$이므로 $y=-5k+2$

즉, 두 직선 $kx+y-2=0$과 $x=5$의 교점의 좌표는

$(5, -5k+2)$ …… ㉯

이때 주어진 도형의 넓이가 4이므로

$\frac{1}{2}\times\{(-k+2)+(-5k+2)\}\times4=4$

$-12k+8=4$, $-12k=-4$

$\therefore k=\frac{1}{3}$ …… ㉰

답 $\frac{1}{3}$

채점 기준

㉮ 두 직선 $kx+y-2=0$과 $x=1$의 교점의 좌표 구하기	30 %
㉯ 두 직선 $kx+y-2=0$과 $x=5$의 교점의 좌표 구하기	30 %
㉰ k의 값 구하기	40 %

중 28 두 직선 $x+y-7=0$, $2x+ay+4=0$ $(a<0)$의 x절편이 각각 7, -2이므로 두 직선의 교점의 y좌표를 k라 하면 오른쪽 그림에서

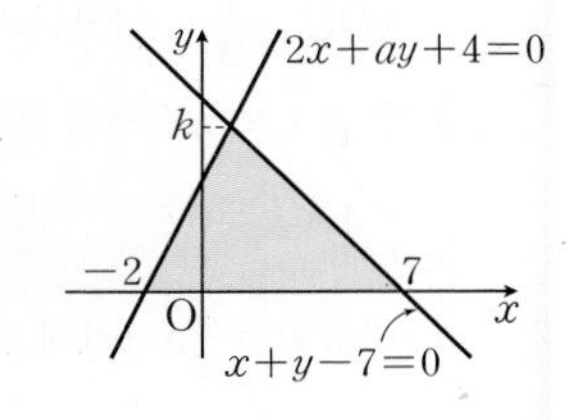

$\frac{1}{2}\times9\times k=27$　　∴ $k=6$

$y=6$을 $x+y-7=0$에 대입하면

$x+6-7=0$　　∴ $x=1$

따라서 직선 $2x+ay+4=0$이 점 $(1, 6)$을 지나므로

$2+6a+4=0$, $6a=-6$　　∴ $a=-1$　　답 -1

중 29 두 직선 $y=-\frac{4}{3}x$와 $x=-6$의 교점의 좌표는

$(-6, 8)$

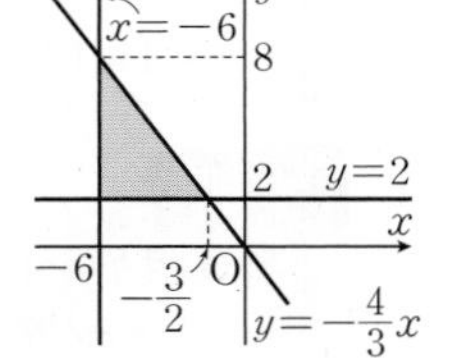

두 직선 $y=-\frac{4}{3}x$와 $y=2$의 교점의 좌표는

$\left(-\frac{3}{2}, 2\right)$

따라서 구하는 넓이는

$\frac{1}{2}\times\frac{9}{2}\times6=\frac{27}{2}$　　답 $\frac{27}{2}$

상 30 직선 $y=3x$와 두 직선 $y=-3x$, $y=-3x+6$의 교점의 좌표는 각각

$(0, 0)$, $(1, 3)$

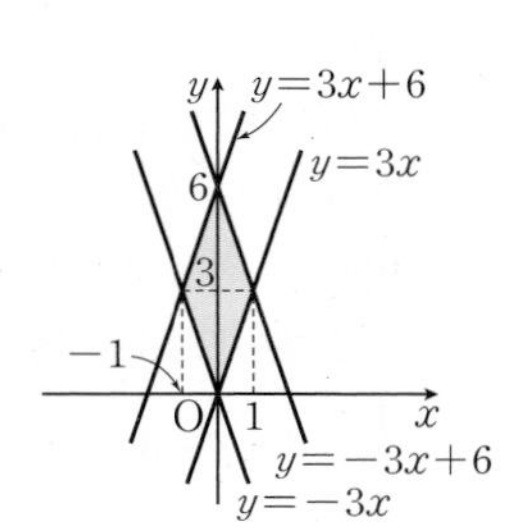

직선 $y=3x+6$과 두 직선 $y=-3x$, $y=-3x+6$의 교점의 좌표는 각각

$(-1, 3)$, $(0, 6)$

따라서 구하는 넓이는

$\left(\frac{1}{2}\times6\times1\right)\times2=6$　　답 6

상 31 직선 $x+y-5=0$의 x절편은 5, y절편은 5이므로

A$(5, 0)$, B$(0, 5)$

점 C의 좌표를 $(k, 0)$이라 하면

$\triangle ABC=\frac{1}{2}\times(5-k)\times5=10$　　∴ $k=1$

따라서 두 점 B$(0, 5)$, C$(1, 0)$을 지나는 직선은

기울기가 $\frac{0-5}{1-0}=-5$, y절편이 5

이므로 직선의 방정식은

$y=-5x+5$　　답 $y=-5x+5$

상 32 직선 $y=\frac{3}{2}x+6$의 x절편은 -4, y절편은 6이므로

A$(-4, 0)$, B$(0, 6)$

∴ $\triangle AOB=\frac{1}{2}\times4\times6=12$

두 직선 $y=\frac{3}{2}x+6$과 $y=mx$의 교점을 C라 하면

$\triangle AOC=\frac{1}{2}\triangle AOB=\frac{1}{2}\times12=6$

이때 점 C의 y좌표를 k라 하면

$\frac{1}{2}\times4\times k=6$　　∴ $k=3$

$y=3$을 $y=\frac{3}{2}x+6$에 대입하면

$3=\frac{3}{2}x+6$, $-\frac{3}{2}x=3$　　∴ $x=-2$

∴ C$(-2, 3)$

따라서 직선 $y=mx$가 점 $(-2, 3)$을 지나므로

$3=-2m$　　∴ $m=-\frac{3}{2}$　　답 $-\frac{3}{2}$

공략 비법

직선 $y=mx$가 삼각형 AOB의 넓이를 이등분할 때, 수 m의 값은 다음과 같은 순서로 구한다. (단, O는 원점)

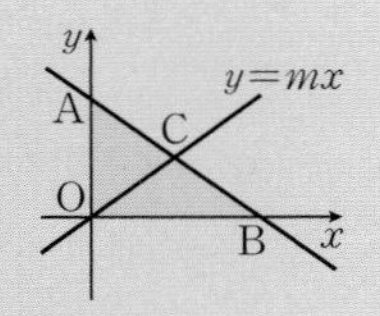

❶ $\triangle COB=\frac{1}{2}\triangle AOB$임을 이용하여 두 직선의 교점 C의 좌표를 구한다.

❷ $y=mx$에 점 C의 좌표를 대입하여 m의 값을 구한다.

상 33 상품 A의 총판매량을 나타내는 직선의 방정식을 $y=ax+150$이라 하면 이 직선이 점 $(4, 350)$을 지나므로

$350=4a+150$, $-4a=-200$　　∴ $a=50$

즉, 상품 A의 총판매량을 나타내는 직선의 방정식은

$y=50x+150$　　……㉠

또, 상품 B의 총판매량을 나타내는 직선의 방정식을 $y=bx$라 하면 이 직선이 점 $(4, 600)$을 지나므로

$600=4b$　　∴ $b=150$

즉, 상품 B의 총판매량을 나타내는 직선의 방정식은

$y=150x$　　……㉡

㉡을 ㉠에 대입하면

$150x=50x+150$

$100x=150$　　∴ $x=\frac{3}{2}$

따라서 두 상품의 총판매량이 같아지는 것은 3월 1일로부터 $\frac{3}{2}$개월 후이다.　　답 ②

공략 비법

두 일차함수의 그래프가 주어지면

❶ 그래프가 지나는 두 점 또는 x절편, y절편을 이용하여 각 직선의 방정식을 구한다.

❷ 두 직선의 방정식을 연립하여 교점의 좌표를 구한다.

상 34 물탱크 A에 남아 있는 물의 양을 나타내는 직선의 방정식을 $y=ax+1100$이라 하면 이 직선이 점 $(3, 500)$을 지나므로

$500=3a+1100$, $-3a=600$　　∴ $a=-200$

즉, 물탱크 A에 남아 있는 물의 양을 나타내는 직선의 방정식은

$y=-200x+1100$　　……㉠　　…… ㉮

또, 물탱크 B에 남아 있는 물의 양을 나타내는 직선의 방정식을 $y=bx+200$이라 하면 이 직선이 점 $(3, 350)$을 지나므로

$350=3b+200$, $-3b=-150$　　∴ $b=50$

즉, 물탱크 B에 남아 있는 물의 양을 나타내는 직선의 방정식은

$y=50x+200$　　……㉡　　…… ㉯

㉡을 ㉠에 대입하면

$50x+200=-200x+1100$

$250x=900$　　∴ $x=\frac{18}{5}$

따라서 두 물탱크에 남아 있는 물의 양이 같아지는 것은 $\frac{18}{5}$분 후이다. …… ㉰

답 $\frac{18}{5}$분

채점 기준

㉮ 물탱크 A에 대한 직선의 방정식 구하기	30 %
㉯ 물탱크 B에 대한 직선의 방정식 구하기	30 %
㉰ 두 물탱크에 남아 있는 물의 양이 같아지는 것은 몇 분 후인지 구하기	40 %

Level B 단원 마무리 155~158쪽

필수 유형 정복하기

01 ③	02 3	03 7	04 ㄱ: n, ㄴ: l, ㄷ: m	
05 ⑤	06 ④	07 ③	08 ④	09 (1, 4)
10 ①	11 −12	12 ①	13 ①	
14 제2사분면	15 ②	16 ②	17 $\frac{2}{15}$	18 (4, 2)

19 (1) A(3, 0), B(3, −6), C(1, −2) (2) $-\frac{15}{2} \le a \le -\frac{3}{2}$

20 −5	21 −13	22 20	23 (1) 15분 (2) $\frac{9}{8}$ km

01 전략 일차방정식 $2x+y+2=0$의 그래프는 일차함수 $y=-2x-2$의 그래프와 같음을 이용한다.

$2x+y+2=0$에서 $y=-2x-2$

ㄴ. $2x+y+2=0$의 그래프는 오른쪽 그림과 같으므로 제1사분면을 지나지 않는다.

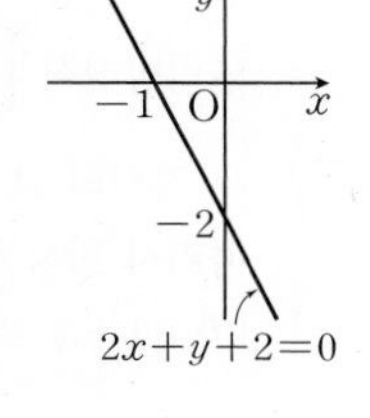

ㄷ. x절편은 −1, y절편은 −2이므로 그 합은

$-1+(-2)=-3$

ㅁ. 일차함수 $y=-2x$의 그래프를 y축의 방향으로 −2만큼 평행이동한 것이다.

이상에서 옳은 것은 ㄱ, ㄴ, ㄹ이다.

02 전략 일차방정식 $3x+y=1$에 두 점 (a, b), $(2a, b-3)$의 좌표를 각각 대입하여 얻은 식을 연립하여 a, b의 값을 구한다.

$x=a$, $y=b$를 $3x+y=1$에 대입하면

$3a+b=1$ ……㉠

$x=2a$, $y=b-3$을 $3x+y=1$에 대입하면

$6a+b-3=1$ $\therefore 6a+b=4$ ……㉡

㉠−㉡을 하면 $-3a=-3$ $\therefore a=1$

$a=1$을 ㉠에 대입하면 $3+b=1$ $\therefore b=-2$

$\therefore a-b=1-(-2)=3$

03 전략 일차방정식 $bx-y-3=0$에 두 점 $(-1, -5)$, $(4, a)$의 좌표를 각각 대입하여 a, b의 값을 구한다.

$x=-1$, $y=-5$를 $bx-y-3=0$에 대입하면

$-b+5-3=0$ $\therefore b=2$

$x=4$, $y=a$를 $2x-y-3=0$에 대입하면

$8-a-3=0$ $\therefore a=5$

$\therefore a+b=5+2=7$

04 전략 각 일차방정식의 그래프의 x절편과 y절편을 구하여 알맞은 그래프를 찾는다.

ㄱ. $x=-1$의 그래프는 점 $(-1, 0)$을 지나고 y축에 평행한 직선이므로 직선 n이다.

ㄴ. $x+2y-2=0$, 즉 $y=-\frac{1}{2}x+1$의 그래프의 x절편은 2, y절편은 1이므로 직선 l이다.

ㄷ. $x-2y+2=0$, 즉 $y=\frac{1}{2}x+1$의 그래프의 x절편은 −2, y절편은 1이므로 직선 m이다.

05 전략 y축에 수직인 직선의 방정식은 $y=$(수) 꼴임을 이용한다.

두 점 $(-2, 3a-2)$, $(a, a+6)$을 지나는 직선이 y축에 수직이려면 두 점의 y좌표가 같아야 한다.

즉, $3a-2=a+6$이어야 하므로

$2a=8$ $\therefore a=4$

06 전략 직선의 방정식을 $x=$(수) 또는 $y=$(수) 꼴로 나타낸 후 그래프를 생각한다.

② $x-b=0$에서 $x=b$

직선 $x=b$는 x축에 수직이다.

③ $a<0$이면 직선 $y=a$는 제3, 4사분면을 지난다.

④ $ax+b=0$에서 $x=-\frac{b}{a}$

$a>0$, $b<0$이면 $-\frac{b}{a}>0$이므로 직선 $x=-\frac{b}{a}$는 제1, 4사분면을 지난다. 즉, 제2사분면을 지나지 않는다.

⑤ $ay-b=0$에서 $y=\frac{b}{a}$

$a<0$, $b<0$이면 $\frac{b}{a}>0$이므로 직선 $y=\frac{b}{a}$는 제 1, 2사분면을 지난다. 즉, 제4사분면을 지나지 않는다.

따라서 옳지 않은 것은 ④이다.

07 전략 일차방정식 $ax+by-c=0$을 y에 대하여 푼 후 주어진 그래프의 기울기와 y절편의 부호를 이용하여 a, b, c의 부호를 정한다.

$ax+by-c=0$에서 $y=-\frac{a}{b}x+\frac{c}{b}$

주어진 그래프에서 $-\frac{a}{b}<0$, $\frac{c}{b}>0$이므로

$\frac{b}{a}>0$, $bc>0$

따라서 $y=\frac{b}{a}x+bc$의 그래프로 알맞은 것은 ③이다.

참고 $-\frac{a}{b}<0$에서 $\frac{a}{b}>0$이고 역수를 취해도 부호는 바뀌지 않으므로

$\frac{b}{a}>0$

또, $\frac{c}{b}>0$에서 $b<0$, $c<0$ 또는 $b>0$, $c>0$이므로

$bc>0$

08 전략 $x-3y+3=0$의 그래프를 좌표평면 위에 나타낸 후 $x+2y-a=0$의 그래프와 제2사분면 위에서 만나기 위해 지나야 하는 점을 찾는다.

$x-3y+3=0$, 즉 $y=\frac{1}{3}x+1$의 그래프를 좌표평면 위에 나타내면 오른쪽 그림과 같다.

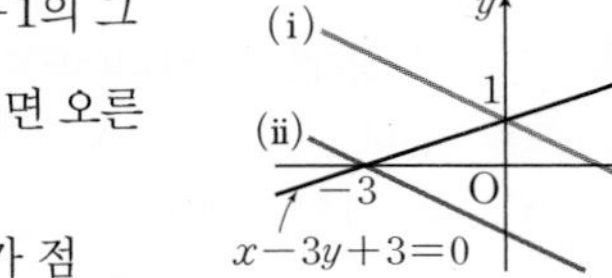

(i) $x+2y-a=0$의 그래프가 점 $(0, 1)$을 지날 때,

$2-a=0 \qquad \therefore a=2$

(ii) $x+2y-a=0$의 그래프가 점 $(-3, 0)$을 지날 때,

$-3-a=0 \qquad \therefore a=-3$

(i), (ii)에서 $-3<a<2$

주의 $x-3y+3=0$의 그래프와 $x+2y-a=0$의 그래프는 $a=-3$이면 x축 위에서 만나고, $a=2$이면 y축 위에서 만난다. 따라서 $a=-3$ 또는 $a=2$일 때에는 두 그래프가 제2사분면 위에서 만나지 않으므로 등호는 포함하지 않아야 한다.

09 전략 두 직선의 교점의 좌표는 연립방정식의 해와 같음을 이용한다.

직선 $x-y+a=0$의 x절편은 $-a$이므로

$A(-a, 0)$

직선 $4x+3y-16=0$의 x절편은 4이므로

$B(4, 0)$

이때 $\overline{AB}=7$이므로

$4-(-a)=7 \qquad \therefore a=3$

따라서 두 직선의 교점 P의 좌표는 연립방정식

$\begin{cases} x-y+3=0 \\ 4x+3y-16=0 \end{cases}$의 해와 같다.

위의 연립방정식의 해는 $x=1$, $y=4$이므로 두 직선의 교점 P의 좌표는 $(1, 4)$이다.

10 전략 교점 $(-2, 1)$의 좌표를 두 일차방정식 $ax+by=7$, $bx+ay=-5$에 각각 대입하여 얻은 식을 연립하여 a, b의 값을 구한다.

$x=-2$, $y=1$을 $ax+by=7$에 대입하면

$-2a+b=7 \qquad \cdots\cdots ㉠$

$x=-2$, $y=1$을 $bx+ay=-5$에 대입하면

$-2b+a=-5 \qquad \therefore a-2b=-5 \qquad \cdots\cdots ㉡$

㉠$\times 2+$㉡을 하면 $-3a=9 \qquad \therefore a=-3$

$a=-3$을 ㉠에 대입하면 $6+b=7 \qquad \therefore b=1$

따라서 직선 $y=\frac{b}{a}x+\frac{a}{b}$, 즉 $y=-\frac{1}{3}x-3$의 x절편은 -9이다.

참고 $0=-\frac{1}{3}x-3$에서 $\frac{1}{3}x=-3 \qquad \therefore x=-9$

11 전략 교점 $(1, c)$의 좌표를 직선의 방정식 $y=2x+1$에 대입하여 c의 값을 먼저 구한 후 나머지 조건을 이용하여 a, b의 값을 구한다.

$x=1$, $y=c$를 $y=2x+1$에 대입하면

$c=2+1=3$

$x=1$, $y=3$을 $y=-ax+2b$에 대입하면

$3=-a+2b \qquad \therefore a-2b=-3 \qquad \cdots\cdots ㉠$

또, 직선 $x-ay+b=0$이 점 $(0, -4)$를 지나므로

$4a+b=0 \qquad \cdots\cdots ㉡$

㉠$+$㉡$\times 2$를 하면 $9a=-3 \qquad \therefore a=-\frac{1}{3}$

$a=-\frac{1}{3}$을 ㉡에 대입하면 $-\frac{4}{3}+b=0 \qquad \therefore b=\frac{4}{3}$

$\therefore 9abc=9\times\left(-\frac{1}{3}\right)\times\frac{4}{3}\times 3=-12$

12 전략 두 직선 $y=-1$, $y=-2x+5$의 교점을 직선 $y=3x+a$가 지남을 이용한다.

세 직선이 한 점에서 만나므로 두 직선 $y=-1$, $y=-2x+5$의 교점을 나머지 한 직선이 지난다.

$y=-1$을 $y=-2x+5$에 대입하면

$-1=-2x+5$, $2x=6 \qquad \therefore x=3$

따라서 직선 $y=3x+a$가 점 $(3, -1)$을 지나므로

$-1=9+a \qquad \therefore a=-10$

13 전략 두 점 $(-2, 5)$, $(6, -3)$을 지나는 직선의 방정식을 구한 후 세 직선이 한 점에서 만남을 이용한다.

두 점 $(-2, 5)$, $(6, -3)$을 지나는 직선의 기울기는

$\frac{-3-5}{6-(-2)}=-1$

직선의 방정식을 $y=-x+b$라 하면 이 직선이 점 $(-2, 5)$를 지나므로

$5=2+b \qquad \therefore b=3$

$\therefore y=-x+3$

세 직선이 한 점에서 만나므로 두 직선 $y=-x+3$, $x-y-1=0$의 교점을 나머지 한 직선이 지난다.

연립방정식 $\begin{cases} y=-x+3 \\ x-y-1=0 \end{cases}$의 해는 $x=2$, $y=1$이므로

두 직선의 교점의 좌표는 $(2, 1)$이다.

따라서 직선 $kx+y+3=0$이 점 $(2, 1)$을 지나므로

$2k+1+3=0$, $2k=-4 \qquad \therefore k=-2$

14 전략 두 직선이 일치하면 기울기와 y절편이 각각 같음을 이용한다.

$ax+2y=5$에서 $y=-\frac{a}{2}x+\frac{5}{2}$

$6x+by=-10$에서 $y=-\frac{6}{b}x-\frac{10}{b}$

두 직선이 일치하므로

$-\frac{a}{2}=-\frac{6}{b}$, $\frac{5}{2}=-\frac{10}{b}$

$\therefore a=-3$, $b=-4$

따라서 직선 $y=-ax+b$, 즉 $y=3x-4$는 오른쪽 그림과 같으므로 제2사분면을 지나지 않는다.

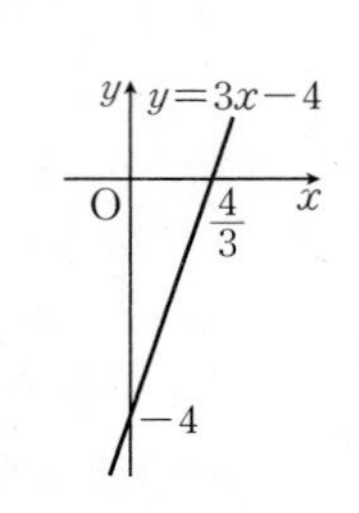

15 전략 연립방정식의 해가 없으면 두 일차방정식의 그래프가 서로 평행함을 이용한다.

$2x-y-3=0$에서 $y=2x-3$

$ax+2y+b=0$에서 $y=-\frac{a}{2}x-\frac{b}{2}$

연립방정식의 해가 없으므로 두 일차방정식의 그래프가 서로 평

행하다. 즉,

$2=-\frac{a}{2}$, $-3\neq-\frac{b}{2}$ $\quad\therefore a=-4,\ b\neq6$

이때 $ax+2y+b=0$, 즉 $-4x+2y+b=0$의 그래프가 점 $(1,\ m)$을 지나므로

$-4+2m+b=0,\ 2m=4-b$ $\quad\therefore m=2-\frac{b}{2}$

$b\neq6$이므로 $m\neq2-\frac{6}{2}=-1$

개념 보충 학습

연립방정식 $\begin{cases}ax+by+c=0\\a'x+b'y+c'=0\end{cases}$, 즉 $\begin{cases}y=-\frac{a}{b}x-\frac{c}{b}\\y=-\frac{a'}{b'}x-\frac{c'}{b'}\end{cases}$에서

① 해가 오직 한 쌍뿐이다.
➡ 두 일차방정식의 그래프가 한 점에서 만난다.
➡ $-\frac{a}{b}\neq-\frac{a'}{b'}$

② 해가 없다.
➡ 두 일차방정식의 그래프가 서로 평행하다.
➡ $-\frac{a}{b}=-\frac{a'}{b'}$, $-\frac{c}{b}\neq-\frac{c'}{b'}$

③ 해가 무수히 많다.
➡ 두 일차방정식의 그래프가 일치한다.
➡ $-\frac{a}{b}=-\frac{a'}{b'}$, $-\frac{c}{b}=-\frac{c'}{b'}$

16 전략 교점 B의 좌표는 연립방정식 $\begin{cases}y=x+4\\y=-x+8\end{cases}$의 해와 같음을 이용한다.

점 B의 좌표는 연립방정식 $\begin{cases}y=x+4\\y=-x+8\end{cases}$의 해와 같다.

위의 연립방정식의 해는 $x=2$, $y=6$이므로

$B(2,\ 6)$

한편, 직선 $y=x+4$의 y절편은 4이므로

$C(0,\ 4)$

따라서 평행사변형 OABC의 넓이는

$4\times2=8$

참고 평행사변형의 두 쌍의 대변은 각각 평행하므로 $\overline{OC}\,/\!/\,\overline{AB}$
즉, 점 A의 x좌표는 2이다.
또, 평행사변형의 두 쌍의 대변의 길이가 각각 같으므로 $\overline{OC}=\overline{AB}$
즉, 점 A의 y좌표는 2이다.
$\therefore A(2,\ 2)$

개념 보충 학습

(평행사변형의 넓이)=(밑변의 길이)×(높이)

17 전략 삼각형 ABO와 삼각형 ACO의 넓이의 비가 4 : 1이면 $\triangle ACO=\frac{1}{4}\triangle ABO$임을 이용한다.

직선 $y=-\frac{2}{5}x+8$의 x절편은 20, y절편은 8이므로

$A(20,\ 0)$, $B(0,\ 8)$

$\therefore \triangle ABO=\frac{1}{2}\times20\times8=80$

$\triangle ABO:\triangle ACO=4:1$이므로

$\triangle ACO=\frac{1}{4}\triangle ABO=\frac{1}{4}\times80=20$

이때 점 C의 y좌표를 k라 하면

$\frac{1}{2}\times20\times k=20$ $\quad\therefore k=2$

$y=2$를 $y=-\frac{2}{5}x+8$에 대입하면

$2=-\frac{2}{5}x+8,\ \frac{2}{5}x=6$ $\quad\therefore x=15$

$\therefore C(15,\ 2)$

따라서 직선 $y=ax$가 점 $(15,\ 2)$를 지나므로

$2=15a$ $\quad\therefore a=\frac{2}{15}$

18 전략 두 직선 $y=ax+b$, $y=cx+d$가 지나는 점의 좌표를 이용하여 a, b, c, d의 값을 구한다.

직선 $y=ax+b$가 두 점 $(1,\ 0)$, $(0,\ 1)$을 지나므로

$a=\frac{1-0}{0-1}=-1,\ b=1$ …… ㉮

직선 $y=cx+d$가 두 점 $(-2,\ 0)$, $(0,\ 1)$을 지나므로

$c=\frac{1-0}{0-(-2)}=\frac{1}{2},\ d=1$ …… ㉯

이때 두 직선 $ax+by=-2$, $cx+dy=4$의 교점의 좌표는

연립방정식 $\begin{cases}ax+by=-2\\cx+dy=4\end{cases}$, 즉 $\begin{cases}-x+y=-2\\\frac{1}{2}x+y=4\end{cases}$의 해와 같다.

위의 연립방정식의 해는 $x=4$, $y=2$이므로 구하는 교점의 좌표는 $(4,\ 2)$이다. …… ㉰

채점 기준

㉮ a, b의 값 구하기	30 %
㉯ c, d의 값 구하기	30 %
㉰ 두 직선 $ax+by=-2$, $cx+dy=4$의 교점의 좌표 구하기	40 %

19 전략 두 직선의 교점의 좌표는 연립방정식의 해와 같음을 이용하여 세 점 A, B, C의 좌표를 구한다.

(1) 두 점 A, B는 모두 직선 $x=3$ 위의 점이므로 x좌표가 3이다.

$x=3$을 $x-y-3=0$과 $2x+y=0$에 각각 대입하면

$y=0$, $y=-6$이므로

$A(3,\ 0)$, $B(3,\ -6)$ …… ㉮

또, 연립방정식 $\begin{cases}x-y-3=0\\2x+y=0\end{cases}$의 해는 $x=1$, $y=-2$이므로

두 직선 $x-y-3=0$, $2x+y=0$의 교점 C의 좌표는

$(1,\ -2)$ …… ㉯

(2) 좌표평면 위에 세 점 A, B, C를 꼭짓점으로 하는 삼각형 ACB를 그려 보면 오른쪽 그림에서

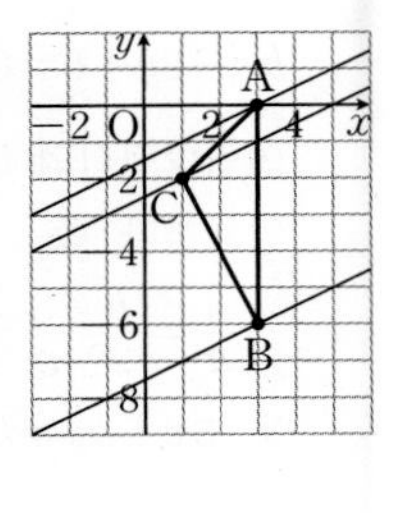

(i) 직선 $y=\frac{1}{2}x+a$가 점 A를 지날 때,

$0=\frac{3}{2}+a$ $\quad\therefore a=-\frac{3}{2}$

(ii) 직선 $y=\frac{1}{2}x+a$가 점 B를 지날 때,

$-6=\frac{3}{2}+a \qquad \therefore a=-\frac{15}{2}$

(iii) 직선 $y=\frac{1}{2}x+a$가 점 C를 지날 때,

$-2=\frac{1}{2}+a \qquad \therefore a=-\frac{5}{2}$

이상에서 $-\frac{15}{2} \le a \le -\frac{3}{2}$ …… ㉰

채점 기준

(1)	㉮ 두 점 A, B의 좌표 구하기	20 %
	㉯ 점 C의 좌표 구하기	20 %
(2)	㉰ a의 값의 범위 구하기	60 %

20 전략 세 직선 중 어느 두 직선이 서로 평행한 경우와 세 직선이 한 점에서 만나는 경우로 나누어 a의 값을 구한다.

세 직선이 삼각형을 이루지 않는 경우는 다음과 같다.

(i) 세 직선 중 두 직선이 서로 평행한 경우
두 직선 $y=x+6$과 $y=a(x+1)$이 서로 평행하거나
두 직선 $y=-2x$와 $y=a(x+1)$이 서로 평행하므로
$a=1$ 또는 $a=-2$ …… ㉮

(ii) 세 직선이 한 점에서 만나는 경우
두 직선 $y=x+6$과 $y=-2x$의 교점을 나머지 한 직선이 지난다.
연립방정식 $\begin{cases} y=x+6 \\ y=-2x \end{cases}$의 해는 $x=-2$, $y=4$이므로
두 직선의 교점의 좌표는 $(-2, 4)$이다.
따라서 직선 $y=a(x+1)$이 점 $(-2, 4)$를 지나므로
$4=a(-2+1) \qquad \therefore a=-4$ …… ㉯

(i), (ii)에서 모든 a의 값의 합은
$1+(-2)+(-4)=-5$ …… ㉰

채점 기준

㉮ 세 직선 중 두 직선이 서로 평행한 경우의 a의 값 구하기	30 %
㉯ 세 직선이 한 점에서 만나는 경우의 a의 값 구하기	50 %
㉰ 모든 a의 값의 합 구하기	20 %

참고 세 직선 중 두 직선 $y=x+6$, $y=-2x$는 서로 평행하지 않으므로 주어진 세 직선이 모두 평행할 수는 없다.
따라서 세 직선이 모두 평행한 경우는 생각하지 않는다.

21 전략 연립방정식의 해가 무수히 많으면 두 일차방정식의 그래프가 일치하고, 두 직선이 만나지 않으면 서로 평행함을 이용한다.

$4x+ay-3=0$에서 $y=-\frac{4}{a}x+\frac{3}{a}$

$bx-2y+6=0$에서 $y=\frac{b}{2}x+3$

연립방정식의 해가 무수히 많으므로 두 일차방정식의 그래프가 일치한다. 즉,

$-\frac{4}{a}=\frac{b}{2}$, $\frac{3}{a}=3 \qquad \therefore a=1, b=-8$ …… ㉮

또, $3x+ay=b$, 즉 $3x+y=-8$에서 $y=-3x-8$

$cx-2y=7$에서 $y=\frac{c}{2}x-\frac{7}{2}$

두 직선이 만나지 않으므로 두 직선이 서로 평행하다. 즉,

$-3=\frac{c}{2} \qquad \therefore c=-6$ …… ㉯

$\therefore a+b+c=1+(-8)+(-6)=-13$ …… ㉰

채점 기준

㉮ a, b의 값 구하기	40 %
㉯ c의 값 구하기	40 %
㉰ $a+b+c$의 값 구하기	20 %

22 전략 직선 $y=ax+b$가 지나는 두 점의 좌표를 이용하여 a, b의 값을 구한다.

$x=2$를 $y=-2x+8$에 대입하면 $y=4$

$\therefore A(2, 4)$ …… ㉮

직선 $y=ax+b$가 두 점 $(0, 3)$, $A(2, 4)$를 지나므로

$a=\frac{4-3}{2-0}=\frac{1}{2}$, $b=3$

이때 직선 $y=ax+b$, 즉 $y=\frac{1}{2}x+3$의 x절편은 -6이므로

$B(-6, 0)$ …… ㉯

또, 직선 $y=-2x+8$의 x절편은 4이므로

$C(4, 0)$ …… ㉰

$\therefore \triangle ABC=\frac{1}{2}\times 10\times 4=20$ …… ㉱

채점 기준

㉮ 점 A의 좌표 구하기	20 %
㉯ 점 B의 좌표 구하기	40 %
㉰ 점 C의 좌표 구하기	20 %
㉱ 삼각형 ABC의 넓이 구하기	20 %

23 전략 형과 동생이 집으로부터 떨어진 거리를 나타내는 직선의 방정식을 각각 구한다.

(1) 형이 집으로부터 떨어진 거리를 나타내는 직선의 방정식을 $y=ax+b$라 하면 이 직선이 두 점 $(6, 0)$, $(30, 3)$을 지나므로

$a=\frac{3-0}{30-6}=\frac{1}{8}$

직선 $y=\frac{1}{8}x+b$가 점 $(6, 0)$을 지나므로

$0=\frac{3}{4}+b \qquad \therefore b=-\frac{3}{4}$

즉, 형이 집으로부터 떨어진 거리를 나타내는 직선의 방정식은

$y=\frac{1}{8}x-\frac{3}{4}$ …… ㉠ …… ㉮

동생이 집으로부터 떨어진 거리를 나타내는 직선의 방정식을 $y=mx$라 하면 이 직선이 점 $(40, 3)$을 지나므로

$3=40m \qquad \therefore m=\frac{3}{40}$

즉, 동생이 집으로부터 떨어진 거리를 나타내는 직선의 방정식은

$y=\frac{3}{40}x$ …… ㉡ …… ㉯

㉡을 ㉠에 대입하면

$\frac{3}{40}x=\frac{1}{8}x-\frac{3}{4}$, $3x=5x-30$

$-2x=-30$ $\qquad\therefore x=15$

따라서 동생이 출발한 지 15분 후에 동생과 형이 만난다. ······ ㉰

(2) $x=15$를 $y=\frac{3}{40}x$에 대입하면 $y=\frac{9}{8}$

따라서 동생과 형이 만나는 곳은 집으로부터 $\frac{9}{8}$ km 떨어진 지점이다. ······ ㉱

채점 기준

(1)	㉮ 형에 대한 직선의 방정식 구하기	20 %
	㉯ 동생에 대한 직선의 방정식 구하기	20 %
	㉰ 동생이 출발한 지 몇 분 후에 동생과 형이 만나는지 구하기	30 %
(2)	㉱ 동생과 형이 만나는 곳은 집으로부터 몇 km 떨어진 지점인지 구하기	30 %

단원 마무리 159~160쪽

Level C 발전 유형 정복하기

01 ⑤ 02 -1, 1 03 $b\le5$ 04 4 05 -14

06 4π 07 ③ 08 ④ 09 $-4\le a\le-\frac{2}{3}$

10 12 11 28

01 전략 일차방정식 $ax+by-1=0$에 두 점 $(-1, 4)$, $(2, -5)$의 좌표를 대입하여 a, b의 값을 먼저 구한다.

$x=-1$, $y=4$를 $ax+by-1=0$에 대입하면

$-a+4b-1=0$ $\qquad\therefore a-4b=-1$ ······ ㉠

$x=2$, $y=-5$를 $ax+by-1=0$에 대입하면

$2a-5b-1=0$ $\qquad\therefore 2a-5b=1$ ······ ㉡

㉠$\times2-$㉡을 하면 $-3b=-3$ $\qquad\therefore b=1$

$b=1$을 ㉠에 대입하면 $a-4=-1$ $\qquad\therefore a=3$

즉, 일차방정식 $3x+y-1=0$의 그래프가 점 $(k, k+3)$을 지나므로

$3k+(k+3)-1=0$

$4k=-2$ $\qquad\therefore k=-\frac{1}{2}$

$\therefore a+b+4k=3+1+4\times\left(-\frac{1}{2}\right)=2$

다른 풀이 a, b의 값은 다음과 같이 구할 수도 있다.

그래프가 두 점 $(-1, 4)$, $(2, -5)$를 지나므로

$(\text{기울기})=\frac{-5-4}{2-(-1)}=-3$

그래프의 식을 $y=-3x+n$이라 하면 이 그래프가 점 $(-1, 4)$를 지나므로

$4=3+n$ $\qquad\therefore n=1$

즉, 그래프의 식은

$y=-3x+1$ $\qquad\therefore 3x+y-1=0$

$\therefore a=3$, $b=1$

02 전략 $k>0$일 때와 $k<0$일 때로 나누어 k의 값을 구한다.

(i) $k>0$일 때,

네 직선을 좌표평면 위에 나타내면 오른쪽 그림과 같으므로

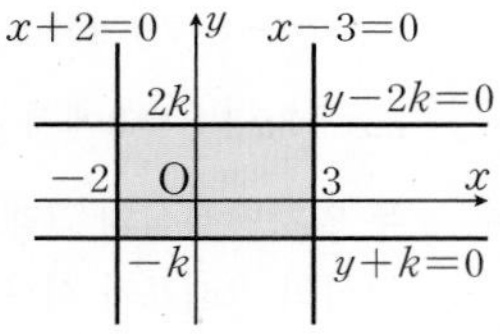

$5\times3k=15$

$\therefore k=1$

(ii) $k<0$일 때,

네 직선을 좌표평면 위에 나타내면 오른쪽 그림과 같으므로

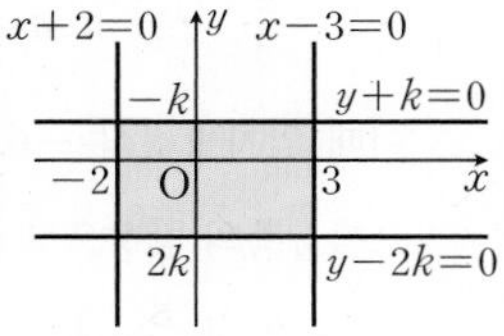

$5\times(-3k)=15$

$\therefore k=-1$

(i), (ii)에서 $k=-1$ 또는 $k=1$

03 전략 평행한 두 직선은 기울기가 같음을 이용한다.

두 점 $(3, 0)$, $(0, 6)$을 지나는 직선의 기울기는

$\frac{6-0}{0-3}=-2$

따라서 직선 $ax+y+5a-2b=0$, 즉 $y=-ax-5a+2b$의 기울기가 -2이므로

$-a=-2$ $\qquad\therefore a=2$

즉, 직선 $y=-2x-10+2b$가 제1사분면을 지나지 않으려면 $(y\text{절편})\le0$이어야 하므로

$-10+2b\le0$, $2b\le10$ $\qquad\therefore b\le5$

04 전략 두 직선의 교점의 좌표는 연립방정식의 해와 같음을 이용하여 교점의 좌표를 구한 후 a, b 사이의 관계식을 구한다.

조건 ㈎에서 두 직선의 교점의 좌표는 연립방정식

$\begin{cases}3x+y+1=0\\x-2y-9=0\end{cases}$의 해와 같다.

위의 연립방정식의 해는 $x=1$, $y=-4$이므로 두 직선의 교점의 좌표는 $(1, -4)$이다.

즉, 직선 $(2a-3)x+y+b=0$이 점 $(1, -4)$를 지나므로

$2a-3-4+b=0$ $\qquad\therefore 2a+b=7$ ······ ㉠

이때 a, b가 자연수이므로 ㉠을 만족하는 a, b의 값은

$a=1$, $b=5$ 또는 $a=2$, $b=3$ 또는 $a=3$, $b=1$

(i) $a=1$, $b=5$를 $(2a-3)x+y+b=0$에 대입하면

$-x+y+5=0$ $\qquad\therefore y=x-5$

(ii) $a=2$, $b=3$을 $(2a-3)x+y+b=0$에 대입하면

$x+y+3=0$ $\qquad\therefore y=-x-3$

(iii) $a=3$, $b=1$을 $(2a-3)x+y+b=0$에 대입하면

$3x+y+1=0$ $\qquad\therefore y=-3x-1$

오른쪽 그림에서 조건 ㈏를 만족하는 직선은 (i)이므로

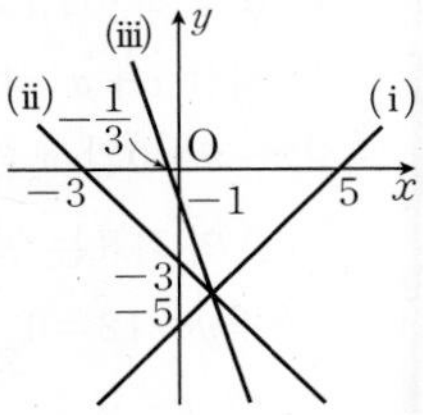

$a=1$, $b=5$

$\therefore b-a=5-1=4$

참고 a가 자연수이므로 $2a+b=7$에서

a	1	2	3	4	5	···
b	5	3	1	-1	-3	···

이때 b도 자연수이어야 하므로

$a=1$, $b=5$ 또는 $a=2$, $b=3$ 또는 $a=3$, $b=1$

05 전략 두 일차방정식의 그래프의 교점이 존재하지 않으면 두 일차방정식의 그래프는 서로 평행함을 이용한다.

$2x+y-5=0$에서 $y=-2x+5$

$ax-3y+8=0$에서 $y=\frac{a}{3}x+\frac{8}{3}$

두 일차방정식의 그래프의 교점이 존재하지 않으므로 두 일차방정식의 그래프가 서로 평행하다. 즉,

$-2=\frac{a}{3}$ $\quad\therefore a=-6$

이때 일차방정식 $-6x-3y+8=0$, 즉 $y=-2x+\frac{8}{3}$의 그래프를 y축의 방향으로 b만큼 평행이동한 그래프의 식은

$y=-2x+\frac{8}{3}+b$

이 그래프와 $y=-2x+5$의 그래프의 교점이 존재하려면 두 그래프의 기울기가 같으므로 두 그래프는 일치해야 한다. 즉,

$\frac{8}{3}+b=5$ $\quad\therefore b=\frac{7}{3}$

$\therefore ab=(-6)\times\frac{7}{3}=-14$

06 전략 1회전 시킬 때 생기는 입체도형은 2개의 원뿔의 밑면을 붙여 놓은 모양임을 이용한다.

직선 $y=\frac{1}{2}x+2$의 y절편은 2이므로

A(0, 2)

직선 $y=-x-1$의 y절편은 -1이므로

B(0, -1)

또, 연립방정식 $\begin{cases} y=\frac{1}{2}x+2 \\ y=-x-1 \end{cases}$의 해는 $x=-2$, $y=1$이므로

두 직선의 교점 C의 좌표는

(-2, 1)

이때 점 C에서 y축에 내린 수선의 발을 H라 하면

H(0, 1)

즉, 삼각형 ACB를 y축을 회전축으로 하여 1회전 시킬 때 생기는 입체도형은 오른쪽 그림과 같다.

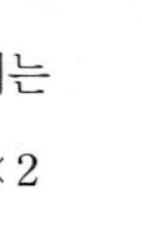

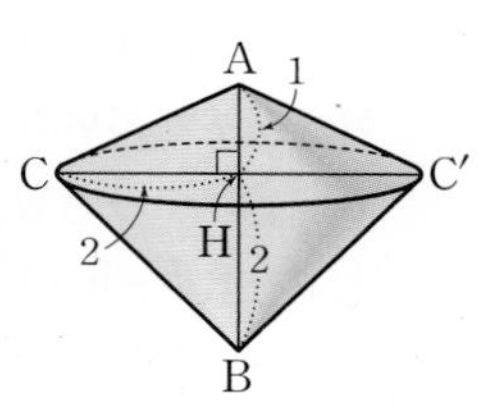

따라서 구하는 입체도형의 부피는

$\frac{1}{3}\times\pi\times2^2\times1+\frac{1}{3}\times\pi\times2^2\times2$

$=\frac{4}{3}\pi+\frac{8}{3}\pi=4\pi$

07 전략 먼저 두 직선 $x+y-12=0$, $2x-y=0$의 교점의 좌표를 구한 후 두 직선과 x축으로 둘러싸인 도형의 넓이를 구한다.

두 직선 $x+y-12=0$, $2x-y=0$의 교점을 A라 하면

점 A의 좌표는 연립방정식

$\begin{cases} x+y-12=0 \\ 2x-y=0 \end{cases}$의 해와 같다.

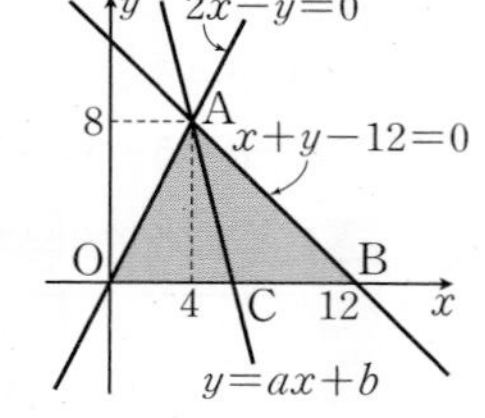

위의 연립방정식의 해는

$x=4$, $y=8$이므로

A(4, 8)

즉, 직선 $y=ax+b$가 점 A(4, 8)을 지나므로

$8=4a+b$ $\quad\cdots\cdots$ ㉠

또, 두 직선 $x+y-12=0$, $y=ax+b$가 x축과 만나는 점을 각각 B, C라 하자.

직선 $x+y-12=0$의 x절편은 12이므로

B(12, 0)

$\therefore \triangle AOB=\frac{1}{2}\times12\times8=48$

이때 $\triangle AOC=\frac{1}{2}\triangle AOB=\frac{1}{2}\times48=24$이므로 점 C의 x좌표를 k라 하면

$\frac{1}{2}\times k\times8=24$ $\quad\therefore k=6$

$\therefore$ C(6, 0)

즉, 직선 $y=ax+b$가 점 C(6, 0)을 지나므로

$0=6a+b$ $\quad\cdots\cdots$ ㉡

㉠$-$㉡을 하면 $8=-2a$ $\quad\therefore a=-4$

$a=-4$를 ㉡에 대입하면 $0=-24+b$ $\quad\therefore b=24$

$\therefore a+b=-4+24=20$

08 전략 두 양초 A, B의 길이를 나타내는 직선의 방정식을 각각 구한다.

A 양초의 길이를 나타내는 직선의 방정식을 $y=ax+30$이라 하면 이 직선이 점 (25, 0)을 지나므로

$0=25a+30$, $-25a=30$ $\quad\therefore a=-\frac{6}{5}$

즉, A 양초의 길이를 나타내는 직선의 방정식은

$y=-\frac{6}{5}x+30$

B 양초의 길이를 나타내는 직선의 방정식을 $y=bx+24$라 하면 이 직선이 점 (40, 0)을 지나므로

$0=40b+24$, $-40b=24$ $\quad\therefore b=-\frac{3}{5}$

즉, B 양초의 길이를 나타내는 직선의 방정식은

$y=-\frac{3}{5}x+24$

③ $x=15$를 $y=-\frac{6}{5}x+30$에 대입하면

$y=-18+30=12$

$x=15$를 $y=-\frac{3}{5}x+24$에 대입하면

$y=-9+24=15$

즉, 15분 후에 남은 양초의 길이는 B 양초가 더 길다.

④ $x=10$을 $y=-\frac{6}{5}x+30$에 대입하면

$y=-12+30=18$

즉, 10분 동안 줄어든 A 양초의 길이는

$30-18=12$(cm)

⑤ $-\frac{6}{5}x+30=-\frac{3}{5}x+24$에서

$6x-150=3x-120$, $3x=30$ $\quad\therefore x=10$

즉, 두 양초의 길이가 같아지는 것은 불을 붙인 지 10분 후이다.

따라서 옳지 않은 것은 ④이다.

09 전략 점 $(0, 5)$를 지나고 정사각형의 각 꼭짓점을 지나는 직선 중 기울기가 가장 큰 직선과 가장 작은 직선을 찾아본다.

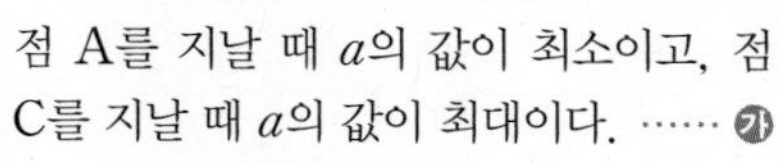

오른쪽 그림과 같이 직선 $y=ax+5$가 점 A를 지날 때 a의 값이 최소이고, 점 C를 지날 때 a의 값이 최대이다. …… ㉮

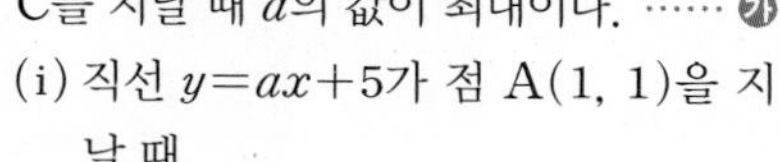

(i) 직선 $y=ax+5$가 점 $A(1, 1)$을 지날 때,

$1=a+5$ $\quad \therefore a=-4$ …… ㉯

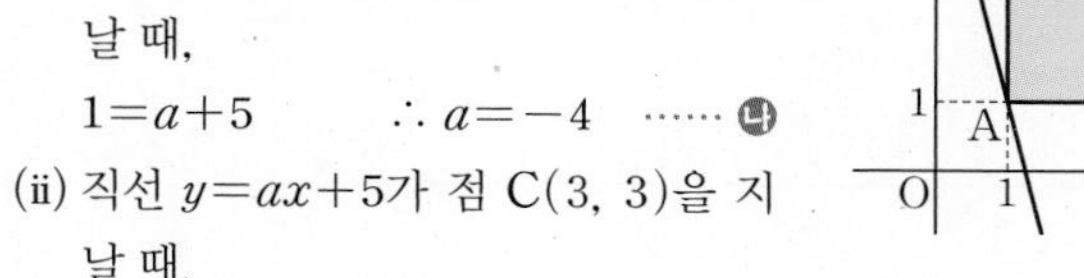

(ii) 직선 $y=ax+5$가 점 $C(3, 3)$을 지날 때,

$3=3a+5$, $-3a=2$ $\quad \therefore a=-\frac{2}{3}$ …… ㉰

(i), (ii)에서 $-4 \le a \le -\frac{2}{3}$ …… ㉱

채점 기준

채점 기준	비율
㉮ a의 값이 최대, 최소일 때 지나는 점 파악하기	30 %
㉯ 직선 $y=ax+5$가 점 A를 지날 때, a의 값 구하기	30 %
㉰ 직선 $y=ax+5$가 점 C를 지날 때, a의 값 구하기	30 %
㉱ a의 값의 범위 구하기	10 %

10 전략 $\overline{AB}=\overline{AC}$이므로 직선 $2x-y+6=0$의 y절편과 직선 $ax+y+b=0$의 y절편은 절댓값이 같고 부호는 반대이다.

직선 $2x-y+6=0$의 x절편은 -3, y절편은 6이므로

$A(-3, 0)$, $C(0, 6)$ …… ㉮

이때 $\overline{AB}=\overline{AC}$이므로

$B(0, -6)$ …… ㉯

직선 $ax+y+b=0$이 두 점 $A(-3, 0)$, $B(0, -6)$을 지나므로

$-3a+b=0$, $-6+b=0$

$-6+b=0$에서 $b=6$

$b=6$을 $-3a+b=0$에 대입하면

$-3a+6=0$, $-3a=-6$ $\quad \therefore a=2$

$\therefore ab=2\times 6=12$ …… ㉰

채점 기준

채점 기준	비율
㉮ 두 점 A, C의 좌표 구하기	20 %
㉯ 점 B의 좌표 구하기	30 %
㉰ ab의 값 구하기	50 %

다른 풀이 a, b의 값은 다음과 같이 구할 수도 있다.

두 점 $A(-3, 0)$, $B(0, -6)$을 지나는 직선은

기울기가 $\frac{-6-0}{0-(-3)}=-2$, y절편이 -6

이므로 직선의 방정식은

$y=-2x-6$ $\quad \therefore 2x+y+6=0$

$\therefore a=2$, $b=6$

11 전략 평행한 두 직선은 기울기가 같음을 이용한다.

$\overline{AB} /\!/ \overline{DC}$이므로

$m=2$ …… ㉮

두 직선 $y=2x+2$와 $y=-1$의 교점 B의 좌표는

$\left(-\frac{3}{2}, -1\right)$

두 직선 $y=2x-8$과 $y=-1$의 교점 C의 좌표는

$\left(\frac{7}{2}, -1\right)$

따라서 평행사변형 ABCD의 넓이 S는

$S=5\times 6=30$ …… ㉯

$\therefore S-m=30-2=28$ …… ㉰

채점 기준

채점 기준	비율
㉮ m의 값 구하기	30 %
㉯ S의 값 구하기	50 %
㉰ $S-m$의 값 구하기	20 %

memo

memo

memo

수학 EASY 개념서

개념이 수학의 전부다! 술술 읽으며 개념 잡는 EASY 개념서

수학 0_초등 핵심 개념,
1_1(상), 2_1(하),
3_2(상), 4_2(하),
5_3(상), 6_3(하)

수학 필수 유형서

유형완성

체계적인 유형별 학습으로 실전에서 더욱 강력하게!

수학 1(상), 1(하), 2(상), 2(하), 3(상), 3(하)

미래엔 교과서 연계 도서

자습서

자습서

핵심 정리와 적중 문제로 완벽한 자율학습!

국어 1-1, 1-2, 2-1, 2-2, 3-1, 3-2
영어 1, 2, 3
수학 1, 2, 3
사회 ①, ②
역사 ①, ②
도덕 ①, ②
과학 1, 2, 3
기술・가정 ①, ②
생활 일본어, 생활 중국어, 한문

평가 문제집

평가 문제집

정확한 학습 포인트와 족집게 예상 문제로 완벽한 시험 대비!

국어 1-1, 1-2, 2-1, 2-2, 3-1, 3-2
영어 1-1, 1-2, 2-1, 2-2, 3-1, 3-2
사회 ①, ②
역사 ①, ②
도덕 ①, ②
과학 1, 2, 3

내신 대비 문제집

시험직보 문제집

내신 만점을 위한 시험 직전에 보는 문제집

국어 1-1, 1-2, 2-1, 2-2, 3-1, 3-2

예비 고1을 위한 고등 도서

룩 LOOK

이미지 연상으로 필수 개념을 쉽게 익히는
비주얼 개념서

국어 문법
영어 분석독해

손쉬운

작품 이해에서 문제 해결까지
손쉬운 비법을 담은 문학 입문서

현대 문학, 고전 문학

수학중심

개념과 유형을 한 번에 잡는
개념 기본서

고등 수학(상), 고등 수학(하),
수학 I, 수학 II, 확률과 통계, 미적분, 기하

유형중심

체계적인 유형별 학습으로
실전에서 더욱 강력한 문제 기본서

고등 수학(상), 고등 수학(하),
수학 I, 수학 II, 확률과 통계, 미적분

탄탄한 개념 설명, 자신있는 실전 문제

사회 통합사회, 한국사
과학 통합과학

수능 국어에서 자신감을 갖는 방법?

깨독으로 시작하자!

고등 내신과 수능 국어에서 1등급이 되는 비결 -
중등에서 미리 깨운 독해력, 어휘력으로 승부하자!

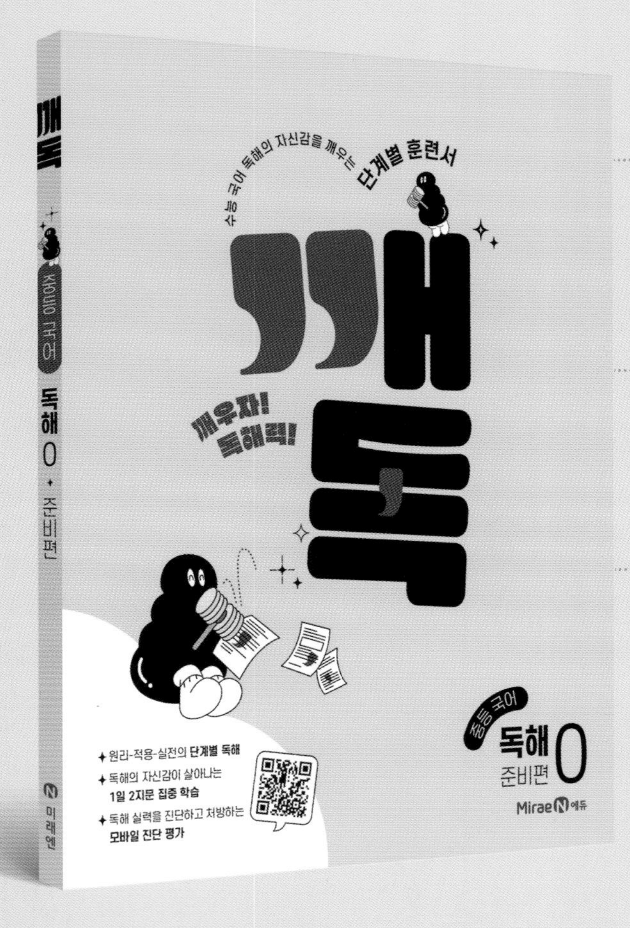

단계별 훈련 독해 원리 → 적용 문제 → 실전 문제로 단계별 독해 훈련

교과·수능 연계 중학교 교과서와 수능 연계 지문으로 수준별 독해 훈련

독해력 진단 모바일 진단 평가를 통한 개인별 독해 전략 처방

| 추천 대상 |

- 중등 학습의 기본이 되는 문해력을 기르고 싶은 초등 5~6학년
- 중등 전 교과 연계 지문을 바탕으로 독해의 기본기를 습득하고 싶은 중학생
- 고등 국어의 내신과 수능에서 1등급을 목표로 훈련하고 싶은 중학생

수능 국어 독해의 자신감을 깨우는
단계별 독해 훈련서

깨독 시리즈 (전6책)

[독해] 0_준비편, 1_기본편, 2_실력편, 3_수능편
[어휘] 1_종합편, 2_수능편

중등 국어 교과 필수 개념 및 어휘를 '종합편'으로,
수능 국어 기초 어휘를 '수능편'으로 대비하자.

독해의 시작은 어휘력에서!